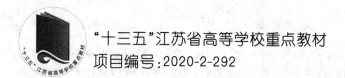 "十三五"江苏省高等学校重点教材

项目编号:2020-2-292

U0175885

矿山建设工程

主　编　靖洪文　陈坤福
副主编　刘志强　许国安

中国矿业大学出版社

·徐州·

内 容 提 要

本书是有关矿山工程施工技术与管理方面的教材。全书共分 14 章,内容包括矿业工程技术基础、立井施工技术与装备、巷道与硐室施工、施工组织与管理 4 个模块。在矿山井田开拓、地质基础知识和测量技术的基础上,系统阐述了立井井筒、巷道施工技术和矿山建设工程管理方面的基本理论和方法,并介绍了近年来矿山建设研究方面的新方法、新技术和新成果,尤其是智慧矿山与智能建造方面的内容。

本书是"十三五"江苏省高等学校规划教材,是面向矿业的土木工程专业的核心专业课程,以及采矿工程专业课程配套教材,亦可作为采矿、矿建相关专业教师及工程技术人员的参考书。

图书在版编目(C I P)数据

矿山建设工程 / 靖洪文,陈坤福主编. —徐州 :
中国矿业大学出版社,2023.12
  ISBN 978 - 7 - 5646 - 5859 - 5

Ⅰ. ①矿… Ⅱ. ①靖… ②陈… Ⅲ. ①矿山建设—矿业工程—高等学校—教材 Ⅳ. ①TD

中国国家版本馆 CIP 数据核字(2023)第 101452 号

书　　名	矿山建设工程
主　　编	靖洪文　　陈坤福
责任编辑	吴学兵
出版发行	中国矿业大学出版社有限责任公司
	(江苏省徐州市解放南路　邮编221008)
营销热线	(0516)83885370　83884103
出版服务	(0516)83995789　83884920
网　　址	http://www.cumtp.com　E-mail:cumtpvip@cumtp.com
印　　刷	徐州中矿大印发科技有限公司
开　　本	787 mm×1092 mm　1/16　印张 27.5　字数 704 千字
版次印次	2023 年 12 月第 1 版　2023 年 12 月第 1 次印刷
定　　价	68.00 元

(图书出现印装质量问题,本社负责调换)

前　言

智能化、专业化、绿色化矿山建设是矿业发展的必由之路。2020年2月，国家发展和改革委员会、国家能源局、应急管理部等8个部委联合印发了《关于加快煤矿智能化发展的指导意见》，明确了煤矿智能化建设目标与主要任务，而这些都亟须培养大量新型人才。

矿山建设工程是矿业、土木工程领域的一门实践性很强的专业课程，本教材作为矿山建设工程专业的主要教材，力求能较好地满足矿山建设工程、采矿工程专业的教学要求，并增设了智能矿山建造和基于BIM技术进行矿山建设管理的相关内容，以满足课程体系和未来行业发展的需要。

本书共分14章内容，采用模块化体系编写，包括矿业工程技术基础、立井施工技术与装备、巷道与硐室施工、施工组织与管理4个模块，其中以立井工程、岩石平巷的施工与管理为主要内容。与以往的相关教材比较，本教材增加了矿山建设中的地质、测量等技术基础知识，以及近年矿山建设工程设计和施工的新理论、新技术，如超深超大立井施工技术、智能建造理论与虚拟建造技术，同时删减了部分淘汰的施工工艺或方法。

本书在编写过程中力求做到叙述简明、重点突出、文字简练，并密切联系实际。本书由靖洪文、陈坤福负责大纲的制定和统稿。矿业工程技术模块由陈坤福、许国安共同编写；立井施工模块由刘志强和陈坤福共同编写；巷道与硐室施工模块由靖洪文、许国安共同编写；施工组织与管理模块由陈坤福、靖洪文和刘志强共同编写。

本书编写和出版得到了"十三五"江苏省高等学校重点教材（新编）建设资助，编写过程中也得到了中国矿业大学的大力支持与帮助，在此谨致由衷的谢意。

由于编者水平有限，加上时间仓促，书中不足和疏漏之处在所难免。另外，由于工程技术发展的日新月异，教材内容仍会存在对新技术反映不够的问题。诚挚地希望读者不吝赐教，批评指正。

编　者

2022年10月

目　录

第一章 井田开拓与设计

第一节 井田与井田的再划分

一、煤田划分为井田

煤田有大有小,大的煤田面积可达数百到数万平方千米,煤炭储量从数亿吨到数百亿吨,这种面积广大、储量丰富的大煤田称为"富量煤田"。对于"富量煤田",若由一个矿井来开采,不仅经济上不合理,而且技术上也难以实现,因此,需要将煤田划分成适合于由一个矿区(或一个矿井)来开采的若干个区域。

开发煤田形成的社会区域,称为矿区。大的煤田往往被划分为几个矿区去开发,面积和储量较小的煤田也可由一个矿区来开发。

矿区的范围仍然很大,需要根据煤炭储量、赋存条件等情况进一步划分为井田。在矿区内,划归给一个矿井开采的那一部分煤田,称为井田(矿田)。

(一)井田划分的原则

将煤田划分为井田时,要保证各井田有合理的尺寸和境界,使煤田各部分都能得到合理的开发。

1. 充分利用自然条件

尽可能利用大断层等自然条件作为井田边界,或者利用河流、铁路和城镇下面留设的安全煤柱作为井田边界,如图 1-1 所示。这样做既相对减少了煤柱损失,提高了煤炭采出率,又减少了给开采工作造成的困难,还有利于保护地面设施。

2. 合理的走向长度

井田范围必须与矿井生产能力相适应,尤其是要有合理的走向长度,以保证矿井有足够的储量和合理的井田参数。在一般情况下,井田走向长度应大于倾斜长度。井田走向长度过短,则难以保证矿井各个开采水平有足够的储量和合理的服务年限,造成矿井生产接替紧张;或者在这种情况下为保证开采水平有足够的服务年限而使阶段(水平)高度加大,将给矿井生产带来困难。但是,如果井田走向长度过长,又会给矿井通风、井下运输带来困难。因此,在矿井生产能力一定的情况下,井田走向长度过长或过短,都将降低矿井的经济效益。我国现阶段合理的井田走向长度一般为:小型矿井不小于 1 500 m;中型矿井不小于 4 000 m;大型矿井不小于 7 000 m。

3. 处理好相邻井田的关系

划分井田边界时,通常把煤层倾角不大、沿倾斜延展很宽的煤田分成浅部和深部 2 部分。一般应先浅后深、先易后难,分别开发建井,以节约初期投资,同时避免浅、深部矿井形成复杂的压茬关系。

当需加大开发强度,必须在浅、深部同时建井或浅部已有矿井开发需在深部另建新井

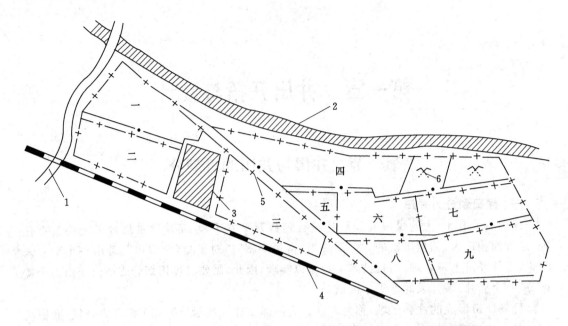

1—河流；2—煤层露头；3—城镇；4—铁路；5—大断层；6—小煤窑；一～九—划分的矿井。

图 1-1　利用自然条件作为井田边界

时，应考虑给浅部矿井的发展留有余地，不使浅部矿井过早地报废，浅部矿井井型及范围可比深部矿井小。

4．为矿井的发展留有余地

矿井投产后，在长达数十年的服务年限中其生产能力往往是不断增大的，所以，划分井田时，应充分考虑煤层赋存条件、技术发展趋势等因素，适当将井田划得大一些或者为矿井留一个后备区，为矿井的发展留有余地。

5．良好的安全经济效果

划分井田时，力求使矿井有合理的开拓方式和采煤方法，便于选定井口位置和地面工业场地，有利于保护生态环境，使井巷工程量小、投资省、建井期短、安全可靠，为煤矿企业取得最大的经济效益和社会效益打下良好的基础。

（二）井田人为境界的划分方法

除利用自然条件作为井田境界外，在不受其他条件限制时，往往要用人为划分的方法确定井田的境界。人为境界的划分方法，常用的有垂直划分、水平划分和按煤组划分等。

1．垂直划分

相邻矿井以某一垂直面为界，沿境界线两侧各留井田边界煤柱，称为垂直划分。井田沿走向两端，一般采用沿倾斜线、勘探线或平行勘探线的垂直面划分，如图 1-2 所示，一、二矿之间及三矿左翼边界即是。近水平煤层井田无论是沿走向还是沿倾向，都采用垂直划分法。

2．水平划分

以一定标高的煤层底板等高线为界，并沿该煤层底板等高线留置边界煤柱，这种方法称作水平划分。在图 1-2 中，三矿井田上部及下部边界就是分别以－300 m 和－600 m 等高线

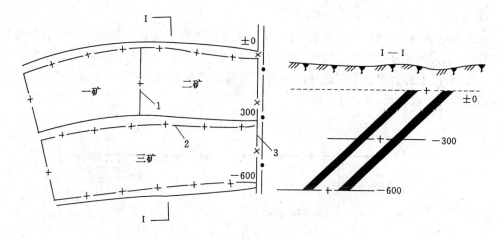

1—垂直划分;2—水平划分;3—以断层为界。
图 1-2　井田边界划分方法(单位:m)

为界的。这种方法多用于划分倾斜和急倾斜煤层井田的上、下部边界。

3. 按煤组划分

按煤层(组)间距的大小来划分井田边界,即把煤层间距较小的相邻煤层划归一个矿井开采,把煤层间距较大的煤层(组)划归另一个矿井开采。这种方法一般用于煤层或煤组间距较大、煤层赋存浅的矿区。在图 1-3 中,一矿与二矿即为按煤组划分矿界,并且同时建井。

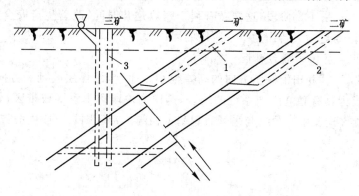

1、2—浅部分组建斜井;3—深部集中建立井。
图 1-3　矿界划分及分组与集中建井

矿界还可以按地质构造条件来划分,例如以断层为矿界,各矿沿断层线留置矿界煤柱。图 1-3 中三矿与一矿、二矿的矿界,图 1-2 中二矿、三矿右翼边界即是。

应当指出,无论用何种方法划分井田境界,都应力求做到井田境界整齐,避免犬牙交错而造成煤矿开采的困难。

二、井田的再划分

(一)井田划分成阶段或盘区

一个井田的范围相当大,其走向长度可达数千米到万余米,倾向长度可达数千米,因此,必须将井田划分成若干个更小的部分,才能按计划有序地进行开采。

1. 阶段的划分及特征

在井田范围内,沿着煤层的倾斜方向,按一定标高把煤层划分为若干个平行于走向的长条部分,每个长条部分具有独立的生产系统,称之为一个阶段。井田的走向长度即为阶段的走向长度,阶段上部边界与下部边界的垂直距离称为阶段垂高(一般为 100～250 m),阶段的倾斜长度为阶段斜长,如图 1-4 所示。

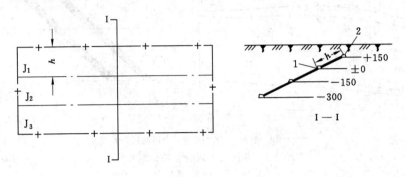

J₁、J₂、J₃—第一、二、三阶段;h—阶段斜长;
1—阶段运输大巷;2—阶段回风大巷。

图 1-4 井田划分为阶段(单位:m)

每个阶段都有独立的运输和通风系统。在阶段的下部边界开掘阶段运输大巷(兼作进风巷),在阶段上部边界开掘阶段回风大巷,为整个阶段服务。井田内阶段的开采顺序,一般是先采上部阶段,后采下部阶段,这样做有利于缩短建井时间,改善生产安全条件。上一阶段采完后,该阶段的运输大巷作为下一阶段的回风大巷。

2. 近水平煤层井田划分为盘区

开采近水平煤层,井田沿倾斜方向的高差很小。通常,沿煤层的延展方向布置大巷,在大巷两侧划分成为具有独立生产系统的块段,这样的块段称为盘区或带区,如图 1-5 所示。盘区内巷道布置方式及生产系统与采区布置基本相同。带区则与阶段内的带区式布置基本相同。

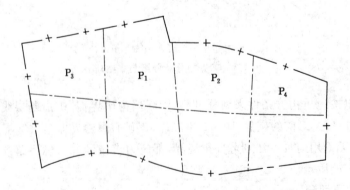

P₁、P₂、P₃、P₄—第一、二、三、四盘区。

图 1-5 井田直接划分为盘区

（二）阶段内的再划分

井田划分为阶段后，阶段的范围仍然较大，通常需要再划分，以适应开采技术的要求。阶段内的划分一般有 3 种方式，即采区式、分段式和带区式。

1. 采区式划分

在阶段范围内，沿走向把阶段划分为若干个具有独立生产系统的块段，每一块段称为采区。在图 1-6 中，井田沿倾向划分为 3 个阶段，每个阶段又沿走向划分为 4 个采区。

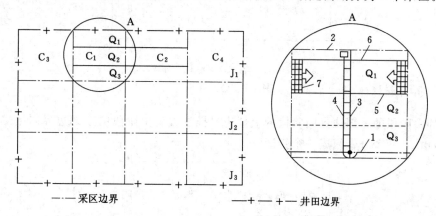

——采区边界　　　—+——+—井田边界

J_1、J_2、J_3—第一、二、三阶段；C_1、C_2、C_3、C_4—第一、二、三、四采区；
Q_1、Q_2、Q_3—第一、二、三区段；1—阶段运输大巷；2—阶段回风大巷；3—采区运输上山；
4—采区轨道上山；5—区段运输平巷；6—区段回风平巷；7—采煤工作面。

图 1-6　采区式划分

采区的倾向长度与阶段斜长相等。按采区范围大小和开采技术条件的不同，采区走向长度由 500～2 000 m 不等。采区的斜长一般为 600～1 000 m。确定采区边界时，要尽量利用自然条件作为采区边界，以减少煤柱损失和开采技术上的困难。

在采区范围内，沿煤层倾斜方向将采区划分为若干个长条部分，每一块长条部分称为区段。如图 1-6 所示，采区划分为 3 个区段，每个区段沿倾斜布置采煤工作面，工作面沿走向推进。每个区段下部边界开掘区段运输平巷，上部边界开掘区段回风平巷；各区段平巷通过采区运输上山、轨道上山与开采水平大巷连接，构成生产系统。

2. 分段式划分

在阶段范围内不划分采区，而是沿倾斜方向将煤层划分为若干平行于走向的长条带，每个长条带称为分段，每个分段沿倾斜布置 1 个采煤工作面，这种划分称为分段式。采煤工作面沿走向由井田中央向井田边界连续推进，或者由井田边界向井田中央连续推进，如图 1-7 所示。

各分段平巷通过主要上（下）山与开采水平大巷联系，构成生产系统。分段式划分与采区式相比，减少了采区上（下）山和硐室工程量；采煤工作面可以连续推进，减少了搬家次数，生产系统简单。但是，分段式划分仅适用于地质构造简单、走向长度较小的井田。

3. 带区式划分

在阶段内沿煤层走向划分为若干个具有独立生产系统的带区，带区内又划分成为若干个倾斜分带，每个分带布置 1 个采煤工作面，如图 1-8 所示。分带内，采煤工作面沿煤层倾

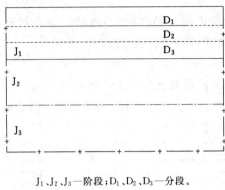

J_1、J_2、J_3—阶段；D_1、D_2、D_3—分段。

图 1-7　分段式划分

斜推进,即由阶段的下部边界向阶段的上部边界推进或者由阶段的上部边界向下部边界推进。一般由 2～6 个分带组成一个带区。

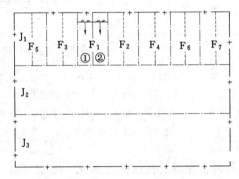

J_1、J_2、J_3—阶段；F_1、F_2、…、F_7—带区；①、②—分带。

图 1-8　带区式划分

　　带区式划分适用于倾斜长壁采煤法,巷道布置系统简单,比采区式划分巷道掘进工程量少,但分带工作面两侧倾斜回采巷道掘进困难、辅助运输不便。目前,我国大量应用的还是采区式,但在煤层倾角较小(<12°)的条件下,带区式的应用正在扩大。

　　采区、盘区和带区的开采顺序一般采用前进式,先开采井田中央井筒附近的采区或盘区、带区,以利于减少初期工程量和初期投资,使矿井尽快投产。

第二节　井田开拓方式

一、概述

1. 井田开拓方式的概念

　　由地表进入煤层为开采水平服务所进行的井巷布置和开掘工程称为井田开拓。开采水平是矿井运输大巷和井底车场所在的水平位置及所服务的开采范围。矿井开采水平常以其所在的标高或自上而下的顺序命名。如图 1-4 中的 ±0 m 水平、−150 m 水平、−300 m 水平,或称为第一水平、第二水平、第三水平。由于不同条件下的煤层赋存状态、地质构造、水文地质、地形及技术水平、经济状况不同,矿井的开拓方式也是各种各样的。矿井开拓方式是为开采煤炭而采用的井筒形式及布置方式(开采水平数目及阶段内巷道布置)。

2. 井田开拓方式的分类

井田开拓方式按井筒形式可分为立井开拓、斜井开拓、平硐开拓和综合开拓 4 类;按开采水平数目可分为单水平开拓和多水平开拓 2 类;按阶段内的布置方式可分为采区式、分段式和带区式 3 类。井田开拓方式是井筒形式、开采水平数目和阶段内布置方式的组合,如"立井-单水平-采区式""斜井-多水平-分段式""平硐-单水平-带区式"等。在开拓方式的构成因素中,井筒形式占有着突出的地位,因此常以井筒形式为依据对井田开拓方式进行分类。

3. 确定井田开拓方式的原则

井田开拓所解决的主要问题是:合理确定矿井生产能力和井田范围,进行井田内的划分,确定井田开拓方式、井筒数目及位置;选择主要运输大巷布置方式及井底车场形式;确定井筒延深方式及井田开采顺序等。这些问题关系到矿井生产系统的总体部署,既影响着矿井建设时期的技术经济指标,又将影响到整个矿井生产时期的技术面貌和经济效益;因此,对矿井开拓方式的选择要综合考虑各种因素的影响。

确定井田开拓方式应遵循如下原则:

(1) 合理集中开拓布置,建立完整简单的生产系统,以便于集中管理和选择高效率的机械设备,为提高矿井生产能力创造有利条件。

(2) 井巷布置和开采顺序合理,以减少煤炭损失,提高资源采出率。

(3) 具有完善的通风系统和良好的生产环境,为提高劳动生产率和安全生产创造条件。

(4) 开拓工程量小,初期投资少,建井期限短,出煤快。

(5) 应充分考虑国家的技术水平和装备供应情况,同时为采用新技术和发展机械化、自动化创造条件,减轻矿工劳动强度。

二、立井开拓

立井开拓是主、副井筒均采用立井的井田开拓方式,是我国煤矿矿井的主要开拓方式。立井开拓可分为单水平开拓和多水平开拓 2 类,按井田内划分、开采水平设置及开采方式不同,又可组合成多种井田开拓方式。

1. 立井单水平开拓

采用立井单水平开拓时,全井田只设 1 个开采水平。在井田中部开凿主、副井筒,到开采水平位置后,掘进井底车场、主要石门(当井底车场巷道直接与大巷相连时,可不掘主要石门)及大巷,然后进行采区准备。

根据矿井煤层条件的不同,立井单水平开拓可有不同的方式。下面以立井单水平带区式开拓为例进行介绍。立井单水平带区式开拓方式如图 1-9 所示,井田划分为 2 个阶段,阶段内采用带区式布置。

(1) 井巷开掘顺序。在井田中央开掘主井 1、副井 2,当掘至开采水平标高后,开掘井底车场 3、主要石门 4,当主要石门掘至预定位置后,在煤层底板岩层中向两翼开掘水平运输大巷 5,在煤层中开掘回风大巷 6。当运输大巷掘至一定位置后,掘进行人进风斜巷 12、运料斜巷 11 进入煤层,并沿煤层开掘分带运煤斜巷 7、溜煤眼 10、分带回风斜巷 8。当分带运煤斜巷、分带回风斜巷掘至井田边界后,沿煤层走向掘进开切眼,在开切眼内安装采煤设备后,即可由井田边界向运输大巷方向回采。

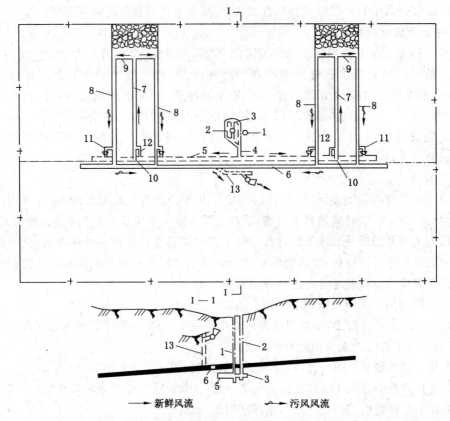

1—主井;2—副井;3—井底车场;4—主要石门;5—运输大巷;6—回风大巷;7—分带运煤斜巷;
8—分带回风斜巷;9—工作面;10—溜煤眼;11—运料斜巷;12—行人进风斜巷;13—回风井。

图 1-9　立井单水平带区式开拓

　　在图 1-9 中成对地布置 2 个采煤工作面,2 个工作面共用 1 条分带运煤斜巷,2 个工作面中的煤相向运输。这种工作面布置方式称为对拉工作面。

　　(2) 运输系统。工作面采出的煤由工作面刮板输送机运至分带运煤斜巷,由带式输送机运到溜煤眼,并在运输大巷装入矿车,由电机车牵引至井底车场,通过主井提升到地面。材料、设备由副井下放到井底车场,由电机车牵引送达分带材料车场,经材料斜巷利用小绞车提升至分带斜巷,然后运到工作面。

　　(3) 通风系统。新鲜风流由副井 2 进入,经井底车场 3、主要石门 4、运输大巷 5、行人进风斜巷 12、分带运煤斜巷 7 进入工作面。清洗工作面后的污风经各自的分带回风斜巷 8、回风大巷 6、回风井 13 由主要通风机排出地面。

　　这种开拓方式巷道布置及生产系统简单,运输环节少,通风路线短,并有建井速度快、投产早等优点;但是,上山阶段的分带回风是下行风,应加强通风,防止瓦斯聚积。这种方式一般适用于煤层倾角小于 12°、地质构造简单、煤层埋藏较深的矿井。

　　2. 立井多水平开拓

　　当井田内煤层垂直方向范围大时,可用多水平开拓。采用立井多水平开拓时,大致在井田中部开凿主井和副井,至第一水平位置后,开掘井底车场、主要石门和大巷,进行采区准备和开采。在第一水平减产前若干年,进行矿井开拓延深及第二水平的开拓准备,临近第一水平减产前,第二水平投入生产并逐步接替第一水平的生产。如还有下水平,仿此进行以下水平的开拓、准备和开采,直至采完全部井田。

立井多水平采区式开拓如图 1-10 所示。井田内有 2 层煤,分为 2 个阶段,其下部标高分别为 $+100$ m、-100 m,每个阶段沿走向划分为若干采区。2 层煤间距不大,采用联合布置,在 m_2 煤层底板岩石中布置阶段运输大巷和回风大巷,为 2 层煤共用。井田设置 2 个开

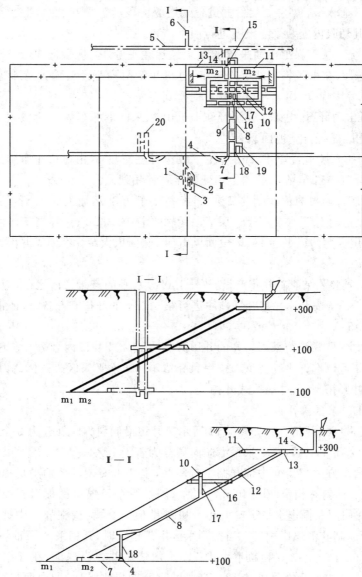

1—主井;2—副井;3—井底车场;4—运输大巷;5—回风大巷;6—回风井;7—采区下部车场;
8—运输上山;9—轨道上山;10—m_1 层区段运输平巷;11—m_1 层区段回风平巷;
12—m_2 层区段运输平巷;13—m_2 层区段回风平巷;14—回风石门;15—采区上部车场;
16—运输石门;17—区段溜煤眼;18—采区煤仓;19—行人进风斜巷;20—掘进工作面。

图 1-10 立井多水平采区式开拓(单位:m)

采水平,+100 m 水平为第一水平,-100 m 水平为第二水平,均采用上山开采。

(1)井巷掘进顺序。先在井田走向的中部开凿 1 对立井,即主井 1 和副井 2,待主、副井掘至+100 m 水平后,开掘井底车场 3 及主要石门。主要石门穿入 m_2 煤层底板岩石预定位置后,向两翼开掘运输大巷 4,当其掘至第一、第二采区中央后,开掘采区下部车场 7,在 m_2 煤层中掘进采区运输上山 8 及轨道上山 9。与此同时,在井田上部边界开掘回风井 6、回风大巷 5、回风石门 14 及采区上部车场 15,与采区上山贯通后,掘进第一区段的运输石门 16 及区段溜煤眼 17 通入 m_1 煤层。然后掘进各煤层的区段运输平巷、回风平巷及开切眼。一切准备好后,在开切眼内安装采煤设备进行回采。

(2)运输系统。从采煤工作面采出的煤炭经运输平巷 10、区段溜煤眼 17、采区运输上山 8 到采区煤仓 18,在采区装车站装入矿车,电机车牵引列车经运输大巷 4 进入井底车场 3,利用翻笼卸入井底煤仓,用箕斗由主井 1 提升到地面。

掘进巷道所出的矸石,由矿车装运经轨道上山 9、采区下部车场 7、运输大巷 4 至井底车场 3,由副井 2 用罐笼提升到地面。

材料设备用矿车装载经副井 2 用罐笼下放至井底车场 3,由电机车牵引经运输大巷 4 拉到各采区,经采区下部车场 7、轨道上山 9 转至各使用地点。

(3)通风系统。新鲜风流经副井 2 进入,经井底车场 3、运输大巷 4、行人进风斜巷 19、运输上山 8、区段运输石门 16 进入 m_1 层区段运输平巷 10,进入 m_1 煤层工作面。清洗工作面的污风由 m_1 层区段回风平巷 11、区段回风石门 14、回风大巷 5 经回风井由通风机排到地面。

矿井开采一个水平保证矿井年产量,当+100 m 水平的产量递减之前,应及时延深主、副井至-100 m 水平,按上述井巷开掘顺序进行第二水平的开拓和准备,保证正常接替。

三、斜井开拓

斜井开拓是主、副井筒均采用斜井的井田开拓方式。按井田内划分和阶段内的布置方式不同,斜井开拓可以有许多种类型。这里只介绍斜井单水平采区式开拓、斜井多水平分段式开拓(片盘斜井开拓)和斜井盘区式开拓。

1. 斜井单水平采区式开拓

斜井单水平采区式开拓方式如图 1-11 所示。井田沿倾斜方向划分为 2 个阶段,每个阶段沿走向划分为若干个采区,每个采区沿倾向划分为若干个区段。

井巷开掘顺序:在井田走向中部开掘 1 对斜井,主井 1 安装带式输送机提升煤炭,副井 2 用作辅助提升。两斜井相距 30～40 m。当主、副井筒掘至煤层底板岩石预定位置时,开掘井底车场 3,并向两翼掘进水平运输大巷 4 和副巷 5。运输大巷在岩石中掘进,距煤层底板垂直距离 20 m,副巷沿煤层掘进。当掘到采区中部位置时,开掘采区下部车场通入煤层,并沿煤层掘进采区运输上山 6 和轨道上山 7。为加快矿井建设速度,在开掘主、副井的同时,可以在井田上部边界开掘回风井 12。当风井掘至回风水平后,即向两翼开掘阶段回风大巷 11,并在采区上部掘进采区上部车场,贯通采区上山。然后就可以在区段内掘进区段运输平巷 8、区段回风平巷 9 及采煤工作面开切眼,并在开切眼内安装采煤设备。

这种开拓方式的优点是:用一个开采水平开采整个井田,井巷和硐室工程量少,矿井基本建设投资少;水平服务年限长,可充分利用各种设备、设施和开拓巷道;上、下山采区可同时开采,有利于合理集中生产;不需要延深井筒,有利于矿井稳定生产。缺点是在矿井涌水

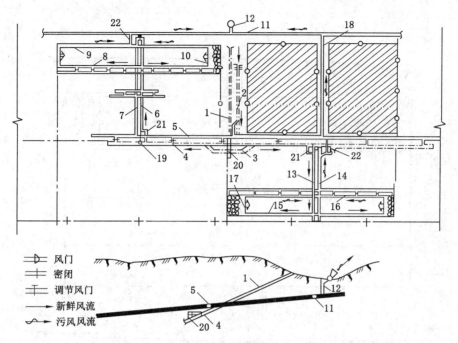

1—主井；2—副井；3—井底车场；4—水平运输大巷；5—副巷；6—采区运输上山；

7—采区轨道上山；8、15—区段运输平巷；9、16—区段回风平巷；10、17—采煤工作面；

11—阶段回风大巷；12—回风井；13—采区运输下山；14—采区轨道下山；18—专用回风上山；

19—采区煤仓；20—井底煤仓；21—行人进风斜巷；22—回风联络巷。

图 1-11　斜井单水平采区式开拓

量大、瓦斯等级高时，下山排水困难。因此，这种开拓方式一般适用于煤层倾角小、瓦斯含量小、涌水量不大、井田倾斜长度较短的井田。

2. 斜井多水平分段式开拓（片盘斜井开拓）

将井田沿倾斜按一定标高划分为若干个分段（又称片盘）。自地面沿煤（岩）层倾斜开拓斜井，然后依次开采各个片盘的开拓方式，称作片盘斜井开拓，如图 1-12 所示。井田内有 1 层缓斜可采煤层，沿倾斜分为若干个片盘，每个片盘沿倾斜布置一个采煤工作面，井田两翼同时开采。

井巷掘进顺序：在井田走向中央沿煤层开掘 1 对斜井，直达第一片盘的下部边界。斜井 1 为主井，用于运煤和进风；斜井 2 为副井，用于提升矸石、运送材料和人员，兼作回风。两井筒相距 30～40 m，用联络巷 8 联通。在第一片盘下部 20～30 m 从井筒开掘第一片盘甩车场。

在第一片盘的下部边界和上部边界分别开掘第一片盘运输平巷 3 及回风平巷 5、副巷 6，每隔一定距离掘联络巷 10 将运输平巷 3 与副巷 6 贯通。当运输平巷 3 和回风平巷 5 掘至井田边界时，由运输平巷向回风平巷掘一倾斜巷道使其连通，称为开切眼，即工作面开始推进的地方。在开切眼内安装采煤设备后，即可由井田边界向井筒方向后退开采。

为了保证矿井连续生产，第一片盘未采完前就应将斜井延深到第二片盘下部，并掘出第二片盘的全部巷道。一般情况下，第一片盘的运输平巷可作为第二片盘的回风平巷，由上而下逐个开采各片盘。

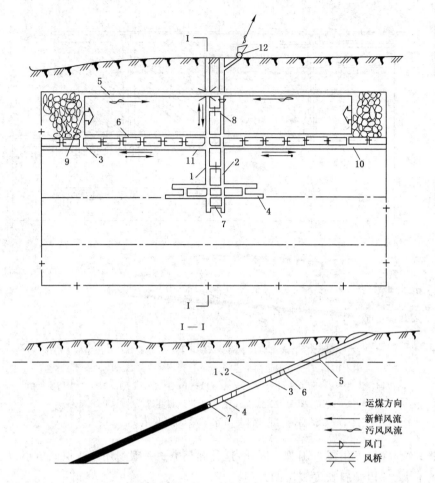

1—主井；2—副井；3—第一片盘运输平巷；4—第二片盘运输平巷；5—第一片盘回风平巷；
6—副巷；7—井底水仓；8—联络巷；9—采煤工作面；10—联络巷；11—车场；12—主要通风机。

图 1-12　片盘斜井开拓

这种开拓方式的优点是：巷道布置和生产系统简单，初期工程量小、投资少、建井期短；斜井沿煤层掘进施工容易，还能补充地质资料，进一步了解煤层赋存情况；矿井技术装备及生产管理比较简单。其缺点是：矿井内不能布置较多的工作面，矿井生产能力小；各片盘服务年限短，井筒需要经常延深，容易出现掘进与生产相互干扰；由于采用连续开采，遇到断层、褶曲时很难保证矿井正常生产，对地质变化适应性差。因此，这种开拓方式一般适用于煤层埋藏稳定、地质构造比较简单、井田走向长度和倾斜宽度不大、煤层埋藏不深的小型矿井。

3. 斜井盘区式开拓

对于近水平煤层，由于全井田沿倾斜高差不大，一般可将井田划分为盘区，采用斜井盘区式开拓，如图 1-13 所示。这种开拓方式与斜井单水平采区式开拓的巷道系统及生产系统基本相似。不同之处在于：近水平煤层斜井盘区开拓的运输大巷和总回风巷可以并列布置在井田倾斜的大致中央；近水平煤层的盘区上（下）山可以用盘区石门取代；盘区上（下）山或盘区石门的巷道施工、通风、行人都比较方便，运输方式灵活，运输容易，运输距离不受限制。

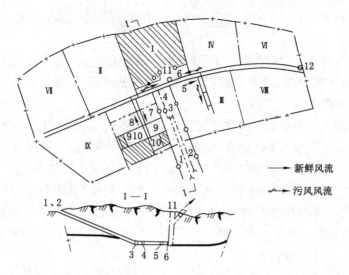

1—主井;2—副井;3—井底车场;4—石门;5—运输大巷;6—回风大巷;7—盘区运输巷;
8—盘区回风巷;9—区段运输平巷;10—区段回风平巷;11—初期回风井;12—后期回风井。

图 1-13 斜井盘区式开拓

四、平硐开拓

自地面利用水平巷道进入地下煤层的开拓方式,称为平硐开拓。这种开拓方式在一些山岭、丘陵地区较为常见。采用这种开拓方式时,井田内的划分方式、巷道布置与前面所述的立井、斜井开拓方式基本相同,其区别主要在于进入煤层的方式不同。

平硐开拓方式一般以 1 条平硐开拓井田,主平硐担负运煤、出矸、送运物料、通风、排水、敷设管道及电缆、行人等多项任务;在井田上部开掘回风平硐或回风井,用于全井田回风,如图 1-14 所示。

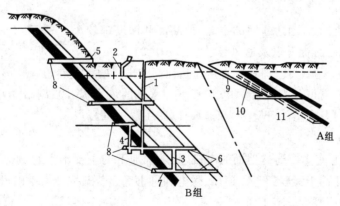

1—立井;2—小风井;3—暗立井;4—溜煤井;5—平硐;6—石门;
7—煤门;8—平巷;9—斜井;10—上山;11—下山。

图 1-14 平硐开拓

平硐内多采用胶轮车运输,也可采用强力带式输送机运输。各采区采出的煤,在装车站装入矿车后,由电机车牵引经主平硐直接运出硐外。井下所用物料及设备装入矿车(平板车或材料车)由电机车牵引从地面直接进入平硐,到各采区下部车场,再经轨道上山转到各使用地点。地下涌水由各采区巷道流入平硐水沟中,自行流出地面。为排水方便,平硐必须有0.3%~0.5%的流水坡度。

由于地形条件和煤层赋存状态不同,根据平硐与煤层走向的相对位置的不同,平硐分为走向平硐、垂直平硐和斜交平硐;根据平硐所在标高的不同,平硐分为单平硐和阶梯平硐。

五、综合开拓

对于地面地形和煤层赋存条件复杂的井田,如果主、副井筒均为一种井筒形式,可能会给井田开拓造成生产技术上的困难,或者在经济上不合理。在这种情况下,可以根据井田范围内的具体条件,主井和副井选择不同形式的井筒,采用综合开拓方式。

采用立井、斜井和平硐等任何2种或2种以上井筒(硐)形式开拓的方式称为综合开拓。3种井筒(硐)形式各有优缺点,根据井田的具体条件,选择能发挥各自优点的井筒形式是很有必要的,不应局限于某种单一井筒(硐)形式。3种井筒(硐)形式能组合成斜井-立井、平硐-立井和平硐-斜井等多种方式。

第三节 矿井巷道分类

为了采出煤炭,必须从地面向地下开掘一系列的井巷。根据不同的分类方法可以将井巷分为多种类型:按井巷空间位置可分为垂直巷道、水平巷道、倾斜巷道和硐室;按巷道的用途和服务范围可分为开拓巷道、准备巷道和回采巷道。

一、按空间位置分

1. 垂直(直立)巷道

(1)立(竖)井。它有通达地面的出口,是进入地下的主要垂直巷道(图1-14中1),一般位于井田中部。担负矿井主要提煤任务的称为主井,担负人员升降、下料和提矸等辅助提升任务的称为副井。

(2)小井。它也有通达地面的出口,但断面和深度都较小,一般位于井田上部边界,只用于地质勘探或临时提升以及通风等(图1-14中2)。

(3)暗立井(盲立井)。即没有直接通达地面的出口的垂直巷道(图1-14中3)。根据所担负的任务不同,它可分为主暗立井(用于下一水平的煤炭提升)、副暗立井(用于下一水平的矸石提升、物料及人员的升降等)和溜煤井(图1-14中4)。

2. 水平巷道

(1)平硐。它有1个通达地面的出口,是进入地下的主要水平巷道(图1-14中5)。一般除运煤外,它还用于运料、行人、通风、供电和排水等。若开掘2条平硐,根据用途不同,也可分成主平硐和副平硐。

(2)平巷。不直通地面,坡度近似水平的巷道。它一般有集中运输平巷(图1-14中8)、主要运输平巷(图1-15中5)、区段运输平巷和回风平巷(图1-15中20、21、23)等。

(3)石门。没有通达地面的出口,在岩层中开掘的垂直或斜交于岩层走向的水平巷道。它一般有联络石门(图1-14中6)、运输石门(图1-15中4、9)和回风石门(图1-15中7、17)等。

(4)煤门。没有通达地面的出口,在煤层中开掘的垂直或斜交于煤层走向的水平巷道(图1-14中7)。煤门在厚煤层中较为常见。

3. 倾斜巷道

(1) 斜井。它有 1 个通达地面的出口,是进入地下的主要倾斜巷道(图 1-14 中 9)。其用途与立井相同,也有主、副井之分。

(2) 上山。没有通达地面的出口,且位于开采水平之上,沿煤层或岩层从主要运输大巷由下向上开掘的倾斜巷道。根据服务范围不同,上山可分为阶段上山和采区上山等。根据用途不同,上山可分为输送机上山(图 1-15 中 14)和轨道上山(图 1-15 中 15)。有的采区还布置有通风或行人上山、集中溜煤上山等。

(3) 下山。它的位置和开掘方向与上山相反。除溜煤下山、输送机下山(图 1-15 中 27)是向上运煤,轨道下山(图 1-15 中 28)是从上向下运料以外,其他与上山相似。

(4) 溜煤眼。专作溜煤用的小斜巷。

(5) 开切眼。连接区段运输平巷和区段回风平巷的斜巷(图 1-15 中 24)。开切眼是采煤工作面的始采位置。

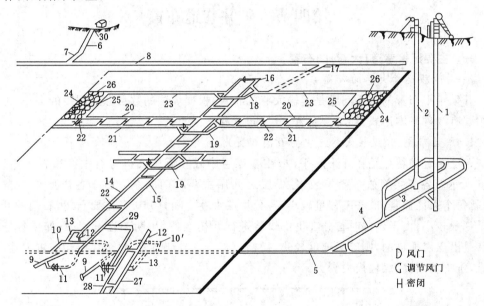

1—主井;2—副井;3—井底车场;4—主要运输石门;5—主要运输平巷;6—风井;7—主要回风石门;
8—主要回风平巷;9—采区运输石门;10—采区下部装煤车场;11—采区下部材料车场;12—采区煤仓;
13—行人进风巷;14—运输上山;15—轨道上山;16—上山绞车房;17—采区回风石门;18—采区上部车场;
19—采区中部车场;20—区段运输平巷;21—下区段回风平巷;22—联络巷;23—区段回风平巷;
24—开切眼;25—采煤工作面;26—采空区;27—运输下山;28—轨道下山;29—下山回风联络巷;30—风硐。

图 1-15　矿井巷道系统

4. 硐室

井下生产系统的构成,还必须设置一定数量的硐室。硐室实际上就是长度较小、断面较大的特殊巷道,一般有变电所、水泵房、火药库、电机车库、躲避所、井下调度室和候车室等。

二、按用途和服务范围分

1. 开拓巷道

为全矿井或 1 个开采水平服务的巷道称为开拓巷道。如井筒(或平硐)、井底车场、回风井、主要石门、主要运输平巷和回风平巷等巷道(图1-15中的1～8)为开拓巷道。

2. 准备巷道

为1个采区或2个以上的采煤工作面服务的巷道称为准备巷道。如采区车场、采区煤仓、采区上(或下)山、区段集中平巷、区段集中石门等巷道(图1-15中的9～17、27、28、29、10'、11')为准备巷道。

3. 回采巷道

为1个采煤工作面服务的巷道称为回采巷道。如区段车场、区段运输平巷和回风平巷、工作面开切眼等巷道(图1-15中的18～24)为回采巷道。

三、按巷道掘进层位分

由于巷道掘进层位不同,根据巷道掘进断面中岩石与煤层所占的比例,巷道可分为岩石巷道(简称岩巷)、煤层巷道(简称煤巷)和半煤岩巷。

第四节　矿井巷道布置

一、主要运输巷道(大巷)的布置

(一)阶段运输大巷的布置

开采水平布置的核心问题是运输大巷的布置,根据煤层的数目和层间距的大小,运输大巷布置有3种基本形式,即单层布置、分组布置和集中布置。

1. 单层布置(分煤层大巷与主要石门布置)

单层布置的特点是在开采水平内,在各煤层中或在煤层底板岩石中都布置大巷,如图1-16所示。各煤层单独布置采区,各煤层之间用主要石门联系。由于各煤层单独布置采区,就每个采区而言,准备工程量较小,各分煤层大巷之间只开1条主要石门,石门的开拓工程量一般较小;由于建井时首先在上部煤层进行开拓准备,初期工程量较小;如果各分煤层大巷是沿煤层掘进的,则施工速度较快,初期投资少。其缺点是,每个煤层均布置大巷,维护困难,维护费用高,煤柱损失较大。

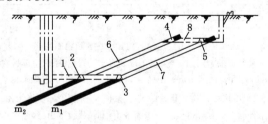

1—主要石门;2—上煤层运输大巷;3—下煤层运输大巷;4—上煤层回风大巷;
5—下煤层回风大巷;6—上煤层采区上山;7—下煤层采区上山;8—主要回风石门。
图1-16　分层大巷和主要石门布置

一般在井田走向不太长、煤层数目少、煤层间距大、采用高度集中化生产(一矿一面或两面)时,单层布置才最有利。

2. 集中布置(集中大巷与采区石门布置)

集中布置的特点是在开采水平内只布置1条或1对集中大巷,用采区石门联系各煤层,如图1-17所示。该布置方式的大巷工程量较小;大巷一般布置在煤组底板岩层或最下部较坚硬的薄及中厚煤层中,容易维护,生产区域较集中,有利于提高井下运输效率;由于以采区石门联系各煤层,可同时进行若干个煤层的准备和回采,开采顺序较灵活,开采强度较大。其缺点是矿井投产前要开掘主要石门、集中运输大巷和采区石门,才能进行上部煤层的准备与回采;煤组厚度大时,初期建井工程量较大,建井工期较长,每一采区都要开掘采区石门,煤层间距大时采区石门总长度大。因而,这种布置方式适用于井田走向长度大、服务年限长、煤层数目多、层间距不大的矿井。

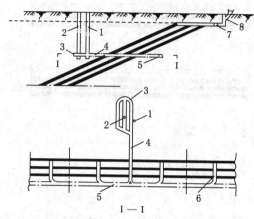

1—主井;2—副井;3—井底车场;4—主要石门;
5—集中运输大巷;6—采区石门;7—集中回风大巷;8—回风井。
图 1-17　集中运输大巷和采区石门布置

3. 分组布置(分组集中大巷与主要石门布置)

分组布置的特点是将煤层划分为若干分组,每个分组开掘 1 条集中大巷,分组内采用采区石门联系,分组集中大巷之间用主要石门或分区石门联系,如图 1-18 所示。这种布置方式总的巷道工程量较小;生产较集中,大巷维护容易。其缺点是石门总长度较长。因此,它适用于开采煤层数较多、层间距大小不等的矿井;特别是由于井筒布置要求,当井底车场落在煤层组的上部或中间时,采用分组布置,初期工程量小,建井工期短。

采用分组集中布置大巷时,合理划分分组应注意以下问题:

(1) 层间距较近的煤层可以划为一组,以减少采区石门的掘进工程量。

(2) 有些煤层的间距虽较大,但煤层受断层切割或赋存不稳定,只有局部块段可采,储量较少,不宜单独设大巷,可根据情况与其邻近煤层划为一组。

(3) 根据国家需要和用户要求,对不同煤种和煤质的煤层可分别划组,以便分采分运,保证原煤质量。

(4) 对瓦斯涌出量差异很大的几个煤层,在技术安全上有必要时,可分别划组,以便于风量分配和管理;对涌水量大、有突水威胁的煤层,可分层布置,便于采取防治水患的措施。

(5) 为实现合理集中生产,简化配采关系,同时生产的煤组一般不多于 2 个。

近水平煤层由于煤层倾角平缓,井田形状多不规则,可按煤层的不同方向、不同数目和位置布置大巷。

一般来说,上述几种大巷布置方式有各自的优缺点和适用条件,具体大巷布置方式应依据矿井开采条件进行技术经济分析比较后确定。

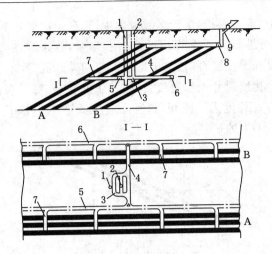

1—主井;2—副井;3—井底车场;4—主要石门;5—A 煤组集中运输大巷;
6—B 煤组集中运输大巷;7—采区石门;8—回风大巷;9—回风井;10—回风石门。

图 1-18　分组集中运输大巷

（二）阶段运输大巷位置

确定阶段运输大巷在煤组中的具体位置是与选择运输大巷的布置方式密切联系的。由于运输大巷不仅要为上水平开采的各煤层服务,还将作为开采下水平各煤层的总回风巷,其总的使用期限达十余年至数十年,为便于维护和使用,应不受开采各煤层的采动影响,一般将运输大巷设在煤组的底板岩石中;有条件时,也可设在煤组底部煤质坚硬、围岩稳固的薄及中厚煤层中。

大巷布置在煤层中的优点是:容易施工,掘进速度快,掘进费用低,便于机械化作业,掘进中可以进一步探明煤层变化情况和地质构造。缺点是巷道受采动影响,维护困难,维护费用高,大巷两侧要留 30～40 m 煤柱,煤炭损失大;采区发生火灾时不易封闭。

大巷布置在岩层中的优点是:巷道维护条件好,维护费用低,巷道施工能按要求保持一定方向和坡度;少留煤柱或不留煤柱,减少煤炭损失,便于设置煤仓;在有瓦斯突出和自然发火危险的矿井中,采区封闭好。缺点是岩石工程量大,掘进施工困难,掘进速度慢,掘进费用高。

选择岩石大巷的位置时,主要考虑两方面因素,一是大巷的距离,二是大巷所在的岩层层位。

二、总回风巷道的布置

总回风巷道的位置需在矿井开拓和通风系统中统一考虑。在井田开拓中,第一水平总回风巷一般布置在第一水平上山采区的上部,沿井田走向的上部边界。下一水平的总回风巷通常可利用上水平的运输大巷。

矿井第一水平总回风巷的设置应根据不同情况区别对待。

当井田上部冲积层厚和含水丰富时,要在井田上部沿煤层侵蚀带留置防水煤柱。在这种情况下,总回风巷道应设在防水(砂)煤岩柱以下。

为便于总回风巷的掘进和维护,总回风巷的标高宜一致。当井田上部边界标高不一致时,总回风巷可按不同标高分段布置,兼作运料时分段间设必要的辅助运输和提升设备。为便于组织流水施工和维护,段数不宜过多。

对开采近水平煤层的矿井,总回风巷可位于大巷一侧平行并列布置,或设在下部煤层中,或设在下部岩层中,其选定的原则与运输大巷布置相同。

对于采用采区小风井通风的矿井,第一水平可不设总回风巷。分区域开拓的矿井也不设全矿性总回风巷。

对一些多水平同时生产的矿井,为使上水平的进风与下水平的回风互不干扰,有时要在上水平布置 1 条与集中运输大巷平行的下水平总回风巷。该巷在运输大巷掘进时可作为配风副巷。

三、采区巷道的布置

采区巷道布置应满足下列原则:

(1)巷道布置简单,生产环节少。一般应力求用最少的巷道开掘量和维护费用来形成完整的采区生产系统并保证足够的生产能力。

(2)煤炭损失少,采区采出率高。

(3)生产安全,符合《煤矿安全规程》有关规定。

(4)适应机械化发展的要求,为提高劳动生产率打下基础。

(一)采区上下山布置

采区上下山的位置,有布置在煤层中或底板岩石中的问题;对于煤层群联合布置的采区,还有布置在煤层群的上部、中部或下部的不同方案。

1. 煤层上(下)山

采区上(下)山沿煤层布置,掘进容易、费用低、速度快,联络巷道工程量少。其主要问题是煤层上(下)山受工作面采动影响较大,生产期间上(下)山的维护比较困难,特别是在缺乏先进支护手段的情况下。虽然加大煤柱尺寸可以改善上(下)山维护,但会增加煤炭损失。

2. 岩石上(下)山

对单一厚煤层采区和联合准备采区,为改善维护条件,目前多将上(下)山布置在煤层底板岩石中,其技术经济效果比较显著。岩石上(下)山与煤层上(下)山相比,维护状况良好,维护费用低,同时上(下)山离开了煤层一段距离,少受采动影响。一般条件下,视围岩性质,采区岩石上(下)山与煤层底板间的法线距离取 10~15 m 比较合适。

3. 上(下)山数目

采区上(下)山至少需要 2 条,即 1 条运输上(下)山和 1 条轨道上(下)山才能形成完整的生产系统。根据生产的发展和开采条件的变化,可以增设第三条通风、行人上(下)山。

4. 上(下)山坡度

轨道上(下)山的提升方式,一般采用绞车牵引的串车方式或循环绞车(无极绳)运输方式。采用串车提升的,要求上(下)山坡度应小于 25°;采用循环绞车运输的,要求上(下)山坡度不超过 10°。当煤层倾角小于 25°时,无论是煤层轨道上(下)山,还是岩层轨道上(下)山,其坡度应与煤层倾角一致;当煤层倾角大于 25°时,应将上(下)山坡度控制在 25°以下。

(二)采区平巷的布置方式

区段运输平巷一般采用带式输送机或多台刮板输送机串联运煤。为保证输送机的正常运行和发挥设备效能,运输平巷在布置上可以有一定的坡度变化,但要求在 1 台输送机长度范围内必须保持直线方向。区段回风平巷中一般铺设轨道,采用矿车或平板车运送材料、设备。轨道平巷在布置上允许有一定的弯曲,但要求巷道要按一定的流水坡度施工。同时,为了便于平巷与采煤工作面的连接,要求两条区段平巷都必须布置在所开采煤层的层位上,而且尽量保持相互平行,以便形成等长工作面,为采煤工作面创造优越的开采技术条件。

在生产实际中,由于受到地质条件的影响,煤层往往有较大的起伏变化,运输平巷和回风平巷在布置上往往不容易满足上述的要求。要根据煤层走向变化情况和平巷运输设备的特点,采取双直线式、折线-弧线式或双弧线式等布置形式。

(1)双直线式布置

2条区段平巷均按中线掘进,在平面上2条巷道呈平行直线状,在剖面上则有起伏变化,如图1-19所示。区段运输平巷和区段回风平巷均布置成直线巷道,能基本上保持采煤工作面的长度不变,便于组织生产和发挥机械效能,有利于综合机械化采煤。区段运输平巷可以铺设长距离带式输送机,减少运输设备占用台数和煤炭转载次数。但由于巷道有一定的起伏,在巷道低洼处需安设小水泵排水,在轨道平巷要设小绞车解决材料设备的运输问题。双直线式布置只适用在煤层起伏变化不大的稳定煤层中。

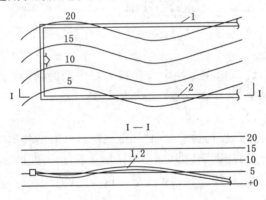

1—区段回风平巷;2—区段运输平巷。

图1-19　双直线式平巷布置(单位:m)

(2)折线-弧线式布置

当煤层沿走向起伏变化较大时,运输平巷可采用折线式布置,回风平巷则采用弧线式布置。这样既能满足输送机平巷要求直、允许有一定坡度变化的要求,又能满足轨道平巷要求保持一定坡度、允许有一定弯曲的要求。

以图1-20为例,在煤层底板等高线图上从 A 点向 E 点开掘区段平巷,如果沿煤层底板按腰线掘进平巷,掘成的平巷其轴线方向就随煤层走向变化而弯曲变化,只可铺设轨道使用矿车运输,而不适宜铺设输送机。为了适应输送机铺设对巷道取直的要求,如果从 A 点按中线在煤层中掘进巷道,即如图中虚线 ABCDE 所示,掘出的巷道起伏变化将会很大,在垂直面上呈弯曲状,也不完全适合于输送机的运转。在煤矿生产实际中,常选取几个主要的转折点,同时考虑每台输送机的适宜长度,取折线式布置,如图中的点画线 AFGH 所示。

轨道平巷沿煤层走向掘进时,只要及时给出腰线,就比较容易掌握巷道掘进方向和位置。而运输平巷在掘进之前就应及时掌握煤层变化情况,确定巷道的变向转折点,以便按中线掘进。因此,上区段的运输平巷常与下区段回风平巷同时掘进,且回风平巷超前一段距离,为运输平巷的定向探明煤层变化情况。

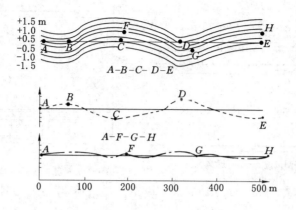

图 1-20　区段平巷坡度变化图

（3）双弧线式布置

在煤层走向变化较大，区段运输平巷采用矿车运煤时，可将区段运输平巷和回风平巷均沿煤层走向布置成弧线形。

（二）按采区平巷的掘进方式布置

按掘进方式的不同，采区平巷通常有双巷布置和单巷布置 2 种方式。

1. 平巷的双巷布置

双巷布置是指上一区段运输平巷和下一区段回风平巷两巷同时掘进成巷的布置方式。

对于普通机械化采煤和爆破采煤，在煤层走向变化较大的情况下，采用双巷布置时通常区段轨道平巷超前于区段运输平巷掘进，这样既可探明煤层变化情况，又便于辅助运输和排水。对于煤层瓦斯含量较大、一翼走向长度较长的采区，双巷掘进有利于掘进通风和安全。煤层瓦斯含量很大的矿井，需要在工作面采煤前预先抽采瓦斯时，或者工作面后方采空区瓦斯涌出量很大，需加强通风和排放采空区瓦斯时，可将区段回风平巷布置成双巷。图 1-21 所示的就是将靠近采空区的 1 条回风平巷作为瓦斯尾巷，专用作排放采空区瓦斯。

对于综合机械化采煤，采区平巷采用双巷布置时，可以缩小巷道断面，将输送机与移动变电站、泵站分别布置在 2 条巷道内，运输平巷随采随弃，而对移动变电站、泵站所在的平巷加以维护，作为下区段的回风平巷，如图 1-22 所示。这种布置方式的缺点是，配电点到用电设备的输电电缆以及乳化液输送管、水管等需穿过 2 条平巷之间的联络巷，工作每推进 1 个联络巷的距离时，需移置电站、泵站并将电缆、油管等管线拆下来在另一条联络巷中重新布置，给生产、维修带来不便。

采用双巷布置时，当上区段采煤工作面一结束，就应立即转到下区段进行回采，以减少回风平巷的维护时间。

2. 平巷的单巷布置

当煤层瓦斯含量不大、煤层埋藏稳定、涌水量不大时，一般常采用单巷布置。单巷布置的区段平巷在掘进时，只要加强掘进通风，减少风筒漏风，掘进长度一般可达 1 000 m 以上。综合机械化采煤单巷布置时，区段运输平巷内的一侧需设置转载机和带式输送机，另一侧设置泵站及移动变电站等电气设备，因而巷道断面较大，一般达 12 m² 以上；区段回风平巷也

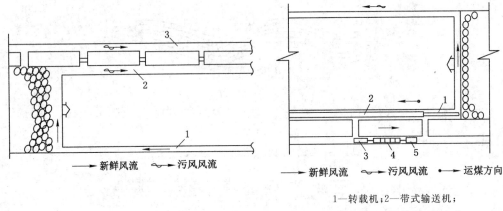

1—区段运输平巷；2—区段回风平巷；3—瓦斯尾巷。

图 1-21　排放采空区瓦斯的区段平巷布置

1—转载机；2—带式输送机；

3—变电站；4—泵站；5—配电点。

图 1-22　综采区段平巷的双巷布置

因工作面产量大、通风风量大，其断面也较大，与运输平巷断面基本相同或略小，如图 1-23(a)所示。由于巷道断面大，不利于掘进和维护，要求采用强度较高的支护材料。

在低瓦斯矿井，煤层倾角小于 10°、允许采用下行风的采煤工作面，可将配电点、变电站等布置在区段上部平巷中，区段上部平巷进风，下部平巷回风，如图 1-23(b)所示。这种布置方法可减小平巷断面，但应加强对瓦斯和煤尘的管理，以保证生产安全。

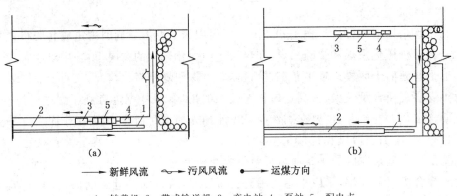

(a)　　　　　　　　　　　　　　　　(b)

1—转载机；2—带式输送机；3—变电站；4—泵站；5—配电点。

图 1-23　综采区段平巷的单巷布置

【复习思考题】

1. 煤田划分为井田的方法有哪些？

2. 阶段内的再划分方式有哪些？

3. 什么叫井田开拓？什么叫开采水平？

4. 井田开拓方式可分为哪几类？各自有何特点？

5. 简述矿井巷道的分类。

第二章　矿山地质基础

地质工作是煤矿生产的先锋，地质资料（主要指煤层、岩层的埋藏情况和地质构造等）是矿井设计与日常生产的重要依据。没有可靠的地质资料，矿井设计与生产就会陷入盲目状态。煤矿地质工作包括煤田地质勘探和矿井地质工作，前者指找煤开始和最终获得一定精度的地质资料，以满足矿井设计的需要；后者则指在建井和生产过程中进一步查清地质情况，直接为生产服务。

第一节　煤层埋藏特征与煤层分类

一、煤的分类

我国煤炭资源丰富，煤种齐全。按煤化程度和工艺性能，煤炭可分为褐煤、烟煤和无烟煤 3 大类，其煤化程度逐渐升高。其中，烟煤又可分为长焰煤、气煤、肥煤、焦煤、瘦煤和贫煤，越往后煤化程度越高。

二、煤层埋藏特征

（一）煤田和储量

1. 煤田

在同一地质历史发展过程中，由含炭物质沉积并连续发育而形成的大面积含煤地带，称为煤田。煤田的范围、储量大小不一，小型煤田的面积不大，储量只有几百万到几千万吨；大型煤田的面积有数千或数万平方千米，储量可达几亿到几百亿吨。

2. 煤的储量

煤的储量是指地下埋藏着具有工业开采价值的煤炭资源的数量，可用分级和分类来表示其价值，见图 2-1。

- 地质储量（矿井总储量）
  - 平衡表内储量（A+B+C+D）（能利用储量）
    - 工业储量（A+B+C）
      - 可采储量
      - 设计损失量
    - 远景储量（D）
  - 平衡表外储量（尚难利用储量）

图 2-1　煤炭储量分类图

根据煤田内不同块段的勘探程度，煤的储量可分为 A、B、C、D 四级。A、B 级称为高级储量；C、D 级称为低级储量。级别越高，表示地质情况勘查得越详细，对煤炭的数量和质量了解得越可靠。

（1）地质储量。由地质勘探在一定范围和计算深度内所获得的总储量，称为地质储量。一个矿井范围内的地质储量，习惯上称为矿井总储量。

（2）平衡表外储量。由于煤炭灰分高、厚度小、水文地质条件复杂等，在目前技术条件下暂时不能开采的储量,也称尚难利用储量。

(3)平衡表内储量。符合当前开采技术经济条件,可以开采和利用的储量,也称能利用储量。

(4)工业储量。指平衡表内比较清楚的 A、B、C 三级储量的总和,是矿井设计和投资的依据。

(5)远景储量。指平衡表内的 D 级储量,由于勘探程度不高,有待进一步勘探,提高储量级别后,才能直接利用。它是矿井远景规划的依据。

(6)可采储量。指工业储量中可以采出的那一部分储量。

(7)设计损失量。指为了煤矿生产安全和技术上的需要,按设计规定遗留在井下的那一部分储量,例如:井筒保护煤柱;断层、河流、边界(井田和采区边界)、巷道等的保护煤柱。

(二)煤层埋藏特征

煤像其他沉积岩层一样,一般呈层状分布,但也有呈鸡窝状、扁豆状或其他似层状。不同的煤层其结构、厚度和稳定性等有所不同。

1. 煤层结构

根据煤层中有无稳定的岩石夹层(夹矸),煤层分为简单和复杂 2 种结构类型。

(1)简单结构煤层。煤层中不含稳定的呈层状的岩石夹层,但含有呈透镜体或结核分布的矿物质[图 2-2(a)]。一般厚度较小的煤层往往结构简单,说明煤层形成时沼泽中植物遗体堆积是连续的。

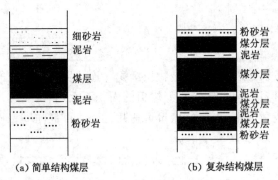

(a) 简单结构煤层　　　　(b) 复杂结构煤层

图 2-2　煤层结构示意图

(2)复杂结构煤层。煤层中常夹有稳定的呈层状的岩石夹层,少者 1~2 层,多者十几层[图 2-2(b)]。岩石夹层的岩性最常见的有碳质泥岩、碳质粉砂岩。岩石夹层的厚度一般从几厘米到数十厘米不等。

煤层中如有较多的或较厚的岩石夹层,往往不利于机组采煤,同时也影响煤质,增加煤的含矸率;但有的岩石夹层是优质的陶瓷原料或耐火材料等,其经济价值甚至高于煤层本身。

2. 煤层厚度

煤层的顶板与底板之间的垂直距离叫煤层厚度。对于复杂结构煤层,则有总厚度和有益厚度之分。总厚度是指煤层顶面至底面之间全部煤分层与岩石夹层厚度之和;有益厚度是指煤层顶面至底面之间各煤分层厚度之和。根据我国有关部门的规定,一般地区煤层地下开采的最低可采厚度标准见表 2-1；露天开采最低可采厚度为 0.5 m；缺煤地区的地下开采最低可采厚度分别比相应标准降低 0.1 m 即可。

表 2-1　煤层最低可采厚度标准（地下开采）　　　　单位：m

煤种	倾角		
	<25°	25°~45°	<45°
炼焦用煤	0.60	0.50	0.40
非炼焦用煤	0.70	0.60	0.50
褐煤	0.80	0.70	0.60

3. 煤层的层数及层间距

各煤田中的煤层数目不同，少的只有一层或几层，多的则可达十几层到几十层。相邻两煤层之间的距离称为煤层的层间距，一般可由几十厘米到数百米。

4. 煤层埋藏深度

煤层埋藏深度是指煤层所处层位距地表的垂直距离，目前我国煤矿的开采深度已达千米以上。随着开采深度的增加，矿山压力、井下温度、涌水量和瓦斯涌出量等都将增大。

5. 煤层顶底板

（1）顶板

顶板指位于煤层上方一定距离的岩层。根据顶板岩层岩性、厚度以及采煤时顶板变形特征和垮落难易程度，顶板分为伪顶、直接顶和基本顶 3 种（图 2-3）。

伪顶指直接覆盖在煤层之上的薄层岩层。岩性多为碳质页岩或碳质泥岩，厚度不大，一般为几厘米至几十厘米。它极易垮塌，常随采随落，所以它都混杂在原煤里，增加了煤的含矸率。

直接顶位于伪顶之上。岩性多为粉砂岩或泥岩，厚度为1~2 m。它不像伪顶那样容易垮塌，但采煤回柱后一般能自行垮落，有的经人工放顶后也较易垮落。

基本顶又称"老顶"，位于直接顶之上。岩性多为砂岩或石灰岩，一般厚度较大，强度也大。基本顶一般在采煤后长时期内不易自行垮塌，而只发生缓慢下沉。

值得注意的是，并不是每个煤层都可分出上述 3 种顶板。有的煤层可能没有伪顶，有的煤层可能伪顶、直接顶都没有，煤层之上直接覆盖基本顶，如山东肥城矿区的 8 号煤层之上直接为石灰岩基本顶。

图 2-3　煤层顶底板示意图

（2）底板

底板指位于煤层下方一定距离的岩层，一般分为直接底和基本底 2 种（图 2-3）。

直接底指煤层之下与煤层直接接触的岩层。岩性以碳质泥岩最为常见，厚度不大，常为几十厘米。

基本底又称"老底",指位于直接底之下的岩层。岩性多为粉砂岩或砂岩,厚度较大。有的煤矿往往将一些永久性巷道布置在基本底中,这样有利于巷道的维护。

三、煤层分类

煤层倾角、厚度及其稳定性对采矿技术影响很大,所以在采矿工作中常据此将煤层加以分类。

1. 按煤层倾角分类(表 2-2)

表 2-2　按煤层倾角分类表　　　　　　　　　　单位:(°)

煤层	地下开采	露天开采
近水平煤层	<8	<5
缓倾斜煤层	8~25	5~10
中倾斜煤层	25~45	10~45
急倾斜煤层	>45	>45

2. 按煤层厚度分类(表 2-3)

表 2-3　按煤层厚度分类表　　　　　　　　　　单位:m

煤层	地下开采	露天开采
薄煤层	<1.3	<3.5
中厚煤层	1.3~3.5	3.5~10
厚煤层	>3.5	>10

3. 按煤层稳定性分类

煤层稳定性指煤层形态、厚度、结构和可采性的变化程度,按照矿区(或井田)的煤层变化程度(稳定程度)划分为 4 类。

(1)稳定煤层。煤层厚度变化很小,规律明显,结构简单至较简单,全区可采或基本全区可采。

(2)较稳定煤层。煤层厚度有一定变化,但规律较明显,结构简单至复杂,全区可采或大部分可采,可采范围内煤层厚度变化不大。

(3)不稳定煤层。煤层厚度变化较大,无明显规律,结构复杂至极复杂。主要包括煤层厚度变化很大,具有突然增厚、变薄现象,全区可采或大部分可采;煤层呈串珠状,一般连续,局部可采,可采边界线不规则;难以进行分层对比,但可进行层组对比的复煤层。

(4)极不稳定煤层。煤层厚度变化极大,呈透镜状、鸡窝状,一般不连续,很难找出规律,可采块段分布零星;或为无法进行分层对比,且层组对比也有困难的复煤层。

第二节　工程地质

一、土的物理力学性质及工程性质

1. 土的工程分类

(1)土按堆积年代可划分为老堆积土、一般堆积土和新近堆积土 3 类。

（2）根据地质成因可将土划分为残积土、坡积土、洪积土、冲积土、淤积土、冰积土和风积土等。

（3）根据土中的有机质含量可将土分为无机土、有机土、泥质碳土和泥炭。

（4）按颗粒级配和塑性指数可将土分为碎石土、砂土、粉土和黏性土。

① 碎石土：粒径大于 2 mm 的颗粒含量超过全重 50%的土。根据颗粒级配和形状，碎石土又可分为漂石、块石、卵石、碎石、圆砾和角砾。

② 砂土：粒径大于 2 mm 的颗粒含量不超过全重 50%，且粒径大于 0.075 mm 的颗粒含量超过全重 50%的土。根据颗粒级配，砂土又可分为砾砂、粗砂、中砂、细砂和粉砂。

③ 粉土：粒径大于 0.075 mm 的颗粒含量超过全重 50%，且塑性指数小于或等于 10 的土。根据颗粒级配，粉土又可分为砂质粉土和黏质粉土。

④ 黏性土：塑性指数大于 10 的土。按塑性指数，黏性土又可分为黏土和粉质黏土。

（5）特殊土及其分类。在特定的地理环境或人为条件下形成的特殊性质的土称为特殊土，其分布有明显的区域性，并具有特殊的工程特性。特殊土包括软土、湿陷性黄土、红黏土、膨胀土、多年冻土、混合土、人工填土和盐渍土等。

2．土的物理性能指标

（1）土的基本物理性质指标

土的基本物理性质指标有密度、重度、相对密度、干密度和干重度等，此外尚有含水量、饱和度等重要指标。

（2）黏性土的状态指标

塑性指数：土的塑性指数是土体液限与塑限的差值（用无百分符号的百分数表示）。塑性指数越大，表示土处于塑性状态的含水量范围越大。一般情况下，土颗粒能结合的水越多（如细颗粒黏土成分多），其塑性指数越大。

液性指数：土的液性指数是指黏性土的天然含水量和土的塑限的差值与塑性指数之比。液性指数在 0～1 之间。液性指数越大，则土中天然含水量越高，土质越软。

3．土的工程性质

土的工程性质对土方工程的施工有直接影响。土的工程性质包括土的可松性、压缩性和休止角。

4．土的抗剪强度

土的抗剪强度是指土具有的抵抗剪切破坏的极限强度。它是评价地基承载力、边坡稳定性和计算土压力的重要指标。对于无黏性土，土的抗剪强度与剪切面上的正压力（摩擦阻力）成正比；而黏性土和粉土的抗剪强度不仅与摩擦阻力有关，还与土颗粒间的黏聚力有关。

5．特殊土的工程地质

（1）淤泥类土

淤泥类土又称软土类土或有机类土，主要由黏粒和粉粒等细颗粒组成，颗粒表面带有大量负电荷，与水分子作用非常强烈，因而在其颗粒外围形成很厚的结合水膜，且在沉淀过程中由于粒间静电引力和分子引力作用，形成絮状和蜂窝状结构，含大量的结合水，并由于存在一定强度的粒间连接而具有显著的结构性。淤泥类土具有高含水量和高孔隙比、低渗透性、高压缩性、低抗剪强度、较显著的触变性和蠕变性。淤泥质类土地基的不均匀沉降，是造成建筑物开裂损坏或严重影响使用等工程事故的主要原因。

（2）黄土与湿陷性黄土

黄土按成因分为原生黄土和次生黄土。原生黄土又称老黄土，是干旱、半干旱气候条件下形成的一种特殊的第四纪陆相沉积物。原生黄土经水流冲刷、搬运和重新沉积而形成的土为次生黄土，次生黄土的结构强度较原生黄土低，且湿陷性较高并含较多的砂粒和细砾。

原生黄土在上覆土的自重压力作用下，或在上覆土的自重压力与附加压力共同作用下，受水浸湿后土的结构迅速破坏而发生显著附加下沉的为湿陷性黄土。

黄土的湿陷性根据湿陷系数 δ_s 判定：当 $\delta_s < 0.015$ 时，为非湿陷性黄土；当 $\delta_s \geqslant 0.015$ 时，为湿陷性黄土。

湿陷性黄土分为自重湿陷性黄土和非自重湿陷性黄土，在 2 种不同湿陷性黄土地区的建筑工程，采取的地基设计、地基处理、防护措施及施工要求等方面均有很大差别。

（3）膨胀土

土中黏粒成分主要由亲水矿物组成，同时具有显著的吸水膨胀和失水收缩 2 种变形特性的黏性土，称为膨胀土。膨胀土在天然条件下一般处于硬塑或坚硬状态，强度较高，压缩性低，当受水浸湿和失水干燥后，土体具有膨胀和收缩特性。膨胀土的自由膨胀量一般超过 40%，影响其胀缩变形的主要因素包括土的黏粒含量、蒙脱石含量和天然含水量等，黏粒含量及蒙脱石含量越高，土的膨胀性和收缩性越大；土的结构强度越大，其抵抗胀缩变形的能力越强，当其结构遭破坏，土的胀缩性随之增强。膨胀土还会因温度的变化出现不均匀胀缩使上述特性更为明显，所以在矿井采用冻结法施工通过该段土层时，须采取特殊施工措施。

（4）红黏土

红黏土具有高塑性、天然含水量高、孔隙比大等特性，一般呈现较高的强度和较低的压缩性，不具湿陷性。红黏土的强度一般随深度增加而大幅降低。

二、岩石的物理力学性质及工程性质

1. 岩石的工程分类

岩石按成因可分为岩浆岩、沉积岩和变质岩 3 大类；按软硬程度可分为硬质岩、软质岩和极软岩 3 类；按岩体完整程度可划分为完整岩体、较完整岩体、较破碎岩体、破碎岩体和极破碎岩体。

2. 岩石的物理性质

（1）孔隙性

岩石的孔隙性是指岩石中各种孔隙（包括毛细管、洞隙、空隙、细裂隙以及岩溶溶洞和粗裂隙）的发育程度，可用孔隙率和孔隙比表示。孔隙率即岩石中孔隙总体积与包括孔隙在内的岩石总体积之比。孔隙比是指岩石孔隙总体积与岩石固体部分体积之比。砾岩、砂岩等沉积岩类岩石经常具有较大的孔隙率。岩石随着孔隙率的增大，透水性增大，强度降低。

（2）吸水性

岩石的吸水性指岩石在一定条件下的吸水能力。一般用自然吸水率、饱和吸水率及饱和系数表示。岩石的吸水率、饱和系数大，表明岩石的吸水能力强，水对岩石颗粒间结合物的浸湿、软化作用就强，岩石强度和稳定性受水作用的影响就显著。

（3）软化性

岩石的软化性用软化系数表示，是指水饱和状态下的试件与干燥状态下（或自然含水状态下）的试件单向抗压强度之比。它是判定岩石耐风化、耐水浸能力的指标之一。软化系数小于 0.75 的岩石抗水、抗风化和抗冻性较差。

（4）抗冻性

岩石的抗冻性是指它抵抗冻融破坏的性能。抗冻性主要取决于岩石开型孔隙的发育程度、亲水性和可溶性矿物含量及矿物颗粒间连接强度。吸水率、饱和系数和软化系数等指标可以作为判定岩石抗冻性的间接指标。一般认为，吸水率小于 0.5%、饱和系数小于 0.8、软化系数大于 0.75 的岩石为抗冻岩石。

3. 岩石的力学性质

（1）岩石的强度特性

岩石的强度为抵抗外载整体破坏的能力，分抗拉、抗压和抗剪等几种强度，大小取决于其黏聚力和内摩擦力。岩石的抗压强度最高，抗剪强度居中，抗拉强度最小，且抗压强度与抗拉强度相差很大。

（2）岩石的变形特性

岩石压缩变形伴随有裂隙开裂的过程，并最终形成断裂。由于有裂隙张开，变形过程中有体积膨胀现象，称为扩容。岩石在断裂的瞬间，其压缩过程中所积蓄的能量会突然释放，造成岩石爆裂和冲击荷载，是地下岩爆等突发性灾害的基本原因。

围压（约束作用）与岩石破坏后剩下的残余强度的高低有重要关系，随着围压的提高，岩石的脆性减小，峰值强度和残余强度提高。在较高的围压作用下，岩石甚至不出现软化现象。对破坏面（或节理面）的约束，可以保持岩体具有一定的承载能力，因此充分利用岩石承载能力是地下岩石工程的重要原则。

（3）节理面的影响和岩体力学特性

岩体内存在有节理面（弱面），是影响岩体力学性质的重要因素。节理面的影响因素包括节理面本身的性质（强度、变形、结构形式等）、节理面的分布（密度和朝向）等。

节理面是岩体的弱结构，一般会使岩石的强度和变形模量降低。节理面还会导致岩体的变形和强度具有各向异性的特性。

节理面的抗剪强度可以用库仑准则表示。影响节理面抗剪强度的因素包括节理面的接触形式、剪胀角大小、节理面粗糙度和节理面充填情况（充填度、充填材料性质、干燥和风化程度）等。

第三节　地　质　构　造

在漫长的地质时代的某个时期，地壳内会形成某种矿产资源。为便于寻找和开发矿产资源，要求对各地的地层建立统一的名称和地质年代。国际上通用的地层划分单位分界、系、统 3 级。地层对应的地质年代单位为代、纪、世 3 级。

煤层和其他岩层、岩体形成以后，受到地球内部和外部动力作用的影响，会发生一系列微观和宏观变化，产生诸如移位、倾斜、弯曲和断裂等地质现象。这些主要由地壳运动所引起的岩石变形移位现象在地壳中存在的形式和状态就称为地质构造，简称为构造。

地质构造的表观形式是多种多样的，有简单的，也有复杂的。就简单的而言，在一定范围（一个井田或一个矿区）内，可归纳为单斜构造、褶皱构造和断裂构造 3 种基本类型（图 2-4）。其中单斜构造是指一系列岩层大致向同一个方向倾斜的构造形态，在较大的区域内,它往往是其他构造形态的一部分,如褶曲的一翼或断层的一盘(图 2-5)。因此可以说,自然界中地质构造的基本表现形式有褶皱构造和断裂构造 2 种。

单斜构造　　　　　　　　褶皱构造　　　　　　　　断裂构造

图 2-4　构造形态的基本类型示意图

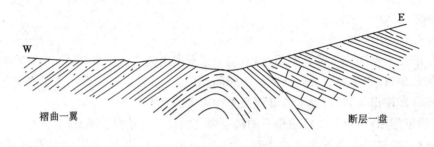

图 2-5　单斜构造与褶曲、断层的关系示意图

一、岩层的产状

岩(煤)层的产状可用其层面在空间的方位及其与水平面的关系来确定。通常以岩(煤)层的走向、倾向和倾角(图 2-6)来表示,这 3 个用来说明岩层产状的参数就称为岩层的产状要素。

1. 走向

岩层走向是表示岩层在空间的水平延展方向。岩层面与任一个水平面的交线称为走向线(图 2-6 中 AOB)。走向线是岩层面上任一标高的水平线,亦即同一岩层面上同标高点的连线。当岩层面是平面时,其走向线为一组水平的直线;当岩层面是曲面时,其走向线就成为水平的曲线。走向线两端的延伸方向称为走向,在一个测点上测得的岩层走向可以有 2 个方位,两者相差 180°。当走向线为直线时,说明岩层面上各点的走向不变;当走向线为曲线时,说明岩层面上各点的走向发生了改变。

2. 倾向

岩层倾向表示岩层向地下倾斜延伸的方向。在岩层面上过某一点沿岩层倾斜面向下(或向上)所引的直线(图 2-6 中 ON;图 2-7 中 AC 和 AD)称为倾斜线,倾斜线在水平面上的投影线(图 2-6 中 ON';图 2-7 中 OC 和 OD)称为倾向线。倾向线所指的岩层向地下侧倾的一方称为该点岩层的倾向。水平岩层自然无走向和倾向可言;倾斜岩层和直立岩层的倾向指向较新岩层一方;倒转岩层的倾向则指向较老的岩层一方。

当倾斜线与岩层的走向线垂直时,称该倾斜线(图 2-6 中 ON;图 2-7 中 AD)为真倾斜线,相应的倾向线(图 2-6 中 ON';图 2-7 中 OD)称为真倾向线,相应的倾向也称为真倾向(简称倾向)。当倾斜线与岩层的走向线斜交时,称该倾斜线(图 2-7 中 AC)为视(假)倾斜线,相应的倾向线(图 2-7 中 OC)称为视(假)倾向线,相应的倾向称为视(假)倾向。可见,一

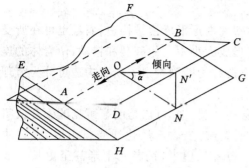

图 2-6　岩层产状要素

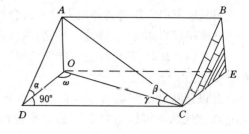

图 2-7　真倾角与视倾角关系

点处岩层的真倾向是唯一的,而视(假)倾向则可以有无数个。

3. 倾角

岩层的倾角表示岩层的倾斜程度,它是指岩层层面与假想水平面的锐夹角,亦即倾斜线与其相应的倾向线的锐夹角。真倾斜线与真倾向线的锐夹角(图 2-6、图 2-7 中 α)称为真倾角。视倾斜线与其相应的视倾向线的锐夹角(图 2-7 中 β)称为视(假或伪)倾角。一点处岩层的真倾角是该点岩层的最大倾角,其大小值是一定的,也是唯一的;而视倾角的值则随视倾向的改变而发生变化,它可以有无数多个,它们都恒小于真倾角。

一般说来,倾角越小,开采越易;倾角越大,开采越难。对于地下开采,煤层根据倾角分为:近水平煤层($\alpha < 8°$),缓倾斜煤层($\alpha = 8° \sim 25°$),倾斜煤层($\alpha = 25° \sim 45°$),急倾斜煤层($\alpha > 45°$)。

由于受地质构造的影响,在任何一个煤田内,同一煤层在不同的地点,煤层的走向、倾向和倾角都不是固定不变的,只不过变化的大小程度不同而已。

二、褶皱构造

地壳运动等地质作用的影响,使岩层发生塑性变形而形成一系列波状弯曲但仍保持着岩层的连续完整性的构造形态,称为褶皱构造(图 2-8),简称为褶皱。

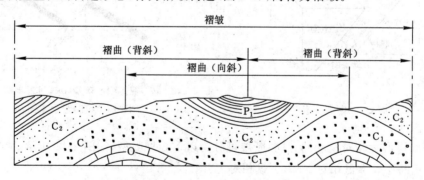

图 2-8　褶皱与褶曲剖面示意图

岩层褶皱构造中的每一个弯曲为一基本单位,称为褶曲。褶曲的基本形式可分为背斜和向斜 2 种。背斜是指核心部位岩层较老,向两侧依次对称出现较新岩层的形态一般向上弯曲的褶曲;向斜是指核心部位岩层较新,向两侧依次对称出现较老岩层的形态一般向下弯曲的褶曲。在自然界中,背斜与向斜在位置上往往是彼此相连的。

三、断裂构造

组成地壳的岩层或岩体受力后不仅会发生塑性变形形成褶皱构造,而且也可在所受应力达到或超过岩体的强度极限时发生脆性破坏形成大小不一的破裂和错动,使岩体的连续完整性遭到破坏,这种岩体脆性破坏的构造形态总称为断裂构造。断裂构造可分为节理和断层2类。

节理是断裂面两侧岩石没有发生明显位移的断裂。它可以是明显可见的张开或闭合的裂缝、裂隙,也可以是肉眼不易觉察的隐蔽的裂纹,当岩石风化或受打击后,岩石才会沿这些裂纹裂开。节理的延伸长度有大有小,短者几厘米,长者几十米甚至更长。节理发育的密集程度也差异很大,相邻两节理的距离可从数厘米到数米。节理的断裂面称为节理面。

断层是破裂面两侧的岩石有明显相对位移的一种断裂构造。其规模变化很大,小的断层延伸仅有几米,相对位移不过几厘米;大的断层可延伸数百千米至数千千米,相对位移可达几十千米;有的大断层甚至跨越洲际,切穿地壳硅铝层。断层的分布虽不及节理广泛,但它仍是地壳中极为常见的,也是最重要的地质构造。它往往控制区域地质结构或影响区域成矿作用及其矿产资源的开发和矿井生产。断层包含断层面、断盘和断距等要素,如图2-9所示。

(1) 断层面。岩层发生断裂位移时,相对滑动的断裂面称为断层面。

(2) 断盘。断层面两侧的岩体称为断盘。如果断层面为倾斜时,通常将断层面以上的断盘称为上盘,断层面以下的断盘称为下盘。如果断层面直立时,就无上、下盘之分,可按两盘相对上升或下降的位置分上升盘或下降盘。

(3) 断距。断层的两盘相对位移的距离称为断距。断距可分为垂直断距(两盘相对移动的垂直距离)和水平断距(两盘相对移动的水平距离),如图2-10所示。

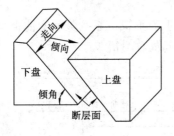

图 2-9　断层要素

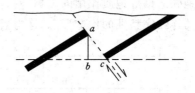

ab—垂直断距(落差);bc—水平断距。

图 2-10　断距示意图

根据断层两盘相对运动的方向,断层可分为以下3种类型,如图2-11所示。

(1) 正断层。上盘相对下降,下盘相对上升。

(2) 逆断层。上盘相对上升,下盘相对下降。

(3) 平推断层。断层两盘沿水平方向相对移动。

根据断层走向(断层面与任一个水平面的交线的延伸方向)与岩层走向的关系分为:

(1) 走向断层。断层走向与岩层走向平行。

(2) 倾向断层。断层走向与岩层走向垂直。

(3) 斜交断层。断层走向与岩层走向斜交。

(a) 正断层　　　　(b) 逆断层　　　　(c) 平推断层

图 2-11　断层示意图

断层在各矿区分布很广,其形态、类型繁多,规模大小不一。一般将落差大于 50 m 的称为大型断层;落差在 20～50 m 之间的称为中型断层;落差小于 20 m 的称为小型断层。断层对煤矿设计、生产影响很大。

四、地质构造对矿山工程的影响

(一) 构造应力特点及其分析方法

构造应力一般以水平应力为主;由于有构造应力存在,原岩应力的水平侧应力系数 λ 往往大于 1,尤其是在 1 500 m 以上的浅部。构造应力虽然分布是局域性的,但其作用大,经常会造成岩层破坏严重,成为矿山井巷工程破坏和严重灾害的重要因素。

(二) 地质构造对矿山工程的影响

1. 断层的影响

断层是构造影响的一项重要内容。断层的影响主要表现在:

(1) 断层截断岩层,可能会改变矿层位置,甚至使原有的岩层失落,给矿层开采、巷道布设及其运输、施工等工作带来许多困难。

(2) 断层使围岩破碎,强度降低,破坏岩层稳定性,从而容易引起顶板冒落、围岩严重变形甚至垮塌,给支护造成严重困难。

(3) 断层存在还可能严重地改变岩层的透水条件,一方面是围岩破碎使岩层的透水系数增大,尤其是小断层成群或较密集,造成裂隙严重发育;另一方面是岩层间破碎容易发生层间错动而形成良好的透水条件。断层容易引起大涌水甚至出现突水危害。

(4) 井田内的大断层往往成为井田或者采区、盘区边界,影响巷道布置,增加巷道施工工程量,限制生产设备功能甚至影响开采效率。

2. 褶曲的影响

褶曲轴部顶板压力常有增大现象,巷道容易变形,难以维护,该处开采需加强支护;向斜轴部是煤矿瓦斯突出的危险区域;一般情况下井田内阶段或水平运输大巷、总回风巷沿走向布置。褶曲使沿层布置的巷道发生弯曲。

第四节　水文地质

一、地下水的分类

地下水在岩石中的存在形式主要是结合水和自由水,地下水根据其埋藏条件和含水层性质进行分类的情况见表 2-4。

表 2-4　地下水的基本类型

埋藏条件	含水岩层空隙性质			
	孔隙水	裂隙水	岩溶水	多年冻土带水
上层滞水	饱气带中局部隔水层上的水，主要是季节性存在的水	基岩风化壳中季节性存在的水	垂直渗入带中的水（降落水）	融冻层水
潜水	冲积、洪积、坡积、湖积层水；冰碛和冰水沉积层水	基岩上部裂隙和构造裂隙中的水	裸露岩溶化岩层中的水	冻结层上部的水；冻结层间的水
承压水	松散岩层构成的自流盆地、单斜和山前平原自流斜地中的水	构造盆地和单斜岩层中的层状裂隙水；构造断裂带及不规则裂隙中的深部水	构造盆地和向斜、单斜岩溶化岩层中的水	冻结层下部的水

二、井巷涌水及预测

1. 井巷涌水的主要来源

（1）地表水

① 地表水冲破地势低洼处的井口围堤，或泄洪道被堵塞，而造成水位高出拦洪坝，使其直接灌入井巷。这种涌水的特点是：水量大，来势猛，并伴有泥沙，常造成淹井事故。

② 地表水体与第四纪松散砂、砾层有密切水力联系，当井筒揭露砂、砾含水层时，地表水以孔隙为通道进入井筒。地表水通过第四纪松散物和基岩裂隙水发生水力联系，或通过隔水层缺失的"天窗"渗入矿井。

③ 当地表水体与矿层顶底板的强含水层接触，或地表水体与导水断层相连，地表水成为井巷的直接水源。井下涌水后往往造成河流中断或倒灌现象。

④ 当矿层上部导水裂隙带贯通地表水体时，地表水可直接进入井巷。

（2）地下水

① 松散层孔隙水。在松散层中进行井巷施工时，若事先未对松散层进行特殊处理，则当井巷通过含水丰富的松散砂、砾层时，不仅涌水，且常伴有泥沙涌出，造成井壁坍塌、井架歪斜淹井等事故。

② 基岩裂隙水。因裂隙的成因不同，基岩裂隙水的富水特征也不尽相同，对井巷施工威胁较大的多为脆性岩层中的构造裂隙水，尤其是张性断裂，它不仅本身富水性较好，而且常能沟通其他水源（地表水或强含水层）造成淹井事故。

③ 可溶岩溶洞水。井巷施工中常受矿层下伏灰岩溶洞水的威胁，其特点是：水量大、水压高、来势猛、危害大，容易造成淹井事故。

（3）大气降水

大气降水的渗入是井巷施工时常见的补给水源之一。当井巷位于低洼处或靠近地表时，大气降水是直接或间接进入井巷的主要水源。若井巷位于分水岭处，它往往是唯一水源。

（4）老窑

当井巷施工接近老窑、古井及积水废巷时，常发生突然涌水，其特点是：

① 短时间可有大量水进入井巷，来势猛，破坏性大，易造成淹井事故。

② 水中含有硫酸根离子,对井下设备具有一定的腐蚀性。

③ 当这种水源与其他水源无联系时,很容易疏干,否则可造成大量而稳定的涌水,危害性也大。

2. 井巷涌水量预测方法

(1)水文地质比拟法

该方法建立在相似地质、水文地质条件比较的基础上,利用已生产矿井涌水量的资料对新设计井巷的涌水量进行预测。

水文地质比拟法的实质是寻找现有生产矿井影响涌水量变化的有关因素,建立相关方程,用以计算新设计井巷的涌水量。

(2)涌水量与水位降深曲线法

涌水量与水位降深曲线法的实质是根据 3 次抽(或放)水试验资料来推测相似水文地质条件地段新设计井巷的涌水量。

(3)地下水动力学法

地下水流向集水建筑物的涌水量计算公式也适用于井巷涌水量的预测,只要搞清了计算地段的地质、水文地质和开采条件,取得的参数较精确,选择相适应的公式,一般就能得到较好的效果。

三、矿井水文地质工作的基本任务

矿井建设和生产过程中的水文地质工作是在水文地质勘探工作的基础上进行的,其主要任务包括以下内容:

(1)井筒施工、巷道掘进、采煤工作面的水文地质观测工作;

(2)进一步查明影响矿井充水的因素,对矿井突水、涌水量的预测;

(3)提供矿井防水、探水及疏水方案和措施的有关水文地质资料;

(4)水文地质长期观测工作;

(5)研究和解决矿区(井)供水水源及矿井水的综合利用。

四、矿井水文地质类型划分

根据《煤矿防治水细则》,井工煤矿水文地质类型分为简单、中等、复杂和极复杂 4 种。

第五节　采矿常用图件

在矿井设计、施工和生产管理等工作中,需要测绘一系列的图纸,这些图称为矿图。

一、概述

1. 矿图比例尺

绘制各种矿图时,不可能将图形按实际尺寸描绘到图纸上,总要经过缩小,才能在图纸上表示出来。图纸上线段长度与相应线段所代表实际水平长度之比,称为该图的比例尺。

根据对图纸不同的要求,矿图常用的比例尺有 1∶500、1∶1 000、1∶2 000、1∶5 000、1∶10 000 等。个别局部反映图也有 1∶50、1∶100、1∶200 以及自行确定的一定比例尺。

2. 坐标系统

(1)地理坐标。地面上某一点的位置,在地球表面上通常用经度、纬度表示。某点的经纬度称为该点的地理坐标。

（2）平面直角坐标。平面直角坐标系是由平面上 2 条相互垂直的直线所组成,如图 2-12 所示。直线 OX 称为纵坐标轴,通常与某子午线的方向一致;直线 OY 称为横坐标轴,与赤道方向一致;纵横坐标轴的交点为 O,称为坐标原点。

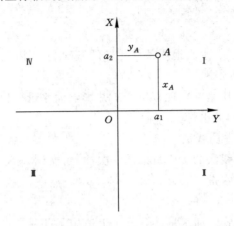

图 2-12　平面直角坐标系

（3）高程。地面上任一点至水准面的垂直距离称为该点的高程,由于选取的水准面不同,高程又分为绝对高程和相对高程。绝对高程是指地面上任一点至大地水准面的垂直距离。我国大地水准面是以黄海平均海水面作为起算面。相对高程是指人为选定一个适当的水准面,作为本地区的假定水准面,某点至假定水准面的垂直距离,称为该点的相对高程。

3. 标高投影

标高投影图就是注明有标高数字的正投影图,如图 2-13 所示的是某一立井标高投影图。立井在平面图上的投影只是一个圆圈,为了反映井口及井底高程位置,在投影圆圈的右侧除标记井筒名称外,还在左侧注记井口及各开采水平的标高。图 2-14 为巷道投影平面图。为了反映巷道在地下的空间位置和状态,将巷道各点的标高注记在巷道水平投影图上,这样在平面图上既可以看到巷道的水平投影形状,又可看出巷道高低起伏的位置关系,可一图多用,因此标高投影图在矿山工程图中得到广泛的应用。

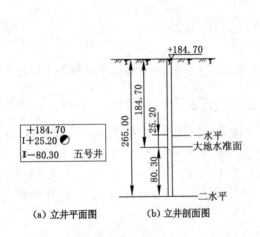

（a）立井平面图　　（b）立井剖面图

图 2-13　立井标高投影图（单位：m）

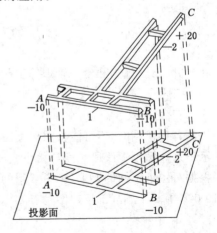

1—运输大巷;2—运输上山;A、B、C—标高。

图 2-14　标高投影原理（单位：m）

二、地形等高线

在地面上,高程相同的若干点所连成的光滑曲线称为地形等高线,也就是水平面与地表面的交线。如图 2-15(a)所示,用不同高程的水平面(P_1、P_2、P_3)去截山头,将得到一系列交线,每一次得到的交线具有与其截面相同的高程(因而称等高线),这样就得到了被截山头的一系列等高线。如果把这些等高线都垂直投影到一个水平面 H 上,按一定比例绘成图,并注明各等高线的标高,就是这个山头的地形等高线图,如图 2-15(b)所示。

相邻两条等高线之间的高程差,称为等高距,以 h 表示。在同一张图上,等高距应一致,如图 2-15(b)中的等高距为 5 m。在等高线图上,相邻 2 条等高线之间的最短水平距离,称为等高线平距,以 d 表示。因为同一张图上的等高距相同,所以在平距小的地方,地形坡度大。如图 2-15(b)中所示的山坡,西部等高线的平距较大,表示地形坡度较缓;东部平距较小,表示地形坡度较陡。

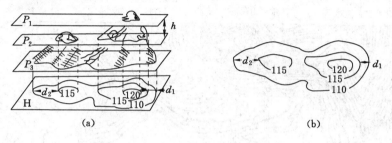

图 2-15 地形等高线图(单位:m)

利用等高线可以表示如下地形:

(1)山岗和盆地。山岗和盆地的等高线部是一圈套一圈的闭合曲线,由外向里等高线高程降低的为盆地,等高线高程升高的为山岗。

(2)山脊和山谷。山脊和山谷的等高线图形状是基本相同的,其区别是山脊等高线的凸出方向是高度降低的方向;相反,山谷等高线的凸出方向是高度升高的方向。

(3)鞍部地形。鞍部地形等高线特征是由 2 组山头等高线和 2 组山谷等高线所组成,鞍部的中心位于 2 组等高线的中心线上。

综上所述,地貌的形态虽千差万别,但一个地区的地貌却是由这些基本地貌和一些特殊地貌组合而成的,它们都可以用地形等高线图来表示,如图 2-16 所示。

在矿区作各种线路的设计时,如铁路、公路、渠道、管路和架线等线路设计,往往需要了解某方向线上的地面起伏情况。这时,就需要根据地形等高线图沿此直线作剖面图。如图 2-17 所示,要作已知方向线 AB 的剖面图,可按如下步骤进行:

第一步,作 1 条与 AB 平行的横线和 1 条与 AB 线垂直的纵线,以横线表示水平长度,以纵线表示高程。

第二步,沿纵线按比例以等高距为间隔作平行于横线的水平线,并在每条线上注明其标高 70、71、72……若纵线与横线的比例一致时,则剖面图能真实反映地面的形态,可直接用比例尺和量角器测量出坡长和倾角。

第三步,在地形等高线图上用两脚规量取剖面线与各等高线交点的间距,并按此间距将各交点转绘在剖面图的横线上;然后,自这些点作横线的垂线与各点高程值相同的水平线相交,将各个交点依次用光滑的曲线连接起来,即得所求的剖面图。

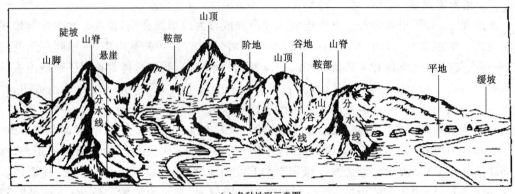

(a) 各种地形示意图

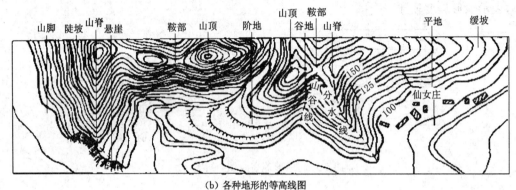

(b) 各种地形的等高线图

图 2-16　地貌与等高线图

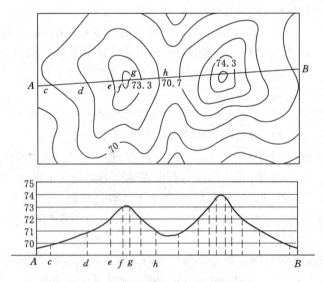

图 2-17　根据地形等高线作剖面图

三、煤层底板等高线图

（一）煤层底板等高线图的概念

不同高程的水平面与煤层底板的交线,称为煤层底板等高线。将煤层底板等高线用标高投影的方法投影到水平面上,按照一定比例尺绘出的图纸,称为煤层底板等高线图。它是煤矿建设和生产中常用的图纸。如图 2-18(a)所示为煤层底板等高线投影示意图,图 2-18(b)为煤层底板等高线图。

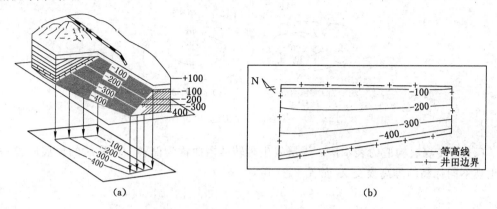

图 2-18 煤层底板等高线图(单位:m)

煤层底板等高线图反映的主要内容是:煤层产状及其变化情况;井田范围(包括现有生产井、小窑、老采空区的范围);井田边界线、煤层露头线、风化氧化带边界线、煤层尖灭零点边界线、无煤区边界线,穿过本煤层的钻孔、勘探线以及各工程点的编号与标高,见煤钻孔小柱状(表示出煤层结构、厚度及煤质主要化验指标、见煤点煤层底板标高),地质构造线(包括褶曲轴线、断层上下盘断面交线);岩浆侵入范围界线;陷落柱分布位置及范围;储量分级线、计算地段界线及编号,煤层平均倾角与厚度,地面上的主要河流、铁路及重要建筑物等。

煤层底板等高线图能全面反映煤层产状和地质构造情况。它是进行矿井井田、采区和工作面设计,编制矿井生产计划,指导井巷工程施工,以及安排指挥采掘生产的重要依据,也是分析、判断、预测地质构造规律及形态,布置矿井勘探工程,绘制地质剖面图,以及进行储量计算的基础资料。煤层底板等高线图常用的比例尺为 1:5 000 和 1:2 000。

(二)常见的地质构造的表示方法

(1)褶曲构造的表示法。表示褶曲构造的方法如图 2-19 所示。若等高线凸出方向标高升高,则褶曲为向斜;若等高线凸出方向标高降低,则褶曲为背斜。

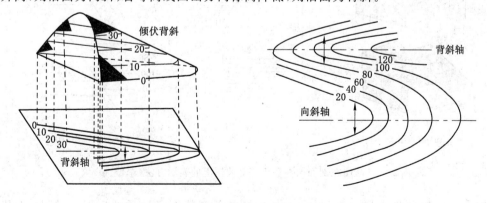

图 2-19 倾伏褶曲底板等高线投影图(单位:m)

(2) 盆地及穹隆构造的表示法。表示盆地及穹隆构造的方法如图 2-20 所示。盆地和穹隆构造的煤层底板等高线为封闭曲线。由边缘向中间,等高线标高逐渐增加的为穹隆构造;逐渐降低的为盆地构造。

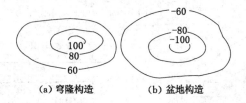

(a) 穹隆构造　　　(b) 盆地构造

图 2-20　盆地和穹隆构造(单位:m)

(3) 倒转煤层构造的表示法。煤层发生翻转的褶曲称为倒转。倒转时的煤层底板等高线出现不同标高的等高线交叉,如图 2-21 所示。

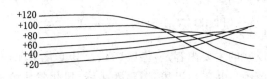

图 2-21　倒转煤层构造(单位:m)

(4) 断层构造的表示法。断层构造的表示是煤层底板等高线被断层面交线所中断。断面交线分上盘断面交线和下盘断面交线,上盘断面交线用"—·—"表示;下盘断面交线用"—+—"表示,如图 2-22 所示。一般情况下,正断层表现为煤层底板等高线在两盘断面交线中间缺失,缺失部分为无煤区;逆断层表现为煤层底板等高线在两盘断面交线中间重叠,重叠部分为复煤区。

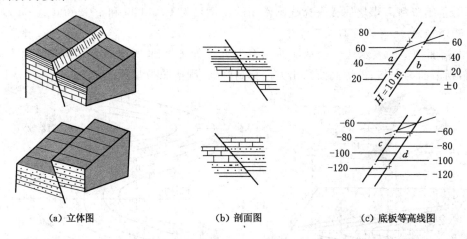

(a) 立体图　　　　　　(b) 剖面图　　　　　　(c) 底板等高线图

图 2-22　断层在剖面图和底板等高线图上的表示方法(单位:m)

在中小比例尺(1∶10 000 以下)的煤层底板等高线图及地质地形图上,断层可用如图 2-23 所示的符号表示。图中的点画线方向为断层走向;箭头所指方向为断层倾向;箭头所指度数为断层倾角（有的还注有 $H=30$ m，用以表示断距为 30 m）；短线用以区别正、逆断层。

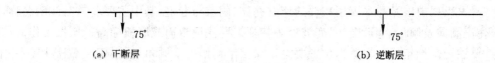

（a）正断层   （b）逆断层

图 2-23 中小比例尺煤层底板等高线和地质地形图上断层的表示方法

四、采掘工程平面图

将开采煤层或开采分层内的采掘工程和地质情况用正投影方法投影到水平面上，按一定比例绘出的图纸，称为采掘工程平面图。图 2-24 为某矿采掘工程示意图，图 2-24(a)表示一些巷道及一个采区的采掘情况，图 2-24(b)是将这些巷道和采掘工程用正投影方法投影到 H 水平面上，按比例绘出的采掘工程平面图。

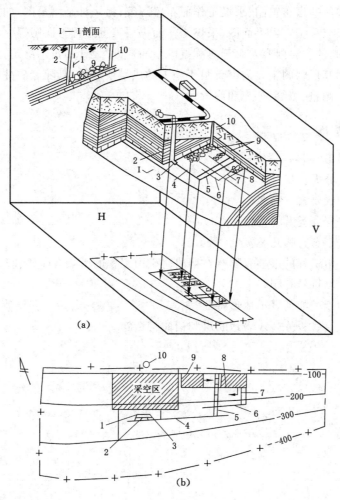

1—主井；2—副井；3—井底车场；4—运输大巷；5—上山；6—区段平巷；
7—工作面；8—回风巷；9—采空区；10—风井。

图 2-24 采掘工程投影平面示意图（单位：m）

采掘工程平面图主要反映以下内容:井田或采区技术边界线,保护煤柱边界线,煤层露头线或风化带,煤层底板等高线,较大断层断面交线,向斜、背斜轴线,煤层尖灭带,火成岩侵入区等;本煤层内以及与本煤层有关的所有井筒、硐室与巷道,其中主要巷道需注明名称,斜巷要注记倾向及倾角,巷道交叉、变坡处等特征点要注记轨面或底板标高;采、掘工作面相应位置,要注记采掘年、月,在适当位置要注记煤层平均厚度及倾角,绘出煤层小柱状图;井上、下钻孔、导线点及水准点,采煤区、丢煤区、报损区、发火区、积水区、煤及瓦斯突出区的位置和范围;地面重要工业建筑、居民区、铁路、重要公路、较大的河流及湖泊等,井田边界以外100 m内邻矿采掘工程和地质情况。

采掘工程平面图主要用途是:了解本煤层或邻近煤层地质情况及采掘工程空间位置关系,指挥生产,及时掌握采掘进度,进行采区设计,修改地质图件,安排生产计划等。采掘工程平面图比例尺为1:1 000或1:2 000。

煤矿中常用的采掘工程平面图有2种类型:一种是设计图,如井田开拓方式图、水平主要巷道平面图、采区巷道布置图、采煤工作面布置图等;另一种是测量图,如井田煤层采掘工程平面图、采区煤层采掘工程平面图、采煤工作面煤层采掘工程平面图等。两种图纸的不同之处在于前者反映的主要内容着眼于对采掘的全面规划、设计和技术决定;后者则是在前者的基础上绘制的,其反映的主要内容着眼于施工的成果或现状,且随着矿井的开采工作的进行,要不断地进行测量、填绘、补充和修改。

【复习思考题】

1. 什么叫煤田?
2. 煤层如何分类?
3. 岩层的产状要素有哪些?
4. 岩石的工程分类有哪些?
5. 地质构造形态有哪几类?
6. 断层对矿山工程的影响有哪些? 褶曲对矿山工程的影响有哪些?
7. 常见的地物符号有哪些?
8. 在平面图纸上如何表示地形特征?
9. 如何用煤层底板等高线表达断层和褶曲构造?

第三章　矿山工程测量基础

第一节　施工测量控制网

　　矿山建设过程中的主要测量任务是在井上、下建立精确的测量控制点,及时地按照设计标定工程位置,准确地编制各种测量资料和绘制各种矿图。

　　施工测量是将图纸上所设计的建(构)筑物的位置、形状、大小及高程在实地放样、标定,为施工提供正确的施工依据,还验证所建的建(构)筑物的尺度参数是否符合设计要求;为保障所建的建(构)筑物满足设计要求,施工测量应达到一定的测量精度。

一、矿区(井)测量控制网

1. 矿区(井)测量控制网

　　矿区基本控制网是指为满足矿山生产和建设对空间位置的精确需要而设立的平面和高程控制网,也称近井网。整个矿区或矿井控制网应纳入统一的平面坐标系统和高程系统之中,它可以是国家等级控制网的一部分,也可以根据需要单独布设。

2. 矿区(井)测量控制网的基本要求

　　矿区(井)测量控制网应符合以下基本要求:

　　(1)一个矿区应采用统一的坐标和高程系统。为了便于成果、成图的相互利用,应尽可能采用国家 3° 带高斯平面直角坐标系统;在特殊情况下,可采用任意中央子午线或矿区平均高程面的矿区坐标系统。矿区面积小于 $50\ km^2$ 且无发展可能时,可采用独立坐标系统。

　　(2)矿区高程尽可能采用 1985 国家高程基准,当无此条件时,方可采用假定高程系统。

　　(3)矿区地面平面控制网可采用三角网、边角网、导线网和 GPS 定位等布网方法建立。矿区首级平面控制网必须考虑矿区远景发展的需要。一般在国家一、二等平面控制网基础上布设,其等级依矿区井田大小及贯通距离和精度要求确定。

　　(4)矿区地面高程首级控制网,一般应采用水准测量方法建立,其布设范围和等级选择依据矿区长度来确定。矿区地面高程首级控制网宜布设成环形网,加密时宜布设成附合路线和结点网,只有在山区和丘陵地带,才允许布设成水准支线。各等水准网中弱点的高程中误差(相对于起算点)不得大于 $\pm 2\ cm$。

二、近井网和近井点

1. 基本概念

　　近井网就是矿井测量控制网,近井点是近井网的重要测点。如井口位置、十字中线点和工业广场建筑物的标定、井下基本控制导线的施测以及井口之间井巷贯通等,都须按设计和工程要求进行各种矿山工程测量,这些重要的矿山工程测量都必须依据建立在井口附近的平面控制点和高程控制点来进行,这类控制点称为近井点。如另设有高程控制点,则也称其为井口高程基点。近井点和井口高程基点是矿山测量的基准点。

2. 布设要求

（1）近井点可在矿区三、四等平面控制网的基础上，用插网、插点、敷设经纬仪导线或 GPS 定位等方法测设。近井点的精度，对于测设它的起算点来说，其点位中误差不得超过 ± 7 cm，后视边方位角中误差不得超过 $\pm 10''$。

（2）井口高程基点的高程精度应满足两相邻井口间进行主要巷道贯通的要求。由于两井口间进行主要巷道贯通时，在高程上的允许偏差 $m_{z允}=\pm 0.2$ m，则其中误差 $m_z=\pm 0.1$ m，一般要求两井口水准基点相对的高程中误差引起贯通点 K 在 Z 轴方向的偏差中误差应不超过 $\pm m_z/3=\pm 0.03$ m。所以，井口高程基点的高程测量应按四等水准测量的精度要求测设。在丘陵和山区难以布设水准路线时，可用三角高程测量方法测定，但应使高程中误差不超过 ± 3 cm，对于不涉及两井间贯通问题的高程基点的高程精度不受此限。

（3）近井点和井口水准基点标石的埋设深度，在无冻土地区应不小于 0.6 m，在冻土地区盘石顶面与冻结线之间的高度应不小于 0.3 m。为使近井点和井口水准基点免受损坏，在点的周围宜设置保护桩和栅栏或刺网。

第二节　矿业工程控制测量

一、地面施工控制测量

地面施工平面控制网经常采用的形式有三角网、GPS 网、导线网、建筑基线或建筑方格网。对于地形起伏较大的山区或丘陵地区，常用三角测量、边角测量或 GPS 方法建立控制网；对于地形平坦而通视比较困难的地区，则可采用导线网或 GPS 网；对于地面平坦而简单的小型建筑场地，常布置 1 条或几条建筑基线，组成简单的图形并作为施工放样的依据；而对于地势平坦、建筑物众多且分布比较规则和密集的工业场地，一般采用建筑方格网。

高程控制网要求有足够密度的水准点，从而使施工放样时安置一次仪器即可测设到所需要的高程点；施工期间应保持高程点位置稳定；当场地面积较大时，高程控制网可分别按首级网和加密网两级布设，相应的水准点称为基本水准点和施工水准点；为了测设的方便，在每栋较大建（构）筑物附近还要测设 ± 0.000 m 的水准点。在一般建筑场地上，通常埋设 3 个基本水准点，将其布设成闭合水准路线，并按城市四等水准测量要求进行施测。

二、矿井联系测量

矿区地面平面坐标系统和高程系统传递到井下的测量，称为联系测量。平面联系测量也简称为定向，高程联系测量也简称为导入高程。联系测量就是使地面和井下测量控制网采用同一坐标系统。因此，联系测量的基本任务是确定井下导线起算边的坐标方位角、井下导线起算点的平面坐标 X 和 Y，以及确定井下水准基点的高程 H。

矿井定向可分为两大类，一类是从几何原理出发的几何定向，另一类则是以物理特性为基础的物理定向。几何定向有通过平硐或斜井的几何定向、通过一个立井的几何定向（一井定向）以及通过 2 个立井的几何定向（两井定向）。物理定向有精密磁性仪器定向和陀螺经纬仪定向。

高程联系测量导入高程的方法随开拓方法的不同而分为平硐导入高程、斜井导入高程和立井导入高程。

三、井下控制测量

1. 井下测量工作的特点和基本方法

井下平面控制均以导线的形式沿巷道布设,而不能像地面控制网可以有测角网等多种可能方案。井下平面控制测量的目的是实现井下平面测量的控制(包括巷道或硐室的中线、腰线,以及满足贯通测量要求等),并形成测绘和标定井下巷道、硐室和采煤工作面等的平面位置的基础,因此,随着巷道施工,测量导线不断推进,终将形成全矿井的测量控制网,这些测量资料将在矿井建成交工时移交给生产单位使用。井下控制测量常用"经纬仪-钢尺导线""光电测距导线""全站仪导线""陀螺定向-光电测距导线"等方法。

2. 井下平面控制测量

井下导线的布设,按照"高级控制低级"的原则进行。我国有关矿山部门规定,井下平面控制分为基本控制和采区控制 2 类,这 2 类控制都应敷设成闭(附)合导线或复测支导线。基本控制导线按照测角精度分为 $\pm 7''$ 和 $\pm 15''$ 两级,一般从井底车场的起始边开始,沿矿井主要巷道[井底车场、水平大巷、集中上(下)山等]敷设,通常每隔 $1.5 \sim 2.0$ km 应加测 1 条陀螺定向边,以提供检核和角度平差条件。采区控制导线的测角精度分为 $\pm 15''$ 和 $\pm 30''$ 两级,沿采区上(下)山、中间巷道或片盘运输巷道以及其他次要巷道敷设。

3. 井下高程控制测量

井下高程控制网可采用水准测量方法或三角高程测量方法敷设。在主要水平运输巷道中,一般应采用精度不低于 S10 级的水准仪和普通水准尺进行水准测量;在其他巷道中,可根据巷道坡度的大小、工程的要求等具体情况,采用水准测量或三角高程测量测定。

四、井筒中心和十字中线

井筒中心和井筒十字中线,是按照设计给出的井筒中心坐标、高程和十字中线的方位角,依据井口附近的测量控制点来标定。

1. 立井井筒中心标定

井筒中心标定的方法包括近井点标定、交会点标定和光电测距仪标定。

近井点标定方法如图 3-1(a)所示,在井口附近选一点 C(距离不大于一钢尺长度),由近井点 A 向 C 测设 $5''$ 导线,求出 C 点坐标;用 C 点坐标和井筒中心坐标计算出 CO 边长和标定角 β_C,仪器设于 C 点,用极坐标法标定出井筒中心 O 点。

为了满足开工的急需,可在井口附近选一点 C,根据矿区控制点 M、N、P 用交会法(或光电测距仪标定法)测出 C 点坐标,如图 3-1(b)所示,由 C 点坐标及井筒中心 O 点坐标计算出 OC 距离和标定角 β_C,仪器设于 C 点标定井筒中心 O 点,待近井点建立后再重新复测。

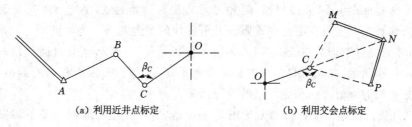

(a) 利用近井点标定　　　　　　　　(b) 利用交会点标定

图 3-1　立井井筒中心的标定方法

2. 十字中线标定与埋设

以基点为标志的井筒十字中线是 2 条相互垂直且交点通过井筒中心的直线,其中与井筒提升中线平行或重合的一条线称为井筒的主要中心线。

十字中线基点应埋设在不受施工或采动影响的范围内,且避开地面永久、临时建筑物与构筑物。每条十字中线不得少于 6 个基点(每侧各 3 个),当主要中线在井口与提升机房之间不能设置 3 个基点时,则最少应设 2 个,同时在提升机房后面设立 3 个基点,如图 3-2(a)所示。特殊情况下,不能沿井筒中心线布设十字中心基点时,可平行于井筒中心线设辅助中线,如图 3-2(b)所示。

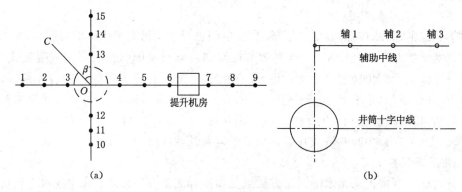

图 3-2 立井井筒十字中线布设

相邻基点之间距离一般不小于 20 m,离井筒边缘最近的十字中线点距井筒中心距离不小于 15 m 为宜,用沉井、冻结法凿井时小于 30 m。

第三节 矿井贯通工程测量

一、井巷贯通类型及测量要素

采用 2 个或多个相向或同向掘进的工作面掘进同一井巷,使其贯通,称为井巷贯通。为使其按照设计要求在预定地点正确贯通所进行的测量工作,称为贯通测量。井巷贯通一般分为一井内巷道贯通、两井之间的巷道贯通和立井贯通 3 种类型。

(1)一井内巷道贯通测量。凡是由井下一条起算边开始,敷设井下导线到达贯通巷道两端的,均属于一井内巷道贯通测量。

(2)两井之间的巷道贯通测量。两井之间的巷道贯通测量,是指在巷道贯通前不能由井下的一条起算边向贯通巷道的两端敷设井下导线的贯通测量。为保证两井之间巷道的正确贯通,两井的测量数据必须统一,即采用同一坐标系统。所以,这类贯通测量的特点是两井都要进行联系测量,并在两井之间进行地面测量和井下测量,因而积累的误差一般较大,必须采用更精确的测量方法和更严格的检查措施。

(3)立井贯通测量。立井贯通常见的有 2 种情况,一种是从地面及井下相向开凿的立井贯通,另一种是立井向深部延深时的贯通。这 2 种贯通工程的测量均为立井贯通测量。

井巷贯通的几何关系包括井巷中心线坐标方位角、腰线倾角(坡度)和贯通距离等,这些内容称为贯通的几何要素。不论何种贯通,贯通前均需算出这些要素的参数值,用于标定巷道的中、腰线。确定这些数据的方法随贯通巷道的特点、用途及其对贯通的精度要求而异。

二、贯通测量的技术要求

（1）由井巷贯通工作的重要性所决定,要求贯通测量数据可靠。这首先要注意原始资料的可靠性,起算数据应当准确无误。使用地面控制网的资料时,必须对原网的精度、控制网的点位是否受到采动影响等了解清楚,必要时应实地进行检查测量。对于相关的工程设计资料,包括巷道的方位、坐标、距离、高程和坡度等,要进行认真的检核,对井底车场设计导线要进行闭合计算等。

（2）各项测量工作都要有可靠、独立的检核,复测复算,防止产生误差。对重要的贯通工程的复测,应尽可能换人观测和计算,或换用测量仪器、工具,复测合格后方可施工。

（3）精度要求很高的贯通,要有提高精度的相应措施。如对井下边长较短的测站,要设法提高仪器和觇标的对中精度,包括采取防风、光学对中等措施;斜巷中测角要注意仪器整平的精度,并考虑经纬仪竖轴的倾斜改正。

（4）对施测成果要及时进行精度分析,并对比原误差预计的精度要求,各个环节均不能低于原精度要求,必要时要进行返工重测。

（5）应预先制定贯通测量方案,对于在实际施测中出现的问题,应进一步完善和充实预定的方案。

（6）贯通测量要与贯通巷道掘进工作紧密联系,按施工规程要求及时通报,与施工部门协力完成贯通工作。要及时进行测量和填图,根据测量成果及时调整巷道掘进的方向和坡度。

【复习思考题】

1. 矿区（井）测量控制网有哪些要求?
2. 何为联系测量? 矿井定向的方法有哪些?
3. 说明井筒十字中线标定与埋设方法。
4. 两井之间的巷道如何贯通? 有何要求?

第四章 立井井筒的结构与设计

第一节 立井井筒的结构

一、立井井筒的种类

立井井筒是矿井通达地面的主要进出口,是矿井生产期间提升煤炭(或矸石)、升降人员、运送材料设备以及通风和排水的咽喉工程。

立井井筒按用途的不同可分为以下几种。

(一)主井

专门用作提升煤炭的井筒称为主井。在大、中型矿井中,提升煤炭的容器为箕斗,所以主井又称箕斗井,其断面布置如图 4-1 所示。

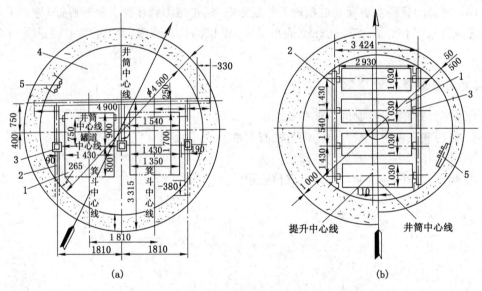

1—箕斗;2—罐梁;3—罐道;4—延伸间;5—电缆架。

图 4-1 箕斗井断面图

(二)副井

用作升降人员、材料、设备和提升矸石的井筒称为副井。副井的提升容器是罐笼,所以副井又称为罐笼井。副井通常兼作全矿的进风井。其断面布置如图 4-2 所示。

(三)风井

专门用作通风的井筒称为风井。风井除用作出风外,又可作为矿井的安全出口,风井有时也安设提升设备。

除上述情况外,有的矿井在一个井筒内同时安设箕斗和罐笼 2 种提升容器,兼有主、副

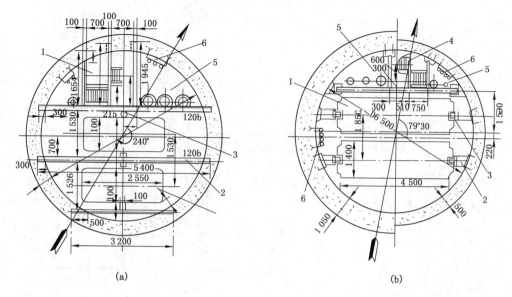

(a)　　　　　　　　　　　　　　　(b)

1—罐笼；2—罐梁；3—罐道；4—梯子间；5—管缆间；6—电缆架。

图 4-2　罐笼井断面图

井功能，这类立井称为混合井。

如图 4-1、图 4-2 所示，在提升井筒内除设有专为布置提升容器的提升间外，根据需要还设有梯子间、管缆间和延伸间等。用作矿井安全出口的风井，需设梯子间。

二、立井井筒的组成

立井井筒自上而下由井颈、井身和井底 3 部分组成，如图 4-3 所示。靠近地表的一段井筒叫作井颈，此段内常开有各种孔口。井颈的深度一般为 15~20 m，井塔提升时可达 20~60 m。井颈以下至罐笼进出车水平或箕斗装载水平的井筒部分叫作井身。井身是井筒的主干部分，所占井深的比例最大。井底的深度是由提升过卷高度、井底设备安装要求及井底水窝深度决定的。罐笼井井底深度一般为 10 m 左右；箕斗井井底深度一般为 35~75 m。这 3 部分长度的总和就是井筒的全深。

（一）井颈

台阶形井颈如图 4-4 所示。井颈的作用，除承受井口附近土层的侧压力及建筑物荷载所引起的侧压力外，有时还作为提升井架和井塔的基础，承受井架或井塔的重量和提升冲击荷载。

1. 井颈的特点

（1）井颈处在松散含水的表土层或破碎风化的岩层内，承受的地压较大。

（2）生产井架或井塔的基础将其自重及提升荷载传到井颈部分，使井颈壁的厚度大大增加。

（3）井口附近建筑物的基础增大了井颈壁承受的侧压力，因此在井颈壁内往往要加放钢筋。

（4）井颈壁上往往需要开设各种孔洞，削弱了井颈强度。

2. 井颈的结构和类型

井颈部分与井身一样，也要安设罐梁、罐道、梯子间和管缆间等。另外，井颈段还要装设

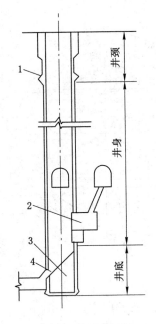

1—壁座;2—箕斗装载硐室;
3—水窝;4—井筒接受仓。
图 4-3 井筒的组成

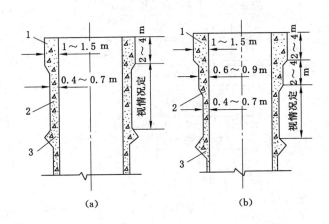

(a)　　　　　　(b)

1—锁口;2—井颈壁;3—壁座。
图 4-4 台阶形井颈

防火铁门和承接装置基础,设置安全通道、暖风道(在严寒地区)、同风井井颈斜交的通风道等孔洞。井颈壁上各种孔洞的特征见表 4-1。

表 4-1 井颈壁上孔洞特征

孔洞名称	断面积/m²	孔顶至井口距离/m	用途	备注
安全通道孔	≥1.2×2.0	在防火门以下	防火门封闭时疏散井下人员及进风	可用拱形或矩形断面,其大小应便于行人
暖风道孔	2~8	1.5~6	严寒地区,防止冬季井筒结冰和保证井下人员正常工作	孔口应对着罐笼侧面,断面大小可根据送入井下的热风量而定
通风孔道	4~20	3~7	通风井筒出风用	风道应与井颈斜交,断面大小根据通过的风量而定
排水管孔	1.5~4	2~3	通过排水管用	断面大小根据排水管数目和直径而定
压风管孔	1.0~1.5	2~3	通过压风管用	断面大小根据压风管数目和直径而定
电缆孔	0.8~1.0	1~2	通过电缆用	电缆允许弯曲的曲率半径 $R=15\sim20$ 倍电缆直径,所以应为斜洞,其断面根据电缆的数目和大小而定

　　井颈形式主要取决于井筒断面形状及用途、井口构筑物传递给井颈的垂直荷载、井颈穿过地层的稳定性情况和物理力学性质、井颈支护材料及施工方法等因素。常用的井颈形式

有以下几种:

(1)台阶形井颈(图 4-4)。为了支承固定提升井架的支承框架,井颈的最上端(锁口)厚度一般为 1.0~1.5 m,往下成台阶式逐渐减薄。图 4-4(a)适用于土层稳定、表土层厚度不大的条件。图 4-4(b)适用于岩层风化、破碎及有特殊外加侧向荷载时。

(2)倒锥形井颈(图 4-5)。这种井颈可视为由倒锥形的井塔基础与井筒连接组成。倒锥形基础是井塔的基础,又是井颈的上部分,它承担塔身全部结构的所有荷载,并传给井颈。倒锥形井颈根据井塔的形式又分为倒圆锥壳形、倒锥台形和倒圆台形等形式。

倒圆锥壳形[图 4-5(a)],即圆筒形井塔与圆筒形井筒的井颈直接固接在一起,适用于地质条件复杂的地区。

倒锥台形[图 4-5(b)],即矩形或框架形塔身的井塔与圆形井筒的井颈直接固接在一起,适用于厚表土、地下水位高的井筒。

倒圆台形[图 4-5(c)],即圆筒形井塔与圆形井筒的井颈直接固接在一起,适用于厚表土层竖向荷载大的井筒。

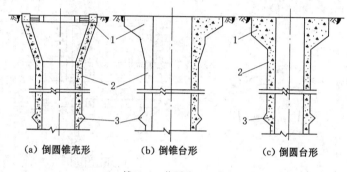

(a)倒圆锥壳形　　　　(b)倒锥台形　　　　(c)倒圆台形

1—锁口;2—井颈壁;3—壁座。

图 4-5　倒锥形井颈

3.井颈的深度和厚度设计

井颈的深度主要受表土层的深度控制。在浅表土中,井颈深度可取表土层全厚加 2~3 m,按基岩风化程度来定。在深表土中,井颈深度可取为表土层全厚的一部分,但第一个壁座要选择在不透水的稳定土层中。如果多绳提升的井塔基础坐落在井颈上时,井塔影响井颈的受力范围(深度)可达 20~60 m。

井颈深度除依表土情况确定外,还取决于设在井颈内各种设备(支承框架、托罐梁、防火门)的布置及孔洞大小等。井颈的各种设备及孔洞应互不干扰,并应保持一定间距;设备与设备外缘应留有 100~150 mm 的间隙,孔口之间应留 400~500 mm 的距离。

井颈用混凝土或钢筋混凝土砌筑,厚度一般不小于 500 mm,为了安放和锚固井架的支承框架,最上端的厚度有时可达 1.0~1.5 m,向下成台阶式逐渐减薄,第一阶梯深度要在当地冻结深度以下。

井颈壁厚的确定方法,一般先按照构造要求估计厚度,然后再根据井颈壁上作用的垂直压力和水平压力进行井颈承载能力验算。

作用于井颈壁上的垂直压力包括井架立架和其他井口附近构筑物作用在井颈上的全部计算垂直压力及井颈的计算自重。按轴向受压和按偏心受压验算井颈壁承载能力。

作用于井颈壁上的水平压力包括地层侧压力、水压力及位于滑裂面范围内井口附近构筑物引起的侧压力等。在水平侧压力作用下井颈壁按受径向均布侧压力或受切向均布侧压力验算承载能力。

当作用于井颈上的荷载很大时,为避免应力集中,设计时需增加钢筋。受力钢筋(沿井筒弧长布置)直径一般为 $16 \sim 20$ mm,构造钢筋(竖向布置)直径一般为 12 mm,间距为 $250 \sim 300$ mm。

井颈的开孔计算,可设开孔部分为一闭合框架,框架两侧承受圆环在侧压力作用下的内力分力为 Q,分力 V 则传至土壤及风道壁上。

Q 可取作用于框架上部侧压力 P_1 的内力分力 Q_1 和下部侧压力 P_2 的内力分力 Q_2 的平均值(图 4-6):

$$Q = \frac{1}{2}(Q_1 + Q_2) = \frac{1}{2} r \cos \frac{\alpha}{2}(P_1 + P_2) \tag{4-1}$$

式中　r——圆环外半径,m;

　　　α——孔口弧长对应的圆心角,(°)。

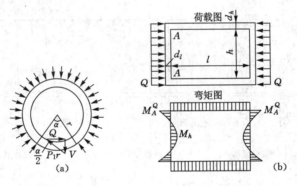

图 4-6　井颈开孔图及开孔受力、内力图

在 Q 的作用下,可计算闭合框架在 A 点和 h 的中点弯矩 M_A^Q 和 M_h,如图 4-6 所示。

框架梁上的荷重,可近似按承受从梁两端引出与梁轴成 45°线交成的三角形范围内的筒壁自重计算(图 4-7)。为了简化,将三角形荷载转化为等量弯矩的均布荷载。设三角形中点荷载为 P_1,则其等量弯矩的均布荷载 $P = \frac{5}{8} P_1$。依此可计算出框架 A 点和 l 的中点的弯矩 M_A^P 和 M_l,如图 4-7 所示。

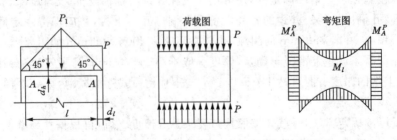

图 4-7　开孔梁计算图

根据求出的跨中、转角处的弯矩及轴向力的总和,再按偏心受压构件验算闭合框架。强度不足时,进行配筋。

(二)壁座

以往在立井和斜井的井颈下部、厚表土下部基岩处、马头门上部、需要延深井筒的井底等,都要设置壁座。人们认为壁座是保证其上部井筒稳定的重要组成部分,用它可以承托井颈和作用于井颈上的井架、设备等的部分或全部重力。从这种思想出发,人们设计出壁座的结构,并以此推导出壁座的设计计算方法。目前,国外的矿山建设者仍然沿用壁座这种结构的设计和计算原理。

我国的建井工作者在最近 30 余年的研究中发现,由于井颈段比较长(少则十几米,多则几十米),井颈段与土层的接触面积很大(少则几百平方米,多则上千平方米),土层对井颈段的摩阻力远远大于井颈段井筒的自重及其作用于其上的全部荷载。由此认为井颈段的壁座是完全没有必要存在的,这一点已被工程实践所证明。现在已普遍认识到,井筒内的其他壁座也无存在的必要,因为爆破后,在原来的岩壁上形成的凹凸表面实际上就是千千万万个小壁座,它们与混凝土黏结得相当牢固,其摩阻力远大于井颈段。

(三)井底结构

井底是井底车场进出车水平(或箕斗装载水平)以下的井筒部分。井底的布置及深度,主要依据井筒用途、提升系统、提升容器、井筒装备、罐笼层数、进出车方式和井筒淋水量,并结合井筒延深方式、井底排水及清理方式等因素确定。

井底装备指井底车场水平以下的固定梁、托罐梁、楔形罐道、制动钢绳或罐道钢绳的固定或定位装置、钢绳罐道的拉紧重锤等。所有这些设备均应与水窝的水面保持 0.5 m 或 1.0 m 的距离。

第二节　立井井筒装备

井筒装备是指安设在整个井深内的空间结构物,主要包括罐道、罐道梁、井底支承结构、钢丝绳罐道的拉紧装置以及防过卷装置、托罐梁、梯子间、管路、电缆等。其中,罐道和罐梁是井筒设备的主要组成部分。罐道作为提升容器运行的导轨,其作用是消除提升容器运行过程中的横向摆动,保证提升容器高速、安全运行,并阻止提升容器的坠落。井筒装备按罐道结构不同分为立井刚性罐道和立井钢丝绳罐道两种。

一、立井刚性井筒装备

刚性井筒装备由刚性罐道和罐道梁组成。

刚性罐道是提升容器在井筒上下运行的导向装置。根据提升容器终端荷载和速度大小,分别选用钢轨罐道、型钢组合罐道(包括球扁钢罐道)、整体轧制异形钢罐道以及复合材料罐道等。

罐道梁是固定刚性罐道而设置的水平梁,沿井筒纵向按一定距离(一般采用等距离)设置,一般采用金属罐道梁。20 世纪五六十年代,我国常用的刚性罐道主要是木质矩形罐道,现已完全被淘汰。到 70 年代则以钢轨罐道、滑动罐耳为主;70 年代后期,出现了型钢组合罐道和整体轧制罐道,配胶轮滚动罐耳;目前则以采用冷弯方管罐道和钢-玻璃钢复合材料罐道为主。刚性罐道的结构形式如图 4-8 所示。

我国煤矿曾采用 38 kg/m、43 kg/m 钢轨作罐道。钢轨罐道在侧向水平力作用下,侧向刚性和截面系数过小,易造成严重的容器横向摆动。因而,近年在提升容器大、提升速度高

(a) 木罐道　　(b) 钢轨罐道　　(c) 球扁钢组合罐道　　(d) 槽钢组合罐道　　(e) 方形钢管热轧罐道　　(f) 复合材料罐道

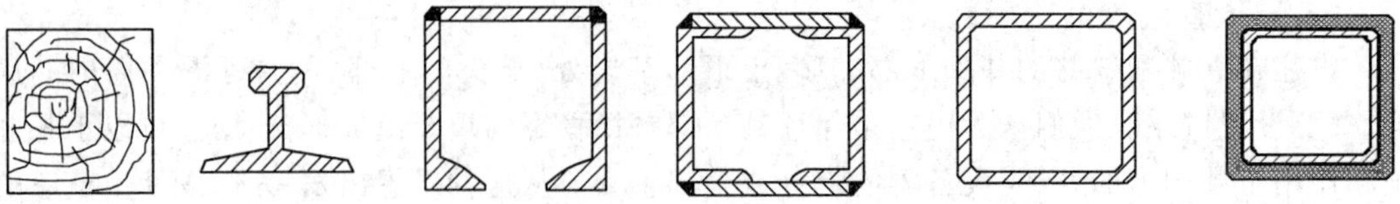

图 4-8　刚性罐道的结构形式

的井筒中改用矩形空心截面钢罐道,即型钢组合罐道。型钢组合罐道一般用 2 个 16 号槽钢加扁钢或角钢加扁钢焊接而成,故又称槽钢组合罐道。我国也有一部分矿井曾采用球扁钢组合罐道。在国外如波兰、德国、苏联多采用 18、22 号槽钢或等边角钢焊制的组合罐道。型钢组合罐道侧向弯曲和扭转阻力大,刚性强,截面系数大,配合使用摩擦因数小的胶轮滚动罐耳,提升容器运行平稳,罐道与罐耳磨损小,使用年限长。

实践证明,型钢组合罐道的加工组装需消耗较大的人力和物力,加工引起的罐道变形虽经校正但其误差尚无法完全消除,影响安装质量。因此,各种整体热轧异形截面罐道用来代替型钢组合罐道便应运而生了。这种罐道不仅具有侧向刚性和截面系数大的特点,而且加工、安装都易于保证质量。

为了解决钢罐道的防腐问题,在钢表面敷以玻璃钢,利用钢的高强度和玻璃钢的耐腐蚀组合成钢-玻璃钢复合材料罐道,使用寿命长;另外其质量轻,安装方便,罐梁层间距可根据具体条件设计。

当采用组合罐道、胶轮滚动罐耳多绳摩擦提升时,提升容器横向摆动小,运行平稳,有利于提高运行速度。刚性井筒装备自身及其所受荷载均直接传给井壁,不增加井架负荷。因此,刚性设备在我国煤矿、特别是大中型矿井中应用最为广泛。

我国立井井筒刚性装备的发展大致归结为 3 个阶段,各阶段的主要特征见表 4-2。

表 4-2　井筒刚性装备发展各阶段特征表

阶段	井深/m	提升方式	容器载重/t	提升速度/(m/s)	罐道形式及布置	罐梁形式及布置	导向装置	罐梁固定方式	计算依据
第一阶段 (20 世纪 50—60 年代)	<400	单绳缠绕式提升	<10	6~8	木罐道或钢轨罐道,两侧布置	工字钢罐梁,通梁山形布置	刚性滑动罐耳	梁窝固定	以垂直断绳制动力为主计算
第二阶段 (20 世纪 70—80 年代)	400~800	多绳摩擦轮提升	20~40	10~14	型钢组合罐道或钢轨罐道,端面布置	工字钢、型钢组合闭合形截面罐梁,悬臂梁或托架梁布置	胶轮滚动罐耳	预埋件固定;树脂锚杆固定	以水平力为主计算
第三阶段 (近期和今后发展)	>800	多绳摩擦轮或双绳缠绕式提升	>40	14~20	型钢组合、整体轧制钢罐道、复合材料罐道,端面、对角布置	组合悬臂梁,无罐梁桁架组合梁	胶轮滚动罐耳,带有弹性或液压缓冲装置	树脂锚杆、阶梯楔形钢锚杆固定	以水平力为主计算

（一）钢轨罐道

钢轨罐道强度高，多用于箕斗井和有钢丝绳断绳防坠器的罐笼井。钢轨的标准长度为 12.5 m，固定在 4 层罐梁上，考虑井筒内冬夏温差，罐道接头处留有 4.0 mm 的伸缩缝，故罐梁层间距为 4.168 m。

钢轨罐道的接头位置应尽量设在罐道与罐道梁连接的地方。过去常用销子对接，但是维修更换不便，使用过程易脱落和剪断销子，故现在都改用钢夹子接头（图 4-9）。有的矿井把罐道接头处轨头加工成长 100～150 mm、深 3 mm 的梢头，提升容器运行平稳、罐耳磨损小，效果较好。钢轨罐道和工字钢罐道梁之间采用特制的罐道卡子和螺栓连接固定（图 4-9）。

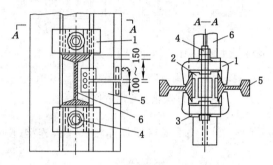

1—罐道卡；2—卡芯；3—垫板；4—螺栓；5—罐道；6—罐道梁。

图 4-9 钢轨罐道接头与罐梁的连接

由于钢轨罐道在两个轴线方向上的刚度相差较大，抵抗侧向水平力的能力较弱，因此采用钢轨罐道在材料上使用不够合理。滑动罐耳对钢轨罐道的磨损严重，需要经常更换。

（二）型钢组合罐道

型钢组合罐道是由型钢加扁钢焊接成的矩形空心罐道。我国使用的型钢组合罐道多采用 2 个 16 号槽钢组合而成。采用这种罐道时，提升容器是通过 3 个弹性胶轮罐耳沿罐道滚动运行（图 4-10）。

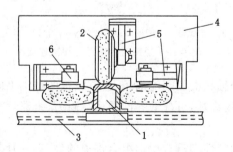

1—型钢组合罐道；2—滚轮；3—罐道梁；4—罐耳底座；5—滚轮支座；6—轴承。

图 4-10 型钢组合罐道和滚动罐耳

型钢组合罐道的接头应尽量设在罐道与罐道梁连接的地方，接头之间应留 3～5 mm 的伸缩缝。接头多采用扁钢销子或将罐道头磨小的方式 [图 4-11(a)、(b)]。为了克服扁钢销子接头时更换罐道的困难，改善胶轮罐耳的工作条件，可将罐道接头处切成 45°斜面，罐道间借助导向板连接[图 4-11(c)]。这种接头方式的优点是结构简单,安装更换方便。

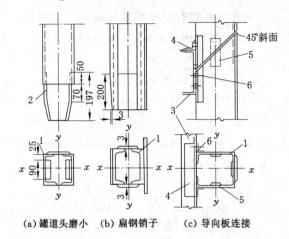

(a) 罐道头磨小   (b) 扁钢销子   (c) 导向板连接

1—槽钢;2—扁钢销子;3—罐梁;4—防滑角钢;5—导向板;6—固定角钢。

图 4-11 型钢组合罐道接头方式

型钢组合罐道与罐梁的连接方式主要有螺栓连接和压板连接(图 4-12)。

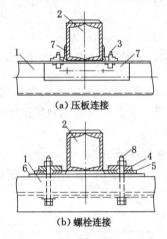

(a) 压板连接

(b) 螺栓连接

1—罐道梁;2—罐道;3—螺栓;4—压板;5—铁垫板;6—焊在罐道梁上的铁板;7—角钢。

图 4-12 型钢组合罐道与罐梁连接

　　型钢组合罐道在 2 个轴线上的刚度都较大,有较强的抵抗侧向弯曲和扭转的能力;罐道寿命长;配合使用弹性滚动罐耳,可降低容器的运行阻力,容器运行平稳可靠。

　　(三)整体轧制罐道

　　整体轧制罐道在受力特性上具有型钢组合罐道的优点,并且与型钢组合罐道相比,不仅节约加工费用,还可减轻罐道的自重,保证罐道安装质量。整体轧制罐道的截面形状见图4-8(e)、(f),其中方形罐道截面封闭,仅表面受淋水腐蚀,因而使用寿命长。

　　钢-玻璃钢复合材料罐道质量轻,耐磨、耐腐蚀,安装方便,具有很大的发展前途。

　　(四)罐道梁

　　沿井筒纵向,每隔一定距离为固定罐道而设置的水平梁称为罐道梁(简称罐梁)。多数矿井采用金属罐道梁。

从罐道、罐道梁主要承受因断绳防坠器制动而产生的垂直动荷载的作用来看,选用垂直抗弯和抗扭阻力大的工字钢是合理的。当立井罐笼采用钢丝绳防坠器或多绳提升后,罐道和罐道梁不再承受由于断绳制动而产生的垂直动荷载作用。这时罐道、罐道梁主要承受提升容器在运行过程中作用于罐道正面和侧面的水平力,工字钢截面的侧面抗扭阻力较小,在这种情况下再采用工字钢罐梁就不够合理。若采用由型钢焊成的或整体轧制的闭合型空心截面罐道梁,则在强度、刚度、抗腐蚀和通风、提升效果等方面都比工字钢优越。常见的罐梁截面形状见图 4-13。

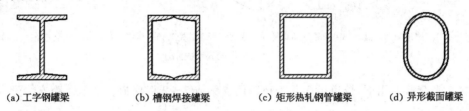

(a) 工字钢罐梁　　　　(b) 槽钢焊接罐梁　　　　(c) 矩形热轧钢管罐梁　　　　(d) 异形截面罐梁

图 4-13　常见的罐梁截面形状

在一般情况下,金属罐道的罐梁层间距采用 4 m、5 m、6 m,钢轨罐道采用 4.168 m。

目前,我国采用型钢组合罐道或整体轧制罐道时,罐梁层间距一般为 6 m,大大减少了罐梁层数和安装工程量,节约投资,经济效果较好。

罐梁与井壁的固定方式有梁窝埋设、预埋件固定和锚杆固定 3 种。

梁窝埋设是在井壁上现凿或预留梁窝,将罐梁安设在梁窝内,最后用混凝土将梁窝充埋密实。罐梁插入井壁的深度不小于井壁厚度的 2/3 或罐梁高度,一般为 300～500 mm。这种固定方式牢固可靠,但施工速度慢,工时和材料消耗量大,破坏井壁的完整性,易造成井壁漏水。井筒在不稳定含水冲积岩层内严禁采用梁窝固定方式。

预埋件固定方式是将焊有生根钢筋的钢板,在砌壁时按设计要求的位置埋设在井壁内,在进行井筒装备时,再将罐道梁托架焊接在预埋钢板上。这种固定方式常用于冻结段的钢筋混凝土井壁,它有利于保证井壁的完整性或封水性能;但施工较复杂,不利于滑模施工,预埋时难以达到要求的准确位置,钢材消耗量大,焊接工作量大,往往影响施工质量。

锚杆固定方式是采用树脂锚杆将托架固定在井壁上,然后再在托架上固定罐梁(或罐道)。树脂锚杆因具有承载快、锚固力大、安装简便等优点,目前广泛采用。

(五) 刚性罐道及罐道梁的设计

在不设防坠器或用钢丝绳防坠器的井筒,以提升容器运行时与罐道相互作用所产生的水平力作为罐梁、罐道的计算荷载。因此,在多绳提升或采用钢丝绳防坠器时,井筒装备应以水平力为主进行计算选型。

目前国内外关于如何确定刚性罐道的水平荷载,尚处于试验和研究阶段。作用于罐道的正面水平荷载 P_y、侧面水平荷载 P_x 以及垂直荷载 P_z(见图 4-14),可参考经验公式设计:

$$P_y = \frac{1}{12}Q \tag{4-2}$$

$$P_x = 0.8P_y \tag{4-3}$$

$$P_z = 0.25P_y \tag{4-4}$$

式中 Q——提升终端荷重,kN。

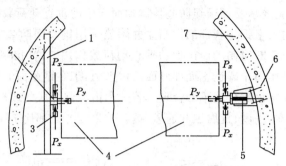

1—罐道梁;2—罐道;3—胶轮滚动罐耳;4—罐笼;5—罐道托架;6—树脂锚杆;7—混凝土井壁。

图 4-14 水平荷载作用图

在水平荷载作用下,罐道可简化为单跨简支梁或 1~2 根罐道长度的多跨连续梁进行设计计算。

提升容器在运行过程中作用于罐道的水平力,通过罐道与罐梁的连接处传给罐梁。罐道正面水平力 P_y 作用引起罐梁在水平面的弯曲变形;侧面水平力 P_x 作用使罐梁偏心受拉和受压。提升容器作用于罐道与罐梁的垂直力 P_z 使罐梁产生垂直平面的弯曲和扭转。根据罐梁的层间结构,罐梁可简化为简支梁或多跨连续梁进行计算。

（六）井筒装备防腐蚀措施

立井井筒都采用混凝土或钢筋混凝土砌筑,井筒涌水量大都在 5~10 m^3/h。井内淋水中含有一定浓度的 SO_4^{2-}、Cl^- 等离子,井内空气中含有 CO_2、SO_2、NO_2、Cl_2、O_2、H_2S 等气体,构成了井筒金属设备遭腐蚀的环境因素,井筒装备腐蚀严重。根据全国 140 个井筒的调查统计资料,立井罐道梁每年平均单面腐蚀厚度为 0.17 mm,最大厚度可达 0.5 mm。因为钢铁构件在井下潮湿气体环境中,构件表面水膜内氧气浓度不均形成氧浓差电池及构件表面不光滑形成腐蚀微电池作用,构成了对钢铁构件的电化学腐蚀。氧和其他电解质的存在,增加了溶液的导电性和去极化作用,加速了钢铁构件的腐蚀速度。不论钢铁构件与矿井水的接触状态如何,当 pH<1.5 时,每年的腐蚀厚度将超过 1 mm。

整个井筒全部更换一次井筒装备,需消耗大量的人力和物力,矿井停产时间长达 1~2 个月,造成的经济损失极为严重。因此,防止和延缓井筒装备的腐蚀,是一个非常重要的问题。我国目前井下防腐方法主要有涂料防腐、镀锌防腐、电弧喷涂防腐和玻璃钢防腐。

涂料防腐是一种传统的防腐方法,目前井筒装备防腐常用的涂料主要有环氧沥青漆、氯化橡胶漆、无机富锌底漆,以及利用环氧树脂和聚氨酯改性而成的环氧云母氧化铁底漆、环氧富锌底漆、环氧聚氨酯漆等。

镀锌防腐是一种成熟的防腐方法,采用电化学方法在金属表面覆盖锌或铝面层来达到防腐目的;但是这种方法主要用于地面结构,尤其是无水的环境条件。

电弧喷涂防腐是在金属构件上进行电弧喷涂,并对喷层进行封闭处理,该方法可实现长效防腐。电弧喷涂防腐的技术要求是首先对构件的表面进行除锈处理,除锈质量要求应达到 Sa2~3 级标准;电弧喷涂喷锌或铝的厚度为 150 μm,要求涂层致密均匀,无起皮、鼓泡、大溶滴、裂纹、掉块等;涂层最小厚度不得低于 100 μm;最后采用 842+546 环氧(沥青)类有机封闭涂料涂刷。

玻璃钢复合材料防腐是在钢结构表面敷盖一层适当厚度的玻璃钢防腐层,目前可用于井筒装备的罐梁、托架等;如果用于罐道则必须采用特殊工艺,使其能够达到耐腐蚀、耐磨的目的。

二、立井钢丝绳井筒装备

立井钢丝绳井筒装备亦称柔性装备。柔性装备采用钢丝绳作罐道,不需设置罐道梁,具有节省钢材、节约投资;结构简单、安装方便;井内无罐梁,通风阻力小;绳罐道具有柔性,提升容器运行平稳等优点。因此,我国煤矿在20世纪70年代曾广泛采用钢丝绳罐道代替木罐道和钢轨罐道。由于密封钢丝绳依赖进口,提升容器在运行中的摆动规律尚不清楚,限制了钢丝绳罐道的发展。近年,由于上述问题的解决和多绳提升的出现,又为钢丝绳罐道的使用开辟了广阔的前景。在煤矿、金属矿中,在采用各种提升容器、终端荷载,不同提升速度和不同井深的井筒中,都有采用钢丝绳罐道的。

钢丝绳罐道是利用钢丝绳作提升容器运行的轨道。罐道绳的两端在井上和井底由专用装置固定和拉紧,井筒内无须设置罐道梁。钢丝绳罐道主要包括罐道钢丝绳、防撞钢丝绳、罐道绳的固定和拉紧装置、提升容器上的导向装置、井口和井底进出车水平的刚性罐道,以及中间水平的稳罐装置等。

(一)罐道钢丝绳的选择和布置

目前使用的钢丝绳罐道有普通钢丝绳、密封钢丝绳和异形股钢丝绳3种。用普通6×7或6×19钢丝绳作罐道时,投资省,但不耐磨、寿命短、不够经济,只适用于小型煤矿的浅井。密封钢丝绳和异形股钢丝绳表面光滑、耐磨性强、具有较大的刚性,是比较理想的罐道绳。特别是异形股钢丝绳,它虽比普通钢丝绳贵40%,但使用寿命为普通钢丝绳的2~3倍。

提升容器沿绳罐道运行时,在各种横向力的作用下,一定会产生摆动。为了保证提升容器运行平稳和提升工作安全,罐道绳必须具有一定的拉紧力和刚度。《煤矿安全规程》规定,每个容器采用2根钢丝绳罐道时,每根钢丝绳的最小刚性系数不得小于1 000 N/m;每个容器设有4根罐道绳时,每根钢丝绳的最小刚性系数不得小于500 N/m。

罐道绳的直径大小,除应满足拉紧力和安全系数的要求外,还应考虑罐道长期磨损和刚度的要求。罐道绳直径通常根据井筒深度、提升终端荷重和提升速度等因素,按经验数据选取。然后,再验算安全系数 m,即:

$$m = \frac{Q_z}{Q_0 + qL} \geqslant 6 \tag{4-5}$$

式中　Q_z——罐道绳全部钢丝破断力总和,N;

　　　q——罐道绳单位长度重力,N/m;

　　　L——罐道绳的悬垂长度,m;

　　　Q_0——罐道绳下端的拉紧力,N,应按拉紧力和刚性系数要求取较大值。

按罐道绳下端的最小拉紧力要求,拉紧力为:

$$Q_0 = 100L \tag{4-6}$$

按最小刚性系数要求,罐道绳下端所需拉紧力为:

$$Q_0 = \frac{K_{min}}{4}(L_0 - L)\ln\frac{L_0}{L_0 - L} \tag{4-7}$$

式中　K_{min}——罐道绳最小刚性系数,取 500 N/m;

　　　L_0——罐道绳的极限悬垂长度,m;

$$L_0 = \frac{\sigma_B}{m\gamma}$$
(4-8)

　　　σ_B——罐道绳的公称抗拉强度,MPa;

　　　m——罐道绳的安全系数,取 $m \geqslant 6$;

　　　γ——罐道绳的密度,kg/m³,取 $\gamma = 9\,000$ kg/m³。

罐道绳的布置方式如图 4-15 所示,一般有对角(2 根)、三角(3 根)、四角和单侧(4 根)等几种。

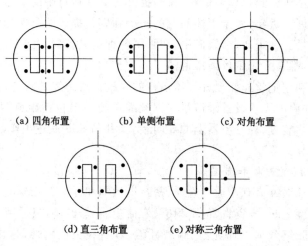

(a) 四角布置　　　(b) 单侧布置　　　(c) 对角布置

(d) 直三角布置　　　(e) 对称三角布置

图 4-15　罐道绳布置形式

选择罐道绳布置方式时,应使罐道绳远离提升容器的回转中心,以增大罐道绳的抗扭力矩,减少提升容器在运行中的摆动和扭转,同时,应尽可能对称于提升容器布置,使各罐道绳受力均匀。

(二)钢丝绳罐道的拉紧和固定装置

罐道绳的拉紧方式有螺杆拉紧、重锤拉紧和液压螺杆拉紧等。

螺杆拉紧是将罐道绳下端用绳夹板固定在井底钢梁上,罐道绳的上端用拉紧螺杆固定,并在井架上安设螺杆拉紧装置。当拧紧螺杆时,罐道绳便产生一定张力。为防止罐道绳松弛,常在螺帽下加一压缩弹簧(图 4-16)。这种拉紧方式拉紧力有限,一般用于浅井。

重锤拉紧是将罐道绳上端固定在井架上,在井底借助重锤将罐道末端拉紧(图 4-17)。这种拉紧方式能使罐道绳获得较大而恒定不变的拉紧力,因而不需经常调绳和检修。由于设有重锤和井底固定装置,要求有较深的井底及排水清扫设施,还需防止重锤被水淹没而影响拉紧力。这种拉紧方式通常用于要求拉紧力较大的中深井和深井中。

液压螺杆拉紧是将罐道绳下端用倒置的固定装置固定在井窝专设的钢梁上,井架上设液压螺杆拉紧装置将罐道绳上端拉紧。这种方式是利用液压调整罐道绳的拉紧力,调绳方便省力,井窝较浅,还可节省重锤所需的铸铁材料,但装绳和换绳比较麻烦。

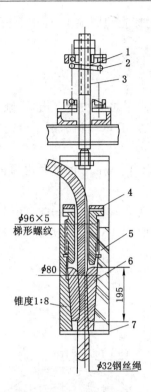

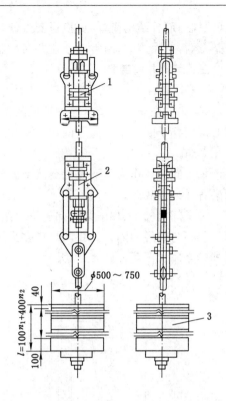

1—弹簧压盖;2—弹簧;3—拉紧丝杆;4—顶丝;
5—楔形卡紧联结器外套;6—楔形卡;7—拉紧器外架。

图4-16 井架螺杆拉紧装置

1—上部固定;2—下部固定;3—重锤。

图4-17 重锤拉紧装置

(三) 钢丝绳罐道的其他设施

1. 防撞绳

防撞绳又称挡绳,设在2个容器之间,当容器之间的间隙较小或井筒较深时,需设防撞绳隔开相邻的提升容器,防止发生碰撞。采用钢丝绳罐道时,根据《煤矿安全规程》规定,两容器之间的间隙为450 mm;设防撞绳后,两容器之间的间隙为200 mm。通常设2根防撞绳,其间距为提升容器长度的3/5~4/5。

防撞绳磨损比罐道绳小,但容器碰撞时,它将承受很大的摩擦冲击和挤压。因此,每根防撞绳的拉紧力和直径的取值应不小于罐道绳的拉紧力和直径。

2. 井口、井底刚性罐道和中间水平稳罐装置

为了使矿车进出罐笼,或箕斗装、卸载处的一段井筒中,必须设稳罐用的刚性罐道。其布置形式多用四角布置和两侧布置。在多水平提升的罐笼井中,中间水平进出车处不设刚性罐道,而设专用的稳罐承接装置(如摇台稳罐装置、摇台稳罐钩、气动稳罐器)。

3. 导向装置

采用钢丝绳罐道时,提升容器上应设专门的钢丝绳罐道导向器,一般每根罐道绳设2个导向器;如提升容器高度较大,可设3个导向器。

导向器的结构应满足耐磨、装卸更换方便、安全可靠等要求。目前普遍采用的滑动式导向器由外壳和衬套组成,衬套用硬木、铝、黄铜、塑料或尼龙等材料组成,其内径比罐道绳直径大2~3 mm,长度为罐道绳直径的6~8倍。滑动式导向器运行时没有噪声,不受速度增长的限制,而且结构简单,更换衬套方便。滚轮导向器对罐道绳磨损小,使用期长,但结构较复杂,运行时噪声大,通常用于建井时的临时罐笼提升。

三、其他井筒装备

（一）梯子间

《煤矿安全规程》规定,通到地面的安全出口和2个水平之间的安全出口,倾角大于45°时必须设梯子间。立井梯子间中,安装的梯子角度不得大于80°,相邻两平台的距离,不得大于8 m。

梯子间主要作为井下发生突然事故和停电时的安全出口,平时也可利用梯子间检修井筒装备和处理故障。

梯子间由梯子、梯子梁和梯子平台组成。梯子间通常布置在井筒一侧,并用隔板（或隔网、隔栅）与管缆间隔开。我国煤矿多采用交错式梯子间（图4-18）,一般为钢结构或玻璃钢结构。金属梯子间如图4-19所示。

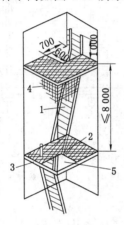

1—梯子;2—梯子平台;3—梯子梁;
4—隔板（网）;5—梯子口。

图4-18 交错式梯子间

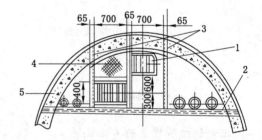

1—金属梯子;2—梯子梁;3—梯子小梁;
4—金属平台;5—混凝土井壁。

图4-19 金属梯子间

梯子一般采用扁钢作梯子架,材料规格为80 mm×12 mm;角钢作梯子阶（踏步）,梯子架与踏步焊接,用螺栓与梯子梁固定。梯子梁通常用14号槽钢制作,一端与井壁固定,另一端与罐道梁用角钢、螺栓连接。梯子间主梁不作罐道梁时,一般用16～20号槽钢制作。隔板过去多采用金属网,但因其不耐腐蚀,寿命短,近年多应用玻璃钢隔板或强度高的塑料隔板。梯子平台采用3 mm厚以上的防滑网纹钢板加工或玻璃钢制作。

（二）管缆间

立井管缆间主要用于布置各种管路（如排水管、压风管、供水管,有时还有充填管和泥浆管等）和电缆（如动力、通信、信号电缆等）。

为便于检修,管缆间经常布置在副井中,一般与梯子间布置在一起（图4-19）。管路应尽量靠近梯子间主梁,与罐笼长边平行布置,这样,站在罐笼顶上检修或拆换管子较为方便。

排水管一般布置在副井中,在井筒内的位置视井下中央水泵房的位置而定。管道数目根据井下涌水量大小而定,但不得少于2趟,其中1趟备用。压风管和供水管一般也布置在副井中。压风管根据压风机房的位置,为减少管路中压风损失,有时布置在风井中。

管路用管卡固定在管子梁或罐梁上(图4-20)。对直径较小的压风管或供水管亦可用管卡直接固定在井壁上。

排水管长度小于400 m时,其下端支撑在托管梁上的固定管座上。管长超过400 m时,每隔150~200 m需设固定直管座,在其下端安装伸缩器。井内最上面的直管座及伸缩器设在距井口50 m处(图4-21)。托管梁除承担管路重量外,还需考虑水锤所产生的冲击力,一般采用大型工字钢或组合工字钢。

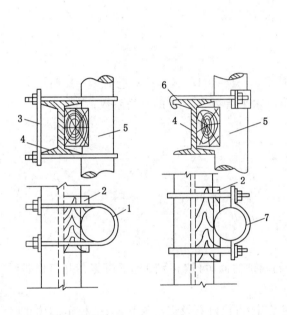

1—U型螺栓卡;2—垫木;3—扁钢;4—罐道梁;
5—管路;6—钩形螺栓卡;7—扁钢。

图4-20　管路与罐道梁的固定结构

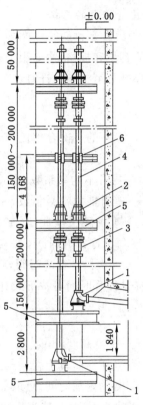

1—带座弯管;2—直管座;3—伸缩带;
4—排水管;5—托管梁;6—导向卡。

图4-21　排水管路布置图

井筒内的动力和通信、信号电缆多采用卡子固定在靠近梯子间的井壁上。电缆敷设的位置应考虑进、出线简单,安装检修方便。通信、信号电缆与动力电缆应分别布置在梯子间两侧;如受条件限制而布置在同一侧时,两者间距应在0.3 m以上。

第三节　立井井筒断面设计

井筒断面设计包括确定井筒断面尺寸,选择井壁结构并确定井壁厚度,绘制井筒断面施工图,编制工程量及材料消耗量表。

一、立井提升容器的类型及选择

(一)提升容器的类型

煤矿立井提升容器有 2 种,一是箕斗,二是罐笼。专门用作提升煤炭的容器叫箕斗;用作升降人员、材料、设备和矸石的容器叫罐笼。

我国煤矿用箕斗和罐笼,分别适用于各种刚性罐道和柔性罐道等多种类型。按照提升钢丝绳类型,又分单绳提升和多绳提升 2 类,其中多绳提升具有提升安全、钢丝绳直径小、设备质量轻等优点,因而在大中型矿井中使用日益广泛。

(二)提升容器的选择

1. 箕斗的容量和规格的确定

箕斗的容量和规格,主要根据矿井年产量、井筒深度及矿井年工作组织来确定。箕斗的一次合理提升量可按下式计算:

$$q = \frac{ACaT}{3\ 600Nt} \tag{4-9}$$

式中　q——箕斗的一次合理提升量,t/次;

　　　A——矿井设计年生产能力,t/a;

　　　C——提升不均匀系数,有井底煤仓时 $C=1.1\sim1.15$,无井底煤仓时 $C=1.2$;

　　　a——提升能力富裕系数,一般仅对第一水平留 20%左右的富裕系数;

　　　N——矿井年工作日,取 300 d/a;

　　　t——每天净提升时间,取 14 h/d;

　　　T——一次提升循环时间,s/次。

一次提升循环时间可按下式计算:

$$T = \frac{H}{V_P} + u + \theta \tag{4-10}$$

式中　H——提升高度,m;

　　　u——箕斗在曲轨上减速与爬行所需的附加时间,可取 $u=10$ s,或罐笼在井口稳罐所需的附加时间,可取 $u=5$ s;

　　　θ——休止时间,s,箕斗装卸载和罐笼提升人员、矸石及进出材料车、平板车的休止时间,按《煤炭工业设计规范》规定选取;

　　　V_P——提升平均速度,m/s;

$$V_P = \frac{V_m}{\alpha} \tag{4-11}$$

　　　V_m——实际最大提升速度,m/s;

$$V_m \leqslant 0.6\sqrt{H} \tag{4-12}$$

　　　α——速度乘数,对一般交流电机拖动的提升设备,可取 $\alpha=1.2$。

根据求得的一次合理提升量 q 和松散煤的密度,即可选用相应的箕斗。松散煤的密度约为 0.9 t/m³,煤的松散系数约为 1.5。选择箕斗时,应在不加大提升机功率和井筒直径的前提下,尽量采用大容量的箕斗,以降低提升速度和节省电耗。

2. 罐笼规格的确定

罐笼的类型应根据矿井选定的矿车规格初选,然后再按最大班工人下井时间、最大班净作业时间进行验算。

(1) 按最大班工人下井时间验算。按照 40 min 内运送完毕最大班井下工人的要求验算。

$$\frac{40 \times 60}{T} n_0 > n \tag{4-13}$$

式中　　n——最大班下井工人数；

n_0——所选罐笼每罐提升人员数；

T——一次提升循环时间，s，可按公式(4-10)计算，如最大速度 V_m 超过《煤矿安全规程》规定的提人最大速度 12 m/s 时，T 应按 $V_m = 12$ m/s 计算。

如果不能满足上式要求，则可采用双层罐笼。升降人员时用 2 层，提升矸石或进行其他作业时只用 1 层。

(2) 按最大班净作业时间不超过 5 h 验算。

对于提升任务较重、矿井深度较大的大型矿井的副井，除应满足升降人员的要求外，还要根据最大作业班提升总时间不应超过 5 h 进行验算。最大作业班提升总时间包括：最大班升降工人时间，按工人升降井时间的 1.5 倍计算；升降其他人员时间，按 20% 计算；提升矸石时间，按日出矸量的 50% 计算；运送坑木、支架时间，按日需要量的 50% 计算。计算出最大班总作业时间，以不超过 5 h 进行验算；若计算出的最大班总作业时间超过 5 h，则应考虑选用多层或多车罐笼。

二、立井井筒断面布置

井筒断面应根据选定提升容器与井筒设备的类型来布置。井筒断面内除提升间外，根据井筒的用途，往往还需要布置梯子间、管缆间或延深间。

井筒断面的布置，既要满足井筒内提升容器等设备布置的要求，又要力求缩小井筒断面，简化井筒装备，以达到节约材料和投资的目的。

根据提升容器和井筒装备的不同，井筒断面布置形式多种多样。一些较为典型的井筒断面布置形式见图 4-22。

(一)罐道的布置形式

根据罐道与提升容器的位置不同，刚性罐道的布置方式有单侧布置、双侧布置和端面布置 3 种。单侧布置时，罐道布置在提升容器长边的一侧。双侧布置时，罐道布置在提升容器长边的两侧，如图 4-22(b)、(c)所示。单侧布置与双侧布置相比，节省钢材，井筒装备简单，安装工作量小，便于提升大型设备，提升容器运行平稳。端面布置如图 4-22(d)、(e)所示，罐道布置在提升容器的短边上，这种布置方式提升容器运行平稳，但是，在进出车水平需要改变罐道布置方式，因此端面布置方式适用于长条形罐笼(如单层双车)单水平提升的井筒中。

钢丝绳罐道的布置方式如图 4-22(h)、(i)所示。钢丝绳罐道的根数为 2~4 根，在大中型矿井中通常采用 4 根罐道。4 根钢丝绳罐道可布置在提升容器的一侧或布置成四角形。国内多采用四角布置，这样能减少提升容器的摆动。

(二)罐道梁的层格结构

根据罐道位置的不同，罐道梁的层格结构有通梁、山字梁、悬臂梁、悬臂支撑架、无罐道梁以及装配式组合桁架等布置方式。通梁和山字形层格结构是我国过去常见的布置形式[图 4-22(b)、(c)、(f)]，它不能适应深井、重载及高速运行工况。悬臂梁和悬臂支撑

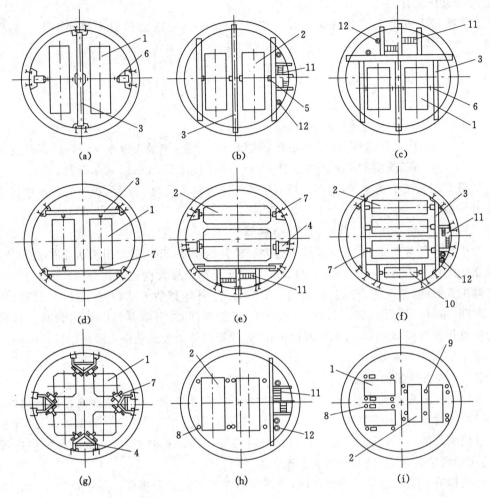

1—箕斗;2—罐笼;3—罐梁;4—托架;5—木罐道;6—钢轨罐道;7—矩形罐道;
8—钢丝绳罐道;9—防撞钢丝绳;10—平衡锤;11—梯子间;12—管路电缆间。

图 4-22 井筒断面布置形式

架布置[图 4-22(a)、(e)]简化了层格结构,节省了钢材,但安装要求精确。无罐道梁布置是在层格中取消了罐道梁,将罐道直接固定在托架上的一种新型装备结构,其技术经济效果优越。装配式组合桁架层格结构[图 4-22(g)]是将罐道布置在提升容器的对角线上,并固定在装配式组合桁架上。这种层格结构稳定性好,适用于重载、高速的大型深矿井,具有省钢材、通风好、提升稳等优点。

（三）梯子间和管缆间布置

梯子间布置应与管路、电缆一并考虑,尽量相互靠近,以便检修管路、电缆。一般梯子间布置在与罐笼长轴平行的一侧。管路应尽量布置在梯子间主梁梯子间一侧[图 4-22(c)、(h)],有时也可布置于提升间一侧;当管路较多时,则可分开布置于提升间两侧的管缆间内,但部分管路检修不便。

（四）安全间隙的确定

提升容器相互之间,提升容器与罐梁、井梁、井壁之间的安全间隙是布置井筒、设计井筒断面的重要参数,应按《煤矿安全规程》的规定选取,见表 4-3。

表 4-3 提升容器之间以及提升容器最突出部分和井壁、罐梁之间的最小间隙表 单位:mm

间隙类别		容器和井壁之间	容器和容器之间	容器和罐梁之间	容器和井梁之间	备注
罐道布置在容器一侧		150	200	40	150	罐耳和罐道卡之间为 20
罐道布置在容器两侧	钢罐道	150	—	40	150	有卸载滑轮的容器,滑轮和罐梁间隙增加 25
罐道布置在容器正面	钢罐道	150	200		150	
钢丝绳罐道		350	500	—	350	设防撞绳时,容器之间的最小间隙为 200

三、井筒净断面尺寸确定

井筒净断面尺寸主要根据提升容器规格和数量、井筒装备的类型和尺寸、井筒布置方式以及各种安全间隙来确定,最后用通过井筒的风速校核。

(一)确定井筒断面尺寸的步骤

(1)根据井筒的用途和所采用的提升设备,选择井筒装备的类型,确定井筒断面布置形式。

(2)根据经验数据,初步选定罐道梁型号、罐道截面尺寸或罐道绳的类型和直径,并按《煤矿安全规程》规定,确定间隙尺寸。

(3)根据提升间、梯子间、管路、电缆占用面积和罐道梁宽度、罐道厚度以及规定的间隙,用图解法或解析法求出井筒近似直径。当井筒净直径小于 6.5 m 时,按 0.5 m 进级;大于 6.5 m 时,一般以 0.2 m 进级确定井筒直径。

(4)根据已确定的井筒直径,验算罐道梁型号及罐道规格。

(5)根据验算后确定的井筒直径和罐道梁、罐道规格,重新作图核算,检查断面内的安全间隙,并作必要的调整。

(6)根据通风要求,核算井筒断面,如不能满足,则最后按通风要求确定井筒断面。

(二)井筒净断面尺寸的确定

无论是罐笼井或是箕斗井,刚性设备或是柔性设备,井筒净断面尺寸的确定方法基本相同。一般情况下是首先根据提升容器规格(A、B)确定提升间尺寸(H_1、H_2)、罐道与罐梁连接尺寸(E_1、E_2、E_3)、梯子间尺寸(S、T、M、H_3)及其相对位置(K);然后根据安全间隙(f_1)要求,采用解析法(图 4-23)或作图法(图 4-24)求得近似的井筒直径,获得提升容器在井筒内的具体位置;最后进行调整,得到井筒的净断面尺寸。

(三)通风校核

由提升容器和井筒装备确定的井筒直径,必须按照《煤矿安全规程》的要求进行通风校核,使井筒内的风速不大于允许的最高风速,即

$$v = \frac{Q}{\mu S} \leqslant v_{max}$$ (4-14)

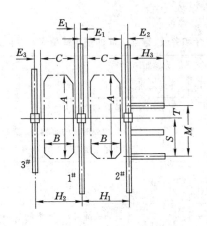

图 4-23　罐笼井井筒断面尺寸计算图　　　图 4-24　作图法确定井筒直径

式中　v——通过井筒的风流速度，m/s；

　　　S——井筒净断面面积，m^2；

　　　μ——井筒通风有效断面系数，取 $\mu=0.6\sim0.8$；

　　　Q——通过井筒的风量，m^3/s；

　　　v_{max}——井筒中允许的最高风速，m/s。

《煤矿安全规程》规定：升降人员和物料的井筒，$v_{max}=8$ m/s；专为升降物料的井筒，$v_{max}=12$ m/s；无提升设备的风井，$v_{max}=15$ m/s。根据设计经验，除特殊情况外，设计出的井筒净直径一般都能满足通风要求。如果不能满足通风要求，井筒净直径应相应加大。

四、立井井筒井壁结构及厚度确定

（一）立井井壁结构

井壁是井筒重要的组成部分，其作用是承受地压、封堵涌水、防止围岩风化等。合理选择井壁材料和结构，对节约原材料、降低成本、保证井筒质量、加快建井速度等都具有重要意义。

井壁的结构主要有以下几种类型：

1. 砌筑井壁

砌筑井壁[图 4-25(a)、(b)]常用材料有料石、砖和混凝土预制块等，胶结材料主要是水泥砂浆。料石井壁便于就地取材，施工简单，过去一段时间使用较多。砌筑井壁施工中劳动强度大，难以机械化作业，井壁整体性和封水性较差且造价较高，近年已很少采用。

2. 整体浇筑式井壁

整体浇筑式井壁有混凝土和钢筋混凝土井壁 2 种[图 4-25(c)]，混凝土井壁使用年限长，抗压强度高，封水性好，成本比料石井壁低，且便于机械化施工，已成为井壁的主要形式。钢筋混凝土井壁强度高，能承担不均匀地压，通常在特殊地质条件下，如穿过不稳定表土层、断层破碎带等，以及承担井塔荷载的井颈部分使用。

3. 锚喷井壁

锚喷井壁[图 4-25(d)]特点是井壁薄（一般 50～200 mm）、强度高、黏结力强、抗弯性能好、施工效率高、施工速度快。但仅限于在淋水不大，岩层比较稳定的主井、风井中采用。

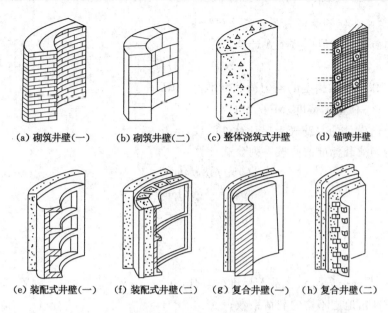

| (a) 砌筑井壁(一) | (b) 砌筑井壁(二) | (c) 整体浇筑式井壁 | (d) 锚喷井壁 |

(e) 装配式井壁(一)　　(f) 装配式井壁(二)　　(g) 复合井壁(一)　　(h) 复合井壁(二)

图 4-25　立井井壁结构

4. 装配式井壁

装配式大弧板井壁[图 4-25(e)、(f)]是预先在地面预制成大型弧板(有钢筋混凝土或铸铁的),然后送至井下装配起来,最后进行壁后注浆。这种井壁便于机械化施工,其强度和防水性均较高,井壁质量易保证;但施工技术复杂,制造、安装机械化水平要求高。国内用过钢筋混凝土大弧板井壁,国外在冻结法凿井段内采用过铸铁大弧板井壁。

5. 复合井壁

复合井壁是由 2 层以上的井壁组合而成,多用于冻结法凿井的永久性支护,也可用于具有膨胀性质的岩层和较大地应力的岩层中,解决由冻结压力、膨胀压力和温度应力等所引起的井壁破坏,达到防水、高强、可滑动 3 方面的要求。

由于所采用材料及其组合形式的不同,复合井壁的类型较多,按其主要构件分类有预制块复合井壁、丘宾筒复合井壁和钢板复合井壁等多种形式[图 4-25(g)、(h)]。

井壁材料和结构类型的选择,一方面要考虑井筒的用途、断面大小、深度和服务年限,另一方面要考虑井筒穿过岩层的地质和水文地质情况以及开凿的方法。

(二)井壁厚度确定

设计井壁厚度,必须首先确定井壁上所受的荷载。作用在井壁上的荷载分为恒荷载、活荷载和特殊荷载。恒荷载主要有井壁自重、井口构筑物对井壁施加的荷载;活荷载主要有地层(包括地下水)的压力、冻结法施工时的冻结压力、温度应力、壁后注浆的注浆压力、施工时的吊挂力等;特殊荷载有提升绳断绳时通过井架传给井壁的荷载和地震力。

井口构筑物荷载和特殊荷载主要是作用在井颈段井壁上。一般基岩段井壁承受的荷载主要是活荷载,其中最主要的又是地层作用在井壁上的压力。

井筒地压问题,国内外都进行了大量的研究工作,提出了不少地压计算方法,但目前各种理论都还不完善,计算结果往往与实际有较大的差别。因此,井壁厚度计算也只能起参考作用。

1. 表土层段井壁所受径向荷载标准值计算

(1) 均匀荷载标准值应按下式计算:

$$p_k = 0.013H \qquad (4\text{-}15)$$

式中　p_k——作用在结构上的均匀荷载标准值,MPa;

　　　0.013——似重力密度,MN/m^3;

　　　H——所设计的井壁表土层计算处深度,m。

(2) 不均匀荷载标准值应按下列公式计算:

$$p_{A,k} = p_k \qquad (4\text{-}16)$$

$$p_{B,k} = p_{A,k}(1+\beta_t) \qquad (4\text{-}17)$$

$$\beta_t = \frac{\tan^2\left(45°-\dfrac{\varphi-3°}{2}\right)}{\tan^2\left(45°-\dfrac{\varphi+3°}{2}\right)} - 1 \qquad (4\text{-}18)$$

式中　$p_{A,k}$,$p_{B,k}$——最小、最大载荷标准值,MPa;

　　　β_t——冲击地层不均匀载荷系数;

　　　φ——土层内摩擦角,(°),以井筒检查钻孔资料为准,可按表4-4选用。

表 4-4　岩(土)层水平荷载系数表

秦氏岩(土)层分类	物理力学性质					$\tan^2(45°-\varphi_n/2)$ 或 $\tan^2(45°-\varphi'_n/2)$	
	重力密度 /(kN/m³)	土层内摩擦角 φ		岩层内摩擦角 φ			
		最小~最大	平均	最小~最大	平均	最大~最小	平均
流砂	—	0°~18°	9°	—	—	1.0~0.528	0.729
构散岩石(砂土类)	15~18	18°~26°34′	22°15′	—	—	0.528~0.382	0.450
软地层(黏土类)	17~20	26°34′~40°	30°	—	—	0.382~0.217	0.333
弱岩层　$f=1\sim3$ (软页岩、煤等)	14~24	—	—	40°~70°	55°	0.217~0.037	0.099
中硬岩　$f=4\sim6$ (页岩、砂岩、石灰岩)	24~26	—	—	70°~80°	75°	0.031~0.008	0.017
坚硬岩层　$f=8\sim10$ (硬砂岩、石灰岩、黄铁矿)	25~28	—	—	80°~85°	82°30′	0.008~0.002	0.004

注:f 为(普氏)岩石坚硬系数。

2. 基岩段井壁所受径向荷载标准值计算

(1) 均匀荷载标准值可按下列公式计算:

$$p_{n,k}^{s} = (\gamma_1 h_1 + \gamma_2 h_2 + \cdots + \gamma_{n-1} h_{n-1}) A_n \qquad (4\text{-}19)$$

$$p_{n,k}^{x} = (\gamma_1 h_1 + \gamma_2 h_2 + \cdots + \gamma_n h_n) A_n \qquad (4\text{-}20)$$

$$A_n = \tan^2(45° - \varphi'_n/2) \qquad (4\text{-}21)$$

式中　$p_{n,k}^{s}$,$p_{n,k}^{x}$——第 n 层岩层顶、底板作用井壁上的均匀荷载标准值,MPa;

　　　$h_1,h_2,\cdots,h_n$——各岩层厚度,m;

$\gamma_1, \gamma_2, \cdots, \gamma_n$——各岩层的重力密度,MN/m³;

A_n——岩(土)层水平荷载系数,可按表 4-4 选用;

φ'_n——第 n 层岩层内摩擦角,(°),以井筒检查钻孔资料为准,也可按表 4-4 选用。

(2)不均匀荷载标准值可按下列公式计算:

$$p_{A,k} = p_{n,h}^x \tag{4-22}$$

$$p_{B,k} = p_{A,k}(1+\beta_y) \tag{4-23}$$

式中 β_y——岩层水平荷载不均匀系数,以井筒检查钻孔资料为准,或当岩层倾角小于或等于 55°时,β_y 可取 0.2。

(3)岩石破碎带均匀荷载标准值应按下列公式计算:

$$p_{n,k}^s = (\gamma_{k+1}h_{k+1} + \gamma_{k+2}h_{k+2} + \cdots + \gamma_{n-1}h_{n-1})A_n \tag{4-24}$$

$$p_{n,k}^x = (\gamma_{k+1}h_{k+1} + \gamma_{k+2}h_{k+2} + \cdots + \gamma_n h_n)A_n \tag{4-25}$$

式中 k——破碎带以上岩层层数。

(4)表土层段井壁所受的竖向荷载标准值计算:

$$Q_{z,k} = Q_{zl,k} + Q_{f,k} + Q_{1,k} + Q_{2,k} \tag{4-26}$$

$$Q_{f,k} = p_{f,k}F_w \tag{4-27}$$

式中 $Q_{z,k}$——井壁所受的竖向荷载标准值,MN;

$Q_{zl,k}$——计算截面以上井壁自重标准值,MN;

$Q_{f,k}$——计算截面以上井壁所受竖向附加总力标准值,MN;

$p_{f,k}$——计算截面以上井壁外表面所受竖向附加力的标准值,MN/m²;

F_w——计算截面以上井壁外表面积,m²;

$Q_{1,k}$——直接支承在井筒上的井塔重量标准值,MN;

$Q_{2,k}$——计算截面以上井筒装备重量标准值,MN。

3. 井壁厚度计算

冲积层段井壁类型和厚度根据施工方法的不同来进行设计,计算方法可参考现行《煤矿立井井筒及硐室设计规范》,在冻结法凿井井筒中,还必须设计壁基和壁座。

(1)当井筒地压小于 0.1 MPa 时,井壁厚度取决于构造要求,可取 $d = 0.2 \sim 0.3$ m。

(2)当井筒地压为 0.1~0.15 MPa 时,用经验公式估算:

$$d = 0.007\sqrt{DH} + 14 \tag{4-28}$$

式中 d——井壁厚度,cm;

D——井筒净直径,cm;

H——井筒全深,cm。

(3)当井筒地压大于 0.15 MPa 时,可用厚壁筒理论公式计算井壁厚度:

$$d = R\left(\sqrt{\frac{f_c}{f_c - 2q}} - 1\right) \tag{4-29}$$

式中 R——井筒净半径,cm;

q——井壁单位面积上所受侧压力的设计值,MPa;

f_c——井壁材料的抗压强度设计值,MPa。

一般在稳定的岩层中,井壁厚度可参照表 4-5 的经验数据选取。

表 4-5 井壁厚度经验数据表

井筒直径 /m	井壁厚度/mm				壁后充填厚度 /mm
	混凝土	料石	混凝土砖	砖	
3.0～4.5	300	300～350	350	365	
4.5～5.0	300～350	350～400	400	490	料石、混凝土砖、缸砖壁后充填厚 100 混凝土
5.0～6.0	350～400	400～450	450	—	
6.0～7.0	400～450	450～500	500	—	
7.0～8.0	450～500	500～600	600	—	

喷射混凝土井壁的厚度,一般可按现浇混凝土井壁的 1/3 选取。

五、编制井筒工程量及材料消耗量表

井筒净直径、井壁结构和厚度确定之后,即可统计井筒工程量和材料消耗量,汇总成表。

井筒工程量的统计自上至下分段(如表土、基岩、壁座等)进行。材料消耗的统计也分段分项(钢材、混凝土、锚杆等)进行,最后汇总列表。某矿罐笼井井筒工程量及材料消耗量见表 4-6。

表 4-6 井筒工程量及材料消耗量表

工程名称	断面面积/m²		长度 /m	掘进体积 /m³	材料消耗			
	净	掘进			混凝土 /m³	钢材/t		
						井壁结构	井筒装备	合计
冻结段	33.2	58.1	108	6 264.5	2 689	97.2	66	163.2
壁座			2.0	159.3	93	1.35	1.14	2.49
基岩段	33.2	44.2	233.5	10 321	2 569		139.6	139.6
壁座			2.0	132.3	66	1.16	1.14	2.30
合计			345.5	16 877.1	5 417	99.7	207.9	307.6

六、绘制井筒施工图

井筒施工图包括井筒横断面图和井筒纵剖面图。井筒断面各部分尺寸确定后,按井筒尺寸的大小和井筒装备的布置情况,用 1：20 或 1：50 比例尺绘制井筒的横断面施工图。除正常横断面外,有时还要绘制特殊断面图,如井架托梁处、风硐口和井底楔形罐道等的断面图。

井筒纵剖面施工图,主要反映井筒装备的内容。通常绘制提升中心线和井筒中心线方向的平面图,图中对井筒装备的结构尺寸及构件安装节点也要表达清楚。施工图应能反映井筒的装备全貌,达到指导施工的目的。

井筒横断面图中,除标明提升容器与井筒装备的有关尺寸之外,还要标注井筒的方位。方位标法,通常按图 4-26 规定标注。

有提升设备时,井筒方位角与提升方位角相同,采用落地式提升机时,提升方位角是指从北方向顺时针旋转至井筒到绞车房之间的提升中心线为止的夹角[图 4-26(a)];多绳摩擦轮绞车井塔提升时,提升方位角是指从北方向顺时针旋转至与罐笼提升中心线的地面出车

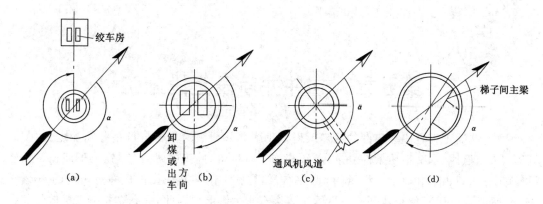

图 4-26 井筒方位角示意图

方向或箕斗提升中心线的卸载方向为止的夹角[图 4-26(b)]。无提升设备时,井筒方位角为从北方向起至通风机风道中心线为止的夹角[图 4-26(c)],无风道时为从北方向起至与梯子间主梁中心线平行的轴线的夹角[图 4-26(d)]。

【复习思考题】

1. 立井井筒按用途分为哪几种?
2. 井筒设计的主要内容是什么?
3. 什么是井筒装备? 有哪几种形式?
4. 罐道的作用是什么? 刚性罐道有哪几种?
5. 什么是罐道梁? 它与井壁的固定方式有哪几种?
6. 罐道绳的张紧力应如何确定?
7. 立井井壁的主要结构类型有哪几种?
8. 井颈的深度和厚度如何确定?
9. 提升容器运行过程中,罐梁和罐道会承受何种荷载?
10. 井窝的作用是什么? 井窝深度与哪些因素有关?
11. 什么是井筒的提升方位角? 不同类型井筒的方位角应如何确定?
12. 井筒装备的防锈方法有哪几种? 长效防腐涂料有哪几种?

第五章　立井井筒表土段施工

　　立井井筒工程是矿井建设的关键工程。我国立井井筒的主要特点是井筒深度大、断面积大、表土层厚、水文地质条件复杂,导致其施工难度大、施工技术复杂、施工工期长。虽然井筒工程量只占矿井建设工程量的 5% 左右,但是施工工期却往往占建井总工期的 40%～50%,而且凿井工程的总体部署对后续工程会有很大影响。因此,提高立井施工机械化装备水平,采用先进的施工技术,做好井内涌水的综合治理,是加快凿井速度、缩短凿井工期、提高工程质量和工效的有效措施,也是加快矿井建设速度和缩短建井总工期的关键。

　　立井井筒一般要穿过表土和基岩 2 个部分,其施工技术由于围岩条件不同而各有特点。表土施工方案选择主要考虑工程的安全,而基岩施工主要考虑施工速度。

　　由于表土松软,稳定性较差,经常含水,并直接承受井口结构物的荷载,因此表土施工比较复杂,往往成为立井施工的关键工程。

　　在立井井筒施工中,覆盖于基岩之上的第四纪、第三纪冲积层和岩石风化带统称为表土层。由于表土层土质松软、稳定性差、变化大,且一般均有涌水,又因接近地表,直接承受井口构筑物的荷载,因而,对立井井筒施工方案的选择影响比较大。

　　表土通常是以土为骨架,并与水、空气组成三相体,由于各个煤田的地质和水文条件的不同,土的结构性质(矿物成分和颗粒大小)、含水量、水压和渗透性,以及土层厚度和赋存关系等各项性能指标变化很大,反映在工程上的稳定性及施工时的难易程度差别也大。其中对土层稳定性起决定作用的是土质结构性质和含水情况,而水对土的稳定性影响是很大的,如井内涌水处理不当,则不但影响施工速度和质量,而且往往造成井筒片帮、壁后空洞、地面塌陷,以至直接关系到施工的成败。

　　按表土土质的结构性质,我国煤田表土层可归纳为以下 4 类:

　　(1) 松散性土层。主要由砾(卵)石、砂和粉砂等非黏结性土质组成,颗粒间无黏聚力,呈松散状态。土的颗粒愈大,透水性愈好,内摩擦力愈大,其稳定性也愈强。其中,细粒砂土在水量及水压增大时呈流动状态,稳定性很差,俗称流砂,它是施工中最难处理的土层。

　　(2) 黏结性土层。主要由黏土及含砂量少的砂质黏土组成。土层致密,均匀坚硬,塑性强,透水性差,含水量少,稳定性好。

　　(3) 大孔性表土。主要由多孔性黄土组成,大多为粉土颗粒,含有大量胶结物(石盐、石膏、碳酸钙等盐类)。在受水浸湿前,强度较高,压缩性小,能保持直立的边坡;但一遇到水,胶结物松解溶化,土层变软,易于沉陷坍塌而失去稳定性。

　　(4) 其他特殊土层。主要包括膨胀土和岩石风化带。膨胀土主要由亲水性矿物组成,具有吸水膨胀和失水收缩的特点,如膨胀性大的黏土等。冲积层与基岩的交界处常夹有一层岩石风化带,其岩层松散、强度低、透水性强,有的还遇水软化、膨胀、崩解(如华东地区的红层)。由于稳定性较差,在建井施工中,一般将它与第四纪冲积层一并考虑。

　　表土的物理力学性质随着含水程度的变化而改变,水对不同类型的颗粒成分和结构性质的影响也是不一样的。水能使土变软、液化，使颗粒间黏结力和内摩擦力减小，变成塑性或流动状态；水在土中产生静（动）水压力，增强了土的流动性；含有自由碱、酸和盐的水，对表土起化学作用；水量愈大，水压愈大，浸水时间愈长，土的变形愈大，土的稳定性也愈差，所以在表土施工中对水的处理应特别重视。

工程中按表土稳定性将其分成两大类：

（1）稳定表土层。包括含非饱和水的黏土层、含少量水的砂质黏土层、无水的大孔性土层和含水量不大的砾（卵）石层等。

（2）不稳定表土层。包括含水砂土、淤泥层、含饱和水的黏土、浸水的大孔性土层、膨胀土和华东地区的红色黏土层等。

表土层并非单一土层，往往是不同性质土层的互层，对于表土施工，主要应考虑其中不稳定土层的施工方法和措施，因为这类土层将严重影响施工安全和施工速度。

第一节　立井井筒的锁口施工

在井筒进入正常施工之前，不论采用哪一种施工方法，都应先砌筑锁口，用以固定井筒位置、铺设井盖、封严井口和吊挂临时支架或井壁。

根据使用期限，锁口分临时锁口和永久锁口 2 类。永久锁口是指井颈上部的永久井壁和井口临时封口框架（锁口框）。临时锁口由井颈上部的临时井壁（锁口圈）和井口临时封口框所组成。

锁口框一般用钢梁（I20～I45）铺设于锁口圈上，或独立架于井口附近的基础上。梁上可安设井圈，挂上普通挂钩或钢筋，用以吊挂临时支架或永久井壁。见图 5-1 和图 5-2。

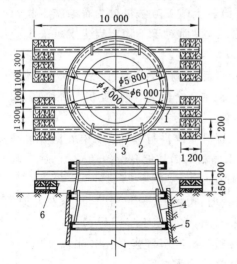

1—钢梁；2—U形卡子；3—井圈；

4—挂钩；5—背板；6—垫木。

图 5-1　钢结构简易锁口框

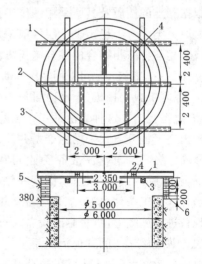

1—主梁；2—1#副梁；3—2#副梁；

4—3#副梁；5—临时井壁；6—灰土基础。

图 5-2　钢木结构锁口框

临时锁口的设计与施工应满足下列要求：

（1）锁口结构要牢固，整体性要好。

（2）锁口梁一般要布置在同一平面上，各梁受力要均匀。

（3）锁口梁的布置应尽量为测量井筒时下放中、边线创造方便条件。

（4）锁口梁下采用方木或砖石铺垫时，铺设面积应与表土抗压强度相一致。必要时，可用灰土夯实。垫木一般不少于 3 层，而且要铺设平稳。垫木铺设面积应与表土抗压强度相适应。

（5）锁口结构应有较强的承载能力，锁口梁支撑点应与井口有一定距离。

（6）临时锁口标高尽量与永久锁口标高一致，或高出原地表，以防洪水进入井内。

（7）在地质稳定和施工条件允许时，尽量利用永久锁口或永久锁口的一部分代替临时井壁，以减少临时锁口施工和拆除的工程量。

（8）锁口应尽量避开雨季施工，为阻止井口边缘松土塌陷和防止雨水流入井内，除调整地面标高外，还可砌筑环形挡土墙及排水沟。

（9）矸石溜槽下端地面应有防止地面水流入井筒的措施。

第二节　立井井筒表土普通施工法

立井井筒表土段施工方法是由表土层的地质及水文地质条件决定的。立井井筒穿过的表土层，按其掘砌施工的难易程度分为稳定表土层和不稳定表土层。稳定表土层就是在井筒掘砌施工中井帮易于维护，用普通方法施工能够通过的表土层，其中包括含非饱和水的黏土层、含少量水的砂质黏土层、无水的大孔性土层和含水量不大的砾（卵）石层等。不稳定表土层就是在井筒掘砌施工中井帮很难维护，用普通方法施工不能通过的表土层，其中包括含水砂土、淤泥层、含饱和水的黏土、浸水的大孔性土层、膨胀土和华东地区的红色黏土层等。

根据表土的性质及其所采用的施工措施，井筒表土施工方法可分为普通施工法和特殊施工法两大类。对于稳定表土层一般采用普通施工法，而对于不稳定表土层可采用特殊施工法或普通与特殊相结合的综合施工方法。

立井表土普通施工法可采用短段掘砌工艺进行施工，掘砌有效段高可控制在 1.0～2.5 m，采用人工、抓岩机或挖掘机（土硬时可放小炮）出土，掘进 1 个段高，随后支护 1 个段高，如此周而复始，直至基岩。这种方法适用于较稳定的土层。

表土施工提升方式采用标准凿井井架构成的提升系统进行提升。只有在凿井提升系统暂未形成之前，为缩短施工准备工期，可利用汽车起重机等简易提升设备，配备 0.5～1.0 m³ 的小吊桶，施工临时或永久锁口，深度一般不超过 15 m。

当井口施工条件允许、永久设备又能及时到货时，可优先考虑一次竖立永久井架，利用永久设备进行施工，可省去临时设备、设施的改装时间，缩短施工工期。

表土普通施工法的其他辅助系统与表土特殊施工法或基岩施工法相同。

对于裂隙较大，含水丰富的风化带，可采用注浆法堵水封底。

第三节　立井井筒表土特殊施工法

在不稳定表土层中施工立井井筒，必须采取特殊的施工方法，才能顺利通过，如冻结法、钻井法、沉井法、注浆法和帷幕法等。目前以采用冻结法和钻井法为主。

一、冻结法

冻结法凿井就是在井筒掘进之前,在井筒周围钻冻结孔,用人工制冷的方法将井筒周围的不稳定表土层和风化岩层冻结成一个封闭的冻结圈(图 5-3),以防止水或流砂涌入井筒并抵抗地压,然后在冻结圈的保护下掘砌井筒。待掘砌到预计的深度后,停止冻结,进行拔管和充填工作。

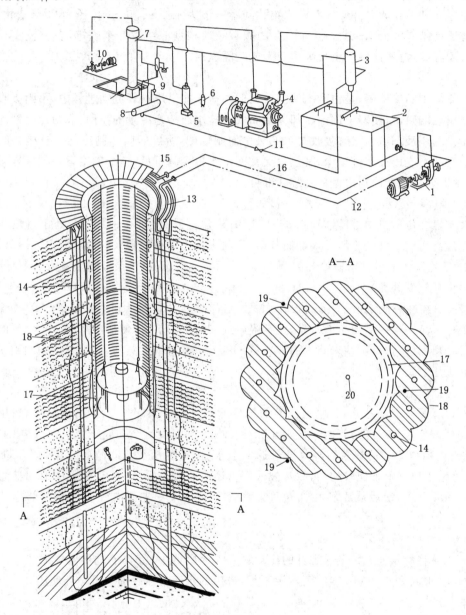

1—盐水泵;2—蒸发器;3—氨液分离器;4—氨压缩机;5—油氨分离器;6—集油器;7—冷凝器;
8—贮氨器;9—空气分离器;10—冷却水泵;11—节流阀;12—去路盐水干管;13—配液圈;14—冻结器;
15—集液圈;16—回路盐水干管;17—井壁;18—冻结壁;19—测温孔;20—水位观测孔。

图 5-3　冻结法凿井示意图

冻结法凿井的主要工艺过程有冻结孔的钻进、井筒冻结和井筒掘砌等主要工作。

1. 冻结孔的钻进

为了形成封闭的冻结圈,先要在井筒周围钻一定数量的冻结孔,以便在孔内安设带底锥的冻结管和底部开口的供液管。

冻结孔一般等距离地布置在与井筒同心的圆周上,其圈径取决于井筒直径、冻结深度、冻结壁厚度和钻孔的允许偏斜率。冻结孔间距一般为 1.2～1.5 m,孔径为 200～250 mm,孔深应比冻结深度大 5～10 m。冻结孔的圈数一般根据冻结深度来确定,表土较浅时一般采用单圈冻结,对于深厚表土可采用双圈或三圈冻结。

2. 井筒冻结

井筒周围的冻结圈,是由冷冻站制出的低温盐水在沿冻结管流动过程中,不断吸收孔壁周围岩土层的热量,使岩土逐渐冷却冻结而成。盐水起传递冷量的作用,称为冷媒剂。盐水的冷量是利用液态氨气化时吸收盐水的热量而制取的,所以氨叫作制冷剂。被压缩的氨由过热蒸气状态变成液态过程中,其热量又被冷却水带走。可见,整个制冷设备包括氨循环系统、盐水循环系统和冷却水循环系统 3 部分。

(1)氨循环系统

气态氨在压缩机中被压缩到 0.8～1.2 MPa,温度升高到 80～120 ℃,处于过热蒸气状态。高温高压的氨气经管路进入氨油分离器,除去从压缩机中带来的油脂后进入冷凝器,在 16～20 ℃冷却水的淋洗下被冷却到 20～25 ℃而变成液态氨(多余液态氨流入贮氨器贮存,不足时由贮氨器补充)。

液态氨经过调节阀使压力降到 0.155 MPa 左右,温度相应降低到蒸发温度−35～−25 ℃。液态氨进入蒸发器中后便全面蒸发,大量吸收周围盐水的热量,使盐水降温。蒸发后的氨进入氨液分离器进行分离,使未蒸发的液态氨再流入蒸发器继续蒸发,而气态氨则回到压缩机中重新被压缩。

(2)盐水循环系统

在设有蒸发器的盐水箱中,被制冷剂氨冷却到−25～−20 ℃以下的低温盐水,用盐水泵输送到配液管和各冻结管内。盐水在冻结孔内沿供液管流至孔底,然后沿冻结管徐徐上升,吸收周围岩土层的热量后经集液管返回盐水箱,这种盐水流动循环方式叫作正循环方式,其冻结壁厚度上下比较均匀,故常被采用。还有一种反循环方式,盐水由原回液管进入冻结管缓缓下流,然后从原供液管返回集液管。反循环方式可加快含水层上部冻结壁的形成。

(3)冷却水循环系统

用水泵将贮水池或地下水源井的冷却水压入冷凝器中,吸收了过热氨气的热量后从冷凝器排出,水温升高 5～10 ℃。若水源不足,排出的水经自然冷却后可循环使用。

3. 冻结方案

井筒冻结方案有一次冻全深、局部冻结、差异冻结和分期冻结等几种。一次冻全深方案的适应性强,应用比较广泛。局部冻结就是只在涌水部位冻结,其冻结器结构复杂,但是冻结费用低。差异冻结,又叫长短管冻结,冻结管有长、短 2 种间隔布置,在冻结的上段冻结管排列较密,可加快冻结速度,使井筒早日开挖,并可避免下段井筒冻实,影响施工速度,浪费冷量。分期冻结,就是当冻结深度很大时,为了避免使用过多的制冷设备,可将全深分为数段(通常分为上、下 2 段),从上而下依次冻结。

冻结方案的选择,主要取决于井筒穿过的岩土层的地质及水文地质条件、需要冻结的深度、制冷设备的能力和施工技术水平等。

立井井筒的冻结深度,应根据地层埋藏条件确定,并应深入稳定的不透水基岩 10 m 以上;基岩下部涌水量大于 30 m³/h 时,应延长冻结深度至含水层底部 10 m 以上。

冻结段井筒开挖应具备以下条件:

(1)水位观测孔内的水位应有规律地上升并溢出管口,当水位观测孔遭受破坏时井筒内的水位应有规律地上升。

(2)根据测温孔实测温度分析,判断井筒浅部不会发生较大片帮,不同深度、不同土层的冻结壁厚度和强度可以满足设计和施工要求。

(3)地面的提升、搅拌、运输和供热等辅助设施均能适应井筒施工的要求。

4. 冻结段井筒的掘砌施工

采用冻结法施工,井筒的开挖时间要选择适当,即当冻结壁已形成而又尚未冻至井筒范围以内时最为理想,此时既便于掘进又不会造成涌水冒砂事故;但是很难保证处于理想状态,往往整个井筒被冻实。对于这种冻土挖掘,可采用风镐或钻眼爆破法施工。采用钻眼爆破法施工时,应编制爆破安全技术措施,并使用防冻安全炸药。

冻结井壁一般都采用钢筋混凝土或混凝土双层井壁。外层井壁厚度为 400～600 mm,随掘随浇注。内层井壁厚度一般为 500～1 000 mm,它是在通过冻结段后自下向上一次施工到井口。井筒冻结段双层井壁的优点是内壁无接茬,井壁抗渗性好;内壁在维护冻结期施工,混凝土养护条件较好,有利于保证井壁质量。

二、钻井法

钻井法凿井是利用钻井机(简称钻机)将井筒全断面一次钻成,或将井筒分次扩孔钻成。图 5-4 为我国生产的 AS-9/500 型转盘式钻井机的工作全貌。

钻井法凿井的主要工艺过程有井筒的钻进、泥浆洗井护壁、下沉预制井壁和壁后注浆固井等。

1. 井筒的钻进

井筒钻进是个关键的工序。钻进方式多采用分次扩孔钻进,即首先用超前钻头一次钻到基岩,在基岩部分占的比例不大时,也可用超前钻头一次钻到井底;而后分次扩孔至基岩或井底。超前钻头和扩孔钻头的直径一般是已固定的,但有的钻机(如 BZ-1 钻机)可在一定范围内调整钻头的钻进尺寸。这样就可以选择扩孔的直径和次数。选择的原则是,在转盘和提吊系统能力允许的情况下,尽量减少扩孔次数,以缩短辅助时间。

钻井机的动力设备多数设置在地面。钻进时由钻台上的转盘带动六方钻杆旋转,进而使钻头旋转,钻头上装有破岩的刀具可进行旋转破碎岩石。为了保证井筒的垂直度,一般都采用减压钻进,即将钻头本身在泥浆中重量的 30%～60%压向工作面,使得刀具在钻头旋转时破碎岩石。

2. 泥浆洗井护壁

钻头破碎下来的岩屑必须及时用循环泥浆从工作面清除,使钻头上的刀具始终直接作用在未被破碎的岩石面上,提高钻进效率。泥浆由泥浆池经过进浆地槽流入井内,进行洗井护壁。压气通过中空钻杆中的压气管进入混合器,压气与泥浆混合后在钻杆内外造成压力

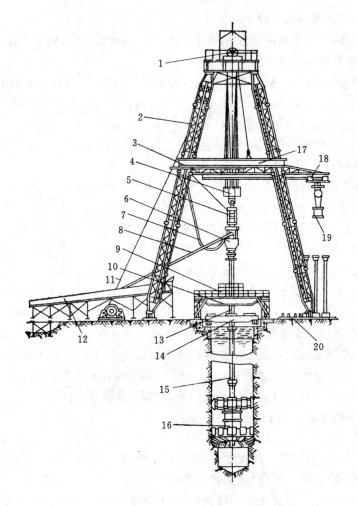

1—天车;2—钻塔;3—吊挂车;4—游车;5—大钩;6—水龙头;7—进风管;8—排浆管;9—转盘;
10—钻台;11—提升钢丝绳;12—排浆槽;13—主动钻杆;14—封口平车;15—钻杆;16—钻头;
17—二层平台;18—钻杆行车;19—钻杆小吊车;20—钻杆仓。

图 5-4　钻井机及其工作全貌

差,使清洗过工作面的泥浆带动破碎下来的岩屑被吸入钻杆,经钻杆与压气管之间环状空间排往地面。泥浆量的大小,应保证泥浆在钻杆内的流速大于 0.3 m/s,使被破碎下来的岩屑全部排到地面。泥浆沿井筒自上向下流动,洗井后沿钻杆上升到地面,这种洗井方式叫作反循环洗井。

泥浆的另一个重要作用,就是护壁。护壁作用,一方面是借助泥浆的液柱压力平衡地压;另一方面是在井帮上形成泥皮,堵塞裂隙,防止片帮。为了利用泥浆有效地洗井护壁,要求泥浆有较好的稳定性,不易沉淀;泥浆的失水量要比较小,能够形成薄而坚韧的泥皮;泥浆的黏度在满足排渣要求的条件下,要具有较好的流动性和便于净化。

　3. 沉井和壁后充填

采用钻井法施工的井筒,其井壁多采用管柱形预制钢筋混凝土井壁。井壁在地面制作。待井筒钻完,提出钻头,用起重大钩将带底的预制井壁悬浮在井内泥浆中,利用其自重和注入井壁内的水重缓慢下沉。同时,在井口不断接长预制管柱井壁。接长井壁时,要注意测量,以保证井筒的垂直度。在预制井壁下沉的同时,要及时排除泥浆,以免泥浆外溢和沉淀。为了防止片帮,泥浆面不得低于锁口以下 1 m。

当井壁下沉到距设计深度 1~2 m 时,应停止下沉,测量井壁的垂直度并进行调整,然后再下沉到底,并及时进行壁后充填。最后把井壁里的水排净,通过预埋的注浆管进行壁后注浆,以提高壁后充填质量和防止破底时发生涌水冒砂事故。

三、沉井法

沉井法是在不稳定含水地层中开凿井筒的一种特殊施工法,属于超前支护的一种方法,其实质是在井筒设计位置上,预制好底部附有刃脚的一段井筒,在其掩护下,随着井内的掘进出土,井筒靠其自重克服其外壁与土层间的摩擦阻力和刃脚下部的正面阻力而不断下沉,随着井筒下沉,在地面相应接长井壁,如此周而复始,直至沉到设计标高。

沉井法是由古老的掘井作业发展完善而来的施工技术。沉井法施工工艺简单,所需设备少,易于操作,井壁质量好,成本低,操作安全,广泛应用于地下工程领域,如大型桥墩基础、地下厂房、仓库和车站等。目前,在矿山立井井筒施工中普遍以采用淹水沉井施工技术为主。

1. 淹水沉井

淹水沉井是利用井壁下端的钢刃角插入土层,靠井壁自重、水下破土与压气排渣克服正面阻力而下沉,边下沉边在井口接长井壁,直到全部穿过冲积层,下沉到设计位置。

淹水沉井施工如图 5-5 所示,首先施工套井,然后在套井内构筑带刃脚的钢筋混凝土沉井井壁。套井的深度是由第一层含水层深度决定的,一般取 8~15 m。套井与沉井的间隙一般取 0.5 m 左右。

当钢筋混凝土沉井井壁的高度超出地面高度后,用泵通过预埋的泥浆管将泥浆池中的泥浆压入沉井壁后形成泥浆隔层和泥皮。泥浆和泥皮起护壁润滑作用,同时减小了沉井下沉的摩擦阻力。沉井内充满水以达到平衡地下水静水压力的目的,防止涌砂冒泥事故的发生。

淹水沉井的掘进工作不需用人工挖土,而是采用机械破土。通常可用钻机和高压水枪破土,压气排渣。在井深不大的砾石层和卵石层中,也可采用长绳悬吊大抓斗直接抓取提到地面的破土排渣方法。

2. 普通沉井

当不稳定表土层厚度不超过 30 m 时,也可以采用普通沉井法。此法在沉井外不用泥浆护壁,沉井内不充水,工人在沉井的保护下在井内直接挖土掘进。随着挖土工作的进行,井壁借自重克服正面阻力和侧面阻力而不断下沉。随着沉井的下沉,在地面不断接长沉井井壁。在沉井的下沉过程中,要特别注意防偏和纠偏问

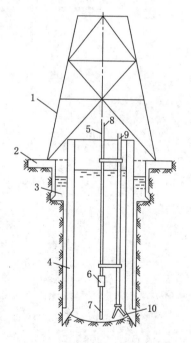

1—井架;2—套井;3—触变泥浆;
4—沉井井壁;5—压风管;
6—压气排液器;7—吸泥管;
8—排渣管;9—高压水管;10—水枪。

图 5-5　淹水沉井法施工示意图

题,以保证沉井的偏斜值在允许的范围内。

当淹水沉井或普通沉井下沉到设计位置,井筒的偏斜值又在允许范围内,应及时进行注浆固井工作,防止继续下沉和漏水。注浆前,一般需要在工作面浇注混凝土止水垫封底,防止冒砂跑浆。如果刃脚已插入风化基岩内,也可以不封底而直接注浆。注浆工作一般是利用预埋的泥浆管和注浆管向壁后注入水泥或水泥-水玻璃浆液。套井与沉井之间的间隙,要求用毛石混凝土充填。

在不稳定表土层中施工立井井筒还可以采用注浆法、帷幕法以及其他特殊施工技术。井筒表土施工方法的选择最基本的依据是土层的性质及其水文地质条件,采用特殊施工法,表土施工的工期长、成本高,但适应性强。一般应根据实际条件,灵活正确地选择施工方法,以保证安全可靠、快速经济地通过表土层。

【复习思考题】

1. 我国煤田表土层可分为哪几类?
2. 表土施工方法选择的原则是什么?
3. 冻结法凿井的主要工艺过程有哪些?
4. 钻井法凿井的主要工艺过程有哪些?
5. 钻井法施工中,泥浆的主要作用是什么?
6. 采用普通法施工时遇到不稳定土层,可以采取哪些技术措施?

第六章　立井井筒基岩段施工

立井井筒基岩段施工是指在表土层或风化岩层以下的井筒施工,根据井筒所穿过的岩层的性质,目前以采用钻眼爆破法施工为主。根据井筒掘砌作业方式的不同,井筒钻眼爆破法的主要施工工序包括钻眼爆破、抓岩提升、卸矸排矸和砌壁支护等。

近年,我国立井井筒基岩施工机械化水平有了很大的提高。以深孔光爆、设备大型化、支护机械化和注浆堵水打干井为主要内容的凿井技术有了长足的发展,使我国立井井筒施工出现了一个崭新的面貌,为加快建井速度、改善劳动条件、提高工效提供了可靠的物质基础和技术保障。

第一节　钻 眼 爆 破

在立井基岩掘进中,钻眼爆破工作是一项主要工序,占整个掘进循环时间的 20％～30％。钻眼爆破的效果直接影响其他工序及井筒施工速度、工程成本,必须予以足够的重视。

为提高爆破效果,应根据岩层的具体条件,正确选择钻眼设备和爆破器材,合理确定爆破参数,以及采用先进的操作技术。

一、钻眼工作

在整个钻眼爆破工作中,钻眼所占的工时最长。加快钻眼速度、加大眼深、提高眼孔质量,以及提高钻眼的机械化程度为其主要发展方向。为适应立井施工的要求,凿岩机应具有钻速高、扭矩大、适应性强和运转可靠的特点。

（一）钻眼机具的选择

1. 凿岩机

20 世纪 50 年代初,我国研制了 YT30 型凿岩机,是当时立井掘进的主要机具。60 年代末,我国先后引进了日本古河厂的 322D 型、日本东洋厂的 TY76LD 型、瑞典阿特拉斯的 BBD-90 型、芬兰塔母佩勒厂的 K-90 型等风动凿岩机。70 年代初,我国又研制成功中频的 YT-23(7655)型、YT-24 型及高频的 YTP-26 型等新型凿岩机,取代了 YT30 型,并与环形钻架配套,使立井钻眼深度达到 2～2.5 m。70 年代末,外回转重型凿岩机如 YGZ-70 型,已成为我国伞形钻架的主要配套机型,使立井的钻眼深度达到 3～4 m。

液压凿岩机的出现,显示了它独特的优越性能。我国在吸取了国外先进经验的基础上,研制成功了 YYG-90 型液压凿岩机,为我国的立井掘进钻孔提供了较先进的设备。

立井基岩施工采用手持式凿岩机,由于装备简单,易于操作,目前它仍被广泛采用,在软岩和中硬岩中,用它钻凿眼径 39～46 mm、眼深 2 m 左右的炮眼效果较好,如加大加深眼孔,钻速将显著降低。为缩短每循环的钻眼时间,可增加凿岩机同时作用台数,一般工作面每 2～4 m^2 布置 1 台。

手持式凿岩机打眼速度慢(每台 3～4 m/h),劳动强度大,眼孔质量较难掌握,特别是在硬岩中打深眼更为困难,故它只适用于断面较小、岩石不很坚硬的浅眼施工,难以满足深孔爆破和快速施工的需要。

2. 伞形钻架

根据《煤矿井巷工程施工标准》的规定,井筒直径小于 5 m 时,可采用手持式风动凿岩机钻眼;而在绝大多数情况下,应采用伞形钻架钻眼。

伞形钻架是由钻架和重型高频凿岩机组成的风液联动导轨式凿岩机具。它具有结构紧凑、机动灵活、钻眼速度快的优点,目前已成为我国立井中深孔爆破的主要钻眼设备。我国自行研制并应用较广的为 FJD 和 SJZ 系列,其动力有风动和液压 2 种,其中以 FJD-6 型应用较多,其结构如图 6-1 所示,主要结构特征见表 6-1。

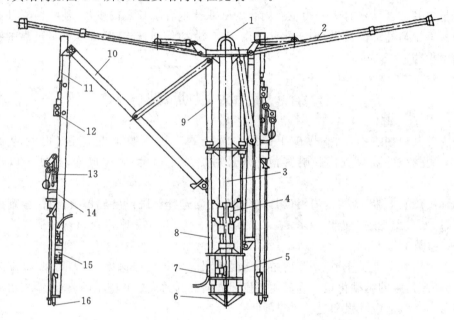

1—吊环;2—支撑臂;3—中央立柱;4—液压阀;5—调高器;6—底座;7—风马达及油缸;8—滑道;
9—动臂油缸;10—动臂;11—升降油缸;12—推进风马达;13—凿岩机;14—滑轨;15—操作阀组;16—活顶尖。

图 6-1 FJD 系列伞形钻架的结构

表 6-1 伞形钻架的技术特征

名称	FJD-4	FJD-6	FJD-6A	FJD-9	FJD-9A
适用井筒直径/m	4.0～5.5	5.0～6.0	5.5～8.0	5.0～8.0	5.5～8.0
支撑臂数量/个	3	3	3	3	3
支撑范围/m	φ4.0～6.0	φ5.0～6.8	φ5.1～9.6	φ5.0～9.6	φ5.5～9.6
动臂数量/个	4	6	6	9	9
钻眼范围/m	φ1.2～6.5	φ1.34～6.8	φ1.34～6.8	φ1.54～8.60	φ1.54～8.60
推进行程/m	4.2	3.0	4.2	4.0	4.2
凿岩机型号	YGZ-70	YGZ-70	YGZ-70,YGZX-55	YGZ-70	YGZ-70

表 6-1(续)

名称	FJD-4	FJD-6	FJD-6A	FJD-9	FJD-9A
使用风压/MPa	0.5～0.6	0.5～0.6	0.5～0.6	0.5～0.7	0.5～0.7
使用水压/MPa	0.4～0.5	0.4～0.5	0.4～0.5	0.3～0.5	0.3～0.5
总耗风量/(m³/min)	40	50	50	90	100
收拢后外形尺寸/m	$\phi1.2\times4.0$	$\phi1.5\times4.5$	$\phi1.65\times7.2$	$\phi1.6\times5.0$	$\phi1.75\times7.63$
总质量/t	4.0	5.3	7.5	8.5	10.5

　　伞形钻架由中央立柱、支撑臂、动臂、推进器、操纵阀、液压与风动系统等组成。打眼前，用提升机将伞钻从地面垂直吊放于工作面中心的钻座上，并用钢丝绳悬挂在吊盘上的气动机上，然后接上风、水管，开动油泵马达，操纵调高器，操平伞钻。支撑臂靠升降油缸由垂直位置提高到水平向上成 10°～15°位置时，再由支撑油缸驱动支撑臂将伞钻撑紧于井壁上，即可开始打眼。打眼工作实行分区作业，全部炮眼打眼结束后收拢伞形钻架，再利用提升钩头提到地面并转挂到井架翻矸平台下指定位置存放，故井架选型时必须考虑卸矸平台高度应满足提放伞钻的需求。

　　伞形钻架的凿岩机必须配用高强度合金钢钎杆，我国 YGZ-70 型凿岩机所配制的中空硅锰钼钎钢使用效果良好。采用这种凿岩机时，眼深一般不大于一次推进行程。当钻凿更深的炮眼时，也可以采用套钎或用丝扣接长钻杆。

　　利用伞钻打眼时，伞钻的架设、收拢和提放等工序均要占用工时。注意井口应留出伞钻吊运空间和安设移位装置，打眼时伞钻应始终吊挂在钩头或吊盘上，以防支撑臂偶然失灵使钻架倾倒。

　　随着煤炭企业生产能力的日益提高及相关配建矿山行业生产能力的加大，立井井筒逐步向超大、超深方面发展，FJD 和 SJZ 系列伞钻无法满足超大直径井筒的全断面钻眼爆破圈径施工需要，近年设计采用了 SYZ6×2-15 及 XFJD6.11S 等双联伞钻，主要由导轨式独立回转凿岩机、推进器、动臂、调高器、立柱、安装架、摆动架、支撑臂和液压、水、气系统等部分组成，其结构和工作示意图如图 6-2 所示。双联伞形钻架主要技术参数如表 6-2 所示。

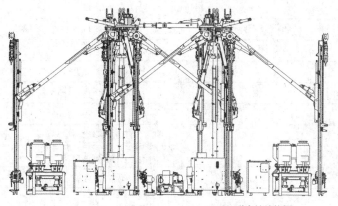

(a) 双联伞钻结构图

图 6-2　双联伞钻结构及工作示意图

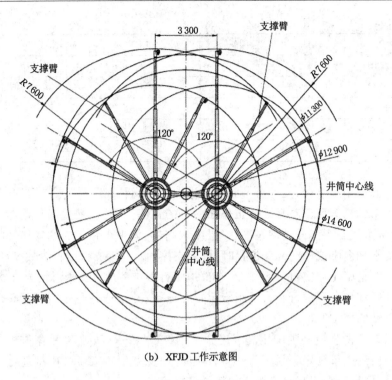

(b) XFJD工作示意图

图 6-2(续)

表 6-2 双联伞形钻架主要技术参数

参数	数值
适用井筒净直径/m	10.5～15.0
双钻架连接后垂直炮眼圈径/m	2.15～15.0
双钻架固定中心距/m	3.3
双钻架支撑臂数量/个	4
双钻架支撑臂支撑范围/m	9～13
单台钻架收拢后高度/m	7.785
单台钻架收拢后外接圆直径/m	1.95
单台钻架支撑臂数量/个	2
单台钻架支撑臂支撑范围/m	6.9～11
单台钻架垂直炮眼圈径/m	2.15～12.3
动臂水平摆动角度/(°)	120
推进器形式	油缸-钢丝绳推进
动力形式	风马达-液压泵
推进行程/m	5.11
YGZ70D 型凿岩机数量/台	12
凿岩机钎杆长度/mm	5 700
液压系统工作压力/MPa	7～10

表 6-2(续)

参数	数值
气压/MPa	0.6~0.8
水压/MPa	0.3~0.5
总耗风量/(m³/min)	110
钻架总质量（含风锤、油）/t	18

（二）供风和供水

在钻眼工作时，伞钻和凿岩机的压风及水的供应是通过并列吊挂在井内的压风管（ϕ150 mm 钢管）和供水管（ϕ50 mm 钢管）由地面送至吊盘上方，然后经三通、高压软管、分风（水）器和胶皮软管将风、水引入各风动机具。工作面的软管与分风（水）器均用钢丝绳悬吊于吊盘上的气动机上，爆破时提至安全高度。

当采用伞钻打眼时，可由供风（水）系统干管末端引出软管，直接与钻架上的风（水）干管相接，然后分配给各凿岩机。为减少工作面风（水）管线之间及其与井内其他设备间的干扰，可将风（水）和自动注油系统组合在一起制作成风水笼，由风水笼向各凿岩机供应风、水、油。

凿岩机要求供水压力一般不超过 0.3~0.5 MPa，当井深超过 50 m 时，应设置降压阀或其他降压装置。

二、爆破工作

爆破工作主要包括爆破器材的选择和爆破参数的确定，并编制爆破图表和说明书。

（一）爆破器材的选择

立井井筒掘进时的爆破器材选择主要是炸药和雷管的选择。炸药主要根据岩石的性质、井筒涌水量、瓦斯和炮眼深度等因素选定。

我国立井井筒爆破用炸药主要有铵梯炸药和胶质炸药两大类。

铵梯炸药，其主要成分是硝酸铵、梯恩梯和木粉。其成本较低、使用较安全；但因为硝酸铵具有较强的吸湿性，所以抗水性较差。

目前我国立井井筒施工普遍采用水胶炸药，这是一种由氧化剂水溶液为载体加入胶结剂、胶联剂、可燃剂和敏化剂等添加剂组成的硝酸铵类含水炸药。这种炸药具备了立井爆破要求的抗水性强、装药密度高、使用安全、威力大的特点。

（二）爆破参数的确定

由于立井穿过的岩层变化大，影响爆破参数效果的因素较多，目前，对爆破各参数还没有确切的理论计算方法。因此，在设计时，可根据具体条件，用工程类比或模拟试验的方法，并辅以一定的经验计算公式，初选各爆破参数值，然后在施工中不断改进，逐步完善。其主要爆破参数为：

1. 炮眼深度

炮眼深度不仅对钻眼爆破工作本身有影响，而且对其他施工工序和施工组织都有重要影响，它决定着循环时间及劳动组织方式。

目前，我国立井井筒施工中，炮眼深度小于 2 m 的为浅眼，2~3.5 m 的为中深眼，大于 3.5 m 的为深眼。最佳的眼深，应以在一定的岩石与施工机具的条件下，能获得最高的掘进速度和最低的工时消耗为主要标准。

炮眼的深度与布置应根据岩性、作业方式等加以确定,通常情况下,短段掘砌混合作业的眼深应为 3.5~4.5 m;大段高单行作业或平行作业的眼深也可为 3.5~4.5 m 或更深;浅眼多循环作业的眼深应为 1.2~2.0 m。当眼深超过 6 m 时,钻眼速度明显降低,夹钎事故增多,如要加大眼深则必须进一步研制新型钻具。

炮眼深度还受掏槽效果的限制,以目前的爆破技术,当炮眼过深时,不但降低爆破效率,还会使眼底岩石破碎不充分,岩帮不平整,岩块大而不匀,给装岩、清底以及下一循环的钻眼工作带来困难。

此外,炮眼深度还与炸药的传爆性能有关,通常,采用 40 mm 眼径,装入 32 mm 直径的硝铵炸药,用一个雷管起爆,只能爆 6~7 个药卷,最大传爆长度为 1.5~2 m(相当于 2.5 m 左右的眼深)。若装药过长,不但爆轰不稳定,效率低,甚至不能完全起爆。因此,采用中深或深眼时,就应从增大炸药本身的传爆性能及消除管道效应着手,改变炸药品种、药卷装填结构,采用导爆索和雷管的复合起爆方式。

从钻眼全过程分析,每循环钻眼的辅助时间(如运送钻具、安钻架、移眼位、药卷运送装填、人员撤离和通风检查等),对不同的眼深变化不太大。当钻深眼时,虽然单孔纯钻眼时间增加了,但折合到单位炮眼长度的钻凿辅助时间却减少了,同时也大大缩小了装岩和支护工作辅助时间的比例。因此,以大抓岩机与伞钻所组成的立井施工机械化作业线,必须采用深孔爆破,才能更好地发挥效益。

循环组织是确定炮眼深度的重要依据,为积极推行正规循环作业,实现生产岗位责任制,应尽可能避免跨班循环,力求做到每日完成整循环数。因此,有些施工单位常根据进度要求和循环组织形式推算炮眼深度,即

$$l=\frac{L}{Nn\eta\eta_1}\tag{6-1}$$

式中 l——炮眼深度,m;

L——井筒施工计划月进度,m;

N——每月实际作业天数,平行作业时取 30 d,锚喷永久支护单行作业时取 25~27 d,浇灌混凝土单行作业时取 18~20 d;

n——日完成循环数,一般浅眼每日 2~4 个循环,中深眼每日 1~2 个循环;

η——炮眼利用率,一般取 0.8~0.9;

η_1——月循环率,考虑到难以预见的事故影响(如地质变化、机电故障等),取 0.8~0.9。

应该指出,上述经验公式是以循环组织为主要依据来选择眼深,但循环组织的确定,又随炮眼深度变化而变化,两者互为因果。因此,先初选日循环数,然后求得眼深,往往不一定是技术经济上的最优值,这种方法对采用手持式凿岩机打眼、浅眼多循环的工作面尚有一定的实用性,而对当前主要以机械化配套的深孔爆破,一般均以伞钻的一次推进深度来进行确定。当然,实际工作中应结合具体条件来确定合理的炮眼深度。

2. 炮眼直径

用手持式凿岩机钻眼,采用标准直径 32~35 mm 药卷时,炮眼直径常为 38~43 mm;但随着钻眼机械化程度的提高,眼深的加大,小直径炮眼已不能适应需要,必须采用更多直径的药卷和眼径。一般来说,药包直径以 35~45 mm 为宜,则炮眼直径比药卷直径大 3~5 mm。

　　炸药随其药卷直径的加大,爆速、猛度、爆力和殉爆距也相应增大,但直径超过极限值后(硝铵炸药为 60～80 mm),上述参数就不再增加。因此,应在极限直径内加大药卷直径,提高爆破效果。

　　当药卷直径加大时,炸药的集中系数和爆破作用半径也增大,可减少工作面的炮眼数目。据统计,药卷直径由 32 mm 增大到 45 mm 时,眼数可减少 30％左右。这样,虽因眼径加人,钻眼的纯钻速有所降低,但每循环的眼数减少,总的钻眼时间还是缩短了。

　　为使爆破后井筒断面轮廓规整,采用大直径炮眼时,应适当增加周边眼数目(一般 5～7个)。当采用锚喷支护时,应用光面爆破。目前,在深眼中,已采用 55 mm 的眼径(药径为45 mm),并取得了良好的爆破效果。

　　3. 炸药消耗量

　　炸药消耗量主要用单位炸药消耗量(爆破每立方米实体岩石所需的炸药量)来表示,它是决定爆破效果的重要参数。装药过少,爆破后岩石块度大、井筒成型差、炮眼利用率低;药量过大,既浪费炸药,又有可能崩坏设备,破坏围岩稳定性,造成大量超挖。

　　影响单位炸药消耗量的因素很多,如岩石坚硬、裂隙层理发达、炸药的爆力小、药径小,炸药的消耗量就大。

　　爆破时,接近上部自由面的围岩呈不均匀压缩状态,剪应力集中,有利于爆破。但炮眼过浅,炸药爆生气体易从岩石裂隙中逸出,造成能量损失。反之,眼孔深部岩石接近三向均匀压缩状态,需更多的能量去破碎和抛掷岩石。因此,对于每个工作面都有个最佳炮眼深度,使单位炸药消耗量小,爆破效果好。

　　目前,炸药消耗量的经验计算公式,因受工程条件变化的限制,只能作为参考,因而施工单位常参照国家颁布的预算定额来选定,见表 6-3。

表 6-3　立井掘进每立方米炸药和雷管消耗量定额

井筒净直径 /m	浅孔爆破								中深孔爆破			
	$f<3$		$f<6$		$f<10$		$f>10$		$f<6$		$f<10$	
	炸药 /kg	雷管 /个	炸药 /kg	雷管 /个	炸药 /kg	雷管 /个	炸药 /kg	雷管 /个	炸药 /kg	雷管 /个	炸药 /kg	雷管 /个
4.0	0.81	2.06	1.32	2.33	2.05	2.97	2.68	3.62				
4.5	0.77	1.91	1.24	2.21	1.90	2.77	2.59	3.45				
5.0	0.73	1.87	1.21	2.17	1.84	2.69	2.53	3.36	2.10	1.09	2.83	1.24
5.5	0.70	1.68	1.14	2.06	1.79	2.60	2.43	3.17	2.05	1.07	2.74	1.20
6.0	0.67	1.62	1.12	2.05	1.75	2.53	2.37	3.08	2.01	1.01	2.64	1.14
6.5	0.65	1.55	1.08	1.96	1.68	2.44	2.28	2.93	1.94	0.97	2.55	1.10
7.0	0.64	1.53	1.06	1.91	1.62	2.34	2.17	2.78	1.89	0.93	2.53	1.09
7.5	0.63	1.49	1.04	1.88	1.57	2.27	2.09	2.66	1.85	0.90	2.47	1.06
8.0	0.61	1.43	1.00	1.84	1.56	2.23	2.06	2.60	1.78	0.86	2.40	1.02

　　实际工程施工中,也可按以往的经验,先布置炮眼,并选择各类炮眼的装药系数,依次求得各炮眼的装药量、每循环的炸药量和单位炸药消耗量。表 6-4 为通常情况下的炮眼装药

长度系数参考值。

表 6-4　炮眼装药长度系数参考值

炮眼名称	岩石的坚固性系数					
	1～2	3～4	5～6	8	10	15～20
掏槽眼	0.50	0.55	0.60	0.65	0.70	0.80
崩落眼	0.40	0.45	0.50	0.55	0.60	0.70
周边眼	0.40	0.45	0.55	0.60	0.65	0.75

注：1. 立井穿过有瓦斯、煤尘爆炸危险地层时，装药长度系数应按《煤矿安全规程》规定执行。
　　2. 周边眼上述数据不适用于光面爆破。采用光面爆破时，周边眼每米装药量为 100～400 g（2 号硝铵炸药）。

4. 炮眼布置

通常，井筒多为圆形断面，炮眼采用同心圆布置。

（1）掏槽眼

掏槽眼是在一个自由面条件下起爆，是整个爆破的难点，应布置在最易钻眼爆破的位置上。在均匀岩层中，它可布置在井筒中心；而在急倾斜岩层中，则应布置在靠井中心岩层倾斜的下方。常用的有下列几种掏槽方式：

① 直眼掏槽。其炮孔布置圈径一般为 1.2～1.8 m，眼数为 4～7 个，由于打直眼，易实现机械化，岩石抛掷高度也小。如要改变循环进尺，只需变化眼深，不必重新设计掏槽方式。但它在中硬以上岩层中进行深孔爆破时，往往受岩石的夹制，难以保证良好效果。为此，除选用高威力炸药和加大药量外，可采用二阶或三阶掏槽，即布置多圈掏槽，并按圈分次爆破，相邻每圈间距为 200～300 mm，由里向外逐圈扩大加深，各圈眼数分别控制在 4～9 个，见图 6-3。由于分阶掏槽圈距较小，炮眼中的装药顶端应低于先爆眼底位置，并要填塞较长的炮泥，以提高爆破效果。

② 斜眼锥形掏槽。其炮眼布置倾角（与工作面的夹角）一般为 70°～80°，眼孔比其他眼深 200～300 mm，各眼底间的距离不得小于 200 mm，各炮眼严禁相交。这种掏槽方式，因打斜眼而受井筒断面大小的限制，炮眼的角度不易控制；但它破碎和抛掷岩石较容易。为防止崩坏井内设备，常常增加中心空眼，其眼深为掏槽眼的 1/2～1/3，用以增加岩体碎胀补偿空间，集聚和导向爆破应力，见图 6-4。它适用于岩石坚硬、一般直径的浅眼掏槽，如要用于中深眼，则需与直眼掏槽结合。

为提高岩石破碎度及抛掷效果，可在井筒中心钻凿 1～3 个空眼，眼深超过最深掏槽眼 500 mm 以上，并在眼底装入少量炸药，最后起爆。

在倾斜岩层中，亦可采用楔形掏槽。

（2）周边眼

立井施工中，应采用深孔光面爆破，这时应将周边眼布置在井筒轮廓线上，眼距为 400～600 mm。为便于打眼，眼孔略向外倾斜，眼底偏出轮廓线 50～100 mm，爆破后井帮沿纵向略呈锯齿形。

（3）辅助眼（崩落眼）

辅助眼（崩落眼）介于掏槽眼与周边眼之间，可多圈布置，其最外圈与周边眼的距离要满足光爆层要求，一般以 500～700 mm 为宜。也可根据岩石条件和炸药类型，按光面爆破要

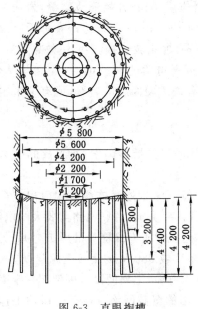

图 6-3　直眼掏槽

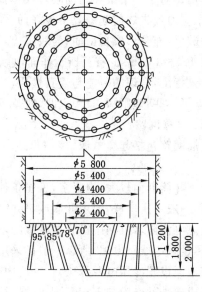

图 6-4　锥形掏槽

求进行计算。其余崩落眼圈距取 600～1 000 mm,按同心圆布置,眼距为 800～1 200 mm。

5. 装药结构与起爆技术

合理的装药结构和可靠的起爆技术,应使药卷按时序准确无误起爆,爆轰稳定,完全传爆,不产生瞎炮、残炮、压死、空炮和带炮等事故,并要求装药连线操作简单、迅速和可靠。

(1) 传爆方向和炮泥封口

在普通小直径浅眼爆破中,常采用将雷管及炸药的聚能穴向上、引药置于眼底(或倒数第 2 个)的反向爆破,以增强爆炸应力,增加应力作用时间和底部岩石的作用力,提高爆破效果。

反向爆破引爆的导线较长,装药较麻烦,在有水的炮眼中,要防止起爆药受潮。眼口要用炮泥封堵,其充填长度应不小于 0.5 m。

(2) 装药结构与防水措施

在浅眼爆破施工中,过去常用蜡纸包药卷和纸壳雷管,并外套防水袋逐卷装填,它对有水的深孔爆破,装药费时,防水性差。施工单位将药卷两端各套一乳胶防水套,并装在长塑料防水袋中,一次可填装 4 m 左右的深眼,装填迅速,质量可靠。也有采用薄壁塑料管,装入炸药和雷管,做成爆炸缆,一次装入炮眼中。这种方式操作简单,可在现场临时加工,防水性能好,既可装入较大直径的高威力炸药,又可填入小直径低威力药卷,满足光面爆破的要求。

掏槽眼与崩落眼的眼孔与药卷间应采用小间隙的连续装药结构,周边眼应采用径向和轴向空气间隙的装药结构。

(3) 起爆方法和时序

在深度不大的炮眼中,药卷均采用电雷管起爆。对于深孔或光面爆破,常采用电雷管-导爆索起爆。

立井爆破都是由里向外,逐圈分次起爆,它们的时差应利于获得最佳爆破效果和最少的有害作用。对于掏槽眼和辅助眼,后圈药包在前圈爆炸后,岩石开始形成裂缝,岩块尚未抛出,残余应力消失之前起爆效果最好,间隔时间一般为 $25\sim50$ ms。周边眼在邻近一圈的辅助眼爆破后,充分形成自由面,岩块抛出,但尚未落下前(冲击波已减弱)起爆效果最好,间隔时间取 $100\sim150$ ms。有瓦斯工作面,总起爆间隔时间不得超过 130 ms。

应该指出,合理的时差与岩石性质、工作面条件有关。硬而脆的岩石,或有 2 个自由面时,时差可小些;炮眼深、眼距大时,时差可大些。

(4) 电爆网路

电爆网路包括起爆电源、爆破母线、连接线和电雷管(包括导爆索)所组成的电力起爆系统。

由于井筒断面较大,炮眼多,工作条件较差,为防止因个别炮眼连线有误而酿成全网路的拒爆,一般不用串联,而用并联或串并联的连线方式。一方面,并联电路需要大的电能,它的起爆总电流随着电网中雷管并联数的增加而加大,这就要求有高能量的爆破电源;另一方面,应尽量减小线路电阻,所以一般都采用地面的 220 V 或 380 V 的交流电源起爆。

在地面设置专用电源开关盒,井筒内敷设专用爆破电缆,工作面设木桩架起一定高度的裸铝线或裸铁丝作为与电雷管脚线的连接线,组成专用的爆破网络。在有瓦斯的工作面实施爆破时,采用有限时装置的防爆型爆破开关。

由于各雷管的电阻及感度有误差,网路中各分路的电阻也有较大的差别,即使总电流满足要求,往往因分路电流分配不匀,某些雷管也不能在短时间内同时得到发火电流而造成瞎炮。为此,选用的网路形式要合理。我国立井掘进爆破常用的网路有串联、并联和混联。由于以交流电作起爆电源,故以应用并联或串并联网路为多。图 6-5 中的 4 种网路形式中,闭合反向并联方式可使各雷管的电流分配较为均匀。

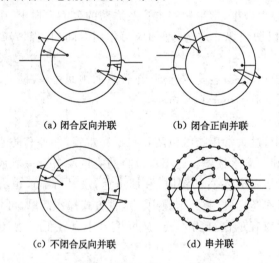

(a) 闭合反向并联   (b) 闭合正向并联

(c) 不闭合反向并联   (d) 串并联

图 6-5 并联爆破网路图

当其他条件相同时,串并联连线方式可提高单个雷管所得的电流,选择时,力求使各串联组的线路电阻相近。但串并联连接线较复杂,在施工中用得较少。

不论哪种连线方式,均要验算各雷管的爆破电流,其值不应小于雷管的准爆电流。

目前,立井施工爆破还采用电磁雷管起爆,采用电磁雷管抗杂散电流能力强,爆破比较安全,但同样必须保证起爆电流,方可安全起爆。

6. 爆破安全

立井井筒施工时的装药、连线和爆破工作,应严格遵守《煤矿安全规程》的有关规定,并应注意下列几点:

(1)制作药卷必须离井筒 50 m 以远的室内进行,并要认真检查炸药、雷管是否合格,引药只准爆破员携送入井。

(2)装药前,应先检查爆破母线是否断路,电阻值是否正常。然后将工作面的工具提出井筒,设备提至安全高度,吊桶上提至距工作面 0.5 m 高度。除规定的装药人员与信号工、水泵司机外,其余人员必须撤至地面。

(3)连线时切断井下一切电源,用矿灯照明,信号装置及带电物也提至安全高度。

(4)爆破前,检查线路接点是否合格,各接点必须悬空,不得浸入水中或与任何物体接触。当人员撤离井口,开启井盖门,发出信号后,才允许打开爆破箱合闸爆破,爆破工作只能由爆破员执行。

(5)爆破后,检查井内设备,清除崩落在设备上的矸石。

(6)如有瞎炮,必须在班、组长直接指导下,查明原因,或重新连线爆破,或在距瞎炮 0.3 m 以外处另打新眼,装药爆破。严禁用镐刨引药或用压风吹眼,并要仔细收集炸落未爆的药卷。

(7)穿过有瓦斯的煤层时,应制定相应的安全技术措施。

(三)爆破图表

由于井筒穿过多种不同的岩层,因此应根据岩石坚硬性及其构造情况,先大致归并为几大类,再分别编制不同的爆破图表,分类选用。下面以某立井井筒施工的爆破图表为例进行介绍。

1. 爆破条件

爆破条件见表 6-5。

表 6-5 爆破条件

序号	名称	内容
1	井筒深度	705 m
2	掘进直径	7.7 m
3	掘进断面	46.57 m²
4	岩石类型	表土占 4.2%,砂岩占 49.25%,泥岩占 45.75%;分 $f \geq 8$ 及 $f < 6$ 两类
5	瓦斯等级	低瓦斯矿井
6	涌水情况	最大为 54 m³/h
7	钻眼方式	六臂伞钻
8	炸药类型	水胶炸药
9	炮眼直径	55 mm
10	雷管类型	毫秒延期电雷管

2. 爆破参数

爆破参数见表 6-6。

表 6-6　爆破参数

圈别	眼号	眼数/个	圈径/m	炮眼倾角/(°)	炮眼深度		炮眼位置		装药量			装药系数	起爆顺序	连线方式	备注
					每个炮眼/m	每圈炮眼/m	眼间距/mm	眼圈距/m	每个药包数/个	炮眼药量/kg	每圈装药量/kg				
1	1~6	6	1.6	90	4.0 (3.4)	24 (20.4)	800 (800)	400 (500)	6 (4)	4.88 (3.25)	29.28 (19.5)	0.67 (0.53)	1.2 (1)	并联	括号内数字为 f<6 时的爆破参数
2	7~16 (7~14)	10 (8)	2.4 (2.6)	90	4.0	40 (32)	742 (995)	850	4 (3)	3.25 (2.44)	32.5 (19.52)	0.45 (0.34)	3 (2)		
3	17~32 (15~28)	16 (14)	4.1 (4.4)	90	3.9	62.4 (54.6)	800 (979)	700	4 (3)	3.25 (2.44)	52 (34.16)	0.46 (0.34)	4 (3)		
4	33~54 (29~48)	22 (20)	5.8 (6.1)	90	3.9	85.8 (78)	825 (954)	200	(4) 3	3.25 (2.44)	71.5 (48.8)	0.46 (0.42)	5 (4)		
5	55~88 (49~84)	34 (36)	7.2 (7.5)	90 (87)	3.9	132.6 (140.4)	664 (654)	4	3.25 (2.13)	110.5 (76.68)	0.46 (0.42)	6 (5)	6 (5)		
6	89~122	34	7.6	90	3.9	132.6	701		1	0.44	14.96	0.27	7		

3. 炮眼布置

炮眼布置如图 6-6 所示。

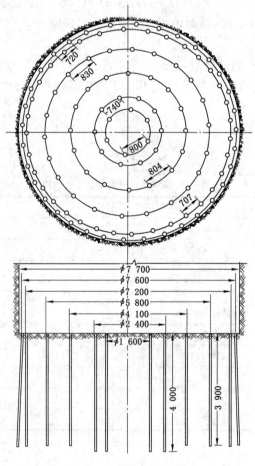

图 6-6　炮眼布置图

4. 爆破预期效果

爆破预期效果见表6-7。

表6-7　爆破预期效果

序号	爆破指标	单位	数量
1	炮眼利用率	%	87.9(平均)
2	每循环进尺	m	3.43(平均)
3	每循环爆破实体岩石量	m³	159.74(平均)
4	每循环炸药消耗量	kg	310.74(198.66)
5	单位原岩炸药消耗量	kg/m³	1.94(1.24)
6	每米井筒炸药消耗量	kg/m	90.59(57.90)
7	每循环炮眼长度	m	477.4(325.4)
8	单位原岩炮眼长度	m/m³	2.99(2.04)
9	每米井筒炮眼长度	m/m³	139.59(94.87)
10	单位原岩雷管消耗量	个/m³	0.76
11	每米井筒雷管消耗量	个/m	32

注:括号内数值为 $f<6$ 的爆破参数。

第二节　装 岩 工 作

装岩是立井井筒掘进循环中最重要的一项工作,它既费时又繁重,约占掘进总循环时间的 $50\%\sim60\%$。因此,提高装岩效率和机械化水平是加快立井施工的关键。

一、装岩机械

20世纪50年代初,我国从苏联引进并开始使用 БЧ-型气动抓岩机,使井筒施工装岩工作步入机械化。20世纪50年代末,我国自行研制了 NZQ-0.11 型及 HS₂-2 型抓岩机,具有质量轻、体积小、悬吊方便、故障少、适应性强的特点。这些设备对促进凿井速度的提高曾起到积极的作用,至今仍在直径 $4.5\sim5.0$ m、深度不超过 400 m 的浅井中广泛使用。矿山立井井筒基岩施工主要有 NZQ₂-0.11 型抓岩机、长绳悬吊抓岩机(HS 型)、中心回转式抓岩机(HZ 型)、环形轨道式抓岩机(HH 型)和靠壁式抓岩机(HK 型),常用抓岩机的技术特征见表6-8。煤矿立井施工以采用中心回转式抓岩机为主。

表6-8　常用抓岩机的主要技术特征

抓岩机类型		抓斗容积/m³	抓斗直径/mm		技术生产率/(m³/h)	适用井筒直径/m	外形尺寸/mm(长×宽×高)	质量/kg
			闭合	张开				
人力操作	NZQ₂-0.11	0.11	1 000	1 305	12	不限		655
	HS-6	0.6	1 770	2 230	50	5～8		2 900
	HS-10	1.0	2 050	2 640	65	5～8		5 000

表 6-8(续)

抓岩机类型		抓斗容积/m³	抓斗直径/mm		技术生产率/(m³/h)	适用井筒直径/m	外形尺寸/mm(长×宽×高)	质量/kg
			闭合	张开				
中心回转	HZ-4	0.4	1 296	1 965	30	4～6	900×800×6 350	7 577
	HZ-6	0.6	1 600	2130	50	4～6	900×800×7 100	8 077
	HZ-10	1.0	2 050	2 640	80	＞7.5	1 950×1 600×9 120	19 216
环形轨道	HH-6	0.6	1 600	2 130	50	5～8		8 580
	2HH-6	2×0.6	1 600	2 130	80～100	6.5～8		13 636
靠壁式	HK-4	0.4	1 296	1 965	30	4～5.5	1 190×930×5 840	5 450
	HK-6	0.6	1 600	2 130	50	5～6.5	1 300×1 100×6 325	7 340

（一）人力操作抓岩机

人力操作抓岩机有 NZQ$_2$-0.11 型小抓岩机和长绳悬吊式抓岩机 2 种。

NZQ$_2$-0.11 型抓岩机斗容为 0.11 m³，以压气作动力，人力操作。机体由抓斗、汽缸升降器和操纵架 3 部分组成，见图 6-7。在井筒内，它悬吊在吊盘上的气动绞车上；装岩时，将它下放到工作面；抓岩结束，则将其提至吊盘下方距工作面 15～40 m 的安全高度处。

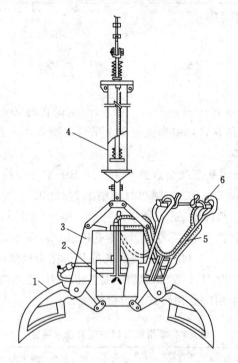

1—抓片；2—抓斗汽缸；3—抓斗机体；4—起重汽缸；5—操纵柄；6—配气阀。

图 6-7　NZQ$_2$-0.11 型抓岩机的构造

该抓岩机适用于浅井和井径较小的井筒，它与 1.0～1.5 m³ 吊桶、手持式凿岩机配套，炮眼深度以 1.2～2.0 m 较为适宜。

长绳悬吊式抓岩机（HS-6 型）是 20 世纪 70 年代结合我国国情设计的一种简易式立井

抓岩设备。该抓岩机由抓斗、悬吊钢丝绳及绞车组成。悬吊绞车安设在地面,由凿井工作面的操作人员操纵升降按钮,实现抓斗的提升和下放;操纵开闭控制阀,实现抓斗片的张开和闭合;用人力推拉移动抓斗,实现在任意点抓取岩石的目的。

长绳悬吊式抓岩机的悬吊绞车为 $JZ_2T10/700$ 型和 $JZ_2T10/900$ 型专用凿井绞车,该类型绞车具有可频繁启动和可逆旋转的良好工作性能。抓斗多采用 $0.6\ m^3$ 和 $1.0\ m^3$ 的增力矩抓斗。增力矩抓斗可随着抓片闭合时岩石阻力矩的增大而使抓斗的传动力矩也相应地增大,而且汽缸通过钢丝绳悬吊在提吊装置上,见图 6-8。另外,当抓斗停用提至安全高度时,抓片始终处于闭合状态,不会自动张开,有利于安全。

根据井筒直径,在工作面可配用 1 台或 2 台抓斗。为使抓岩和装岩工作便利,悬吊点的合理位置应靠近吊桶和井筒中心布置。当采用 2 个吊桶和单台抓斗时,抓斗悬吊点应处于 2 个吊桶之间;当采用 2 台抓斗时,应尽量使抓斗悬吊点连线与吊桶中心连线互为正交,并使每个抓斗所承担的装岩面积大致相等。抓斗悬吊高度以 $80\sim100\ m$ 为宜,过高时,钢丝绳摆幅过大,危及安全;过低时,推送抓斗费力。为此,当悬吊高度超过 100 m 时,井筒中应安设导向架(图 6-9),并随工作面推进,不断向下移装导向架。吊盘上通过钢丝绳的喇叭口的形状和尺寸应使钢丝绳摆动方便。

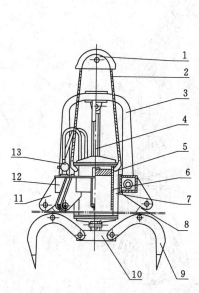

1—提吊板;2—钢丝绳;3—钟形梁;4—活塞杆;
5—活塞;6—汽缸;7—竖筋板;8—连杆;9—抓片;
10—耳盘;11—支腿;12—环形梁;13—配气阀。

图 6-8　长绳悬吊抓岩机的增力矩抓斗

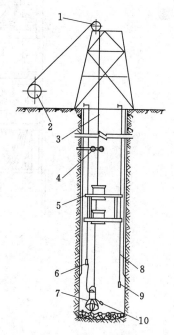

1—悬吊天轮;2—地面悬吊专用绞车;3—悬吊钢丝绳;
4—钢丝绳限位滑架;5—吊盘;6—供风管路;7—抓斗;
8—抓岩机控制电缆;9—升降操纵开关;10—抓斗控制阀门。

图 6-9　长绳悬吊抓岩机的布置

该抓岩机构造简单,容易在井筒内布置,吊盘不需增加荷载,压风耗量小,运行费用低,提升抓斗辅助时间少,但抓斗需要人力推送,劳动强度大,机械化程度低,故多应用在浅井工程。由于该抓岩机由工人在井下工作面直接操作,看得清、抓得满、装得准,安全性能好,因而曾在多个井筒施工中得到较广泛的使用。

（二）中心回转抓岩机

中心回转抓岩机是一种大斗容抓岩机，它直接固定在凿井吊盘上，以压风作为动力。该设备具有使用范围广、适应性强、设备利用率高、动力单一、结构紧凑、占用井筒面积不大，以及便于井筒布置、安全可靠、操作灵活、维护方便等优点，目前在煤炭矿山得到普遍使用。该机由抓斗、提升机构、回转机构、变幅机构、支撑系统和机架等部件组成，见图6-10。

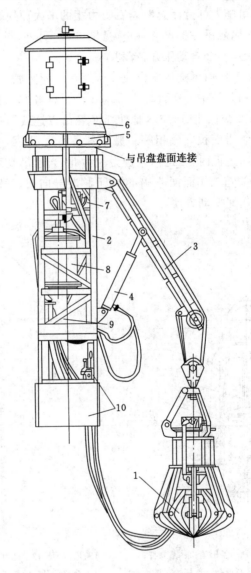

与吊盘盘面连接

1—抓斗；2—机架；3—臂杆；4—变幅油缸；5—回转结构；
6—提升绞车；7—回转动力机；8—变幅汽缸；9—增压油缸；10—操作阀和司机室。

图6-10　中心回转抓岩机

1. 抓斗

抓斗由抓片、拉杆、耳盘、汽缸和配气阀等部件组成。抓片的一端与活塞杆下端铰接，腰部孔通过拉杆与耳盘铰接。司机控制汽缸顶端的配气阀，使活塞上下往复运动，致使活塞杆下端牵动8块抓片张合以抓取岩石。

　　2. 提升机构

　　提升机构由气动机、减速器、卷筒、制动器和绳轮机构组成。悬吊抓斗的钢丝绳一端固定在臂杆上,另一端经动滑轮引入臂杆两端的定滑轮,并通过机架导向轮缠至卷筒。司机控制气阀,气动机带动卷筒正转或反转以升降抓斗。制动器与气动机同步动作,当气动机经操纵阀引入压气时,同时接通制动阀汽缸松开制动带,卷筒开始转动。反之,当气动机停止工作时,制动带借弹簧张力张紧而制动。除绳轮机构外,整个提升机构安装在回转盘以上的机架上,并设有防水保护罩。

　　3. 回转机构

　　回转机构由气动机、蜗轮蜗杆减速器、万向接头、小齿轮和回转座(内装与小齿轮相啮合的内齿圈)组成。当气动机经操纵阀给气转动时,驱动减速器,通过万向接头带动小齿轮,使其在大齿圈内既自转又公转,以实现整机作360°回转,可使抓斗在工作面任意角度工作。回转座底盘固定在吊盘的钢梁上,回转座防水罩顶端设有回转接头,保证抓岩机回转时不间断地供应压气。

　　4. 变幅机构

　　变幅机构由大汽缸、增压油缸、2个推力油缸和臂杆组成。大汽缸和增压油缸通过1根共用的活塞杆联成一体,活塞杆两端分别装有配气阀和控油阀,活塞杆两端的活塞面积大小不同,使增压油缸内的油压增至6.4 MPa。增压油缸通过控制阀向铰接在机架与臂杆之间的2个推力油缸供油,推动活塞向上顶起臂杆变幅。打开配气阀,增压油缸内液压随之递减,油液自推力油缸返回增压油缸,臂杆靠自重下降收拢臂杆。

　　5. 固定装置

　　固定装置由液压千斤顶、手动螺旋千斤顶和液压泵站组成。此装置用以固定吊盘,保证机器运转时盘体不致晃动。使用时,先用螺旋千斤顶调整吊盘中心,然后用液压千斤顶撑紧井帮。螺旋与液压千斤顶要对称布置。

　　6. 机架

　　机架为焊接箱形结构,下部设司机室。司机室的4根立柱为空腔管柱,兼作压风管路,室内装有操纵阀和气压表,用于控制整机运转。

　　抓岩机的布置要与吊桶协调,保证工作面不出现抓岩死角。采用1套单钩提升时,吊桶中心和抓岩机中心各置于井筒中心对应的两侧;采用2套单钩提升时,2个吊桶应分别置于抓岩机中心两侧;采用1套双钩提升、1套单钩提升时,3个吊桶亦应分别置于抓岩机中心两侧。为防止吊盘偏重,抓岩机应尽量靠井筒中心布置,但需预留出激光通过孔。抓岩机中心通常偏离井筒中心650~700 mm,而HZ-10型抓岩机通常为900 mm。

　　为了安全,地面可增设凿井绞车,以便对抓岩机进行辅助悬吊,通常可与伞钻合用1台悬吊绞车。

　　抓岩机主机安装时,应先将吊盘下放到离工作面一定距离,即HZ-4型、HZ-6型距工作面为4~5 m处,HZ-10型为7~8 m处,然后将主机下放到工作面,慢慢使其直立起来,使回转支承座对准下层吊盘的2根横梁上。对准安装位置后用L形或U形螺栓固定,使主机与吊盘钢梁连成一体。

　　抓岩机提升机构安装时,应先将提升气动绞车下放到吊盘上,然后将其装在回转机架的左右梁上,找正位置,紧固螺栓。

抓岩机抓斗安装时,应将抓斗下放到工作面,但要注意将连接盘与汽缸捆住,以防下放过程中活塞杆下落,抓片自动张开。

支撑系统安装时,由于支撑系统设于下层吊盘的盘面上,它由液压千斤顶、手动螺旋千斤顶等构成。支撑液压千斤顶通常用 4～5 个,其布置方式可用对称布置或等分均匀布置,不论应用何种布置方式,其底座要焊在下盘盘面靠主梁或副梁上。当抓岩机组装完后,将吊盘上升距工作面 15～20 m,进行支撑系统的固定。固定前要调正吊盘的高度,使吊盘尽量稳定;每个千斤顶的顶尖高差不能超过 100 mm;其压强当支撑点在永久井壁上用单抓斗时应达到 12 MPa,双抓斗时应达到 16 MPa,若在锚喷临时支护处均需达到16 MPa。

(三)环形轨道抓岩机

环形轨道抓岩机也是一种大斗容抓岩机,它直接固定在凿井吊盘的下部,以压风作为动力,抓斗容积为 0.6 m³,有单抓斗和双抓斗 2 种。该机型具有固定简单、结构合理、动力单一、生产能力大、机械化程度高、抓岩地点不受限制、不存在死角等优点。特别是2HH-6 型抓岩机,由于双抓斗能同时工作,在清底时 1 台抓斗用于集中矸石,另 1 台装吊桶,配合默契,缩短了清底时间。当 1 台发生故障时,另 1 台仍能继续工作,保证抓岩工作连续进行。

环形轨道抓岩机维护、检修较方便。不足之处是环形轨道直径必须与井筒直径相适应,因此,其通用性及利用率的提高相对较困难。

环形轨道抓岩机在掘进过程中随吊盘一起升降。机器由 1 名(双抓斗 2 名)司机操作,抓斗能做径向和环行运动。全机由抓斗、提升机构、径向移动机构、环行机构、中心回转装置、撑紧装置和司机室组成,抓岩机的构造见图 6-11。

1. 抓斗

抓斗的结构及工作原理与中心回转抓岩机相同。

2. 提升机构

提升机构由气动机、卷筒、减速器、吊架、制动装置和绳轮组成。提升钢丝绳的一端固定在吊架上,另一端经与抓斗连接的绳轮缠绕并固定在卷筒上。绳轮侧板上端设有挂链,以备机组停用时,将抓斗挂于提升绞车底部的保险钩上。绳轮由封闭罩保护,防止岩块掉入绳槽。整个提升绞车经吊架挂在行走小车上。绞车制动是以弹簧推动一个内圆锥刹车座,使其直接压紧气动机齿轮花键轴一侧的圆锥面刹车座,当向气动机供风时,首先收回制动弹簧打开刹车,卷筒转动。停风时,弹簧自动顶出刹住绞车。

3. 径向移动机构

径向移动机构由悬梁、行走小车、气动绞车和绳轮组成。悬梁是以 2 根槽钢为主体的结构件,一端连中心轴,另一端通过环行小车支撑在环形轨道上,行走小车的牵引气动绞车置于悬梁中间,引绳经卷筒缠绕 6～7 圈后,其两端分别绕越悬梁两端的绳轮,并固定在行走小车两侧。启动气动机、卷筒回转,借摩擦牵动引绳,驱动行走小车以悬梁下翼缘为轨道作径向移动。

4. 环行机构

环行机构由环形轨道和环行小车组成。环形轨道是钢板焊接的 4 块弧形结构件,其直

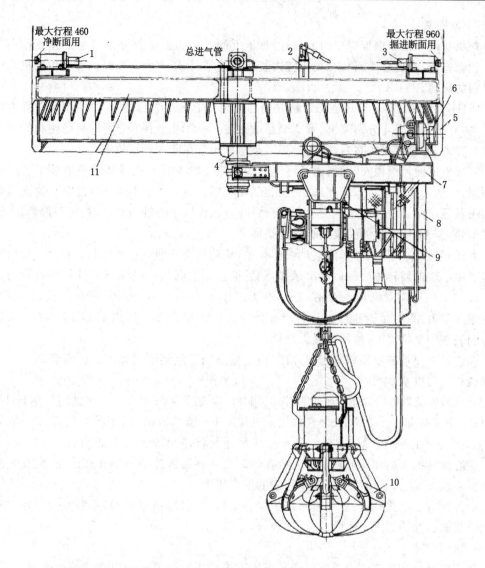

1—液压千斤顶;2—手压泵及泵站;3—手动螺旋千斤顶;4—中心轴;5—环形轨道;6—环行小车;
7—悬梁;8—司机室;9—行走小车;10—抓斗;11—凿井吊盘的下层盘。

图 6-11 环形轨道抓岩机

径因井筒净径而异,用螺栓固定在凿井吊盘下层盘的圈梁上,供环行小车带动悬梁作圆周运动。环行小车由功率为 4.4 kW 的气动机驱动,使小车沿环形轨道行驶。

5. 中心回转装置

中心回转装置由中心座、支架和进气管组成。中心回转轴固定在通过吊盘中心的主梁上,用于连接抓岩机和吊盘。回转轴下端嵌挂悬梁,为悬梁的回转中心。回转中心留有直径为 160 mm 的空腔作为测量孔。此外,回转轴上设供气回转接头,压气自吊盘上的压风管经中心轴支架的通道、回转接头进入抓岩机总进风管,保证机器转动时压气始终畅通。

6. 吊盘固定装置

与中心回转抓岩机相同。

7. 司机室

司机室由型钢和钢板焊接而成,通过顶板上的支架和连接架分别与悬梁和环行小车的从动轮箱相连,并随悬梁回转。司机室内装有总进气阀、压力表和操纵阀等。由司机集中操纵机器的运转。

2HH-6 型双抓斗环形轨道抓岩机在中心轴装有上下 2 个回转体,中间用单向推力轴承隔开,提升机构和抓斗分别随上、下 2 个悬梁回转。2 个环行小车分别由高底座和低底座连接在悬梁上,通过底座的高差,使两台环行小车车轮落在同一环形轨面上。

环形轨道回转机构安装时,通常将环轨拆卸成 4 段下井。先将环形轨道放于下层吊盘的圈梁上,然后用螺栓将 4 段环形轨道相互对接上;安装中心回转机构,把中心轴支座落在下层吊盘预留中心位置的连接梁上,并用螺栓连接;再以中心轴为基准,找正环形轨道,然后将环形轨道与下层吊盘的圈梁用螺栓连接即可。

悬梁和环行小车安装时,将气动绞车和主、从动轮箱分别装在悬梁和底座上。安装时要注意使中心轴的回转体出气口对准悬梁,然后推悬梁沿圆周正、反各转一圈,检查转动是否灵活,小车轮子在轨面上运行是否正常,有无碰撞的地方。若用双抓斗时,应检查一下当 2 个悬梁夹角为 45°时是否碰撞。环行小车停车点应规定在便于司机上、下的地方。双抓斗应分别装在相对位置上,使吊盘受力平衡。

抓岩机支撑系统安装和固定时,应先将支撑系统下放到下层盘上。其安装和固定与中心回转式抓岩机基本相同。

环形轨道抓岩机一般适用于大型井筒,当井筒净直径为 5~6.5 m 时可选用单斗 HH-6 型抓岩机,井筒净直径大于 7 m 时宜选用双斗 2HH-6 型抓岩机,适用的井筒深度一般大于 500 m,可与 FJD-9 型伞形钻架和 3~4 m³ 大吊桶配套,采用短段作业较为适宜。

中心回转抓岩机和环形轨道抓岩机在煤矿立井井筒掘进中应用比较广泛,尤其是中心回转抓岩机,由于其通用性而得到了普遍的推广使用。

此外还有靠壁式抓岩机,但由于煤矿围岩松软,抓岩机锚固困难,故目前多用在岩石坚硬的金属矿山井筒掘进工作中。

(四)小型挖掘机

选用机械化程度高的中心回转或环形轨道抓岩机虽然可有效提高装岩效率,但井筒清底施工工序中往往还是采用人工配合作业,占用循环时间长,出矸效率低,安全性差,劳动强度大,在大断面井筒施工中这些问题尤为突出。鉴于这种情况,根据地面液压挖掘机工作原理,研制出了能适用于井巷狭窄工作面施工的改进型液压挖掘机,解决了立井施工工人劳动强度大、施工效率低等难题。小型挖掘机配合抓岩机工作有如下优点:

(1)可大幅提高装岩效率,能代替人工清底,且清底速度快、质量好,因而不仅可减轻工人体力劳动强度,还可缩短清底时间,有利于提高立井施工速度。

(2)工作环境得到改善。挖掘机采用液压驱动,工作面噪声很小。

(3)安全程度得到提高。挖掘机司机就地操作,灵活方便,且参与施工的人员少,相互影响小,特别是无尾回转设计保证了在狭窄空间内方便工作,安全程度高。

目前,挖掘机与中心回转抓岩机配套掘进技术已形成立井机械化快速施工工法,在钱营孜煤矿立井、朱集煤矿主井、顾南煤矿副井等多个井筒的表土段和基岩段施工中得到应用并取得良好的效果。

二、装岩生产率

装岩生产率是指单位时间装入吊桶的矸石量(松散体)。由于装岩条件的不断变化,装岩生产率有最高生产率、最低生产率和平均生产率 3 个参数,它是衡量装岩技术水平的一项重要指标。影响装岩生产率的因素有很多,分析这些影响因素,对提高装岩生产率很有意义。其中主要影响因素有:① 装岩设备的技术性能、加工质量和维修水平;② 装岩机司机的操作熟练程度;③ 爆破效果(岩石块度、一次爆破矸石量、工作面的平整度);④ 井筒涌水量的大小,以及岩石硬度;⑤ 吊桶容积,数量和排矸能力;⑥ 压气压力等。

对于不同的井筒,装岩生产率可经实测确定;就单机而言,亦可按下式估算:

$$Q = 3\,600 \cdot K_1 \cdot K_2 \cdot K_3 \cdot \frac{q}{t} \tag{6-2}$$

式中　Q——抓岩机的装岩生产率,m^3/h;

K_1——抓岩机的工时利用率,它与操作技术、吊桶容积、提升方式和速度等有关,根据不同情况可取 0.6～0.9;

K_2——抓斗装满系数,它与岩石硬度、块度大小有关,当条件适宜时,抓满度往往还可大于抓斗的理论容积,一般取 1.0～1.3;

K_3——压气影响系数,压力以 0.5 MPa 为标准,每增大 0.1 MPa 生产率可提高 7%～8%;

q——抓斗理论容积,m^3;

t——抓岩一次循环时间,s。

提高抓岩机的工时利用率、提高抓斗抓满系数、装桶准确、缩短一次抓取循环时间、加深炮眼、减少机械故障等是提高装岩生产率的关键。为了提高装岩生产率,亦可采取下列几项措施:

(1)抓岩机司机要经过严格的技术培训,操作技术要熟练。抓岩设备应严格执行检修保养制度,提高技术水平,减少机械故障,提高抓岩机的工时利用率。

(2)选择合理的爆破参数,改进爆破技术,提高岩石的破碎程度,增加一次爆破岩石量。

(3)提高提升能力,加大吊桶容积,减少吊桶提升休止时间,充分发挥抓岩机的生产能力。

(4)选择合理的抓斗容积和吊桶容积,提高抓斗利用率。

(5)当采用人力操作的抓岩机时,还应合理地配备工作面上同时作业的抓岩机台数,使其布置合理,协同作业,减少干扰。

(6)综合治水,打干井,改善作业条件。

总之,抓岩生产率与多种因素有关,对于不同的施工条件,需要因地制宜,采取有效措施,提高装岩生产率。

第三节　提升及排矸

立井井筒施工中,为了排除井筒工作面的矸石,下放器材、设备,以及提放作业人员,应在井内设置提升系统。提升系统稍加改装,还应能服务于车场巷道施工和井筒永久装备。

凿井提升系统选择是否合理,不但直接影响凿井装矸作业和凿井施工速度,而且还会影响建井后期工作的顺利开展。

凿井提升系统由提升容器、钩头连接装置、提升钢丝绳、天轮、提升机以及提升所必备的导向稳绳和滑架等组成。凿井期间,提升容器以矸石吊桶为主,有时也采用如底卸式下料吊桶和下料框等容器。当转入车场和巷道施工时,提升容器则由吊桶改为凿井罐笼。

立井开凿时,为了悬挂吊盘、砌壁模板、安全梯、吊泵和一系列管路缆线,必须合理选用相应的悬吊设备。悬吊系统由钢丝绳、天轮和凿井绞车等组成。

一、提升容器及附属装置

(一)吊桶及附属装置

1. 吊桶

吊桶主要用于提升矸石、升降人员和提放物料。当井内涌水量小于 $6~m^3/h$ 时,吊桶还可用于排水。目前,我国使用的矸石吊桶根据不同卸矸方式分挂钩式和座钩式 2 种。它们按容积分别有 $0.5~m^3$、$1.0~m^3$、$1.5~m^3$、$2.0~m^3$ 和 $2.0~m^3$、$3.0~m^3$、$4.0~m^3$、$5.0~m^3$ 两组标准系列,其桶身采用 16 号锰钢材料,桶梁采用 35 号钢材质,这种吊桶容积小,吊桶自身质量大。

随着井筒直径的增大,井筒深度的增加,为减少立井施工期间的排矸时间,新研制了 $6.0~m^3$、$7.0~m^3$、$8.0~m^3$ 座钩式大体积吊桶和 $4.0~m^3$ 底卸式吊桶。矸石吊桶技术规格见表 6-9。

表 6-9 矸石吊桶主要规格

吊桶形式	吊桶容积 /m³	桶体外径 /mm	桶口直径 /mm	桶体高度 /mm	吊桶全高 /mm	桶梁直径 /mm	质量 /kg
挂钩式	0.5	825	725	1 100	1 730	40	194
	1.0	1 150	1 000	1 150	2 005	55	348
	1.5	1 280	1 150	1 280	2 270	65	478
	2.0	1 450	1 320	1 300	2 430	70	601
座钩式	2.0	1 450	1 320	1 350	2 480	70	728
	3.0	1 650	1 450	1 650	2 890	80	1 049
	4.0	1 850	1 630	1 700	3 080	90	1 530
	5.0	1 850	1 630	2 100	3 480	90	1 690
	6.0	2 000	1 800	2 120	3 705	100	2 218
	7.0	2 000	1 800	2 440	4 025	100	2 375
	8.0	2 200	1 916	2 550	4 177	100	2 490

2. 附属装置

附属装置包括钩头连接装置、滑架和缓冲器。矸石吊桶经钩头连接装置悬挂在钢丝绳上,因而连接装置应具备足够强度,摘挂方便,且有防脱钩装置。为防止吊桶提放时旋转,应在钩头上设缓转器。钩头的形式见图 6-12,规格见表 6-10。

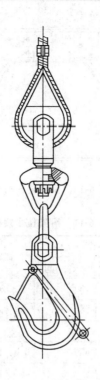

图 6-12　凿井提升钩头

表 6-10　凿井提升钩头规格

型式	规格 /t	钩头装置高度 /mm	总质量 /kg	适用钢丝绳直径 /mm	适用吊桶容积 /m³
I	3.6	1 184.5	87	23～26	1.5 及以下
	5.0	1 282.0	110	26～28	2.0
	7.0	1 493.0	145	31～35	3.0
II	7.0	1 538.0	130	31～35	3.0
	9.0	1 750.0	193	37～40	4.0
	11.0	1 850.0	231	40～43	5.0
	13.0	1 952.0	312	45～47	6.0
	15.0	2 070.0	334	50～53	7.0

注:不同厂家规格参数略有不同,按 Q/SMJ 4005《凿井钩头及连接装置技术条件》标准执行。

　　为避免吊桶提升时摆动,采用滑架导向,保证吊桶平稳地沿稳绳运行。滑架位于钩头连接装置上方。滑架上设保护伞以保证作业人员升降的安全。滑架的形式见图 6-13,规格见表 6-11。

　　为了防止吊桶提放时钩头连接装置撞击滑架和滑架撞击稳绳,在钩头连接装置上方和稳绳末端设缓冲器,缓冲器结构见图 6-14。

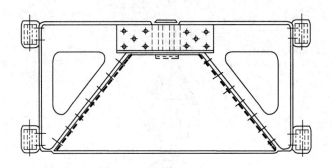

图 6-13　吊桶导向滑架

表 6-11　滑架技术规格

滑架跨距 /m	适用范围		高宽之比	最大宽度 /mm	质量 /kg
	吊桶容积/m³	吊桶最大外径/mm			
1.40	1.0	1 150	1：2	1 470	96
1.55	1.5	1 280	1：2	1 620	108
1.70	2.0	1 450	1：2	1 770	120
1.85	3.0	1 650	1：2	1 930	173
2.05	4.0	1 850	1：2	2 130	196
2.20	5.0	1 850	1：2	2 280	213

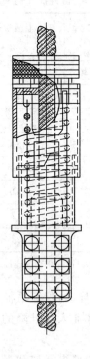

图 6-14　缓冲器

（二）底卸式材料桶及下料框

底卸式材料桶用于凿井砌壁时下放混凝土。底卸式吊桶的容积包括 1.2 m³、1.6 m³、2.0 m³ 和新研制的 2.4 m³、3.0 m³、4.0 m³ 等几种，其技术规格见表 6-12。

表 6-12　底卸式材料桶技术规格

型号	容积/m³	桶口直径/mm	最大外径/mm	最大高度/mm	质量/kg
TDX-1.2	1.2	1 320	1 450	2 757	815
TDX-1.6	1.6	1 320	1 450	3 004	882
TDX-2.0	2.0	1 450	1 650	3 200	1 066
DX-2.0	2.0	1 450	1 650	3 540	1 400
HTD-2.4	2.4	1 450	1 650	3 340	1 250
TD-3	3.0	1 630	1 850	3 780	1 365
TD-4	4.0	1 630	1 850	4 180	1 625

（三）凿井罐笼

在井底车场及巷道施工阶段，矸石、人员及器材设备的提放由凿井罐笼完成。它由上盘、下盘（双层罐笼时有中盘）、侧体、车挡、扶手、罐帘、淋水棚和悬吊装置等部件组成。通常采用提放 MG1.1-6 型矿车的单层单车、单层双车和双层双车等 3 种罐笼。为了增大提升能力，可采用提放 MG1.7-6 型矿车的凿片罐笼，其技术规格见表 6-13。

表 6-13　凿井罐笼技术规格

矿车	罐笼形式	罐笼外形尺寸（长×宽×高）/mm	质量/kg	钢丝绳罐道中心平面尺寸/mm	额定乘罐人数	
					上层	下层
MG1.1-6	单层单车	2 540×1 312×4 859	1 960	1 321×1 830	14	0
	单层双车	4 660×1 312×5 960	3 130	1 232×3 800	27	0
	双层双车	4 660×1 312×7 201	3 730	1 232×3 800	14	14
MG1.7-6	单层单车	3 160×1 574×5 205	2 695	1 494×2 410	23	0
	单层双车	5 660×1 574×5 998	4 700	1 494×4 694	40	0
	双层双车	5 660×1 574×7 555	4 953	1 494×4 670	23	23

二、提升方式

立井开凿时采用的提升方式有单钩提升和双钩提升 2 种。单钩提升时，提升机使用 1 个工作卷筒和 1 个终端荷载；而双钩提升时，提升机的主轴上使用 2 个工作卷筒，并各设 1 个终端荷载，只是两荷载的提升方向相反。

提升方式应根据井筒的直径、深度和作业方式选定。合理配置提升系统对立井施工具有重要意义。矸石提升系统可有如下几种配置方式：一套单钩提升；一套双钩提升；两套单钩提升；一套单钩提升和一套双钩提升；三套单钩提升。

我国常采用的提升方式有一套单钩、两套单钩、一套双钩配一套单钩等，使用一套双钩或三套单钩的形式较少。

一套单钩用于单行作业、混合作业,适用于直径不大于 5 m(含 5 m)、深度不大于 300 m 的井筒;若将来在井巷改装期作临时罐笼提升时,则一开始就应选用双卷筒提升机。两套单钩用于单行作业、混合作业、平行作业,适用于直径 5.5～6 m、深度 600 m 左右的井筒;若将来在井巷过渡期改装作临时罐笼提升时,则其中 1 台将来用于临时罐笼的提升机一开始就应选用双卷筒。一套双钩用于单行作业、混合作业,适用于直径大于 5.5 m(含 5.5 m)、深度在 400 m 左右的井筒。一套双钩配一套单钩用于单行作业、混合作业、平行作业,适用于直径 6.5～8.0 m,井筒深度 600～1 000 m 的井筒。三套单钩用于单行作业、混合作业、平行作业、一次成井,适用于直径大于 6.5 m(含 6.5 m)、井筒深度在 400 m 以上的井筒,但目前采用较少。立井井筒施工提升方式以两套单钩为主。

立井井筒提升系统首先应能满足井筒掘进时抓岩生产率和立井快速施工的要求,然后还应满足车场巷道施工时矸石提升的要求。此外,凿井提升所需的安装时间要短,操作要方便,要能保证井上下安全生产。总之,配置的提升系统要具备优越的综合经济效果。

提升能力与吊桶容积和吊桶一次提升循环时间直接相关。吊桶容积越大,一次提升循环时间越短,则提升能力就越大。

单钩提升不需调绳,使用起来比双钩提升简便、安全、可靠,特别是两套单钩的提升能力比一套双钩要大 26%～33%,其增加比值随着井筒深度加深而加大。但单钩提升比双钩的电耗大。以两套单钩同一套双钩相比,两套单钩用电增加 1.8～2.5 倍,设备折旧费及大型临时工程建筑、安装费增加 1 倍,操作和维修人员增加 1 倍。

双钩提升最大的优点是比单钩提升能力大,其能力约增加 30%～50%,并且随着井筒深度的加深其比值逐渐增大。同型号双卷筒提升机作单钩提升时,其提升钢丝绳的终端负荷要减少,以 JK 新系列 2JK-3.5/20 型提升机为例,用单钩提升 4 m³ 吊桶只能用于深 350 m 的井筒,而用双钩提升 4 m³ 吊桶则能用于近 700 m 深的井筒。又以凿井提升机 2JKZ-3.0/15.5 型为例,用单钩提 5 m³ 吊桶只能适用于深 350 m 的井筒,而用双钩提 5 m³ 吊桶则能用于近 600 m 深井筒。此外,双钩比单钩提升节省电及设备折旧费、大型临时建筑、安装费、减少操作及维修人员。其缺点是要随着井筒掘进深度增加而经常调绳。

由此可见,工程施工应根据工程条件,进行技术、经济优化比较,才能作出最佳选择。

由井筒转入车场巷道施工时,矸石提升应改为双钩罐笼提升。因此,凿井时配置的提升系统,不论是单钩还是双钩,必须选用 1 台能用于罐笼提升的双卷筒提升机。

三、提升系统设备选择及提升能力

(一)吊桶容积确定

当提升方式确定后,井筒工作面的抓岩生产率便是选择吊桶容积的主要依据,此外也要考虑吊桶的平面规格,以方便井内布置。

吊桶容积可按下列步骤选择:

(1)吊桶一次提升循环时间 T 应小于或等于抓岩机装满一桶矸石的时间 T_{zh},即:

$$T \leqslant T_{zh} \tag{6-3}$$

(2)计算抓岩机的装桶时间:

$$T_{zh} = \frac{3\,600 \times 0.9 \times V_T}{A_{zh}} \tag{6-4}$$

式中 T——吊桶一次提升循环时间,s;

T_{zh}——抓岩机装满一桶矸石的时间,s;

V_T——矸石吊桶容积,m³;

0.9——吊桶装满系数;

A_{zh}——井筒工作面抓岩机的总生产率(松散体积),m³/h。

（3）计算吊桶容积：

$$V_T = \frac{C_t A_{zh} T_{zh}}{0.9 \times 3\,600} \tag{6-5}$$

或

$$V_T \geqslant \frac{C_t A_{zh} T}{0.9 \times 3\,600} \tag{6-6}$$

式中　C_t——提升不均匀系数,取 $C_t=1.25$。

求得的吊桶容积为满足装岩生产率所必备的容积。

（4）断面布置校核：

计算初选的吊桶容积只有在井筒断面布置校核后方可确认。当井内布置困难时,应重新选择。

凿井工作面上,除布置矸石吊桶外,尚有一系列凿井设备需要布置,同时还应考虑设备与设备之间、设备与井壁之间的安全间隙,以及井筒中心测量孔应留的面积等,因此吊桶布置受到限制。表 6-14 列出了布置吊桶的资料,可供参考。当施工单位有库存提升机可利用时,吊桶容积的选择应考虑到库存提升机的能力要求。

表 6-14　井内可布置的吊桶数

井筒净直径/m	吊桶容积/m³	吊桶数目/个	井筒净直径/m	吊桶容积/m³	吊桶数目/个
5.0	1.0	2	7.0	2.0+1.5	2+2
	1.5	1		3.0+1.5	2+1
	2.0	1		3.0+2.0	1+1
5.5	1.5	2		4.0+2.0	1+1
	2.0	2	7.5	2.0	4
6.0	2.0	2		3.0+2.0	2+1
	3.0+2.0	1+1		4.0+2.0	1+1
6.5	2.0	2	8.0	3.0+2.0	2+1
	2.0+1.5	2+1		4.0+2.0	2+1
	3.0+2.0	1+1		5.0+3.0	1+1

（二）钢丝绳

钢丝绳是凿井提升及悬吊系统的主要组成部件。我国用于凿井的提升和悬吊的钢丝绳,其绳股断面多为圆形,包括单层股和多层股(不旋转)钢丝绳。单层股钢丝绳主要采用 6×7、6×19 和 6×37 等规格,主要用作悬吊设备。多层股(不旋转)钢丝绳常用 18×7 和 34×7 等规格,主要用于凿井提升和单绳悬吊设备。

钢丝绳选择主要确定其规格和直径,钢丝绳的直径随终端荷载和井筒终深而变化。钢丝绳中产生的最大静拉力还必须与提升机的强度相适应。

在提升过程中,有多种应力反复作用于钢丝绳,如静应力、动应力、弯曲应力、扭转应力、挤压应力和接触应力等,易使钢丝绳疲劳破坏,加之制造过程中的捻转应力和使用中的磨损与锈蚀,要求选用的钢丝绳,其钢丝的总拉断应力大于最大计算静拉力,它们的比值应大于或等于《煤矿安全规程》所规定的安全系数,即

$$m_a = \frac{Q_d}{F_{zd}} \geqslant [m] \tag{6-7}$$

式中 m_a——安全系数;

$[m]$——规程允许的安全系数,见表 6-15;

Q_d——钢丝绳的钢丝总拉断力,N;

$$Q_d = \sigma_B S$$

σ_B——所选钢丝绳的公称抗拉强度,Pa;

S——所有钢丝断面积之和,m^2;

F_{zd}——钢丝绳的最大计算静拉力,N。

表 6-15 钢丝绳的安全系数

用途	$[m]$
单绳缠绕式提升	
提人专用	9
人、物提升	7.5
提物专用	6.5
悬吊设备	
安全梯	6
吊盘、吊泵、抓岩机	6
风筒、压风管、水管、注浆管、电缆等	5
拉紧装置用	5

从立井凿井时的钢丝绳计算图(图 6-15)可知,钢丝绳中的最大静拉力位于 A 点,于是

$$F_{zd} = Q_0 + P_s H_0 \tag{6-8}$$

式中 Q_0——钢丝绳的终端荷载重力,N;

$$Q_0 = m_0 g$$

m_0——钢丝绳的终端荷载质量,kg;

g——重力加速度,取 9.8 m/s^2;

P_s——每米钢丝绳的重力,N/m;

$$P_s = m_s g$$

m_s——每米钢丝绳质量,kg/m;

H_0——钢丝绳的最大悬垂长度,m;

$$H_0 = H_{sh} + H_j$$

H_{sh}——井筒设计终深,m;

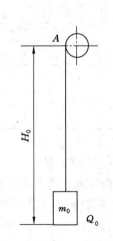

图 6-15 钢丝绳计算示意图

H_j——井口水平至井架天轮平台的高度，m。

则

$$m_a = \frac{\sigma_B S}{m_0 g + m_s g H_0} \tag{6-9}$$

每米钢丝绳质量 m_s 可按下式估算：

$$m_s - \gamma_0 S \tag{6-10}$$

式中　γ_0——钢丝绳平均密度，一般可取 9 500 kg/m³。

式(6-9)经整理后得：

$$m_s = \frac{m_0}{\dfrac{\sigma_B}{m_a \gamma_0 g} - H_0} \tag{6-11}$$

或

$$m_s = \frac{m_0}{11 \times 10^{-6} \times \dfrac{\sigma_B}{m_a} - H_0} \tag{6-12}$$

根据 m_s 计算值选择钢丝绳的标准直径 d_s，查出丝径 δ、钢丝绳总拉断力 Q_d 及标准 m_s 值等各项钢丝绳的技术特性，并进行安全系数校核，得：

$$m_a = \frac{Q_d}{m_0 g + m_s g H_0} \geqslant [m] \tag{6-13}$$

当上述不等式不成立时，应重新选择。

钢丝绳的终端荷载随用途而异。提升钢丝绳的终端荷载包括提升容器质量和货载质量；悬吊钢丝绳的终端荷载为悬吊设备的全部质量；稳绳的终端荷载是施加于稳绳的张力，按规定，每 100 m 钢丝绳的张力应不小于 9.8 kN。

（三）提升机

提升机由卷筒、主轴及轴承、减速器及电机、制动装置、深度指示器、配电及控制系统和润滑系统等部分组成。

根据卷筒的特点，提升机分缠绕式卷筒提升机和摩擦轮式提升机两大类。前者提升钢丝绳缠绕在卷筒表面，分为单卷筒和双卷筒 2 种；后者靠钢丝绳与摩擦轮之间的摩擦力传动，分为单绳和多绳 2 种。

用于建井的凿井提升机为缠绕式卷筒提升机（主要特征见表 6-16），它们具有下列特点：

（1）提升机允许的最大静拉力和静拉力差较大，能用于深井，提升 3~5 m³ 的单钩矸石吊桶和升降重型伞钻。

（2）机器单个部件质量轻，易于装、拆和运输，减轻了安装工作。

（3）双卷筒提升机所用的离合器调绳方便，减少了凿井辅助作业的工作量和工时。

（4）提升机房可不设地下室，减少了临时建筑工程量，可缩短临时工程的工期。

1. 选择提升机

用于建井的凿井提升机应满足凿井、车场巷道施工和井筒安装的不同要求。对于拟将服务于车场巷道施工的井筒，在开凿井筒时就应配置双卷筒提升机，以便改装凿井罐笼。

当井筒的永久提升机为缠绕卷筒式时，只要条件许可，应尽量直接利用永久提升机凿井。

表 6-16　凿井专用提升机技术性能表

提升机型号	2JKZ-3.6/13.4	2JKZ-3.0/15.5	JK2-2.8/15.5
滚筒数量×直径×宽度/个×mm×mm	2×3 600×1 850	2×3 000×1 800	1×2 800×2 200
钢丝绳最大净张力/kN	200	170	150
钢丝绳最大净张力差/kN	180	140	
钢丝绳最大直径/mm	46	40	40
最大提升高度/m	1 000	1 000	1 230
钢丝绳的速度/(m/s)	7.00	4.68,5.88	4.54,5.48
电动机最大功率/kW	2×800	800,1 000	1 000
两滚筒中心距/mm	1 986	1 936	
滚筒中心高/mm	1 000	1 000	1 000

提升机的卷筒直径及宽度是选型的主要考虑因素,当然也要顾及提升机的强度要求。

(1) 确定卷筒直径

卷筒直径应有利于改善钢丝绳的疲劳状态,使绳内产生较小的弯曲应力。根据《煤矿安全规程》的规定,凿井用提升机的卷筒直径 D_T 与钢丝绳直径 d_s 之比应不小于 60;与钢丝绳中最粗钢丝直径 δ 之比应不小于 900,即:

$$D_T \geqslant 60d_s \tag{6-14}$$

和

$$D_T \geqslant 900\delta \tag{6-15}$$

根据选定的钢丝绳便可确定提升机卷筒的最小直径。

(2) 确定卷筒宽度

卷筒宽度取决于钢丝绳直径、卷筒直径和必备的容绳量。缠绕在提升机卷筒上的钢丝绳可包括以下几方面:① 与提升高度取值一致的钢丝绳长度;② 供周期性检测试验用的钢丝绳长度,一般为 30 m;③ 必须缠绕在卷筒表面的摩擦圈钢丝绳,以减轻卷筒上固定钢丝绳处的拉张力,一般取 3 圈;④ 多层缠绕时,为避免上下层钢丝绳始终在同一绳段过渡,每季度应错动 1/4 圈,根据钢丝绳的使用年限,取错绳圈为 2~4 圈。于是,提升机的宽度为:

单层缠绕:

$$B_T = \left(\frac{H+30}{\pi D_{TB}} + 3 \right)(d_s + \varepsilon) \leqslant B_{TB} \tag{6-16}$$

多层缠绕:

$$B_T = \left[\frac{H + 30 + (3 + n')\pi D_{TB}}{n \pi D_P} \right](d_s + \varepsilon) \leqslant B_{TB} \tag{6-17}$$

式中　B_T——提升机卷筒宽度,m;

　　　D_{TB}——选型后的标准卷筒直径,m;

　　　B_{TB}——选型后的标准卷筒宽度,m;

　　　H——提升高度,m;

　　　n'——错绳圈数;

　　　n——缠绕层数,凿井时一般允许缠绕 2 层,当井深超过 400 m 时,允许缠绕 3 层,但要求卷筒边缘高出最外一层钢丝绳不小于 $2.5d_s$。

D_P——钢丝绳的平均缠绕直径,m;

$$D_P = D_{TB} + \frac{n-1}{2}\sqrt{4d_s^2 - (d_s - \varepsilon)^2} \tag{6-18}$$

ε——钢丝绳绳槽间的距离,一般为 $2\sim3$ mm;

其他符号同前。

（3）验算提升机强度

在选择机型时,必须校核提升机主轴和卷筒所能承受的最大静拉力和提升机减速器所能承受的最大静拉力差。这两项强度指标可按下式检验:

$$F_J \geqslant Q + Q_r + P_s H \tag{6-19}$$

$$F_{JC} \geqslant Q + P_s H \tag{6-20}$$

式中 F_J——提升机允许的最大静拉力,N;

F_{JC}——提升机允许的最大静拉力差,N;

Q——提升货载重量,N;

Q_r——提升容器重量,N;

P_s——选用钢丝绳每米的重量,N/m;

H——提升高度,m。

当上列不等式成立时,提升机满足要求。当采用单卷筒提升机作单钩提升时,可不检验最大静拉力差;当采用双卷筒提升机作单钩提升时,应视提升机的最大静拉力差为最大静拉力。

2. 提升机的电机功率

电机功率应根据提升动力学作详细计算。对于凿井提升,则可按下式估算:

单钩提升:

$$N = \frac{Q + Q_z + P_s H}{1\,000\eta_c} \cdot v_m \tag{6-21}$$

双钩提升:

$$N = \frac{KQv_m}{1\,000\eta_c} \cdot \rho \tag{6-22}$$

式中 N——电机功率,kW;

K——矿井阻力系数,$K=1.15$;

v_m——提升机的最大提升速度,m/s;

η_c——提升机减速器的传动效率,一级传动时 $\eta_c=0.92$,二级传动时 $\eta_c=0.85$;

ρ——动力系数,吊桶提升 $\rho=1.05\sim1.1$,罐笼提升 $\rho=1.3$;

其他符号意义同前。

3. 提升能力

（1）临时罐笼的提升能力

临时罐笼的提升能力按下式计算:

$$A_T = \frac{3\,600zv_{ch}}{1.2T_1} \tag{6-23}$$

式中 A_T——临时罐笼的提升能力,m³/h;

v_{ch}——矿车容积,m³;

z——每次提升的矿车数;

1.2——提升不均匀系数;

T_1——实际一次提升循环时间,s。

（2）吊桶提升能力

吊桶提升能力按下式计算：

$$A_T = \frac{3\ 600 \times 0.9 V_T}{1.25 T_1}\qquad(6\text{-}24)$$

式中 A_T——吊桶的提升能力,m^3/h;

V_T——吊桶容积,m^3;

1.25——提升不均匀系数;

T_1——实际一次提升循环时间,s。

从式(6-24)可知,吊桶提升能力与吊桶容积成正比,与一次提升循环时间成反比。吊桶容积越大,提升能力越大,但吊桶容积受井筒断面布置的限制;实际一次提升循环时间越小,则提升能力越大。一次提升循环时间受两方面因素制约:当装桶时间大于提升时间时,可增大抓岩能力来降低一次提升循环时间;当提升时间大于装桶时间时,则可提高提升机的最大提升速度来降低提升循环时间,但提升速度受《煤矿安全规程》的规定所限制。

根据实测,在提升机等功率的情况下,加大吊桶容积比提高提升速度能更有效地增大提升能力。在设计提升系统时,应优先考虑井内抓岩能力的装备程度和可容纳的吊桶容积,而后根据终端荷载和装岩生产率来选择适宜的提升机,使装矸提升的综合技术指标达到最佳水平。随着抓岩机械化程度和装矸生产率的提高,应进一步研究新型提升系统和研制功率更大的新型提升机,以利于发挥装备的综合效益和加快凿井速度。

（四）凿井绞车

凿井绞车用于悬吊吊盘、吊泵、安全梯及管路缆线等凿井设备和拉紧稳绳。凿井绞车分单卷筒和双卷筒2种,前者用于单绳悬吊,后者用于双绳悬吊。采用双绳悬吊的设备也可用2台单卷筒凿井绞车来悬吊。凿井绞车有55型和JZ型2种,后者又有改进型JZ_2型和摩擦传动型JZM型等系列。凿井绞车所允许的钢丝绳最大静张力为50～400 kN,卷筒的容绳量为400～1 000 m。凿井绞车的能力是根据允许的钢丝绳最大静张力来标定的,因此在选凿井绞车时,除了考虑设备的悬吊方式外,应使悬吊的终端荷载与钢丝绳自重之和不超过凿井绞车的最大静张力值。选用绞车的容绳量应大于悬吊深度。

（五）天轮

凿井用的天轮按其用途可分为提升天轮和悬吊天轮两大类。

1. 凿井提升天轮

凿井提升天轮按其公称直径有1 500 mm、2 000 mm、2 500 mm和3 000 mm四种。其中前2种又可分为铸钢和铸铁2种,而后2种只有铸钢天轮一种。提升天轮的另一种产品为TXG系列,它们可用于凿井,也可用于井下。

凿井提升天轮应遵照以下原则选用:

（1）天轮与钢丝绳的直径比:当提升天轮的钢丝绳围抱角大于90°时,应不小于60;围抱角小于90°时,应不小于40。

（2）天轮与钢丝绳中最粗钢丝的直径比应不小于900。

(3) 选用天轮所允许的最大钢丝绳钢丝总破断力应大于钢丝绳的实际最大钢丝总破断力。

(4) 当钢丝绳仰角大于 35°时,应按实际受力情况验算天轮轴的强度。

2. 悬吊天轮

悬吊天轮分单槽和双槽 2 类。根据天轮的安全荷载,它又可分轻型和重型 2 种,前者可作为导绳轮或用于浅井悬吊设备。

悬吊天轮可遵照以下原则选用:

(1) 当悬吊设备由双绳悬挂且绳距很近时,应尽可能采用双槽天轮,这样可简化天轮平台上天轮梁的布置。

(2) 天轮与钢丝绳的直径比应不小于 20。

(3) 天轮与钢丝绳中最粗钢丝的直径比应不小于 300。

(4) 选用天轮的安全荷载应大于钢丝绳的实际最大静拉力。

四、排矸方法

立井掘进时,矸石吊桶提至卸矸台后,通过翻矸装置将矸石卸出,矸石经过溜矸槽或矸石仓卸入运输设备,然后运往排矸场。

(一) 翻矸方式

翻矸方式有人工翻矸和自动翻矸 2 种。翻矸装置应满足下列要求:

(1) 翻矸速度快,休止时间短。

(2) 结构简单,使用方便。

(3) 翻转卸矸时吊桶要平稳,冲击力小,安全可靠。

(4) 吊桶位移距离小,滑架受力小。

(5) 自动化程度高,需用人工少,劳动强度低。

目前,我国常用的翻矸装置有人工摘挂钩翻矸和自动翻矸 2 种,其中自动翻矸包括翻笼式(普通翻笼式和半框翻笼式)、链球式(普通链球式和双弧板链球式)和座钩式 3 种,以座钩式自动翻矸装置应用得最为普遍。

1. 人工翻矸

在吊桶提至翻矸水平后,关闭卸矸门,人工将翻矸吊钩挂住桶底铁环,下放提升钢丝绳,吊桶随之倾倒卸矸。这种翻矸方式提升休止时间长(约占提升循环时间的 20%～30%),速度慢,效率低,用人多,吊桶摆动大,矸石易倒在平台上,不安全,使用大吊桶提升时这些问题则更突出。

2. 座钩式自动翻矸

座钩式自动翻矸装置由座钩、托梁、支架和底部带有中心圆孔的吊桶组成(图 6-16)。其工作原理是:矸石吊桶提过卸矸台后,关上卸矸门,这时,由于座钩和托梁系统的重力作用,钩尖保持铅垂状态,并处在提升中心线上,钩身向上翘起与水平呈 20°角。吊桶下落时,首先碰到尾架并将尾架下压,使钩尖进入桶底中心孔内。由于托梁的转轴中心偏离提升中心线 200 mm,放松提升钢丝绳时,吊桶借偏心作用开始倾倒并稍微向前滑动,直到钩头钩住桶底中心孔边缘钢圈为止,继续松绳吊桶翻转卸矸。提起吊桶,座钩借自重复位。

该装置具有结构简单、节省人力、减轻工人劳动强度、工作可靠、安全性好、翻矸时间短

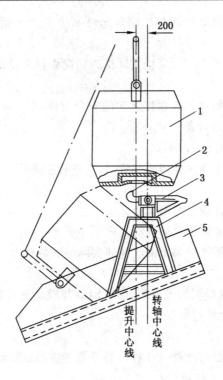

1—吊桶;2—座钩;3—托梁;4—支架;5—卸矸门。

图 6-16　座钩式自动翻矸装置

等优点,是目前较理想的自动翻矸装置。

(二)地面排矸

当翻矸装置将矸石卸出后,矸石一般经溜矸槽或矸石仓卸入运输设备,然后运往排矸场。由于目前井筒施工机械化程度的不断提高,吊桶容积不断增大,装岩出矸能力明显增加,井架上溜矸槽的容量较小,往往满足不了快速排矸的要求。因此,可设置大容量矸石仓,以减少卸、排能力不均衡所造成的影响;也可直接卸到地面,在地面用装载机进行二次倒运,这样可保证装岩和提升的不间断进行,有利于加快出矸速度。

如果在井架上设置矸石仓进行中转,矸石仓按结构不同,可采用落地式和支撑式 2 种。

另外,亦可在溜槽的基础上,将侧板加高,加上倾斜顶盖,提高溜矸槽的容量,这样简单省事,也可满足快速施工的要求。

近年,随着我国立井施工机械化程度的大大提高,装岩提升能力增大,同时要求地面排矸必须加快速度。将井架上溜矸槽内的矸石直接卸到井架外地面上,利用装载机进行二次装载,汽车排矸,已成为目前各立井施工的主要排矸方法,其速度快,经济效益好,有利于加快立井井筒的施工速度。

立井井筒地面排矸除采用汽车运输外,还可以采用矿车运输,一般多采用窄轨运输和 V 型侧卸式翻斗矿车运输,用蓄电池或架线电机车牵引。这种运输方式设置复杂、灵活性差,目前只有在生产矿井的新建井筒,矸石需要运往矸石山,以及小井、浅井施工中采用。

第四节　井筒支护

井筒在向下掘进一定深度后,便应进行支护工作,支护主要起支承地压、固定井筒装备、封堵涌水及防止岩石风化破坏等作用。

根据岩层条件、井壁材料、掘砌作业方式和施工机械化程度的不同,可先掘进1～2个循环后,然后在掘进工作面砌筑永久井壁。有时为了减少掘砌两大工序的转换次数和增强井壁的整体性,往往向下掘进一长段后,再进行砌壁。这样,应在掘进过程中,及时进行临时支护,维护岩帮,确保工作面的安全。

一、井筒临时支护

立井井筒采用普通法凿井时,一般临时支护与掘进工作面的空帮高度不超过2～4 m。由于它是一种临时性的防护措施,除要求结构牢固和稳定外,还应力求拆装迅速和简便。

我国井筒掘进的临时支护技术是随着井筒作业方式的发展而变化的。20世纪70年代前,大多数井筒掘砌是以长段单行作业为主,临时支护主要采用井圈背板方式。而目前井筒施工,不管采用何种作业方式,主要采用锚喷临时支护,个别井筒采用掩护筒作临时支护也取得较好的效果。

（一）井圈背板临时支护

井圈背板临时支护的井圈规格视井筒直径而定:当井径为3.0～4.5 m时,一般选用[14a槽钢;当井径为5.0～5.5 m时,一般选用[16a槽钢;当井径为6.0～7.0 m时,一般选用[18a槽钢;当井径为7.5～8.0 m时,一般选用[20a槽钢制作。背板形式依围岩稳定程度而定,厚度一般为30～50 mm,布置形式有倒鱼鳞式、对头式和花背式,见图6-17。倒鱼鳞式适用于表土层和松软岩层、淋水较大的岩层;对头式用于一般基岩掘进;花背式主要用于稳定岩层掘进。

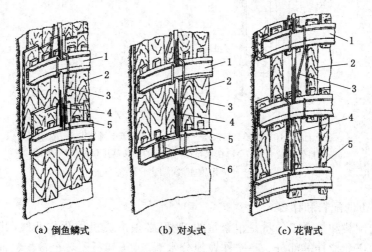

(a) 倒鱼鳞式　　　　(b) 对头式　　　　(c) 花背式

1—井圈;2—背板;3—挂钩;4—撑柱;5—木楔;6—插销。

图 6-17　井圈背板临时支护形式

随着锚喷支护的推广,目前井圈背板的临时支护形式已很少使用,但在井筒涌水量大且采用长段单行作业或表土层中施工时,仍有它的优势。

（二）锚喷临时支护

根据围岩稳定条件，立井井筒施工采用的锚喷临时支护有喷射砂浆或喷射混凝土、锚杆与喷混凝土、锚喷网等多种形式。支护参数可根据井筒围岩稳定性、岩层倾角和井筒直径等因素加以确定。喷射混凝土的强度不得低于 20 MPa，与岩石的黏结力（抗拉）不小于 0.5 MPa。锚杆必须是金属锚杆。排列的方式，围岩好的一般选矩形或三花形，围岩差的一般选五花形。金属网的网格尺寸一般不小于 150 mm×150 mm，金属网所用的钢筋或钢丝直径为 2.5～10 mm。

立井锚喷临时支护方式一般采用短段掘喷，即井筒掘出一个小段高后，随即在该段高进行锚喷，维护井帮稳定。为便于工人操作，每一掘喷循环段高不宜超过 2.0 m；对于施工段高大于 2.0 m 的情况，可通过控制出矸所形成的空帮高度来进行。

立井施工锚喷临时支护中，喷混凝土主要采用管路输送，喷射机设在井口，并配上料机械和贮料罐，管路下部接缓冲器、出料弯头和胶管，并与喷头连接，见图 6-18。

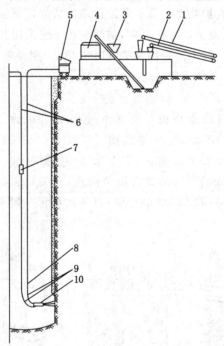

1—石子上料机；2—砂子上料机；3—上料斗；4—混凝土搅拌机；5—喷射机；
6—输料管及供水管；7—降压水箱；8—缓冲器；9—高压软管；10—喷枪。

图 6-18 立井施工喷混凝土设备布置

（1）混凝土的配料和拌合

混凝土的配料和拌合工作量是很繁重的，地面必须形成机械化作业线，其中包括储料、筛洗、计量、输送和搅拌等部分。整个作业线分水泥、砂子和石子 3 个输配料部分，然后进入搅拌机搅拌，再将拌合好的混凝土干料送入混凝土喷射机。其中石子由铲运车送入筛洗机，在旋转的洗筒中用水清洗，并沿倾斜面（倾角为 6°左右）自动下溜，经筛网筒，按不同粒径筛落至各自漏斗中，而大于孔径的石子溜出筒端落地。漏斗中的石子可采用带式输送机上料，并依靠电开关磅秤的本身动作来控制上料和卸料。当石子达到规定的重量时，磅秤横梁抬起,切断控制回路,电动机停转,上料暂停,并打开计量斗出口卸料。

砂子一般不进行筛分,同上法从另一线路进入砂仓,按一定比例配合的砂石与水泥,用矿车或带式输送机送至搅拌机料斗,上提进入搅拌机搅拌。由于是干式搅拌,为减少粉尘,一般用密闭式搅拌机。

(2) 混凝土干拌合料的输送

在井口附近喷混凝土机送出的干料是通过钢管送至工作面喷头的。在压风的推动下,管路中松散的拌合料,由于粒度大小不一,运动状态比较复杂,往往按颗粒大小发生自然分群。但是只要连续运输,喷头喷出的干料就接近原来的配比。

干料的输送风压与输送距离、输送管直径及干料级配状态等因素有关。由于立井是垂直输送,拌料借助重力克服运输阻力,有时还因重力作用而加大喷出压力,因此随着井深加大,要使喷射机出口风压保持常压,甚至将压力适当减小。总之,应保证喷头喷出压力平稳衡定(一般为 0.1~0.25 MPa)。

输送管路采用 ϕ75~150 mm 厚壁钢管(有时可与永久井壁浇灌混凝土输送管共用),为减少管壁的磨损,管路间连接要规整对齐,悬吊要垂直。在弯头处焊以耐磨的碳化钨钢板,或采用缓冲器。输送管内壁要干燥光滑,防止拌合料黏结堵塞。在易出现堵塞的输料管和喷头软管(一般为 ϕ50 mm 胶管)相接处的异径弯头,应加一压气小管助吹防堵。

(3) 混凝土的喷射

立井围岩经常有涌水流淌,此时应适当增加速凝剂和减少水灰比,并要认真处理好流淌水,一般可用压风吹赶水流。对于淋帮水,可在喷射岩面上方设截水装置;对成股涌水,应打眼埋设集水管导水,待四周喷完后,最后封堵;遇有小股裂隙水,可用五矾灰浆(以硅酸钠为基本原料,用水和明矾、蓝矾、绿矾、红矾及紫矾,掺入少量水泥配成浆液)封堵。

(4) 锚喷临时支护形式选择

锚喷临时支护是目前立井井筒基岩施工普遍采用的支护形式。对于围岩条件较好,施工中暴露时间较长的情况,可采用喷混凝土支护,起到封闭围岩的作用;对于节理裂隙发育并会产生局部岩块掉落,或夹杂较多的松软填充物,或易风化潮解的松软岩层,以及其他各类破碎岩层,可采用锚喷或锚喷网联合支护。喷射混凝土厚度一般为 50~100 mm;锚杆直径一般为 14~20 mm,长度 1.5~1.8 m,间距一般为 0.5~1.5 m,可呈梅花形布置;金属网用 16 号镀锌(防腐)铁丝编成,网孔为 350 mm×350 mm,安设时,网片间互相搭接 100~200 mm,上片压下片,防止积存矸石。锚喷网联合支护由于施工费工费时,一般只作为临时支护的局部辅助措施。

(三) 掩护筒保护

我国在 20 世纪 50—60 年代,立井井筒曾采用掘砌平行作业方式,临时支护除采用井圈背板外,个别施工单位曾采用钢丝绳网加角钢圈制成的柔性掩护筒进行施工保护。这种柔性掩护筒吊挂在吊盘(掘进盘)与工作面之间,高度可作调节,随掘进工作面的推进而下移。这种掩护筒不起支护作用,只是用来隔离吊盘(掘进盘)下方的岩帮,防止片帮岩石掉落到掘进工作面。

二、井筒永久支护

立井井筒永久支护技术目前已有了很大的发展。20 世纪 50—60 年代中期,立井永久支护以砌块为主,约占 80%以上。其砌块材料多用料石,其次是青砖、缸砖、混凝土预制块,

1958 年在徐州权台主井的掘砌中,曾创月成井 160.92 m 的全国纪录;但是砌块砌筑井壁劳动强度大,难以实现机械化施工,效率较低,特别在涌水量较大的立井中,砌块井壁的整体性和封水性差的缺点更加突出。到 20 世纪 60 年代中期以后,开始发展现浇混凝土支护技术。1964 年,煤炭工业部在总结各地施工经验的基础上,提出了包括有拆卸式金属模板筑壁与溜灰管输料在内的《立井施工二十项经验》,使立井井筒现浇混凝土施工技术得到迅速发展。1970 年前后,煤炭开发重点转向南方各省,小井和浅井较多,岩层相对稳定,又推广了喷射混凝土永久支护技术,并积累了丰富的经验,但在井型大、水文和地质条件较复杂的井筒仍采用现浇混凝土支护。在现浇混凝土的井筒永久支护中,不少井筒以喷射混凝土代替井圈背板作临时支护,实行大段高掘进、自下而上的金属模板筑壁,施工机械化程度和工程质量得到进一步提高。从 1985 年开始,井筒施工推广混合作业施工作业方式,现浇混凝土支护采用整体伸缩式活动模板砌筑,管路或下料吊桶输送混凝土,使砌壁速度迅速提高,大大加快了立井井筒的施工速度。

（一）锚喷永久支护

立井锚喷永久支护形式主要有喷射混凝土支护、锚喷支护和锚喷网支护 3 种。具体支护形式与参数,目前主要还是根据围岩稳定性、井筒断面、工程性质和服务年限等因素,常采用工程类比法确定,见表 6-17。

表 6-17　立井井筒锚喷支护类型和参数表

围岩分类		锚喷支护参数/mm											
		净直径>4.5 m						净直径<4.5 m					
		岩层倾角<30°			岩层倾角>30°			岩层倾角<30°			岩层倾角>30°		
类别	名称	喷混凝土厚度	锚深	间距	喷混凝土厚度	锚深	间距	喷混凝土厚度	锚深	间距	喷混凝土厚度	锚深	间距
I	稳定岩层	50~100			50~100			50			50		
II	稳定性较好岩层	100~150			100~150	1 400~1 600	800~1 000	100			100	1 400	800~1 000
III	中等稳定岩层	100~150	1 400~1 600	800~1 000	100~150	1 600~1 800	600~800	100~150			100~150	1 600	800~1 000
IV	稳定性较差岩层		1 600~1 800	600~800	150~200	1 600~1 800	800（加金属网）	100~200	1 400~1 600	800~1 000	150~200	1 600~1 800	600~800
V	不稳定岩层	150~200	1 600~1 800	600~800（加金属网）	200	1 600~1 800	600（加金属网）	150~200	1 600~1 800	600~800（加金属网）	200	1 600~1 800	600~800（加金属网）

无论是锚喷永久支护或是锚喷临时支护,根据循环进度,可实行一掘一喷或不超过安全段高的多掘一喷方式。

锚喷支护在立井井筒中的应用,除在稳定岩层中使用之外,对于稳定性较差的部分松软岩层(如对遇水膨胀的泥岩、断层、破碎带以至于煤层)均有使用成功的先例(有的采用加金属网、金属井圈或钢筋等加固措施)。它的施工工艺与锚喷临时支护相类同,但施工质量要求更为严格,喷层厚度也较大(一般为 150~200 mm)。施工时,除掌握前述一般要求外,还应注意下列几点:

(1) 采用喷混凝土永久支护的井筒,均应实现光面爆破施工,以减少井筒开挖量,维护围岩的稳定性。

(2) 喷射前应利用井筒测量的中、边线,测定井筒荒径,如不合格,必须刷帮或喷填处理。遇有夹泥层时,要挖除 100~200 mm 深,然后喷射填补。在井壁四周设置一定数量的井筒内径标准(如钉上圆钉等),以控制喷射混凝土厚度。

(3) 喷射时,岩帮的浮矸和岩粉一定要用水冲洗,严防夹层。若采用分次复喷(一般一次喷厚为 70 mm 左右),间隔时间较长(如 2 h 以上),则应对已喷面清洗,然后再喷。

(4) 上下井段接茬时,要注意上段底部是否有岩块与回弹堆积物,否则应处理、清洗后再喷。

(5) 根据井筒围岩的变化,正确选择喷混凝土、锚喷、锚喷网等支护型式,必要时可加钢筋、钢圈等加固措施。

作为矿井咽喉的立井井筒,服务年限长,对井壁的质量要求应该严格,要使喷射混凝土井壁的施工真正做到围岩充填密贴,井壁光整高强,不漏水。

(二) 现浇混凝土永久支护

1. 现浇混凝土支护工艺及流程

目前,我国立井井筒以采用现浇混凝土永久支护为主,其支护工艺根据采用的模板形式有金属活动模板短段筑壁和液压滑模长段筑壁 2 种。

金属活动模板短段筑壁的作业是穿插在掘进出矸工序之中进行的,当工作面掘进够一个模板高度后,即开始进行筑壁工作。筑壁完成后清除模板下座底矸石,进行打眼爆破和出矸,然后再转入下一个循环的筑壁工作。

当井筒采用机械化作业施工时,混凝土的浇灌作业工艺流程一般由下列环节组成:① 骨料筛洗→② 上料→③ 贮存→④ 计量→⑤ 输送→⑥ 搅拌→⑦ 下井→⑧ 二次搅拌→⑨ 浇灌、振捣→⑩ 混凝土养护。在混凝土下井以前,应在上一砌壁段混凝土达到初凝的情况下进行脱模并完成即将砌壁段的立模(包括绑扎钢筋等)工作。上述施工环节中,①~⑥环节组成混凝土的搅拌系统或机组,⑦环节为下料系统,⑧、⑨环节组成浇灌系统。3 个系统之间和系统内部的组合形式,应根据井上下空间、施工速度、技术设备条件等因素而定,在确定施工工艺的基础上,制订劳动组织。

液压滑模长段筑壁适用于长段作业方式或表土段内层井壁,它是当井筒完成大段高掘进后,用液压爬升(或用凿井绞车提吊)模板由下而上连续浇筑混凝土井壁的工艺。按液压爬升的方式,它又有压杆式和拉杆式之分。前者利用井壁混凝土内的竖向钢筋为承压支柱,通过多个液压千斤顶,将模板随混凝土的浇筑水平不断地升高。一般每浇灌 300 mm 厚的混凝土上滑一次模板,直到与上段井壁衔接。拉杆式液压滑模的支承爬杆安装在 2 层吊盘的圈梁上,模板通过液压千斤顶顺承拉爬杆上滑,爬完吊盘层间行程后,再上提吊盘一个段高,继续浇灌混凝土。

液压滑模长段筑壁中的浇灌作业流程与活动模板短段筑壁过程基本相似。不同之处在于:一是液压滑模筑壁混凝土凝固时间较短,一般在 40 min 左右,而且在时间上与浇灌混凝土平行;二是脱模与立模工序在模板滑升中同时进行;三是模板连续滑升和浇灌,只有最后一个井壁接茬;四是由于初凝脱模时间较短,刚脱模的混凝土井壁有时有粘块掉皮等现象,因此需在模板下方的辅助盘上进行井壁修补和养护。

立井井筒现浇混凝土施工除上述 2 种方法以外,部分井筒仍然有采用普通拆卸式模板进行混凝土浇灌的情况,这种施工工艺简单,工人劳动强度大,不易实现机械化和加快砌壁速度。

2. 现浇混凝土支护模板的类型

在我国现阶段,金属伸缩式活动模板和液压滑升模板在井筒现浇混凝土施工中应用较多,普通拼装式或绳捆式模板仍有使用。

(1) 金属伸缩式活动模板

金属伸缩式活动模板国内使用较好的有 2 个系列。一是前几年使用的多缝式整体移动金属模板,主要代表是三缝式 MJS 型和 ZYJM 型,但目前基本不同;二是单缝式 YJM 型模板,目前已改为 MJY 型。MJY 模板基本实现了脱模立模机械化,具有砌壁速度快等明显的优点,适用于立井混合作业和短段单行作业,永久井壁紧跟掘进工作面,取消了临时支护,能适用于不同的围岩条件,工作安全,但接茬缝较多。

MJS 型、ZYJM 型模板采用 3 块三缝式桶壳结构,即模板由 3 扇模块组成 1 个三联杆式稳定结构的模板体。模块之间有 3 条竖向伸缩缝,缝内设置水平导向槽钢和同步增力脱模装置,见图 6-19。在模板上部装有数十块合页挤压接茬板和折叠式自锁定位脚手架。在模板下部联有 45°刃脚圈。模板一般采用 3 台凿井绞车悬吊,并集中控制。

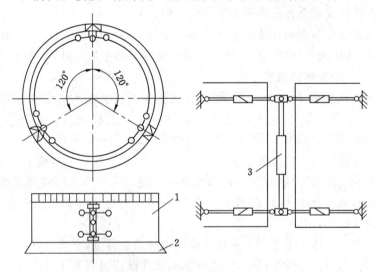

1—模板体;2—刃脚;3—增力装置。

图 6-19　三缝式同步增力模板示意图

目前,MJY 型系列模板在工程中应用得最为广泛,并且已经实现标准化和系列化。模板由模板主体、缩口模板、刃脚、液压脱模机构、悬吊装置、撑杆式工作台和浇注漏斗等 7 个部分组成,见图 6-20。模板主体由上、下 2 段组合而成,刚度很大。上段模板顶部设 9 个浇注窗口和数十个工作台铰座;下段模板设有 1 个处理故障的门扇;缩口模板为 T 形,宽

550 mm；刃脚分 7 段，由组合角钢与钢板焊接而成；液压脱模机构装在缩口两侧模板主体上，由 4 套推力双作用单活塞油缸、风动高压油泵和多种控制阀等组成；撑杆式工作台板铰接在模板上，台板下有活动撑杆以支撑平台板。由于模板刚度大，通过油缸的强力收缩，使金属模板产生弹性变形，可实现单缝收缩脱模，油缸撑开即恢复模板设计直径和圆度。MJY 系列模板的主要特征见表 6-18。

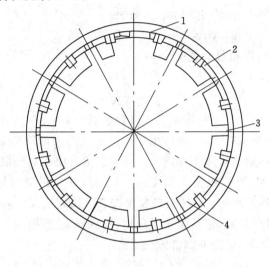

1—液压系统；2—基本模板块；3—变径加块；4—浇注窗口。

图 6-20 MJY 型模板结构简图

表 6-18 MJY 系列模板的主要特征参数表

模板直径/m	模板块数	收缩口数	模板质量/t			
			高度 2.5 m	高度 3.0 m	高度 3.5 m	高度 4.0 m
4.54	9	1	6.82	7.72	8.80	10.05
5.04	9	1	7.56	8.88	10.21	11.54
5.55	12	1	8.32	9.79	11.25	12.71
6.05	12	1	9.68	11.37	13.08	14.77
6.55	12	1	10.48	12.32	14.16	16.00
7.06	12	1	11.30	13.28	16.00	17.25
7.56	15	1	14.45	16.68	19.27	21.58
8.06	15	1	15.41	17.98	20.55	23.12

模板属非标准设备，设计与制作多由施工单位承担，也有标准产品，其主要技术参数是直径。考虑模板制作误差、施工立模测量误差等因素，模板加工直径宜满足以下要求：

为脱模方便，又不造成结构尺寸过大，模板直径应满足

$$D_3 = D_1 - 100 \tag{6-25}$$

式中 D_3——模板缩后直径，mm。

实践证明，活动模板有效筑壁高主要取决于井筒基岩的稳定性，稳定性好的基岩在国外

已到 6 m,国内已到 5 m;反之,稳定性差的基岩,空帮达到 2 m 时就应特别注意安全。

模板脱离混凝土井壁所需的力与混凝土凝固期成正比,时间越长,模板与混凝土的黏结力越大;而与模板刚度成反比,刚度越大,脱模变形传递越快而省力。经验公式计算如下:

$$P > F + (2.5 + 0.4R)(S_{max} \cdot H) \tag{6-26}$$

式中　P——脱模力,kN;

　　　F——克服模板本身刚度的变形力,kN;

　　　R——混凝土抗压强度,MPa;

　　　S_{max}——脱模瞬时撕裂最大宽度,cm;

　　　H——模板高度,cm。

(2) 液压滑升模板

井筒永久支护自 20 世纪 70 年代末引入滑升模板施工至今,已获得迅速的发展,不仅适用于长段单行作业的井筒筑壁,而且也可用于冻结法施工的井筒套筑内壁。如对固定模板的盘架结构作适当修改,则还可用于井筒平行作业。滑升模板筑壁混凝土可连续浇灌,接茬少,井壁的整体性与封水性好,机械化程度高,由于脱(立)模、浇灌与绑扎钢筋均为同时进行,使筑壁速度月进可达 150 m。液压滑升模板按其结构方式大致由模板、围圈、滑模盘(包括操作盘、辅助盘)和滑升装置(包括液压千斤顶、支承杆、油压控制系统)组成。它按滑升方式,有压杆式和拉杆式 2 种,见图 6-21 和图 6-22。

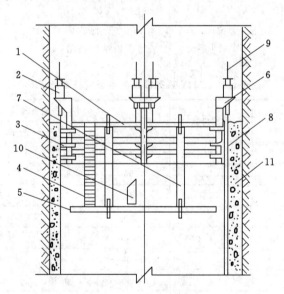

1—模板上盘;2—千斤顶;3—围圈;4—铁梯;5—滑模下盘;6—顶架;
7—立柱;8—滑模板;9—爬杆;10—控制柜;11—混凝土井壁。
图 6-21　压杆式液压滑升模板

压杆式滑升模板是利用井壁混凝土内的竖向钢筋作支承杆,杆上部穿过爬升千斤顶,千斤顶固定在与模板相连接的 T 形提升架上,T 形提升架沿操作盘外圈每隔 1.2~1.8 m 布置 1 架。井筒直径越大,须克服模板滑升的阻力越大,因而提升架就布置得越多。与千斤顶进出油管相连的控制台,设在辅助盘上。控制台是液压系统的动力源。

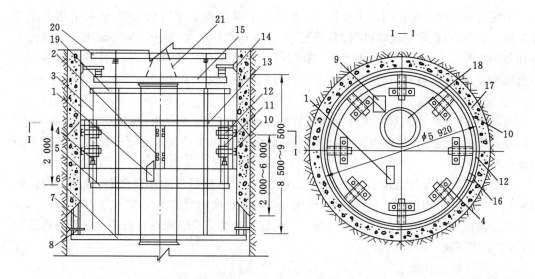

1—控制柜；2—松紧装置；3—爬杆；4—液压千斤顶；5—四层吊盘；6—五层吊盘；7—刃脚模板；

8、14—手动千斤顶；9—行人孔；10—模板；11—顶架；12—顶架支撑；13—三层吊盘；15—固定圈；

16—收缩装置；17—外盘；18—吊桶孔；19—二层吊盘；20—一层吊盘；21—悬吊固定圈钢丝绳。

图 6-22　拉杆式液压滑升模板

拉杆式滑升模板的上部和下部比压杆式滑升模板多 2 个固定圈盘，但没有 T 形提升架，千斤顶穿过固定在上部固定圈下的爬杆上，因固定圈被多个千斤顶顶于井筒壁间，各爬杆方位也就被固定。筑壁模板滑升时，以爬杆为支点，各千斤顶在压力油的驱动下，带动模板和滑模盘上升，此时爬杆受拉，所以称拉杆式滑模。滑模下部的固定盘，主要作筑壁刃脚托架用。

（3）装配式金属模板

装配式金属模板是由若干块弧形钢板装配而成的。每块弧板四周焊以角钢，彼此用螺杆连接。每圈模板由基本模板（2 块）和楔形模板（1 块）组成（图 6-23），斜口和楔形模板的作用是为了便于拆卸模板。每圈模板的块数根据井筒直径而定，但每块模板不宜过重（一般质量为 60 kg 左右），以便人工搬运安装，模板高度一般为 1 m。

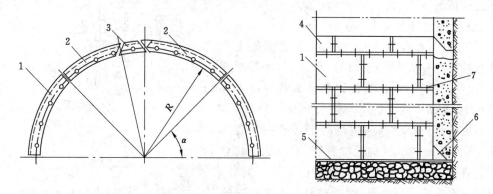

1—金属模板；2—斜口模板；3—楔形模板；4—接茬模板；5—底模板；6—接茬三角木块；7—连接螺栓。

图 6-23　装配式金属模板

　　装配式金属模板可在掘进工作面爆破后的岩石堆上或空中吊盘上架设,自下而上逐圈灌筑混凝土,它不受砌壁段高的限制,可连续施工,且段高愈大,整个井筒掘砌工序的倒换次数和井壁接茬愈少。由于它使用可靠,易于操作,井壁成型好,封水性强,使用比较普遍。但这种模板存在立模、拆模费时,劳动强度大及材料用量多等缺点。

　　3. 混凝土的输送方式

　　现阶段,施工企业为适应矿区建设项目施工地点分散、流动性大、对象多变的特点,都没有设立固定的基地集中生产混凝土,通常采用的方法是在井口设置混凝土搅拌站来满足井筒砌壁的需要。

　　立井井筒现浇混凝土施工,所需混凝土量大又集中,应尽可能实现储料、筛选、上料、计量和搅拌等工艺流程的机械化作业线,确保井筒施工进度的要求。

　　在地面配制好的混凝土可采用吊桶或管路输送到井下浇灌地点。对于干硬性高强混凝土,不宜采用溜灰管输送。

　　(1) 吊桶输送混凝土

　　利用吊桶输送混凝土是将混凝土装入底卸式吊桶内,利用提升机将底卸式吊桶运送到吊盘上方,卸入分灰器内,进入模板内进行混凝土的浇注工作。

　　底卸式吊桶是一种上圆下锥的桶形盛料容器。由于底卸料口铰接有滚轴组合的扇面压紧胶板闸门,装载混凝土不易漏浆,卸料时,闸门滚动脱开对胶板的压紧,省力省时。底卸式吊桶在地面一般用轨道平板车转运、由平板车载着底卸式吊桶驶至井盖门上后,由提升机运送吊桶下放至井内吊盘受灰斗上方,打开底卸式吊桶闸门,将混凝土卸至受灰斗,然后分 2 路通过斜溜槽、高压胶管、竹节铁管和导灰管等进入筑壁模板中。

　　利用吊桶下混凝土,可保证输送时的混凝土质量,适用混凝土的坍落度条件较宽。但下料受吊桶容积和提升能力的限制,速度较慢,输送工作占用提升设备,影响部分排矸和人员上下。这种方式一般适用于多台提升机凿井,混凝土采用高标号、低坍落度的情况。

　　(2) 管路输送混凝土

　　利用管路(溜灰管)输送混凝土是将混凝土直接通过悬吊在井筒内的钢管输送到井下,经缓冲器缓冲后,利用分灰器、竹节铁管和导灰管等进入筑壁模板中,见图 6-24。

　　利用管路(溜灰管)输送混凝土必须在井筒内悬吊 1~2 趟 ϕ150 mm 的无缝钢管,并应保证其悬吊的垂直度,以减轻混凝土对管路的磨损。另外,管路的下端应安设缓冲器,以减轻混凝土出口时的冲击作用。常用的缓冲器有分岔式和圆筒式 2 种,其结构见图 6-25。

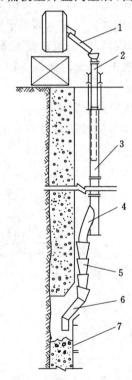

1—溜槽;2—漏斗套管;3—输送管;
4—缓冲器;5—活节溜灰筒;6—导灰管;7—模板。

图 6-24　管路输送混凝土示意图

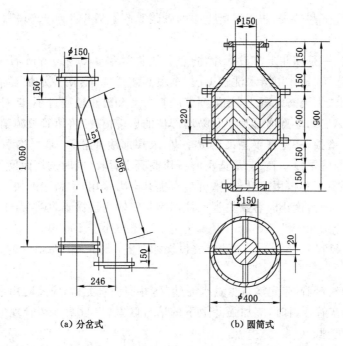

(a) 分岔式　　　　　　　　　(b) 圆筒式

图 6-25　常用缓冲器的形式

利用管路输送混凝土时,混凝土下落作用在缓冲器上的冲击力大小是输送管悬吊设计时必须要考虑的一个关键参数。过去普遍采用理论分析结果进行计算,现场实测结果发现其实际冲击力只有理论分析结果的 20%～25%,见图 6-26。

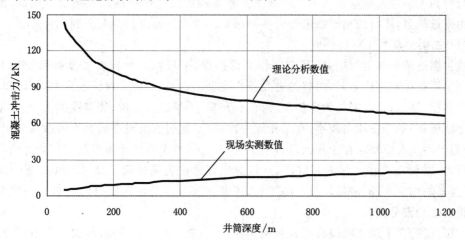

图 6-26　管路输送混凝土的冲击力

利用管路输送混凝土可加快混凝土的输送速度,我国自 20 世纪 50 年代开始采用管路输送混凝土技术,最大输送深度已超过千米,井筒数量达 300 多个。工程实际使用过程中,要注意防止混凝土离析、堵管和管路磨损 3 个问题。

为防止混凝土离析,一是严格控制水灰比在 0.65 以下,坍落度在 8～12 cm 之间,有良好的骨料级配;二是限制石子粒度不超过 30 mm;三是采用强度高、密度小的石子;四是首次下混凝土时,先下些砂浆,防止混凝土中的砂浆黏附在管壁上引起离析,并要求混凝土入管均匀而连续。

为防止堵管,一是漏斗上需设筛片,防止大块物料和 $\phi 30\sim50$ mm 石子入管;二是保持管路清洁,每浇灌 15 min 用清水洗管 1 次,全段高筑壁完毕,用清水加石子彻底清洗;三是采用高效减水剂或大流态混凝土,并掌握好胶管弯度和防止坡度过小;四是地面与筑壁工作面保持信号畅通,密切注意堵管预兆和易堵部位的运转情况,将堵管故障消灭在萌芽状态。

为防止管路磨损,一是管子悬吊尽量垂直,末端加缓冲器;二是严格掌握管子接头的质量,法兰盘必须与管轴线垂直;三是选用卵石作混凝土骨料,同时选用耐磨管材。

管路输送混凝土不占用提升设备,可节省提升电力费用,下料速度快。一般情况下宜采用大流态混凝土,坍落度小时容易堵管。使用溜灰管输送混凝土,应符合下列要求:

(1) 石子粒径不得大于 40 mm,混凝土坍落度不应小于 150 mm。

(2) 灰管直径宜为 150 mm,末端应安设缓冲装置,直径大于 6.0 m 的井筒,应安设分灰器。

(3) 溜灰管送料前,应先输送少量水泥砂浆,井壁浇筑完后,应及时用水清洗。

(4) 使用溜灰管送料时,应加强井上下的信号联系,一旦发生堵管现象,应立即停止送料,并及时予以处理。

4. 砌壁吊盘的基本结构

立井井筒砌壁时的立模、浇灌、捣固和拆模等工序,在时间上,可与井筒掘进同时进行,也可先后顺序作业;在空间上,可在井底工作面,也可在井内高空进行。但不论采用哪种方式,都需要设置吊盘。砌壁吊盘的层数、层间距及其结构形式,可根据井筒掘、砌两大工序的时间与空间关系以及砌壁模板形式和施工工艺来确定。它可单独设置砌壁专用盘,也可直接利用掘进吊盘,还有的组成掘砌综合多层吊盘。常用的砌壁吊盘有下列几种形式:

(1) 二层吊盘

通常掘进吊盘多为二层盘,其上层作为保护盘,下层用以吊挂掘进设备和安置提升信号。当采用掘砌顺序作业时,可将掘进盘兼作砌壁吊盘,此时有 2 种情况:如砌壁段高较大,需分次立模、浇筑,则上层作为保护盘,兼设分灰器,下层进行立模、浇捣混凝土,它常配以装配式金属模板;如砌壁段高较小,在工作面一次砌筑,此时上层或下层盘均可放置分灰器,立模、浇捣混凝土及拆模均在工作面矸石堆上进行,它常与金属活动模板配套作业。当掘砌同时进行时,井壁砌筑在井筒内高空进行,这时应单独设置砌壁双层盘;砌壁时,不管段高多大,下层盘除作为立模、浇捣混凝土施工外,还兼作该井段首次砌壁时的托盘。上层盘仍用以保护安全和设分灰器。

二层盘的上、下层之间要有充分的操作空间,一般不小于 2.5 m,增加层间距,可加大一次浇筑混凝土井壁的高度,减少井壁接茬及吊盘起落次数;但过大,不利于浇捣上部混凝土和吊盘的整体稳定性,在我国一般都不超过 6 m。二层盘之间为刚性连接,并设置爬梯,见图 6-27。

(2) 三层吊盘

它在二层吊盘的下面增挂一层盘,用以拆除模板及检修井壁,见图 6-28。拆下的模板可提至上面一层砌筑盘上作循环使用。这样可加速模板的周转,减少了一次砌壁段高内同时使用的模板套数,并使拆模和浇灌混凝土平行施工,加快了砌壁速度。底层盘用钢丝绳悬吊在二层盘上,层间距按井壁浇灌速度和混凝土凝固速度而定,以保证混凝土有足够拆模强度为准。

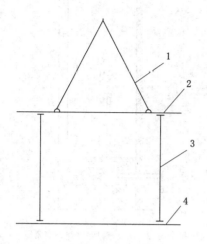

1—悬吊钢丝绳;2—上层盘;
3—立柱;4—下层盘。

图 6-27　二层吊盘示意图

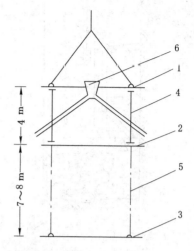

1—上盘;2—中盘;3—下盘;4—连接立柱;
5—连接钢丝绳;6—受料分灰器。

图 6-28　三层吊盘示意图

吊盘除常见的二层和三层吊盘外,还有四层、五层及掘砌综合吊盘,其结构一般与所采用的砌壁工艺相关。因此,吊盘的结构选择,应考虑掘砌作业方式、模板形式和施工操作等因素,要求结构坚固稳定,质量轻,便于悬吊和施工。

5. 现浇混凝土井壁施工

立井井筒现浇混凝土井壁施工必须确保井壁的质量,保证达到设计强度和规格,并且不漏水。

(1)立模

模板要严格按中、边线对中找平,保证井壁的垂直度、圆度和净直径。在掘进工作面砌壁时,先将矸石整平,铺上托盘或砂子,立好模板后,用撑木固定于井帮,如图 6-29 所示。采用高空灌注时,在砌壁底盘上架设承托结构,如图 6-30 所示。为防止浇灌时模板微量错动,模板外径应比井筒设计净径大 50 mm。

对于液压滑模(尤其是压杆式),施工时要注意滑模盘的扭转和倾斜,以及爬杆的弯曲。必须经常检查模盘的中心位置和水平度。

(2)浇灌和捣固

浇捣要对称分层连续进行,每层厚 250~350 mm 为宜,随浇随捣。若时间间隔较长,混凝土已有一定强度时,要把上部表层凿成毛面,用水冲洗,并铺上 1 层水泥浆后,再进行灌注。人工捣固时,要使表面出现薄浆。用振捣器振捣时,振捣器要插入下层 50~100 mm。

(3)井壁接茬

井段间的接缝质量直接影响井壁的整体性及防水性。接缝位置应尽量避开含水层。为增大接缝处的面积并方便施工,接茬一般为斜面(也有双斜面)。常用的为全断面斜口和窗口接茬法,见图 6-31。斜口法用于拆卸式模板施工;窗口法用于活动模板施工,窗口间距一般为 2 m 左右。接茬时,应将上段井壁凿毛冲刷,并使模板上端压住上段井壁 100 mm 左

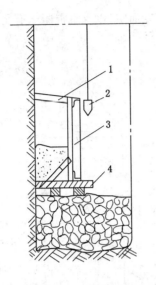

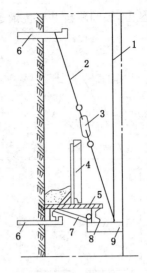

1—撑木;2—测量边线;
3—模板;4—托盘。

图 6-29　工作面立模示意图

1—吊盘绳;2—吊盘辅助吊挂绳;3—紧绳器;
4—模板;5—托板;6—托钩;7—吊盘折页;
8—找平用槽钢井圈;9—吊盘的下层盘(三层盘)。

图 6-30　高空浇灌井壁施工示意图

右。浇捣时,应将接茬模板(门)关严。对于少量出水的接缝可用快凝水泥或五矾防水剂封堵。

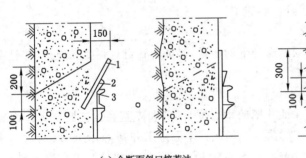

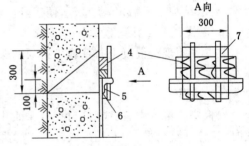

(a) 全断面斜口接茬法　　　　　　(b) 窗口接茬法

1—接茬模板;2—木楔;3—接茬碴胎;4—小块木模板;5—插销;6—木垫块;7—方窗口。

图 6-31　立井井壁接茬

(三) 其他形式永久支护

在 20 世纪 50 年代及 60 年代初,我国立井永久支护主要用块体砌筑。当时,采用最普遍的是料石井壁,它是用一面或多面光的料石,配以砂浆逐块砌筑而成。外壁与岩帮之间的空隙用混凝土充填,为防止砌缝漏水,往往需要进行壁后注浆。这种井壁材料可就地取材,但因用人工砌筑,劳动强度大,效率低,成本高,并且井壁整体性和封水性差,现在已很少采用。

井筒施工中也曾采用过预制钢筋混凝土弧板井壁。砌壁时,预制好的弧板用专用吊架送到工作面,对齐就位后与已安好的弧板用螺栓连接,接缝用堵水材料填封。井筒达到一定高度后,进行壁后注浆。目前这种井壁结构应用较少,只有特殊情况下才采用。

第五节 井筒涌水治理

立井井筒施工时，井筒内一般都有涌水，当涌水较大时，会影响到施工速度、工程质量和劳动效率，严重时还会给人们带来灾难性的危害。因此，根据不同的井筒条件，应采取有效措施，妥善处理井内涌水，以便为井筒的快速优质施工创造条件。

长期以来，国内外在井筒涌水治理方面积累了比较丰富的经验，并创造了不少行之有效的治水方法，通常有注浆堵水、钻孔泄水、井内截水和机械排水等。

井筒涌水的治理方法，必须根据含水层的位置、厚度、涌水量大小、岩层裂隙及方向、井筒施工条件等因素确定。合理的井内治水方法应满足治水效果好、费用低、对井筒施工工期影响小，设备少，技术简单，安全可靠等要求。

一、注浆堵水

1. 地面预注浆

井筒开凿之前，先自地面钻孔，穿透含水层，对含水层进行注浆堵水，而后再掘砌井筒的施工方法称作地面预注浆法。

地面预注浆主要包括钻孔、安装注浆设备、注浆孔压水试验、测定岩层吸水率、注浆施工及注浆效果检查等工序。

注浆孔的数目是根据岩层裂隙大小和分布条件、井筒直径、注浆泵的能力等因素确定的。注浆孔数一般为6～9个，并按同心圆等距离布置，只有在裂隙发育、地下水流速大的倾斜岩层，才按不规则排列。由于注浆孔钻进工程量大，费用高，而且在非含水层岩石中的钻孔长度要占钻孔总长度的1/2～1/3，为了减少注浆孔数，降低注浆孔的钻进费用，提高钻孔利用率，可采用高压注浆，或改变注浆孔的布置方式（如将注浆孔布置在井筒轮廓边线上或内侧，见图6-32）。如井筒净径6 m，注浆孔的圈径9 m，孔间距2 m时，孔数为14个。当孔间距不变，把钻孔布置在井筒周边上，只需9个，布置在井筒周边以内，则为7个。在后一种情况下，注浆孔数可以减少1/3～1/2。但是，注浆占用井筒时间较长。因此，最好采用国内外已经使用的定向钻进技术。

注浆段的孔径一般为89～108 mm，表土层为146～159 mm，钻孔偏斜率不应大于1%。注浆孔口和表土段安设套管，以防塌孔和注浆时跑浆。注浆前用清水洗孔和进行压水试验，为选择注浆参数和注浆设备提供依据，确保浆液的密实性和胶结强度。

在钻进注浆孔的同时，建立注浆站，安装注浆设备。安装及钻孔完工后，在孔内安设注浆管、止浆塞和混合器，进行管路耐压试验，待一切准备工作完成后，自上而下或自下而上分段进行注浆。当含水层距地表较近，裂隙比较均匀时，亦可采用一次全深注浆方式。

地面预注浆结束的标准，应符合下列规定：

（1）采用水泥浆注浆，当注入量为50～60 L/min及注浆压力达到终压时，应继续以同样压力注入较稀的浆液20～30 min后方可停止该孔段的注浆工作；

（2）采用水泥-水玻璃浆液注浆，当注入量达到100～120 L/min及注浆压力达到终压时，经稳定10 min，可结束该孔段的注浆工作；

（3）采用黏土-水泥浆浆液注浆，当注入量为200～250 L/min及注浆压力达到终压时，经稳定20～30 min后，可结束该孔段的注浆工作；

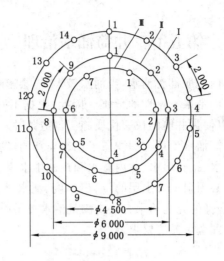

Ⅰ—在井筒周边外(14个孔);Ⅱ—在井筒周边上(9个孔);Ⅲ—在井筒周边内(7个孔)。

图 6-32　地面预注浆钻孔布置方式

（4）注浆施工结束的注浆效果宜采用压水检查方法。一般选取最后施工的注浆孔作为检查孔,测定注浆段的剩余漏水量是否满足设计要求。

地面预注浆不占用施工工期,在地面打钻,制备浆液,以及注浆施工均较安全方便,效率高,质量好。而且在注浆泵压力不足的情况下,浆液柱本身重量能形成补充压力。

一般认为:地面预注浆适用于含水层厚度较大,深度不超过 800 m,或者虽然含水层不厚,但是层数较多而且间距较小;预计涌水量大于 40 m³/h 以及含水层有较大裂隙或溶洞,吸浆量较大的地层。这种条件下,地面预注浆具有较好的技术经济效果。

目前,我国大部分矿井立井井筒施工前,均根据预测的井筒涌水量,如可能影响井筒掘进时,对含水层进行地面预注浆,获得了良好的注浆效果。经地面预注浆后,井筒涌水量明显下降,可基本实现打干井。

2. 工作面预注浆

工作面预注浆适用于含水层埋藏较深,层数较少,井筒涌水量大于 40 m³/h,含水层具有垂直或倾斜的细小裂隙的条件。在井筒掘进到距含水岩层一定距离时停止掘进,构筑混凝土止水垫,随后钻孔注浆。当含水层上方岩层比较坚固致密时,可以留岩帽代替混凝土止水垫,然后在岩帽上钻孔注浆。止水垫或岩帽的作用是防止冒水跑浆。工作面预注浆如图 6-33 所示,注浆孔间距的大小

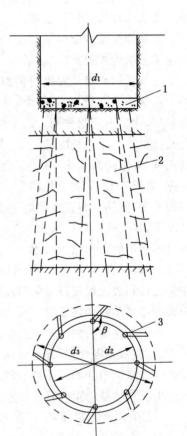

1—止水垫;2—含水岩层;3—注浆钻孔;
d_1—掘进直径;d_2—注浆孔布置直径;
d_3—孔底直径;β—螺旋角(120°~180°)。
图 6-33　工作面预注浆示意图

取决于浆液在含水岩层内的扩散半径,一般为 $1.0\sim2.0$ m。当含水岩层裂隙连通性较好,而浆液扩散半径较大时,可以减少注浆孔数目。

工作面预注浆的优点是钻孔、注浆工程量小;可以根据裂隙方向布置钻孔,钻孔偏斜影响小;注浆效果可从后期注浆孔和检查孔的涌水量直接观察到。缺点是井下工作面狭窄,设备安装和操作不便;安拆注浆设备、浇灌和拆除止水垫、注浆等均需占用井筒施工工期,每次注浆一般要延误 $2\sim3$ 个月。如浇灌止水垫和封堵孔口管施工不当,影响工期更长。

工作面注浆结束的标准,应符合下列要求:

(1)各注浆孔的注浆压力达到终压,注入量小于 $30\sim40$ L/min。

(2)直接堵漏注浆,各钻注孔的涌水已封堵,无喷水,涌水量小于施工设计规定值。

3. 井筒壁后注浆

井筒施工掘砌完成后,井壁质量差或地层压力过大等原因,往往造成井壁渗水或呈现小股涌水,使井筒涌水量超过 6 m^3/h,或有 0.5 m^3/h 以上的集中漏水孔时,必须进行壁后注浆封水。实践证明,壁后注浆不但起到封水作用,而且也是加固井壁的有效措施。

壁后注浆是将可凝结的浆液,用注浆泵通过输浆管、注浆管和注浆孔注入岩层和井壁的裂缝中,充塞裂隙进行堵水。注浆工艺流程见图 6-34。

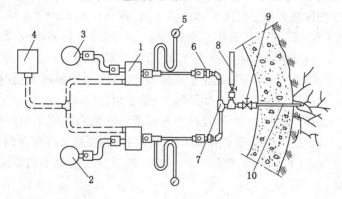

1—注浆泵;2、3—贮浆桶;4—清水桶;5—压力表;6—活接头;7—混合室;8—泄浆管;9—注浆阀;10—注浆管。

图 6-34　井筒壁后注浆工艺流程

井筒壁后注浆方式一般采用分段下行式,即在井壁淋水区段内,自上而下逐段(一般 $15\sim20$ m)进行注浆,这样有利于改善下段注浆作业条件。在各分段内则采取由下而上的注浆顺序,即先在各分段的底部注好一圈,使后注浆液不致向下渗漏,保证充塞致密,提高注浆效果。

注浆孔呈菱形交错均布,在淋水较大的地方,应缩小孔距,对集中出水点,可利用出水眼单独布孔注浆,含水层上下 2 段应增加注浆孔数,以形成有效的隔水帷幕,防止地下水被驱散至无水区渗出井壁。总之,布孔原则以有效封水为准,灵活掌握,随出水点变化而调整。

当注浆段壁后为含水砂层时,注浆孔的深度应小于井壁厚度 200 mm;双层井壁注浆孔应穿过内层井壁进入外层井壁,进入外层井壁深度不应大于 100 mm;当采用破壁注浆时,应制定专门措施;当漏水的井筒段壁后为含水岩层时,注浆孔宜布置在含水层的裂隙处,注浆孔的深度宜进入岩层 1.0 m 以上。

按照上述孔位,顺次钻凿注浆孔,埋设注浆管。注浆管可用直径 $38\sim50$ mm 钢管制成,一端带有丝扣，便于安装注浆管阀门，另一端做成锥形。注浆管插入注浆孔要安装牢固，孔口处要严加密封，以防注浆压力(一般为2～3 MPa)将管顶出或造成跑浆。井筒壁后注浆孔管路布置见图6-35。

壁后注浆采用逐孔单进的方式，同水平的其他孔口必须将注浆管紧闭，以免漏浆、跑浆，上面排列的注浆管或泄水管则应敞开，用于排水、放气，以防注浆时压力过大而损坏井壁。

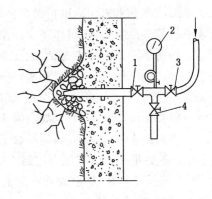

浆液浓度应根据岩层裂隙大小和水流速度来确定，而且随着注浆过程变化。当岩层孔隙较大时，浆液太稀，则扩散范围很大，既耗损大量浆液材料，亦不易收到快速堵水的效果。当岩层孔隙较小时，如果浆液过浓，则不易压入裂隙，影响浆液扩散范围，注浆亦难达到预期效果。

1—注浆管阀门；2—压力表；
3—进浆管阀门；4—泄浆管阀门。
图6-35 井筒壁后注浆孔管路布置

为了确定浆液浓度，注浆前应做压水试验，即用注浆泵往注浆孔中注入清水，测定在一定压力下一定深度的注浆孔单位时间内的注入水量，或称注浆孔的吸水率。注浆吸水率小于 0.005 L/(min·mmH$_2$O)时，说明裂隙太细，应采用可注性好的化学浆液；吸水率在 0.005～1.0 L/(min·mmH$_2$O)时，宜采用水泥浆液；当吸水率大于 1.0 L/(min·mmH$_2$O)时，说明岩层裂隙很大，甚至有空洞，纯注水泥浆液，会使水泥用量过大，宜在水泥中掺入一定比例(20%～40%)的其他充填材料，如膨润土、黏土和岩粉等。

压水试验除用于确定浆液浓度外，还可为浆液凝胶时间和注浆泵的流量等参数的确定提供依据。浆液宜在自注水至井壁裂隙见水的间隔时间内凝胶。注浆泵的流量不应小于注浆孔涌水量的 1.2～1.4 倍。压水试验的另一作用，在于冲洗缝隙中的淤泥、杂质使浆液能较密实地充填裂隙。

一般情况下，当地下水流速小于 30 m/h 时，宜采用水泥浆液。初注时，浆液可取 1∶2 或 1∶3(水泥质量∶水质量)的稀浆。若进浆快，压力表不升压，应换 1∶1 浓浆。若压力表仍不起压，则应停注，待 3～4 h 后再注。随着注浆压力逐渐上升，达到规定终压时，再换稀浆，以充塞裂隙的剩余空隙，直至不进浆随即关闭管阀，结束注浆。当地下水流的速度为 130～360 m/h 时宜采用水泥-水玻璃双液注浆。这种浆液可注性好，结石致密，透水性低，而且能够通过调整水玻璃浓度来控制凝胶时间。

根据壁后注浆工程实践，注浆初压应比静水压力大 0.25～0.35 MPa，终压可为静水压力的 2～2.5 倍，以不损坏井壁和不超出 2.2～3.0 MPa 为宜。当采用水泥-水玻璃双液注浆时，初压要比静水压力高 0.5～1.0 MPa，终压比静水压力高 1.0～1.5 MPa，但不应超过 2.0～3.0 MPa。注浆孔的静水压力，可通过关闭孔口装置上的进浆、卸浆阀门，打开注浆管阀，经 20～30 min 稳定后，即可从压力表读得。

为了保证注浆作业顺利施工，防止堵管、跑浆事故，注浆时应注意以下几点：

(1)当井上注浆泵压力突然增加，而井下注浆管口压力表却无明显升高，说明注浆管路堵塞，应立即处理，使其畅通。

(2)注浆初期，若孔口压力表突然增大，这并非注浆已达终压，而是注浆孔堵塞，此时应立即停注,待浆液初凝后,重新扩孔至原深,再继续注浆。

(3) 注浆中发生注浆压力突然下降,吸浆量猛增,这表明可能某处井壁开裂跑浆,或沿着某一大裂隙或溶洞漏泄至远处,这时应立即检查,并作堵缝处理,或采取调整浆液浓度、缩短凝胶期、降低注浆压力等办法,视具体情况予以解决。

(4) 若注浆泵表压骤然下降为零,井下钻孔表压也小于液柱静压,则表明注浆泵排浆阀发生故障,应立即修理。

待整段注浆工作结束后,往往还需自上而下进行复注,进一步填塞隙缝,以补遗漏。经检查,注浆区段无漏水,已达预期效果,即可卸下阀门,孔口加上压盖,并用水泥-水玻璃胶泥密封。

二、导水与截水

在井筒施工时,为了防止井筒淋水将灰浆冲洗流失,保证混凝土井壁施工质量和减少掘进工作面淋水,根据岩层涌水情况和砌壁工序不同,对淋水进行导或截的方法处理。

1. 导水

在立模和浇灌混凝土前,或在有集中涌水的岩层,可预先埋设导管,将涌水集中导出(图6-36)。导管的数量以能满足放水为原则,导管一端埋入砾石堆,既便于固定,也利于滤水,防止壁后泥砂流失。导管的另一端伸出井壁,以便砌壁结束后注浆封水。导管伸出端的长度不应超过50 mm,以免影响吊盘起落和以后井筒永久提升。管口需带丝扣,以便安装注浆阀门。此方法仅适用于涌水量较小的条件。

当涌水量较大(20 m³/h左右)时,可采用双层模板(图6-37),外模板与井壁含水层之间用砾石充填,阻挡岩层涌水。底部埋设导水管,并迫使全部淋水由导水管流出,而后向砾石内和围岩裂隙进行壁后注浆。

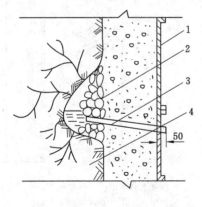

1—模板;2—砾石层;
3—导水管;4—含水层。

图6-36 导管泄水

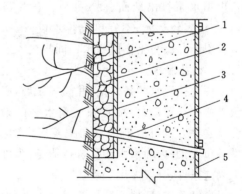

1—含水层;2—砾石层;3—外模板;
4—导水管;5—内模板。

图6-37 外模板挡水

2. 挡水板截水

模板立好后,在浇灌混凝土前,可用挡水板挡住砌壁工作面上方的淋水(图6-38)。挡水板可用木质或金属材料或塑料板制作。挡水板一端固定在井壁上,另一端用铁丝或挂钩与临时支护相连。有时可用吊盘折页挡水(图6-39),折页一端搭在井圈上,并铺上塑料布或帆布,挡住上方淋水。这种方法只有在井底停止作业时才宜采用。

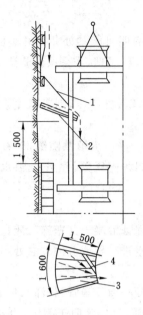

1—铁丝;2—挡水板;3—木板;4—导水木条。

图 6-38　挡水板截水

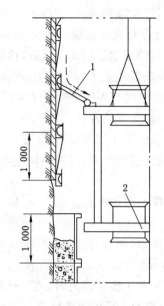

1—折页;2—吊盘。

图 6-39　吊盘折页挡水

3. 截水

对于永久井壁的淋水,应采用壁后注浆封水。如淋水不大,可在渗水区段下方砌筑永久截水槽,截住上方的淋水,然后用导水管将水引入水桶(或腰泵房),再用水泵排出地面(图6-40)。若井帮淋水不大,且距地表较远时,不宜单设排水设备,将截水用导水管引至井底与工作面积水一同排出。

三、钻孔泄水

采用钻孔泄水的条件是,井筒施工前,必须有巷道预先通往井筒底部,而且井底新水平已构成排水系统。这种方式可取消吊泵和腰泵房,简化井内凿井设备布置,井内涌水由钻孔自行泄走,为井筒顺利施工创造条件,一般多用于改建矿井。

提高钻孔质量,保证钻孔的垂直度,使偏斜值控制在井筒轮廓线内,是钻孔泄水的关键。因此,在钻进中,应经常进行测斜。发现偏斜,及时查明原因,迅速纠偏。如导向管安装不正,钻机主轴不垂直,钻杆弯曲,钻压过大,或钻机基础不稳,管理不善等都能造成钻孔偏斜。

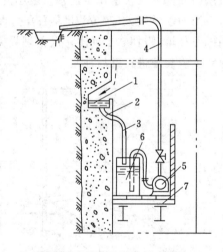

1—混凝土截水槽;2—导水钢管;3—胶皮管;4—排水管;5—小卧泵;6—储水小桶;7—固定盘。

图 6-40　截水槽截水

保护钻孔,防止井筒掘进矸石堵塞泄水孔是钻孔泄水的另一技术关键。泄水孔钻完后,为了防止塌孔,孔内需要安设筛孔套管,保护泄水孔。随着掘进工作面的推进,逐段将套管割除,为了防止爆破矸石掉入泄水孔,将泄水孔堵塞,爆破前可用木塞将孔口塞牢,确保泄水孔畅通。

四、井筒排水

目前,我国很多立井虽然已实现注浆堵水打干井,但工作面仍有少量积水或者较小量的涌水,作为一种辅助和备用措施,井筒掘进工作面仍需要布置排水设备。根据井筒涌水量大小的不同,工作面积水的排出方法可采用吊桶排水、吊泵排水或卧泵排水。

吊桶排水是用风动潜水泵将水排入吊桶或装满矸石吊桶的空隙内,用提升设备提到地面排出。吊桶排水能力与吊桶容积和每小时提升次数有关。井筒工作面涌水量不超过 8 m³/h 时,采用吊桶排水较为合适。

吊泵排水是利用悬吊在井筒内的吊泵将工作面积水直接排到地面或排到中间泵房内。利用吊泵排水,井筒工作面涌水量以不超过 40 m³/h 为宜。否则,井筒内就需要设多台吊泵同时工作,占据井筒较大的空间,对井筒施工十分不利。目前,我国生产的吊泵有 NBD 型吊泵和高扬程 80DGL 型吊泵,其最大扬程可达 750 m,其主要技术特征见表 6-19。

表 6-19　立井排水吊泵的类型及技术特征

型　号	流量/(m³/h)	扬程/m	吸程/m	效率/%	转速/(r/min)	电机容量/kW	吸水口径/mm	吐水口径/mm	外形尺寸(长×宽×高)/mm	质量/kg
NBD-30/250	30	250	5.0		1 450	45	100	100	990×950×7 250	3 020
NBD-50/250	50	250	5.0		1 450	75	100	100	1 020×950×6 940	3 250
NBD-50/500	50	500	40		2 950	150	100	100	1 010×868×6 695	2 500
80DGL50×10	33 / 60	564 / 464	7.2 / 6.4	59 / 65	2 950	150	100	80	1 305×1 180×5 503	2 400
80DGL50×15	33 / 60	846 / 696	7.2 / 6.4	59 / 65	2 950	250	100	80	1 305×1 180×5 903	4 000
80DGL75×10	38.1 / 60.2	820 / 729	8.4 / 6.7	56 / 62	2 950	250	100	80		

当立井施工采用吊泵排水时,尽量采用高扬程吊泵实现一段排水或与风动潜水泵或隔膜泵联合排水方式。避免采用腰泵房或 2 台吊泵串联排水方式,以减少临时工程量,简化施工设备及操作,以利井筒快速施工。

吊泵排水时,还可以与风动潜水泵或隔膜泵进行接力排水,也就是用潜水泵或隔膜泵将水从工作面排到吊盘上转水箱内,然后用吊泵再将水箱内的水排到地面。此时,吊泵处在吊盘之上方,不影响中心回转式抓岩机和环行轨道式抓岩机抓岩,见图 6-41。常用的潜水泵或隔膜泵的技术特征见表 6-20。

当井筒深度超过水泵扬程时,就需要设中间泵房(腰泵房)进行多段排水。用吊泵将工作面积水排到中间泵房(腰泵房),再用中间泵房(腰泵房)的卧泵排到地面,见图 6-42。当附近的两个井筒同时施工时,可考虑共用一个泵房,以减少临时工程量及其费用。

卧泵排水是在吊盘上设置水箱和卧泵,工作面涌水用风动潜水泵排入吊盘水箱,经过除沙装置后,由卧泵排到地面。卧泵排水的优点是不占用井筒空间,卧泵故障率低,易于维护,可靠性好,流量大,扬程大,适应性更广。

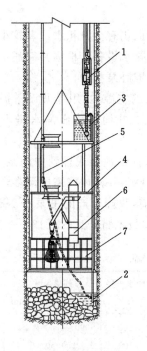
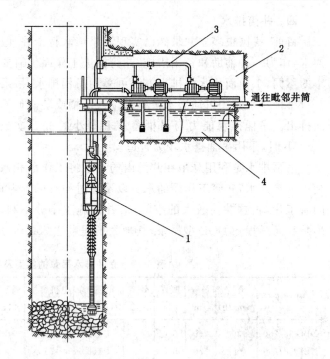

通往毗邻井筒

1—吊泵;2—潜水泵;3—转水箱;4—吊盘;

5—压风管;6—抓岩机;7—模板。

图 6-41　吊泵与潜水泵接力排水

1—吊泵;2—腰泵房;3—卧泵;4—水仓。

图 6-42　吊泵与腰泵房接力排水

表 6-20　立井排水潜水泵和隔膜泵的类型及技术特征

种类	型号	流量/(m³/h)	扬程/m	转速/(r/min)	使用风压/MPa	耗风量/(m³/min)	进气管径/mm	排气管径/mm	排水管径/mm	质量/kg
风动潜水泵	F-15-10	15	10	5 500	>0.4	2.5	16		40	15
	1-17-70	17	70	4 500~25 000	>0.5	4~4.5	25	50	40	25
气动隔膜泵	QOB-15N	15	58		0.6	2.04	19	12.5	12.5	31

　　在实践中,为了彻底解决涌水对立井施工带来的影响,改善掘、砌工作面的作业条件,有时采用单一的方式难以将水彻底治理,往往采用注浆堵水、截水、吊泵排水与壁后注浆等方法相互配合使用,采用综合治水方法,才能获得良好的效果。

第六节　井筒施工辅助工作

一、通风工作

　　在立井井筒施工时,必须不断地进行人工通风,以清洗和冲淡岩石中和爆破时产生的有害气体,经常保持工作面的空气新鲜。

　　立井的掘进通风是由地面通风机和设于井内的风筒完成。由于井壁常有淋帮水(流淌),空气沿井壁四周向下流动,并在井筒中央上升,这对采用压入式通风十分有利。当采用压入式通风时,井筒中污浊空气排出缓慢,一般用于井深小于 400 m 的井筒。抽出式通风方式使污浊空气经风筒排出,井内空气清晰,激光光点清楚,爆破后,经短暂间隔,人员即可返回工作面。因此,对于深井,常采用抽出为主、辅以压入的混合式通风,以增大通风系统的风压,使风流不因自然风流的影响而造成反向。

风机常用 BKJ 系列轴流式局部通风机,也有采用离心式通风机。由于爆破后排烟所需要的风量比平时大,常常采用 2 台能力不同的风机并联,其中能力大的 1 台供爆破后抽出式通风用,另 1 台作为平时通风用。

风筒的直径一般为 0.5～1 m。井筒的深度和直径愈大,选用的风筒直径也愈大。常用的风筒有铁风筒、玻璃钢风筒和胶皮风筒。铁风筒和玻璃钢风筒用于抽出式通风,而压入式通风可用胶皮风筒,它可以减轻悬吊质量,也便于挂设。目前普遍采用玻璃钢风筒,其质量轻、通风阻力小,适用于深井施工。布置时,风筒末端距工作面的垂距不宜大于 $(3\sim4)\sqrt{S}$ m(S 为井筒的掘进断面积,m^2)。风筒一般采用钢丝绳双绳悬吊,地面设置凿井绞车悬挂,也可直接固定在井壁上。

在通风方式确定后,通过计算出工作面所需的风量以及风机所需的风压,就可以进行通风设备的选择,并结合井内条件进行布置。

二、压风、供水工作

立井井筒施工中,工作面打眼、装岩和喷射混凝土作业所需要的压风和供水等动力是通过并列吊挂在井内的压风管(一般为 $\phi150$ mm 左右钢管)和供水管(一般 $\phi50$ mm 左右钢管),由地面送至吊盘上方,然后经三通、高压软管、分风(水)器和胶皮软管将风、水引入各风动机具。井内压风管和供水管可采用钢丝绳双绳悬吊,地面设置凿井绞车悬挂,随着井筒的下掘不断下放;也可直接固定在井壁上,随着井筒的下掘而不断向下延伸。工作面的软管与分风(水)器均采用钢丝绳悬吊在吊盘上,爆破时提至安全高度。

三、照明

井筒施工中,良好的照明能提高施工质量与效率,减少事故。在井口及井内、凡是有人操作的工作面和各盘台,均应设置足够的防爆、防水灯具。在掘进工作面上方 10 m 左右处吊挂伞形罩组合灯或防溅式探照灯,并保证有 $20\sim30$ W/m^2 的容量,对安装工作面应有 $40\sim60$ W/m^2 的容量,井内各盘和腰泵房应有不少于 $10\sim15$ W/m^2 的容量,而井口的照明容量不少于 5 W/m^2。此外,抓岩机和吊泵上亦应设置灯具,砌壁后的井筒每隔 $20\sim30$ m 设置一盏照明灯,以便随时查看井内设施。在装药连线时,需切断井下一切电源,用矿灯照明。

四、通信及信号

立井井筒施工时,必须建立以井口为中心的全井筒通信和信号系统。通信应保证井上下与调度指挥之间的联系。信号装置设于井下掘进工作面、吊盘及腰泵房与井口房之间,建立各自独立的信号联系。同时,井口信号房又可向卸矸台、提升机房及凿井绞车房发送信号。信号分机械式和电气信号 2 种。机械式信号是井下通过细钢丝绳拉动井口打击杆发出锤击信号。这种信号简单可靠,但笨重费力,只作井下发生突然停电等事故时的辅助紧急信号,或用于深度小于 200 m 的浅井中。目前使用最普遍的是声、光兼备的电气信号系统,如KJ-8-1 型井筒信号机、KLZ 系列矿用隔爆型电铃。KJTX-SX-1 型煤矿井筒通信信号装置,由 KT-X-1 型煤矿井筒提升机信号机、KT-T-1 型煤矿井筒通信机,KJ-X-1 型煤矿井筒信号机、KDD-1 型矿用电话机组成一套完整的安全火花型通信信号控制台,专门用于井筒施工联系和提升指挥系统。通信信号传送距离大于 1 000 m,井下噪声 120 dB 时,通话清晰度达到 90％以上,声光显示,并备有记数和寄存装置,全套装置是目前井筒施工机械化最佳的配套设施。有条件者宜增加电视监控系统。

五、测量

井筒的掘进、砌壁或安装应认真做好测量工作,保证井筒达到设计要求的规格质量。井筒中心线是控制井筒掘、砌质量的关键,除应设垂球测量外,平时一般采用激光指向仪投点,即根据井筒的十字线标桩,把井筒中心移设到固定盘(封口盘以下 4~8 m 处)上方 1 m 处的激光仪架上,并依此中心点安设激光仪。为使已校正好的中心点准确可靠,激光仪架应用型钢独立固定于井壁,严防与井内其他设施相碰。当井筒很深,可采用千米激光指向仪或将仪器架移设到井筒深部适当位置。

边线(包括中心线)可用垂球挂线,垂球质量不得小于 30 kg(井深大于 200 m),悬挂钢丝或铁丝应有 2 倍安全系数。边线一般设 6~8 根,固定点设在井盖上,也可固定在井壁中预埋木楔或预留梁窝木盒上。当井筒超过 500 m 时,为防止垂球摆动大,可用经纬仪将固定点投设在井筒中间的临时固定盘上。

六、安全梯

当井筒停电或发生突然冒水等其他意外事故时,工人可借助安全梯迅速撤离工作面。安全梯用角钢制作,分若干节接装而成,见图 6-43。安全梯的高度应使井底全部工人在紧急状态下都能登上梯子,然后被提至地面。为安全起见,梯子需设护圈。安全梯必须采用专用凿井绞车悬吊。

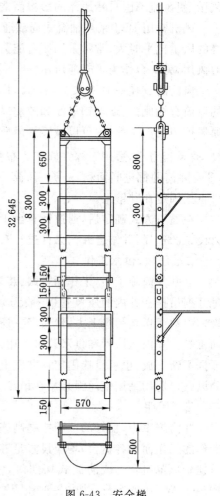

图 6-43 安全梯

第七节 立井井筒的安装

立井井筒安装包括罐道梁、罐道、管路、电缆和梯子间等井内装备的安设。这一工作一般都是在井筒掘砌工作全部结束后进行。对有主、副井的多井筒矿井,常在两井筒贯通后,互相交替进行,即 1 个井筒用临时提升设备担负巷道施工的提升工作,另 1 个井筒进行安装,然后再交换。也有个别矿井在井筒掘砌的同时进行永久安装,称为一次成井。

根据井筒装备的安装顺序不同,井筒安装可分一次安装和分次安装 2 种方式。其安装方向也分由上向下和由下向上 2 类。

为适应施工需要,在井筒安装前,须对井内及地面原有某些掘砌设施拆除或改装。对井内掘砌施工时使用的管路,提至井口逐节拆除。各种电缆拆下后放到井底,缠绕后一次提出井内。井内各盘由上向下逐层拆除,最下一层放到井下拆除。天轮平台也应根据井筒安装时提升与悬吊的布置要求,调正天轮位置。

井筒装备的全部构件应提前加工好,并进行除锈和防腐处理。在安装前,要在地面试装,并编上顺序号码,分类堆放在井口附近,以加快井内安装速度。

一、井筒装备的分次安装方法

井筒装备的分次安装作业方式如图 6-44 所示,其方法是先在吊盘上,从井口向下安装全部罐道梁或托架、梯子梁、平台、梯子和管路电缆卡子等。再由下向上在吊架(吊笼)上安装罐道。最后由井底向上安装管路。

(一)罐道梁或托架的安装

一般将井筒掘进用的双层吊盘略加改装制作成安装罐道梁的吊盘,其下层盘用于开凿梁窝或钻锚杆眼,上层盘安设罐道梁或托架,因此,吊盘的层间距与罐道梁的层距应一致。人员上下及材料的下放,由单设的一套提升设备完成。

托架安装时,可采用锚杆眼位导向模具确定眼位与方向,如图 6-45 所示。模具由工字钢连接成一框架,并按设计的托架眼位,安设导向管(定位器),导向管与框架间用螺丝连接,便于调距。整个模具上用手动葫芦悬吊在上下层盘之间。定位后,用丝杆固定于井壁,然后向井壁打锚杆眼。

在安装罐道梁或托架的同时,将梯子间的铺板和梯子,以及电缆卡子一起安装好。

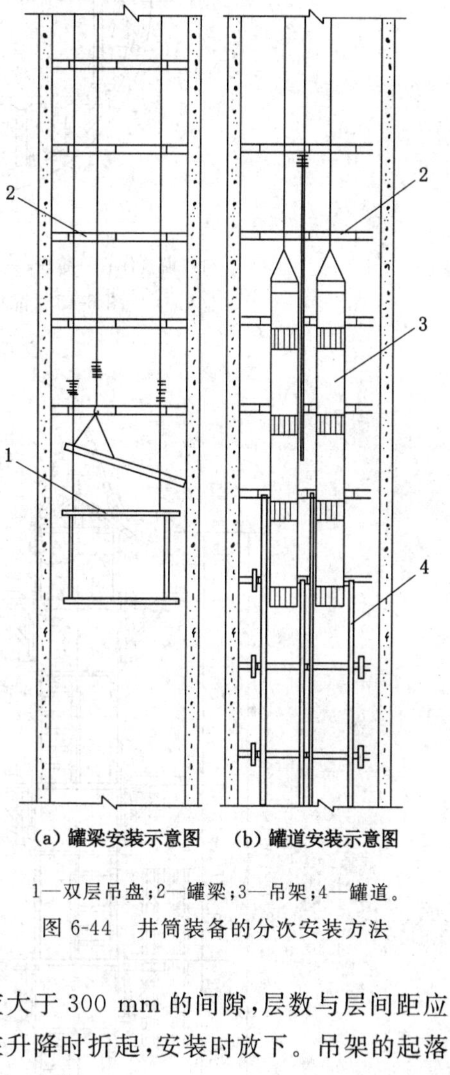

(二)罐道的安装

罐道安装是站在吊架上进行的,见图 6-46 (a)。多层钢结构吊架的断面规格是根据罐道

(a)罐梁安装示意图　(b)罐道安装示意图

1—双层吊盘;2—罐梁;3—吊架;4—罐道。

图 6-44　井筒装备的分次安装方法

梁间的水平距离来确定,吊架突出边缘与梁之间应大于 300 mm 的间隙,层数与层间距应与罐梁层间距配套,各层间有爬梯相通。吊架托板在升降时折起,安装时放下。吊架的起落和材料运送由提升机完成,用稳绳导向,其布置见图 6-46(b)。

对于图 6-46(b)的"山"字形布置方式,安装时,可先安中间并列的 2 列罐道(双侧),再安两边单侧罐道,最后用罐道水平间距尺检查。

(三)管路及电缆安装

安装管线是在吊架或永久罐笼上、由下向上进行。为便于工作人员接近管线安装位置,常在吊架或罐道上增设活动折板或活动踏板,安装时伸展,工作完毕后收折。

安装前,应按管子梁的实际层间距,安排管路法兰盘的连接位置(避开管子梁的位置),并标出各管路的安装顺序。管路的提升钢丝绳应布置在靠近管路的安装位置。

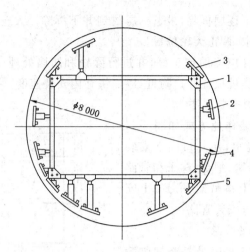

1—模具体;2—螺丝;3—定位器;4—导向管;5—井壁位置。

图 6-45　锚杆眼位导向模具平面图

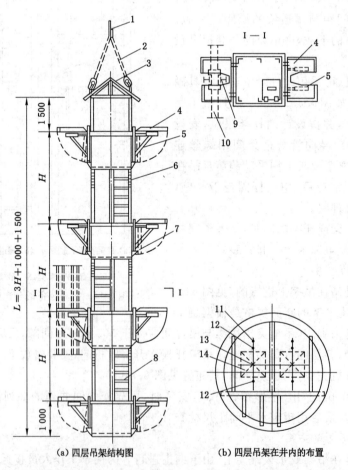

(a) 四层吊架结构图　　　　(b) 四层吊架在井内的布置

1—提升钢丝绳;2—连接钢丝绳;3—安全罩;4—托板(工作状态);5—托板支架;6—吊架接头;7—托板(吊架升降时的位置);
8—梯子;9—罐道位置;10—罐道梁位置;11—运送罐道钢丝绳;12—吊架稳绳;13—提升钢丝绳;14—吊架。

图 6-46　四层吊架结构及在井筒内的布置

电缆由专用手摇绞车下放,并由专人乘提升容器或沿梯子间护送至预定点后,再由下向上卡固在电缆架上。

井筒装备分次安装的作业方式,每次安装内容单一,工作组织简单,也比较安全,能适应各种罐道梁层格布置形式。但它要分3次进行,每次需改装安装设施,工序重复,施工时间长。近年,随着井筒深度的加大、井筒装备布置的改进,以及树脂锚杆固定井筒装备的推广,已普遍开始采用一次安装的作业方式。

二、井筒装备的一次安装方法

井筒装备的一次安装方法如图 6-47 所示。该方式是从井底向上利用多层吊盘一次将罐梁、罐道、梯子间和管路电缆等全部安装完,即在吊盘上层盘上挖梁窝或打锚杆眼,在下层盘上安装罐梁和管路等,在吊架上安装罐道。这种方式具有工时利用率高、施工速度快和有利于提高工程质量等优点;但是施工组织管理工作复杂,需要的施工设备较多。这种安装方法关键是根据井内装备的布置,选择合理的工作盘(架),保证全部井筒装备自下而上一次安好。它避免了工作盘的上下多次起落,减少了辅助作业时间。

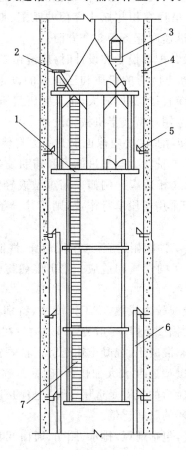

1—多层吊盘;2—钻锚杆眼;3—吊笼;4—安装锚杆;5—安装托架(和罐梁);6—罐道;7—梯子。

图 6-47　井筒装备的一次安装方法

第八节　立井施工机械化配套

立井施工机械化配套,就是根据立井工程条件、施工队伍素质和技术装备情况对凿井各主要工序用的施工设备进行优化,使之能力匹配,前后衔接组成一条工艺系统完整的机械化作业线,并与各辅助工序设备相互协调,充分发挥各种施工机械的效能,快速、高效、优质、低耗、安全地共同完成作业循环。

一、立井施工机械化配套的原则

立井施工机械化配套,其配套方案设计要综合考虑各设备之间能力的匹配、设备与作业方式的协调、设备与组织适应、设备及工艺的适应等多环节的一致,以便充分发挥其效能。在进行设备配套设计时,通常应重点解决2个方面的问题,一是作业线设备能力的匹配,二是辅助作业设备配套;同时还应该解决好凿井设备与凿井方式及工艺的配套。

对于机械化作业线设备能力的匹配,主要内容包括提升能力与装岩能力的匹配、一次爆破岩石量与装岩能力的匹配、吊桶容积与抓斗容积的匹配、地面排矸能力与提升能力的匹配,以及井筒的支护能力与掘进速度配备等5个方面。

立井施工机械化作业线及其配套设备在设计时,应遵循以下原则:

(1) 应根据工程的条件、施工队伍的素质和已具有的设备条件等因素,进行综合考虑,最后选定配套类型。例如,井筒直径、深度较大,施工队伍素质较好,应尽量选择重型或轻型机械化配套设备,否则应考虑选用轻型或半机械化设备。

(2) 各设备之间的能力要匹配,主要应保证提升能力与装岩能力、一次爆破矸石量与装岩能力、地面排矸与提升能力、支护能力与掘进能力和辅助设备与掘砌能力的匹配。

(3) 配套方式应与作业方式相适应。例如采用重型或轻型机械化作业线时,一般采用短段单行作业或混合作业。若采用长段单行作业,则凿井设备升降、拆装频繁,设备能力受到很大的影响。

(4) 配套方式应与设备技术性能相适应,选用寿命长、性能可靠的设备。

(5) 配套方式应与施工队伍的素质相适应。培训能熟练使用和维护机械设备的队伍,保证作业线正常运行。

立井井筒支护机械化作业线较为成熟,施工速度快,特别是采用锚喷支护技术后,井筒支护占整个循环时间的比例大幅度下降,一般为15%左右;在现浇混凝土的井筒中,由于采用了液压金属活动模板、大流态混凝土、混凝土输送管下料等新技术,立模、拆模、下料、浇注混凝土等工序实现了机械化,砌壁速度大大加快,使砌壁占整个循环时间的比例在20%左右。因此,提高井筒支护工作能力的关键是选用一套完整的机械化程度高的筑壁作业线,加快其速度,降低其占用施工循环的时间比例。

对于辅助作业设备的配套,包括通风、排水、照明、通信、测量及安全梯等,它们是立井正常施工的保证,因此,必须按照机械化作业线主要设备的要求,正确地选择。

对于凿井设备与凿井方式及工艺的配套,主要应考虑新型凿井设备的出现所引起的凿井工艺甚至凿井方式的改变。在20世纪50—70年代,我国基本上采用半机械化凿井设备施工,因此当时在凿井方式及工艺上,力求在掘进与砌壁的时间关系上,以及掘进、砌壁、作业的时间上寻找潜力以提高速度,因而广泛采用掘、砌平行作业方式。到70年代,我国凿井用的普通、综合机械化设备开始应用时,由于作业方式与施工工艺不相适应,因此效率较低。如采用长段单行作业,掘砌工作的转换时间长,大型设备的利用率较低;加之中深孔爆破技术未能解决,一次爆破的岩石量很小,大型抓岩机又不能充分发挥作用;凿井提升机能力小而与抓岩机的能力不匹配;伞型钻架不能下井;工作面活动模板虽然得到了应用,但是伞钻凿边眼困难,模板高度过低,且拆装困难;井筒施工时涌水量过大影响效率等。

因此,立井施工机械化配套方案选择应保证设备与工艺的配套,并且还要在使用过程中不断地从作业方式和施工工艺方面改进,才能充分发挥作业线的效能。

二、常用立井施工机械化配套方案

目前,我国立井井筒施工已基本实现机械化,立井井筒施工机械化作业线的配套主要根据设备条件、井筒条件和综合经济效益考虑,主要有综合设备机械化作业线和普通设备机械化作业线等。

（一）综合设备机械化作业线

综合设备机械化作业线及其配套设备见表 6-21,这种配套方式设备能力相互匹配,工艺也较合理,可以满足大型井筒快速施工的要求。

表 6-21　综合设备机械化作业线及其配套设备

序号	设备名称		型号	单位	数量	主要技术特征
1	凿岩钻架		FJD-9	台	1	动臂 9 个,推进行程 4 m,收拢直径 1.6 m,高 5 m,质量 8.5 t
2	抓岩机		2HH-6	台	1	抓斗 2 个,斗容 2×0.6 m³,生产能力 80～100 m³/h,质量 13～15 t
			HZ-6	台	2	
3	提升机	主提	2JKZ3/15.5	台	1	最大静张力 17 t,最大静张力差 14 t,绳速 5.88 m/s
		副提	JKZ2.8/15.5	台	1	钢丝绳最大静张力 15 t,绳速 5.48 m/s
4	吊桶	主提	矸石吊桶	个	2	吊桶容积 5 m³,桶径 1.85 m,质量 2 t
		副提	矸石吊桶	个	1	吊桶容积 3 m³,桶径 1.65 m,质量 1.05 t
5	凿井井架		V	座	1	天轮平台尺寸 7.5 m×7.5 m,高度 26.364 m,卸矸台高度 10.3 m
6	凿井绞车		JZM40/1000	台	2	钢丝绳静拉力 40 t,容绳量 1 000 m
			JZM25/800	台	2	钢丝绳静拉力 25 t,容绳量 800 m
			JZA-5/1000	台	1	钢丝绳静拉力 5 t,容绳量 1 000 m
			JZ 系列	台	12～14	钢丝绳静拉力 10 t、16 t,容绳量 800 m
7	活动模板		YJM 系列	个	1	直径 7.5～8.0 m,高度 3.5 m
8	吊泵		80DGL 系列	台	2	扬程 750 m,流量 50 m³/h,质量 4 t
9	通风		4-58-11No.11.25D	台	1	最高转速 1 370 r/min,风压 3 650 Pa,风量 12 m³/s
			BKJ56No.6	台	1	最高转速 2 900 r/min,风压 1 600 Pa,风量 4.17 m³/s
10	通信、信号		KJTX-SX-1	台	1	传送距离大于 1 000 m
11	照明设备		Ddc250/127	台	2	每台容量 250 W,光通量 20 500 lm,距工作面 16 m
12	测量		DJZ-1	台	1	指向精度 12″

综合设备机械化作业线及其设备配套方案适应于井筒直径 5～10 m、井筒深度 1 000 m

的凿井工程。方案中多数配套设备都可满足千米井筒的施工条件,部分可满足井筒深度1 200 m的施工条件,设备能力、施工技术及辅助作业等相互都很协调,配套性能较好,装备水平与国际水平接近,在今后的深井工程中很有发展和使用前景。

（二）普通设备机械化作业线

普通设备机械化作业线配套主要是由6臂伞钻和中心回转抓岩机组成,见表6-22。这种方案应用最广,并且取得了良好的经济技术效益,该方案机械化程度高,设备轻巧、灵活方便,主要适应于井筒直径5～6.5 m、井筒深度500～600 m的井筒施工。

表6-22　普通设备机械化作业线及其配套设备

序号	设备名称		型号	单位	数量	主要技术特征
1	凿岩钻架		FJD-6	台	1	动臂6个,推进行程3 m,质量5 t,高4.5 m
2	抓岩机		HZ-4	台	1	斗容0.4 m³,生产能力30 m³/h,质量8 t,适用直径5 m
3	提升机	主提	2JZK3/15.5	台	1	最大静张力17 t,最大静张力差14 t,绳速5.88 m/s
		副提	JZK2.5/11.5	台	1	最大静张力9 t,绳速8.2 m/s
4	吊桶	主提	矸石吊桶	个	2	吊桶容积3 m³,桶径1.65 m,质量1.05 t
		副提	矸石吊桶	个	2	吊桶容积2 m³,桶径1.45 m,质量0.7 t
5	凿井井架		新Ⅳ	座	1	天轮平台尺寸7.0 m×7.0 m,高度25.870 m,卸矸台高度10.8 m
6	凿井绞车		JZM25/800	台	2	钢丝绳静拉力25 t,容绳量800 m
			JZA-5/1000	台	1	钢丝绳静拉力5 t,容绳量1 000 m,多种动力
			JZ系列	台	12～14	钢丝绳静拉力10 t,16 t,容绳量800 m
7	活动模板		YJM系列	个	1	直径5.5～6.5 m,高度3～4 m
8	吊泵		80DGL系列	台	2	扬程750 m,流量50 m³/h,质量4 t
9	通风		4-58-11No.11.25D	台	1	最高转速1 370 r/min,风压3 650 Pa,风量12 m³/s
			2BKJ56No.6	台	1	最高转速2 900 r/min,风压2 400 Pa,风量4.11 m³/s
10	通信、信号		KJTX-SX-1	台	1	传送距离大于1 000 m
11	照明		Ddc250/127	台	1	每台容量250 W,光通量20 500 lm,距工作面16 m
12	测量		DJZ-1	台	1	指向精度12″

（三）半机械化作业线

半机械化作业线是以手持式凿岩机、人力操纵的抓岩机为主要设备组成的作业线。它的特点是设备轻小,生产能力低,靠人力操纵,机械化程度低,劳动强度大,多用于井筒直径较小的浅井,但从施工速度方面看仍有潜力。最近几年,在一些大直径深井工程中,选用斗容0.6 m³长绳悬吊抓岩机,配用多台手持式凿岩机、段高3～5 m液压金属整体活动模板,采用短段单行作业或混合作业,曾先后创造立井月进100 m以上的好成绩。

半机械化作业线主要特点是作业灵活,能实现多台凿岩机同时作业,充分发挥小型抓岩机的优点。半机械化作业线由于具有设备轻便,操作、维修水平要求不高,设备费用省,施工组织管理简单等优点,目前仍有立井工程采用。

第九节 施工方式与施工组织

一、井筒施工作业方式

（一）施工方式的种类

立井井筒根据掘进、砌壁和安装三大工序在时间和空间的不同安排方式,其施工方式可分为掘、砌单行作业,掘、砌平行作业,掘、砌混合作业和掘、砌、安一次成井。

1. 掘、砌单行作业

井筒施工时,将井筒划分为若干段高,自上而下逐段施工。在同一段高内,按照掘、砌先后顺序交替作业称为单行作业。由于掘进段高不同,单行作业又分为长段单行作业和短段单行作业。

井筒掘进段高根据井筒穿过岩层的性质、涌水量大小、临时支护形式和井筒施工速度确定。段高的大小直接关系到施工速度、井壁质量和施工安全。由于影响段高的因素很多,必须根据施工条件,全面分析、综合考虑、合理确定。

以前,井筒施工采用挂圈背板临时支护时,段高以 30～40 m 为宜,最大不应超过 60 m,支护时间不得超过 1 个月。加大段高,能减少掘、砌工序转换所消耗的工时,减少井壁接茬,增强井壁的整体性和封水性,有利于提高施工速度。但是岩帮暴露时间长,维护困难。又因井筒未封闭面积过大,出现大量淋帮水,影响作业速度。段高过大,临时支护材料用量大,复用率低,成本高。因此,采用井圈背板作临时支护时,段高受到多方面限制。对于井筒全深来说,不必强求一律,应视具体情况而定。目前,综合多方面的因素,采用挂圈背板作临时支护的方法在基岩施工中已逐渐淘汰。

井筒施工采用锚喷临时支护方法,由于井帮围岩得到及时封闭,消除了岩帮风化和出现危岩垮帮等现象,避免了井圈背板的一些弊病,宜采用较大段高。淮南潘集一号中央风井直径 8 m,锚喷临时支护段高为 196 m。在实际工程中,为了便于成本核算和施工管理,现场往往按月成井速度来确定段高,锚喷临时支护的结构应视岩性而区别对待。

长段单行作业是在规定的段高内,先自上而下掘进井筒,同时进行锚喷或挂圈背板临时支护,待掘进至设计的井段高度时,即由下而上砌筑永久井壁,直至完成全部井筒工程。而短段掘、砌单行作业则是在 2～4 m(应与模板高度一致)较小的段高内,掘进后,即进行永久支护,不用临时支护。为便于施工,爆破后,矸石暂不全部清除。砌壁时,立模、稳模和浇灌混凝土工作都在浮矸上进行,见图 6-48。

当井筒采用锚喷作为永久支护时,采用短段掘砌施工作业方式可实施短掘、短喷单行作业,这种作业用喷射混凝土代替现浇混凝土井壁,喷射段高一般为 2 m 左右。利用喷射混凝土进行井筒的永久支护,可以妥善地解决短段掘砌井壁接茬这个技术难题,且作业可不受井筒深度的限制,在地质条件多变的岩层中具有较高的灵活性。可随岩性的变换,及时调整炮眼深度,改变锚、喷的支护结构。当岩层构造复杂、破碎,且涌水很大时,亦可事先注浆封水,作加固处理,而后再行短掘、短喷作业,从而可安全顺利地通过困难地层。短掘、短喷施工作业无须临时支护,不但可节省器材,还可免除架设和拆卸临时支护、爆破后清扫临时井圈、修缮临时支护、下放模板、立模和稳模等烦杂的辅助工序,节省大量非生产工时,有利于高效快速施工,另外还可把岩帮的暴露时间控制到最低限度,使井帮及时得到维护,有利于井筒围岩的稳定,改善井内的安全状况。

2. 掘、砌平行作业

掘、砌平行作业也有长段平行作业和短段平行作业之分。长段平行作业是在工作面进行掘进作业和临时支护,而上段则由吊盘自下而上进行砌壁作业,见图 6-49。

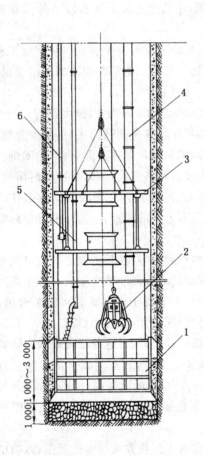

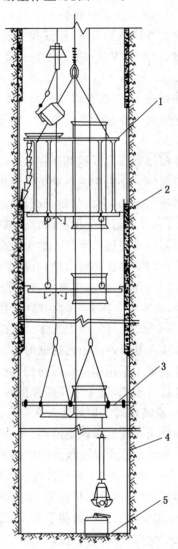

1—模板;2—抓岩机;3—吊盘;4—风筒;
5—混凝土输送管;6—压风管。

图 6-48 井筒短段掘砌单行作业示意图

1—砌壁吊盘;2—井壁;3—稳绳盘;
4—锚喷临时支护;5—掘进工作面。

图 6-49 井筒长段掘砌平行作业示意图

长段平行作业方式的实质,在于充分利用井筒的纵深,在井筒相邻的 2 个井段、井筒的不同深度处,使掘、砌两大作业能充分地平行完成,砌壁作业不再单独占用工时,从而可有效地加快井筒的成井速度。

这种作业方式与单行作业相比较,其最大的区别在于井筒施工装备复杂,设备用量多,除在井筒掘进工作面上方需设置稳绳盘以满足提升及保护作业安全外,尚需挂设 1 个移动的砌壁作业盘和必须分别设置 2 套独立服务于掘进与砌壁作业的提升系统和信号系统,以满足不同深度处 2 个作业面同时工作的需要。此外,由于 2 个井段的岩壁都必须用临时支护来维护,这样不但加大了临时支护的数量和使用时间,而且也增加了围岩暴露时间和范围,对井筒围岩的稳定程度产生不利的影响,井内的淋水也会增大,因此,这种长段掘、砌平行的作业方式必然会使施工的组织工作和安全作业复杂化。

日前,在井筒砌壁装备及技术已发展到一定水平的情况卜,立井施工的成井速度,无论是掘、砌单行作业还是掘、砌平行作业,主要取决于井底工作面的掘进速度,其中,尤其取决于井筒工作面的排矸能力。在采用长短掘、砌平行作业时,由于提升矸石的吊桶在通过稳绳盘和砌壁吊盘时必须减速,势必延长吊桶的一次提升运行时间,加之井筒断面的限制,难以在井底配置大容积吊桶和大斗容抓岩机,从而大大降低了排矸能力和限制了立井掘进速度的增长,也使得长段掘、砌平行作业的应用受到一定的限制。

短段掘、砌平行作业,掘、砌工作也是自上而下,并同时进行施工。掘进工作在掩护筒(或锚喷临时支护)保护下进行。砌壁是在多层吊盘上,自上而下逐段浇灌混凝土,每浇灌完一段井壁,即将砌壁托盘下放到下一水平,把模板打开,并稳放到已安好的砌壁托盘上,即可进行下一段的混凝土浇灌,见图 6-50。

这种施工作业方式可使掘进与砌壁吊盘合一,排矸吊桶过盘无须二次减速运行,完全克服了掘、砌平行作业对掘进提升能力的限制。在严格信号系统的管理和施工工序组织恰当的情况下,还可创造掘、砌工作面共用提升系统的条件,从而创造了在有限的井筒作业断面内装备大斗容抓岩机和大容积排矸吊桶的可能。如能采用管路输送混凝土,还可使砌壁作业对掘进提升的影响降到最低程度。

这种作业方式不受井筒深度和断面大小的制约,随着掘进速度的加快,砌壁与掘进作业的平行比重也会有所增长。这种施工工艺的不足之处在于,必须设置 1 个结构坚固的重型吊盘,以满足重型抓岩机的挂设和高空浇筑混凝土永久井壁的需要。

3. 掘、砌混合作业

井筒掘、砌工序在时间上有部分平行时称混合作业。它既不同于单行作业(掘、砌顺序完成),也不同于平行作业(掘、砌平行进行)。混合作业是随着凿井技术的发展而产生。这种作业方式区别于短段单行作业。对于短段单行作业,掘、砌工序顺序进行,而混合作业是在向模板浇灌混凝土达 1 m 高左右时,在继续浇注混凝土的同时,即可装岩出碴。待井壁浇注完成后,作业面上的掘进工作又转为单独进行,依此往复循环。见图 6-51。

掘、砌混合作业一般都需要采用较高的整体伸缩式活动模板(>3 m),这样才能在模板浇注混凝土到一定高度(约 1 m)后与掘进装岩实施平行作业。采用这种方式时,井内凿井装备全部集中在吊盘以下 15~20 m 井段范围之内,且掘、砌作业就在离工作面 3~5 m 范围内完成,有利于不同深度的井筒在各种围岩稳定条件下组织施工,因而这种作业方式具有较广泛的适应性。

掘、砌混合作业方式,在重型凿井机械化装备的利用、施工组织管理、施工安全作业以及成井的各项经济技术指标等方面,都优越于单行作业和平行作业,是一种具有较强适应性的、有推广前途的施工方式。它不但有利于提高凿井装备的利用率,能达到稳定的快速施工指标,而且从总体上能降低立井的施工成本,提高施工效率,改善立井的安全作业条件。这种作业方式目前已成为我国立井施工的主导作业方式。

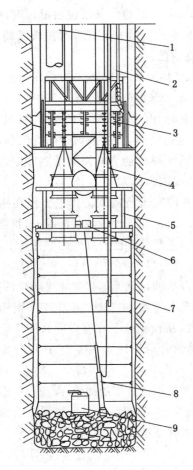

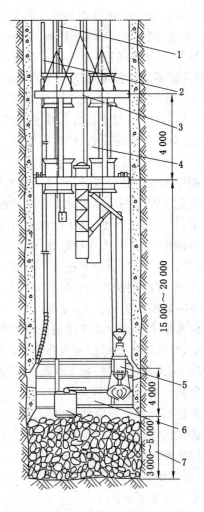

1—风筒;2—混凝土输送管;3—模板;4—压风管;5—吊盘;

6—气动绞车;7—金属掩护网;8—抓岩机;9—吊桶。

图6-50 井筒短段掘砌平行作业示意图

1—压风管;2—输料管;3—吊盘;4—风筒;

5—抓岩机;6—模板;7—吊桶。

图6-51 掘、砌混合作业示意图

4. 掘、砌、安一次成井

井筒永久装备的安装工作与掘、砌作业同时施工时,称为一次成井。根据掘、砌、安3项作业安排顺序的不同,又有3种不同形式的一次成井施工方案。

(1)掘、砌、安顺序作业一次成井　掘、砌、安顺序作业一次成井,是在一个大循环中掘、砌、安3项工序顺序作业。

(2)掘砌、掘安平行作业一次成井　掘砌、掘安平行作业一次成井是在2个段高内,下段掘进与上段砌壁、安装相平行,而砌壁和安装工序则按先后顺序进行,砌壁自下而上,安装自上而下,段高一般为30~40 m。

掘砌、掘安平行作业一次成井,可以使掘进和砌壁、安装工作量在时间上大致平衡,施工管理方便,掘进不停,井内总有2项工序同时施工,安全工作要求高,施工设备多,布置复杂,临时支护段高较大。

（3）掘、砌、安三行作业一次成井　为了充分利用井内有效空间和时间,在深井工程中可采用掘、砌、安三行作业一次成井施工方案。在掘进工作面采用短段掘、砌平行作业的同时,利用双层吊盘的上层盘进行井筒安装工作。每班安装 4 m,与掘、砌协调一致,只是在下放模板,浇灌 0.5～1.0 m 高混凝土时,装岩工作暂停 40 min 外,在整个循环时间内都是平行作业。这种施工作业方式组织复杂,多工序平行交叉作业,安全要求严格。

一次成井的 3 种作业方式中,以掘砌、掘安平行作业较为理想。它分别安排高空筑壁及井筒永久装备的安装与井筒工作面掘进平行完成。在保持工作面连续推进的同时,使掘进与砌壁和掘进与安装的作业量在时序上大致取得平衡,见图 6-52。这样既有利于施工的组织管理,也可使劳动力达到均衡,以便于加快成井速度、提高劳动工效和降低施工成本。这种作业方式与三大工序完全平行的方式相比,它易于保证施工作业面有较好的安全作业环境。

（二）施工方式的选择

立井施工方式的选择,不仅影响到井内、井上所需凿井设备的数量、劳动力的多少,而且在于能否最合理地利用立井井筒的有效作业空间和作业时间,充分发挥各种凿井设备的潜力,获得最优的效果。因此,在组织立井快速施工时,施工方案的选择具有特别重要的意义。

各种施工方式都是随着凿井技术不断发展而形成的,并且逐步完善。任何一种作业方式都受多方面因素影响,都有一定的使用范围和条件。选择施工方案时,应综合分析以下几方面因素:

（1）井筒穿过岩层性质,涌水量的大小;

（2）井筒直径和深度(主要指基岩部分的深度);

（3）可能采用的施工工艺及技术装备条件;

（4）施工队伍的操作技术水平和施工管理水平。

选择施工方式,首先要求技术先进,安全可行,有利于采用新型凿井装备,不仅能获得单月最高纪录,更重要的是能取得较高的平均成井速度,并应有明显的经济效益。

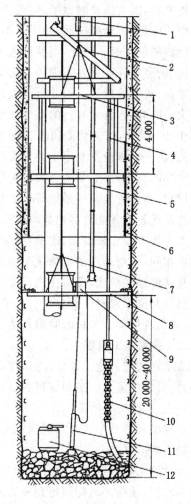

1—罐道;2—罐梁;3—吊盘;4—排水管;5—压风管;
6—模板;7—风筒;8—稳绳盘;9—气动绞车;
10—吊泵;11—抓岩机;12—吊桶。

图 6-52　掘砌、掘安一次成井作业示意图

在确定施工方式时,除了注意凿井工艺和机械化配套要与井筒直径、深度相适应外,要特别重视井筒涌水对施工的影响。如井筒淋水较大,多数达不到施工方式要求的预期效果。另外,为了充分发挥各种方案的优越性,必须提高施工队伍的操作技术水平和技术管理水平。如在凿井条件大致相同的情况下,由于施工队伍不同,其施工速度相差悬殊,某些凿井设备的配套能力与实际获得的施工速度也极不适应。因此,加强施工队伍的建设,提高维修

技术水平,改进施工管理方法是保证有效地实现各种施工方式的基本条件。

掘、砌单行作业的最大优点是工序单一,设备简单,管理方便,当井筒涌水量小于 30 m³/h 时任何工程地质条件均可使用。特别是当井筒深度小于 400 m 时,施工管理技术水平薄弱,凿井设备不足,无论井筒直径大小,应首先考虑采用掘砌单行作业。

其中短段掘、砌单行作业除上述优点外,它取消了临时支护,简化了施工工序,节省了临时支护材料,围岩能及时封闭,可改善作业条件,保证了施工操作安全。此外,它省略了长段单行作业中掘、砌转换时间,减去了集中排水、清理井底落灰,以及吊盘、管路反复起落、接拆所消耗的辅助工时。因此,当井筒施工采用单行作业时,应首先考虑采用这种施工方式。

掘、砌平行作业是在有限的井筒空间内,上下立体交叉同时进行掘、砌作业,空间、时间利用率高,成井速度快。但井上下人员多,安全工作要求高,施工管理较复杂,凿井设备布置难度大。因此,当井筒穿过的基岩深度大于 400 m,井筒净径大于 6 m,围岩稳定,井筒涌水量小于 20 m³/h,施工装备和施工技术力量较强时,可以采用平行作业。

掘、砌平行作业主要用于井筒直径较大的深井工程。为了充分发挥掘、砌平行作业,成井速度快的特点,还必须辅以大型机械化配套设备,提高机械化装备水平和生产能力;采用注浆堵水、凿井管线井内吊挂等先进技术,为平行作业创造更好的施工条件,这种作业方式的潜力及优越性才能更好地显示出来。

混合作业是在短段掘、砌单行作业的基础上发展而来的,某些施工特点都与短段单行作业基本相同,它所采用的机械化配套方案也大同小异,但是混合作业加大了模板高度,采用金属整体伸缩式模板,使得在进行混凝土浇注的时候可以进行部分出矸工作。实际施工中,装岩出矸与浇灌混凝土部分平行作业,2 个工序要配合好。只有这样才能实现混合作业的目的,达到利用部分支护时间进行装渣出矸,节约工时而提高成井速度。

二、井筒施工组织

为了加快立井施工速度,缩短建井工期,除采用新技术、新设备、新工艺和新方法等技术措施外,科学的施工组织和管理方法也是十分重要的因素。

(一)正规循环作业

正规循环作业是立井快速施工的一种科学管理方法,是取得立井快速、优质等各项凿井指标的重要因素之一。

立井施工循环图表应使各辅助工序尽可能与主要工序平行交叉进行,以充分利用作业空间和时间,使循环时间缩短到最低值。多年来各建井单位以装岩、钻眼(或永久支护)作为组织正规循环的主线,创造和积累了许多多工序平行交叉作业先进经验,例如:爆破通风与提升机调绳(指双钩提升)平行,清理吊盘与下放抓岩机、接长排水管路、接长或下放喷射混凝土管路平行;装岩与临时支护平行,井底工作面找平、立模与接长混凝土输送管平行,钻眼准备、接长和下放压风管与清底平行,钻凿周边眼与清底平行(用手持式凿岩机时),钻眼与扫眼平行,钻眼与抓岩准备平行,以及钩头、钢丝绳、天轮、悬吊设备、管线等日常检修,在不影响正常工作的情况下,见缝插针地进行等。要实现多工序平行交叉作业,各工序之间要互相协作,紧密配合,互创条件,充分发挥施工人员的积极性和责任感,保证在规定的时间内保质保量完成每项工序所规定的任务。

在编制循环图表时,应首先了解井筒技术特征,包括井筒穿过岩层的地质和水文地质条件、井筒施工工艺和施工装备,以及工人的技术水平和施工习惯等。这样可使图表中制定的各项指标具有切实可行的基础。编制图表的方法可按下列具体步骤进行：

(1) 根据计划要求和具体情况,拟定月进度 L。

(2) 根据选用的施工方案,确定每月用于掘进的天数 N(采用平行作业或短段单行作业时,每月掘进天数为 30 d);采用长段单行作业时,按比例确定掘进与砌壁的天数,掘进工时一般占掘、砌总工时的 $60\%\sim70\%$,当采用混凝土作永久支护时,可取 70%,即月掘进天数为 21 d。

(3) 根据钻眼爆破技术水平,综合选择日循环数 n 和炮眼深度 l,其值可按式(6-27)计算。

(4) 根据施工队伍的操作技术熟练程度、施工管理及凿井装备的机械化水平等具体条件,进一步确定各工序的时间。

(5) 确定循环总时间 T。

$$T = t_1 + t_2 + t_3 = \frac{N_1 l}{K_1 V} + \frac{S l \eta}{K_2 P} + t_3 \leqslant \frac{24}{n} \qquad (6\text{-}27)$$

式中　t_1——钻眼时间,h;

　　　t_2——装岩时间,h;

　　　t_3——辅助作业时间,约占掘进循环时间的 $15\%\sim20\%$,h;

　　　N_1——炮眼数目,个;

　　　K_1——同时工作的凿岩机台数,台;

　　　V——凿岩机的平均钻眼速度,m/h;

　　　S——井筒掘进断面,m^2;

　　　K_2——同时工作的抓岩机台数,台;

　　　P——抓岩机的平均生产率,m^3/h(实体岩石);

　　　η——炮眼利用率,取 $0.80\sim0.95$。

在采用短段单行作业方式时,总循环时间尚须计入永久支护占用的工时。

从上式可以看出:参数 S 为不变值;N_1、l、η、t_3 在整个施工过程中会有变化,但变化幅度不大;而 K_1、V、K_2、P 为机械设备参数,尚有调整、挖掘潜力的可能。计算所得的总循环时间 T 应略小于或等于规定的循环时间,否则应从提高操作技术、改进工作组织或适当增加施工设备等方面进行调整。当计算和规定的循环时间相差甚为悬殊时,就必须重新对日循环数及炮眼深度进行调整。

为了减少辅助工序占用的循环时间,并使正规循环作业具有较高的灵活性,在编制循环图表安排施工顺序时,以采用班初装岩、班末爆破的方式较为适宜,这样可以在执行循环图表过程中,根据占工时最长的装岩工作完成的情况,随时调整炮眼深度,确保正规循环的正常进行;且作业人员可在班末爆破前提升出井,避免人员多次升降而影响工时利用。班末爆破还可以利用交接班加强井筒通风,改善井内作业环境。此外,循环结构中尚须留出备用时间,以备不可预见的影响。

目前,我国以大抓岩机和伞形钻架为主的掘进循环时间多为 $12\sim24$ h,循环进尺 $2\sim4$ m,每个循环要跨越若干作业班来完成。以手持式凿岩机和人力操作抓岩机为主的掘进循环时间多为 $8\sim12$ h,循环进尺多为 $1.5\sim2.0$ m。

图 6-53 为某矿副井井筒掘砌施工循环图表。副井井筒净径为 6.5 m,井深为 850.3 m,施

工采用与立井机械化相配套的作业方案。提升系统布置了 2 套单钩，采用了 JKZ2.8/15.5 提升机配 4.0 m^3 矸石吊桶、FJD-9A 型伞钻、4.0 m 深孔凿岩和光面爆破技术，采用 2 台 HZ-6 中心回转式抓岩机同时抓岩出矸，砌壁采用 3.6 m 高 MJY 型整体金属刃脚下行模板。井筒施工连续 6 个月共成井 713.6 m，平均月成井 118.9 m，最高月成井 146.0 m，最高日成井 7.2 m，创当年国内立井井筒快速施工新纪录。

班别	工序名称	工作量	工时 h	工时 min	时间 1	2	3	4	5	6
凿岩班	交接班			15						
	下钻及凿眼准备			40						
	凿眼		3	20						
	伞钻升井			20						
	装药、联线、爆破		1	25						
出矸班	交接班			15						
	通风、安检			25						
	接管子、风筒			35						
	出矸、找平		4	45						
砌壁班	交接班			15						
	脱模、立模		1	30						
	浇灌混凝土		4	15						
清底班	交接班			15						
	出矸		3	50						
	清底		1	55						
说明：炮眼深度 4 m，循环进尺 3.6 m										

图 6-53　某井筒掘砌施工循环图表

图 6-54 为短段平行作业掘砌循环图表。井筒净直径 8 m，井深 709.8 m，现浇混凝土支护，壁厚 500 mm。采用五层吊盘施工，伞钻打眼，炮眼深度 3.0 m。液压滑升模板砌壁，滑模高度 1.2 m，最大滑升高度 3.6 m。

类别	工序名称	工作量	时间/min	Ⅰ (6 8 10 12)	Ⅱ (14 16 18)	Ⅲ (20 22 24)	Ⅳ (1 2 3 4 5 6)
掘进	交接班、下伞钻		60				
	打眼	401 m	240				
	下药、装药、联线		90				
	移挂伞钻、人员升井		60				
	爆破通风、交接班		30				
	扫盘、落盘		60				
	装岩准备		30				
	装岩	160 m^3	240				
	交接班		30				
	喷混凝土临时支护		150				
	装岩	120 m^3	180				
	交接班		30				
	装岩	80 m^3	120				
	清底	38 m^3	120				
	接长管路		90				
砌壁	堵上段刃脚环行沟槽	8.7 m^3	150				
	脱下刃环形模板		120				
	落稳刃脚模板及浇灌	8.7 m^3	210				
	下落滑模及稳模		60				
	浇灌混凝土及模板滑升	21.5 m^3	330				
	浇灌混凝土及模板滑升	20 m^3	270				

图 6-54　短段平行作业掘砌循环图表

实际工作中,由于地质条件的变化、某些意外事故的发生或因操作技术上的因素,正规循环作业往往被打乱,一旦遇到这种情况,应积极主动采取措施,尽快使工作重新纳入正轨。

(二)滚班循环作业

专业滚班制,即按掘进、砌壁作业循环图表,按各专业分工任务定人员,分成打眼班、出岩班和浇灌混凝土班等,按工序进行滚班作业,每完成一道工序换一个班。各专业工序规定责任、任务和时间(约4.5~5 h),但不绝对固定换班时间,工序完成即换班,进行连续滚动正规循环作业。循环图表见图6-55。以掘进、砌壁作业循环图表中确定各作业的时间为标准时间,如实际作业时间少于标准时间,可进行表扬和奖励;如实际作业时间超出标准时间,则追查原因和予以适当的处罚。

序号	工序名称	需要时间(h)	循环时间(h)																		
			1	2	3	4	5	6	7	8	9	10	11	12	13	14	15	16	17	18	19	20
1	钻眼爆破	4.5																				
2	通风检查	0.5																				
3	出渣(模前)	4.5																				
4	稳模测量	1																				
5	浇筑混凝土	4.5																				
6	出渣(模后)、清底	4																				
	合计	19																				

图6-55　滚班作业井筒掘砌循环图表

(三)施工劳动组织

目前,立井施工中采用的劳动组织形式有专业组织、混合组织、专业和混合组织相结合3种。由于凿岩钻架、大型抓岩机等新型凿井设备的出现,要求工人具有熟练的操作技能;但是要求工人全面掌握各种施工机械还有一定困难。因此,在机械化配套的立井施工中,多采用专业组织形式。

专业组织形式:工人按专业内容分成打眼班、装岩班和锚喷班等,由于这种形式专业单一,分工清楚,任务明确,有利于提高作业人员的操作技术水平和劳动生产率,有利于加快施工速度、缩短循环时间,同时还可按专业工种和设备需要配备劳动力,工时利用比较好。但是这种方式存在着各工种的工作量及工作时间不平衡的问题,如果各专业班不能保证按循环规定的时间作业时,往往打乱了上、下班的时间,就会出现工作时间过长的现象,给施工组织带来一定的困难。若能保证实现正规循环作业,对于机械化装备水平较高的井筒,采用这种组织方式比较有利。

混合组织形式:工人不分专业,每班作业内容和工作量根据工序和时间确定。这种形式虽然工人能按规定的班次和时间上下班,人员固定,工作量较平衡;但是,要求工人既会操作大型抓岩机,又会使用凿岩钻架并能进行喷射混凝土等作业,目前一时尚难达到。另外,由于各工序所需的人数不同甚至差异很大,如组织不好,容易产生劳动力使用不合理现象。因此,这种组织形式目前不宜在立井机械化施工的井筒中推广使用,而对使用轻型凿井设备施工的井筒则较为合适。今后,当工人经过严格技术培训,各种施工机械都能熟练操作时,采用这种组织形式才比较合理。

专业组织和混合组织形式相结合:这种组织形式的主要特点是将机械化程序高、操作技术复杂的机械如环形轨道抓岩机、伞形钻架等,按专业组织形式分班,而其他工序按混合组织形式。这样,重要机械做到专人操作使用,按作业实际需要配备人数,使劳动力得到合理的使用。但这种形式要求组织管理水平比较高,使施工能够做到正规循环作业时,才能体现这种组织形式的优越性;否则,仍然存在专业组织形式中工人不能按时上下班的弊病。

合理配备各作业班人数也十分重要。作业人员的多少要根据施工机械化程度、作业方式、工人技术水平及井筒断面大小等因素确定。根据不同的凿井设备,其劳动力配备也不一样,常见的专业班人员配备见表 6-23、表 6-24、表 6-25。

表 6-23　打眼班劳动力配备

钻架名称	岗位名称	工种	人数	备注
伞形钻架	井下直接工	打眼工	8~11	6 臂伞钻 8 人,9 臂伞钻 11 人,技术熟练时 1 人 1 台凿岩机
		爆破工	2	
		班长	2	
	井下辅助工	井下信号工	2	没有考虑井下排水工人
		吊盘工	1	
		井下把钩工	1	
	合计		16~19	

表 6-24　装岩班劳动力配备

抓岩机类型	岗位名称	工种	人数	备注
环形轨道抓岩机 中心回转抓岩机 靠壁抓岩机	井下直接工	司机	1~2	副司机在工作面指挥抓岩
		副司机	1	
		班长	2	
	井下辅助工	井底信号工	1~2	
		吊盘工	1	
		井下把钩工	2	
	合计		8~10	
长绳悬吊抓岩机	井下直接工	装岩工	5~10	双抓斗为 10 人
		辅助工	2	
		班长	2	
	井下辅助工	井底信号工	2	
		吊盘工	2	
		井下把钩工	2	
	合计		14~19	

表 6-25　砌壁班劳动力配备

模板类型	岗位名称	工种	人数	备注
金属伸缩式模板	井下直接工	分灰工	4～6	采用吊桶下料。采用管路下料可少2～4人
		振捣工	4～6	
		班长	2	
	井下辅助工	井下信号工	2	没有考虑井下排水工人
		吊盘工	2	
		井下把钩工	2	
合计			16～20	

第十节　立井井筒延深简介

一个矿井在投产若干年后,由于现有生产水平不能保持矿井正常的持续的生产能力,必须开始组织矿井延深。矿井延深是在生产矿井不停产的条件下进行的,因此将给施工带来许多复杂的问题。按矿井延深的方法,立井井筒延深施工方法可以分为正井法和反井法 2 类。前者是自上而下全断面开掘,即与地面凿井基本上一样,其差别只在于施工设备受井下空间限制,在布置上有所不同而已;后者是自下向上先开掘小断面反井,而后再自上而下刷砌成井,因此在排水、提升、通风、安全、打眼爆破和永久支护等方面均具有实质性的差别。

一、正井延深法

正井延深法延深立井的各项施工作业与地面开凿立井基本上相同,但由于井下空间有限,设备布置将受到很大制约。按施工水平的位置不同,它可分为利用辅助水平延深和利用延深间延深 2 种。

（一）利用辅助水平延深井筒

立井井筒延深工程为了不干扰现有生产水平的正常生产秩序,则新开凿 1 个比现有生产水平标高低 30～50 m、能供延深施工设备布置的施工水平,即辅助水平;并在辅助水平布置延深用的巷道、硐室和安设延深施工设备;然后从延深辅助水平自上向下进行井筒的掘砌施工,如图 6-56 所示。

利用辅助水平延深井筒,首先应确定辅助暗井位置。通往延深辅助水平的暗井可以是暗斜井,也可以是暗立井。在确定辅助暗井位置后,还应该进行延深辅助水平的确定。延深辅助水平可有 2 种设置方式:一种是主、副井共用 1 条辅助暗斜井,主、副井各设 1 个辅助水平;另一种是用 1 条辅助暗斜井,主、副井共用 1 个辅助水平。

利用辅助水平延深井筒工作时,提升机和凿井绞车硐室一般都布置在延深辅助水平,条件允许时,副井的提升机硐室可尽量布置在生产水平。凿井绞车在延深辅助水平以集中布置在井筒一侧为宜,为了减少硐室开凿工作量,应尽量减少凿井绞车的台数,为此可采用单绳悬吊管路或井壁固定管路等方式。

利用辅助水平延深井筒的施工,首先自生产水平向下掘进辅助暗斜井,而后施工延深辅助水平巷道和硐室。当完成所有延深辅助工程并安装好延深施工设备后,开始自上向下按井筒设计断面进行延深施工。当井筒施工至井筒设计深度后,就进行马头门施工和井筒装

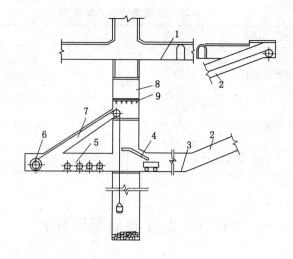

1—生产水平;2—辅助暗斜井;3—延深辅助水平;4—卸矸台;
5—凿井绞车硐室;6—提升机硐室;7—绳道;8—保护岩柱;9—护顶盘。

图 6-56　利用辅助水平延深井筒

备工作,最后拆除保护岩柱或人工保护盘。为了保证施工安全,拆除保护岩柱或人工保护盘时,上部井筒的生产提升必须停止。

利用辅助水平延深立井井筒方法的特点是:对矿井的正常生产提升影响小,但是延深辅助工程量大、延深准备工期长、投资大和占用设备比较多。

(二)利用延深间延深井筒

利用延深间延深井筒的方法是利用上水平井筒预留的延深间或梯子间来布置延深施工的主要设备,并穿过保护岩柱(或盘),在岩柱的保护下,进行新水平的井筒延深。由于上水平井筒仍在正常生产提升,留给延深用的井筒断面比较狭小,很难布置全部施工设施,故将部分管线及设备悬吊布置在生产水平或生产水平之下。为此,需在生产水平之下开凿少量的硐室,有时,还要另开暗斜井(或下山)与生产水平贯通。由于提升机、部分凿井绞车以及卸矸台可布置在地面,比起辅助水平延深法,大大减少了井下辅助工程量。

利用延深间延深法的井筒掘砌施工方法与普通井筒基岩段施工基本相同,而主要的是井筒施工的提绞设备布置有所不同。根据井架类型和卸矸位置的不同,它可分为利用永久井架延深和利用延深凿井井架延深 2 种情况,如图 5-57 所示。

利用延深间延深立井井筒的掘砌工作,其工作内容和方法与利用辅助水平延深井筒相同,当井筒和马头门掘砌完毕和井筒安装工作结束后,便开始施工保护岩柱段井筒。该段井筒的施工方法是沿延深间自上向下刷大至设计断面,然后再进行永久支护和永久装备工作。施工保护岩柱期间,必须停止生产提升工作。

利用延深间延深井筒的方案具有延深辅助工程量小和延深准备工期短等优点。其缺点是提升吊桶容积小,提升一次时间较长,影响井筒延深施工速度。特别是延深提升高度超过500 m 时,其提升能力很难满足延深施工的要求。

二、反井延深法

利用反井延深井筒时,在井筒延深施工之前必须有 1 个井筒或下山已经到达延深新水

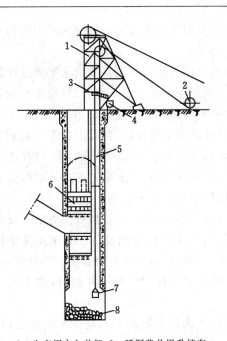

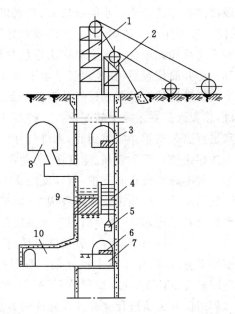

1—生产用永久井架;2—延深凿井提升绞车;
　3—卸矸溜槽;4—矿车;5—延深间;
6—保护设施;7—延深吊桶;8—延深工作面。

（a）利用永久井架延深（卸矸台在地面）

1—生产永久井架;2—延深凿井井架;3—生产水平安全门;
　4—延深间;5—延深吊桶;6—井下卸矸台;7—出矸绕道;
8—箕斗装载硐室;9—保护设施;10—井下凿井绞车硐室。

（b）利用延深凿井井架延深（卸矸台设于井下）

图 6-57　利用延深间延深

平,并且已有巷道通往延深井的井底,如图 6-58 所示。利用反井延深井筒,就是由延深新水平自下向上沿延深井筒先开凿 1 个断面比较小的反井,再自上向下按照井筒设计断面分段刷大和砌壁。

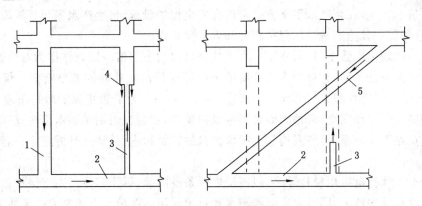

1—已延深好的井筒;2—新水平的车场巷道;3—反井;4—刷大井筒;5—通往新水平的下山巷道。

图 6-58　利用反井延深井筒示意图

利用反井延深井筒,反井的施工方法可有普通反井施工法、吊罐反井施工法和反井钻机钻进施工法等。

普通反井施工法是一种比较传统的方法,目前使用很少,它是由下向上在井筒中用普通钻眼爆破的方法开凿一小断面反井,贯通以后,再由上向下刷砌井筒。该方法不但可用于延深井筒,还可用于掘进暗立井、溜煤眼和井下煤仓等工程。

采用吊罐掘进反井是金属矿山进行井筒延深的常用方法。在延深辅助水平和延深新水平都到达井筒位置后,在延深辅助水平沿井筒中心向延深新水平钻一绳孔,将设在延深辅助水平的提升机的钢丝绳通过绳孔下放至延深新水平并与吊罐相连接。利用提升机上下提放吊罐,作业人员在吊罐上施工反井。待反井与延深辅助水平贯通后,再自上向下分段刷大井筒和进行永久支护。施工到底,再进行井筒安装和收尾工作。吊罐反井施工法与普通反井施工法相比较具有工效高、速度快、劳动强度低、施工安全而又经济等优点。采用吊罐施工反井一般不必架设临时支护,所以此法适于在比较稳定的岩层中采用。

利用反井钻机掘进反井是我国 20 世纪 80 年代以来应用最为广泛的施工方法。反井钻机也称天井钻机,是一种专门用于开掘反井以及煤仓等工程的专用设备。利用反井钻机钻凿反井,具有机械化程度高、劳动强度低、作业安全、成本低、施工速度快和生产率高等优点,但使用设备较多,操作技术较复杂。我国近年研制出了多种型号的反井钻机,主要型号有LM-1200 型、ATY-1500 型和 ATY-2000 型等。

利用反井钻机进行立井井筒延深的方法是先从上向下钻导向孔与延深水平相通,然后换扩孔钻头,再自下向上扩扎,一直扩孔到反井钻机下方 3 m 处停止,剩余段岩柱待拆除反井钻机后再施工,亦可一直扩孔到井字形框架的底部。扩孔时的矸石借自重下落到延深水平,由耙装机装入矿车,运至车场。反井钻机一般扩孔直径为 1~1.5 m 就能满足排矸、泄水和通风的施工要求。反井形成后,即在辅助水平及提升间安装提绞设备,然后从上而下用钻爆法刷大井筒,砌筑井壁可采用长段高一次筑壁或短段高分段筑壁等方法,最后进行井筒安装和与生产水平的连接而完成井筒的延深。

三、井筒延深的保护设施

立井井筒延深通常要求在不停止生产水平提升的前提下进行施工,为了保证延深井筒工作面人员的安全,在生产水平下方必须设有安全保护设施,将生产水平与延深段井筒工作面隔开,这种保护设施通常采用保护岩柱和人工保护盘。

当岩石比较坚固致密时,可在生产水平井底水窝的下面留一段岩柱作为安全保护设施。根据井筒延深方法不同,它可能占有井筒整个断面或只占有井筒的部分断面。保护岩柱的厚度,视岩层的坚固性和井筒断面大小而定,为 6~8 m。为了防止保护岩柱下端的岩石冒落危及井筒延深工作安全,岩柱下面必须架设护顶盘,护顶盘由钢梁和木板构成。采用保护岩柱的优点是简单可靠,可节省构筑人工保护盘的钢材和木材;缺点是拆除保护岩柱工作较复杂。

采用人工保护盘需用材料较多,但不受岩石条件限制,拆除容易。人工保护盘必须具有足够的强度和缓冲能力,同时也应起到隔水和封闭作用。在满足上述要求的条件下,保护盘的结构应尽量简单以便于构筑和拆除。人工保护盘按结构形式可分为水平保护盘和楔形保护盘两大类,见图 6-59 和图 6-60。

四、立井井筒延深方案的选择

立井井筒延深工程是矿井新水平开拓的关键工程,它的施工条件差、工程量大、工期长、涉及面广,与生产关系密切,因此,在井筒延深施工前,要充分调查研究,掌握全面资料,进行仔细的方案比较,最后确定合理的延深方式。

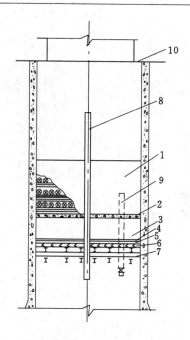

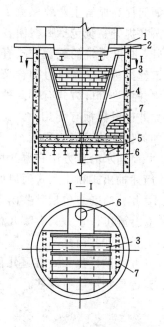

1—缓冲层；2—砂浆层；3—黏土层；4—钢板；

5—木板；6—方木；7—工字钢盘梁；

8—井筒中心线放线管；9—放水管；10—生产水平。

图 6-59　水平保护盘结构

1—生产水平；2—托罐梁；

3—缓冲塞；4—楔形砌体；

5—钢梁；6—放水管；7—钢轨。

图 6-60　楔形保护盘结构

选择延深方案的影响因素主要包括矿山地质条件、井筒施工技术条件、井筒延深深度和延深辅助工程量的大小。选取时，应根据生产条件、地质因素和施工设备等具体情况综合考虑，在保证技术上合理可行的基础上，进行多方案比较，选出最优方案。根据施工经验，有下列几条选择要点：

（1）当具有通往延深新水平井筒位置的条件时，应优先考虑自下向上的延深方法。在诸种反井施工方法中，普通反井是最简陋的一种方法，它劳动强度大、速度慢、安全性差，但它辅助工程量小、施工容易掌握，适用于围岩破碎、延深深度在 50 m 以内的井筒中。目前普通反井施工法已逐步被其他方法所代替，只在中小型矿井仍有采用。

（2）吊罐反井施工比普通反井法速度快、效率高、成本低。它适用于较坚固的岩层中，由于要钻孔，产生偏斜使吊罐运行困难，适用于反井高度不大于 100 m 的立井井筒。

（3）随着深孔反井钻机的推广使用，利用反井钻机掘进反井延深立井井筒，可减轻工人的体力劳动，且速度快，广泛适用于中硬岩石、深度大于 60 m 的井筒延深施工。

（4）当井筒断面及井口位置具有布置延深施工设备条件，且延深提升高度在提升机提升能力范围之内时，应优先采用延深间延深方法。

（5）如不具备上述条件，或为保证矿井生产不受或少受影响，才采用辅助水平延深法。

【复习思考题】

1. 立井爆破网络包括哪几个组成部分？它与平巷爆破有何区别？

2. 立井抓岩机械有哪几种？

3. 如何提高抓岩生产效率?

4. 凿井提升系统包括哪些内容?

5. 矸石提升系统的配置方式有哪几种?

6. 钢丝绳标记中各符号的含义是什么?

7. 立井掘进翻矸方式有哪几种?

8. 立井砌壁模板有哪几种?

9. 如何保证井壁浇筑质量?

10. 井筒涌水治理方法有哪几种?

11. 简述抽出式和压入式通风的优缺点及使用条件。

12. 立井井筒安装包括哪些内容? 安装方式有哪几种?

13. 立井施工作业方式有哪几种?

14. 何谓立井井筒延深?

15. 立井井筒延深方式有哪几种?

16. 延深保护设施有哪些?

第七章　立井井筒施工设备与布置

立井井筒施工时,为了满足掘进提升、翻卸矸石、砌筑井壁和悬吊井内施工设施的需要,必须设置凿井井架、天轮平台、卸矸台、封口盘、固定盘、吊盘、稳绳盘和砌壁模板等凿井结构物。有一些凿井结构物是定型的,可以根据施工条件选取(如凿井井架),有一些则要根据施工条件进行设计计算。本章重点介绍几个主要凿井结构物的结构特点、设计原则及凿井设备的布置。

第一节　凿 井 井 架

凿井井架是专为凿井提升及悬吊掘进设备而设立的,建井结束后将其拆除,再在井口安装生产井架。因此,凿井井架亦称临时井架。

我国凿井时大都采用亭式钢管井架,这种井架的四面具有相同的稳定性,天轮及地面提绞设备可以在井架四周布置。亭式井架采用装配式结构,其优点是:可以多次重复使用,一般不需要更换构件;每个构件质量不大,安装、拆卸和运输都比较方便;防火性能好;承载能力大,坚固耐用,可以满足井下和井口作业的需要。

除亭式钢管井架外,个别地方还使用过三腿式钢凿井井架,在地方小煤矿也使用过木井架。

近年,一些单位开始利用永久井架或永久井塔代替凿井井架开凿立井,省去了凿井井架的安装拆卸,虽延长了凿井准备期,但对整个建井工期影响不大,提高了投资效益。最近设计单位又设计出生产建井两用井架,它既服务于建井提升,又服务于矿井生产提升,是一种将凿井井架和生产井架的特点相结合的新型井架。永久井架和永久井塔是专为生产矿井设计的,利用永久井架和永久井塔凿井,必须对其改造或加固,以满足凿井的要求。

亭式钢凿井井架在目前建井工程中使用最为广泛。根据井架高度、天轮平台尺寸及其适用的井筒直径、井筒深度等条件,亭式钢管井架共有 6 个规格,其编号为Ⅰ、Ⅱ、Ⅲ、Ⅳ、新Ⅳ和Ⅴ型,分别适用于井深 200 m、400 m、600 m、800 m、1 100 m。随着我国井筒深度的加大及凿井机械化程度的提高,Ⅳ型以下的凿井井架已很少应用。近年,为了进一步满足超深、超大井筒的施工,设计研制了Ⅵ型、Ⅶ型及 SA-3 型亭式凿井井架,适用深度的情况如图7-1 所示。

新Ⅳ型与原Ⅳ型井架相比,主要是增大了天轮平台面积,提高了井架全高及基础顶面至第一层平台的高度,便于在卸矸台下安设矸石仓及用汽车运矸,也便于伞形钻架等大型设备进出井筒,同时亦增大了井架的承载能力。而Ⅴ型井架则是专为使用千米立井而设计的。千米深井凿井井架具有较大的天轮平台,满足多种凿井设备的吊挂,具有较大的工作荷重和断绳荷重。

各型号井架的技术规格见表 7-1。

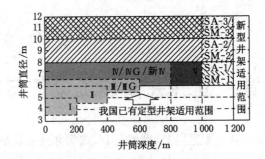

图 7-1　凿井井架及适用深度

表 7-1　MZJ 型亭式凿井井架技术规格

井架型号	井筒深度/m	井筒直径/m	主体架角柱跨距/m	天轮平台尺寸/m	由基础顶面至第一层平台高度/m	井架总质量/t	悬吊总荷重/kN 工作时	悬吊总荷重/kN 断绳时
Ⅰ	200	4.6~6.0	10×10	5.5×5.5	5.0	25.649	666.4	901.6
Ⅱ	400	5.0~6.5	12×12	6.0×6.0	5.8	30.584	1 127.0	1 470.0
Ⅲ	600	5.5~7.0	12×12	6.5×6.5	5.9	32.284	1 577.8	1 960.0
Ⅳ	800	6.0~8.0	14×14	7.0×7.0	6.6	48.215	2 793.0	3 469.2
新Ⅳ	800	6.0~8.0	16×16	7.25×7.25	10.4	83.020	3 243.4	3 978.8
Ⅴ	1 100	6.5~8.0	16×16	7.5×7.5	10.3	98.000	4 184.6	10 456.6

选择凿井井架的原则是：能够安全地承担施工荷载；保证足够的过卷高度；角柱跨距和天轮平台尺寸应满足井口施工材料、设备运输及天轮布置的需要。一般情况下，可参照表 7-1 选用井架。当施工工艺及设备与井架技术规格有较大差异，如总荷载虽相近但布置不平衡时，必须对井架的天轮平台、主体架及基础等主要构件的强度、稳定性和刚度进行验算。

一、凿井井架结构

亭式钢凿井井架是由天轮房、天轮平台、主体架、卸矸台、扶梯和基础等主要部分所组成的，如图 7-2 所示。

（一）天轮房

天轮房位于井架顶部，由 4 根角柱、上部横梁、水平连杆及 2 根用来安装和检修天轮的工字钢梁组成。为防雨雪，上部设有屋面并装有避雷针。天轮房的作用是安装、检修天轮，保护天轮免受雨雪侵袭。其角柱为 2 条角钢对焊成十字形截面；上部横梁为 2 条 14 号槽钢对焊成工字截面；斜撑为角钢；水平交叉连杆，以 2 条角钢对焊成倒 T 形截面，工字钢吊车梁一般选用 25 号工字钢，其长度要保证超出天轮平台每边 1 m。

（二）天轮平台

天轮平台位于凿井井架顶部，为框形平台结构，用于安置天轮梁。天轮由天轮梁支撑，并直接承受全部提升物料和悬吊掘砌设备的荷载。荷载经由天轮、天轮梁、天轮平台主梁传递给凿井井架的主体架。天轮平台是由 4 条边梁和 1 条中梁组成的"日"字形框架，如图 7-3 所示。边梁为焊接钢板组合工字形梁，中梁为焊接组合工字形变截面梁。边梁和中梁称为天轮平台主梁，各主梁的挠度不应超过其跨度的 1/400。天轮梁一般都成双地摆放在天轮

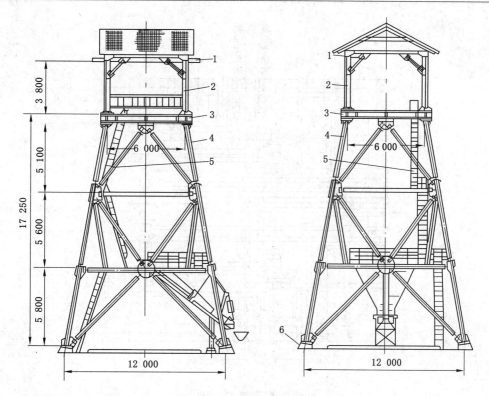

1—工字钢起重梁；2—天轮房；3—天轮平台；4—主体架；5—扶梯；6—井架基础。

图 7-2　亭式钢凿井井架结构

平台上，承托各提升天轮和悬吊天轮。天轮梁在天轮平台上的位置以井内施工设备布置而定。其规格一般是根据其承担的荷载计算选型。除验算其强度和稳定性外，还要使天轮梁的挠度不超过其计算跨距的 1/300。天轮梁以计算选型，其规格必定繁多。为了简化安装，保持天轮平台上天轮梁的平整，一般尽量选用同规格的工字钢加工，现场多用 25 号工字钢。其长度要求搭接时超过主梁不少于 150 mm，以便在其上钻孔，用 U 形螺栓将其与主梁固定，主梁上不准打孔，亦不准焊接。有时在天轮平台上还要设置支承天轮梁的支承梁。天轮梁和支承梁通称副梁，它们之间可搭接，可焊接，也可用螺栓连接。如果副梁的计算内力较大或者结构需要时，也可采用焊接组合梁。

在天轮梁上架设天轮时，应尽量使天轮轴承座直接支撑在天轮梁的上翼缘上，如图 7-4(a)所示。但有时为了调整钢丝绳的高度，避免与井架构件相碰，而不得不将天轮轴承座安装得高于或低于天轮梁的上翼缘，如图 7-4(b)、(c)、(d)所示。或者增设导向轮，如图 7-5 所示。应该注意，不论采用哪种方式，天轮、钢丝绳与井架结构之间的安全间隙不得小于 60 mm。

天轮梁支承在主梁上时[图 7-6(a)]，天轮梁与主梁之间通常都采用 U 形螺栓连接，如图 7-6(b)所示。天轮梁与天轮梁、天轮梁与支承梁之间通常采用连接角钢和螺栓进行连接，如图 7-6(c)所示。

（三）主体架

主体架是一个由 4 扇梯形桁架组成的空间结构。上部与天轮平台的中梁和边梁用螺栓

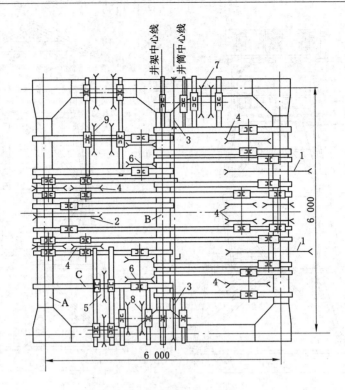

A—边梁；B—中梁；C—天轮梁；

1、2—提升天轮；3—吊盘天轮；4—稳绳天轮；5—安全梯天轮；6—吊泵天轮；

7—压风管天轮；8—混凝土输送管天轮；9—风筒天轮。

图 7-3 "曰"字形天轮平台框架

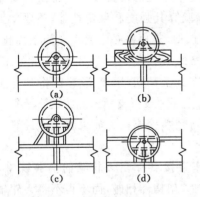

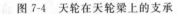

图 7-4 天轮在天轮梁上的支承

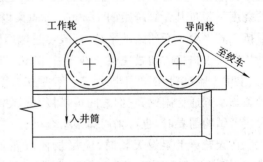

图 7-5 增设导向轮

连接，下部则立于井架基础上。主体架主要承受天轮平台传递来的荷载，并将其传给基础。

主体架的每扇桁架通常采用双斜杆式。最上节间的斜杆布置形成天轮平台边梁的中间支点，使边梁在其桁架平面内，由单跨变为双跨。在桁架下部第一层水平腹杆上，利用水平连杆组成平面桁架，以便支撑卸矸平台。

主体架的角柱和撑柱一般用无缝钢管制成。构件之间用法兰盘和螺栓连接。

（四）卸矸台

立井施工时，井内爆破下的岩石由抓岩机装入矸石吊桶，由提升机提到井口上方的卸矸

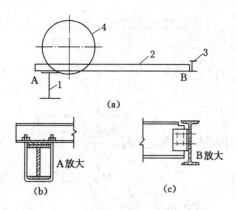

1—主梁;2—天轮梁;3—支承梁;4—天轮。

图 7-6 天轮梁的连接

台上,经卸矸装置卸矸入矸石仓,由运输设备运往排矸场。卸矸台是用来翻卸矸石的工作平台,它是一个独立的结构,通常布置在主体架的第一层水平连杆上。它的主梁和次梁采用工字钢或槽钢。梁上设置方木,用 U 形螺栓卡紧,然后铺设木板,如图 7-7 所示。溜矸槽的上端连接在中间横梁上,下端支撑在独立的金属支架上。

卸矸台下设矸石仓,仓体由型钢及钢板制成,下有支架及基础。仓体容积一般为 20～30 m³。落地式矸石仓容积为 500～600 m³。

卸矸台的高度应保证矸石仓的设置与溜矸槽的倾斜角度,而且矸石溜槽下要有足够的装车高度,此外,应便于大型设备如伞形钻架等出入井口。

(五)扶梯

为了便于井架上下各平台之间的联系,在主体架内设置有轻便扶梯,通常由 3 个梯段组成。梯子架采用扁钢,踏步采用圆钢,扶手和栏杆采用扁钢或角钢制作。第一段梯子平台设在卸矸台上。梯子平台采用槽钢和防滑网纹钢板制作。

(六)基础

凿井井架基础有 4 个,呈截锥形,分别支承主体架的 4 个柱脚。基础材料通常为 C15 以上的混凝土。浇筑基础时,将底脚螺栓预埋在基础内,安装井架时,就利用伸出基础顶面的螺栓来固定井架柱脚。基础顶面应抹平,并与柱脚中心线垂直(图 7-8)。而底面则应保持水平,基础底面积以地基土的允许承载力而定,一般地基土体允许承载力为 0.25 MPa。

二、凿井井架结构验算

(一)凿井井架主要尺寸的验算

立井施工时要选择相应的凿井井架,其原则是:满足施工要求,保证施工安全,设备配套合理,使用操作方便。凿井井架的主要尺寸都应进行验算,为设备选型提供依据。井架的主要尺寸是指井架高度、天轮平台及井架底部平面尺寸。

1. 井架高度验算

井架高度是指井口水平至天轮平台的垂距 H(图 7-9),可用下式验算:

$$H = h_1 + h_2 + h_3 + h_4 + 0.5R \tag{7-1}$$

式中 h_1——井口轨面水平至卸矸台高度,m;

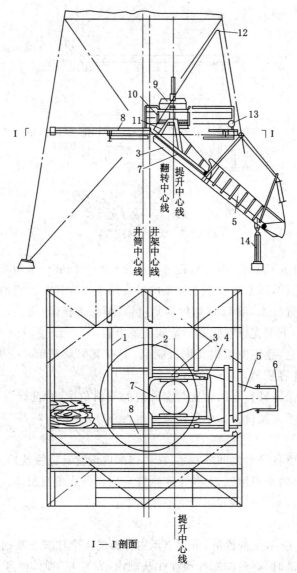

1、2—卸矸台横梁;3—卸槽梁;4—翻矸门轴承支架;5—溜矸槽、矸石仓;
6—溜矸闸门;7—卸矸门;8—卸矸平台;9—吊桶;10—翻笼;
11—翻笼回转轴承支架;12—滑轮;13—卸矸门电动启闭装置;14—溜杆槽独立支架。

图 7-7　卸矸台结构

h_2——吊桶翻转所需高度,与卸矸台装置的结构有关,用人力卸矸及座钩式自动卸矸时,可取 1.5 m,用链球式卸矸装置时须根据溜槽及链球的总长度确定,m;

h_3——吊桶、钩头、连接装置和滑架的总高度,m;

h_4——提升过卷高度,按《煤矿安全规程》规定采用吊桶提升时不小于 4 m;

R——提升天轮的公称半径,m。

当已有井架的卸矸台高度不能满足卸矸和设置矸石仓的需要或妨碍大型施工材料和设备出入井口时,应将井架增高。当增加高度在 1.5 m 以内时,可采用加高井架基础或在井

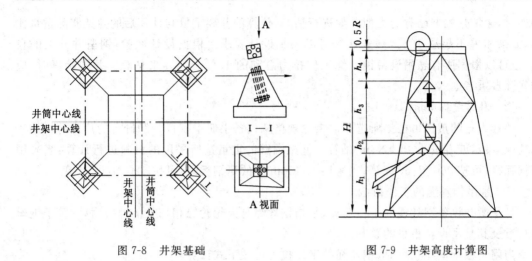

图 7-8　井架基础　　　　　　　　　　图 7-9　井架高度计算图

架柱脚与基础顶面间设置钢垫座的方法。

2. 天轮平台尺寸验算

天轮平台的形式为正方形,其平面尺寸取决于井筒净直径和悬吊凿井设备的天轮数量及其布置方式。天轮平台的面积在满足使用要求的情况下,应尽量缩小,因为这样可以选用较小规格的井架。Ⅰ~Ⅴ型凿井井架的天轮平台尺寸为 5.5 m×5.5 m~7.5 m×7.5 m。

3. 井架底部的平台尺寸验算

井架底部的平台尺寸,亦即主体桁架角柱在下部张开的距离,应满足下列要求:

(1) 基础应离开井壁一定距离,使井壁不致受到井架基础的侧压力影响。用冻结法凿井时,应使井架基础避开环形沟槽的位置。

(2) 要有足够的底面面积,保证施工人员的正常工作与运输需要。

(3) 保证井架有足够的稳定性。

(二) 凿井井架的荷载验算

1. 井架荷载的种类

作用于井架上的荷载有恒荷载、活荷载和特殊荷载 3 类。

恒荷载是指长期作用在井架上的不变荷载,如井架自重和附属设备重量等。

(1) 井架自重:包括天轮房、天轮平台、主体架和扶梯的重量等。

(2) 附属设备重量:包括整套天轮重量、卸矸台重量以及井架围壁板重量等。

活荷载是指井架在使用过程中可能发生变动的荷载,如悬吊设备钢丝绳的工作荷载、风荷载等。

(1) 悬吊设备钢丝绳的工作荷载:包括各悬吊设备和钢丝绳自重。

(2) 风荷载:作用在井架迎风面上的风力。

特殊荷载是指因偶然事故而作用在井架上的荷载,如提升钢丝绳拉断时的断绳荷载等。

2. 井架荷载的确定

(1) 井架自重

在立井施工之前,可根据井内设备的多少和地面稳绞的数量确定选用标准井架,其自重及其他参数均可从设备手册中查得。若不采用标准井架(乡镇矿山建井时),需要自己设计井架时,通常是根据已有的类似井架进行估算,估算的井架重量与计算后的井架实际重量比较,如果相差不超过 10%,一般认为可以满足设计要求。根据设计经验,钢凿井井架的自重,也可以根据所有悬吊设备钢丝绳工作拉力总和的 15%～25% 来估算。井架验算时,应按实际自重考虑。

(2) 附属设备重量

整套天轮的重量可根据所选用的天轮规格从设备手册中查得。卸矸台的荷载可根据实际情况取值,或者按 4～5 kN/m² 估算。井架围壁的重量按所采用的材料进行计算:当采用石棉瓦时,可按 200 N/m² 计算;当采用 1.5 mm 厚的薄钢板时,可按 120 N/m² 计算。

(3) 悬吊钢丝绳的工作荷载

悬吊凿井设备钢丝绳的工作荷载,是指钢丝绳与天轮轮缘相切处的静拉力,它等于钢丝绳自重及其悬吊设备重量的总和。

当用 1 根钢丝绳悬吊时,钢丝绳的工作拉力可按下式计算:

$$S=Q+q(H+h) \quad (N) \tag{7-2}$$

当用 2 根钢丝绳悬吊时,每 1 根钢丝绳的工作拉力可按下式计算:

$$S=\frac{Q}{2}+q(H+h) \quad (N) \tag{7-3}$$

式中　Q——悬吊于钢丝绳的凿井设备重量,N;

　　　q——每米钢丝绳重量,N/m;

　　　H——井筒最大掘进深度,m;

　　　h——井架天轮平台高度,m。

凿井设备重量 Q 包括设备自重、附属件重量和荷载重量等,可以根据选用设备实际情况通过计算确定。需要指出,稳绳作为滑架的导轨,必须在拉紧状态下工作。当稳绳盘与井帮卡紧并拉紧稳绳时,稳绳内应有较大的拉力,所以稳绳的工作荷载不应只考虑稳绳盘的重量和稳绳的自重。按照《煤矿安全规程》的规定,稳绳张紧力需要满足最小张紧力和最小刚性系数的要求。

凿井设备悬吊重量 Q 除按照上述方法计算外,还可以根据所选用的凿井设备规格、井筒深度和井筒直径参考《建井工程手册》凿井设备悬吊重量表取值。

(4) 风荷载

作用在井架迎风面单位面积上的风荷载 W 可按下列公式计算:

$$W=\beta_z \mu_s \mu_z W_0 \tag{7-4}$$

式中　W_0——基本风压,N/m²,从《建筑结构荷载规范》(GB 50009)中查出;

　　　μ_z——风压高度变化系数,表示风压随高度不同而变化的规律,以 10 m 高处的风压为基础,离地面愈高风压愈大;

　　　β_z——z 高度处的风振系数,$\beta_z=1.0～1.15$,井架 $\beta_z=1.0$;

　　　μ_s——风载体形系数,与构筑物体形、尺寸等有关,井架 $\mu_s=1.3$。

基本风压、风振系数、风压高度变化系数及风载体形系数也可以从《建筑结构荷载规范》中查出。

(5) 提升钢丝绳的断绳荷载

提升容器与其他设备相比,升降频繁,运行速度快,因此有可能发生与吊盘相撞卡住,或提升严重过卷,或钢丝绳从天轮上滑脱等引起断绳事故。井架设计和验算时,应考虑这种偶然的荷载。

提升钢丝绳的断绳荷载(S_d)就是提升钢丝绳的破断拉力,可从有关手册中查得,也可按下式计算:

$$S_d = \eta Q_d \tag{7-5}$$

式中　η——钢丝绳破断拉力换算系数,18×7、6×19 钢丝绳 $\eta = 0.85$,6×37 钢丝绳 $\eta = 0.82$;

　　　Q_d——钢丝绳全部钢丝破断拉力总和,N,可由钢丝绳规格型号表中查得。

3. 井架荷载的组合

验算井架结构构件时,应根据使用过程中可能同时作用的荷载进行组合,一般考虑以下2种荷载组合,即正常荷载组合和特殊荷载组合。

(1)正常荷载组合:包括全部恒荷载,即井架的自重、附属设备的重量;全部提升悬吊设备钢丝绳的工作荷载。组合系数都是1.0。其目的是保证井架在正常工作情况下有充分的安全度。计算时按 Q235 钢第一组的许用应力$[\sigma] = 170$ MPa、屈服应力 $\sigma_s = 240$ MPa 进行验算。安全系数 $m = \dfrac{\sigma_s}{[\sigma]} = \dfrac{240}{170} = 1.41$,可以保证井架在正常荷载组合下有充分的安全性。

(2)特殊荷载组合:包括全部恒荷载,即井架自重、附属设备重量,组合系数为1.0;一根钢丝绳的断绳荷载及与之共轭的钢丝绳2倍的工作荷载、其他钢丝绳的工作荷载及50%的风荷载。按特殊荷载组合计算时,钢材的许用应力乘以提高系数1.25,即$[\sigma] = 170 \times 1.25 = 212.5$ MPa,此时的安全系数 $m = \dfrac{\sigma_s}{[\sigma]} = \dfrac{240}{212.5} = 1.13$,即说明假设断绳事故发生时,仍有一定的安全度。

第二节　凿井工作盘

立井施工时,需要在井内设置一系列的凿井工作盘,如封口盘、固定盘、吊盘、稳绳盘及其他特殊用途的作业盘等。这些盘一般都是钢结构。

一、封口盘

封口盘是设置在井口地面上的工作平台,又称井盖。它是升降人员、设备、物料和装拆管路的工作平台,同时也是防止从井口向下掉落工具杂物,保护井上、下工作人员安全的结构物。

(一)封口盘的结构

封口盘一般采用钢木结构,由梁格、盘面铺板、井盖门和管道通过孔口盖门等组成,如图7-10所示。封口盘一般做成正方形平台,盘面尺寸应该与井筒外径相适应,但必须盖住井口。盘面标高必须高于最高洪水位,并应高出地面 200~300 mm。

封口盘的梁格布置如图7-11所示。它的主梁采用工字钢,次梁可采用工字钢、槽钢或方木。钢梁之间可以焊接、螺栓连接,钢梁和木梁之间要用埋头螺栓连接。木梁应用 200 mm×200 mm 的硬质木材,盘面铺板采用防滑网纹钢板。

主梁一般支承在临时锁口或邻近井口的料石垛上,料石垛的位置可根据主梁端部位置

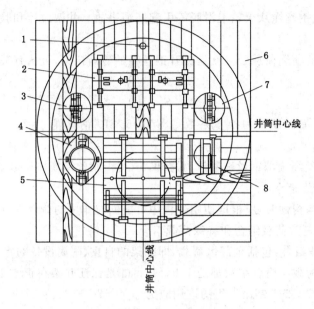

1—电缆通过孔；2—吊泵通过孔；3—压风管通过孔；4—风筒通过孔；
5—井盖门；6—盘面铺板；7—混凝土输送管通过孔；8—安全梯通过孔。

图 7-10　封口盘结构

确定,但应尽量缩短主梁跨度,以保证主梁的承载能力。盘面上的各种孔口,除设置盖板外,其缝隙均应以软质材料严密封口。封口盘的梁格布置和各种凿井设备通过孔口的位置,都必须与井上下凿井设备相对应。

吊桶提升孔口上设井盖门,井盖门由厚度75 mm 的木板和扁钢组成。提升吊桶提出井口前将井盖门打开,让吊桶通过封口盘;吊桶进入井筒后将井盖门关闭,以防坠物。在两扇井盖门中间留有提升钢丝绳孔道,以利钢丝绳运行。井盖门的开启和关闭由电动绞车或气动绞车拉动,控制开关一般设在井口信号房内,由信号工统一控制。电动启闭井盖门的装置如图 7-12 所示。

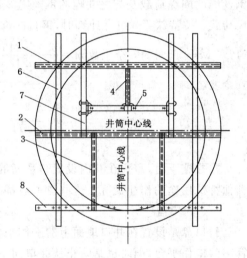

1、2—工字钢主梁；3、4—工字钢次梁；
5、6、7—方木次梁；8—方垫木。

图 7-11　封口盘的梁格布置

（二）封口盘的荷载

封口盘的荷载,主要包括封口盘的自重、施工荷载、装卸设备或较重物料时的荷载等。施工荷载是指工作人员、一般工具和物料等的重量。

封口盘的自重以及施工荷载可以近似地作为盘面均布荷载处理,两者的总荷载集度通常约取 3 kN/m^2;并且根据梁格布置情况,划分梁的承载区域,确定梁的荷载集度。

装卸设备和较重物料的荷载,例如装卸吊泵和矸石吊桶可能墩罐时的情况,按照集中荷载处理,并应作为动力荷载,适当乘以动力系数(一般取 1.2～2.0)。

在计算荷载时,根据梁格布置情况,次梁通过铺板承受盘面荷载。主梁除承受它自身的承载区域的盘面荷载以外,还将承受由次梁传递给它的荷载,这种荷载等于次梁端的支承反力,但方向相反。在设计计算时,应根据实际施工条件,考虑最不利的荷载组合情况。

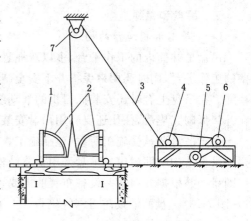

1—井盖门;2—门弓子;3—钢丝绳;4—绳筒;
5—电动机;6—皮带轮;7—滑轮。

图 7-12 电动启闭井盖门

（三）封口盘结构设计

封口盘的设计主要是设计它的梁系结构。当梁的荷载确定后,根据支承情况,把次梁和主梁简化为简支梁或连续梁,按受弯构件选择梁的截面,验算梁的强度、刚度和稳定性。

为了保持盘面平整及构造简单,对于梁的截面型号应该根据计算结果予以适当调整,使梁的规格型号不致过多。次梁与主梁连接,一般通过连接角钢,采用焊缝和螺栓连接。木梁可采用 U 形卡固定。

根据工程实际经验,封口盘的常用材料规格列于表 7-2,供设计时参考。

表 7-2 封口盘常用材料规格参考表

井径/m	主梁	次梁	方木/cm	木板厚度/cm	连接角钢	螺栓、U 型卡
≤4.5	I 20～I 28	I 20	15×20～20×20	7～7.5	∟ 75×8	M16
5.0～5.5	I 25～I 32	I 20	15×20～20×20	7～7.5	∟ 75×8	M16
6.0～6.5	I 32～I 40	I 20	15×20～20×20	7～7.5	∟ 75×8	M18～M20
7.0～8.0	I 36～I 45	I 20～I 25	15×20～18×25	7～7.5	∟ 75×8	M18～M20

二、固定盘

固定盘是设置在井筒内邻近井口的第二个工作平台,一般位于封口盘以下 4～8 m 处。固定盘主要用来保护井下安全施工,同时还用作测量和接长管路的工作平台。固定盘以梯子与地面相通。

固定盘采用钢木混合结构。它的结构和设计要求与封口盘大致相同。其不同点是吊桶的通过孔口不设盖门,而设置栏杆或喇叭口。固定盘的荷载一般较小,因此它的梁系结构可根据工程实际经验,酌情选择梁的截面型号。盘面孔口位置和大小必须与上、下凿井设备布置相一致。固定盘的常用材料规格列于表 7-3 中,供设计时参考。

表 7-3 固定盘常用材料规格参考表

井径/m	主梁	次梁	方木/cm	木板厚度/cm	连接角钢	螺栓、U 型卡
≤5.5	I 20	I 18	15×20	7	∟ 75×8	M16
6.0～6.5	I 22	I 20	15×20	7	∟ 75×8	M16
7.0～8.0	I 25	I 20	15×20	7	∟ 75×8	M20

三、吊盘和稳绳盘

(一) 吊盘和稳绳盘的构造

吊盘是井筒内的工作平台,多以双绳悬吊,它可以沿井筒上下升降。它主要用作浇筑井壁的工作平台,同时还用来保护井下安全施工,在未设置稳绳盘的情况下,吊盘还用来拉紧稳绳。在吊盘上有时还安装抓岩机的气动绞车或大抓斗的吊挂和操纵设备以及其他设备。在井筒掘砌完毕后,往往还要利用吊盘安装井筒设备。

由于吊盘要承受施工荷载(包括施工人员、材料和设备的重量),且上下升降频繁,因而要求吊盘结构坚固耐用。吊盘采用金属结构,盘架由型钢组成,一般用工字钢作主梁、槽钢作圈梁。并根据井内凿井设备布置的需要,用槽钢或小号工字钢设置次梁,并留出各通过孔口(图 7-13)。盘面铺设防滑网纹钢板。

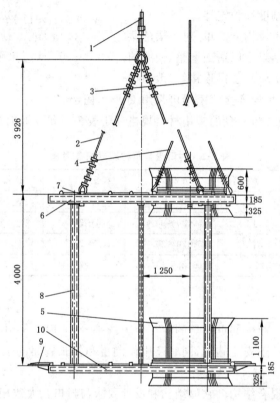

1—吊盘悬吊绳;2—悬吊绳双叉支绳(裤叉绳);3—稳绳;4—稳绳双叉支绳;
5—吊桶喇叭口;6—上层盘;7—悬吊装置;8—立柱;9—折页;10—下层盘。

图 7-13 吊盘纵向结构

稳绳是吊桶上下运行的滑道。为减小吊桶的横向摆动,吊桶以滑架和稳绳相连。吊桶在滑架(导向架)的限位下,与吊桶沿稳绳共同高速运行。为此,稳绳需要给以一定的张紧力,用来拉紧稳绳的盘体称为稳绳盘。它是井筒内的第二个可移动盘体。稳绳盘位于吊盘之下,离井筒掘进工作面 10~20 m,伴随掘进工作面的前进而下移,爆破时上提到一定安全高度处。因此,它是掘进工作面的又一安全保护盘。有时在稳绳盘上还安装悬挂抓岩机的气动绞车。如稳绳不足以使盘体保持平衡时,应增设悬吊钢丝绳,使盘体保持平衡,防止偏盘事故的发生。稳绳盘的设置与否,取决于井筒施工作业方式。当采用长段平行作业时,一定要设稳绳盘。在采用单行作业、混合作业或短段平行作业时,稳绳盘的作用由吊盘取代,因而也不必设置稳绳盘了。

稳绳盘的构造和设计要求与吊盘大致相同,其各通过孔口也完全相同,因此可以参照吊盘设计稳绳盘。稳绳盘为单层盘,梁格同吊盘。

吊盘有双层(图 7-13)和多层之分。当采用单行作业或混合作业时,一般采用双层吊盘,吊盘层间距为 4~6 m;当采用平行作业时,可采用多层吊盘。多层吊盘层数一般为 3~5 层,为适应施工要求,中间各层往往做成能够上下移动的活动盘,其中主工作盘的间距也多为 4~6 m。多层吊盘的盘面布置和构造要求与双层吊盘基本相同。

吊盘(图 7-14)由梁格、盘面铺板、吊桶喇叭口、管线通过孔口、扇形活页、立柱、固定和悬吊装置等部分组成。

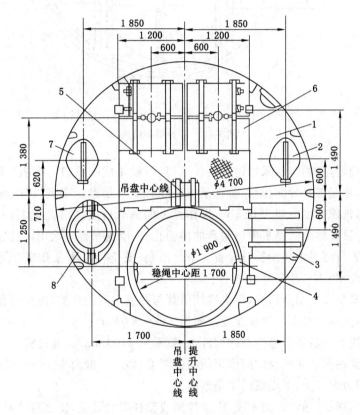

1—网纹钢板;2—混凝土输送管通过孔;3—安全梯通过口;4—吊桶喇叭口;
5—中心测锤通过孔;6—吊泵通过孔;7—压风管通过孔;8—风筒通过孔。

图 7-14　吊盘平面结构

吊盘的梁格由主梁、次梁和圈梁组成(图 7-15)。两根主梁一般对称布置并与提升中心线平行,通常采用工字钢;次梁需根据盘上设备及凿井设备通过的孔口以及构造要求布置,通常采用工字钢或槽钢;圈梁一般采用槽钢冷弯制成。梁格布置需与井筒内凿井设备相适应,并应注意降低圈梁负荷。各梁之间采用角钢和连接板,用螺栓连接。盘面的防滑网纹钢板也用螺栓固定在梁上。

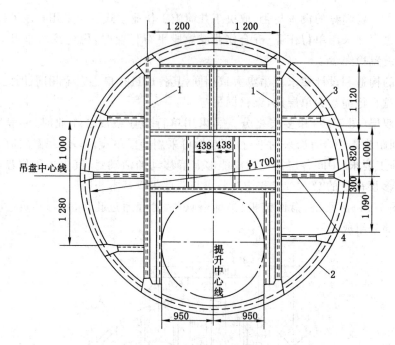

1—工字钢主梁;2—槽钢圈梁;3—槽钢次梁;4—工字钢次梁。

图 7-15　吊盘梁格结构

　　各层盘吊桶通过的孔口,采用钢板围成圆筒,两端做成喇叭口。喇叭口除保护人、物免于掉入井下外,还起提升导向作用,防止吊桶升降时碰撞吊盘。喇叭口与盘面用螺栓连接。上、下喇叭口离盘面高度一般为 0.5 m,操作盘上的喇叭口应高出盘面 1.0~1.2 m。采用多层吊盘时,可设整体喇叭筒贯串各层盘的吊桶孔口,以免吊桶多次出入盘口而影响提升速度。盘上作业人员可另乘辅助提升设备上下。吊泵、安全梯及测量孔口采用盖门封闭。其他管路孔口亦设喇叭口,其高度应不小于 200 mm。

　　各层盘沿周长设置扇形活页,用来遮挡吊盘与井壁之间的孔隙,防止吊盘上坠物。吊盘起落时,应将活页翻置盘面。活页宽度一般为 200~500 mm。

　　立柱是连接上下盘并传递荷载的构件,一般采用 ϕ100 mm 无缝钢管或 18 号槽钢,其数量应根据下层盘的荷载和吊盘空间框架结构的刚度确定,一般为 4~8 根。立柱在盘面上适当均匀布置,但力求与上、下层盘的主梁连接。

　　为防止吊盘摆动,通常采用木楔、固定插销或丝杆撑紧装置,使之与井壁顶住,数量不少于 4 个。盘上装有环形轨道或中心回转式大型抓岩机时,为避免吊盘晃动,影响装岩和提升,宜采用液压千斤顶装置撑紧井帮。

　　吊盘的悬吊有单绳单绞车、双绳单绞车和多绳多绞车等方式。目前使用最多的是双绳双叉双绞车悬吊方式。悬吊钢丝绳的下端由分叉绳与吊盘的主梁连接,盘面上的 4 个悬吊点可以保证盘体平衡。如果吊盘荷载较大,2 根悬吊钢丝绳可以采用回绳悬吊。这种悬吊方式,要求 2 根悬吊钢丝绳的一端固定在天轮平台上,而另一端向下并绕过与 2 组分叉绳相连的滑轮,然后折返井口再绕过天轮而固定在凿井绞车上。这种悬吊方式将使每根悬吊钢丝绳承受的拉力降低一半,因此可以承受较大的吊盘荷载。

（二）吊盘荷载分析

吊盘是立井施工时的主要工作平台。它的盘面留有不少孔口，使承载区域被划分为许多部分，而且施工时的荷载情况比较复杂。吊盘荷载通常可以按照下述几项荷载酌情考虑：

（1）吊盘盘架结构自重以及施工荷载，可以近似地作为盘面均布荷载处理。盘面的总荷载应该根据实际情况确定。当计算均布荷载集度时，根据吊盘施工情况，应该考虑受力不均匀的影响，适当乘以受力不均匀系数。然后根据梁格布置情况，划分梁的承载区域，确定梁的荷载集度。

（2）立模或拆模时，可以按照一圈模板、一圈模板的井圈和少量钢筋的质量，根据堆放位置作为局部均布荷载处理。模板和井圈按 600 kg 计算，少量钢筋按 750 kg 计算。

（3）当浇筑混凝土或钢筋混凝土井壁时，如果采用管路运输，可以不必考虑混凝土荷载。如果采用自卸式吊桶输送，应该考虑倾斜在漏斗内的混凝土荷载。在漏斗安装处，按照局部均匀荷载处理，并应作为动力荷载，适当乘以动力系数 1.2。

（4）当采用平行作业，浇筑混凝土或钢筋混凝土井壁时，壁圈荷载的一部分将通过支撑装置传递给立模盘。在支撑安装处按照集中荷载处理，并应作为动力荷载，适当乘以动力系数 1.2。

（5）抓岩机的气动绞车以及其他设备，可以根据安装位置作为集中荷载处理。

当悬挂于吊盘的抓岩机或环形轨道式抓岩机启动抓岩时，应该根据抓岩机和岩石的重量，按照集中荷载处理，并应作为动力荷载，适当乘以动力系数 1.2。

（6）悬吊钢丝绳通过分叉绳作用于吊卡的荷载，以及自下而上依次通过立柱传递的荷载，都应分别计算确定。

必须注意，吊盘荷载比较复杂，还应根据实际施工情况考虑其他荷载。而且上述几项荷载并不同时存在，因此在设计计算时，必须分析最不利的荷载组合，作为计算依据。

（三）吊盘结构设计原理

吊盘的设计顺序，一般自下而上依次进行。首先设计吊盘的梁系结构，然后设计立柱、悬吊装置。

1. 吊盘梁系结构

吊盘梁系结构应根据实际情况进行简化，去掉构造次梁，然后计算支承次梁、主梁和圈梁。

次梁一般为以主梁或圈梁为支点的单跨简支梁；主梁一般为支承于立柱（下盘主梁）或吊卡（上盘主梁）的外伸简支梁。次梁和支承于立柱的主梁（下盘主梁）承受均布和集中垂直荷载，因此为单向受弯构件。支承于吊卡的主梁（上盘主梁）因受悬吊裤衩绳的斜向拉力，因此为偏心受压构件。

圈梁的计算比较复杂，要根据吊盘梁格的布置形式进行结构的合理简化。常见的闭合形圈梁［图 7-16(a)］为对称布置，荷载也基本对称，圈梁与主梁的连接处可近似地看作固定端。两固定端间圈梁跨度中点的连接处可以近似地视作铰接［图 7-16(a)］，只要取出 4 段圈梁中受力最不利的一段进行计算即可。每一段圈梁为对称结构，在对称荷载作用下，对称截面上的反对称内力为零，所以在铰接处的剪力和扭矩为零，同时铰接处的弯矩也为零，因此圈梁可进一步简化为悬臂曲梁加以计算［图 7-16(b)］。

作用于受力最不利一段圈梁上的荷载有该段圈梁所承受的盘面垂直均布荷载 q 和由与

该段圈梁连接的承载次梁传来的垂直集中荷载 N。为了简化计算,可将均布荷载 q 作为集中荷载考虑,作用点在圈梁与次梁连接处[图 7-16(c)]。

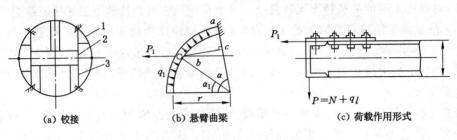

(a) 铰接　　　(b) 悬臂曲梁　　　(c) 荷载作用形式

1—圈梁;2—主梁;3—次梁。

图 7-16　圈梁计算简图

2. 立柱

吊盘工作时,立柱为轴心受拉构件;吊盘组装时,立柱则为轴心受压构件。立柱的计算长度为上、下盘的层间距。

必须注意,立柱是连接上、下盘的重要构件,参照《煤矿安全规程》规定,比照吊盘悬吊绳的安全系数,其安全系数应不小于 6。

3. 悬吊装置

一般采用双绳双叉悬吊时,每组分叉绳的两端与上层盘的 2 个吊卡相连。4 个吊卡应在盘面适当对称布置,并应安装在上层盘的主梁上。吊盘吊卡的结构见图 7-17。在荷载确定后,要对吊卡的销轴、耳柄及吊卡底部进行强度验算。

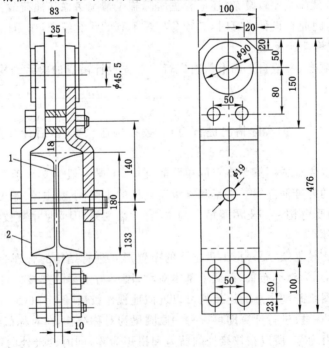

1—吊盘主梁;2—吊卡。

图 7-17　吊卡

吊卡装置是连接吊盘和分叉绳的重要部件，因此它的安全系数 k 亦应按照吊盘悬吊绳的安全系数考虑，吊卡采用 $k \geqslant 6$。销轴安全系数 k 参考《煤矿安全规程》关于连接装置的规定，采用 $k \geqslant 10$。

吊盘常用材料规格列于表 7-4 中，供设计参考。

表 7-4　吊盘常用材料规格参考表

井径 /m	主梁	次梁	圈梁	网纹钢板厚度/mm	立柱槽钢、钢管	连接角钢	连接钢板厚度/mm	螺栓
≤5.0	Ⅰ16～Ⅰ18	Ⅰ16～Ⅰ18 [16～[18	[16～[18	4	[16	∟75×8	8～12	M16～M18
6.0	Ⅰ18～Ⅰ20	Ⅰ18～Ⅰ20 [18～[20	[18～[20	4	[16～[18	∟75×8	8～12	M16～M18
6.5	Ⅰ20～Ⅰ25	Ⅰ20～Ⅰ22	[20～[25	4	[18～[20 φ114×(5～6)	∟75×8	8～12	M16～M20
7.0	Ⅰ25～Ⅰ28	Ⅰ22～Ⅰ25	[25～[28	4	[18～[20 φ114×(5～6)	∟75×8	8～12	M16～M20
7.5	Ⅰ25～Ⅰ28	Ⅰ22～Ⅰ25	[25～[28	4	[18～[20 φ114×(5～6)	∟75×8	8～12	M16～M20
8.0	Ⅰ28～Ⅰ32	Ⅰ20～Ⅰ25	[28～[32	4	[18～[20 φ114×(5～6)	∟75×8	8～12	M16～M20

（四）凿井工作盘设计要求

封口盘、固定盘、吊盘、稳绳盘和滑模工作盘等凿井施工用盘，均为立井施工时的重要施工设施。设计时应注意以下几点：

（1）各种凿井工作盘的设计计算方法步骤一般都包括盘面布置和结构布置，估算结构自重，计算荷载数值，确定计算简图，并对结构进行受力分析，按照构件类型，根据强度、刚度和稳定性的要求，选择构件截面。

（2）凿井工作盘的盘面布置和结构布置要合理，要根据凿井工作盘的用途以及有关规程、规范的要求确定孔口位置和梁系布置。吊盘和稳绳盘悬吊点的布置应注意使盘保持平稳。

（3）凿井工作盘属于施工设施，构造应该力求坚固耐用。构件之间一般采用螺栓连接，便于安装拆卸。为了保证构件之间连接牢固，必须采取适当加固措施，并应重视连接强度验算。

（4）凿井工作盘上的荷载比较复杂，设计时，应该根据实际情况，具体分析各种荷载及荷载的组合。

（5）结构设计程序通常可根据传力过程进行。例如对于梁格，由次梁到主梁；对于吊盘，由下层盘到上层盘；对于滑模，由操作盘、辅助盘到提升架。

（6）结构设计应该综合考虑质量较轻、材料较省、构造简单、制造方便和符合钢材规格等方面的因素。对于构件截面型号应根据计算结果进行适当调整，使其规格型号不要过多。

（7）设计时的容许应力和安全系数的取值，必须符合《钢结构设计规范》(GB 50017)和《煤矿安全规程》的规定。

第三节 凿井设备布置

凿井设备布置是一项比较复杂的技术工作,它要在有限的井筒断面内,妥善地布置各种凿井设备,除满足立井施工需要外,还要兼顾矿井建设各个阶段的施工需要。

一、凿井设备布置原则

凿井设备布置包括井内设备、凿井盘台和地面提绞设备布置。其原则是:

(1)凿井设备布置,应兼顾矿井建设中凿井、开巷、井筒永久安装 3 个施工阶段充分利用凿井设备的可能性,尽量减少各时期的改装工程量。

(2)井口凿井设备布置要与井内凿井设备布置协调一致,还要考虑与邻近的另一井筒的协调施工。

(3)各种凿井设备和设施之间要保持一定安全距离,其值应符合《煤矿安全规程》和《井巷工程施工验收规范》的规定。

(4)设备布置要保证盘台结构合理。悬吊设备钢丝绳要与施工盘(台)梁错开,且不影响卸矸和地面运输。

(5)地面提绞布置,应使井架受力平衡,绞车房及其他临时建筑不要妨碍永久建筑物的施工。

(6)设备布置的重点是提升吊桶和抓岩设备。

总之,井内以吊桶布置为主,井上下应以井内布置合理为主,而对于地面与天轮平台,则应以天轮平台布置合理为主。

二、布置方法及步骤

凿井设备的布置受多种因素的牵制,难以一次求成。为便于互相调整设备之间的位置,减少设计工作量,往往将各种设备按一定比例用硬纸制成模板,在同样比例画出的井筒设计掘进断面内,反复布置、多次调整,直到合理。方案确定后,绘出井筒断面布置图,其比例一般为 1∶20 或 1∶25。也可以采用计算机软件进行凿井设备布置。设备的布置应由掘进工作面逐层向上布置,由井筒中心向四周布置,避免遗漏和产生矛盾。

布置的步骤是:

(1)根据工业场地总平面布置图和井下巷道出车方向确定凿井提升机的方位,初步定出井内提升容器的位置。

(2)布置井内凿井设备,如抓岩机、吊泵、钻架、安全梯和风筒等,并确定其悬吊方式。

(3)确定各种管线位置及其悬吊方式。

(4)确定凿井吊盘、固定盘、封口盘的设备孔口位置和尺寸;布置盘梁和盘面设备。

(5)确定井架与井筒的相对位置,确定翻矸平台上设备通过口的位置、大小和梁格布置;选择天轮和天轮梁,并确定其在平立面的位置。

(6)布置地面提升机和凿井绞车。

(7)进行校对、调整、绘制各层平面及立面布置图,编写计算书。

三、井内设备的布置及吊挂

(一)吊桶布置

提升吊桶是全部凿井设备的核心,吊桶位置一经确定,提升机房的方位、井架的位置就基本确定,井内其他设备也将围绕吊桶分别布置。

提升吊桶可按下列要求布置:

凿井期间配用 1 套单钩或 1 套双钩提升时,矸石吊桶要偏离井筒中心位置,靠近提升机一侧布置,以利天轮平台和其他凿井设备的布置。若双卷筒提升机用作单钩提升时,吊桶应布置在固定卷筒一侧。天轮平台上,活卷筒一侧应留有余地,待开巷期间改单钩吊桶提升为双钩临时罐笼提升。

采用双套提升设备时,吊桶位置在井筒相对的两侧,使井架受力均衡,也便于共同利用井架水平联杆布置翻矸台。

无论采用哪种提升方式,吊桶布置还应考虑地面设置提升机房的可能性。

(1)井筒施工中装配 2 套或多套提升设备时,2 套相邻提升吊桶间的距离按《煤矿安全规程》规定应不小于 450 mm;2 个提升容器导向装置最突出部分之间的间隙,不得小于 $0.2+H/3\,000$(H 为提升高度,m) m,当井筒深度小于 300 m 时,上述间隙不得小于 300 mm。

(2)对于罐笼井,吊桶一般应布置在永久提升间内,并使提升中心线方向与永久出车方向一致;对于箕斗井,当井筒装配刚性罐道时,至少应有 1 个吊桶布置在永久提升间内,吊桶的提升中心线可与永久提升中心线平行或垂直,但必须与车场临时绕道的出车方向一致。这样有利于井筒安装工作和减少井筒转入平巷施工时,吊桶改换临时罐笼提升的改绞工作。

(3)吊桶(包括滑架)应避开永久罐道梁的位置,以便后期安装永久罐道梁时,吊桶仍能上下运行。

(4)吊桶两侧稳绳间距,应与选用的滑架相适应;稳绳与提升钢丝绳应布置在一个垂直平面内,且与地面卸矸方向垂直。

(5)吊桶应尽量靠近地面卸矸方向一侧布置,使卸矸台少占井筒有效面积,以利其他凿井设备布置和井口操作;但吊桶外缘与永久井壁之间的最小距离应不小于 500 mm。

(6)为了进行测量,吊桶布置一般应离开井筒中心。采用普通垂球测中时,吊桶外缘距井筒中心距离应大于 100 mm;采用激光指向仪测中时应大于 500 mm。采用环形轨道抓岩机时,桶缘距井筒中心距离一般不小于 800 mm。采用中心回转抓岩机时,因回转座在吊盘的安设位置不同,吊桶外缘与井筒中心间距视具体位置而定。

(7)为使吊桶顺利通过喇叭口,吊桶最突出部分与孔口的安全间隙应大于或等于 200 mm,滑架与孔口的安全间隙应大于或等于 100 mm。

(8)为了减少由井筒转入平巷掘进时临时罐笼的改装工作量,吊桶位置尽可能与临时罐笼的位置一致,使桶提升钢丝绳的间距等于临时罐笼提升钢丝绳的间距。

(二)临时罐笼的布置

当由立井井筒施工转入井底车场平巷施工后,为适应排矸及上下人员、物料的需要,一般要将吊桶改为临时罐笼。当临时罐笼采用钢丝绳罐道时,临时罐笼与井壁之间的安全间隙不小于 350 mm;2 套相邻提升容器之间,设防撞钢丝绳时,安全间隙不小于 200 mm;不设防撞钢丝绳时,安全间隙不小于 450 mm;临时罐笼与井梁之间的安全间隙则不小于 350 mm;具体的布置方法是,以井筒中心为圆心、以井筒半径与临时罐笼到井壁安全间隙的差为半径作圆,即为临时罐笼的外圈布置界线。通过吊桶悬吊点,作提升中心线的平行线,作为临时罐笼的中心线来布置临时罐笼,可使罐笼与吊桶的提吊点重合或在所作的平行线上,这样可以减少临时改绞的工作量。若不具备上述条件时,应按各安全间隙进行调整。

（三）抓岩机的布置

（1）抓岩机的位置要与吊桶的位置配合协调，保证工作面不出现抓岩死角。当采用中心回转抓岩机（HZ）和 1 套单钩提升时，吊桶中心和抓岩机中心各置于井筒中心相对应的两侧，在保证抓岩机外缘距井筒中心大于 100 mm 的条件下，尽可能靠近井筒中心布置，以扩大抓岩范围，防止吊盘偏重。当采用 2 套单钩提升时，2 个吊桶中心应分别布置在抓岩机中心的两侧。为便于进行井筒测量工作，抓岩机中心要偏离井筒中心 650～700 mm；为保证抓岩机有效地工作，除 1 台吊泵外，其他管路不许伸至吊盘以下，抓斗悬吊高度不宜超过 15 m。环形轨道抓岩机因中轴留有 ϕ210 mm 的测量孔，故抓岩机置于井筒中心位置。

（2）人力操作抓岩机的布置应满足以下几点要求：

① 每台抓岩机的抓取面积应大致相等，其悬吊点处于区域的形心上。

② 布置 1 台抓岩机使用 1 个吊桶提升时，抓岩机的悬吊点应靠近井筒中心，吊桶中心则偏于井筒中心的另一侧；长绳悬吊抓岩机既可地面悬吊，也可井内悬吊。

③ 布置 2 台抓岩机使用 1 个吊桶时，2 台抓岩机的悬吊点在井筒一条直径上，而与吊桶中心约呈等边三角形；抓岩机风动绞车的布置，应使吊盘不产生偏重。

④ 布置 2 台抓岩机使用 2 个吊桶时，2 台抓岩机的悬吊点连线与 2 个吊桶中心连线相互垂直或近似垂直；抓岩机的悬吊点，可能远离吊泵的位置。

⑤ 布置 3 台抓岩机使用 2 个吊桶提升时，2 台抓岩机的悬吊点连线平行于 2 个吊桶中心连线，另 1 台抓岩机的悬吊点则居中，主要用作辅助集岩。

无论采用哪一种抓岩机，当抓岩机停用、抓斗提至安全高度时，抓片（抓斗张开时）与吊桶之间的距离不应小于 500 mm。

（3）根据经验，当抓岩机停止工作时，抓斗与运行的吊桶间的安全间隙应不小于 200 mm。

（4）为使中心回转式抓岩机在吊盘上安装、检修、拆卸方便，应在吊盘上为它专设通过口，并在地面专设凿井绞车进行悬吊。

（四）吊泵的布置

吊泵应靠近井帮布置，便于大型抓岩机工作，但与井壁的间隙应不小于 300 mm，并使吊泵避开环形轨道抓岩机和环形钻架的环形轨道；吊泵与吊桶外缘的间隙不小于 500 mm，井深超过 400 m 时，不小于 800 mm；吊泵与吊盘孔口的间隙不小于 50 mm；当深井采用接力排水时，吊泵要靠近腰泵房（或转水站）一侧布置，便于主、副井共同用 1 套排水系统和装卸排水管；吊泵一般与吊桶对称布置，置于卸矸台溜矸槽的对侧或两侧，以使井架受力均衡和便于吊泵在井口提放。

（五）立井凿岩钻架的布置

为保证吊桶运行的安全，环形钻架与吊桶之间要留有 500 mm 以上的距离，与井壁之间要留有不小于 200 mm 的安全间隙；钻架悬吊点应避开吊盘圈梁位置，钻架的环轨与吊泵外缘间隙应不小于 100 mm。环形钻架用地面凿井绞车悬吊或吊盘上的气动绞车悬吊，悬吊点不少于 3 个，并均匀布置。

在井筒施工中，伞形钻架是利用提升机大钩及吊桶提升孔口的空间起落的，一般吊桶孔口直径要比伞形钻架收拢后的最小直径大 400 mm。伞形钻架在井口的吊运，一般利用安在井架一层平台下的滑车或单轨吊车。因此，在翻矸平台下须留有比伞钻高 2.0 m 的吊运空间,其宽度不应小于伞钻的最小收拢直径。

(六)安全梯的布置

安全梯应靠近井壁悬吊,与井壁之间距离不应大于 500 mm,要避开吊盘圈梁和环形钻架环轨的位置。通过孔口时,与孔口边缘的间隙不得小于 150 mm。安全梯用专用绞车 JZA$_2$5/800 悬吊,它具有电动和手动 2 种功能。

(七)管路和电缆的布置

(1)管路、缆线以及悬吊钢丝绳均不得妨碍提升、卸矸和封口盘上轨道运输线路的通行;井口通过车辆及货载最突出部分与悬吊钢丝绳之间距不应小于 100 mm。另外,管路位置应充分考虑建井第二时期管路的使用。

(2)风筒、压风管和混凝土输送管应适当靠近吊桶布置,以便于检修,但管路突出部分至桶缘的距离应不小于 500 mm;小于 500 mm 时,宜采用井壁固定吊挂。此外,风筒、压风管、混凝土输送管应分别靠近通风机房、压风机房和混凝土搅拌站布置,以简化井口和地面管线布置。

(3)照明、动力电缆和信号、通信、爆破电缆的间距不得小于 300 mm,信号与爆破电缆应远离压风管路,其间距不小于 1.0 m,爆破电缆须单独悬吊。

(4)当凿井管路采用井内吊挂时,管路应靠吊筒一侧集中布置,直径大的风筒置于中间;压风管、供水管和混凝土输送管对称安设在风筒的两侧。这样便于管路的下放和安装,避免几趟管路分散吊挂在井筒四周,造成吊盘圈梁四处留管路缺口,给吊盘的加工和使用造成困难。井内凿井设备的平面布置实例见图 7-18 和图 7-19。

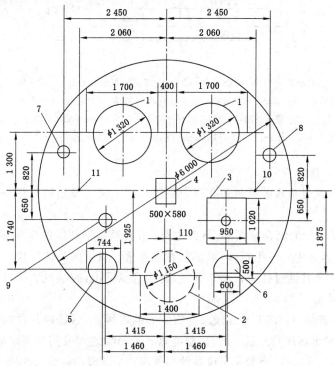

1—吊桶;2—备用吊桶;3—吊泵;4—环形轨道抓岩机;5—风筒;
6—安全梯;7—压风管;8、9—混凝土输送管;10、11—吊盘绳。

图 7-18　环形轨道抓岩机的平面布置图(实例)

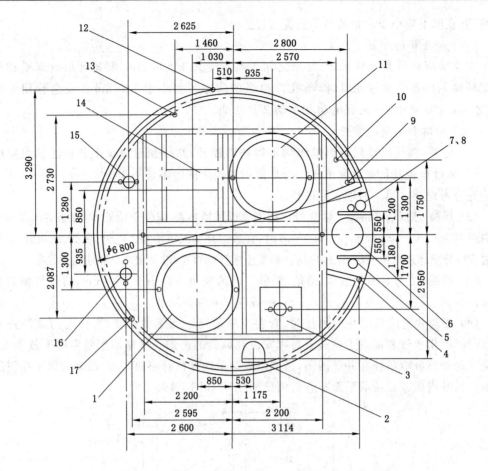

1—吊桶(3 m³);2—安全梯;3—吊泵;4、12、17—模板悬吊绳;5—排水管;
6—风筒;7—供水管;8—压风管;9—动力电缆;10—通信、信号电缆;11—吊桶(2 m³);
13—爆破电缆;14—中心回转抓岩机;15、16—混凝土输送管。

图 7-19　中心回转抓岩机的平面布置图(实例)

（八）井内各吊盘的布置

井内各盘的布置包括盘的梁格和孔口布置及盘面上施工设施的布置等。布置时可参考下列要求进行：

（1）吊盘圈梁一般为闭合圆弧梁，吊盘主梁（吊盘悬吊钢丝绳的生根梁）必须为 2 根完整的钢梁，一般与提升中心线平行，两梁尽量对称布置。盘梁的具体位置应按吊桶、吊泵、安全梯和管线的位置及其通过孔口大小来确定，并结合盘面上的抓岩机、吊盘撑紧装置等施工设施的布置一并考虑。

（2）吊盘绳的悬吊点一般布置在通过井筒中心的连线上，尽量避开井内罐道和罐梁的位置，以免井筒安装时重新改装吊盘。吊盘、稳绳盘各悬吊梁之间及其与固定盘、封口盘各梁之间均需错开一定的安全间距，严禁悬吊设备的钢丝绳在受荷载的各盘、台梁上穿孔通过。

（3）吊盘上必须设置井筒测孔，其规格为 200 mm×200 mm;吊盘采用单绳集中悬吊时，悬吊钢丝绳应离开井筒中心 250～400 mm。

（4）吊盘上安置的各种施工设施应均匀分布，使 2 根吊盘绳承受荷载大致相等，以保持吊盘升降平稳。

(5) 采用伞形钻架打眼时,为将伞形钻架置于井筒中心固定,吊盘上应留有宽 100 mm 提升伞钻钢丝绳的移位孔。

(6) 中心回转抓岩机的回转机构底座要安装在吊盘的 2 根钢梁上,2 根钢梁内侧边距为 1 230～1 250 mm。环形轨道抓岩机与吊盘的连接尺寸应根据机械安装要求确定。

(7) 吊盘之突出部分与永久井壁或模板之间的间隙不得大于 100 mm;各盘口、喇叭口、井盖口、翻矸门与吊桶最突出部分之间的间隙不得小于 200 mm,与滑架的间隙不得小于 100 mm。吊桶喇叭口直径除满足吊桶安全升降外,还应满足伞形钻架等大型凿井设备的安全通过;吊盘下层盘底喇叭口外缘与中心回转抓岩机臂杆之间应留有 100～200 mm 的安全间隙,以免相碰或影响抓岩机的抓岩范围。

(8) 吊泵通过各盘孔口时,其周围间隙不得小于 50 mm;安全梯孔口不小于 150 mm;风筒、管路及绳卡不得小于 100 mm。

封口盘和固定盘的孔口布置基本上与吊盘相同。由于各盘的用途不同,主、副梁的布置及结构尺寸也各有差异,但各种悬吊设备所占孔口位置上下应协调一致。

(九) 井内设备吊挂

1. 吊盘的吊挂

吊盘是井筒施工中在井筒内升降频繁的盘体,是最重要的吊挂设备,一般都是几十吨重,多需大型凿井绞车悬吊。其悬吊方法主要有以下几种:

(1) 稳绳兼吊盘绳悬吊法

在不需要设稳绳盘的情况下,常用吊盘来拉紧稳绳。稳绳起到了悬吊吊盘的作用。

当稳绳不足以保证盘体稳定时,可增设吊盘绳悬吊,以使吊盘平衡。运行时,稳绳绞车和吊盘悬吊绞车必须同步(机械同步和电同步)。

由于稳绳兼吊盘绳悬吊,钢丝绳的用量少,简化了天轮平台和地面布置。由于稳绳易磨损,因此滑架滑套中的衬垫应采用耐磨塑料。

(2) 双绳双叉绳双绞车悬吊法

这是应用最为广泛的一种悬吊方法。它是用悬吊钢丝绳的下端以护绳环与分叉绳一端连接,分叉绳下端用护绳环和吊卡(或 U 形卡)与吊盘梁连接,钢丝绳上端经天轮由凿井绞车悬吊,见图 7-20。这种方法悬吊钢丝绳和分叉绳都在同一竖直平面内,悬吊装置占的空间小,便于井内布置其他设备;但需 2 台凿井绞车悬吊,地面及天轮平台布置较复杂,绞车需同步。

(3) 双绳滑轮组双绞车悬吊法

这种方法是将钢丝绳的一端固定在天轮平台上,而另一端通过固定在吊盘上的滑轮组经天轮由凿井绞车悬吊,见图 7-21。它适用于井深大、吊盘重的井筒施工,如九龙口矿副井,井深 747 m,吊盘计算质量达 71.05 t。

(4) 返绳滑轮组单绞车悬吊法

这种方法是将钢丝绳的一端固定在井口梁上,另一端经固定在吊盘梁上的滑轮组再过天轮悬吊于地面凿井绞车上,如图 7-22 所示。由于无绳叉,比单滑轮少占空间,便于布置其他设备。

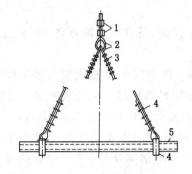

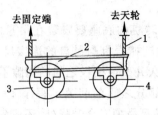

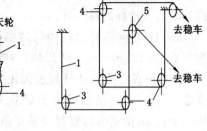

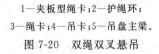

1—夹板型绳卡;2—护绳环;
3—绳卡;4—吊卡;5—吊盘主梁。
图 7-20 双绳双叉悬吊

1—钢丝绳;2—吊盘主梁;3—滑轮组;4—导向轮;5—天轮。
图 7-21 双绳滑轮组悬吊

(5)多绳多绞车悬吊法

当井筒深度大、吊盘质量大,缺少大吨位绞车的情况下,可采用多绳多绞车悬吊。其与吊盘可用分叉绳连接,也可用滑轮组连接。其缺点是地面和天轮平台布置复杂,多台绞车不易同步,悬吊钢丝绳受力不均衡。

吊盘与井壁的固定方法有楔紧法、插销法、丝杠法、插销丝杠法、气动法和液压法等。

2. 吊泵的悬吊

吊泵为双绳悬吊,由于吊泵需要修理或更换,因此常用钢丝绳将其直接挂在横担上,以便拆卸。为了缓冲吊泵启动时因向上窜动而冲击排水管和由泵体的扭转造成管卡位移而损害悬吊绳,以及减轻停泵时水锤对水泵的冲击,吊泵和排水管连接处一般均设置伸缩器,如图 7-23 所示。

3. 管路及电缆的悬吊方式

管路、风筒、电缆的悬吊方式可分为钢丝绳悬吊和井壁固定吊挂 2 种类型。而钢丝绳悬吊又可分为凿井绞车悬吊、钢丝绳固定悬吊和钢丝绳分段接力悬吊 3 种方式。

(1)凿井绞车悬吊

这种方式是将管线卡在 1 根或几根钢丝绳上,钢丝绳经天轮后由凿井绞车悬吊。这样,管线的接长均可在地面或固定盘上进行,悬吊灵活可靠,安装拆卸方便。其最大缺点是井内、地面布置拥挤,装备量大,钢丝绳用量多。

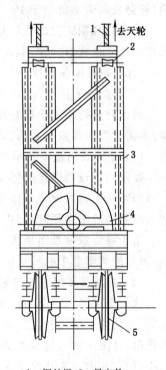

1—钢丝绳;2—导向轮;
3—导向架;4、5—导向滑轮盘。
图 7-22 返绳滑轮组单绞车悬吊

根据悬吊方式的不同,凿井绞车悬吊又分为单绳单绞车、双绳双卷筒绞车、双绳双单卷筒绞车和多绳多绞车等几种。单绳单绞车悬吊,就是钢丝绳的下端接双叉绳,与折角型的终端卡子连接,使钢丝绳紧贴管路。钢丝绳的另一端经天轮绕于凿井绞车上。管路每隔 6 m 用 1 个卡子固定在钢丝绳上。管路的上端设一平衡卡子,安设 1 段钢丝绳吊在井架上,以防单绳悬吊时管路随钢丝绳扭转。双绳悬吊时,2 条钢丝绳对称地布置在管路两侧,最下端与

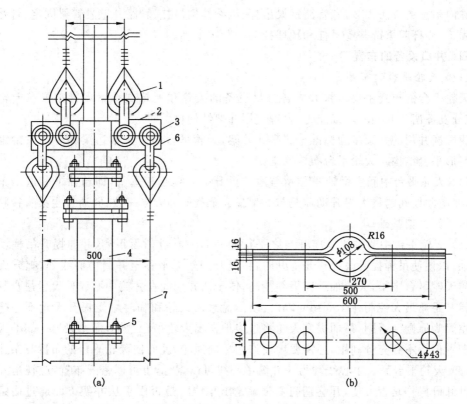

1—护绳环；2—U形环；3—U形环螺栓螺母；4—伸缩器；5—伸缩器螺栓螺母；6—吊泵；7—钢丝绳。

图 7-23　吊泵悬吊

管路的始端卡子相接，每隔 6 m 设一管卡。钢丝绳的另一端分别绕在 2 台单卷筒绞车上或 1 台双卷筒绞车上。多绳多绞车悬吊与上述方法相类似，只是钢丝绳和绞车数量增加。

（2）钢丝绳固定悬吊

这种方式是将管线固定在钢丝绳上，再将钢丝绳固定在井口或天轮平台的钢梁上。这样可少用凿井绞车，少占用井筒面积。其主要缺点是，接长管线需在井下进行，占用井筒施工时间。多余的钢丝绳需要盘放在吊盘上。

（3）分段接力吊挂

这种方式是当施工井筒很深，又无大吨位的凿井绞车时采用的。具体做法是对同一趟管线，上段采用钢丝绳固定悬吊，而下段用凿井绞车悬吊。其优点是可用小吨位凿井绞车打深井。缺点是要在井内增设一固定盘，接长管线时均在井内进行，占用井筒工作时间，操作也不方便。一般做法是将上部管路用钢丝绳吊挂在井口钢梁上，将下部管路用凿井绞车双绳悬吊，其上部无管路段的双绳应隔 10 m 设一绳卡，防止两绳缠绕在一起。

（4）井内吊挂

管线井内吊挂，也即井壁固定吊挂，就是将管线通过连接装置直接固定在预埋的钢梁或锚杆上。这种方式安全、可靠，节省大量绞车和钢丝绳，简化井上下布置。如果安排得当，临时改绞时，管线可不拆，缩短改装工期，甚至到布置永久设备时仍可利用。其缺点是拆卸、安装均在井内作业，占用井筒施工时间较长，操作不便。但当井筒断面小，场地受到限制时，部分管线井壁固定，则显示出优越性；尤其是深井开凿时优点显著，国外深井施工也多用此法。

管线井内吊挂的方法很多,有管路钢梁吊挂、钢梁挂钩吊挂、管路井壁悬臂梁固定、管路锚杆井壁固定、锚杆起重链井壁吊挂和预埋挂钩井壁固定等。

四、井口设备的布置

(一)天轮平台的布置

天轮平台的布置主要是将井内各悬吊设备的天轮和天轮支承梁妥善布置在天轮平台上,充分发挥凿井井架的承载能力,合理使用井架结构物。

我国凿井用的井架多为标准金属亭式井架,天轮平台是由 4 根边梁和中间主梁组成的"曰"字形平台结构。天轮平台布置原则如下:

(1)天轮平台中间主梁轴线必须与凿井提升中心线互相垂直,即与井下巷道出车方向垂直,使凿井期间的最大提升动荷载与井架最大承载能力方向一致,并通过主梁直接将提升荷载传递给井架基础。

(2)天轮平台中梁轴线应离开与之平行的井筒中心线一段距离,并向提升吊桶反向一侧错动,以便使吊桶提升改为罐笼提升时,将提升钢丝绳平移至井筒中心线处,提升天轮无须跨越天轮平台主梁,天轮轴承座无须抬高,便于凿井期间在井筒中心线处设置吊盘悬吊天轮。错开距离最大控制在 450 mm 以内,以吊盘悬吊天轮和临时罐笼提升天轮不碰撞天轮平台主梁为原则。否则,吊桶提升天轮将过多地探出天轮平台边梁,而主梁另一翼的天轮平台面积不但得不到充分利用,还需要增设许多导向绳轮,反而使天轮平台的布置复杂化。

(3)天轮平台另一中心线和另一井筒中心线可以重合,也可以错开布置,应视凿井期间主提升卸矸操作是否方便,开巷期间临时罐笼出车线路是否便于从井架下面通过而定。当凿井期间主提升为双钩提升时,往往采取天轮平台中心线与井筒中心线错开,而与提升中心线重合的布置方式。

(4)天轮平台上各天轮的位置及天轮的出绳方向应根据井内设备的悬吊钢丝绳落绳点位置、井架均衡受载状况、地面提绞位置,以及天轮平台设置天轮梁的可能性等因素综合考虑确定。

(5)悬吊天轮的出绳方向,力求与井架中心线平行。只有天轮平台过分拥挤或主、副井相邻一侧地面凿井绞车布置相互干扰时,才采取斜交布置,其夹角可取 30°或 45°。

(6)当凿井设备需用 2 台凿井绞车悬吊同一设备时,2 个天轮应布置在同一侧,使出绳方向一致,以便于集中布置凿井绞车和同步运转。双绳悬吊的管路尽量采用双槽天轮悬吊。

(7)稳绳天轮应布置在提升天轮两侧,出绳方向与提升钢丝绳一致,以便 2 台稳车同步运行。

(8)提升天轮应尽量布置在同一水平,一般不作一高一低的布置。

(9)尽可能少设导向轮,必要时可从天轮台边梁下面出绳。

(10)考虑出绳方向和天轮梁布置方向时,应注意使井筒转入平巷施工和井筒安装时的改装工作量最小。

(11)布置天轮梁时,应使天轮梁中心线与天轮轴承中心线垂直、与天轮平台中心线平行。

(12)尽量采用通梁或相邻 2 个天轮共用 1 根支承梁,以减少天轮梁数目。

(13)悬吊钢丝绳与天轮平台构件的间隙应不小于 50 mm;天轮与天轮平台各构件间距应不小于 60 mm。

（14）天轮布置应使井架受力基本平衡,标准亭式凿井井架可采用两面或四面布置,但是无论采用哪种布置方式,各钢丝绳作用在井架上的荷载不许超过井架实际承载能力。

布置天轮平台时,当出现天轮和天轮梁过分拥挤,甚至难以布置,提升天轮与悬吊天轮及其悬吊钢丝绳与天轮平台边梁、主梁和井架主体构件相互碰擦时,可采取下列方法进行调整:

① 改变双槽天轮的轴承间距,减少所占天轮平台有效面积。

② 改变梁的支承点位置,采用通梁或短梁;采用桁架梁、组合梁、改变梁的型式和梁号。

③ 采用天轮副梁与天轮平台中心线斜交布置。

④ 增设垫梁抬高天轮轴承座,或在出绳方向一侧增设导向天轮,将钢丝绳抬高,挪开。但悬吊天轮及其相应的导向天轮的绳槽方向应完全一致,以免磨损钢丝绳和天轮的轮缘。

⑤ 在天轮主梁下翼缘加托梁,或采用地轮悬吊方法。

⑥ 通过改变梁与梁之间的连接方法,调整竖向位置。

⑦ 钢丝绳由天轮平台边梁下面出绳。

以上措施均无法解决时,可重新调整井内悬吊设备和管线位置,以便更换天轮和天轮梁的位置。

（二）卸矸台的布置

根据矸石吊桶的布置和数目的不同,卸矸台可分为单侧单钩、单侧双钩、双侧单钩及一侧单钩一侧双钩 4 种布置形式。

一套单钩提升的井筒,采用单侧单钩式,这种形式适用于小断面浅井筒的施工,如图 7-24（a）所示。

布置一套双钩提升的井筒,在卸矸台的一侧布置卸矸溜槽,适用于大断面深井施工,卸矸溜槽的布置形式如图 7-24（b）所示。

当布置两套单钩的时候,两套翻矸装置应相对布置在卸矸台的两侧,其布置形式如图 7-24（c）所示。它适用于大断面深井施工。

当布置两套提升,一套双钩和一套单钩时,翻矸装置应布置在卸矸台的两侧,其布置形式如图 7-24（d）所示。它亦适用于大断面深井施工。

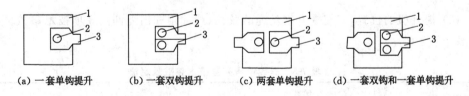

| (a) 一套单钩提升 | (b) 一套双钩提升 | (c) 两套单钩提升 | (d) 一套双钩和一套单钩提升 |

1—卸矸平台;2—吊桶位置;3—溜槽。

图 7-24　卸矸平台布置形式

卸矸台的高度应保证一定容积矸石仓的设置及卸矸溜槽下端有足够的装车高度,并便于大型凿井设备、材料出入井口。卸矸溜槽的坡度一般为 36°～40°之间,应使矸石顺利下溜。

操作平台既可以支承在井架上,也可以为独立支承结构。操作平台上要留设管线和设备的通过口,吊桶通过口周围需设栏杆。

五、地面提绞设备的布置

提绞设备布置包括临时提升机和凿井绞车两方面内容。

(一) 临时提升机布置

(1) 临时提升机位置应适应凿井和开巷 2 个施工阶段的需要,且不影响永久提升机房及箕斗井地面永久生产系统的施工。为此,罐笼井的临时提升机多半布置在永久提升机的对侧 [图 7-25(d)],使提升中心线与井底车场水平的出车方向一致。只有当场地窄小、地形限制或使用多套提升机施工时,才采用同侧布置方式,将临时提升机房布置在永久提升机房前面[图 7-25(e)],但应以不影响永久提升机房的施工为前提;对于箕斗井,临时提升机与永久提升机多数呈 90°布置,有时也可呈 180°布置,这要根据车场施工时增设的临时绕道的出车方向而定,使提升中心线与井下出车方向一致[图 7-25(a)、(b)];在特殊情况下,由于地形或其他条件的限制,凿井提升机与永久提升机可呈斜角布置[图 7-25(c)],此时天轮平台上的提升天轮应设法前后错开布置,以便开巷期间利用该提升机作临时罐笼提升时能满足出车的需要。

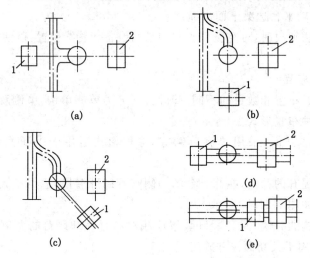

1—凿井提升机房;2—永久提升机房。

图 7-25 临时提升机的布置

(2) 提升机的位置,应使提升钢丝绳的弦长、绳偏角和出绳仰角 3 项技术参数值符合规定(表 7-5)。

表 7-5 提绞设备布置技术参数规定值

钢丝绳最大弦长/m	提升机		60	超过 60 m 钢丝绳振动跳槽
	凿井绞车		55	
钢丝绳最大偏角	提升机		1°30′	超过最大偏角钢丝绳磨损严重
	凿井绞车		2°	
钢丝绳最小仰角(下绳)	提升机		30°	JK 新系列为 15°
	凿井绞车	JZ₂ 系列	无规定	
		55 型 5 t	19°	最大值 52°
		55 型 8 t	27°	最大值 50°

（二）凿井绞车的布置

（1）凿井绞车的位置，首先应满足钢丝绳弦长、绳偏角和出绳仰角规定值，见表7-5。在此条件下，凿井绞车布置于井架四面，使井架受力均衡。

（2）同侧凿井绞车应集中布置，以利管理和修建同一绞车房。为便于操作、检修、保证凿井绞车之间互不干扰、凿井绞车钢丝绳之间以及与邻近地面线路运输工具之间应有足够的安全间距（表7-6），以保安全。

（3）几个井筒在同一广场施工时，凿井绞车的位置要统一考虑，协调布置。

表 7-6　提绞设备安全距离

项目			安全距离/mm
凿井绞车钢丝绳与其所越过的前一台绞车的最高部分距离			≥300
悬吊设备钢丝绳与侧面通过车辆最突出部分的距离			≥100
悬吊设备钢丝绳与下面通过车辆最突出部分的距离			≥500
55型凿井绞车两卷筒中心线之间最小间距	并列布置	两台均有手把	5 000
		一台有手把	3 500
	前后布置	前5 t、后8 t	2 700
		前后均为5 t	2 300
		前8 t、后5 t	2 390
		前后均为8 t	2 610
JZ₂系列两台凿井绞车之间最突出部分的距离			≥700

（三）提绞设备的布置方法

（1）根据最大绳偏角时的允许绳弦长度和最大绳弦长度时的最小允许出绳仰角算出提绞设备与井筒间的最近和最远距离，画出布置的界限范围，对照工业广场布置图，根据永久建筑物的位置、施工进度计划及地面运输线路等条件，选定提升机及凿井绞车的具体位置。提升机一般布置在最近界限附近（通常，提升机主轴到悬垂钢丝绳轴线的距离约为20～40 m）。对于各台凿井绞车，由于悬吊钢丝绳落绳点相对井筒中心坐标不同，因此计算所得到的布置界限值，尚须变换成与井筒中心相对应的界限值，然后，综合考虑出绳方向及凿井绞车群间的关系，定出各台绞车的布置。

（2）初步确定凿井绞车位置后，可用作图方法检验钢丝绳是否与天轮平台边缘相碰，或按下式进行验算：

$$\varphi' < \theta \tag{7-6}$$

即：

$$\arctan \frac{H-C}{b-R} < \arctan \frac{h}{L} + \arcsin \frac{R}{\sqrt{L^2+h^2}}$$

式中　φ'——钢丝绳的实际出绳仰角，(°)；

θ——钢丝绳与天轮槽始触点与边梁外缘连线水平夹角（图7-26），(°)；

H——天轮轴线距井口水平的高度，m；

C——卷筒轴心线距井口水平的高度，m；

b——卷筒轴心线至悬垂钢丝绳的实际水平距离,m;

R——天轮半径(绳槽至天轮中心),m;

h——天轮轴中心距边梁的高度(包括天轮梁的高度),m;

L——天轮轴中心至边梁外缘的水平距离(包括边梁宽度),m。

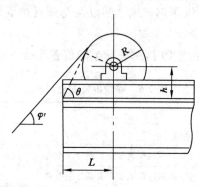

图 7-26　天轮槽始触点与边梁夹角

只有满足上述条件,钢丝绳才不致碰磨天轮平台边梁;否则应通过加设导向轮、增加垫梁抬高天轮位置,以及钢丝绳由天轮平台下面出绳等措施来调整。

当天轮梁无空余空间加设导向轮时,可增设垫梁抬高天轮轴承座,垫梁高度可按下式计算:

$$\Delta h = \frac{L\sin \varphi'' - R}{\cos \varphi''} - h \qquad (7\text{-}7)$$

式中　φ''——钢丝绳碰边梁时,凿井绞车的出绳仰角(图 7-27),(°);

L——天轮轴中心至边梁外缘的水平距离(包括边梁宽度),m;

其他符号意义同式(7-6)。

$$\tan \varphi'' \approx \frac{H_1}{b - (l + R + R_1)} \qquad (7\text{-}8)$$

式中　H_1——井架天轮平台高度,m;

R_1——凿井绞车卷筒半径,m;

其他符号意义同式(7-6)。

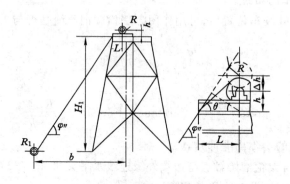

图 7-27　凿井绞车出绳仰角

当采取上述调整措施均无效时,可重新调整井内悬吊设备位置,移动天轮,直至井内、天轮平台和地面提绞设备布置达到合理为止。

六、凿井设备布置总校验

当对井内的施工设备、设施、天轮、天轮梁及地面提绞设备进行了平面和立面的初步布置后,还应进行凿井设备的总校验,其基本内容如下:

(1)检查各凿井设备、设施及管线是否互相错开,各安全间隙是否符合规定。

(2)当用作图法确定天轮及其钢丝绳悬吊点在天轮平台上的位置时,必须用计算法进行验算。

(3)对预选的天轮梁、支承梁都要进行强度验算。同一型号的梁,只验算受力最不利的梁即可。若通过计算发现原选的副梁规格小时,应按计算选型重新设置副梁。

(4)对照井筒平面布置图,检查各盘台的梁格及孔口、设备及悬吊点是否一致,孔口尺寸是否满足使用和安全间隙的要求。

(5)检查中发现有不符合要求或彼此矛盾时,应进行调整。调整时,应分清主次,首先考虑主要设备布置及主要施工项目的需要,如吊桶与其他设备的布置发生矛盾时,应以吊桶布置为主;井内与地面设备布置有矛盾时,应以保证井内布置合理为主;井筒掘进、车场施工及井筒安装在布置要求上有矛盾时,应以满足井筒掘进工作要求为主。

最后,绘制井筒凿井设备平面布置图;吊盘、固定盘、封口盘平面布置及梁格图;天轮平台布置图;地面提升机及凿井绞车平面、立面布置图。同时附上提绞设备布置计算书。

七、利用永久设备凿井

目前,我国多采用专用凿井设备凿井,如凿井井架、临时提升机、凿井绞车、压风及通风设备等,待井筒到底或建井第二期逐渐将其拆除,然后安设永久设备,这样势必增加建井期间第二次设备安拆工程量。若能直接利用永久设备凿井,不仅简化了凿井装备过程,有利于工业广场的布置,缩短建井工期,而且能节约大量投资。因此,利用永久设备凿井是矿井建设中一个重要技术发展方向。

随着矿井设计改革的发展,新井建设中煤巷增多,岩巷减少,矿井开拓方式由传统的后退式改为前进式,并实行矿井分期投产,矿建总工程量及总工期也要减少。因此,在深井广泛采用多绳轮井塔提升的情况下,主、副井的交替改装便成为决定建井总工期的主要矛盾,利用永久井塔(或永久井架)和永久设备凿井,改变现行的主井二次和副井一次改绞方案,将成为今后新井建设中的一个重要技术课题。

(一)利用永久井塔凿井

利用永久井塔凿井,施工单位要与设计部门密切配合,井塔设计前,施工单位应预先向设计单位提供施工荷载、设备布置等详细资料,在设计井塔时充分考虑凿井施工要求,设计部门也应及时向施工单位提供井塔图纸,为井筒按期开工创造条件。利用永久井塔凿井应做好以下几项技术工作:

(1)多绳轮提升井塔,生产时主要承受竖向荷载,侧向只考虑风荷载。凿井时,横向荷载增加,为了减少横向荷载对井塔的影响,布置凿井设备时,为求均匀对称,同一平台两边布置的天轮支撑梁要用拉杆连接起来,以抵消部分横向荷载。

(2)凿井天轮平台要采用分层布置方式,使施工荷载与各层楼板在生产时的荷载大小相近。避免凿井荷载过大而增加梁板截面或采取型钢等临时加固措施。

（3）为了保持井塔强度和塔体结构的完整性,提绞设备的各种绳孔和溜矸槽孔尽量利用门窗洞口,避免在塔体上临时开凿出绳孔洞。当门窗洞口不能满足凿井设备布置和悬吊要求时,施工单位应及早向设计部门提出预埋件和绳孔大小及位置,以便在设计时留出,满足施工要求中。

（4）凿井天轮平台采用多层布置时,靠近井帮的设备或管路尽量布置在较低的平台上,靠近井筒中心的设备应布置在较高的平台上,以方便设备布置和避免相互干扰。

（5）在表土不太稳定的情况下,要预先加固处理好土层,务使井塔基础牢固可靠;若表土较浅,可将井塔基础落在基岩上。

（6）为了保护出车水平的钢筋混凝土楼板,凿井期间出车水平应比楼板标高高出 $20\sim30$ mm,并在井筒掘进时铺上木板。

实践证明,采用永久井塔凿井比采用凿井井架有以下优点:

（1）利用永久井塔凿井,井塔在建井准备期内一次完成,简化了工序,并为主、副井永久装备创造了有利条件,缩短了主、副井永久装备时间和建井总工期。

（2）利用永久井塔凿井,节省了临时建筑和安装所需的材料、设备、劳力和临时工程的总费用。

（3）井塔承载能力大,为深井采用大型凿井设备机械化快速掘进创造了条件,并能保证具有足够的安全过卷高度。

（4）井口防火、保温条件好,改善了施工条件。

北票冠山立井在井塔下部 30 m 高度处分别布置了 3 层天轮平台,在距井口 7 m 高处设立了临时卸矸台。为了满足凿井要求,设计时,井塔楼板主梁已做了相应加大;为了架设凿井天轮支撑梁,井塔施工时,已在相应位置预埋金属构件,并在塔体上预留了提升及悬吊钢丝绳的出绳孔。某矿立井利用永久井塔凿井立面图见图 7-28。

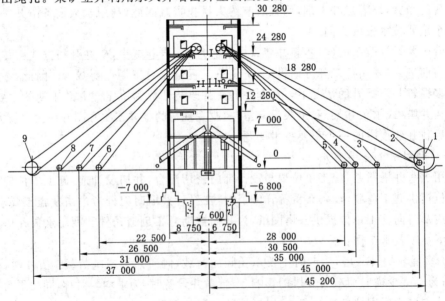

1—主提升机;2—电缆绞车;3~8—移绳绞车;9—副提升机。

图 7-28 立井利用永久井塔凿井立面图(实例)

（二）利用永久金属井架凿井

目前，在大型深井工程中，永久提升系统，除了采用多绳轮井塔提升外，很多井筒采用金属井架落地式摩擦轮提升方式，为利用永久金属井架凿井开拓了新的前景。

永久金属井架常为带斜撑的单向受力井架、天轮平台只设 1 对提升天轮，无论在承载能力、受力特点及天轮平台面积等方面都不能适应凿井的要求，必须采取以下措施方可满足凿井技术的要求：

（1）尽量采用井内吊挂管路的办法，减少悬吊设备，以减轻井架负荷，简化天轮平台布置。

（2）充分利用永久井架高度大的特点，采用多层平台布置天轮，或将某些轻型管路、设备采用地轮悬吊。

（3）根据悬吊布置要求，对井架构件采取适当的加固、补强措施，但必须注意保持永久井架的结构完整，不作过多的结构改装，保证不影响永久井架在矿井生产期间的正常使用。

（4）布置悬吊设备时，应考虑地面凿井绞车的方位，充分分析永久井架的结构特点，保持受力均衡，发挥其承载能力。

图 7-29 和图 7-30 为利用永久金属井架进行加固后布置凿井设备的案例。

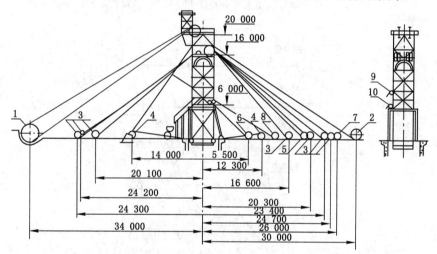

1—3 m 直径双滚筒绞车；2—材料绞车；3—5 t 稳绳稳车；4—8 t 吊盘稳车；5—8 t 稳绳稳车；
6—5 t 溜灰管稳车；7—辅助材料绞车；8—8 t 吊泵稳车；9—1.5 t 下部风管稳车的天轮。

图 7-29　副井利用永久井塔凿井立面图（梁峪矿）

（三）利用生产建井两用井架凿井

目前，我国大型基本建设矿井都实行矿井设计与施工单位联合投标竞争体制。为了以低造价、短工期而中标，促使设计单位与施工单位紧密协作，很多单位研制并使用了以生产为主、兼顾凿井要求的两用井架，为使用永久金属井架凿井开拓了新局面。

兖州济宁二号井副井井筒净径 8 m，凿井时采用生产、凿井两用井架，井架高 52 m，主体架角柱跨距 18 m×25.5 m，为满足生产期间落地式摩擦轮提升要求，在井架上分别布置了 4 层天轮平台，见图 7-31。凿井用的 31 套天轮全部安装在第四平台上（标高 +26.0 m），天轮平台尺寸为 10.89 m×9.0 m，直径 4.0 m 落地摩擦式永久提升机布置在井筒的东侧，

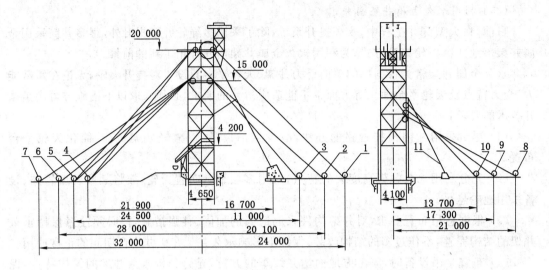

1—5 t 安全梯稳车;2、3—5 t 压风管稳车;4、5—8 t 吊盘稳车;
6、7—8 t 风筒稳车;8、10—水管稳车;9—卧泵稳车;11—独立套架斜撑。

图 7-30　副井利用永久井塔凿井立面图(长汉沟矿)

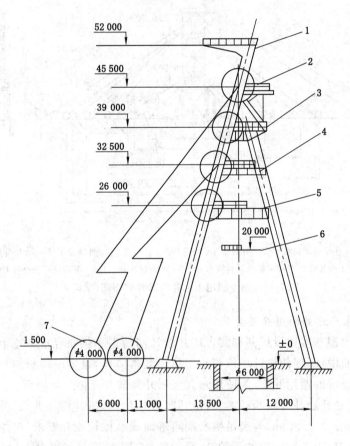

1—立体渠;2—一平台;3—二平台;4—三平台;5—四平台;6—永久套架。

图 7-31　利用生产建井两用井架凿井(济宁二号井)

而凿井提绞系统则呈南北向布置。卸矸台设在＋11.8 m 处,利用永久套架相应位置处的杆件作为支承座,所有钢梁支座与套架通过 U 形卡连接,卸矸台尺寸为 6 m×7.6 m。为了防止永久井架不均匀下沉造成井架偏斜,在井架结构设计、井架基础构造、土层加固等方面都采取了特殊的防沉措施。

据统计,陈四楼矿井采用生产、凿井两用井架,节省占用井口建设工期 4 个月,节省 1 部 V 型凿井井架,累计节省投资约 300 万元。由于缩短建井工期和节省投资,采用生产、凿井两用井架凿井具有明显的经济效益和社会效益,是今后矿井建设发展的方向。

八、工程案例

1．设计概况

井筒布置 2 套单钩提升,井内布置 2 个吊桶,随着深度的增加,更换主提吊桶(5/4 m³)。施工选用ⅣG 型井架,采用三层吊盘,一套安全梯,风筒、压风管、供水管、排水管采用井壁固定。FJD－6 伞钻打眼,掘砌混合作业。

2．井筒内布置

(1)吊桶:布置 2 套单钩提升,吊桶容积 4 m³ 或 5 m³。

(2)风筒:采用 1 趟 φ800 mm 风筒,压入式通风,采用井壁固定方式。

(3)管路:压风管采用 1 趟 φ159 mm×6 无缝钢管,供水管采用 1 趟 φ50 mm×6 无缝钢管,排水管采用 1 趟 φ159 mm×7 无缝钢管。管路采用井壁固定。

(4)安全梯:安全梯平时不通过吊盘,悬在吊盘上,吊盘下设软梯,需要时通过吊盘放到工作面,采用 JZA-5/800 型手、电两用绞车悬吊。

(5)抓岩机:井筒内布置 2 台 HZ-6 型中心回转抓岩机,抓岩机设 1 根钢丝绳作保险绳用。

(6)管缆:放炮电缆、动力电缆按规定要求单独悬吊,设计选用 JZ2-10/600 型凿井绞车;信号电缆、照明电缆和通信电缆分别敷设在吊盘绳上。

(7)模板与混凝土输送方式:整体金属模板,段高 4 m;底卸式吊桶输送混凝土。

(8)水泵:DC50-80/9 型卧泵 1 台。

井内设备布置图如图 7-32 所示。

3．地面提绞布置

设计采用ⅣG 型钢管井架,两侧对称出绳。主提升机选用 2JKZ-3.6/15.5 型提升机,副提升机选用 JKZ-3.0×2.5/15.5 型;其他凿井绞车均按照悬吊物的总荷载计算后选择,静张力均满足要求。凿井绞车选用 JZ2-16/800 和 JZ2-10/800 型。钢丝绳均选用 18×7 纤维芯钢丝绳,要求左右交互捻向组合使用。

提升、悬吊钢丝绳参数如表 7-7 所示。

4．天轮平台布置

天轮与钢梁采用螺栓连接,安装完毕后用∟75×8 角钢或[12 槽钢焊接在天轮轴承座两侧作为限位,提升天轮的两端安装剪力撑。天轮平台安装完毕后,用∟75×8 角钢将天轮梁连成一个整体。

天轮平台安装后在平台中部铺设检修平台,检修平台宽 1 500 mm,用 δ4 网纹板现场制作,天轮平台周边设围栏。

天轮平台钢梁布置如图 7-34 所示。

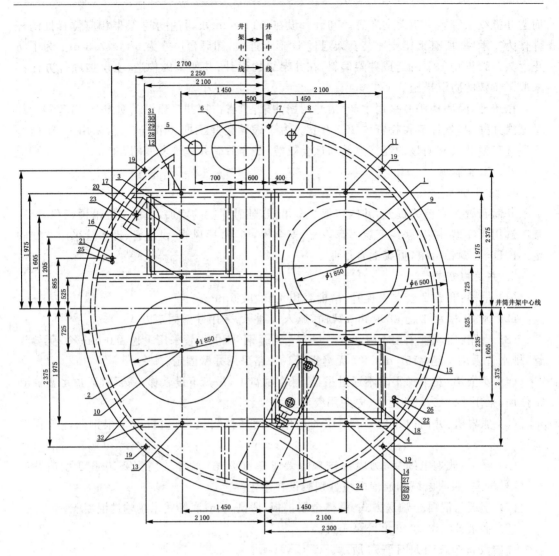

1—主提吊桶(5/4 m³);2—副提吊桶(4 m³);3、4—中心回转抓岩机;5—风筒;6—压风管;7—供水管;
8—排水管;9—主提吊桶提升钢丝绳;10—副提吊桶提升钢丝绳;11~14—吊盘悬吊绳;15—主提稳绳;
16—副提稳绳;17、18—抓岩机悬吊绳;19—模板悬吊绳;20—安全梯悬吊绳;21—动力电缆悬吊绳;
22—放炮电缆悬吊绳;23—安全梯;24—排水泵;25—动力电缆;26—放炮电缆;27—照明电缆;
28—信号电缆;29—通讯电缆;30—监控电缆;31—视频电缆;32—凿井吊盘。

图 7-32　井内设备布置图

表 7-7　提升、悬吊钢丝绳参数表

序号	名称	钢丝绳型号	钢丝绳仰角 /(°)	钢丝绳长度 /m	钢丝绳质量 /kg	终端载荷 /kg	总质量 /kg
1	主提升机	18×7-42-1770	28.19	900	5 019	9 659	14 678
2	副提升机	18×7-42-1770	28.65	900	5 019	9 659	14 678
3	抓岩机用凿井绞车	18×7-30-1770	37.30	850	2 561	7 920	10 481
4	抓岩机用凿井绞车	18×7-30-1770	34.54	850	2 561	7 920	10 481

表 7-7(续)

序号	名称	钢丝绳型号	钢丝绳仰角 /(°)	钢丝绳长度 /m	钢丝绳质量 /kg	终端载荷 /kg	总质量 /kg
11	1# 吊盘悬吊用凿井绞车	18×7-36-1870(交左)	31.86	850	3 687	10200	13 887
12	2# 吊盘悬吊用凿井绞车	18×7-36-1870(交右)	31.99	850	3 687	10 620	15 807
13	3# 吊盘悬吊用凿井绞车	18×7-36-1870(交左)	31.90	850	3 687	10 200	13 887
14	4# 吊盘悬吊用凿井绞车	18×7-36-1870(交右)	31.86	850	3 687	12 110	15 797
15	主提升稳绳用凿井绞车	18×7-28-1770	40.88	850	2 232	6 000	8 232
16	副提升稳绳用凿井绞车	18×7-28-1770	40.98	850	2 232	6 000	8 232
19-1	模板悬吊用凿井绞车	18×7-32-1670	34.01	850	2 911	7 200	10 111
19-2	模板悬吊用凿井绞车	18×7-32-1670	34.64	850	2 911	7 200	10 111
19-3	模板悬吊用凿井绞车	18×7-32-1670	34.64	850	2 911	7 200	10 111
19-4	模板悬吊用凿井绞车	18×7-32-1670	34.01	850	2 911	7 200	10 111
20	安全梯悬吊用凿井绞车	18×7-20-1670	48.98	850	1 138	2 500	3 638
21	动力电缆悬吊用凿井绞车	18×7-24-1670	43.77	850	1 643	4 802	6 445
22	放炮电缆悬吊用凿井绞车	18×7-20-1670	43.67	850	1 138	1 849	2 987

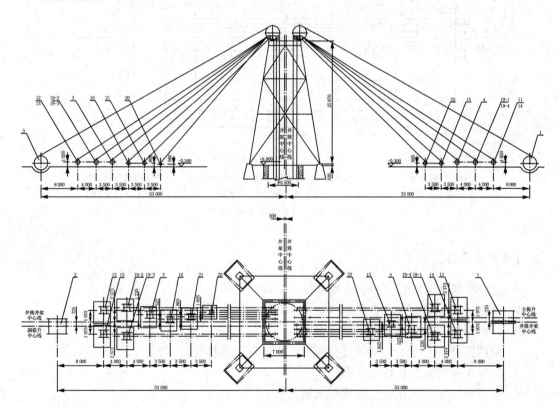

1—主提升机;2—副提升机;3、4—抓岩机用凿井绞车;11~14—吊盘悬吊凿井绞车;

15、16—稳绳用凿井绞车;19(1~4)—模板悬吊用凿井绞车;20—安全梯悬吊用凿井绞车;

21—动力电缆悬吊用凿井绞车;22—放炮电缆悬吊用凿井绞车。

图 7-33　提绞立面、平面布置图

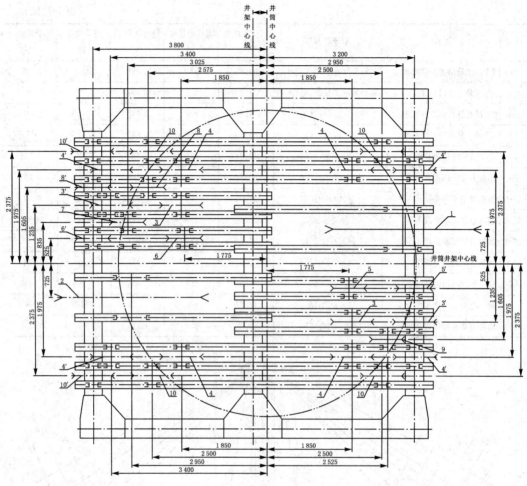

1—主提升天轮;2—副提升天轮;3—抓岩机天轮;3′—抓岩机导向天轮;4—吊盘天轮;4′—吊盘导向天轮;

5—主提升稳绳天轮;5′—主提升稳绳导向天轮;6—副提升稳绳天轮;6′—副提升稳绳导向天轮;

7—动力电缆天轮;8—安全梯天轮;9—放炮电缆天轮;10—模板悬吊天轮;10′—模板悬吊导向天轮。

图 7-34 天轮平台布置图

【复习思考题】

1. 立井亭式井架（凿井井架）由哪几部分组成？

2. 什么是"三盘两台"？它们的功能是什么？

3. 井内悬吊设备的布置原则是什么？

4. 采用哪种作业方式时必须设稳绳盘？稳绳盘与吊盘有何不同？

5. 吊桶在井内的布置要点有哪些？

6. 采用永久井架凿井应注意哪些问题？

第八章 岩石平巷

第一节 平巷断面设计

巷道是井下行人、运输和生产的通道,断面设计是否合理,将直接影响煤矿生产的安全和经济效益。断面设计的主要原则是:在满足安全、生产和施工要求的条件下,力求提高断面利用率,取得最佳的经济效果。

巷道断面设计的内容和步骤是:首先,选择巷道断面形状,确定巷道净断面尺寸,并进行风速验算;其次,根据支架参数和道床参数计算出巷道的设计掘进断面尺寸,并按允许的超挖值求算出巷道的计算掘进断面尺寸;再次,布置水沟和管缆;最后,绘制巷道断面施工图,编制巷道特征表和每米巷道工程量以及材料消耗量一览表。

一、断面选型

我国煤矿井下使用的巷道断面形状,按其构成的轮廓线可分为曲线形和折线形两大类。前者如半圆拱形、圆弧拱形、三心拱形、马蹄形、椭圆形和圆形等;后者如矩形、梯形、不规则形等(见图 8-1)。

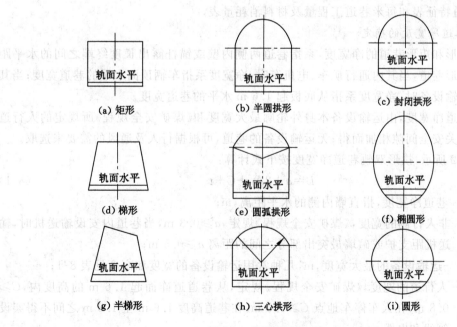

(a) 矩形	(b) 半圆拱形	(c) 封闭拱形
(d) 梯形	(e) 圆弧拱形	(f) 椭圆形
(g) 半梯形	(h) 三心拱形	(i) 圆形

图 8-1 巷道断面形状

巷道断面形状的选择,主要应考虑巷道用途及其服务年限、所处的位置(即作用在巷道上地压的大小和方向、围岩性质)、选用的支架材料和支护方式、掘进方法和采用的掘进设备等因素。

一般情况下,巷道的用途和服务年限是选择断面形状的重要因素。服务年限长达几十年的开拓巷道,采用受力性能好的各种拱形断面较为有利;服务年限短的准备巷道或回采巷道多采用断面利用率高的梯形或矩形断面。

作用在巷道上的地压大小和方向在选择断面形状时也起主要作用。当顶压较大、侧压较小时,应选用直墙拱形断面(半圆拱、圆弧拱或三心拱);当顶压、侧压都很大且有严重底鼓时,就必须选用诸如马蹄形、椭圆形或圆形等封闭式断面。

掘进方法和掘进设备对于巷道断面形状的选择也有一定的影响。目前,岩石平巷掘进仍是采用钻眼爆破方法占主导地位,它能适应任何形状的断面。未来在使用全断面掘进机组掘进的岩石平巷,选用圆形断面无疑是更为合适的。

上述选择巷道断面形状应考虑的诸因素,彼此是密切联系而又相互制约的。条件要求不同,影响因素的主次位置就会发生变化。所以,应该综合分析,抓住主导因素,兼顾次要因素,以便能选用较为合理的巷道断面形状。

二、确定断面尺寸

巷道断面尺寸主要取决于巷道的用途,存放或通过它的机械、器材或运输设备的数量及规格,人行道宽度和各种安全间隙,以及通过巷道的风量等。

设计巷道断面尺寸时,首先,根据上述诸因素和有关规程、规范的规定,定出巷道的净断面尺寸,并进行风速验算;其次,根据支护参数、道床参数计算出巷道的设计掘进断面尺寸,并按允许加大值(超挖值)计算出巷道的计算掘进断面尺寸;最后,按比例绘制巷道断面施工图,编制巷道特征表和每米巷道工程量及材料消耗量表。

(一)巷道净宽度的确定

直墙拱形和矩形巷道的净宽度,系指巷道两侧内壁或锚杆露出长度终端之间的水平距离。对于梯形巷道,当其内通行矿车、电机车时,净宽度系指车辆顶面水平的巷道宽度;当其内不通行运输设备时,净宽度系指从底板起 1.6 m 水平的巷道宽度。

运输巷道净宽度,由运输设备本身外轮廓最大宽度和《煤矿安全规程》所规定的人行道宽度以及有关安全间隙相加而得;无运输设备的巷道,可根据行人及通风的需要来选取。

如图 8-2 所示,拱形双轨巷道净宽度按下式计算:

$$B=a+2A_1+C+t \tag{8-1}$$

式中 B——巷道净宽度,指直墙内侧的水平距离,m;

a——非人行侧的宽度,《煤矿安全规程》规定,$a\geq0.3$ m,当巷道内安设输送机时,输送机距支护或碹墙最突出部分之间的距离 $a\geq0.5$ m;

A_1——运输设备的最大宽度,m,几种常用运输设备的宽度和高度见表 8-1;

C——人行道的宽度,《煤矿安全规程》规定,从巷道道砟面起 1.6 m 的高度内,$C\geq0.8$ m,在人车停车地点 $C\geq1.0$ m,在巷道高度 1.6 m 至 1.8 m 之间不得架设管线和电缆;

t——在双轨运输巷道中两列对开列车最突出部分之间的距离,《煤矿安全规程》规定 $t\geq0.2$ m,在采区装载点 $t\geq0.7$ m,在矿车摘挂钩地点 $t\geq1.0$ m。

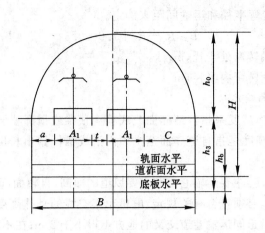

图 8-2 巷道净断面尺寸计算简图

表 8-1 几种常用运输设备的主要计算尺寸

单位:mm

运输设备类型	宽度(A_1)	高度(h)	运输设备类型	宽度(A_1)	高度(h)
ZK $\frac{\frac{6}{7}}{10 \ 9}$-7/250 架线电机车	1 060 1 360	1 550	XK8-6/110A 蓄电池电机车	1 054	1 550
			1 t 固定式矿车	880	1 150
ZK14-$\frac{7}{9}$/550 架线电机车	1 335	1 600	1.5 t 固定式矿车	1 050	1 150
ZK10-7/550-7C 架线电机车 $\frac{6}{\ }{9}$	1 050 1 212 1 350	1 600	3 t 底卸式矿车	1 200	1 400
			TD75 固定式输送机	1 515	1 200
XK2.5-6/48A 蓄电池电机车	920	1 550	SPJ-800 吊挂带式输送机	1 200	900

对于无轨运输巷道,主要根据行人及通风的需要来选取。主要运输巷道应留有宽度在 1.2 m 以上的人行道;另一侧宽度也应不小于 0.5 m;两辆车对开最突出部分之间的距离不小于 0.5 m(图 8-3)。其他巷道,人行道宽度可按 0.8~1.0 m 留设;另一侧宽度可按 0.3~0.5 m 留设。

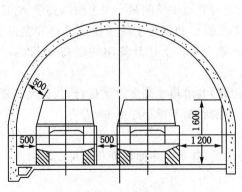

图 8-3 无轨胶轮车直线段运输巷道宽度

在巷道转弯或交叉处,无轨运输车的间距必须满足安全运输的要求,此时巷道的净宽度应根据无轨运输车的转弯半径和运输间距来确定。

$$B \geqslant R_1 - R_2 + 1.2 + 0.5 \tag{8-2}$$

式中 R_1——运输车辆转弯外半径，m；

R_2——运输车辆转弯内半径，m。

（二）巷道净高度的确定

矩形、梯形巷道的净高度系指自道砟面或底板至顶梁或顶部喷层面、锚杆露出长度终端的高度；拱形巷道的净高度是指自道砟面至拱顶内沿或锚杆露出长度终端的高度，如图 8-2 所示。

《煤矿安全规程》规定，主要运输巷道和主要风道的净高，自轨面起不得低于 1.9 m。架线电机车运输巷道的净高，必须符合有关规定：电机车架空线的悬挂高度，自轨面算起在行人的巷道内、车场内以及人行道同运输巷道交叉的地方不得小于 2 m；在不行人的巷道内不得小于 1.9 m；在井底车场内，从井底到乘车场其高度不得小于 2.2 m。电机车架空线和巷道顶或棚梁之间的距离不得小于 0.2 m。采区（盘区）内的上山、下山和平巷的净高不得低于 1.8 m。

确定拱形巷道的净高度，主要是确定其净拱高和自底板起的壁（墙）高，如图 8-2 所示。

$$H = h_0 + h_3 - h_b \tag{8-3}$$

式中 H——拱形巷道的净高度，m；

h_0——拱形巷道的拱高，m；

h_3——拱形巷道的墙高，m；

h_b——巷道内道砟高度，m。

1. 拱高 h_0 的确定

拱的高度常以与巷道净宽的比来表示（称为高跨比）。

半圆拱的拱高 h_0、拱的半径 R 均为巷道净宽的 1/2，即 $h_0 = R = B/2$。圆弧拱的拱高，煤矿多取巷道净宽的 1/3，即 $h_0 = B/3$。个别矿井为了提高圆弧拱的受力性能，取拱高 $h_0 = 2B/5$。金属矿山由于围岩坚固稳定，可将圆弧拱的拱高 h_0 取为巷道净宽的 1/4 或 1/5。

2. 墙高 h_3 的确定

拱形巷道的墙高（h_3）系指自巷道底板至拱基线的垂直距离（见图 8-2）。为了满足行人安全、运输通畅以及安装和检修设备、管缆的需要，拱形巷道的墙高 h_3 设计按架线电机车导电弓子顶端两切线的交点处与巷道拱壁间最小安全间隙要求、管道的装设高度要求、人行高度要求、1.6 m 高度人行宽度要求和设备上缘至拱壁最小安全间隙要求等 5 种情况，根据表 8-2 中公式计算，并取其最大者。上述计算出的墙高 h_3 值，必须按只进不舍的原则，以 0.1 m 进级。

无轨运输（包括汽车运输）巷道最小高度除满足行人、通风等要求外，运输设备的顶部距巷道顶部（支护）或管线下缘的距离不得小于 0.6 m。

（三）巷道的净断面积

巷道的净宽和净高确定后，巷道的净断面面积便可以求出。

半圆拱巷道净断面面积：

$$S = B(0.39B + h_2) \tag{8-4}$$

圆弧拱巷道净断面面积：

$$S = B(0.24B + h_2) \tag{8-5}$$

表 8-2　墙高计算表

条款	说明	计算公式	
		半圆拱	圆弧拱
按架线电机车导电弓子顶端两切线的交点处以最小安全要求计算	电机车导电弓子外缘与巷道拱壁间距 $n\geq200$ mm，一般取 $n=200$ mm，K 为导电弓子宽度一半	$h_3\geq h_4+h_c-\sqrt{(R-n)^2-(K+b_1)^2}$	$h_3\geq h_4+h_c+\sqrt{R^2-\left(\dfrac{B}{2}\right)^2}-\sqrt{(R-n)^2-(K+b_1)^2}$
按导电弓子求高度计算　双轨	电机车导电弓子与管子距离不小于 300 mm	$h_3\geq h_5+h_7+h_b-\sqrt{R^2-(K+m+D/2+b_2)^2}$	$h_3\geq h_5+h_7+h_b+\sqrt{R^2-(B/2)^2}-\sqrt{R^2-(K+m+D/2+b_2)^2}$
按导电弓子求高度计算　单轨	管子最下边应有不小于 1 800 mm 的人行高度，即 $h_5\geq1\,800$ mm；$m_1\geq200$ mm；	$h_3\geq h_5+h_7+h_b-\sqrt{R^2-(K+m+D/2-b_1)^2}$	$h_3\geq h_5+h_7+h_b+\sqrt{R^2-(B/2)^2}-\sqrt{R^2-(K+m+D/2-b_1)^2}$
按管道的装设要求计算　按电机车　双轨	电机车距管子不小于一定值，即 $m_1\geq200$ mm；管子最下边应有不小于 1 800 mm 的人行高度，即 $h_5\geq1\,800$ mm	$h_3\geq h_5+h_7+h_b-\sqrt{R^2-(A_1/2+m_1+D/2+b_2)^2}$	$h_3\geq h_5+h_7+h_b+\sqrt{R^2-(B/2)^2}-\sqrt{R^2-(A_1/2+m_1+D/2+b_2)^2}$
按电机车　单轨	管子最下边应有不小于 1 800 mm 的人行高度，即 $h_5\geq1\,800$ mm	$h_3\geq h_5+h_7+h_b-\sqrt{R^2-(A_1/2+m_1+D/2-b_1)^2}$	$h_3\geq h_5+h_7+h_b+\sqrt{R^2-(B/2)^2}-\sqrt{R^2-(A_1/2+m_1+D/2-b_1)^2}$
按人行道高度要求计算	距井壁处的有效高度不应小于 1 800 mm，$j\geq100$ mm，一般取 $j=200$ mm	$h_3\geq1\,800+h_b-\sqrt{R^2-(R-j)^2}$	$h_3\geq1\,800+h_b+\sqrt{R^2-(B/2)^2}-\sqrt{R^2-(B/2-j)^2}$
按 1.6 m 高度处人行道宽度要求计算　双轨	距面起 1.6 m 水平处，运输设备上缘与拱壁间距 $C\geq700$ mm，即保证有 700 mm 宽的人行道	$h_3\geq1\,600+h_b-\sqrt{R^2-(C+A_1/2+b_2)^2}$	$h_3\geq1\,600+h_b+\sqrt{R^2-(B/2)^2}-\sqrt{R^2-(C+A_1/2+b_2)^2}$
单轨	距面起 1.6 m 水平处，运输设备上缘与拱壁间距 $C\geq700$ mm，即保证有 700 mm 宽的人行道	$h_3\geq1\,600+h_b-\sqrt{R^2-(C+A_1/2-b_1)^2}$	$h_3\geq1\,600+h_b+\sqrt{R^2-(B/2)^2}-\sqrt{R^2-(C+A_1/2-b_1)^2}$
按设备上缘与拱壁最小安全间隙计算　人行侧　双轨	距面起 1.6 m 水平处，运输设备上缘与拱壁间距 $C\geq700$ mm，即保证有 700 mm 宽的人行道	$h_3\geq h+h_c-\sqrt{R^2-(C+A_1/2+b_2)^2}$	$h_3\geq h+h_b+\sqrt{R^2-(B/2)^2}-\sqrt{R^2-(C+A_1/2+b_2)^2}$
人行侧　单轨		$h_3\geq h+h_c-\sqrt{R^2-(C+A_1/2-b_1)^2}$	$h_3\geq h+h_c+\sqrt{R^2-(B/2)^2}-\sqrt{R^2-(C+A_1/2-b_1)^2}$
非人行侧	运输设备上缘与拱壁间距 $a'\geq200$ mm，一般取 $a'=200$ mm	$h_3\geq h+h_c-\sqrt{R^2-(a'+A_1/2+b_1)^2}$	$h_3\geq h+h_c+\sqrt{R^2-(B/2)^2}-\sqrt{R^2-(a'+A_1/2+b_1)^2}$

三心拱巷道净断面面积：

$$S=B(0.26B+h_2) \tag{8-6}$$

（四）巷道风速验算

巷道通过的风量是根据对整个矿井生产通风网络求解得到的。当通过该巷道的风量确定后，断面越小风速越大。风速大，不仅会扬起煤尘，影响工人身体健康和工作效率，而且易引起煤尘爆炸事故。为此，《煤矿安全规程》规定了各种不同用途的巷道所允许的最高风速（见表8-3）。但是，为使矿井增产留有余地和满足经济风速的要求，一般不选用表中所列的最高风速。《煤炭工业设计规范》规定，矿井主要进风巷的风速一般不大于 6 m/s。所以设计出巷道净断面后，还必须进行风速验算，即

$$v=\frac{Q}{S} \leqslant v_{\max} \tag{8-7}$$

式中　v——通过该巷道的风速，m/s；

　　　Q——根据设计要求通过该巷道的风量，m³/s；

　　　S——巷道的净断面面积，m²；

　　　$v_{\max}$——该巷道允许通过的最大风速，按表8-3确定，m/s。

表 8-3　巷道允许的最高风速

巷道名称	允许最高风速 $v_{\max}$/(m/s)
风桥	10
主要进、回风巷	8
架线电机车巷道	8
输送机巷道，采区进、回风巷	6
采煤工作面、掘进中的煤巷和半煤岩巷	4
掘进中岩巷	4
其他行人巷道	—

一般对低瓦斯矿井，按前述方法所设计出的巷道净断面尺寸均能满足通风要求。但是，对高瓦斯矿井往往不能满足。这时，巷道的净断面尺寸就需要根据允许的巷道最高风速和《煤炭工业设计规范》规定的最高风速要求来进行计算。

（五）巷道设计和掘进断面面积计算

1. 支护参数的确定

通常应根据巷道的类型和用途、巷道的服务年限、围岩的物理力学性质以及支架材料的特性和来源等因素综合分析选择合理的支护形式。支护方式应力求承载能力强、就地取材、施工方便、经济耐用、维修量小。

支护方式确定后，即可进行支护参数的选择。支护参数是指各种支架的规格尺寸，如矿用工字钢和U型钢的型号，锚喷支护的锚杆类型、长度、直径、间距和排距，喷射混凝土的厚度与标号等。

对于岩石平巷的支护而言，锚喷支护是主要支护形式。目前，锚喷支护已形成一个支护系列，它包括喷射混凝土支护，锚杆支护，锚杆与喷射混凝土联合支护，锚杆、喷射混凝土与

钢筋网联合支护以及与锚索、支架的联合支护。

2. 道床参数的选择

道床参数选择包括钢轨型号选取、轨枕规格和道砟高度的确定。

钢轨的型号是以每米长度的质量来表示的。煤矿常用的型号是 11 kg/m、15 kg/m、18 kg/m、24 kg/m、30 kg/m 和 33 kg/m。钢轨型号根据巷道类型、运输方式及设备、矿车容积和轨距来选用,见表 8-4。

表 8-4 巷道轨型选择及技术特征

巷道类型		运输方式及设备	矿车容积	轨距/mm	钢轨型号/(kg/m)
井底车场及主要运输大巷		8 t、10 t 电机车或 12 t、14 t 机车牵引列车	5 t 底卸式	900	≥30
			3 t 底卸式	600	
		<8 t 机车	1 t 固定式	600	18
		无极绳,≤5 t 机车	1 t 固定式	600	15
采区运输巷道	上、下山	钢丝绳运输	1.5 t 固定式	600(900)	15
				600	15
	运输中巷、回风巷	≤5 t 机车或钢丝绳运输	1.5 t 固定式	600(900)	15
			1 t 固定式	600	11 或 15

轨枕的类型和规格应与选用的钢轨型号相适应。目前多使用钢筋混凝土轨枕,木轨枕主要用在道岔处。预应力钢筋混凝土轨枕具有较好的抗裂性和耐久性、构件刚度大、节约木料、造价低等优点,应大力推广使用。常用的轨枕规格见表 8-5。

表 8-5 常用轨枕规格 单位:mm

轨枕规格	轨距	轨型/(kg/m)	全长	全高	上宽	下宽
木轨枕	600	11	1 200	100	—	120
		15 或 18		120	120	150
		24		140	130	160
	900	15 或 18	1 600	120	120	150
		24、30		140	130	160
钢筋混凝土轨枕	600	11 或 15	1 200	130	120	140
		18		130	160	180
	900	24、30	1 700	145	170	200
预应力钢筋混凝土轨枕	600	15 或 18	1 200	115	100	140

道床应选用坚硬和不易风化的碎石或卵石做道砟,粒度以 20~30 mm 为宜,并不准掺有碎末等杂物,使其具有适当孔隙率,以利于排水和有良好的弹性。道砟的高度也应与选用的钢轨型号相适应,其厚度不得小于 100 mm,至少要把轨枕 1/2~2/3 的高度埋入道砟内,二者关系如图 8-4 所示。

道床宽度可按轨枕长度再加 200 mm 考虑。相邻两轨枕中心线距一般为 0.7~0.8 m,

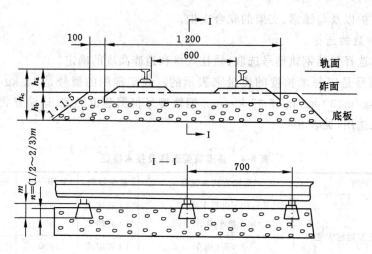

图 8-4　道床尺寸关系图

在钢轨接头、道岔和弯道处应适当减小。道床有关参数见表 8-6。

表 8-6　常用道床参数

巷道类型		钢轨型号 /(kg/m)	道床总高度 h_c/mm	道砟高度 h_b/mm	道砟面至轨道面垂高 h_a/mm
井底车场主要运输巷道		≥24	360	200	160
		18	320	180	140
采区运输巷道	上、下山	15 或 18	220	可不铺道砟,轨枕沿底板浮放,也	
	运输中巷、回风巷	15 或 18	220	可在浮放轨枕两侧填充掘进矸石	

　　大型矿井特别是采用底卸式矿车运输时,井底车场和主要运输大巷应积极推广整体(固定)道床。这种道床可用混凝土一次浇灌而成,也可先在轨道下铺设轨枕,然后再浇灌混凝土。但是,有底鼓且未处理的巷道不宜采用整体道床。

　　3. 掘进断面面积的计算

　　巷道的净尺寸加上支护和道床参数后,便可获得巷道的设计掘进尺寸,进而求算出巷道的设计掘进断面积。

　　巷道设计掘进断面尺寸加上允许的掘进超挖误差值 δ(75 mm),即可求算出巷道计算掘进断面尺寸。因此,在计算布置锚杆的巷道周长、喷射混凝土周长和粉刷面积周长时,就应用比原设计净宽大 2δ 的计算净宽作为计算基础,以便保证巷道施工时材料应有的消耗量。

　　三、断面内水沟设计和管线布置

　　(一)水沟设计

　　为了排出井下涌水和其他污水,设计巷道断面时应根据矿井生产时通过该巷道的排水量设计水沟。水沟通常布置在人行道一侧,并尽量少穿越运输线路。只有在特殊情况下才将水沟布置在巷道中间或非人行道一侧。

　　平巷水沟坡度可取 0.3%~0.5%,或与巷道的坡度相同,以利水流畅通。

运输大巷的水沟可用混凝土浇筑,也可把钢筋混凝土预制成构件,然后送到井下铺设。采区中间巷的水沟,可根据巷道底板性质、服务年限长短、排水量大小和运输条件等因素考虑是否需要支护。回采巷道的服务年限短、排水量小,故其水沟不用支护。棚式支架巷道水沟一侧的边缘距棚腿应不小于 300 mm。

为了行人方便,主要运输大巷和倾角小于 15°斜巷的水沟应铺放钢筋混凝土预制盖板,盖板顶面应与道砟面齐平。只有在无运输设备的巷道或倾角大于 15°的斜巷以及采区中间巷和平巷才可不设盖板。

常用的水沟断面形状,有对称倒梯形、半倒梯形和矩形几种。各种水沟断面尺寸应根据水沟的流量、坡度、支护材料和断面形状等因素确定,常用的水沟断面及尺寸见图 8-5、图 8-6。

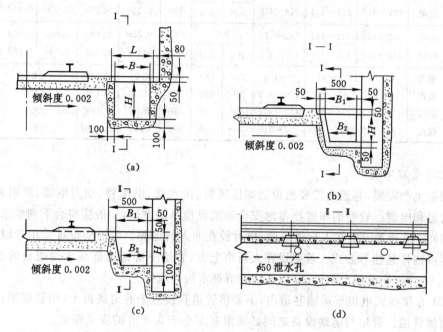

图 8-5 拱形巷道水沟断面

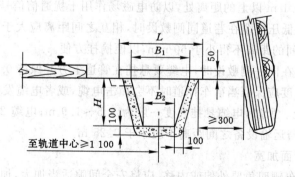

图 8-6 采区梯形巷道水沟断面

为了简化设计,可以直接在设计部门提供的各种断面形状水沟的技术特征表(参见表 8-7)中选取。

表 8-7　拱形、梯形巷道水沟规格和材料消耗表

巷道类别	支护类别	流量/(m³/h)			净尺寸/mm			断面面积/m²		每米材料消耗量		
		坡度			宽 B					盖板		水沟
		0.3%	0.4%	0.5%	上宽 B₁	下宽 B₂	深 H	净	掘进	钢筋/kg	混凝土/m³	混凝土/m³
拱形大巷	锚喷	0～86	0～97	0～112	300		350	0.105	0.144	1.336	0.022 6	0.114
	砌碹	0～96	0～100	0～123	350	300	350	0.114	0.139	1.336	0.022 6	0.099
	锚喷	86～172	97～205	112～227	400		400	0.160	0.203	1.633	0.027 6	0.133
	砌碹	96～197	100～227	123～254	400	350	450	0.169	0.207	1.633	0.027 6	0.120
	锚喷	172～302	205～349	227～382	500		450	0.225	0.272	2.036	0.032 3	0.152
	砌碹	197～349	227～403	254～450	500	450	500	0.238	0.278	2.036	0.032 3	0.137
	锚喷	302～374	349～432	382～472	500		500	0.250	0.306	2.036	0.032 3	0.161
	砌碹	349～397	403～458	450～512	500	450	550	0.261	0.309	2.036	0.032 3	0.145
采区梯形巷道	棚式	0～78	0～90	0～100	230	180	260	0.05	0.146	无		0.093
	棚式	78～118	90～136	100～152	250	220	300	0.07	0.174	无		0.104
	棚式	118～157	136～181	152～202	320		320	0.08	0.196	无		0.110
	棚式	157～243	181～280	202～313	350	300	350	0.11	0.236	无		0.122

(二) 管缆布置

根据生产需要,巷道内需要敷设诸如压风管、排水管、供水管、动力电缆、照明和通信电缆等管道和电缆。管缆的布置要考虑安全和架设检修的方便,一般应符合下列要求:

(1) 管道通常设置在人行道一侧,也可设在非人行道侧。管道架设可采用管墩架设、托架固定或锚杆悬挂等方式。若架设在人行道上方,管道下部距道砟或水沟盖板的垂高不应小于 1.8 m;若架设在水沟上,应以不妨碍清理水沟为原则。

(2) 在架线式电机车运输巷道内,不要将管道直接置于巷道底板上(用管墩架设),以免电流腐蚀管道。管道与运输设备之间必须留有不小于 0.2 m 的安全距离。

(3) 通信电缆和动力电缆不宜设在同一侧。如受条件限制设在同一侧时,通信电缆应设在动力电缆上方 0.1 m 以上的距离处,以防电磁场作用干扰通信信号。

(4) 高压电缆和低压电缆在巷道同侧敷设时,相互之间距离应大于 0.1 m;同时高压电缆之间,低压电缆之间的距离不得小于 50 mm,以便摘挂方便。

(5) 电缆与管道在同一侧敷设时,电缆要悬挂在管道上方并保持 0.3 m 以上的距离。

(6) 电缆悬挂高度应保证当矿车掉道时不会撞击电缆,或者电缆发生坠落时,不会落在轨道上或运输设备上。所以,电缆悬挂高度一般为 1.5～1.9 m;电缆 2 个悬挂点的间距不应大于 3.0 m;电缆与运输设备之间距离不应小于 0.25 m。

四、弯曲巷道断面加宽

在巷道弯道处,车辆四角要外伸或内移,应将安全间隙适当加大,加大值与车箱长度、轴距和弯道半径有关。其加宽值一般外侧为 200 mm(20 t 电机车可加宽 300 mm),内侧为 100 mm,双轨中线距为 300 mm。有的设计为了简化计算,内外侧均加宽 200 mm。巷道除曲线段要全部加宽外,与曲线段相连的两端直线段也需加宽。其加宽长度对于矿车运输巷

道建议取 1.5～3.5 m;电机车通行的巷道,建议加宽 3～5 m。双轨曲线巷道,两轨道中线距加宽起点也应从直线段开始,用于机车建议加宽 5 m;用于 3 t 或 5 t 底卸式矿车建议加宽 5～7 m;用于 1 t 矿车可加宽 2 m。

第二节　钻眼爆破开挖

钻眼爆破工作是一项主要工序,其质量好坏对巷道掘进进度、规格质量、支护效果、掘进工效和成本都有很大影响,因此必须采用最优的施工工艺参数,才能获得最佳的施工效果。

目前,钻眼爆破的主要技术发展趋势是发展中深孔、光面爆破技术,增加眼深,完善深孔直眼掏槽方式,减少炮眼数量,加快钻眼速度和提高爆破效率。现代工程是以每米巷道所需的钻爆工时最短、炮眼利用率最高和光爆质量标准来评价施工效果。

一、钻眼机具

钻眼机具包括凿岩机、电钻、钻头、钻杆和钻架设备等。

(一)凿岩机和煤电钻

1. 凿岩机

凿岩机按其动力分有风动、液压、内燃和电动 4 类。岩巷掘进中大量应用的是风动凿岩机,巷道掘进用国产风动凿岩机部分型号和性能见表 8-8。

表 8-8　国产风动凿岩机型号及主要性能表

类型	型号	主要产地	阀型	质量/kg	汽缸直径/mm	活塞行程/mm	冲击功/J	扭矩/(N·m)	冲击频率/(次/min)	耗风量/(m³/min)
气腿式	YT-23	沈阳	环行	24	76	60	>60	>15	2 100	<3.6
	YT-24	天水	控制阀	24	70	70	>60	>13	1 800	<2.9
	YT-26	天津	控制阀	26	75	70	>70	>15	2 050	<3.5
	YTP-26	湘潭	无阀	26.5	95	50	>60	>18	2 600	<3.0
向上式	YSP-45	沈阳	环行	44	95	47	270	>18	2 700	<5
导轨式	YGP-28	沈阳	控制阀	28	95	50	90	>40	2 700	<4.5
	YGP-45	沈阳	控制阀	35	100	48	100	>50	2 600	<6.5
	YG-40	天水	控制阀	36	85	80	105	38	1 600	<5
	YGZ-90	南京	无阀	90	125	62	200	>120	2 000	冲<8.5 转<2.5

与风动凿岩机相比,液压凿岩机的特点是:机械性能好,其冲击功、冲击频率和能量传递效率等指标均大为提高,凿岩速度高出 1 倍以上;可依岩层情况调整凿岩机性能参数,可采用旋转或冲击或冲击旋转等不同方式,可在最佳工况下凿岩,并获得较高的凿岩速度;动力消耗少、能量利用率高,其动力消耗仅为风动凿岩机的 1/3～1/4;噪声低,污染少,改善了工作条件。目前,液压凿岩机定型产品的质量较大,需与液压台车配套使用,投资大,技术和维修要求高。

凿岩台车的基本结构由推进器、支臂(钻臂)、车体、行走机构和供风、供水及液压操纵系统等组成。凿岩台车按装设凿岩机台数（支臂数）分为单机、双机、三机和多机凿岩台车；按行走机构分为轨轮式、轮胎式和履带式；按行走机构的驱动方式分为电力直接驱动、电力与液压驱动、风动和柴油驱动4种。我国煤矿巷道掘进常采用电力驱动的轨轮式和履带式2种。凿岩台车的应用，提高了掘进速度和效率，改善了劳动强度和条件，是巷道凿岩机械化水平的进一步发展的主要标志。凿岩台车与装载、转载、运输设备配套使用，可组成巷道掘进机械化作业线。

钻装机是将凿岩机安装在装岩机上，实现凿、装合一的机械。我国生产的钻装机多是在耙斗装岩机上安装2～4台导轨式风动凿岩机，以减少工作面的施工设备。

2. 煤电钻

在煤巷掘进中，我国普遍采用煤电钻。国产部分煤电钻的牌号及性能见表8-9。它由电力直接驱动，与风动凿岩机相比设备简单，省却了空气压缩机及输送压缩空气的管路，能耗低，效率高。但其扭矩和功率较小，一般为0.9～1.6 kW（多为1.2 kW），只能用于煤层和坚固性系数 $f<3$ 的软岩。

表 8-9　国产部分煤电钻的型号及主要技术特征表

技术特征		单位	型号				
			MZ$_2$-12	SD-12	MSZ-12	MZ-12	MZ-12A
质量		kg	15.3	18	13	15.5	15.5
功率		kW	1.2	1.2	1.2	1.2	1.2
电机效率		%	79.5	75	74	73	76
额定电压		V	127	127	127	127	127
额定电流		A	9	9.1	9.5	9	9
相数		%	3	3	3	3	3
电机转速		r/min	2 850	2 750	2 800	2 820	2 820
电钻扭矩		N·m	17.26	17.65/25.5	18.14	16.67	20.69
外形尺寸	长	mm	366	425	310	340	340
	宽	mm	318	330	300	318	318
	高	mm	218	265	200	220	220
钻孔直径		mm	38～45	35～45	36～45	38～45	38～45
钻杆尾端直径		mm	19	19	19	19	

（二）钎杆、钎头

凿岩机使用的为六角（或圆形）中空钎杆和冲击式钎头，煤电钻则用麻花钎杆和切削型钻头。钎杆或钻杆用于传递冲击功和扭矩，钎头或钻头为破碎岩（煤）的刀具，它的形状和几何参数直接影响着破岩效果和钻眼速度。钎头、钎杆、钻头、钻杆的形状和几何要素见图 8-7。

二、炮眼种类及其布置

巷道掘进的爆破工作是在只有一个自由面的狭小工作面上进行的，因此，要达到理想的爆破效果，必须将各种不同作用的炮眼合理地布置在相应位置上，使每个炮眼都能起到应有

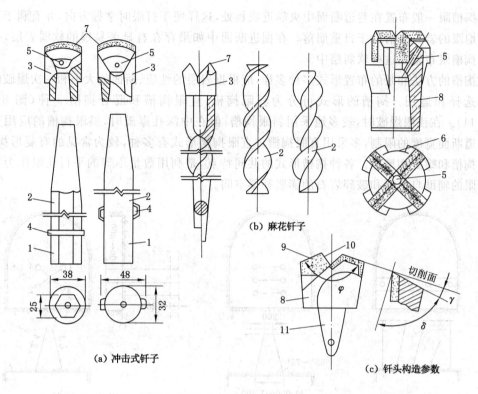

1—钎尾；2—钎体；3—钎杆；4—钎肩；5—吹洗孔；6—排粉沟；7—钎刃；8—钎头体；9—正刃；
10—副刃；11—钎柄；γ—后角；δ—切削角；φ—顶角。

图 8-7　钎杆、钎头构成及几何要素图

的爆破作用。

　　掘进工作面的炮眼，按其用途和位置可分为掏槽眼、辅助眼和周边眼三类（如图 8-8 所示）。其爆破顺序必须是延期起爆，即先掏槽眼，其次辅助眼，最后周边眼，以保证爆破效果。

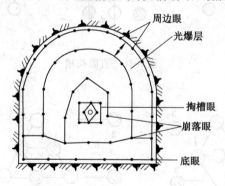

图 8-8　各种用途的炮眼名称

（一）掏槽眼

　　掏槽眼的作用是首先在工作面上将某一部分岩石破碎并抛出，在一个自由面的基础上崩出第二个自由面来，为其他炮眼的爆破创造有利条件。掏槽效果的好坏对循环进尺起着决定性的作用。

掏槽眼一般布置在巷道断面中央靠近底板处,这样便于打眼时掌握方向,并有利于其他多数炮眼的岩石能借助于自重崩落。在掘进断面中如果存在有显著易爆的软弱岩层,一般应将掏槽眼布置在这些软弱层中。

掏槽的方法和眼的布置形式多种多样,应根据岩层的性质、断面的大小和一次爆破的进尺来选择和运用。掏槽的形式可分为斜眼掏槽、直眼掏槽和混合掏槽 3 种(图 8-9~图 8-11)。在浅眼爆破时,较多地采用斜眼掏槽;但在中深孔爆破时,斜眼掏槽的应用受到了巷道断面宽度的限制,多采用直眼掏槽。直眼掏槽形式有多种,较为常见的有菱形掏槽、角柱掏槽和螺旋掏槽等。各种掏槽形式的共同特点,是利用数量不等的平行孔眼作为首爆装药眼的辅助自由面和破碎岩石的膨胀补偿空间。

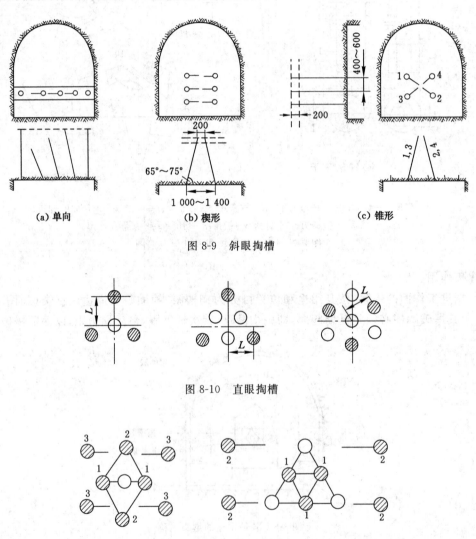

图 8-9　斜眼掏槽

图 8-10　直眼掏槽

图 8-11　混合掏槽

(二)辅助眼

辅助眼又称崩落眼,是大量崩落岩石和继续扩大掏槽的炮眼。辅助眼要均匀布置在掏槽眼与周边眼之间,其间距一般为 500~700 mm,炮眼方向一般垂直于工作面,装药系数一般为 0.45~0.60。如采用光面爆破,则紧邻周边眼的辅助眼要为周边眼创造一个理想的光面层,即光面层厚度要比较均匀,且大于周边眼的最小抵抗线。

(三)周边眼

周边眼是爆落巷道周边岩石,最后形成巷道断面设计轮廓的炮眼。周边眼布置合理与否,直接影响巷道成型是否规整。光面爆破一般应按光爆要求进行周边眼布置。光爆周边眼的间距与其最小抵抗线存在着一定的比例关系,即

$$K = \frac{E}{W} \tag{8-8}$$

式中 K——炮眼密集系数,一般为 0.8~1.0,岩石坚硬时取大值,较软时取小值;

E——周边眼间距,一般取 400~600 mm;

W——最小抵抗线,mm。

按照光面爆破要求,周边眼的中心都应布置在巷道设计掘进断面的轮廓的上,而眼底应稍向轮廓线外偏斜,一般不超过 100~150 mm,这样可使下一循环打眼时凿岩机有足够的工作空间,同时还要尽量减少超挖量。光爆周边眼的装药量必须严格控制。煤矿巷道常遇岩层上的光爆参数见表 8-10。

表 8-10 光面爆破的周边眼爆破参数表

岩层情况	岩石坚固性系数 f	炮眼直径/mm	炮眼间距/mm	最小抵抗线/mm	炮眼密集系数/mm	装药量/(kg/m)
完整、稳定、中硬以上	8~10	42~45	600~700	500~700	1.0~1.1	0.20~0.30
中硬、层节理不发育	6~8	35~42	500~600	600~800	0.8~0.9	0.15~0.20
松软、层节理发育	<6	35~42	350~500	500~700	0.7~0.8	0.10~0.15

底眼负责控制底板标高。底眼眼口应比巷道底板高出 150~200 mm,以利钻眼和防止灌水,但眼底应低于底板标高 100~200 mm,以免巷道底板漂高。底眼眼距一般为 500~700 mm,装药系数一般为 0.5~0.7。有时为了给钻眼与装岩平行作业创造条件,需采用抛碴爆破,将底眼眼距缩小为 400 mm 左右,眼深加深 200 mm 左右,每个底眼增加 1~2 个药卷。

根据实践经验,煤矿岩石巷道掘进采用光面爆破时,掏槽眼、崩落眼、控制光爆层的崩落眼和周边眼(顶、帮)的每眼装药数量的比例大致为 4∶3∶2∶1。

(四)炮眼布置

除合理选择掏槽方式和爆破参数外,还需合理布置炮眼,以取得理想的爆破效果。炮眼布置方法和原则如下:

(1)工作面上各类炮眼布置是"抓两头,带中间"。即首先选择掏槽方式和掏槽眼位置,其次是布置好周边眼,最后根据断面大小布置崩落眼。

(2)掏槽眼通常布置在断面的中央偏下,并考虑使崩落眼的布置较为均匀和减少崩坏支护及其他设施的可能。

(3)周边眼一般布置在巷道断面轮廓线上,顶眼和帮眼按光面爆破要求,各炮眼相互平

行,眼底落在同一平面上。

(4) 崩落眼均匀地布置在掏槽眼和周边眼之间,以掏槽眼形成的槽腔为自由面层层布置。

三、爆破器材

巷道掘进所用爆破材料主要有炸药、电雷管和发爆器。

我国目前使用的矿用炸药有硝铵类炸药和含水炸药(乳化、浆状和水胶炸药),当穿过有瓦斯地段时,应采用煤矿硝铵炸药和煤矿含水炸药。对于坚硬岩石可考虑采用粉状高威力炸药。煤矿普遍采用价格较低廉的硝铵类炸药,一般装成直径为 32 mm、35 mm、38 mm 而质量为 100 g、150 g 和 200 g 的药卷,有效使用期为 6 个月。

巷道掘进爆破的起爆材料主要使用雷管,而且以电雷管为主。其品种有瞬发电雷管、秒延期电雷管和毫秒延期电雷管。在有瓦斯的工作面爆破时,为避免因雷管爆炸引燃瓦斯的可能性,应采用煤矿许用型电雷管,其特点是:管壳为铜壳,在副起爆药中加有消焰剂以控制爆温和火焰长度及延续时间,延期药生成气体量少且密封,雷管底端无窝槽呈平底状。我国规定,在有瓦斯工作面爆破间隔时间不超过 130 ms。因此,煤矿许用型雷管只有瞬发和 130 ms 以内的毫秒延期电雷管(一般为 5 段),不能选用秒延期电雷管。

煤矿巷道掘进的电爆网路的起爆电源,主要采用防爆型电容式发爆器。电容式发爆器的起爆能力取决于主电容的充电电压和电容量。电容式发爆器所能提供的电流不太大,一般只用于起爆串联网路的电雷管。

四、爆破技术

(一) 爆破参数

巷道掘进的爆破参数主要包括炮眼直径、炮眼深度、炮眼数目和单位炸药消耗量等。

1. 炮眼直径

炮眼直径的大小对钻眼效率、全断面炮眼数目、炸药消耗量和爆破岩石块度与岩壁平整度均有影响,因此,应根据巷道断面大小、块度要求、炸药性能和凿岩机性能综合考虑进行选择。炮眼直径大,可减少炮眼数目、炸药能量相对集中,可提高爆破效率,但钻速下降,影响爆破质量和降低围岩稳定性。在采用气腿式凿岩机的情况下,我国目前炮眼直径多采用 42～45 mm(比药卷直径大 10 mm 左右)。

2. 炮眼深度

炮眼深度决定了每一掘进循环的钻眼和装岩工作量、循环进尺以及每班的循环次数。但炮眼深度又须根据巷道掘进的作业方式、钻眼设备和凿岩机能力、岩层条件以及巷道断面尺寸等因素经综合考虑而确定。炮眼深度大,显然单位进尺的辅助作业时间短,装岩机的工时利用率高;但随淹眼深的增大,钻眼速度下降,或是爆破后围岩稳定性差,巷道难以维护。因此,合理的炮眼深度应以高速、高效、低成本、便于组织正规循环作业为原则。

我国煤矿巷道掘进中,通常是以月进尺任务和凿岩、装岩设备的能力来确定每一循环的炮眼深度。

$$L = L_1 \sin \alpha \tag{8-9}$$

$$L_1 = \frac{T - t}{\dfrac{N}{mv} + \dfrac{S\eta K \sin \alpha}{nP}\phi} \tag{8-10}$$

式中　　L——炮眼平均深度,m;

　　　　L_1——炮眼平均长度,m;

　　　　α——炮眼与掘进工作面的平均水平夹角,(°);

　　　　T——掘进一个循环时间,按每班循环数为整数取,min;

　　　　t——装药、爆破、通风及工序转换时间之和,一般取 $20\sim60$ min;

　　　　N——炮眼数目;

　　　　m——同时工作的凿岩机台数;

　　　　v——每台凿岩机平均钻速,m/min;

　　　　S——巷道掘进断面积,m^2;

　　　　η——炮眼利用率,取 $0.8\sim0.95$;

　　　　K——岩石的松散系数,取 $1.8\sim2.0$;

　　　　n——同时工作的装载机台数;

　　　　P——每台装载机的实际生产效率;

　　　　ϕ——装岩与钻眼不平行作业系数,一般取 $0.4\sim0.6$。

随着巷道掘进机械化装备水平的提高,已由浅眼向中深眼发展,采用气腿式凿岩机时,炮眼深度以 $1.8\sim2.5$ m 为宜,眼深超过 2.5 m 后,钻眼速度则明显降低。采用配有高效凿岩机的台车时,应向深眼发展,一般眼深可达 3.0 m。

3. 炮眼数目

合理的炮眼数目应以在保证爆破效果(炮眼利用率高、岩石块度均匀适中、巷道轮廓符合设计要求等)的实现为原则,主要取决于岩石性质、巷道断面形状和尺寸、炮眼直径和炸药性能等因素。一般是先以岩层性质和断面大小进行初步估算,然后在断面图上做炮眼布置,得出炮眼系数,并通过实践调整修正。炮眼数目的估算可按下式进行:

$$N=3.3\sqrt[3]{fS^2} \tag{8-11}$$

式中　　N——炮眼数目;

　　　　f——岩石坚固性系数;

　　　　S——巷道断面积,m^2。

4. 单位炸药消耗量

单位炸药消耗量是指爆破每立方米原岩体的炸药量,通常以 q 表示,它是爆破的一个重要参数,其大小对破碎块度、抛掷距离、围岩稳定性以及爆破成本都有影响。单位炸药消耗量是由炸药性质、岩层可爆性和节理构造以及巷道断面大小来决定。

单位炸药消耗量可根据经验公式或参照巷道掘进炸药消耗定额(表 8-11)来确定,所得 q 值在实践中再加以调整。

简单的经验公式为:

$$q=1.1K_0\sqrt{f/S} \quad (\text{kg/m}^3) \tag{8-12}$$

式中　　f——岩石坚固性系数;

　　　　S——巷道断面积,m^2;

　　　　K_0——炸药做功能力的核正系数,$K_0=\dfrac{525}{P}$;

　　　　P——所用炸药的做功能力,mL。

确定 q 后,根据巷道断面和炮眼深度可计算出每循环所用炸药量 Q,然后按炮眼数目和各炮眼所起作用及所分担的爆破岩体加以分配,最后确定出掏槽眼、崩落眼和周边眼的各眼装药量。

表 8-11 巷道掘进炸药消耗定额 单位:kg/m³

岩石坚固性系数 f	巷道断面积/m²						
	<4	4~6	6~8	8~10	10~12	12~15	15~20
<1.5	1.14	0.96	0.91	0.80	0.72	0.66	0.59
2~3	1.99	1.60	1.44	1.29	1.21	1.04	0.96
4~6	2.74	2.24	2.02	1.90	1.68	1.48	1.35
8~10	2.94	2.51	2.24	2.02	1.86	1.63	1.45
12~14	4.04	3.23	2.98	2.67	2.41	2.12	1.92
15~20	4.85	3.89	3.54	3.14	2.95	2.56	2.32

(二)装药结构

装药结构有连续装药和间隔装药、耦合装药和不耦合装药、正向起爆装药和反向起爆装药之区别。在巷道掘进中,主要采用连续、耦合、反向起爆装药结构。

采用 2 号岩石硝铵炸药,当传爆长度超过 600 mm 时,超过的药卷易产生间隙效应,即炸药传爆中断,产生拒爆。目前,巷道掘进一般采用直径为 40 mm 的钎头,药卷直径为 35 mm,正处于产生间隙效应的范围,所以,当装药长度超过 600 mm 时,应采取消除间隙效应的措施,或采用没有明显间隙效应的水胶炸药或乳化炸药。

炮眼的填塞能保证在炮眼内炸药全部爆轰结束前减少爆生气体过早逸出,保持爆压有较长的作用时间,充分发挥炸药的爆破作用。因此,装药完毕必须充填以符合安全要求长度的炮泥并捣实,常用 1:3 的泥沙混合炮泥,湿度为 18%~20%。在有瓦斯的工作面,往往增加水炮泥填塞。水炮泥还可以吸收部分热量,降低喷出气体的温度,有利于安全。

(三)岩巷掘进的光面爆破技术

光面爆破的实质,是在井巷掘进设计断面的轮廓线上布置间距较小、相互平行的炮眼,控制每个炮眼的装药量,选用低密度和低爆速的炸药,采用不耦合装药同时起爆,使炸药的爆炸作用刚好产生炮眼连线上的贯穿裂缝,并沿各炮眼的连线——井巷轮廓线将岩石崩落下来。

应用光面爆破可使掘出的巷道轮廓平整光洁,便于锚喷支护,岩帮裂隙少,稳定性高,超挖量小。光面爆破是一种成本低、工效高、质量好的爆破方法。

光面爆破的质量标准如下:

(1)围岩面上留下均匀眼痕的周边眼数应不少于其总数的 50%。

(2)超挖尺寸不得大于 150 mm,欠挖不得超过质量标准规定。

(3)围岩面上不应有明显的炮震裂缝。

光爆施工方法虽有多种,但国内使用最多的是普通光爆法。即先用一般的爆破方法在巷道内部做出巷道的粗断面,给周边留下一个厚度比较均匀的光面层;然后再由布置在光面层上的边眼爆出整齐的巷道轮廓,这些边眼就是光爆炮眼。其爆破参数要慎重选取,才能既降低对围岩的破坏又在边眼间形成贯穿裂缝,把岩体整齐地切割下来。为保证贯穿裂缝的形成,光爆炮眼之间的距离要适当减小,严格控制周边眼的装药量,并合理选择炸药和装药结构。

(四)起爆顺序和时差

工作面上的炮眼应按掏槽眼、辅助眼、崩落眼、帮眼、顶眼、底眼的先后顺序起爆,以使先爆炮眼所形成的槽腔作为后爆炮眼的自由面。一般均采用延期电雷管全断面一次起爆。特殊情况下(如大断面、预留光爆层)可采用分次起爆。

起爆顺序的间隔时间,可采用秒延期或毫秒延期。实践证明,毫秒延期爆破可获得良好的技术经济效果。各炮眼爆破所产生的应力场相互干涉、叠加,增强了破碎作用,能减小爆破块度,在相同条件下比秒延期爆破的装药量减少;在有瓦斯的工作面可实现全断面一次起爆(总延时不超过130 ms),缩短了爆破时间,保证作业安全;抛掷作用降低,爆堆比较集中,能提高装岩效率和防止崩坏设备。

巷道掘进中,毫秒间隔时间一般在15~75 ms,并随岩层性质、抵抗线的大小而变动。当掏槽眼深度超过2.5~3.0 m时,为保证槽腔内岩石的破碎和抛掷,毫秒间隔时间应取大值,一些试验表明间隔时间在50~100 ms时,掏槽效果较好。

(五)爆破说明书及爆破图表

爆破说明书是井巷施工组织设计中的一个重要组成部分,是指导、检查和总结爆破工作的技术文件。

爆破说明书的主要内容包括有:

(1)爆破工程的原始资料,包括掘进井巷名称、用途、位置、断面形状和尺寸,穿过岩层的性质,地质条件以及瓦斯情况。

(2)选用的钻眼爆破器材,包括炸药、雷管的品种,凿岩机具的型号、性能。

(3)爆破参数的计算选择,包括掏槽方法,炮眼的直径、深度、数目、单位耗药量。

(4)爆破网路的计算和设计。

(5)安全措施。

爆破作业图表是在爆破说明书基础上编制出来的指导和检查钻眼爆破施工的技术文件,包括炮眼布置图,装药结构图,炮眼布置参数、装药参数的表格,预期的爆破效果和经济指标。

(六)钻眼爆破安全技术

钻眼爆破工作必须严格按《煤矿安全规程》和《煤矿井巷工程施工规范》有关规定执行,一般应注意以下事项。

1. 钻眼安全注意事项

(1)开眼时必须使钎头落在实岩上,如有浮矸,应处理好后再开眼。

(2)不允许在残眼内继续钻眼。

(3)开眼时给风阀门不要突然开大,待钻进一段后,再开大阀门。

(4)为避免断钎伤人,推进凿岩机不要用力过猛,更不要横向用力;凿岩时钻工应站稳,应随时提防突然断钎。

(5)一定要注意把胶皮风管与风钻接牢,以防脱落伤人。

(6)缺水或停水时,应立即停止钻眼。

（7）工作面全部炮眼钻完后，要把凿岩机具清理好，并撤至规定的存放地点。

2. 爆破安全注意事项

（1）装药前应检查顶板情况，撤出设备与机具，并切断除照明以外的一切设备的电源。照明灯及导线也应撤离工作面一定距离。

（2）爆破母线要妥善地挂在巷道的侧帮上，并且要与金属物体、电缆、电线离开一定距离；装药前要试一下爆破母线是否导通。

（3）在规定的安全地点装配引药。

（4）检查工作面 20 m 范围内瓦斯含量，并按《煤矿安全规程》有关规定处理。

（5）装药时要细心地将药卷送到眼底，防止擦破药卷，装错雷管段号，拉断脚线。有水的炮眼，尤其是底眼，必须使用防水药卷或给药卷加防水套，以免受潮拒爆。

（6）装药、连线后应由爆破员与班、组长进行技术检查，做好爆破前的安全布置。

（7）爆破后要等工作面通风散烟后，爆破员率先进入工作面，检查认为安全后方能进行其他工作。

（8）发现瞎炮应及时处理。如瞎炮是由连线不良或错连所造成，则可重新连线补爆；如不能补爆，则应在距原炮眼 0.3 m 外钻 1 个平行的炮眼，重新装药爆破。

第三节　装岩与运输

装载与运输是巷道掘进中劳动量大、占循环时间最长的工序，一般情况下它可占掘进循环时间的 35%～50%。20 世纪 70 年代以来，我国先后研制成功耙斗式装岩机、侧卸式装岩机、蟹爪式装岩机和立爪式装岩机，其中根据煤矿特点研制的耙斗式装岩机，因具有结构简单、制造容易、造价低、可靠性好和适应性强等优点，已成为当前我国煤矿巷道掘进的主要装载设备。

近年，配套的转载运输设备也在不断研究改善，先后出现了 QZP-160 型桥式转载机、SJ-80 与 SJ-44 可伸缩带式输送机、ZP-1 型带式转载机等，以及 S4、S6、S8 型梭式矿车和 ILA、CCJ 型仓式列车以及 5 t 以上防爆型蓄电池电机车。以上多为从工作面运出矸石的设备，同时也发展了可向工作运输材料的带式输送机、钢丝绳牵引卡轨车和钢丝绳牵引单轨吊车等。

一、装岩

装岩机按工作机构分，井下常用的有铲斗式装岩机、耙斗式装岩机、蟹爪式装岩机和立爪式装岩机等。

（一）耙斗式装岩机

耙斗式装岩机是一种结构简单的装岩设备，电力驱动，行走方式为轨轮式。耙斗式装岩机的优点是结构简单、维修量小、制造容易、安全可靠、岩尘量小、铺轨简单、适应面广和装岩生产率高。缺点是钢丝绳和耙斗磨损较快，工作面堆矸较多，影响其他工序工作。

耙斗式装岩机主要由绞车、耙斗、台车、槽体、滑轮组、卡轨器和固定楔等部分组成，如图 8-12 所示。

耙斗式装岩机（以下简称"耙装机"）适用于净高大于 2 m、净断面 5 m² 以上的巷道。它不但可以用于水平巷道装岩，而且还可以在 35° 以下的上、下山装岩，亦可用于在拐弯巷道中作业。

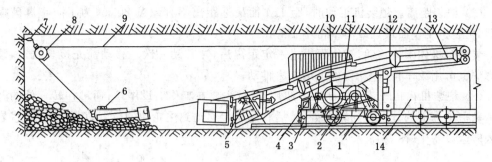

1—连杆;2—主、副滚筒;3—卡轨器;4—操作手把;5—调整螺丝;6—耙斗;7—固定楔;
8—尾轮;9—耙斗钢丝绳;10—电动机;11—减速器;12—架绳轮;13—卸料槽;14—矿车。

图 8-12　耙斗式装岩机示意图

耙装机在使用时,应注意以下问题:

(1) 固定楔的安装。打眼时将顶部眼和拱肩眼加深 500 mm 左右,以便留下残眼供挂尾轮使用。爆破后在眼内插入固定楔并打紧,即可挂上尾轮,开始耙岩。

固定楔分硬岩楔和软岩楔 2 种(图 8-13)。硬岩楔的长度一般为 400~500 mm,由楔体和紧楔组成;软岩楔的长度一般为 600~800 mm,由楔头的钢丝绳套和紧楔组成。

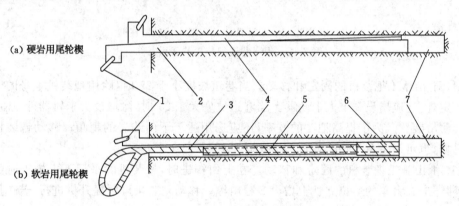

1—圆环;2—倒楔;3—钢丝绳;4—正楔;5—圆锥套;6—楔头;7—楔眼。

图 8-13　尾轮固定楔结构图

耙取巷道两侧岩石时,只需移动尾轮的悬挂位置即可。尾轮固定楔钻孔在工作面的布置见图 8-14。尾轮也可根据需要用锚杆直接固定。

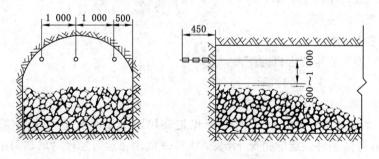

图 8-14　尾轮固定楔钻孔布置图

（2）耙装距离。耙装机工作时,距工作面最远距离不宜超过 20 m;为了防止爆破损伤机器,耙装机工作面最近距离不得小于 6 m。

装岩时机体不需移动,工作面推进一定距离后,才移动一次。移动前先接长轨道,移动的方法也可用绞车自行牵引,也可用人力推动。

（3）耙装机在转弯较大的巷道中使用时,首先要在工作面设尾轮,通过在转弯处的开口双滑轮把工作面的矸石耙到转弯处,然后将尾轮 1 移动到尾轮 4 的位置,耙装机便可将岩石装入转运设备中(图 8-15)。

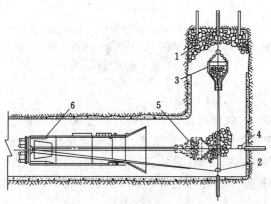

1,4—尾轮;2—双滑轮;3,5—耙斗;6—耙装机。

图 8-15　拐弯巷道耙装机装岩示意图

（4）下山施工耙装机的固定和移动。当巷道坡度小于 25°时,除用耙装机本身的卡轨器进行固定外,还应增设 2 个大卡轨器。当巷道坡度大于 25°时,除增设大卡轨器外,还应再增设 1 套防滑装置。为了提高耙斗的效率,还应选用适于下山装岩的耙角。移动耙装机一般用提升机,也可用 1 台 5 t 的绞车进行移动。

（5）上山施工耙装机的固定和移动。在上山掘进时,耙装机除采用下山施工时的固定方法外,还应在台车的后位立柱上增设 2 根斜撑。移动耙装机可用提升机进行,若单用提升机提升能力不足时,可与耙装机绞车联合使用。

耙装机小时生产率可按下式计算:

$$Q = \frac{3\,600V\phi}{\dfrac{L}{v_\mathrm{p}} + \dfrac{L}{v_\mathrm{m}} + t_1 + t_2} \tag{8-13}$$

式中　Q——耙装机小时生产率,m³/h;

　　　V——耙斗的容积,m³;

　　　ϕ——耙斗装满系数;

　　　L——岩堆中心距装岩机的距离,m;

　　　v_p,v_m——耙斗往返运行速度,m/s;

　　　t_1,t_2——耙斗往返转换停歇时间,s。

装岩生产率随耙岩距离增加而下降,所以耙装机距工作面不能太远,一般以 6～20 m 为宜。另外,在装岩条件一定的情况下,装岩生产率随耙斗运行速度的增加而增加。其他影响生产率的主要因素还有操作技术水平、调车组织工作等。

（二）铲斗式（侧卸式）装岩机

铲斗式装岩机有后卸式和侧卸式两大类，原理和主要组成部分基本相同。铲斗式装岩机一般包括铲斗、行走、操作和动力几个主要组成部分，工作时依靠自身重量及运动所产生的动能，将铲斗插入碎石，铲满后将碎石卸入转载设备或矿车中，工作过程为间歇式。

侧卸式装岩机是正面铲取岩石，在设备前方侧转卸载，行走方式多为履带式。它与铲斗后卸式比较，铲斗插入力大，斗容大，提升距离短；履带行走机动性好，装岩宽度受限制小，可在平巷及倾角10°以内的斜巷使用；铲斗还可兼作活动平台，用于安装锚杆和挑顶等；工作机构采用液压传动，提升能力大，提升距离小，消耗功率较小，性能稳定；司机坐在司机棚内操作，操作轻便，安全可靠；电气设备均为防爆型，可用于有瓦斯和煤尘爆炸危险的矿井。

国产 ZLC-60 型铲斗侧卸式装岩机如图 8-16 所示，该机适用于宽度大于 4 m、高度大于3.5 m 的巷道。

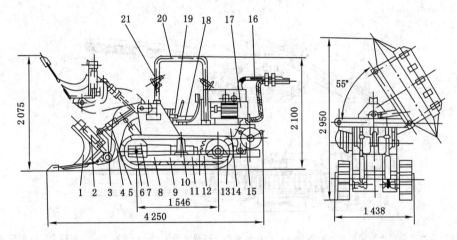

1—铲斗；2—侧卸油缸；3—铲斗座；4—摇臂；5—连杆；6—举升油缸；7—导轮；8—履带架；
9—支重轮；10—托架；11—张紧装置；12 驱动轮；13—履带；14—机架；15—行走部电动机；
16—电缆；17—泵端电动机；18—司机座；19—操纵台；20—司机棚；21—照明灯。
图 8-16　ZLC-60 型铲斗侧卸式装岩机

根据侧卸式装岩机的工作特点，应将转载机布置在装岩机铲斗卸载一侧的轨道上（图8-17）。装岩机铲取的岩石直接卸到停靠在掘进工作面前部的料仓中，通过转载机再转卸到矿车中，这样可以连续装满 1 列矿车，提高了装岩效率。

（三）蟹爪式装岩机

这种装岩机的特点是装岩工作连续，生产率高。其主要组成部分有蟹爪、履带行走部分、转载输送机、液压系统和电气系统等，见图 8-18。

近年，蟹爪式装岩机已有很大改进，如 ZB-1 型大功率蟹爪式装岩机和 ZXZ-60 型蟹爪式装岩机，在装载中硬以上岩石中显示出很大的优势。

这类装岩机前端的铲板上设有 1 对蟹爪，在电机或液压马达驱动下，连续交替地把取岩石，岩石经刮板输送机运到机尾的带式输送机上，而后装入运输设备。也可不设带式输送机，由刮板输送机直接装入运输设备。输送机的上下、左右摇动，以及铲板的上下摆动都由液压驱动。机器用履带行走，工作时机器慢速推进，使装岩机徐徐插入岩堆。

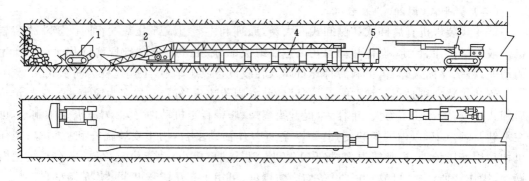

1—侧卸式装岩机；2—转载机；3—凿岩台车；4—矿车组；5—电机车。

图 8-17 转载机与侧卸式装岩机配套示意图

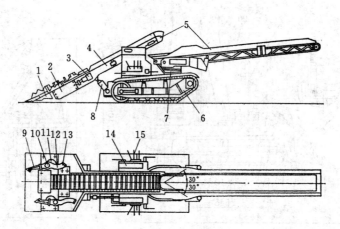

1—蟹爪装岩机构；2—减速器；3—液压马达；4—机头架；5—转载输送机；6—行走机构；7—回转台；8—升降油缸；
9—耙杆；10—销轴；11—主动圆盘；12—弧线导杆；13—固定销；14—电气装置；15—液压操纵装置。

图 8-18 S-60 型蟹爪式装岩机

蟹爪式装岩机装载宽度大，动作连续，生产率高，机器高度低，产生粉尘少，但结构复杂，履带行走对软岩巷道不利，适于装硬岩。机器对制造工艺和耐磨材料要求高，维修保养要求高。此外，为清除工作面两帮岩石，装岩机需多次移动机身位置，要求底板平整，否则会给装岩机的推进带来困难。

（四）立爪式装岩机

从 20 世纪 70 年代起，北京矿冶研究院和华铜铜矿及云南锡业公司等单位先后研制了立爪式装岩机。其主要优点是装矸机构简单可靠，动作机动灵活，对巷道断面和岩石块度适应性强，能挖水沟和清理底板，生产率较高。但爪齿容易磨损，操作亦较复杂，维修要求高。

立爪式装岩机是一种新型的装岩机，它由机体、刮板输送机及立爪耙装机构 3 部分组成，见图 8-19。其装岩过程是，立爪耙装岩石，刮板输送机转送岩石至运输设备。立爪始终保持从岩堆顶部开始耙集岩石，这比铲斗式装岩机要先插入岩堆内而后铲取岩石更合理。

还有一种蟹立爪式装岩机，吸取蟹爪式和立爪式装岩机的优点，采用蟹爪和立爪组合的耙装机构，从而形成新颖的高效装岩机（图 8-20）。它以蟹爪为主，立爪为辅，结合了 2 种装岩机的优点，有较高的生产能力。

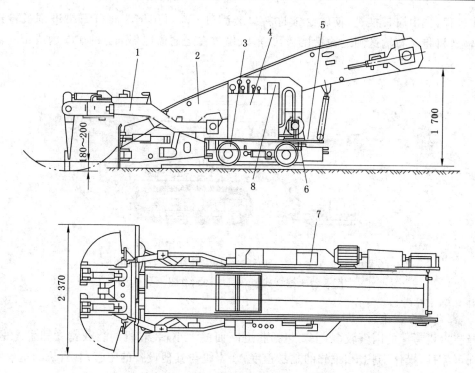

1—装载机构；2—转载机构；3—行走机构；4—操纵装置；5—回转装置；

6—动力装置；7—电气系统；8—电气按钮。

图 8-19　LZ-60 型立爪式装岩机结构图

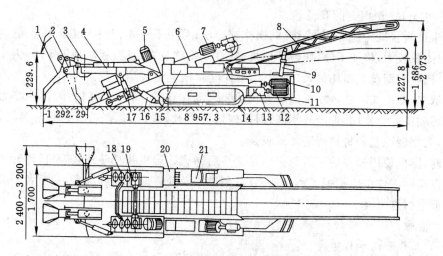

1—立爪；2—小臂；3—立爪油缸；4—大臂；5—蟹爪电动机；6—双链刮板输送机；7—刮板输送机电动机；

8—带式输送机；9—升降油缸；10—油泵电动机；11—机座；12—履带电动机；13—减速器；14—履带装置；

15—油压系统；16—机头升降油缸；17—大臂升降油缸；18—蟹爪减速器；19—同步轴；20—电气系统；21—司机座。

图 8-20　蟹立爪式装岩机结构示意图

（五）挖掘式装载机(扒渣机)

挖掘式装载机主要由动臂系统、运输槽机构、履带行走总成、液压系统和电气系统等部分组成，如图 8-21 所示，是一种集扒、装、运于一体，连续生产的高效率出矿设备。挖掘式装载机工作过程:先由履带推进,使输送槽进料口装满矸石,再用铲斗将矸石扒进刮板输送机,刮板输送机将矸石输送到运输槽尾部,并落入停放在运输槽尾部下方的矿车内或带式输送机上。

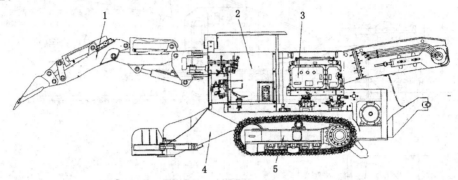

1—反铲机构;2—机架体;3—机体;4—刮板运输机;5—行走机构。

图 8-21 挖掘式装载机结构示意图

(六)装岩机的选择

选择装岩机考虑的因素较多,主要包括巷道断面的大小;装岩机的装载宽度和生产率,适应性和可靠性,操作、制造和维修的难易程度;装岩机与其他设备的配套;装岩机的造价和效率等。

侧卸式装岩机铲取能力大,生产效率高,对大块岩石、坚硬岩石适应性强;履带行走,移动灵活,装卸宽度大,清底干净;操作简单、省力,但是构造较复杂,造价高,维修要求高,间歇装岩,适用于 12 m² 以上的双轨巷道。

耙斗式装岩机构造最简单,维修、操作都容易;可用于平巷、斜巷,以及煤巷、岩巷等。但是,它的体积较大,移动不便,妨碍其他机械使用,间歇装岩,且底板清理不干净,人工辅助工作量大,耙齿和钢丝绳损耗量大,效率低,故用于单轨巷道较为合理。

蟹爪式、立爪式以及蟹立爪式装岩机的装岩动作连续,可与大容积、大转载能力的运输设备和转载机配合使用,生产效率高;但是构造较复杂,造价高,蟹爪与铲板易磨损,装坚硬岩石时,对制造工艺和材料耐磨要求较高。

目前,国内使用较多的装岩机仍然是铲斗后卸式装岩机和耙斗式装岩机,侧卸式装岩机次之。在实际工作中应根据工程条件、设备条件以及前述应考虑的因素,参照各种装岩机的技术特征进行选择。

二、运输

(一)工作面调车与转载

装岩效率的提高,除选用高效能装岩机和改善爆破效果以外,还应结合实际条件合理选择工作面各种调车和转载设施,以减少装载间歇时间,提高实际装岩生产率;同时要加强装岩调车工作组织和运输工作,及时供应空车,运出重车;保证轨道质量,提高行车速度。

采用不同的调车和转载方式,装载机的工时利用率差别很大。据统计,我国煤矿用固定错车场时为 20%~30%,用浮放道岔时为 30%~40%,用长转载输送机时为 60%~70%,用梭式矿车或仓式列车时则为 80% 以上。

1. 固定错车场调车法

在单轨巷道中,调车较为困难,一般每隔一段距离需要加宽一部分巷道,以安设错车的道岔,构成环形错车道或单向错车道。在双轨巷道中,可在巷道中轴线铺设临时单轨合股道岔,或利用临时斜交道岔调车,如图 8-22 所示。

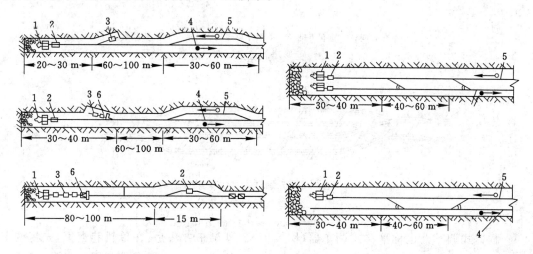

1—转载机;2—重车;3—空车;4—重车方向;5—空车方向;6—电机车。

图 8-22　固定错车场

单独使用固定道岔调车法,一般需要增加道岔的铺设和加宽巷道的工作量,且不能经常保持较短的调车距离,故调车效率不高,不能适应快速掘进的要求,需要与其他调车方法配合使用,才能收到较好的效果。

2. 浮放道岔调车法

浮放道岔是临时安设在原有轨道上的一组完整道岔,它结构简单,可以移动,现场可自行设计与加工。

菱形浮放道岔(图 8-23)是用于双轨巷道的浮放道岔。这种浮放道岔在 2 台装岩机同时装岩的情况下使用方便,图 8-24 为 2 台装岩机装岩利用菱形浮放道岔的调车示意图。若只用 1 台铲斗后卸式装岩机装岩,装岩机可通过浮放道岔调换轨道,在 2 条轨道上交替装岩。其缺点是结构笨重,搬运困难。

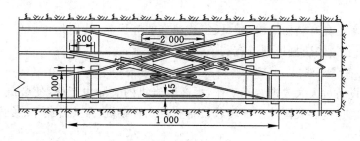

图 8-23　双向菱形浮放道岔

另外还有用于单轨巷道的单轨浮放双轨道岔,如图 8-25 所示。

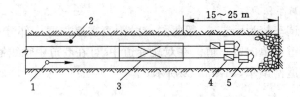

1—空车方向;2—重车方向;3—菱形浮放道岔;4—矿车;5—装载机。

图 8-24　菱形浮放道岔调车示意图

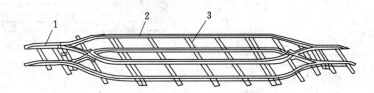

1—道岔;2—浮放轨道;3—支撑装置。

图 8-25　单轨浮放双轨道岔

翻框式调车器也称平移式调车器(图 8-26)。其调车方法是:在单轨巷道里,先将调车器的活动盘放在轨道上,调来的空车可推到活动盘的移车盘上,再横推到固定盘上,然后翻起活动盘,待工作面的重车推出后,再放下活动盘,并将空车推到工作面装岩。在双轨巷道里使用时,调车器固定盘放于空车道上,活动盘放于重车道上。

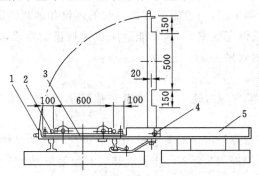

1—活动盘;2—轨条;3—滑车板;4—轴;5—固定轴。

图 8-26　调车器示意图

翻框式调车器具有结构简单、质量轻、移动方便等优点,特别是可以保证调车位置接近工作面,为独头巷道快速掘进创造有利条件。

3. 转载设备调车法

采用转载设备可大大改进装运工作,提高装岩机的实际生产率,使装载运输连续作业,有效地加快装运速度。我国使用的转载设备有带式转载机、斗式转载车、梭式矿车和仓式列车等。

(1) 带式转载机

平巷掘进中使用的带式转载机的形式很多,但带式输送机的框架和托滚等部分大致相同,主要区别是在带式输送机的支撑方式上。带式转载机从机架支撑方式上分,有悬臂式带式转载机、支撑式带式转载机和悬挂式带式转载机等多种。

悬臂式带式转载机见图 8-27，结构简单，长度较短，行走方便，可适应弯道装岩。其不足之处，是在其下边只可存放 3 辆矿车。

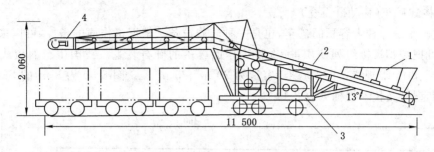

1—受矸槽；2—输送带；3—车架；4—张紧装置。

图 8-27 悬臂式带式转载机示意图

支撑式带式转载机（图 8-28）没有辅助轨道，专供支撑行走。由于长度较长，往往能存放足以将一茬炮爆落的矸石全部装走的矿车数，因而可完全消除由调车导致的装岩中断时间，并可大大减少单轨长巷道铺设道岔或错车场的工作量。但它只适用于直线段巷道的掘进。

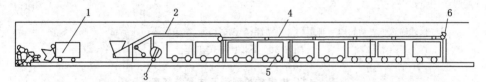

1—装岩机；2—悬臂式转载机；3—电机；4—支撑式转载机；5—1 m³矿车；6—输送机电机。

图 8-28 支撑式转载机工作布置示意图

悬挂式带式转载机的特点是输送机悬挂在巷道顶部的轨道上，见图 8-29。轨道可采用钢轨或槽钢制成，用锚杆吊挂固定在巷道顶板或直接固定于巷道支架的顶梁上，并随工作面推进一定距离而向前接长延伸。输送机在轨道上的悬挂，是用带凹槽的轮子挂搭在轨道上，并可在轨道上滚动。它的移动可用装岩机或电机车牵引或推顶。

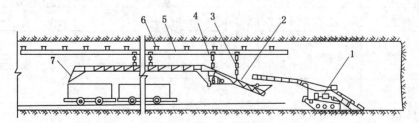

1—装岩机；2—悬挂式带式转载机；3—悬吊链；4—行走小车；5—单轨架空轨道；6—吊挂装置；7—卸矸溜槽。

图 8-29 悬挂式带式转载机示意图

（2）斗式转载车

斗式转载车及一组专用矿车，一般统称为斗式转载列车。斗式转载车由斗车和升降车组成。装岩时斗车先处在一个升降车的车底。斗车内装满岩石后,通过升降车底特设的升降汽缸将斗车顶起,斗车本身靠压气驱动,以列车车厢两帮作为车轨在列车上行走,并可将岩石卸入任何一辆矿车里。卸载后的斗车再返回升降车重新装岩。

(3)梭式矿车(移动矸石仓)

梭式矿车是一种大容积的矿车,也是一种转载设备。根据工作面的条件,可以采用1台梭车,亦可把梭车搭接组列使用,一次将工作面爆落的矸石装走。我国生产的梭式矿车有 4 m³、6 m³、8 m³ 等规格,矸石仓设计容量为 20 m³、25 m³ 等。图 8-30 为 8 m³ 的 S8 型梭式矿车图,其型号及技术指标见表 8-12。

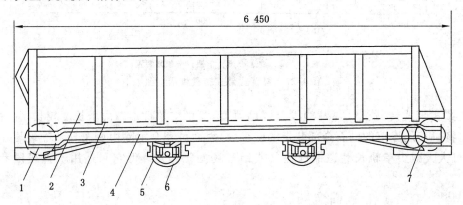

1—板式输送机主动轮;2—车帮;3—传动链;4—底盘;5—车轮底架;6—车轮;7—减速装置。

图 8-30 S8 型梭式矿车

表 8-12 梭式矿车型号及技术特征表

名称	型号			
	S4	S6	S8D	
车辆容积/m³	4	6	8(单车使用)	22(三车搭接)
自重/t	6	8	9.28	29.82
载重/t	10	15	20	60
外形尺寸/mm	6 250×1 280×1 620	7 014×2 450×1 640	9 600×1 360×1 780	20 800×1 360×1 780
转向架中心距/mm	3 000	3 600	5 950	5 950
轴距/mm	800	800	800	800
轨距/mm	600	600	600、762、900	600、762、900
最小转弯半径/mm	8	12	12	30
卸载时间/min	1	1.2	2.0	6.9
装载高度/mm	1 200	1 200	1 200	1 200
适用巷道规格/m	≥2.2×2.2	≥2.4×2.4	≥3.0×3.0	≥3.0×3.0

梭式矿车或移动矸石仓具有装载连续,转载、运输和卸载设备合一,性能可靠等优点。但必须有卸载点,如溜井、矸石仓等。

（4）仓式列车

仓式列车由头部车、若干中部车及 1 台尾部车组成,链板机贯穿整个列车车厢的底部。使用时,根据一次爆破出岩量确定中部车车厢数量。各车厢之间用销轴连接,车体分别装于各自的台车上,每 1 辆台车由 1 对轮和水平盘组成,故可在曲率半径大于 15 m 的弯道上运行。我国煤矿常用的仓式列车技术特征见表 8-13。

表 8-13 仓式列车的型号及主要技术特征表

名称		型号			
		CCL	ECC-5	DS-71	阜新新邱
车辆容积/m³		14	5	15	6
轨距/mm		600	457	—	—
装载最小曲率半径/m		15	12.5	—	—
通行最小曲率半径/m		15	7.5	—	6.5
刮板输送机型式		单链刮板	双链刮板	双链刮板	双链刮板
链速/(m/s)		0.052	0.17	0.11	0.16
电动机功率/kW		13	10	15	11
电动机转速/(r/min)		1 450	1 500	740	
外形尺寸/m	长	29	12.4	15	12.8
	宽	1.22(头部) 0.80(中间)	1.15(头部) 0.74(中间)	1.2	1.09(头部) 0.88(中间)
	高	1.25	1.4	1.6	1.24
总质量/t		18		10	

仓式列车可与装岩机或带有转载机的掘进机配套使用,并能充分发挥装岩机的效率;由于不必调车,节省了不必要的错车道开凿工程,同时,又利于运料,故需辅助人员少、辅助工作量少。仓式列车卸载高度低,前后移动方便,可用绞车或电机车牵引。

仓式列车适用于断面为 4.5～8.5 m² 的较小巷道,但需 2 次转载,一般把煤、矸直接卸到刮板输送机或煤(矸)仓里,所以仓式列车很适用于煤、半煤岩巷掘进运输。

（二）牵引设备

巷道施工除要求及时地将岩石送出外,还需要将大量支护等材料运往工作面。我国煤矿巷道掘进运输多用电机车牵引矿车,将重车拉到井底车场,空车供应工作面。采区煤巷的运输多用刮板输送机和可伸缩带式输送机将煤运至采区煤仓。近几年又开发使用了卡轨车和单轨吊等可往返的运输设备。

1. CDXT 系列矿用防爆电机车

CDXT 系列防爆电机车适用于瓦斯矿井调度集结车辆,牵引矿车,运输原煤、矸石、材料、设备和人员。电机车配套电器件均有防爆性能,电源装置内不积聚氢气、不产生火花、不会引燃瓦斯和煤尘。CDXT 系列电机车的主要技术特征见表 8-14。

表 8-14　矿用防爆电机车的型号及主要技术特征表

型号	黏着质量/t	小时牵引力/kN	速度/(km/h)	额定电压/V	轨距/mm	轴距/mm	电动机功率/kW	外形尺寸/mm
CDXT-2.5	2.5	2.7	6	48	600 900	650	4.5	2 150×1 072×1 515
CDXT-5/57	5	7.1	7	96	600 900	900	2×7.5	3 220×1 210×1 550
CDXT-8/87	8	13	7.8	140	600 900	1 150	2×15	4 400×1 210×1 600

2. 胶套轮电机车

胶套轮电机车适用于煤(岩)和瓦斯突出矿井的瓦斯喷出巷道区域,用作调度集结车辆或作短途运输,以及坡度 6°以内的巷道运输。

3. 钢丝绳牵引卡轨车

钢丝绳牵引卡轨车适用于断面大于 5.5 m² 以上、水平弯曲和垂直弯曲巷道及坡度 25°以下的巷道。它用于煤矿井下运输材料、设备和人员,具有牵引力大、运输距离长等优点。

钢丝绳牵引卡轨车主要由泵站、液压绞车、牵引钢丝绳、导向轮装置、尾轮装置、牵引车和制动车等组成,见图 8-31。

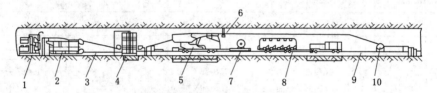

1—泵站及附属设施;2—液压差动绞车;3—牵引钢丝绳;4—张紧装置;5—牵引车;
6—导向轮装置;7—制动车;8—列车组;9—轨道;10—尾轮装置。

图 8-31　卡轨车运输系统示意图

4. 钢丝绳牵引单轨吊

钢丝绳牵引单轨吊适用于采区上、下山中间巷道连续运输,向采煤工作面、掘进工作面运送设备、材料和人员。单轨吊可在断面大于 7 m² 的水平弯曲和垂直弯曲巷道中使用。

钢丝绳牵引单轨吊运输系统主要由牵引装置、导轨、载重斗、坐人斗、紧急制动装置和回绳轮等组成,见图 8-32。

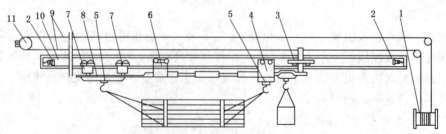

1—牵引绞车;2—缓冲器;3—牵引车;4—制动车;5—倒链起重器;6—控制车;
7—支撑车;8—横梁;9—牵引钢丝绳;10—吊挂单导轨;11—尾轮。

图 8-32　单轨吊运输系统示意图

第四节 支护工作

20世纪50年代,我国在开拓巷道中多数就地取材用石灰岩或花岗岩料石砌碹,少数复杂地层采用金属支架和钢筋混凝土砌碹,采区和服务年限较短的巷道多采用木材支架。60年代,我国在开拓巷道仍以料石支护为主,但由于水泥工业的发展和坑木代用的提出,在华东、华北、中南等地区混凝土砌块得到了发展,同时各种钢筋混凝土棚子和矿用工字钢梯形支架在一些主要矿区的采区巷道中也广泛推广,锚喷支护的试点在河南、山西等省取得了成功。进入70年代,随着混凝土喷射机和机械手的研制成功,锚喷支护得到了较大范围的推广和应用,因而我国巷道及地下工程的支护出现了较大的改革。特别是80年代末,平庄、淮南等矿务局在软岩巷道中锚喷支护的攻关成功,1992年末吉林梅河口矿在褐煤矿井中锚喷支护的有效使用,使锚喷支护逐步成为我国岩巷支护的主要形式。目前,由于我国综采工作面的大量增加,不仅采区巷道断面相应加大,而且开拓巷道也多布置在煤层中,因而在煤巷中也已大量推广应用锚喷支护。

一、现代支护结构原理

随着岩石力学的发展和锚喷支护的应用,逐渐形成了以岩石力学理论为基础的、支护与围岩共同作用的现代支护结构原理,应用这一原理就能充分发挥围岩的自承力,从而能获得极大的经济效果。当前国际上广泛流行的新奥地利隧道设计施工方法,就是基于现代支护结构原理基础之上的。归纳起来,现代支护结构原理包含的主要内容有以下几方面:

(1)现代支护结构原理是建立在围岩与支护共同作用的基础上,即把围岩与支护看成是由2种材料组成的复合体。按一般结构观点,亦即把围岩通过岩石支承环作用使之成为结构的一部分。显然,这完全不同于传统支护结构的观点——认为围岩只产生荷载而不能承载,支护只是被动地承受已知荷载而起不到稳定围岩和改变围岩压力的作用。

(2)充分发挥围岩自承能力是现代支护结构原理的一个基本观点,并由此降低围岩压力以改善支护的受力性能。

发挥围岩的自承能力,一方面不能让围岩进入松动状态,以保持围岩的自承力;另一方面允许围岩进入一定程度的塑性,以使围岩自承力得以最大限度的发挥。当围岩洞壁位移接近允许变形值时,围岩压力就达到最小值。围岩刚进入塑性时能发挥最大自承力这一点可由图8-33加以说明。无论是岩石的应力应变曲线还是岩体节理面的摩擦力与位移的关系曲线都具有同样的规律,即起初随着应变或位移的增大,岩石或岩体的强度逐渐获得发挥,而进入塑性后,又随着应变或位移的增大,强度逐渐丧失。可见,围岩刚进入塑性时,发挥的自承力最大。

按上所述,现代支护结构原理一方面要求采用快速支护、紧跟作业面支护、预先支护等手段限制围岩进入松动;另一方面却要求采用分次支护、柔性支护、调节仰拱施作时间等手段允许围岩进入一定程度的塑性,以充分发挥围岩的自承能力。

(3)现代支护原理的另一个支护原则是尽量发挥支护材料本身的承载力。采用柔性薄型支护、分次支护或封闭支护,以及深入到围岩内部进行加固的锚杆支护,都具有充分发挥材料承载力的效用。喷层柔性大且与围岩紧密黏结,因此喷层主要是受压或剪破坏,它比受拉破坏的传统支护更能发挥混凝土承载能力。我国铁道科学院铁建所曾进行过模拟试验,

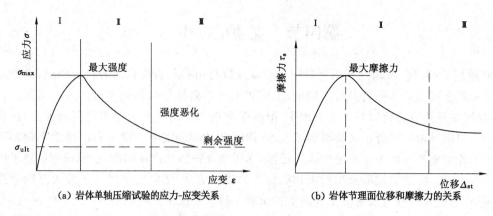

Ⅰ—弹性区;Ⅱ—强度下降区;Ⅲ—松动区。

图 8-33 岩石应力-应变和摩擦力-位移曲线

表明双层混凝土支护比同厚度单层支护承载力高,一般能提高 20%～30%。所以分次喷层方法,也能起到提高承载力的作用。

(4)根据地下工程的特点和当前技术水平,现代支护原理主张凭借现场监控测试手段,指导设计和施工,并由此确定最佳的支护结构形式、参数和最佳的施工方法与施工时机。因此,现场监控量测和监控设计是现代支护原理中的一项重要内容。

(5)现代支护原理要求按岩体的不同地质、力学特征,选用不同的支护方式、力学模型和相应的计算方法以及不同的施工方法。如稳定地层、松散软弱地层、塑性流变地层、膨胀地层都应当分别采用不同的设计原则和施工方法。而对于作用在支护结构上的变形地压、松动地压及不稳定块体的荷载等亦都应当采用不同的计算方法。

二、锚杆支护机理

1. 悬吊作用

悬吊作用是指用锚杆将软弱的直接顶板吊挂于其上的坚固基本顶上,如图 8-34 所示,或者是用锚杆将因巷道开挖而引起松动的岩块连结在松动区外的完整坚固岩体上,使松动岩块不致冒落。

2. 组合梁作用

组合梁作用是指将层状岩体各层用锚杆连结并紧固(图 8-35),锚杆把数层薄的岩层组合成类似铆钉加固的组合梁,提高了岩层的整体抗弯能力。在相同荷载作用下,组合后的组合梁比未组合的板梁的挠度和内应力都大为减小。

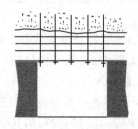

图 8-34 锚杆的悬吊作用

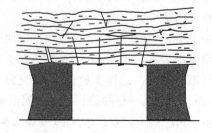

图 8-35 锚杆的组合梁作用

3. 挤压加固拱作用

如图 8-36(a)所示,若将锚杆沿拱形巷道周边按一定间距径向排列,在预应力作用下,每根锚杆周围形成的锥形体压缩区彼此重叠连接,便在围岩中形成一个厚度为 b 的均匀的连续压缩带[图 8-36(b)]。它不仅能保持自身的稳定,而且能承受地压,阻止上部围岩的松动和变形,这就是挤压加固拱。显然,对锚杆施加预张拉力是形成加固拱的前提。锚杆预应力的作用,一方面在锥形体压缩区内产生压应力,增加节理裂隙面或岩块间的摩擦阻力,防止岩块的转动和滑移,亦即增大了岩体的黏结力,提高了破碎岩体的强度;另一方面锚杆通过锚头和垫板对围岩产生的压应力,改善了围岩的应力状态,使压缩带内的岩石处于三向受力状态,从而使岩体强度得到提高,这就是挤压加固拱的力学特征。

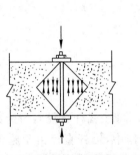 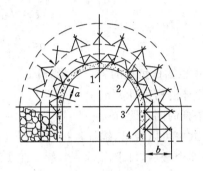

(a) 单体锚杆对破裂岩石的控制 (b) 锚杆的挤压加固拱

1—锚杆;2—岩体挤压加固拱;3—喷混凝土层;4—岩体破碎区;a—锚杆间距。

图 8-36 锚杆的挤压加固拱作用

上述几种锚杆支护作用并非是孤立存在的,实际上是相互补充的综合作用,只不过在不同地质条件下某种支护作用占主导作用而已。

三、锚喷支护参数设计

锚杆支护理论计算法主要是利用悬吊理论、组合梁理论、冒落拱理论、组合拱(压缩拱)理论以及其他各种力学方法,分析巷道围岩的应力与变形,进行锚杆支护设计,给出锚杆支护参数的解析值。这种设计方法的重要性不仅与工程类比法相辅相成,而且为研究锚杆支护机理提供了理论工具。下面分别介绍有代表性的按悬吊理论和按冒落拱理论设计锚杆支护参数的方法。

1. 按悬吊理论设计锚杆支护参数

在层状岩层中开挖的巷道,顶板岩层的滑移与分离可能导致顶板的破碎直到冒落;在节理裂隙发育的巷道中,松脱岩块的冒落可能造成对生产的威胁;在软弱岩层中开挖的巷道,围岩破碎带内不稳定岩块在自重作用下也可能发生冒落。如果锚杆加固系统能够提供足够的支护阻力将松脱顶板或危岩悬吊在稳定岩层中,就能保证巷道围岩的稳定。

(1) 锚杆长度

锚杆长度通常按下式计算:

$$L = L_1 + L_2 + L_3 \tag{8-14}$$

其中,L_1 为锚杆外露长度,其值主要取决于锚杆类型和锚固方式,一般 $L_1 = 0.15$ m。对于端锚锚杆,$L_1 =$ 垫板厚度＋螺母厚度＋$(0.03 \sim 0.05$ m$)$;对于全长锚固锚杆,还要加上穹形球体的厚度。L_2 为锚杆有效长度。L_3 为锚杆锚固段长度,一般端锚取 $L_3=0.35\sim0.7$ m,由拉拔试验确定;当围岩松软时,L_3 还应加大。

对于全长锚固锚杆,锚杆的有效长度则为 L_2+L_3。

显然,锚杆外露长度(L_1)与锚杆锚固段长度(L_3)易于确定,关键是如何确定锚杆有效长度(L_2)。通常按下述方法确定 L_2:① 当直接顶需要悬吊而它们的范围易于划定时,L_2 应大于或等于它们的厚度;② 当巷道围岩存在松动破碎带时,L_2 应大于或等于巷道围岩松动圈厚度 L_p。

(2) 锚杆间排距的确定

如果采用等距离布置,每根锚杆所负担的岩体质量为其所承受的荷载,可按下式计算:

$$Q \geqslant \gamma L_p a^2 \tag{8-15}$$

$$a \leqslant \sqrt{\dfrac{Q}{\gamma L_p}} \tag{8-16}$$

式中　Q——单根锚杆负担的岩石质量,kg;

　　　γ——岩体的密度,kg/m³;

　　　a——锚杆的间排距,m。

从上述公式中可以看出,锚杆负担的岩石质量、间排距、锚杆直径互为函数的关系,即确定了其中任意 2 个量后,可求出另一个量。在实际工作中,锚杆直径由于施工的要求,其直径不宜小于 14 mm(多在 16~22 mm 范围内选择);对于锚杆的间排距,往往根据锚杆间岩体的完整情况及工程类比法确定,如图 8-37 所示。如果计算所选的间排距超过 1.0 m,则应适当缩小间排距或者采取加网等措施。

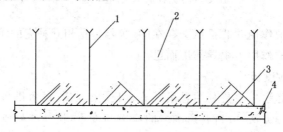

1—锚杆;2—锚杆支护区;3—锚杆非支护区;4—混凝土喷层。

图 8-37　锚杆参数确定示意图

(3) 锚杆直径的验算

如前所述锚杆直径不宜小于 14 mm,根据工程类比法选用后按下式验算:

$$P=[\sigma_t]\dfrac{\pi d^2}{4} \tag{8-17}$$

由 $P=Q$ 得:

$$d=3.6\sqrt{\dfrac{Q}{[\sigma_t]}} \tag{8-18}$$

式中　P——锚杆杆体的承载力;

　　　Q——锚杆的锚固力,根据现场实测锚固力拉拔试验数据确定。

2. 按组合拱理论设计锚杆支护参数

亦可用下式计算组合拱的厚度：

$$b=\frac{l\tan\alpha-a}{\tan\alpha}\qquad\qquad(8-19)$$

式中　b——组合拱的厚度，m；

　　　l——锚杆的有效长度，m；

　　　a——锚杆的间排距，m；

　　　α——锚杆对破裂岩体压应力的作用角，经试验知 α 接近 $45°$。

因此，组合拱的厚度可按下式计算：

$$b=l-a\qquad\qquad(8-20)$$

由上可见，加长锚杆、减小锚杆间排距可以增大组合拱的厚度，使围岩更加稳定。

四、支护技术

1. 锚喷支护

(1) 锚杆的类型

几十年来我国采用过的锚杆类型很多，并随着技术的发展不断地改进和研制新型锚杆，其主要类型有以下几种。

最早使用的是楔缝式金属锚杆，但其提供安装时的抗冲击能力较小，因此，20 世纪 70 年代很快就被倒楔式金属锚杆和水泥砂浆锚杆所代替，见图 8-38(a)、(b)。但前者由于可靠性(特别是在软岩中)较低，后者又不具有初锚力，而且灌浆质量较难保证(特别是采用旧钢丝绳时)，故到 80 年代又被快硬膨胀水泥锚杆[图 8-38(c)]、管缝式锚杆[图 8-38(d)]以及树脂锚杆[图 8-38(e)]所取代。

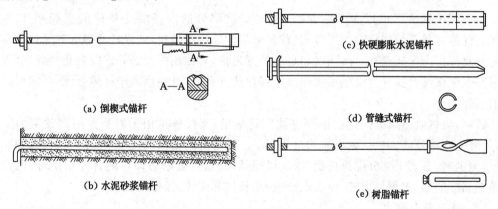

(a) 倒楔式锚杆　(b) 水泥砂浆锚杆　(c) 快硬膨胀水泥锚杆　(d) 管缝式锚杆　(e) 树脂锚杆

图 8-38　金属和水泥锚杆的结构图

木锚杆、竹锚杆多用在服务年限不长的采区巷道。它们造价低，可就地取材，采煤机易切割，但锚固力小(10~20 kN)，易腐蚀。这 2 种材质锚杆的结构形式采用最多的为楔缝式，见图 8-39。为了提高竹锚杆的杆体强度，国内研制了竹片压黏锚杆，使其锚固力达到 40 kN 以上，造价较低，不易腐蚀。

目前，国内锚杆杆体材料主要有 20MnSi 左旋无纵筋螺纹钢和 Q235 圆钢等几种(见表 8-15)。

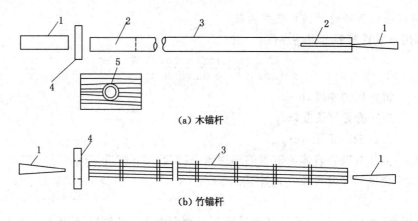

(a) 木锚杆

(b) 竹锚杆

1—木楔；2—楔缝；3—杆体；4—木垫板；5—金属箍。

图 8-39　木、竹锚杆结构图

表 8-15　锚杆杆体常用钢材及力学性能

钢筋类别/级	材质	直径/mm	屈服强度/MPa	极限强度/MPa	延伸率/%
I	Q235	6~40	240	380	25
II	16Mn	6~25	320	520	16
	20MnSi	8~25	340	520	16
III	25MnSi	6~40	400	580	14
	A5	6~40	280	500	19

由于螺纹钢锚杆锚尾加工的原因，锚尾螺纹部分的内径要比杆体的直径小 13%～23%。杆体在井下受到拉力作用时，其首先断裂的部位在锚尾，使锚杆的强度和延伸率得不到充分发挥。为保证锚杆的高强度和足够的延伸量，对锚尾螺纹部分进行强化热处理，即可制成高强度螺纹钢锚杆。锚尾螺纹部分经强化热处理后，其强度高于杆体强度，并能保证必要的延伸率。

近年，全螺纹金属等强树脂锚杆也被广泛采用，其杆体采用无纵筋专用螺纹钢加工制作，是普通圆钢及建筑螺纹钢杆体的换代产品。配合树脂锚固剂使用，杆体全长连续螺纹等强度，无纵筋，有利于充分搅拌树脂，提高锚固效果，型材截断后即可配合专用螺母、托盘构成等强锚杆使用，无须再加工，可实现端锚、加长锚和全锚，操作简便。

（2）喷混凝土技术

喷混凝土在我国煤矿中的应用已有近 30 年的历史，喷混凝土强度等级多采用 C20，为了降低回弹和粉尘量，正围绕喷混凝土的外加剂、改进喷混凝土机械设备及综合防尘进行积极的研究工作，并取得了一定的进展。

喷混凝土外加剂。目前，国内喷混凝土所使用的水泥多为 42.5 级硅酸盐水泥或矿渣水泥。最常用的外加剂为速凝剂，一般掺量为水泥用量的 2.5%～4%，要求混凝土 3～5 min 初凝、10 min 终凝。此外，根据不同需要还可掺入减水剂、增黏剂和防水剂等。

喷混凝土机械。20 世纪 50 年代开始研制 WG-25 型双罐干式喷混凝土机，于 60 年代定型生产并大量应用。与此同时，也出现了 ZHP-2 型转子式喷射机、LHP-701 型水平螺旋喷射机和 SPD-320 型风动单罐喷射机等不同类型的设备,但是除转子式喷射机外,其他都因工作的可靠性、使用寿命和粉尘产生量较大等问题而被淘汰。

ZHP-2 型转盘式喷射机(图 8-40)于 20 世纪 70 年代推广应用后,随着自身的完善和操作技术的不断提高已成为我国喷混凝土机械的换代产品。全机由主机、机架、风动机构、电器系统和传动机构组成。这种喷射机可连续供料、连续喷射,工作稳定可靠,操作方便,体积较小,适于较长距离输送。但缺点是它属干式喷射机,粉尘产生量大、回弹率高;早期产品密封胶板极易磨损,搅拌、上料机械未能配套。针对上述缺点进行改进,制成了 HPC-V 型潮式喷射机(图 8-41),并得到了推广。

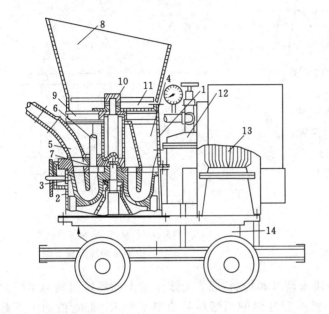

1—上壳体;2—下壳体;3—旋转体;4—入料口;
5—出料弯头;6—进风管;7—密闭胶板;
8—料斗;9—拨料板;10—搅拌器;11—定量板;
12—油水分离器;13—电动机;14—减速器。

图 8-40 ZHP-2 型转盘式喷射机示意图   图 8-41 HPC-V 型潮式喷射机外形图

2. 金属支架支护

(1) 梯形金属支架

梯形金属支架用 18～24 kg/m 钢轨、16～20 号工字钢或矿用工字钢制作,由两腿一梁构成,其常用的梁、腿连接方式如图 8-42 所示。型钢棚腿下焊 1 块钢板,目的是防止它陷入巷道底板。有时还可以在棚腿之下加设垫木或铁靴子(铁板底座)。

钢轨不是结构钢,就材料本身受力而言,用它制作支架不够合理,但轻型钢轨容易获得,所以仍在使用。理想的应采用工字钢来制作这种支架。

这种支架通常用在回采巷道中,在断面较大、地压较严重的其他巷道里也可使用。

(2) 拱形可缩性金属支架

拱形可缩性金属支架用矿用特殊型钢制作,它的结构如图 8-43 所示。每架棚子由 3 个基本构件组成——1 根曲率为 R_1 的弧形顶梁和 2 根上端部带曲率为 R_2 的柱腿。弧形顶梁的两端插入或搭接在柱腿的弯曲部分上,组成一个三心拱。梁腿搭接长度约为 300～400 mm,该处用 2 个卡箍固定。柱腿下部焊有 150 mm×150 mm×10 mm 的铁板作为底座。

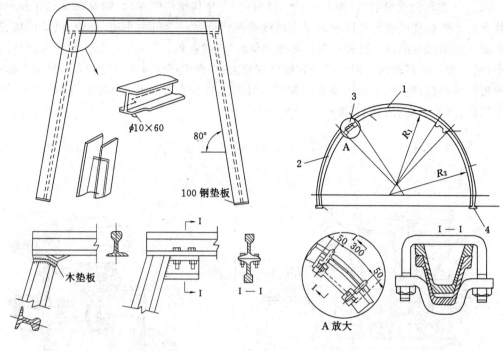

1—拱架;2—柱腿;3—卡箍;4—底座

图 8-42　梯形金属支架　　　　　　图 8-43　拱形可缩性金属支架

支架可缩性可用卡箍的松紧程度来调节和控制,通常要求卡箍上的螺帽扭紧力矩约为 150 N·m,以保证支架的初撑力。拱梁和柱腿的圆弧段的曲率半径 R_1 和 R_2 值的关系是 $R_2/R_1＝1.0～1.5$(常用的比值是 1.25～1.30)。在地压作用下,拱梁曲率半径 R_1 逐渐增大,R_2 逐渐变小。当巷道地压达到某一限定值后,弧形顶梁即沿着柱腿弯曲部分产生微小的相对滑移,支架下缩,从而缓和了顶岩对支架的压力。这种支架在工作中可不止一次地退缩,可缩性比其他形式支架都大,一般可达 30～35 cm。在设计巷道断面选择支架规格时,应考虑留出适当的变形量,以保证巷道的后期使用要求。

拱形可缩性金属支架适用于地压大、地压不稳定和围岩变形量大的巷道,支护断面一般不大于 12 m²。支架棚距一般为 0.7～1.1 m,棚子之间应用金属拉杆通过螺栓、夹板等互相紧紧拉住,或打入撑柱撑紧,以加强支架沿巷道轴线方向的稳定性。

3. 混凝土大弧板支护

混凝土大弧板支护是专为软岩设计的新型支护,见图 8-44。这种支护的特点是采用了超高标号钢筋混凝土弧板,弧板混凝土强度等级达 C100。其截面含钢率 1.3% 左右,板厚 0.2～0.3 m,宽 0.32～0.49 m,每块质量 4.8～8.0 t,每圈根据巷道断面大小由 4～6 块弧板组成圆形支架,每 2～3 圈相接、成巷 1 m。支架的每米均布承载能力达 500～700 kN。

弧板支用 HP-1 型机械手架设。该机可在轨道上行走,最大起重能力≤100 kN,适用于直径 4～5 m 的巷道。弧板架设后,为增加其可缩性,板后充填 100 mm 厚的柔性填层。在施工时如遇顶帮难以维护时,可采用锚喷支护与弧板联合支护,即先锚喷支护后再架设弧板。

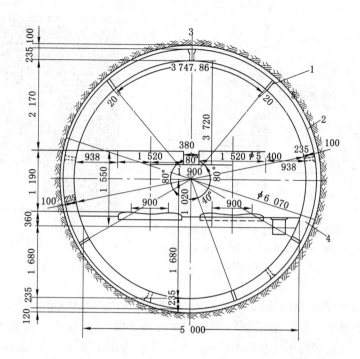

1—平滑可缩夹层;2—软性充填材料;3—吊装孔、注浆预留孔;4—混凝土高强弧板。

图 8-44 混凝土大弧板支护图

4. 锚注支护

在锚喷支护基础上或在原金属支架、砌碹支护基础上,进行壁后注浆,可以增强支护结构的整体性和承载能力,保证支护结构的稳定性,既具有锚喷支护的柔性与让压作用,又具有金属支架和砌碹等支护方式的刚性支架的作用,组成联合支护体系,共同维持巷道的稳定。

围岩注浆后,一方面将松散破碎的围岩胶结成整体,提高了岩体的黏聚力、内摩擦角及弹性模量,从而提高了岩体强度,可以实现利用围岩本身作为支护结构的一部分;另一方面使普通端锚锚杆实现全长锚固,从而提高了锚杆的锚固力和可靠性,且注浆锚杆本身亦为全长锚固锚杆,它们共同将多层组合拱联成一个整体,共同承载,提高了支护结构的整体性和承载能力。其注浆加固机理如图 8-45 所示。

5. 锚索支护

与锚杆支护相比,锚索支护具有锚固深度大、锚固力大、可施加较大的预紧力等诸多优点,是大松动圈巷道支护加固不可缺少的重要手段。其加固范围、支护强度和可靠性都比普通锚杆支护要好。

一般认为,锚索主要起悬吊作用,如图 8-46 所示。锚索把下部大松动圈范围内群体锚杆形成的组合拱或组合拱之外不稳定岩层悬吊在稳定岩层中,例如将岩层中的层理面造成的离层等悬吊于上部稳定的岩层。同时,锚索可施加较大的预紧力,可挤紧和压密岩层中的层理、节理裂隙等不连续面,增加不连续面之间的摩擦力,从而提高围岩的整体强度。对于大断面巷道、硐室,锚索还起一个重要的作用——减跨作用。

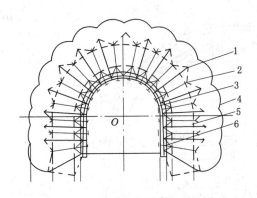

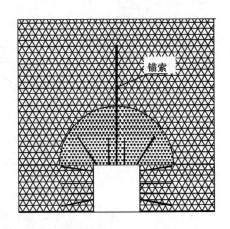

图 8-46　锚索作用机理示意图

1—普通金属锚杆；2—注浆锚杆；3—金属网喷层；4—注浆扩散范围；
5—锚杆作用形成的锚岩拱；6—喷网层作用形成的组合拱。

图 8-45　注浆加固支护机理图

　　锚索的主要部件有钢绞线、锁具和锚固剂。钢绞线的选择标准是强度高、韧性好、低松弛，既有一定的刚度又有一定的柔性，可盘成卷便于运输，又能实现自身搅拌树脂药卷快速安装，适合在空间尺寸较小的巷道中使用。目前广泛采用 7 股 $\phi 5$ mm 高强钢绞线绞成，直径为 15.24 mm，也有 $\phi 17.8$ mm 的大锚索在工程中应用。锁具多为瓦片式，规格根据钢绞线规格选取。锚固剂有水泥浆、树脂胶泥和普通树脂药卷等。

　　锚索施工用锚杆钻机和空六方接长钻杆和 $\phi 27$ mm 双翼钻头湿式打眼，扫孔后装入药卷（用锚索送入），用专用搅拌器和锚杆钻机将锚索边推进边搅拌，搅拌时间视锚固剂型号而定。锚索安装十几分钟后，装上托梁、托盘和锚具，用专用张拉机具进行张拉达到规定张拉值。

　　实践证明，在大断面巷道、顶板破碎巷道、硐室以及煤层巷道中，施加锚索来加强顶板控制、维护巷道稳定是非常有效的。

　　6. 联合支护

　　为了适应各种困难的地质条件，特别在软岩工程中，为使支护方式更为合理或因施工工艺的需要，往往同时采用几种支护形式的联合支护，如锚喷（索）与 U 型钢支架、锚喷与大弧板或与石材砌碹、U 型钢支架与砌碹等联合支护。

　　顶板在破碎或顶板自稳时间较短的地层中，由于锚喷支护较为及时，在揭开岩石后立即施以先喷后锚支护，然后在顶板受控制的条件下，再按设计施以锚注、U 型钢或大弧板等支护。也有先施以 U 型钢支架，然后再立模浇灌混凝土或喷射混凝土，构成联合支护。

　　联合支护应先施以柔形支护，待围岩收敛变形速度小于 1.0 mm/d 后，再施以刚性支护，避免先用刚性支护而由于变形量过大而破坏。由于联合支护的成本较高，设计者应收集各种资料确认后采用。

第五节　岩巷施工机械化作业线配套

　　20 世纪 50 年代，岩巷施工基本上采用手持式凿岩机打眼、人工装岩、人力推车出矸、木支架临时支护、料石砌碹永久支护，工人体力劳动强度极大，实现打眼、装岩的机械化是当时的主要目标。60年代,气腿式风动凿岩机得到推广、铲斗后卸式装岩机,降低了工人体力劳动强度。但是,料石砌碹永久支护难以实现机械化,转载调车及运输方式落后,成为限制提高施工速度的关键因素。70年代,气腿凿岩机的性能日趋完善,耙斗式装岩机得到推广,许多施工单位采用多台气腿式风动凿岩机与耙斗式装岩机或铲斗后卸式装岩机为主的配合方式,取得了良好成绩,创造了一批岩巷施工纪录。

20世纪70年代后期,岩巷施工技术得到了比较全面的发展。钻、装、转、运、支各主要工序均有了性能比较可靠、使用灵活方便的施工设备,且有的形成了系列,并向着多样化方向发展;新型爆破器材的出现和性能的改善,以及中深孔光面爆破的推广,改变了传统的浅眼多循环作业方式,提高了岩巷施工的安全性;锚喷支护技术的推广应用,极大地降低了支护作业的劳动强度,实现了支护机械化,缩短了支护工序的时间;综合工作队、一次成巷、正规循环作业、多工序平行交叉作业等行之有效的施工组织形式得到进一步完善和发展;辅助工序设备的研制和推广受到重视并取得成效。所有这些,有效地提高了岩巷施工速度和工效,为岩巷施工机械化作业线的组织实施奠定了基础。

一、以耙斗式装岩机为主的机械化作业线

以耙斗式装岩机为主的机械化作业线是目前我国煤矿岩巷掘进中最常用的作业线,使用面遍及全国大、中、小型矿井,如图8-47所示。由于耙斗式装岩机已形成系列,可根据巷道断面大小选用并配以多台气腿式风动凿岩机、适当的转载调车设施与支护设备、不同的施工工艺和劳动组织形式,可以形成不同能力的掘进机械化作业线,满足施工要求。

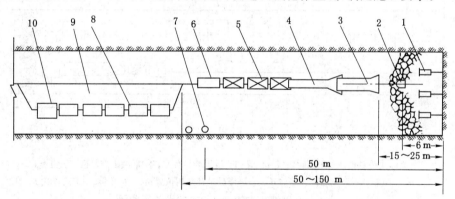

1—风动凿岩机;2—耙斗;3—耙斗式装岩机;4—带式转载机;5—重车;
6、10—电机车;7—混凝土喷射机;8—空车;9—调车场。

图8-47 耙斗式装岩机为主的机械化作业线

为保证作业线的打眼能力,在工作面布置多台气腿式风动凿岩机同时作业。凿岩机台数根据巷道断面大小、分配到工作面的压风能力和施工队伍素质而定,一般每$1.5\sim2.5\ m^2$掘进断面布置1台,实行定人、定机、定眼位打眼。

以耙斗式装岩机为主的机械化作业线之所以能成为我国煤矿岩巷施工的主要作业线,主要原因是:

(1)组成作业线的主要设备构造简单,性能可靠,井下维修方便,普通工人经过短期培训均能熟练地掌握。

(2)组成作业线的主要设备造价低,与我国井巷施工队伍的装备购置能力相适应。

（3）该作业线适用范围较广，各种地质条件和工程条件的巷道均可采用。

（4）作业线施工各工序作业平行程度高，循环时间短，劳动组织灵活，施工速度快。

（5）在新建矿井或生产矿井、改扩建矿井的巷道施工中，当矿车供应不足或提升能力不足时，由于耙斗装岩机前方可贮存1～2个循环的矸石，因此可不影响正常施工。

耙斗式装岩机作业线的主要缺点是打眼机械化水平低，工人体力劳动强度较大，装岩不彻底而留有死角，作业环境较差。

二、以侧卸式装岩机为主的机械化作业线

侧卸式装岩机的卸载条件及侧卸式装岩机与液压钻车的错车条件和液压钻车的最大打眼范围是决定该作业线是否实用的关键。目前，我国煤矿常用的侧卸式装岩机为浙江小浦煤矿机械厂生产的ZC系列侧卸式装岩机，常用的液压钻车为宣化风动工具厂生产的CTH-10型和浙江衢州煤矿机械厂生产的LB-12型，以该2种设备为主组成的作业线适用于掘进断面不小于3.5 m×3.5 m而不大于5.0 m×4.0 m的巷道。为减少施工设备，便于施工组织，采用该作业线时，要求钻车能够打锚杆眼，这样就限制了钻臂配用推进器的长度，使钻车最大打眼深度受到限制，目前一般为2.2 m左右。以侧卸式装岩机为主的设备布置见图8-48。

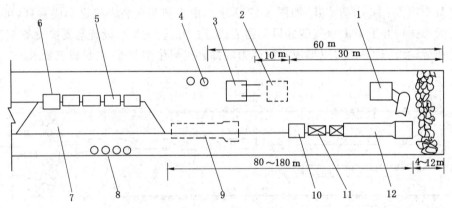

1—侧卸式装岩机；2—爆破时装岩机位置；3—液压凿岩台车；4—混凝土喷射机；5—空车；
6、10—电机车；7—调车场；8—爆破开关；9—爆破时转载机位置；11—重车；12—带式转载机。

图 8-48　以侧卸式装岩机为主的设备布置图

采用该作业线时钻车打眼与侧卸式装岩机装岩不能平行，均为单行作业。在炮眼布置的同时，钻车进入工作面，停放在巷道中央固定，距工作面的距离以钻臂顶尖靠近工作面并能全断面自由移动为宜。

以侧卸装岩机为主的机械化作业线的打眼、装岩工序设备的生产能力大，耗时短。缩短循环时间的关键在于：保障设备正常运转，坚持正规循环；合理组织平行交叉作业，减少辅助工序的耗时。该作业线在施工中，平行作业的主要内容有：临时轨道铺设、掘砌水沟、维修侧卸式装岩机与钻车打眼平行作业；初喷临时支护、钻车维修与装岩平行作业；安全检查、洒水降尘与侧卸式装岩机清道平行作业；复喷永久支护与掘进平行作业等。此外，该作业线施工需要的直接工人数少，要求工人技术素质高和一工多能。

采用该作业线时，炮眼深度为2 m左右，采用直眼掏槽、多段毫秒电雷管全断面一次爆破,循环进尺 1.6~1.8 m。根据施工队伍对作业线使用的熟练程度及劳动组织管理水平,可采用"三八""四六二八""四八"等多种作业制式。

以侧卸式装岩机为主的机械化作业线虽具有机械化水平高、施工速度快、工效高和改善了劳动条件、降低了工人体力劳动强度等优点,但推广应用目前仍存在以下问题:

(1) 初期投资大。

(2) 要求施工队伍素质高,维修力量强。

(3) 工作面布置 1 台钻车,一旦出现故障,将严重影响正常生产。

(4) 液压钻车及侧卸式装岩机的可靠性尚待进一步提高。

(5) 液压钻车及侧卸式装岩机均为履带行走,使用范围有一定的局限,特别是对轨道运输的矿井。为此,不少施工单位针对装岩工作量大、侧卸式装岩机效率高的特点仍采用多台气腿式凿岩机打眼,组成气腿式凿岩机与侧卸式装岩机为主的作业线,在一定程度上缓解了上述矛盾。

三、全断面岩石掘进机机械化作业线

1. 全断面岩石掘进机

全断面岩石掘进机是实现连续破岩、装岩、转载、临时支护和喷雾防尘等工序的一种联合机组。

全断面岩石掘进机机械化程度高,可连续作业,工序简单,施工速度快。1967 年,美国曾创造了月进 2 088.9 m 的世界记录,日进最高达到 127.8 m。掘进机施工的巷道质量高,支护简单,工作安全,效率高,作业条件好;但构造复杂,成本高,对掘进巷道的岩石性质和长度均有一定要求。

岩石全断面巷掘进机一般由移动部分和固定支撑推进两大部分组成,见图 8-49。其中主要有破岩装置、行走推进装置、岩碴装运装置、驱动装置、动力供给装置、方向控制装置、除尘装置和锚杆安装装置。

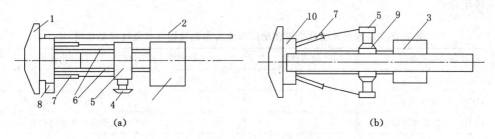

(a)   (b)

1—工作头;2—输送机;3—操纵室;4—后撑靴;5—水平支撑板;6—上、下大梁;

7—推进油缸;8—前撑靴;9—水平支撑油缸;10—机架。

图 8-49 全断面岩石掘进机基本结构图

全断面岩石掘进机包括主机和后配套系统,见图 8-50。主机由刀盘工作机构、传动导向机构、推进操纵机构、大梁、主带式输送机及司机房等部件组成。主机上配备了环形支架安装机、锚杆钻机。该掘进机工作系统中配备了激光导向、坡度指示及浮动支撑调向机构,可以不停机调向,控制推进方向;有内喷雾及水膜除尘设施,有通风、消音装置,有瓦斯自动检测报警断电仪等。后配套系统主要由斜带式输送机、转载机和喷雾泵站组成。

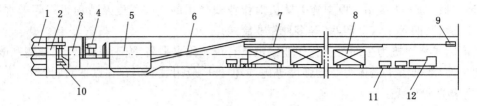

1—刀盘;2—机头架;3—水平支撑板;4—锚杆钻机;5—司机房;6—斜带式输送机;
7—转载机;8—龙门架车;9—激光指向仪;10—环形支架机;11—矿车;12—电机车。

图 8-50　全断面岩石掘进机系统示意图

2. 全断面岩石掘进机作业线

全断面岩石掘进机作业线主要由掘进机、带式转载机、矿车和电机车组成。我国 5 m 直径全断面岩石掘进机破碎的岩石,经主带式输送机、斜带式输送机和带式转载机,装入 1.0 t 矿车由电机车拉出硐外卸载。该机推进一个行程(1 m)的时间为 25～40 min,纯掘进速度为 1.5～2.4 m/h。

全断面岩石掘进机在主机上配备锚杆钻机,在掘进的同时可钻锚杆眼与安装锚杆,实现临时支护。

全断面岩石掘进机掘进巷道质量好,对围岩扰动小,巷道成型好,超挖量少,围岩稳定,支护费用低,可使井巷工程实现综合机械化,故世界各国均十分重视。

四、以挖掘式装载机和移动矸石仓为主的机械化作业线

以挖掘式装载机、移动矸石仓为主的大断面岩石巷道快速施工的装岩机械化作业线,主要由凿岩台车、挖掘式装载机、移动矸石仓和矿车组成,设备配套见表 8-16。通过装岩设备升级,实现大部分排矸时间和打炮眼与支护平行作业,设计爆破循环进尺 2.0 m 情况下,每循环时间缩短 60 min 以上,实现每天平均进尺 6 m 以上,曾实现大断面岩巷单月进尺 206 m 的掘进纪录。

表 8-16　以挖掘式装载机和移动矸石仓为主的机械化作业线设备组成

设备名称及型号	使用台数	备用台数	设备生产单位
凿岩台车	1		
ZDY-160B/47.2 型装岩机	1		贵州三环工程机械厂
YDKC-50 型移动矸石仓	2		江西鑫通机械制造有限公司
ZHP-Ⅳ型混凝土喷射机	1	1	
8 t 蓄电池电机车	2		
激光指向仪	1		
锚杆钻机	2	2	

第六节　通风防尘及降温

一、通风方式

巷道掘进中都采用局部通风机通风。通风方式可分为压入式、抽出式和混合式 3 种,其中以混合式通风效果最佳。

1. 压入式通风

如图 8-51 所示,局部通风机把新鲜空气经风筒压入工作面,污浊空气沿巷道流出。在通风过程中炮烟逐渐随风流排出,当巷道出口处的炮烟浓度下降到允许浓度时(此时巷道内的炮烟浓度都已降到允许浓度以下),即认为排烟过程结束。这种通风方式可采用胶质或塑料等柔性风筒。

为了保证通风效果,局部通风机必须安设在有新鲜风流流过的巷道内,距掘进巷道口的距离不得小于 10 m,以免产生循环风流。为了尽快而有效地排除工作面的炮烟,风筒口距工作面的距离一般以不大于 10 m 为宜。

压入式通风的优点是:有效射程大,冲淡和排出炮烟的作用比较强;工作面回风不通过通风机,在有瓦斯涌出的工作面采用这种通风方式比较安全;工作面回风沿巷道流出,沿途也就一并把巷道内的粉尘等有害气体带走。缺点是:长距离巷道掘进排出炮烟需要的风量大,所排出的炮烟在巷道中随风流而扩散,蔓延范围大,时间又长,工人进入工作面往往要穿过这些蔓延的污浊气流。

2. 抽出式通风

如图 8-52 所示,局部通风机把工作面的污浊空气经风筒抽出,新鲜风流沿巷道流入。风筒的排风口必须设在主要巷道风流方向的下方,距掘进巷道口的距离也不得小于 10 m。

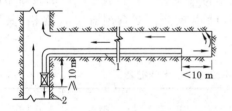

1—风筒;2—局部通风机。

图 8-51　压入式通风

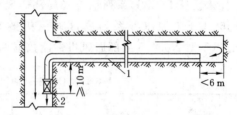

1—风筒;2—局部通风机。

图 8-52　抽出式通风

在通风过程中,炮烟逐渐经风筒排出,当炮烟抛掷区内的炮烟浓度下降到允许浓度时,即认为排烟过程结束。

抽出式通风回风流经过通风机,如果因叶轮与外壳碰撞或其他原因产生火花,有引起煤尘、瓦斯爆炸的危险,因此在有瓦斯涌出的工作面不宜采用。抽出式通风的有效吸程很短,只有当风筒口离工作面很近时才能获得满意的效果,故目前在平巷掘进中很少采用,在深竖井掘进中则用得较多。抽出式通风的优点是:在有效吸程内排尘的效果好;排除炮烟所需的风量较小;回风流不污染巷道。抽出式通风只能用刚性风筒或有刚性骨架的柔性风筒。

3. 混合式通风

这种通风方式是压入式和抽出式的联合运用。掘进巷道时,单独使用压入式或抽出式通风都有一定的缺点。为了达到快速通风的目的,可利用一辅助局部通风机做压入式通风,使新鲜风流压入工作面冲洗工作面的有害气体和粉尘。为使冲洗后的污风不在巷道中蔓延而经风筒排出,可用另一台主要局部通风机进行抽出式通风,这样便构成了混合式通风。

通风机和风筒的布置如图 8-53 所示。局部通风机 1 的吸风口与抽出风筒抽入口的距离应不小于 15 m,以防止造成循环风流。吸出风筒口到工作面的距离要等于炮烟抛掷长度,压入新鲜空气的风筒口到工作面的距离要小于或等于压入风流的有效作用长度,才能取得预期的通风效果。

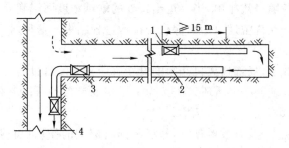

1—局部通风机;2—抽出风筒;3、4—抽出风机。

图 8-53　混合式通风示意图

二、通风设备

常用的通风设备有局部通风机、风筒及作为辅助通风用的引射器。

1. 局部通风机

局部通风机是掘进通风的主要设备,要求其体积小,效率高,噪声低,风量、风压可调,坚固,防爆。JBT(BKJ)系列轴流式局部通风机的技术特征见表 8-17。我国生产的较新型的BKJ66-1 子午加速型系列局部通风机效率更高,噪声较低。该系列有多种规格,其中BKJ66-1 型 No.4.5 局部通风机性能数据见表 8-18。

表 8-17　JBT 系列通风机的型号及主要技术特征表

型号	JBT-41	JBT-42	JBT-51	JBT-52	JBT-61	JBT-62
外径/mm	400	400	500.8	500.8	600	600
转速/(r/min)	2 900	2 900	2 900	2 900	2 900	2 900
全风压/Pa	147.2~735.6	294.3~1 471.5	245.3~1 177.2	490.5~2 354.4	343.4~1 569.6	686.7~3 139.2
风量/(m³/min)	75~112	75~112	145~225	145~225	250~390	250~390
电动机功率/kW	2	4	5.5	11	14	28
级数	1	2	1	2	1	2
质量/kg	120	150	175	235	315	410

表 8-18　BKJ66-1 型 No.4.5 局部通风机的性能特征表

转速/(r/min)	性能点	全风压/Pa	风量/(m³/s)	全压效率/%	电动机功率/kW
2 950	1	1 901	3	84	8
	2	1 784	3.75	92	
	3	1 666	4	91	
	4	1 323	4.5	82	
	5	931	5	70	

表 8-18(续)

转速/(r/min)	性能点	全风压/Pa	风量/(m³/s)	全压效率/%	电动机功率/kW
	1	470	1.5	84	
	2	441	1.87	92	
1 475	3	412	2	91	11
	4	323	2.25	82	
	5	235	2.5	70	

2. 风筒

风筒分刚性和柔性两大类。常用的刚性风筒有铁风筒、玻璃钢风筒等,其坚固耐用,适用于各种通风方式,但笨重,接头多,体积大,储存、搬运、安装都不方便。常用的柔性风筒为胶布风筒、软塑料风筒等。柔性风筒在巷道掘进中广泛使用,具有轻便、易安装、阻燃、安全性能可靠等优点,但易于划破,只能用于压入式通风。常用风筒规格见表 8-19。近年又研制出一种带有刚性骨架的可缩性风筒,即在柔性风筒内每隔一定距离加上了圆形钢丝圈或螺旋形钢丝圈,既可用于抽出式通风,又具有可收缩的特点。

表 8-19　风筒规格表

风筒名称	直径/mm	每节长度/m	厚度/mm	质量/(kg/m)
	400	2.0、2.5	2.0	23.4
	500	2.5、3.0	2.0	28.3
铁风筒	600	2.5、3.0	2.0	34.8
	700	2.5、3.0	2.5	46.1
	800~1 000	3.0	2.5	54.5~68.0
	300	10	1.2	1.3
胶布风筒	400	10	1.2	1.6
	500	10	1.2	1.9
	600	10	1.2	2.3
塑料风筒	300	50	0.3	
	400	50	0.4	1.28
玻璃钢风筒	700	3.0	2.2	12
	800	3.0	2.5	14

3. 引射器

引射器有水力引射器和压气引射器 2 种。水力引射器无电气部件,能降温、除尘、消烟,适用于瓦斯含量大、供风量不大的煤巷掘进,但效率较低,能力有限,只有在特定条件下考虑采用。抚顺矿区在使用多个水力引射器串联的情况下,最大供风距离可达 700 m,工作面有效风量达 70 m³/min。压气引射器是利用压缩空气为动力的一种通风设备,特别适用于高瓦斯区小断面巷道掘进通风。

4. 掘进通风设施的选择

选择风筒直径的主要依据是送风量与通风距离。送风量大,通风距离长,风筒直径要选得大些。另外,还要考虑巷道断面大小,以免风筒无法布置或易被矿车划破。除了要求技术上可行之外,还要在经济上合理。

根据现场经验,通风距离在 200 m 以内可选用直径为 400 mm 的风筒,通风距离 200～600 m 可选用直径为 500 mm 的风筒,通风距离 500～1 000 m 可选用直径为 600～800 mm 的风筒,通风距离 1 000 m 以上可选用直径为 800～1 000 mm 的风筒。

三、防尘及降温

1. 防尘

掘进岩石巷道时,在钻眼、爆破、装岩和运输等工作中,不可避免地要产生大量的岩石粉尘。根据测定,这些粉尘中含有游离 SiO_2 达 30%～70%,其中大量的颗粒粒径小于 5 μm。这些粉尘极易在空气中浮游,被人吸入体内,时间久了就易患矽肺病,严重地影响工人的身体健康。我国煤矿在掘进工作面的综合防尘方面有丰富的经验:

(1)湿式钻眼是综合防尘最主要的技术措施,严禁在没有防尘措施的情况下进行干法生产和干式凿岩。湿式钻眼使岩粉变成浆液从炮眼流出,能显著降低巷道中的粉尘浓度。

(2)喷雾、洒水对防尘和降尘都有良好的作用。在爆破前用水冲洗岩帮,爆破后立即进行喷雾,装岩前向岩堆上洒水,都能减少粉尘扬起。

(3)加强通风排尘。通风除不断向工作面供给新鲜空气外,还可将含尘空气排出,降低工作面的含尘量。首先应在掘进巷道周围建立通风系统,以形成主风流。其次应在各作业点搞好局部通风工作,以便迅速把工作面的粉尘稀释并排到主回风流中去。

(4)加强个人防护工作。工人在工作面作业一定要戴防尘口罩。近年,我国有关部门研制成了多种防尘口罩,对于保护粉尘区工作的工人的身体健康起了积极作用。对工人还要定期进行身体健康检查,发现病情及时治疗。

(5)采用湿喷混凝土机。采用湿喷机并加入掺料,可将粉尘浓度降低到 5 mg/m^3 以下。

2. 降温

人在高温、高湿作用下,劳动生产率将显著降低,正常的生理功能会发生变化,身心健康受到损害。《煤矿安全规程》规定:当采掘工作面的空气温度超过 30 ℃、机电硐室的空气温度超过 34 ℃时,必须采取降温措施。

一般地温随埋深的增加而逐渐增高,其梯度为 3 ℃/100 m 左右。我国煤矿采深以每年约 10 m 速度下延,1990 年统配矿的平均采深已达 510 m,近千米的矿井相继出现,如新汶孙村、开滦赵各庄、浙江长广七矿、本溪彩屯矿、北票台吉、冠山矿等。由于地热、压缩热、氧化热、机械热的增值,越来越多的矿井出现了湿热环境,采掘工作面风温高于 30 ℃、岩温高达 35～45 ℃的矿井已有几十对。

矿井降温基本可分两大类:一类为无空气冷却装置降温,包括选择合理的开拓方式和确定合理的采煤方法,改善通风方式和加强通风,减少各种热源的放热量等措施;另一类为人工制冷降温。只有当采用加强通风、改进通风以及疏干热水尚不足以消除井下热害,或增加风量对降温的作用不大,或不经济的情况下,才采用人工制冷降温。

地面及井下冷却装置系统图如图 8-54(a)、(b)所示。

高温矿井的降温设计,除采用改善通风系统、加强通风、人工制冷等方法以外,隔热技术

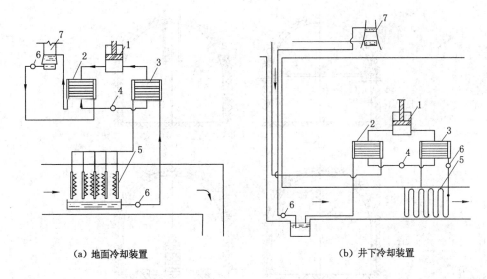

（a）地面冷却装置   （b）井下冷却装置

1—制冷压缩机；2—冷凝器；3—蒸发器；4—减压阀；5—空冷器；6—水泵；7—冷却塔。

图 8-54　冷却装置系统图

的运用也是矿井降温措施中不可缺少的重要手段。淮南九龙岗矿采用 JKT-20 型移动式空调器对采煤工作面降温所做的试验表明，向工作面输送冷风的风筒，隔热后每米风筒冷损为隔热前的 1/25.4。

第七节　测 量 工 作

　　测量是矿井建设的重要技术工作。进入 20 世纪 80 年代，先进测量仪器和工具的推广应用，促进了测量工作向现代化方向的发展。现代化的测量仪器在矿井建设时期，尤其在巷道长距离贯通工程的快速施工中发挥了重大作用。

　　激光指向仪应用于建井测量只有 20 多年的历史。矿用激光指向仪结构及照片见图 8-55。

图 8-55　矿用激光指向仪

一、巷道激光指向仪的安装方式

　　根据巷道断面的形状和大小的不同，安装的方式有 4 种，见图 8-56。其中采用图 8-56(b)方式的较多。

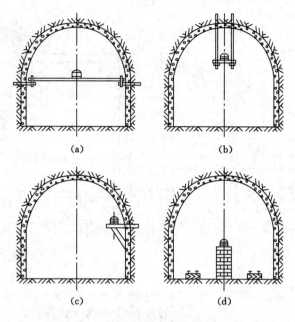

图 8-56 平巷激光指向仪的安装位置图

二、安装前的准备工作

（1）应根据平（斜）巷激光指向仪座板的大小，选择 1 块厚 4～8 mm、长和宽各大于座板 100～200 mm 的铁板作为安装激光仪的托板，托板四角钻孔，用螺栓与固定在巷道顶板上的 4 根锚杆连接，与座板螺旋孔位置对应，在托板中间钻 4 个长孔，使座板连接螺旋可在托板长孔内左右移动；可根据托板四角连接孔的间距，对在巷道顶板沿中线两侧钻的锚杆孔严格掌控间距，以免安装时产生困难。

（2）固定在巷道顶板上的 4 根锚杆直径一般为 20 mm 左右，埋入深度不少于 500 mm，露出长度以使测量人员安装、调节方便，且不妨碍运输和行人为原则。露出的一端需要留设不少于 100 mm 的套丝，以便于托板安装和调节。

（3）安装的地点，要求巷道顶板岩石无破碎、支护牢固，附近顶板上（最好 1 m 之内）有中线点，巷道两帮有腰线点。

三、根据巷道中线和腰线安装激光指向仪

（1）待准备工作完成和锚杆凝固后，即可根据巷道的中线和腰线进行安装。首先将托板安装在锚杆上，托板平面在平巷时，应大致水平；在斜巷时，托板平面的倾角应与斜巷设计倾角相同。然后将激光指向仪放在托板上，并将连接螺旋放入孔内，接通激光电源，打开激光指向仪开关。

（2）在巷道顶板 A、B 两中线点上挂垂球，见图 8-57。左右移动激光指向仪座板，使光束大致对准 A、B 两垂线，紧固激光指向仪座板连接螺旋，调节望远镜微动螺旋，左、右移动光束，精确对准 A、B 两垂线。

（3）如为平巷，可用水准仪精确测定激光指向仪物镜中心至水平视线的高差 $A'a$、水平视线至腰线的高差 $a'a$，并在 B 点垂线上标记水平视线高 b。丈量 AB 距离 S，按巷道设计坡度（$\pm i$）计算 bB' 高度。

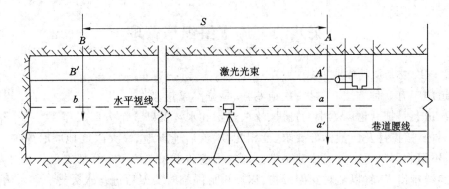

图 8-57 用中线和腰线安装激光指向仪示意图

$$bB'=A'a\mp Si \tag{8-21}$$

在 B 点垂线上，量取 bB' 并做标记，调节激光指向仪的望远镜微动螺旋，上、下移动光束，精确对准 B' 点，此时激光光束方向与巷道中线一致，光束坡度与腰线平行。

(4) 如为斜巷(上山或下山)(图 8-58)，应在 A 点安置经纬仪，量取激光仪物镜中心至经纬仪竖盘中心垂距 $A'a$。经纬仪垂直于巷道中线方向，置望远镜水平，观测并量取左右帮腰线垂距 $a'a$。将经纬仪竖盘置于巷道设计倾角 δ，观测 B 点垂线并标记视线点 b，量取 $bB'=A'a$，并标记 B' 点。调节激光指向仪望远镜微动螺旋，上、下(或左、右)移动光束，精确对准 B 点，此时激光光束方向与巷道中线一致，光束坡度与腰线平行。

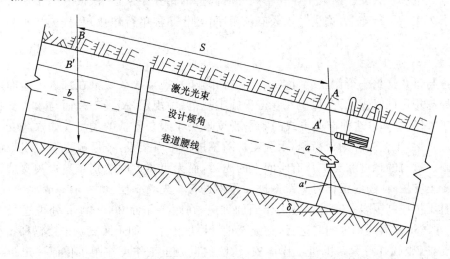

图 8-58 在斜巷用中线和腰线安装激光指向仪示意图

(5) 平巷用水准仪的不同仪器高标定 2 次，斜巷用经纬仪的正、倒镜标定 2 次，取其平均值作为最终标定结果。

(6) 激光仪安装调整完毕后，量取 A、B 两点至光束中心距离 AA'、BB' 和 B 点光束至腰线垂距 $B'b$，并书面向施工单位交代清楚。

根据《煤矿测量规程》的规定，巷道掘进过程中每次标定中、腰线点之后，都应对激光光束做适当调整，并书面向施工单位交代清楚。

第八节　施工组织与管理

一、一次成巷及其作业方式

巷道施工有 2 种方法,一是一次成巷,二是分次成巷。

一次成巷是把巷道施工中的掘进、永久支护和水沟掘砌 3 个分部工程视为一个整体,在一定距离内,按设计及质量标准要求,互相配合,前后连贯地、最大限度地同时施工,一次做成巷道,不留收尾工程。分次成巷是把巷道的掘进和永久支护 2 个分部工程分 2 次完成,先把整条巷道掘出来,暂以临时支架维护,以后再拆除临时支架后进行永久支护和水沟掘砌。

实践证明,一次成巷具有作业安全、施工速度快、施工质量好、节约材料、降低工程成本和施工计划管理可靠等优点。因此,《煤矿井巷工程施工规范》中明确规定,巷道的施工,应一次成巷。分次成巷的缺点是成巷速度慢、材料消耗量大、工程成本高。因此,除工程上的特殊需要外,一般不采取分次成巷施工法。但在实际施工中,急需贯通的通风巷道可以采用分次成巷的方法,先以小断面贯通,解决通风问题,过一段时间以后再刷大,并进行永久支护。在施工长距离贯通巷道时,为了防止测量误差造成巷道贯通上的偏差,在贯通点附近,可以先以小断面贯通,纠正偏差后再进行永久支护。在巷道贯通点,必须采用分次成巷施工法。

(一) 掘进与永久支护作业

根据掘进和永久支护两大工序在空间和时间上的相互关系,一次成巷施工法又可分为掘进与永久支护平行作业、掘进与永久支护顺序作业(亦称单行作业)和掘进与永久支护交替作业。

1. 掘进与永久支护平行作业

掘进与永久支护平行作业(简称"掘支平行作业"),是指永久支护在掘进工作面之后一定距离处与掘进同时进行。《煤矿井巷工程施工规范》中规定,掘进工作面与永久支护间的距离不应大于 40 m。这种作业方式的难易程度取决于永久支护的类型。如永久支护采用金属拱形支架,工艺过程则很简单,永久支护随掘进工作而架设,在爆破之后对支架进行整理和加固。这时的掘进和支护只有时间上的先后,而无距离上的差别。当永久支护为单一喷射混凝土支护时,喷射工作可紧跟掘进工作面进行。先喷 1 层 30～50 mm 厚的混凝土,作为临时支护控制围岩。随着掘进工作面的推进,在距工作面 20～40 m 处再进行二次补喷,该工作与工作面的掘进同时进行,补喷至设计厚度为止。如永久支护采用锚杆喷射混凝土联合支护,则锚杆可紧跟掘进工作面安设,喷射混凝土工作可在距工作面一定距离处进行。如顶板围岩不太稳定,可以爆破后立即喷射 1 层 30～50 mm 厚的混凝土封顶护帮,然后再打锚杆,最后喷射混凝土与工作面掘进平行作业,直至喷射厚度达到设计要求。

这种作业方式由于永久支护不单独占用时间,因而可提高成巷速度约 30%。但这种作业方式同时投入的人力、物力较多,组织工作比较复杂,一般适用于围岩比较稳定及掘进断面大于 8 m² 的巷道,以免掘砌工作相互干扰,影响成巷速度。

2. 掘进与永久支护顺序作业

掘进与永久支护顺序作业(简称"掘支顺序作业"),是指掘进与支护两大工序在时间上按先后顺序施工,即先将巷道掘进一段距离,然后停止掘进,边拆除临时支架,边进行永久支护工作。当围岩稳定时,掘、支间距为 20～40 m。当采用锚喷永久支护时,通常有 2 种方式,即两掘一锚喷和三掘一锚喷。两掘一锚喷,是指采用"三八"工作制,两班掘进,一班锚喷。三掘一锚喷,是指采用"四六"工作制,三班掘进,一班锚喷。采取这种作业方式时,永久支护至掘进工作面之间应设临时支护,即先打一部分护顶护帮锚杆,以保证掘进的安全;锚喷班则按设计要求补齐锚杆并喷到设计厚度。这种作业方式的特点是掘进和支护轮流进行,由一个施工队来完成,因此要求工人既会掘进又会砌碹或锚喷。该作业方式主要工作单一,需要的劳动力少,施工组织比较简单,与平行作业相比成巷速度较慢,适用于掘进断面较小、巷道围岩不太稳定的情况。

3. 掘进与永久支护交替作业

掘进与支护交替作业(简称"掘支交替作业"),是指在 2 条或 2 条以上距离较近的巷道中,由 1 个施工队分别交替进行掘进和永久支护工作。即将 1 个掘进队分成掘进和永久支护 2 个专业小组,当甲工作面掘进时,乙工作面进行支护,甲工作面转为支护时,乙工作面同时转为掘进,掘进与永久支护轮流交替进行。这种方式实质上是对甲、乙 2 个工作面各为掘支单行作业,而人员交替轮流。交替作业方式有利于提高工人的操作能力和技术水平,避免了掘进与永久支护工作的相互影响,但必须经常平衡各工作面的工作量,以免因工作量的不均衡而造成窝工。

上述的 3 种作业方式中,以掘、支平行作业的施工速度最快,但由于工序间的干扰多,因而效率低,费用高。掘、支顺序作业和掘、支交替作业施工速度比平行作业低,但人工效率高,掘、支工序互不干扰。对于围岩稳定性较差、管理水平不高的施工队伍,宜采用掘、支顺序作业,条件允许时亦可采用掘、支交替作业。

二、施工组织

实现岩巷的快速施工,非常成熟的经验是坚持正规循环作业和多工序平行交叉作业。

(一)坚持正规循环作业

在巷道施工中,各主要工序和辅助工序都是按一定的顺序周而复始进行的,故称为循环作业。为组织循环作业,应将循环中各工序的工作持续时间、先后顺序和相互衔接关系周密地以图表的形式固定下来,使全体施工人员心中有数,一环扣一环地进行操作,该图表称为循环图表。在岩巷施工中,正规循环作业是指在掘进、支护工作面上,按照作业规程、爆破图表和循环图表的规定,在一定的时间内,以一定的人力、物力和技术装备,完成规定的全部工序和工作量,取得预期的进度,并保证生产有节奏地周而复始地进行。

(二)尽量采用多工序平行交叉作业

所谓多工序平行交叉作业,是指在同一工作面,在同一循环时间内,凡能同时施工的工序,尽量安排使其同时进行;不能全部平行施工的工序,也可以使其部分平行,即交叉作业。多工序平行交叉作业是实现正规循环作业的基本保证措施。

在掘进中,钻眼和装岩这 2 个工序的工作量大,占用时间长,因此,如果采用气腿式凿岩机钻眼,在工序安排上应使钻眼与装岩两工序最大限度地平行作业。具体办法是,爆破后在岩堆上钻上部炮眼和锚杆眼,与装岩平行作业;装岩工作结束后,工作面钻下部炮眼可与铺设临时轨道、检修装岩机平行作业。此外,交接班可与工作面安全检查平行作业;检查中线、腰线与钻眼准备和接长风水管路多工序平行作业;装药与机具撤离工作面及掩护平行作业;架设临时支架与装岩准备工作平行作业等。

在巷道施工机械化水平和设备生产率不高的情况下,实现多工序平行作业对提高掘进速度和工效是十分必要的。但是,随着大型高效掘进设备的应用,顺序作业必将被扩大应用。例如,采用凿岩台车和高效凿岩机,再加上高效率装运设备后,由于设备体积大,受巷道空间的限制,钻眼与装岩就不可能平行作业。再者,由于高效设备的应用,钻眼和装岩的时间将大幅度减少,平行作业的意义也不大了。采用顺序作业,工作单一,工作条件好,便于应用高效率的掘进设备,提高掘进机械化水平,从而提高工效,减轻工人劳动强度。因此,掘、支顺序作业必然是今后岩巷施工的发展方向,是较先进的作业方式。

（三）编制循环图表

循环图表是施工组织设计（施工措施）的一部分。为确保正规循环作业的实现,必须编制切实可行的循环图表。

1. 确定日工作制度

过去我国煤矿都采用"三八"工作制（即每天分为 3 个工作班,每班工作 8 小时）,建井单位多采用"四六"工作制（地面辅助工为"三八"制）,在 20 世纪的 70 年代,有的矿井也采用过"四八"交叉作业制。这些工作制都是按工作时间进行分班的。近年,有的矿井根据巷道施工特点和分配制度的改革,实行了按工作量分班的"滚班制",即每个班的工作量是固定的,其工作时间是可变的,何时完成额定工作量则何时交班,不再是按点交接班。班组的考核不再是以工作时间为指标,而是以实际完成的工作量为指标,并直接与职工的工资和奖金挂钩。"滚班制"改变了过去工作制中的分配不公现象,调动了职工的积极性,但也给管理工作带来一定的难度。它要求正在施工的班组在完成工作量之前一小时就要电话通知工区值班室,值班员再通知下一班职工做好接班准备。目前,大多数矿井仍采用"三八"制或"四六"制的日工作制度。

2. 确立作业方式

在工作制确定以后,要根据巷道设计断面和地质条件、施工任务、施工设备、施工技术水平和管理水平进行作业方式的比选,确定巷道施工的作业方式。

3. 确定循环方式和循环进度

巷道掘进循环方式可根据具体条件选用单循环（每班一个循环）或多循环（每班完成 2 个以上的循环）。每个班完成的循环数应为整数,即一个循环不要跨班（日）完成,否则不便于工序间的衔接,施工管理比较困难,也不利于实现正规循环作业。当求得小班的循环数为非整数时应调整为整数。调整方法应以尽量提高工效和缩短辅助时间为原则。对于断面大、地质条件差的巷道,也可以实行一日一个循环。20 世纪 70 年代,应用浅眼（1.0～1.2 m）多循环的方式曾取得过岩石平巷施工的好成绩。由于岩巷施工中大型设备日渐增多,单循环的方式应用得更为普遍。当采用超深孔光爆时,亦可能为多个小班一个循环。

在巷道施工中,每个循环使巷道向前推进的距离称为循环进度,又称循环进尺。循环进尺主要取决于炮眼深度和爆破效率。在目前我国大多数煤矿仍用气腿式凿岩机的情况下,炮眼深度一般为 1.5～2.0 m 较为合理。当采用凿岩台车配以高效凿岩机时,采用 2.0～3.5 m 的中深孔爆破,对提高掘进速度更为有利。

4. 计算循环时间

确定了炮眼深度,也就知道了各主要工序的工作量,然后可根据设备情况、工作定额（或实测数据）计算各工序所需要的作业时间。在所需的全部作业时间中,扣除能够与其他工序

平行作业的时间,便是一个循环所需要的时间 T,即:

$$T=T_1+T_2+\varphi(t_1+t_2)+T_3+T_4 \tag{8-22}$$

式中　T_1——安全检查及准备工作时间,亦即交接班时间,一般约为 20 min;

　　　T_2——装岩时间,min;

　　　t_1,t_2——钻上部、下部眼时间,min;

　　　φ——钻眼工作单行作业系数,钻眼、装岩平行作业时,φ 值一般为 $0.3\sim0.6$,钻眼、装岩顺序作业时,φ 值等于 1;

　　　T_3——装药连线时间,min;

　　　T_4——爆破通风时间,一般为 $15\sim20$ min。

装药连线时间 T_3 与炮眼数目和同时参加装药连线的工人组数有关:

$$T_3=Nt/A \tag{8-23}$$

式中　N——工作面炮眼总数,个;

　　　t——单个炮眼装药所需时间,min/个;

　　　A——在工作面同时装药的工人组数。

钻眼时间为:

$$t_1+t_2=\frac{NL}{mV} \tag{8-24}$$

式中　L——炮眼平均深度,m;

　　　m——同时工作的凿岩机(或钻机)台数;

　　　V——凿岩机的实际平均钻速,m/min。

装岩时间为:

$$T_2=\frac{SL\eta}{np} \tag{8-25}$$

式中　S——巷道掘进断面积,m²;

　　　η——炮眼利用率,一般为 $0.8\sim0.9$;

　　　p——装岩机实际生产率(实体岩石),m³/h;

　　　n——同时工作的装岩机台数。

将以上各式代入式(8-24)得:

$$T=T_1+\frac{SL\eta}{np}+\frac{\varphi NL}{mV}+Nt/A+T_4 \tag{8-26}$$

在实际工作中,为了防止难以预见的工序延长,应考虑留有 10% 的备用时间,故循环时间为:

$$T=1.1\left(T_1+\frac{SL\eta}{np}+\frac{\varphi NL}{mV}+Nt/A+T_4\right) \tag{8-27}$$

5. 循环图表的编制

根据以上的计算及初步确定的数据,即可编制循环图表。图表名称为:××矿××巷道掘、支(砌、喷)平行(或顺序)作业循环图表。表上有工序名称一栏,施工的各工序按顺序关系自上而下排列;第二栏自上而下为与各工序对应的工程量;第三栏为自上而下与工序对应的各工序所需时间;第四栏为用横道线表示的各工序的时间延续和工序间的相互关系。编制好的循环图表需在实践中进一步检验修改,使之不断改进、完善,以真正起到指导施工的作用。

三、掘进队的组织与管理

（一）掘进队的组织形式

我国常用的有综合掘进队和专业掘进队 2 种组织形式。综合掘进队是将巷道施工中的主要工种（掘进、支护）以及辅助工种（机电维修、运输、通风、管路等）组织在一个掘进队内。其特点是指挥统一，各工种密切配合协作，有利于培养工人一专多能；在施工中能根据不同工序的需要，灵活调配劳力，使工时得到充分利用，提高工作效率。这种组织形式有利于保证正规循环和多工序平行交叉作业的实现，是提高岩巷施工速度的有效组织形式。专业掘进队只有主要工序的工种（掘进、支护），辅助工另设工作队，并服务于若干个专业掘进队。专业掘进队任务单一，管理比较简单，但辅助工种的配合不如综合掘进队及时。专业掘进队受辅助工的影响较大，工时利用率低，现较少采用。

（二）掘进队的基本管理制度

在一次成巷施工中，多工序平行交叉作业，工序交叉频繁。为使各工种忙而不乱、工作紧张而有序，除了有先进的技术装备和合理的劳动组织外，还要加强施工管理工作。为充分发挥掘进队的设备、技术优势，加快施工进度，必须健全和坚持以岗位责任制为中心的各项管理制度。

1. 工程岗位责任制

工种岗位责任制的特点是：任务到组、固定岗位、责任到人。具体做法是，按照工作性质，将每个小班的人员划分成若干作业组（如钻眼爆破组、装岩运输组、支护组等），每个小组或个人按照循环图表规定的时间，使用固定的工具或设备，在各自的岗位上保质保量地完成任务。岗位责任制要求形成人员固定、岗位固定、任务固定、设备固定、完成时间固定的制度，做到人人有专职，事事有人管，办事有标准，工作有检查。

2. 技术交底制

施工队施工的工程，都要有施工组织设计（或作业规程、施工技术安全措施），并在开工前由工程技术人员向掘进队全体施工人员进行技术交底，使每位职工对自己所施工的巷道的性质、巷道用途、规格质量要求、施工方案、施工设备和安全措施等有比较全面的了解。技术交底后职工应在签到簿上签名，没经技术交底的职工不允许上岗。在工作面处挂有施工大样图、施工平面图、爆破图表和循环图表，以便随时查看，用以指导施工。

3. 施工原始资料积累制

施工原始资料积累制要求，对施工的工程质量，班组要有自检、互检，掘进队要有旬检，工程处要有月检的质量检查原始记录；班组要有工人出勤、主要材料消耗、班组进度、工程量、正规循环作业完成情况等原始记录资料；对隐蔽工程应做好原始记录（包括隐蔽工程图）；对砂浆、混凝土应做取样试验，并有试压证明书；锚杆应有锚固力检验记录；等等。为竣工验收，还应提供巷道的实测平面图，纵、横断面图，井上下对照图；井下导线点、水准点图及有关测量记录成果表；地质素描图、岩层柱状图等。这些资料要注意在施工过程中收集和积累，它们是施工的重要成果和评定工程质量的重要依据。

4. 工作面交接班制

工作面交接班制要求每班的负责人、各工种以及每个岗位上的职工，都要在现场对口交接，并做到交任务、交措施、交设备、交安全，使工作面及时连续作业，充分利用工时。

5. 安全生产制

为确保安全生产,要根据作业特点制定灾害预防计划、安全技术措施,并严格贯彻执行;要定期开展安全活动,经常进行安全生产教育;要建立和健全群众的安全组织和正常的安全检查制度;要按规定配齐安全生产工具和职工的劳动保护用品;要搞好工业卫生,改善劳动条件,做好综合防尘。

6. 质量负责制

贯彻质量负责制就是要把质量标准、施工规范、设计要求落实到班、组、个人,并严格执行;实行工程挂牌制(班、组、个人留名),队长、技术员要全面负责本队的工程质量;要建立自检、互检等质量检查制度;要严格按照质量标准进行验收,评定等级,不合格的工程要返修;对质量不负责任的人要追究责任,对一贯重视质量,工程优秀的要表扬、奖励。

此外还有考勤制、设备维修包机制、岗位练兵制和班组经济核算制等。

第九节 工程实例

一、工程概况

开滦钱家营矿－600 m 水平轨道运输大巷断面形状为直墙半圆拱形,采用锚喷支护。该大巷位于 12 煤层以下 25 m 处的底板岩层中,岩石为中、粗砂岩,坚固性系数 $f=6\sim8$,设计掘进断面面积为 14.7 m^2。其中－600 m 两翼轨道大巷在穿过落差 21 m 的断层破碎带时,用金属拱形支架、水泥背板、喷射混凝土联合支护通过。其局部顶板破碎或易冒落的区段采用 $\phi6\sim8$ mm 的 300 mm×300 mm 焊接钢筋网吊挂后一次喷射混凝土成形。巷道完工十几年来完好无损,巷道稳定。开拓一队的机械化作业线的设备组成见表 8-20。

表 8-20 机械化作业线设备组成

设备名称及型号	使用台数	备用台数	设备生产单位
CTHIO-2F 履带式全液压钻车	1	1	宜化采掘机械厂
ZC-2 履带式侧卸装岩机	1	1	浙江小浦煤机厂
ZHP-Ⅳ型混凝土喷射机	1	1	江西煤机厂
8 t 蓄电池电机车	2		贵州平寨煤机厂
激光指向仪	1		
LZP-200 型皮带转载机	1		邯郸煤机厂

二、施工方法

1. 钻眼工作

巷道采用激光指向仪定向,中线为巷道断面正中心。应用 CTH10-2F 型履带式全液压凿岩台车打眼,双臂同时作业,打眼时同时打出锚杆孔。炮眼深度为 1.70 m,掏槽眼深度为 1.90 m,平均每孔钻眼时间为 1 min。为避免钻孔定位消耗过长的时间,钻孔要由外向里、先两侧后中间,自上而下钻进。当 2 个钻臂打眼速度不同时,速度快的钻臂就可以很方便地移过中线支援速度慢的钻臂,以便两钻臂同时结束钻孔作业,减少单臂作业的时间。－600 m 水平轨道大巷施工设备布置见图 8-59,炮眼布置见图 8-60。

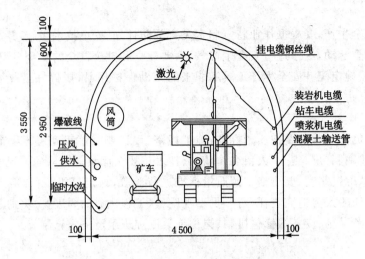

图 8-59 —600 m 水平轨道大巷施工设备布置

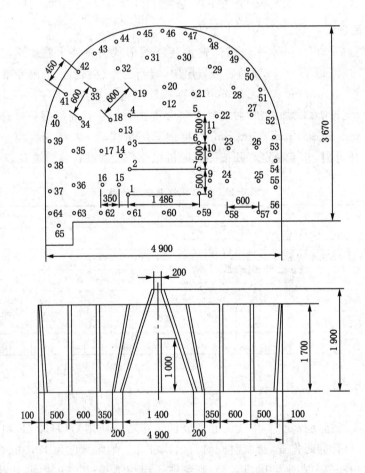

图 8-60 —600 m 水平轨道大巷炮眼布置

2. 爆破作业

巷道施工采用光面爆破技术。使用 2 号岩石硝铵炸药 247 卷,共 37.05 kg;毫秒延期电雷管 67 个,全断面一次爆破;掏槽方式为楔形掏槽,掏槽眼为 8 个,在岩石不稳定段为 6 个。爆破原始条件见表 8-21,爆破参数见表 8-22,预期爆破效果见表 8-23。

表 8-21　爆破原始条件

序号	名称	数量或要求
1	设计掘进断面积/m²	14.7
2	岩石坚固性系数 f	6～8
3	工作面瓦斯情况	无瓦斯
4	工作面水情况	无漏水
5	炸药和雷管类型	2 号岩石硝铵炸药,V 段雷管

表 8-22　爆破参数

眼号	炮眼名称	眼数	炮眼深度/m		角度/(°)	装药量		起爆顺序	连线方式
			垂深	斜长		卷/眼	小计/卷		
1～8	掏槽眼	8	1.90	2.00	73	5	40	1	
9～15	辅助掏槽	7	1.70	1.75	76	5	35	2	
16～24	辅助眼	9				4	84	3	
25～36	辅助眼	12				4	84	4	串联
37～55	周边眼	19	1.70		90	2	38	5	
56～64	底眼	9				5	45	5	
65	水沟眼	1				5	5		
66、67	破碎眼	2		1.00		1	2	2	
合计	共布置 67 个炮眼,总长 115.25 m					共计 249 卷,总质量 37.35 kg			

表 8-23　预期爆破效果

名称	单位	数量	名称	单位	数量
炮眼利用率	%	80	每米巷道炸药消耗量	kg/m	27.26
循环进尺	m	1.36	每循环炮眼总长	m	115.25
每循环爆破实体岩石	m³	20	每立方米岩石雷管消耗量	个	3.35
炸药消耗量	kg/m³	1.87	每米巷道雷管消耗量	个	49.30

3. 装岩工作

装岩速度的快慢主要在于装岩和调车 2 个环节。为调车方便,临时车场每月向前移动一次,一般至距工作面 40 m 处。为缩短侧卸装岩机装岩时的行程,使用 LZP-200 型带式转载机与侧卸装岩机配合装岩,以提高装岩速度。

4. 支护工作

巷道为锚喷支护,采用 ϕ16 mm×1 600 mm 金属胀圈式锚杆,锚杆锚固长度为 1.5 m,仅布置于巷道拱部,间、排距为 1.0 m。用 ZHP-Ⅳ 型喷射机喷射混凝土,初喷厚度不小于 30 mm,初喷段长度不超过 40 m。初喷混凝土和锚杆既作为临时支护又是永久支护的一部分。当顶板破碎时,则每次爆破后及时喷射混凝土封闭围岩,然后再打锚杆。

5.劳动组织

采用综合掘进队、多工序平行交叉和正规循环作业的劳动组织形式。实行六小时工作制,四班掘进、两班复喷支护与掘进平行作业。为便于考核管理,将 2 个掘进班和 1 个支护班编为 1 个大班,由队干部现场全面指挥。

在大巷穿过断层破碎带时,也采用过掘、架、喷顺序作业。为防止大冒顶,要求每个循环进度为 0.7 m,每个小班掘完就架金属拱形支架和喷射混凝土,直接成巷,这种顺序作业属于紧急情况下的应变作业方式。

第十节　特殊条件下巷道施工

一、软岩巷道施工

松软岩层具有松、散、软、弱 4 种不同属性。所谓"松",系指岩石结构疏松,密度小,孔隙度大;"散",指岩石胶结程度很差或有未胶结的颗粒状岩层;"软",是指岩石强度很低,塑性大或黏土矿物质易膨胀;"弱",则指受地质构造的破坏,形成许多弱面,如节理、片理和裂隙等破坏了原有的岩体强度,易破碎,易滑移冒落,但其岩石单轴抗压强度还是较高的。

在松软岩层中施工巷道,掘进较容易,维护却极其困难,采用常规的施工方法和支护形式、支护结构,往往不能奏效。因此,软岩支护问题是井巷施工中很关键的问题。

由于松软岩层地质情况非常复杂,巷道支护不单纯受岩层的重力作用,有时周围都受到很大的膨胀压力,甚至有的巷道的侧压比顶压大几倍。若采用常规的直墙半圆拱或三心拱形断面显然难以适应,往往造成巷道的破坏和失稳。因此,合理选择断面形状主要应根据地压的大小和方向选择。若地压较小,选用直墙半圆拱形是合理的;若巷道周围均受到很大的压力,则以选择圆形巷道断面为宜;若垂直方向压力特别大而水平压力较小,则选用直立椭圆形断面或近似椭圆形断面是合理的;若水平方向压力特别大而垂直方向压力较小,则应选用曲墙或矮墙半圆拱带底拱、高跨比小于 1 的断面或平卧椭圆形断面。

在松软岩层中掘进巷道,破岩方法最好以不破坏或少破坏巷道围岩为原则。若采用钻眼爆破破岩,也应采用光面爆破,尽量减少施工对围岩的破坏。松软岩层的地压显现属于变形地压,初始支护应按照围岩与支架共同作用的原理,选用刚度适宜的、具有一定柔性或可缩性的支架。它既允许围岩产生一定量的变形移动,以发挥围岩自承能力,同时又能限制围岩发生大的变形移动。锚喷支护是具有上述特性的支护形式,因而是一种比较理想的初始支护结构。二次支护的作用在于进一步提高巷道的稳定性和安全性,应采用刚度较大的支护结构。若采用锚喷支护作为初始支护,二次支护仍可采用锚喷支护,也可砌碹。在重要工程或地压特大地段,在喷射混凝土中还应增加钢筋网和金属骨架,即构成锚喷网金属骨架联合支护结构。

在具有膨胀性的围岩中掘进巷道,多数是要发生底鼓的,因此安设底拱的作用是不可忽视的。分析一些软岩巷道屡遭破坏的原因,除施工程序、巷道断面形状和巷道布置等不合理之外,很重要的原因就是底鼓。有的虽然设置了底拱,但因质量不好,等于虚设,底板仍然鼓起,巷道仍遭破坏。目前,我国防止底鼓的措施一般是用砌块砌筑底拱,也有个别用锚杆加固的,但效果不好,一旦发生底鼓,锚杆翘起,很难处理。底拱的安置时间应视巷道支护方式而定。若用圆碹或近似圆碹作二次支护,则以先底拱、后墙、最后砌拱的顺序施工,一次完成。若用锚喷支护作初始支护,则可在初始支护完成一段时间,底板应力得以充分释放之后再砌筑底拱,与一次支护同时完成较好。不论采用何种底拱结构,都必须使底拱两端压在墙下,与墙连为一个整体。

此外,工作面有水的巷道,施工时要及时排水,尽量减少水与岩石的接触,防止岩石遇水膨胀。

在松软岩层巷道采用锚喷支护,一定要配合进行量测监控,以便及时调整支护参数,尤其对巷道围岩的收敛变形应该特别重视。用收敛计可测量巷道的收敛变形;用水准仪可测量顶板下沉量和底鼓量;用各种多点式位移计可量测岩层内不同深度的位移,从而可以算出位移速度。通过这些量测数据,有助于评价围岩的稳定程度,可以论证各设计参数是否合理和锚喷效果,也是修改设计和确定二次支护时间的依据。

二、过破碎带施工

当巷道掘进要穿过断层、破碎带和风化带时,应尽量减小围岩暴露面积,缩短暴露时间,甚至不使围岩暴露。常用的施工方法有撞楔法、锚喷网法、穿梁护顶法和人工假顶法等。

(一)撞楔法

又称插板法和板桩法。其实质是在工作面上先用板桩强行插入破碎岩石中,挡住巷道顶部或其他部分的破碎岩石,维护出一个安全的工作空间,然后进行掘进工作。

具体做法是:在即将接触破碎带时,在靠近工作面第一架支架的顶梁上,从顶板的一角开始,打 1 排直径为 $100\sim120$ mm、长度为 2.5 m 左右的撞楔,撞楔前端削尖与顶梁向上成 $15°\sim20°$ 的仰角插入,前端插入破碎岩石的长度,在棚距 $0.7\sim0.8$ m 时为 $1.2\sim1.5$ m,见图 8-61。在打完撞楔后进行支架及背板,然后再清理巷道内的岩石。清完撞楔下部的岩石后,第一个循环便告完结,即可开始打第二排撞楔,进行第二个循环,直至通过破碎带为止。

采用这种方法施工,每架支架均须牢固可靠,并且前、后支架之间要用撑木、扒钉连成整体,以增加其稳固性。

(二)锚喷网法

锚喷网法不仅能用在稳定性较差的围岩,而且在断层破碎带、风化岩石带均可应用,并且效果良好。

施工过程中循环进尺控制在 1 m 以下,顶棚眼距周边留有 $240\sim500$ mm 的距离,防止爆破引起的冒顶事故。然后用人工刷大到掘进断面,随刷大随进行锚喷支护。每次打顶部锚杆时,在拱部打 1 排超前锚杆,锚杆角度控制在 $40°\sim50°$,有效锚杆长度为 1.5 m 左右,基本上满足下一循环的安全距离要求。

本施工方法中的超前锚固实质是一种提前投入的永久支护,在破碎岩体和非破碎岩体中都可采用,如图 8-62 所示。

(三)穿梁护顶法

巷道通过断层破碎地带,爆破后工作面堆满岩石无法进行支护,顶板出现塌冒、岩石较硬,又不易进行撞楔时,可采用此法。

施工顺序见图 8-63。在爆破后出矸前,用直径 $120\sim150$ mm 的圆木 $4\sim6$ 根插入第一架棚和工作面之间,梁的一端卡在第二架棚梁下面,造成悬臂式托梁;用木板或方木块架成

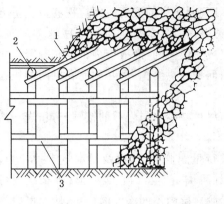 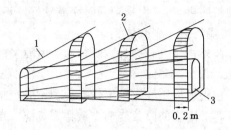

1—撞楔;2—支架;3—拉杆。

图 8-61　撞楔法

1—超前锚杆;2—顶棚;3—掘进断面。

图 8-62　超前锚固法

木垛的形式,背实冒落区;然后再进行出岩,出完岩后再补架棚子,并进行下一循环的凿岩工作。

在施工时应注意:冒落区附近的堆积物要清理干净,巷道后侧必须畅通无阻;穿梁一般较细,又有一端悬空,不能承受很大的荷载,所以顶板冒落区不宜过高,一般控制在 1.5 m 以下;进行穿梁护顶,要求检查顶板后及时进行,空顶时间过长可能引起新的冒落;如顶板冒落较高仍用穿梁护顶法时,要特别注意背实质量,并应在架设好正式棚子后才进行凿岩作业。穿梁的控制距离以 1 m 左右为宜;掘进时尽可能不爆破或放小炮,以减少对巷道围岩的震动。

（四）人工假顶法

当巷道严重塌冒,其他方法难以通过时,可采用人工假顶法。施工方法见图 8-64。在紧靠冒顶区砌筑厚 400 mm 的片石墙,封闭冒落区;用钻机向冒落区打 2～3 排注浆孔,先向冒落区顶部注入砂子、充填冒落区岩石缝隙,以节约浆液,而后注入水泥水玻璃浆液,以便在冒落区固结岩石,形成人工假顶。为避免浪费,浆液以采用低压注浆为宜。

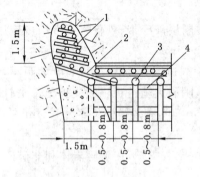 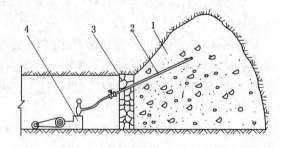

1—木垛;2—穿梁;3—支架;4—撑木。

图 8-63　穿梁护顶法

1—砂堆;2—注浆管;3—片石墙;4—注浆泵。

图 8-64　人工假顶法

注浆后打开片石封闭墙,在人工固结的假顶掩护下,可采用短段掘砌法,穿过冒落岩堆,每段长以 1.0～1.2 m 为宜。

三、过突出煤层施工

（一）煤与瓦斯突出概述

煤与瓦斯突出是煤矿安全生产的最严重的灾害。为了防止煤与瓦斯突出，确保安全生产，在有突出危险的矿井，必须采取合理的开采方法和巷道施工方法。

我国煤与瓦斯突出煤层具有下列特征：煤与瓦斯突出往往发生在地质变化比较剧烈、地应力较大的地区，例如褶曲向、背斜的轴部和断层破碎带；煤质松软、干燥且瓦斯含量大、压力高就容易突出；开采深度愈大，煤层愈厚，倾角愈大，突出的次数就愈多，强度也愈大；煤体受到外力震动、冲击时，也容易发生突出。

预防煤与瓦斯突出的措施可分两大类，即区域性预防措施和局部预防措施。区域性预防措施主要是开采解放层。开采解放层后，突出煤层中的地应力、瓦斯压力都会发生一系列的变化：地应力降低，岩（煤）层发生移动，煤体及其围岩发生膨胀，孔隙率增加，透气性增高，瓦斯得到排放，瓦斯含量减小，压力降低。这些变化，最终解除了煤与瓦斯突出的危险。在解放层的影响范围内进行巷道施工是不存在突出危险的。

（二）石门揭开突出煤层的施工方法

我国在有煤与瓦斯突出的矿井中，为了安全揭开突出煤层，曾根据各地区不同条件，采用过震动爆破（单独使用或配合其他措施综合使用）、使用金属骨架、钻孔排放和水力冲孔等措施，都取得了一定的效果。

《煤矿安全规程》规定，石门的位置应尽量避免选择在地质变化区，掘进工作面距煤层 10 m 以外时，至少打两个穿透煤层全厚的钻孔，以便确切掌握煤层赋存条件和瓦斯情况。掘进工作面距煤层 5 m 以外时，应测定煤层的瓦斯压力，掘进工作面与煤层之间必须保持一定的岩柱，急倾斜煤层为 2 m，缓倾斜及倾斜煤层为 1.5 m。

1. 震动爆破

震动爆破的实质就是在掘进工作面上多打眼，多装药，全断面一次爆破，揭开煤层，并且利用爆破所产生的强烈震动来诱导煤与瓦斯突出，以保证作业的安全。如果震动爆破未能诱导出突出，则强大的震动力可以使煤体破裂，消除围岩应力和排放瓦斯，这样也可防止突出。

2. 使用金属骨架

金属骨架是用于石门揭穿煤层的一种超前支架，其施工方法如图 8-65 所示。当石门掘进至距煤层 2 m 时，停止掘进，在其顶部和两帮上打 1 排或 2 排直径为 70～100 mm、彼此相距 200～300 mm 的钻孔。钻孔钻透煤层并穿入顶板岩 300～500 mm，孔内插入直径为 50～70 mm 的钢管或钢轨。钢管或钢轨的尾部固定在用锚杆支撑的钢轨环上，也可固定在其他专门支架上，然后一次揭开煤层。

金属骨架之所以能够防止突出，一方面是由于金属骨架支承了部分地压及煤体本身的重力，使煤体稳定性增加；另一方面是金属骨架钻孔起到了排放瓦斯的作用，使瓦斯压力得到降低。

用金属骨架时，一般配合震动爆破，一次揭开煤层。

应用经验表明：金属骨架应用于倾斜、瓦斯压力不太大的急倾斜薄煤层和中厚煤层，效果是比较好的；但在倾斜厚煤层中，因骨架长度过大，易于挠曲，不能有效地阻止煤体的位移，所以预防突出的能力较差。

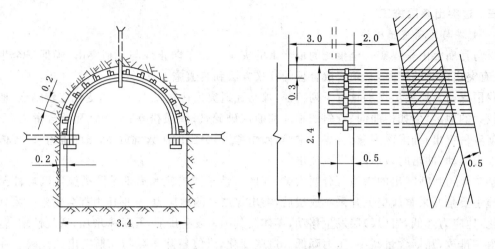

图 8-65　金属骨架(单位:m)

3. 钻孔排放

钻孔排放就是石门工作面掘到距煤层适当距离后停止掘进,向煤层打适当数量的排放瓦斯钻孔,在一定范围内形成卸压带,降低煤体中的瓦斯压力,缓和煤体应力,以防止煤与瓦斯突出。这一方法适用于煤层松软、透气性较大的中厚煤层。

排放瓦斯钻孔数量决定于瓦斯排放半径、排放钻孔直径和排放范围。排放钻孔数目可按下式计算:

$$N = K \frac{S_1}{S_2} \tag{8-28}$$

式中　N——石门全断面排放瓦斯钻孔的总数,个;

K——系数,视煤层的危险程度而定,一般取 1.2;

S_1——应排放瓦斯的面积(包括石门四周 1.5 m 范围内应排放瓦斯的面积),m^2;

S_2——钻孔可排放瓦斯面积,m^2。

排放瓦斯钻孔的数量与钻孔直径有密切关系。

4. 水力冲孔

水力冲孔是在石门岩柱未揭开之前,以岩柱作安全屏障,向突出煤层打钻,并利用射入的高压水诱导煤与瓦斯从排煤管中进行小突出,这样在煤体内部就引起剧烈的移动,在孔洞周围形成卸压带,解除了煤体应力紧张状态,从而消除了煤与瓦斯突出的危险。这种方法用于揭开具有自喷现象的软煤层,比较安全可靠。

【复习思考题】

1. 巷道断面形状分为哪几类?选择巷道断面形状主要考虑哪些因素?

2. 巷道断面设计的原则和内容是什么?

3. 钻眼爆破工作的基本要求有哪些?

4. 光面爆破的标准是什么?

5. 爆破说明书应如何编制?它包括哪些内容?

6. 提高装岩效率的途径有哪些?

7. 简述锚喷支护的机理。

8. 岩石巷道掘进通风方式有哪几种？通风设施有哪些？

9. 综合防尘的主要措施有哪些？

10. 巷道过松软破碎带的方法有哪些？

第九章 井底车场与硐室

第一节 井底车场的结构与形式

井底车场是指位于开采水平,连接矿井主要提升井筒和井下主要运输、通风巷道的若干巷道和硐室的总称,是连接井筒提升和大巷运输的枢纽。它担负着对煤炭、矸石、伴生矿产、设备、器材和人员的转运,并为矿井通风、排水、动力供应、通信、安全设施等服务。

一、井底车场的结构

由于矿井开拓方式不同,井底车场可分为立井井底车场和斜井井底车场两大类。因其车场结构基本相同,故本书只讨论立井井底车场。

图9-1为我国年产0.6～1.2 Mt矿井常用的环形刀式井底车场立体示意图;图9-2为3.0 Mt的兖州鲍店煤矿井底车场立体结构示意图。其煤炭运输均采用带式输送机。从图中可以看出,井底车场是由主要运输线路、辅助线路、各种硐室等部分组成的。

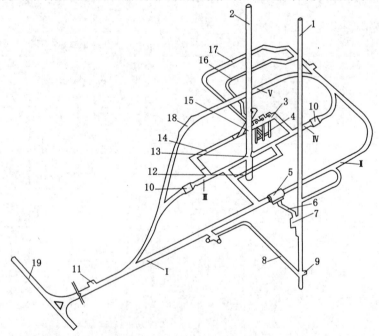

1—主井;2—副井;3—主排水泵硐室;4—吸水小井;5—翻笼硐室;6—斜煤仓;7—箕斗装载硐室;
8—清理撒煤斜巷;9—主井井底水窝泵房;10—防火门硐室;11—调度室;12—等候室;13—马头门;
14—主变电所;15—管子道;16—内水仓;17—外水仓;18—机车库及修理间;19—主要运输大巷;
Ⅰ—主井重车线;Ⅱ—主井空车线;Ⅲ—副井重车线;Ⅳ—副井空车线;Ⅴ—绕道。

图9-1 环行刀式立井井底车场立体示意图

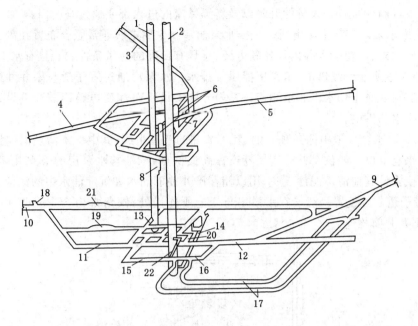

1—主井；2—副井；3、4、5—带式输送机巷；6—圆筒煤仓；7—给煤带式输送机巷；
8—箕斗装载硐室；9、10—轨道运输大巷；11—副井重车线；12—副井空车线；
13—主井井底清理撒煤硐室；14—副井清理斜巷；15—主变电所；16—主排水泵硐室；
17—水仓；18—调度室；19—机车修理间；20—等候室；21—消防材料库；22—管子道。

图 9-2　带式输送机上仓立井井底车场立体示意图

1. 主要运输线路（巷道）

主要运输线路（巷道）包括存车线巷道和行车线巷道两种。存车线巷道是指存放空、重车辆的巷道，如主、副井的空、重车线，材料车线等。行车线巷道是指调动空、重车辆运行的巷道，如连接主、副井空、重车线的绕道，调车线，马头门线路等。

大型矿井的主井空、重车线长度各为 1.5～2.0 节列车长；中小型矿井的主井空、重车线长度各为 1.0～1.5 节列车长。副井空、重车线的长度，大型矿井各为 1.0～1.5 节列车长；中小型矿井为 0.5～1.0 节列车长。材料车线长度，大型矿井应能容纳 10 个以上材料车，一般为 15～20 个材料车；中小型矿井应能容纳 5～10 个材料车。调车线长度通常为 1.0 节列车和电机车长度之和。

2. 辅助线路（巷道）

辅助线路（巷道）主要是指通往各种硐室的巷道，如通往主排水泵硐室、水仓的通道，主井撒煤清理斜巷（或水平巷道）及通道，管子道，通往电机车修理库的支巷等。

3. 硐室

为了满足生产技术、管理和安全等方面的需要，井底车场内需设置若干硐室。按它们在井底车场中所处的位置和用途不同可分为副井系统硐室、主井系统硐室以及其他硐室。

（1）副井系统硐室

如图 9-3 所示，副井系统硐室主要包括：

① 马头门硐室。位于副井井筒与井底车场巷道连接处，其规格主要取决于罐笼的类型、井筒直径以及下放材料的最大长度。其内安设摇台、推车机、阻车器等操车设备。材料、

设备的上下,矸石的排出,人员的升降以及新鲜风流的进入都要通过马头门。

② 主排水泵硐室和主变电所。主排水泵硐室和主变电所通常联合布置在副井附近,使排水管引出井外、电缆引入井内均比较方便,且具有良好的通风条件。一旦有水灾时可关闭密闭门,使变电所能继续供电,水泵房能照常排水。水泵房通过管子道与副井井筒相连,通过两侧通道与井底车场水平巷道相连。其内分别安设水泵和变电整流及配电设备,负责全矿井井下排水和供电。

③ 水仓。水仓一般由两条独立的、互不渗漏的巷道组成,其中一条清理时,另一条可正常使用。水仓入口一般位于井底车场巷道标高最低点,末端与水泵房的吸水井相连。其内铺设轨道或安设其他清理泥沙设备,用以储存矿井井下涌水和沉淀涌水中的泥沙。

④ 管子道。其位置一般设在水泵房与变电所连接处,倾角常为 25°～30°,内安设排水管路,与副井井筒相连。

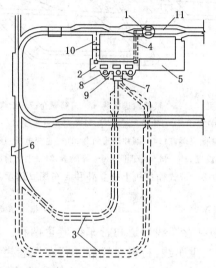

1—副井;2—主排水泵硐室;3—水仓;4—管子道;5—主变电所;6—清理水仓绞车硐室;
7—配水井;8—吸水井;9—配水巷;10—水泵房通道;11—副井马头门。

图 9-3　副井系统硐室

除以上硐室外,副井系统的硐室还包括等候室和工具室以及井底清理斜巷或井底水窝泵房等。

(2) 主井系统硐室

主井系统硐室主要有:

① 推车机、翻车机(或卸载)硐室或带式输送机机头硐室。对于采用矿车运输的矿井,位于主井空、重车线连接处,在其内安设推车机和翻车机,将固定式矿车中的煤卸入煤仓。对于底卸式矿车而言,在卸载硐室内安设有支承托辊、卸载和复位曲轨、支承钢梁等卸载装置。对于采用带式输送机运输的矿井,带式输送机机头硐室应位于带式输送机巷尽头,以便直接卸煤于井底煤仓中。

② 井底煤仓。煤仓的作用是储存煤炭、调节提升与运输的关系。煤仓上接翻车机硐室或卸载硐室,下连箕斗装载硐室。对于大型矿井,则通过给煤机巷间接与箕斗装载硐室相接。

③ 箕斗装载硐室。当采用矿车运输时,箕斗装载硐室位于井底车场水平以下(图9-1),上接煤仓下连主井井筒;当大巷采用带式输送机运输时,箕斗装载硐室可位于井底车场水平以上(图9-2),这样可减少主井井筒的深度。在其内安设箕斗装载(定容或定重)设备,以便将煤仓中的煤按规定的量装入箕斗。

另外,在箕斗装载硐室以下,可以通过倾斜巷道或清扫平巷与井底车场水平巷道相连,其内安设清理撒煤设备,将在装卸和提升煤炭过程中撒落于井底的煤装入矿车或箕斗,并清理出来;当装载硐室位于井底车场水平以下时,在主井清理撒煤硐室以下还设水窝泵房,其内安设水泵。

(3) 其他硐室

① 调度室。位于井底车场进车线的入口处,其内安设通信、电气设备,用以指挥井下车辆的调运工作。

② 电机车库及电机车修理间硐室。位于车场内便于进出车和通风方便的地点,其内安设检修设备、变流设备、充电设备(蓄电池机车)。供井下电机车的停放、维修和对蓄电池机车充电使用。

③ 防火门硐室。多布置在副井空、重车线上离马头门不远的单轨巷道内,其内安设两道便于关闭的铁门或包有铁皮的木门。一旦井下或井口发生火灾可以用来隔断风流,防止事故扩大。

此外,在井底车场范围内,有时还设有乘人车场、消防列车库、防水闸门等。爆炸材料库和爆炸材料发放硐室一般设在井底车场范围之外适宜的地方。

二、井底车场形式

由于井筒形式、提升方式、大巷运输方式及大巷距井筒的水平距离等不同,井底车场的形式也各异。

井底车场按运行线路不同,可分为环形式、折返式和环形-折返混合式等三种类型。

1. 环形式井底车场

(1) 立井环形式车场

根据主、副井筒或空、重车线与主要运输巷道(运输大巷或石门)的相互位置关系,即相互距离及其方位不同,可将环形式车场分为卧式、斜式和立式三种。

① 卧式。当主、副井筒距主要运输巷道较近,而且主、副井存车线与主要运输巷道平行布置时,采用卧式[图9-4(a)]。这种车场两翼进车、回车线绕道可以全部利用主要运输巷道,节省开拓工程量。缺点是交岔点及弯道较多,重列车需在弯道上顶车。

② 斜式。当主、副井筒距主要运输巷道较近,或者由于地面生产系统的需要,必须使主、副井存车线与主要运输巷道斜交时,采用斜式[图9-4(b)]。这种车场特点是可以局部利用主要运输巷道。因车场进车处不宜布置三角道岔,所以,当两翼来车时,只有一翼较方便。

③ 立式。当主、副井筒距主要运输巷道较远,而且主、副井存车线与主要运输巷道垂直时采用立式[图9-4(c)];若主、副井筒距主要运输巷道更远时,可采用另一种立式[图9-4(d)],常称为刀式。前者车场可两翼来车,并设有专用的回车线,但是工程量较大,需在弯道上顶车作业;后者车场为甩车、顶车创造了有利条件。

(2) 斜井环形式车场

与立井环形式车场一样,斜井环形式车场也可分成卧式、斜式和立式三种,故其结构特

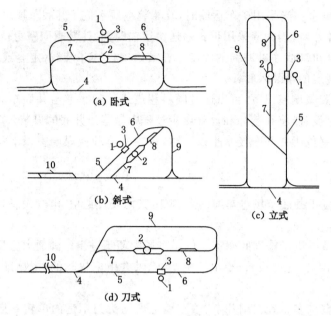

1—主井；2—副井；3—翻车机硐室；4—运输大巷或石门；5—主井重车线；
6—主井空车线；7—副井重车线；8—副井空车线；9—绕道；10—调车线。

图 9-4 立井环形式井底车场

点和优缺点与立井均相同，如图 9-5 所示。主斜井一般采用箕斗或带式输送机，副斜井为串车提升。

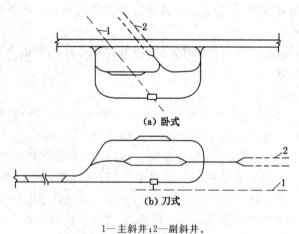

1—主斜井；2—副斜井。

图 9-5 斜井环形式车场

2．折返式井底车场

（1）立井折返式车场

同样，根据主、副井筒或空、重车线与主要运输巷道（运输大巷或石门）的相互位置关系，可将折返式车场分为：梭式和尽头式两种。

① 梭式。当主、副井筒距主要运输巷道很近，而且主、副井存车线与主要运输巷道合一时，可采用梭式［图 9-6(a)］。卸煤方式可用翻车机，也可用底卸式矿车。辅助运输仍利用环

形线路。

　　② 尽头式。当主、副井筒距主要运输巷道远,而且主、副井存车线与主要运输巷道垂直时,可采用尽头式[图 9-6(b)]。矿车只能从一端入场,卸载后再回到始端,车场作业在主石门中进行。这种车场实为单侧进车的梭式车场。

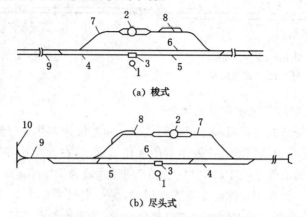

（a）梭式

（b）尽头式

1—主井;2—副井;3—翻车机硐室;4—主井重车线;5—主井空车线;6—通过线;
7—副井重车线;8—副井空车线;9—运输大巷(或石门);10—运输大巷。

图 9-6　立井折返式井底车场

　　（2）斜井折返式车场

　　斜井折返式车场,因开拓方式和主井提升方式的不同,其形式也多种多样。图 9-7 表示主井采用带式输送机或箕斗提升,副井采用串车提升的折返式车场。其特点是:调车作业均在直线上进行,可两翼进车,左翼来车可采用不解体甩车方式,有利于提供生产能力;另外,该种车场的断面类型少,交岔点也少,故巷道掘进工程量小。

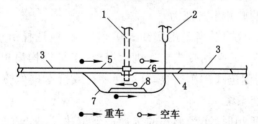

1—主井;2—副井;3—调车线;4—越行线;5—主井重车线;
6—主井空车线;7—副井重车线;8—副井空车线。

图 9-7　主井输送带提升、副井串车提升折返式车场

　　由于折返式车场比环形式车场线路弯道少,所以井底车场通过能力大;由于运煤巷道多数与矿井主要运输巷道合一,交岔点减少,线路结构大大简化,因此开拓工程量小。正由于折返式车场比环形式车场具有上述显著的优点,所以目前折返式井底车场越来越广泛地被应用于各种井型的矿井,尤其对大型矿井,优点更为突出。

　　3. 折返-环形混合式井底车场

　　在设计中由于各种条件的限制,为解决调头问题(矿车一端与链环焊死),就采用了尽头-环形混合式井底车场(图 9-8)和梭式-环形混合式井底车场(图 9-9)。混合式车场可以发

挥折返式与环形式车场的优点。

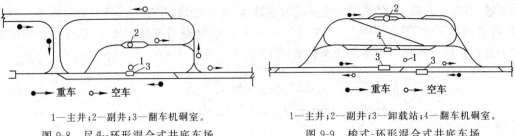

1—主井;2—副井;3—翻车机硐室。	1—主井;2—副井;3—卸载站;4—翻车机硐室。
图 9-8　尽头-环形混合式井底车场	图 9-9　梭式-环形混合式井底车场

4. 大巷用带式输送机运煤的井底车场

上述的井底车场形式均是以矿车运输为主的。随着设计矿井生产能力的扩大和机械化程度的提高,井底车场的结构形式也发生新的变化。例如,在大型矿井中,从采区经大巷到井底车场直到地面的出煤系统中,采用"一条龙"的带式输送机连续运输,轨道仅作为辅助运输;此外,有的矿井一翼采用带式输送机连续运输,另一翼又采用大容量矿车运输。这种运输方式的变化,导致井底车场的结构形式也相应改变,最明显的改变就在于井底煤仓与箕斗装载硐室抬高到井底车场水平以上,使得井底车场结构得以简化(图 9-2)。

三、井底车场形式选择

1. 影响选择井底车场形式的因素

(1) 井田开拓方式

井底车场形式不仅随井筒(硐)形式的改变而改变,同时还取决于主、副井筒和主要运输巷道的相互位置,即井底距主要运输巷道的距离及提升方向。距离近时,可选用卧式环行车场或梭式折返车场;距离远时,可选用刀式环行车场或尽头式折返车场;距离适当时,可选用立式或斜式环行车场。当地面出车方向与主要运输巷道斜交时,应选择相应的斜式车场。

(2) 大巷运输方式及矿井生产能力

年产 90 万 t 及其以上矿井,当采用底卸式矿车运煤,应选择折返式车场。特大型矿井可布置两套卸载线路;当大巷采用带式输送机运煤时,车场结构简单,仅设副井环行车场即可;中小型矿井通常采用固定式矿车运煤,可选择环行或折返式车场。

(3) 地面布置及生产系统

地面工业场地比较平坦时,车场形式的选择一般取决于井下的条件。但在丘陵地带及地形复杂地区,为了减少土石方工程量,铁路站线的方向通常按地形等高线布置。地面井口出车方向及井口车场布置也要考虑地形的特点。因此,要根据铁路站线与井筒相对位置、提升方位角,结合井下主要运输巷道方向,选择车场布置的形式。

罐笼提升的地面井口车场及罐笼进出车方向应与各开采水平井底车场一致,因此有时为了减少地面土石方工程量,各开采水平井底车场存车线方向可与地面等高线方向平行。

(4) 不同煤种需分运分提的矿井

此时,井底车场应分别设置不同煤种的卸载系统和存车线路。

2. 选择井底车场形式的原则

在具体设计选择车场形式时,有时需要提出多个方案,并进行比较,择优选用。井底车场形式必须满足下列要求:

(1) 车场的通过能力,应超过矿井生产能力的 30% 以上。

(2) 调车简单,管理方便,弯道及交岔点少。

(3) 操作安全,符合有关规程,规范要求。

(4) 井巷工程量小,建设投资省;便于维护,生产成本低。

(5) 施工方便,各井筒间、井底车场巷道与主要巷道间能迅速贯通,缩短建设时间。

第二节　井下主要硐室的设计

各种硐室设计的原则和方法基本上是相同的。一般首先根据硐室的用途,合理选择硐室内需要安设的机械和电气设备;然后根据已选定的机械和电气设备的类型和数量,确定硐室的形式及其布置;最后再根据这些设备安装、检修和安全运行的间隙要求以及硐室所处围岩稳定情况,确定出硐室的规格尺寸和支护结构。有些硐室还要考虑防潮、防渗、防火和防爆等特殊要求。

一、箕斗装载硐室设计

1. 箕斗装载硐室与井底煤仓的布置形式

箕斗装载硐室与井底煤仓的布置,主要根据主井提升箕斗及井底装载设备布置方式、煤种数量及装运要求、围岩性质等因素综合考虑确定。以往中小型矿井广泛采用箕斗装载硐室与倾斜煤仓直接相连的布置形式(图 9-10);对于井型为(90～240)万 t 的大型矿井,由于要求煤仓容量较大,所以多采用一个直立煤仓通过一条装载带式输送机与箕斗装载硐室(单侧式)连接(图 9-11);对于 300 万 t/a 以上的特大型矿井,要求煤仓容量更大,需采用多个直立煤仓通过一条或两条装载带式输送机巷与单侧或双侧式箕斗装载硐室连接(图 9-12)。

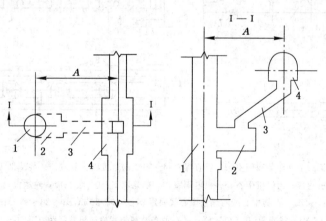

1—主井;2—箕斗装载硐室;3—倾斜煤仓;4—翻车机;

A—井筒中心线与翻笼硐室中心线间距,A=9～16 m。

图 9-10　箕斗装载硐室与倾斜煤仓布置

箕斗装载硐室的形式主要取决于箕斗和箕斗装载设备的类型及装载方式。根据箕斗在井下装载和地面卸载的位置和方向,硐室有同侧装卸式(装载与卸载的位置和方向在同一侧进行)和异侧装卸式(装载与卸载的位置和方向在相反一侧进行)之分。每类又可分为通过式和非通过式两种。当硐室位于中间生产水平,同时在两个水平出煤时,采用通过式;当硐

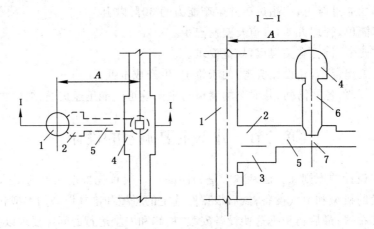

1—主井;2—装载带式输送机机头硐室;3—箕斗装载硐室;4—翻车机硐室;

5—装载带式输送机巷;6—直立煤仓;7—给煤机硐室;

A—井筒中心线与翻笼硐室中心线(或煤仓中心线)的间距,A=15~25 m。

图 9-11 箕斗装载硐室与垂直煤仓布置形式

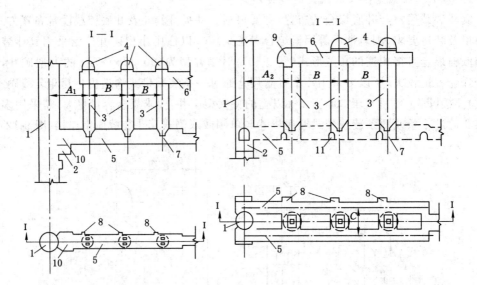

1—主井井筒;2—箕斗装载硐室;3—垂直煤仓;4—带式输送机机头硐室;5—装载带式输送机巷;

6—配煤带式输送机巷;7—给煤机硐室;8—机电硐室;9—翻笼硐室;10—装载带式输送机机头硐室;11—通道;

A_1,A_2—井筒中心线与煤仓中心线间距,$A_1=15~25$ m,$A_2=20~35$ m;

B—煤仓中心线间距,B=20~30 m;C—两条装载带式输送机巷间距,C=10~12 m。

图 9-12 箕斗装载硐室与多个垂直煤仓布置形式

室位于矿井最终生产水平或固定水平时,采用非通过式。主井内仅有一套箕斗提升设备时,箕斗装载硐室为单侧式(硐室位于井筒一侧);若有两套箕斗提升设备时,装载硐室为双侧式(井筒两侧设箕斗装载硐室)。

2. 箕斗装载硐室位置

由于箕斗装载硐室与井筒连接在一起,且服务于生产的全过程,掘进时围岩暴露面积较大,所以应该布置在没有含水层,没有地质构造、围岩坚固处,以便施工和维护。一般当大巷采用矿车运输时,硐室位于井底车场水平以下;但采用带式输送机运输时,硐室位于井底车场水平以上。

某矿年设计生产能力 300 万 t,主井净直径 6.5 m、深 474.7 m,井内装备两对 12 t 箕斗,井底车场位于-430 m 水平,装载系统位于-350 m 水平。主井井筒的两对箕斗并列呈单面布置。硐室上方经带式输送机巷与 3 个并列的净径 8 m 的圆筒式煤仓相连(图 9-13)。

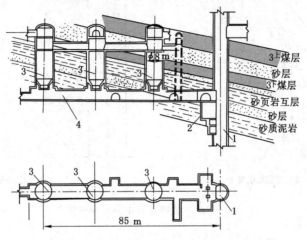

1—主井;2—箕斗装载硐室;3—煤仓;4—带式输送机巷。

图 9-13　某矿箕斗装载硐室位置图

3. 箕斗装载硐室的断面形状及尺寸确定

箕斗装载硐室的断面形状多为矩形,当围岩较差、地压较大时可以采用半圆拱形。箕斗装载硐室的尺寸,主要根据所选用的装载设备的型号、设备布置、设备安装和检修,以及人行道和行人梯子的布置要求来确定。

箕斗装载设备有非计量装载与计量装载两种形式(图 9-14)。图中 l_1、l_2、l_3、l_4、E 的尺寸由所选用的装载设备、给煤机的尺寸及其安装、检修和操作要求确定;l_5、l_7 由选定的翻车机设备或卸载曲轨设备的尺寸和安装要求确定;l_6、l_8 则根据煤仓上、下口结构尺寸的合理性来确定。A 主要取决于翻笼硐室或卸载硐室与井筒之间岩柱的稳定性。若采用的是倾斜煤仓,则还与倾斜煤仓的容量及为保证煤沿煤仓底板自由下滑不致堵塞的倾角(一般 $\alpha=50°\sim55°$)的大小有关,一般 9~16 m。若采用垂直煤仓,则 $A=15\sim40$ m。

4. 箕斗装载硐室的支护

箕斗装载硐室的支护可用素混凝土和钢筋混凝土,其支护厚度取决于硐室所处围岩的稳定性和地压的大小。一般围岩较好、地压较小的,仅布置一套装载设备的箕斗装载硐室,可采用 C15~C20,厚 300~500 mm 的素混凝土支护;当围岩较松软、地压较大又布置有两套装载设备的箕斗装载硐室,可采用 C15~C20,厚 400~500 mm 钢筋混凝土支护。

二、井底煤仓设计

为了保证矿井均衡连续的生产,缩短装载时间,提高运输和提升效率,一般应在井底车场内设置井底煤仓和上山采区下部车场设置采区煤仓。

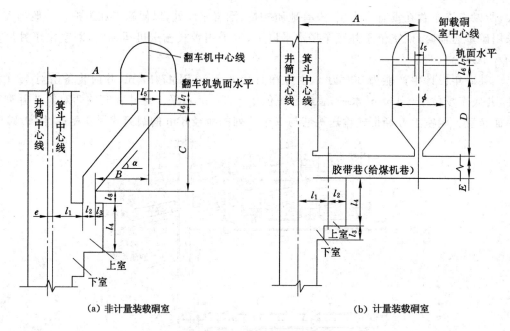

(a) 非计量装载硐室　　　　　　　　(b) 计量装载硐室

图 9-14　箕斗装载硐室主要尺寸确定图

1. 煤仓的形式与断面形状

井底煤仓根据围岩稳定性及矿井年生产能力的大小,有倾斜与直立两种形式。倾斜煤仓适用于围岩较好、开采单一煤种或开采多煤种但不要求分装分运的中小型矿井。垂直煤仓适用于围岩较差、可以分装分运的大型矿井。无论垂直式或倾斜式煤仓,其下部都要收缩成截圆锥形或四角锥形,以便安装闸门。目前水平煤仓在国外应用较广泛,国内晋城矿业集团已试验成功。

垂直煤仓多为圆形断面,倾斜煤仓为半圆拱形断面。倾斜煤仓的一侧应设人行通道,宽约 1.0 m,内设台阶及扶手以便行人。在煤仓与人行道间墙壁上设检查孔,宽×高为 500 mm×200 mm。检查孔上设铁门,以检查煤仓磨损和处理堵仓事故。垂直煤仓底部收缩成圆锥形或双曲面形,设计为锥形断面时应设压气破拱装置,以免堵仓。

2. 煤仓容量的确定

煤仓容量取决于矿井的生产能力、提升能力以及井下的运输能力等诸多因素。《煤炭工业设计规范》规定:"井底煤仓的有效容量,对中型矿井一般按提升设备每 0.5～1 h 所提升的煤量计算;对大型矿井一般按提升设备每 1～2 h 所提升的煤量计算。"以往多用的倾斜煤仓容量较小,一般为 40～60 t。近年来随着井型增大,容量大的垂直煤仓广泛被采用,容量一般为 300～600 t,最大已达 3 000 t(山西阳泉一矿北头嘴井)、大容量煤仓对矿井提升和井下运输煤炭具有调节和贮存作用。但是,也应当看到,煤仓容量过大,势必增加工程量,延长施工工期。其合理容积可按下式计算:

$$Q=(0.15～0.25)A \tag{9-1}$$

式中　Q——井底煤仓有效容量,t;

　　　A——矿井设计日产量,t;

　　　$0.15～0.25$——系数,大型矿井取小值,中型矿井取大值。

　　国外大型矿井的井底煤仓的容量,是按矿井生产煤量与提升煤量的差值来确定的,并在采区设活动煤仓。

　　3. 煤仓支护

　　煤仓应尽量布置在围岩稳定、易于维护的部位,以达到施工方便、安全,施工速度快,节约投资的目的。

　　煤仓开在中硬岩层内时,倾斜煤仓用 C20 素混凝土支护,厚度 250～350 mm;垂直煤仓可用锚喷支护或 C20 素混凝土支护,素混凝土支护时,厚度 300～400 mm,锚喷支护应根据煤仓的直径大小进行设计。当井底煤仓位于软弱岩层中(或煤层中)时,采用钢筋混凝土支护。煤仓底板应采用耐冲击、耐磨且光滑的材料铺底。直立煤仓的铺底材料可采用铁屑混凝土和石英砂混凝土,标号不小于 C20,厚度 80～150 mm。倾斜煤仓铺底材料多用钢轨,一般用 15～24 kg/m 钢轨正反交替布置或轨头向上布置,其间隙可充填普通混凝土或石英砂混凝土。

　　三、副井马头门设计

　　马头门是指立井井筒与井底车场巷道的连接部分(或交汇处)。实际上它是垂直巷道与水平巷道相交的一种特殊形式的交岔点。但是人们习惯称为马头门,而且通常是指罐笼立井与井底车场巷道的连接部。

　　马头门的设计原则和依据是以提升运输要求、通风和升降人员的需要为前提的,设计内容包括马头门形式的选择、马头门的平面尺寸和高度的确定、断面形状和支护方法的选择。

　　1. 马头门的形式

　　马头门的形式主要取决于选用罐笼的类型、进出车水平数目,以及是否设有候罐平台。

　　当采用单层罐笼,或者采用双层罐笼但采用沉罐方式在井底车场水平进出车和上下人员时;或者采用双层罐笼,用沉罐方式在井底车场水平进出车,而上下人员同时在井底车场水平和井底车场水平下面进行时,通常用双面斜顶式马头门,如图 9-15(a)所示。

　　当采用双层罐笼,用沉罐方式进出车,进车侧设固定平台,出车测设活动平台,上下人员可以同时在两个水平进出时;或者当采用双层罐笼,设有上方推车机及固定平台,双层罐笼可在两个水平同时进出车和上下人员时,可以采用双面平顶式马头门,如图 9-15(b)所示。

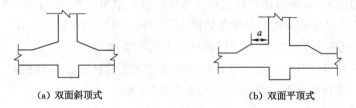

(a) 双面斜顶式　　　　　　　　　　(b) 双面平顶式

图 9-15　马头门的形式

　　2. 马头门平面尺寸的确定

　　马头门的平面尺寸包括长度和宽度。长度是指井筒两侧对称道岔基本轨起点之间的距离,它主要取决于马头门轨道线路的布置和安设的摇台、阻车器和推车机等操车设备的规格尺寸,以及井筒内选用的罐笼布置方式和安全生产需要的空间来确定。现以双股道为例说明马头门平面尺寸的确定方法,如图 9-16 所示。

　　马头门的长度按下式计算:

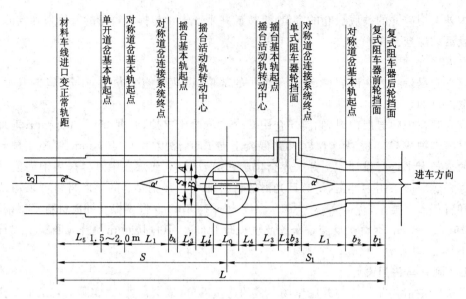

图 9-16　副井马头门二股道平面尺寸确定图

$$L=L_0+L_4+L'_4+L_3+L'_3+L_2+b_3+b_4+2L_1+b_2+b_1+L_5+(1.5\sim2.0) \quad (9\text{-}2)$$

式中　L——马头门的长度，m；

L_0——罐笼的长度，m；

L_4、L'_4——进出车侧摇台的摇壁长度，m；

L_3、L'_3——进出车侧摇台基本轨起点至摇台活动轨转动中心的距离，m；

L_2——摇台基本轨起点至单式阻车器轮挡面之间的距离，m；

b_3——单式阻车器轮挡面至对称道岔连接系统终点之间的距离，视有无推车机分别取 4 辆矿车长或 $1\sim2$ 辆矿车长，m；

b_4——摇台基本轨起点至对称道岔连接系统终点之间的距离，m；

L_1——对称道岔基本轨起点至对称道岔连接系统终点之间的距离，其长度根据选用道岔类型、轨道中心线间距按线路连接系统可计算出，m；

b_2——对称道岔基本轨起点至复式阻车器前轮挡面之间的距离，m；

b_1——复式阻车器前轮挡面至后轮挡面之间的距离，m；

L_5——单开道岔基本轨起点至材料车线进口变正常轨距之间的距离，其长度可以根据单开道岔平行线路连接系统计算出，m。

3. 马头门宽度确定

马头门宽度则取决于井筒装备、罐笼布置方式和两侧人行道的宽度。马头门两侧巷道均应设双边人行道，各边的宽度应不小于 900 mm，对于综合机械化采煤矿井，按照现行《煤矿安全规程》要求，不应小于 1 000 mm。

马头门的宽度可按下式计算：

$$B=A+S'+C \quad (9\text{-}3)$$

式中　B——马头门的宽度，m；

S'——轨道中心线间距离，即井筒中罐笼中心线间距，m；

A——非梯子间侧轨道中心线至巷道壁距离,一般取 $A \geqslant$ 矿车宽/2+0.8 m;

C——梯子间侧轨道中心线至巷道壁距离,一般取 $C \geqslant$ 矿车宽/2+0.9 m。

马头门的宽度通常在重车侧自对称道岔(或单开道岔)连接系统终点开始缩小,至对称道岔(或单开道岔)基本轨起点收缩至单轨巷道的宽度。但是在空车侧,过了对称道岔(或单开道岔)基本轨起点不远即进入双轨的材料存车线。为了减少井底车场巷道的断面变化和方便施工,往往空车侧马头门的宽度不再缩小。

4. 马头门高度的确定

马头门的高度,主要取决于下放材料的最大长度和方法,罐笼的层数及其在井筒平面的布置方式,进出车及上下人员方式,矿井通风阻力等多种因素,并按最大值确定。

我国井下用的最长材料是钢轨和钢管,一般为 12.5 m。8 m 以内的短材料放在罐笼内下放(打开罐笼顶盖),而超过 8 m 的长材料则吊在罐笼底部下放。此时,材料在井筒与马头门连接处的最小高度如图 9-17 所示,并按式(9-4)计算。

$$H_{\min} = L \sin \alpha - W \tan \alpha \tag{9-4}$$

式中 $H_{\min}$——下放最长材料时马头门所需的最小高度,m;

L——下放材料的最大长度,取 $L=12.5$ m;

W——井筒下放材料的有效弦长,当有一套提升设备时,取 $W=0.9D$,若有两套提升设备,W 可根据井筒断面布置计算出;

D——井筒净直径,m;

α——下放材料时,材料与水平面的夹角,$\alpha = \arccos \sqrt[3]{W/L}$,当 $D=4 \sim 8$ m,$L=12.5$ m 时,$\alpha = 48°40' \sim 33°41'$。

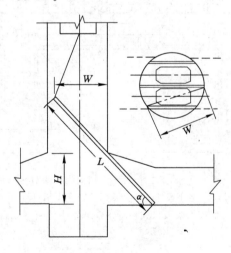

图 9-17 按下放长材料计算马头门高度

随着井筒直径的增加,下放的最大长材料已不是确定马头门最小高度的主要因素,最小高度主要取决于罐笼的层数、进出车方式和上下人员的方式。另外,大型矿井尤其是高瓦斯矿井,井下需要的风量很大,若马头门高度低了,断面必然缩小,通风阻力会增大。因此,马头门高度按上述因素确定后还应按通风要求进行核算,并且马头门的净高度应不小于 4.5 m。马头门最大断面处高度确定后,随着向空、重车线两侧的延伸,拱顶逐步下降至正常巷道的高度。一般副井马头门的拱顶坡度为 $10°\sim15°$，风井马头门的拱顶坡度为 $16°\sim18°$。

5. 马头门断面形状及支护

由于马头门与井筒连接处断面大（如常村煤矿副井马头门掘进宽 8.21 m，高 14 m，掘进断面积为 109 m²）、地压大，所以，马头门断面形状多选用半圆拱形。当顶压和侧压较大时，可采用马蹄形断面；当顶压、侧压及底压均较大时，可采用椭圆形或圆形所面。

马头门的支护材料多用 C20 以上混凝土。通常围岩的坚固性系数 $f=4\sim6$ 时，支护厚度为 $500\sim600$ mm，马头门上、下 2.5 m 范围内的一段井筒的井壁还应适当加厚 $100\sim200$ mm，以便安设金属支撑结构物。当围岩不稳定、地压大，或马头门与井筒连接处高度和宽度均较大时，可采用钢筋混凝土支护，配筋率为 $0.75\%\sim1.5\%$。当连接处位于膨胀性岩层时，可采用锚喷或加金属网作为临时支护，然后再砌筑永久混凝土或钢筋混凝土支护。

四、主排水泵硐室设计

主排水泵硐室由泵房主体硐室、配水井、吸水井、配水巷、管子道及通道组成，见图 9-18。主排水泵硐室和水仓构成了中央排水系统。主排水泵硐室按水泵吸水方式不同，又可分为卧式水泵吸入式、卧式水泵压入式以及潜水泵式三种。第一种应用最为广泛，第二种为少数金属矿和煤矿采用，个别矿山采用第三种。现以卧式水泵吸入式中央泵房为例说明其设计方法。

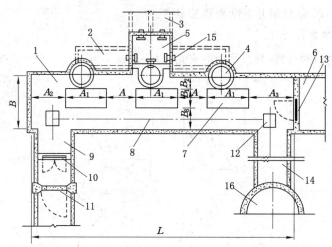

1—主体硐室；2—配水巷；3—水仓；4—吸水小井；5—配水井；6—主变电所；7—水泵和电动机；8—轨道；
9—通道；10—栅栏门；11—密闭门；12—调车转盘；13—防火门；14—管子道；15—带闸门的溢水管；16—副井井筒。

图 9-18　卧式水泵吸入式主排水泵硐室主体硐室平面布置

1. 泵房的位置

为缩短电缆和管道线路，便于排水设备运输，提供良好的通风条件，以及有利于集中管理、维护和检修，水泵房在绝大多数情况下都设在井底车场副井附近的空车线一侧，并与主变电所组成联合硐室。泵房与相邻巷道的连接方式，应根据井筒位置、井底车场布置、围岩等条件具体确定。泵房通道与井底车场巷道的运输要通过道岔直接相连［图 9-19（a）］，或设转盘相连［图 9-19（b）］。管子道与立井连接时，可布置在井筒出车侧［图 9-19（a）］，也可布置在井筒进车侧［图 9-19（b）］。

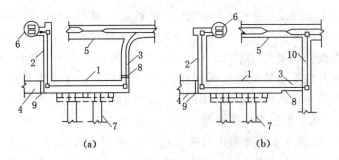

1—主排水泵房；2—管子道；3—通道；4—主变电所；5—车场巷道；6—副井井筒；

7—水仓；8—密闭门；9—防火门；10—井底车场联络巷道。

图 9-19 主排水泵房与相邻巷道连接方式

2. 配水井、配水巷和吸水井的布置

配水井、配水巷和吸水井构成配水系统，三者关系见图 9-20。

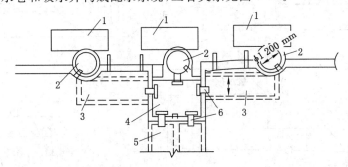

1—水泵及电动机；2—吸水小井；3—配水巷；4—配水井；5—水仓；6—带闸阀的溢水管。

图 9-20 配水系统布置图

配水井位于泵房主体硐室吸水井一侧，一般布置在中间水泵位置，与中间吸水井通过溢水管直接相连。根据配水井上部硐室安设配水闸阀的要求，一般配水井的尺寸是平行配水巷方向长 2.5～3.0 m，垂直配水巷方向宽为 2.0～2.5 m，深 5～6 m。配水井井底底板标高应低于水仓底板标高 1.5 m。

配水巷也位于吸水井一侧，通过溢水管与配水井和吸水井相通。为了便于施工和清理，配水巷断面为宽 1.0～1.2 m，高 1.8 m 的半圆拱形，其底板标高高于吸水井井底 1.5 m。

吸水井位于主体硐室靠近水仓一侧，断面为圆形，净径为 1.0～1.2 m，深 5～6 m。正常情况下每台水泵单独配一个吸水井。当每台水泵排水量小于 100 m³/h 时，亦可两台水泵共用一个吸水井，但要保证两个吸水笼头之间距离不能小于吸水管直径的两倍。有时视围岩稳定情况和排水设备性能，可以不设配水井和配水巷，只设一个大的吸水井，中间隔开，每两台水泵共用 1 个吸水井。

3. 水仓

水仓由主仓和副仓（或称内仓与外仓）组成，两者之间的距离视围岩稳定程度确定，一般为 15～20 m。当一条水仓清理时，另一条水仓应能满足正常使用。水仓一般应布置在不受采动影响，且含水很少的井底车场稳定的底板岩石中。随着矿井设计模式的变化，水仓也有设在井底附近的煤层中，如兖州济宁三号矿井水仓，作方格布置，容量达 40 000 m³。

一般情况下,水仓入口设在井底车场巷道标高的最低点,即副井空车线的终点[图 9-21(a)]。当矿井涌水量大或采用水砂充填的矿井,水仓入口可布置在石门或运输大巷的进口处。两条水仓入口可布置在同一地点[图 9-21(b)],亦可分别布置在两个不同的地点[图 9-21(c)]这样采区来的水在井底车场外就进入水仓了,井底车场内的涌水就需要经过泄水孔流入水仓。但由于车场中各巷道的坡度方向不同,在车场绕道处的水沟坡度与巷道的坡度要相反(即反坡水沟),以便将车场巷道标高最低点处之积水导入泄水孔进入水仓。为保证一个水仓进行清理时,其一翼的来水应能引入另一水仓,所以在泄水孔处的一段水沟应设转动挡板[图 9-21(d)]。由于水仓的清理为人工清仓、矿车运输,所以水仓与车场巷道之间需设一段斜巷,它既是清理斜巷又是水仓的一部分。

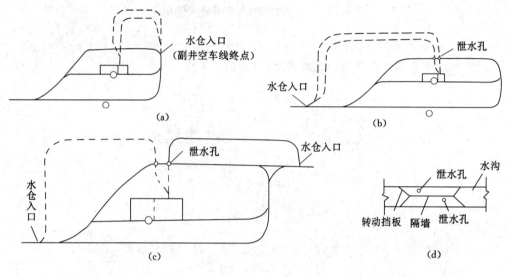

图 9-21　水仓的布置形式

根据《煤矿安全规程》有关规定,水仓的容量按以下情况分别确定。

当矿井正常涌水量小于或等于 1 000 m³/h 时,水仓有效容量按下式计算:

$$Q = 8Q_0 \tag{9-5}$$

式中　Q——水仓的有效容量,m³;

　　　　Q_0——矿井正常涌水量,m³/h。

当矿井正常涌水量大于 1 000 m³/h 时,水仓有效容量按下式计算:

$$Q = 2(Q_0 + 3\ 000) > 4Q_0 \tag{9-6}$$

式中符号意义同前。此时水仓容量按 4 h 正常涌水量计算而不是 8 h 计算。因为淹井事故的发生不是因水仓容积小而造成的。当 $Q_0 > 1\ 000$ m³/h 时,若按 $8Q_0$ 计算,则 Q 太大,水仓工程量太大,保安煤柱要求过大,很不合理。

当水仓的容量一定时,其长度和断面积是相互制约的。为利于澄清水中泥砂和杂物,水仓中水的流速一般为 0.003~0.007 m/s。

4. 主体泵房的设备布置

(1) 水泵

主排水泵硐室的主体硐室中,水泵一般沿硐室纵向单排布置(图 9-18),以减小硐室的跨度,有利于施工和维护。当水泵数量很多,围岩又坚固稳定时,水泵亦可双排布置。

（2）排水管

根据矿井正常涌水量和最大涌水量,选择排水管的直径和敷设趟数。一般情况下要设置 2～3 趟,其中一趟作为备用。排水管的铺设采用 10～14 号槽钢或工字钢制成托管架,装设于距硐室地坪 2.1～2.5 m 高处的硐室壁上。

（3）电缆与电气设备

电缆的敷设有沿墙悬挂和设电缆沟两种方式。前者使用与检修方便,但长度增加,故采用电缆沟敷设较多。电缆沟尺寸按敷设电缆的数量确定。

（4）起吊和运输设备

为便于安装、检修水泵,敷设管线,在每组水泵和电机中心处预埋两根 18～33 号工字钢作为起吊横梁,横梁高度为 2.4～3.4 m,距拱顶为 0.9～1.2 m。硐室中靠近管道的一侧铺设轮轨,与管子道和通道衔接处设转盘,完成设备运输的垂直转向。

5. 主体硐室尺寸的确定（图 9-22）

（1）硐室的长度由下式确定:

$$L=nl_1+(n-1)l_2+l_3+l_4 \tag{9-7}$$

式中　L——主体硐室的长度,m;

n——水泵台数,根据其正常涌水量和最大涌水量选用,应考虑工作、备用和检修台数;

l_1——水泵及其电动机的基础长度,m;

l_2——相邻两台水泵和电动机基础之间的距离,一般为 1.5～2.0 m;

l_3,l_4——硐室端头两侧的基础距硐室端墙或门的距离,一般为 2.5～3.0 m。

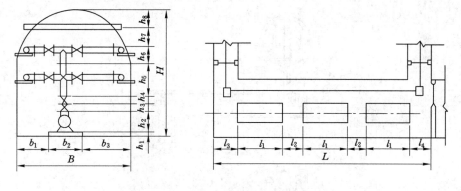

图 9-22　主体硐室尺寸确定图

（2）硐室宽度由下式确定:

$$B=b_1+b_2+b_3 \tag{9-8}$$

式中　B——主体硐室的宽度,m;

b_1——吸水井一侧,水泵基础至硐室墙的检修距离,一般为 0.8～1.2 m;

b_2——水泵和电动机基础宽度,m;

b_3——铺设轨道一侧,水泵基础至硐室墙的距离,一般为 1.5～2.2 m。

（3）硐室的高度由下式确定:

$$H = h_1 + h_2 + h_3 + h_4 + h_5 + h_6 + h_7 + h_8 \qquad (9\text{-}9)$$

式中 H——主体硐室高度,m;

h_1——水泵基础顶面至硐室地面高度,一般为 $0.1\sim0.2$ m;

h_2——水泵的高度,m;

h_3——闸板阀的高度,m;

h_4——逆止阀的高度,m;

h_5——四通接头高度,m;

h_6——三通接头高度,m;

h_7——三通接头至起重梁高度,一般大于 0.5 m;

h_8——起重梁到拱顶的高度,一般为 $0.9\sim1.2$ m。

根据经验,设备的基础一般埋入底板 $0.8\sim1.2$ m,高出地表 $0.1\sim0.2$ m。

6. 主体硐室的断面形状及支护

主体硐室的断面形状可根据岩性和地压大小确定,一般情况下采取直墙半圆拱断面。硐室内应浇筑 100 mm 厚混凝土地面,并高出通道与井底车场连接处车场底板 0.5 m。硐室多用现浇混凝土支护,并做好防渗漏工作。当围岩坚固无淋水时,亦可采用光爆、锚网喷支护。

7. 管子道与泵房通道设计

管子道平、剖面见图 9-23。管子道与井筒连接处底板标高应高出硐室地面标高 7 m,其倾角一般为 30°左右。为搬运设备方便,管子道与井筒连接处应设一段 3 m 左右的平台,出口对准一个罐笼,以便装卸设备、上下人员方便。管子道应设置人行台阶、托管支架和电缆支架,以利检修。

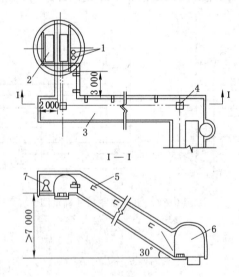

1—排水管;2—罐笼;3—管子道;4—转盘;5—支管架;6—泵房主体硐室;7—提运设备绞车。

图 9-23 管子道平、剖面图

泵房通道是主体硐室与井底车场的连接通道,断面形状可采用半圆拱,其尺寸应根据通过的最大设备外形尺寸来确定。从通道进、出口起 5 m 内,巷道要用非燃性材料支护,并装有向外开的防火铁门。铁门全部敞开时,不得防碍巷道交通。铁门上应装有便于关严的通风孔,以便必要时隔绝通风。铁门内加设向外开的不妨碍铁门开闭的铁栅栏门。泵房与变电所之间应设防火铁门,墙上设电缆套管,铁门结构与通道上的密闭铁门相似。

五、井下主变电所的设计特点

井下主变电所是井下总配电站,由地面经井筒引入的高压电流经过配电、变电和整流给井下提供动力和照明之用。

由于井下主排水泵是主要用电户,为了节省电缆和一旦矿井发生突发事故时仍能延缓其工作时间,所以主变电所和主排水泵硐室通常建成联合硐室,设置于副井井筒附近。

主变电所由配电室(兼整流)、变电器室和通道组成。其设计特点如下:

(1)变电所的布置形式与尺寸,主要根据所选用的变电器、高低压开关柜、整流设备以及直流配电柜等设备配置的数量、外形轮廓尺寸、维修设备的要求和行人安全间隙等因素确定。为节省工程量,在不妨碍通道内各种安全设施布置的前提下,常采用"L"形布置。

(2)通道内以及变电所与水泵房之间应设置容易关闭的,既能防水又能防火的密闭门。

(3)变电所的地坪标高应高出通道与井底车场连接处轨面标高 0.5 m。一般变电所的地坪标高还应高于水泵房的地坪标高 0.3 m。

(4)由于地面变电所的高压电缆通常是自副井井筒经管子道引入变电所的,所以不需再设置专门的电缆通道。在配电室内设电缆沟,电缆悬挂或架于电缆沟中的托架上。

(5)变电所与主排水泵硐室是联合建造的。对于大型水泵房,由于其电机发热量较大,有时使两个硐室的室温超过 30 ℃,所以要创造良好的通风条件,采取专门的降温措施,使硐室本身的温度差不超过 10 ℃。

(6)变电所的断面形状和支护与联合建筑的主排水泵硐室的断面形状和支护是一致的。

第三节 硐 室 施 工

一、我国硐室施工技术的发展

随着我国煤矿井巷施工技术的发展,经过不断总结与改革,逐步形成了具有煤矿特色的一套先进的硐室施工方法。近 20 多年来,硐室施工技术的改革主要表现在以下几个方面:

(1)在硐室施工过程中成功地应用了光爆锚喷技术。光面爆破使硐室断面成形规整,减轻了对围岩的震动破坏,有利于提高围岩的稳定性,从而为锚喷支护创造了有利的条件;锚喷支护能及时地封闭和加固围岩,缩短硐室围岩的暴露时间,并且锚喷支护本身刚度适宜,具有一定可缩性,它既允许围岩产生一定量的变形移动以发挥围岩自身承载能力,同时又能有效地限制围岩发生过大的变形。因此,光爆锚喷技术不仅可以综合有效地提高围岩稳定性和施工作业的安全性,还大大地减少硐室施工的难度。

(2)锚喷技术在硐室工程中的应用,促进了硐室施工方法的简化。用自上向下分层施工法逐步取代了自下向上分层施工法,全断面施工逐步取代了导硐法施工。下行分层施工和全断面施工法具有步骤简单、效率高、进度快的特点,安全和质量容易保证,硐室工程的施工工期大为缩短。

(3)硐室支护多采用锚、喷、网、砌复合支护形式和"二次支护"技术,即先进行一次支护,再进行二次支护。大型或特大型硐室施工时,拱部、墙部可适当增加锚索,以提高硐室施工的安全性。一次支护选用具有一定可缩性的锚喷网支护形式,既能起到临时支护的作用,其本身又是永久支护的组成部分,待硐室全部掘出以后,再在一次支护的基础上进行二次支护;二次支护现多选用刚性较大的混凝土或钢筋混凝土整体浇筑,也可用锚喷网支护。复合支护型式和二次支护技术具有先柔后刚的特性,能较好地适应开硐后围岩压力变化规律,是硐室支护工程中的重大革新和突破,它不仅保证了施工的安全,而且由于连续施工、整体性好,改善了工程的支护质量。

(4) 采用先进的设备和工艺,提高了硐室施工的机械化水平。如使用反井钻机钻扩井下圆筒式煤仓、立井砌壁中用液压滑升模板过马头门和箕斗装载硐室等,改善了作业环境,减轻了劳动强度,加快了工程进度,提高了工程质量。

施工技术的进步,改善了硐室工程施工的面貌。我国煤矿井下的不少硐室施工都取得了速度快、效率高、质量好、成本低的技术经济效果,为我国硐室工程积累了宝贵的经验。

二、硐室施工特点

井底车场内的各种硐室由于用途不同,其结构、形状和规格也相差很大。与巷道相比,具有以下特点:

(1) 硐室的断面大、长度小,进出口通道狭窄,服务年限长,工程质量要求高,一般要求具备防水、防潮、防火等性能。

(2) 硐室周围井巷工程较多,一个硐室常与其他硐室或井巷相连,因而硐室围岩的受力情况比较复杂,难以准确分析,硐室支护较为困难。

(3) 多数硐室安设有各种不同的机电设备,故硐室内需要浇筑设备基础,预留管缆沟槽以及安设起重梁等。

考虑硐室施工,除应注意其本身特点外,还要和井底车场的施工组织联系起来,考虑各工程之间的相互关系与合理安排。

硐室围岩稳定性基本取决于自然因素(围岩应力、岩体结构、岩石强度、地下水等)和人为因素(位置、断面形状和尺寸、支护方式、施工方法等)。在设计和施工时,均应综合考虑这些因素对硐室围岩稳定性的影响。必须明确,硐室围岩的稳定性与硐室施工方法有关,选择硐室密集区域的硐室施工方法时,应合理安排硐室的施工顺序并根据围岩的稳定性分析、判断允许岩石暴露的面积和时间,以选择合理的掘进方法。

在确定硐室施工方法前应做好硐室围岩的工程地质和水文地质勘测工作,以便对围岩的稳定性作出评价,并以此为基础正确地选择硐室的掘进方法和支护型式与参数。

三、硐室施工方法

硐室施工方法的选择,主要取决于硐室断面大小和围岩的稳定性。围岩的稳定性不仅与硐室围岩的工程地质和水文地质条件等自然因素有关,而且与硐室的断面形状、施工方法以及支护形式等人为因素有关。根据硐室断面大小和围岩的稳定状况,我国煤矿井下硐室施工方法可分为三类,即全断面施工法、分层施工法和导硐施工法。

1. 全断面施工法

全断面施工法是按硐室的设计掘进断面一次将硐室掘出,与巷道施工方法基本相同。有时因硐室高度较高,打顶部炮眼比较困难,全断面可实行多次打眼和爆破,即先在硐室断面的下部打眼爆破,暂不出矸;然后站在矸石堆上再打硐室断面上部的炮眼,爆破后清除部分矸石,随之进行临时支护,最后再清除全部矸石并支护两帮,从而完成一个掘进循环。

全断面施工法一般适用于围岩稳定、断面高度不很大(小于 5 m)的硐室。由于全断面施工的工作空间宽敞,施工机械设备展得开,故具有施工效率高、速度快、成本低等特点。

2. 分层施工方法

分层施工方法是将硐室沿其高度分为几个分层,采用自上向下或自下向上的顺序进行分层施工,有利于正常的施工操作。根据施工条件,可以采用在逐段分层掘进,随之进行临时支护,待各分层全部掘完之后,再由下而上一次连续整体地完成硐室的永久支护;也可以采用掘砌完一个分层,再掘砌下一个分层;还可以将硐室各分层前后分段同时施工,使硐室断面形成台阶式工作面。上分层超前的称正台阶工作面,下分层超前的称倒台阶工作面。

(1) 正台阶工作面(下行分层)施工法

按照硐室的高度,整个断面可分为 2~3 个以上分层,每分层的高度以 2.0~3.0 m 为宜;也可以按拱基线分为上、下两个分层。上分层的超前距离一般为 2~3 m,如图 9-24 所示。

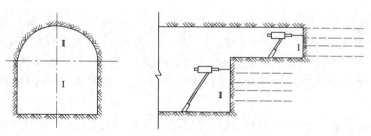

图 9-24 正台阶工作面施工法

如果硐室是采用砌碹支护,在上分层掘进时应先用锚喷支护进行维护,砌碹工作可落后于下分层掘进面 1.5~3.0 m,下分层也随掘随砌,使墙紧跟迎头。整个拱部的后端与墙成一整体,所以是安全的。

采用这种施工方法应注意:要合理确定上下分层的错距,距离太大,上分层出矸困难;距离太小,上分层钻眼困难,故上下分层工作面的距离以便于气腿式凿岩机正常工作为宜。图 9-25 为某矿水泵房正台阶工作面施工法。

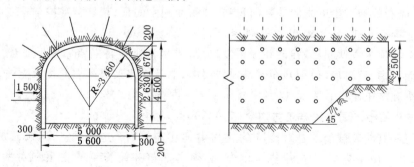

图 9-25 某矿水泵房正台阶工作面施工法

这种施工方法的优点是施工方便,有利于顶板维护,下台阶爆破效率较高。缺点是使用铲斗装岩机时,上台阶要人工扒矸,劳动强度较大,上下台阶工序配合要求严格,容易产生相互干扰。

(2) 倒台阶工作面(上行分层)施工法

如图 9-26 所示,下部工作面超前于上部工作面。施工时先开挖下分层,上分层的凿岩、装药、连线工作借助于临时台架施工。为了减少搭设台架的麻烦,下分层的掘进矸石先不要排出,以便上分层掘进时代替临时台架进行作业。

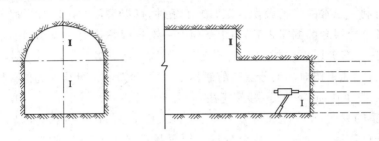

图 9-26 倒台阶工作面施工法

采用锚喷支护时,支护工作可以与上分层的开挖同时进行,随后再进行墙部的锚喷支护;采用混凝土支护时,下分层工作面 I 超前 4~6 m,高度为设计的墙高,随着下分层的掘进先砌墙,II 分层随挑顶随砌筑拱顶。这种方法的优点是:不必人力扒矸,爆破条件好,施工效率高,砌碹时拱和墙接茬质量好。缺点是:挑顶工作较困难,下分层需要架设临时支护,故不宜采用。

分层施工法一般适用于稳定或中等稳定的围岩,掘进断面面积较大的硐室。由于这种施工方法的空间宽度较大,工人作业方便,因此,与导硐施工法相比,具有效率高、速度快、成本低等特点。

3. 导硐施工法

导硐施工法曾广泛用于围岩稳定性差、断面积特大的硐室。其施工特点是在硐室的某一部位先用小断面导硐掘进,然后再行开帮、挑顶或挖底,将导硐逐步扩大至硐室的设计断面。根据导硐所在位置的不同,有中央下导硐施工法、顶部导硐施工法、两侧导硐施工法之分。某特大断面硐室导硐施工法的施工顺序如图 9-27 所示,该硐室断面为马蹄形,掘进断面积为 147.6 m²,划分为 7 个较小断面,分 5 次施工完。由于该法是先导硐后扩大,逐步地分部施工,能有效地减少围岩的暴露面积和时间,使硐室的顶、帮易于维护,施工安全得以保障。但该法存在步骤多、效率低、速度慢、工期长、成本高等缺点。

为安全和施工方便起见,在矿井开拓设计中,应尽量避免将硐室布置在不稳定岩层中。若从多方面考虑、比较后,仍须开在不稳定岩层中,那就应该采取可靠的技术措施,保证硐室施工的安全和施工质量。

四、与井筒相连硐室的施工方法

马头门和箕斗装载硐室是直接与副、主井井筒相连的两个主要硐室,其施工方法与一般硐室相同,但是由于它们与立井井筒相连,必须考虑与井筒施工的关系和对凿井设备的利用。

1. 马头门施工方法

马头门施工一般安排在凿井阶段进行,有些情况下也可与井筒同时施工。

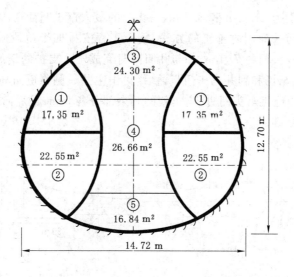

图 9-27　某特大断面硐室导硐施工法的施工顺序

（1）马头门与井筒同时施工

马头门因与井筒相连接,断面较大,又受施工条件的限制,一般多采用自上而下分层施工法,如图 9-28 所示(图中数字表示施工先后顺序)。当井筒掘进到马头门上方 5 m 左右处,井筒停止掘进,先将上段井壁砌好。随后井筒继续下掘,同时将马头门掘出,也可以将井筒掘到底或掘至马头门下方的混凝土壁圈处,由下而上砌筑井壁至马头门的底板标高处,再逐段施工马头门。当岩层松软、破碎时,两侧马头门应分别施工;在中等以上稳定岩层中,两侧马头门可以同时施工,掘进时可采用锚喷作临时支护。为了加快马头门施工的速度,可安排与井筒同时自上而下分层施工马头门,如图 9-29 所示(图中罗马数字表示施工先后顺序)。

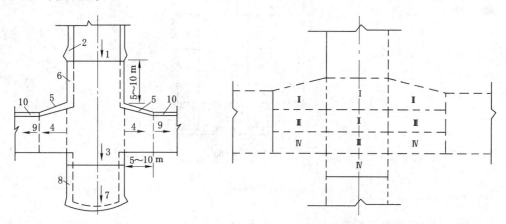

图 9-28　马头门的施工顺序　　　　图 9-29　马头门与井筒同时施工法(下行分层施工法)

某矿副井净直径 8 m,马头门位于井筒－430 m 水平两侧,马头门范围内有推车机、调车机、下料绞车、信号等小型硐室以及等候室、变电所等通道(图 9-30)。马头门进车及出车线长度分别为 31 m 和 16 m,进车侧的掘进高度和宽度分别为 11.65 而和 9.2 m,出车侧的掘进高度和宽度分别为 11.4 m 和 8.7 m,马头门的最大掘进断面为 105 m^2。

该马头门采用与井筒同时施工的方法,整个工程安排四个阶段施工,见图 9-31。第一阶段施工井筒两侧马头门各 7.0 m,并与井筒同时完成永久支护的钢筋混凝土浇筑;第二阶段,待主井通过井底车场和副井马头门贯通后,再由主井一侧巷道向马头门进车侧最外端的 15 m 施工;第三阶段施工马头门进、出车侧的其余部分各 9 m;最后阶段施工马头门范围内的其他硐室和设备基础。

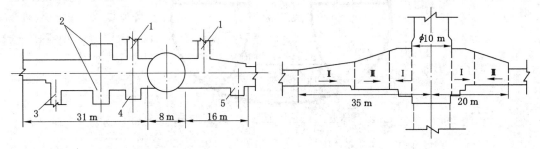

1—等候室通道;2—推车机硐室;3—变电所通道;
4—信号硐室;5—下料绞车硐室。

图 9-30 某矿副井马头门附近硐室分布图   图 9-31 某矿副井马头门施工顺序图

施工时将马头门全断面划分为 I～V 个分区,见图 9-32。施工时先掘进马头门的拱部,临时支护采用锚喷网,然后向下分层分区(中间留岩柱)依次掘至马头门的底板,掘出的矸石放入井筒中,由抓岩机装入吊桶提出。再由下向上立模、绑扎钢筋、连续浇筑混凝土,并与井筒井壁一并向上砌筑,以保证连接部分支护的整体质量。最后清除掉中间岩柱。

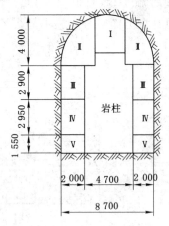

图 9-32 某矿副井马头门施工分区图

该马头门掘进总工程量 2 684 m^3,混凝土浇筑工程量连同井壁共 1 026 m^3,耗用钢筋 43.5 t。在矿井竣工验收移交时,该工程被评为优质工程。

马头门与井筒同时施工具有如下特点:可以充分利用凿井设备和设施进行打眼爆破、通风排烟、装岩提升、压气供应、排水、拌料下料等工作,使准备、辅助工作大大简化;同时,支护的整体性好,工程质量易于保证。该方法不足之处是马头门施工占用井筒的施工期(1～2

个月），致使井筒施工到底时间向后推迟了一段时间。

（2）马头门与井筒顺序施工

马头门与井筒顺序施工是先掘砌完整个井筒，再返上来施工马头门。即当井筒掘砌到马头门位置处时，预留马头门的硐口不砌（硐口预留得稍大一点，以免将来马头门掘进爆破时崩坏井壁），暂时将硐口用喷射混凝土作为临时支护封闭起来，待井筒掘砌到设计深度后，再返上来施工马头门。为了施工方便，可以在马头门底板下方位置搭设一个临时固定盘作为掘砌的工作台；也可以直接利用凿井吊盘作为活动的掘砌工作台。

这种施工方法最突出的优点是马头门施工不占用井筒施工工期，使井筒可提前到底。后期的马头门施工，也可能和其他工程同时进行。由于井壁和马头门壁不是一次连续整体浇筑，因而马头门施工时应特别注意工程质量。当采用临时固定盘施工时，固定盘的安、拆费工费料，后期清除井底的存矸也需花费时间。

2. 箕斗装载硐室施工

箕斗装载硐室断面大、结构复杂，施工中有大量的预留孔和预埋件，工程质量要求高，施工技术难度大。根据箕斗装载硐室与井筒施工的先后关系，我国煤矿现有的施工方法可概括为两类。

（1）箕斗装载硐室与井筒同时施工

当井筒掘至硐室上方 2 m 左右处停止掘进，将上段井壁砌好，再继续下掘井筒至硐室位置。若围岩比较稳定，则井筒工作面与硐室工作面错开一茬炮的高度（1.5～2.0 m），同时自上而下施工。硐室分层下行的施工顺序如图 9-33（a）所示；若围岩稳定性差，硐室各分层可与井筒交替施工，如图 9-33（b）所示。硐室爆破落下来的矸石扒放到井筒中装提出井。井筒和硐室逐层下掘，待整个硐室全部掘完后，再进行二次支护，由下向上立模板、绑扎钢筋，先墙后拱连同井壁整体浇筑。在掘进时，随掘随采用锚喷或锚喷网进行一次支护，及时封闭硐室围岩。箕斗装载硐室和该段井筒施工完成后，再继续向下开凿井筒。

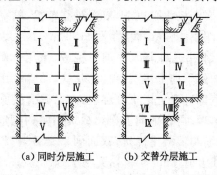

（a）同时分层施工　　　（b）交替分层施工

图 9-33　箕斗装载硐室与井筒同时施工

这种施工方法具有充分利用凿井设备进行硐室施工，效率高、进度快、安全性好和施工准备工作较少的优点；不足之处是硐室施工占用了井筒工期，拖延了井筒到底的时间。

淮北某矿设计年产量 180 万 t，主井净直径 6.5 m，井内装有 3 个 12 t 箕斗。箕斗装载硐室的南硐室为单箕斗，北硐室为双箕斗，硐室断面为马蹄形，两硐室分别连接一条带式输送机巷，见图 9-34。北硐室和南硐室最大掘进断面分别为 150.7 m² 和 103.98 m²。箕斗装载硐室横硐室的拱部掘进先由两侧的带式输送机巷以导硐（2 m×2 m）与主井井筒贯通，然后从硐室后墙向井筒方向刷大至拱顶,见图 9-35。边掘边进行硐室外层的一次支护,采用喷-锚-网-架的联合支护型式。该矿箕斗装载硐室掘进总工程量 2 124 m^3,砌筑总工程量 1 104 m^3,实际施工期 110 d,取得了快速、安全、高质量的施工效果。

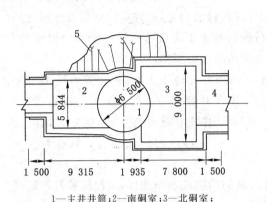

1—主井井筒;2—南硐室;3—北硐室;
4—带式输送机巷;5—锚杆。

图 9-34　主井箕斗装载硐室平面图(单位:cm)

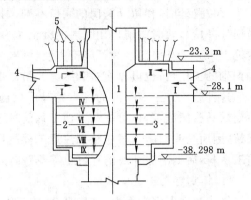

1—井筒;2、3—南、北箕斗装载硐室;
4—带式输送机巷;5—锚杆。

图 9-35　主井箕斗装载硐室掘进顺序图

(2) 箕斗装载硐室在井筒掘砌全部结束后进行施工

施工顺序是:先将井筒施工到底,然后再开始施工箕斗装载硐室。当井筒掘砌到硐室位置时,除硐口范围预留外,其他井筒部分全部砌筑。预留出的硐口部位根据围岩情况暂时用喷混凝土或锚喷进行临时支护封闭,待井筒掘砌到设计深度后,再返回上来利用凿井吊盘作掘砌工作台进行箕斗装载硐室的施工。将硐室掘出的矸石,全部放入井底。硐室完工后,最后集中将井底的存矸清除出井。硐室施工采用自上向下分层方法。

兖州矿区某矿,设计年产量 400 万 t,主井净直径 7 m,井深 786.5 m,井内装有两对 16 t 箕斗。箕斗装载硐室位于井底车场水平以下,双面对称布置,硐室全高 19.96 m、宽 6.5 m、深 6.45 m,分上、中、下 3 室,硐室掘进最大横断面 133 m^2,最大纵断面 135.7 m^2。

第一阶段施工井筒到底,自井底车场水平向下掘进,采用全断面深孔爆破,一次支护采用挂网喷射混凝土,二次支护由下向上浇筑混凝土井壁,预留出箕斗装载硐室硐口。第二阶段施工硐室,先掘后砌。硐室掘进自上向下分层进行,先掘出拱顶,用锚喷进行一次支护,然后逐层下掘,待整个硐室掘出后,再自下向上连续浇筑硐室的钢筋混凝土,并与井筒的井壁部分相接。砌筑时,立模、布筋与混凝土浇筑,双面硐室交替进行。硐室全高施工时自上向下分成 12 段。拱部及拱基线上 0.4 m 为第 I 段,段高 4.05 m;以下每 1.5 m 为一段高,见图 9-36。待硐室全部掘出后,最后由下向上一次连续地完成下室、中室、上室的墙、拱以及中间隔板的钢筋混凝土浇筑工作。混凝土浇筑由里向外进行,井内利用吊桶下混凝土料。

该箕斗装载硐室掘进总体积 1 332.3 m^3,砌筑总体积 619.8 m^3,钢筋及预埋件共耗用钢筋 53.1 t,硐室施工工期为 110 d。

该施工方案可以部分利用凿井设备(如提绞设备、吊盘等)。其缺点是高空作业,安全性差;矸石全部落入井底,给后期清底工作增加困难,同样要延长井筒的施工期。

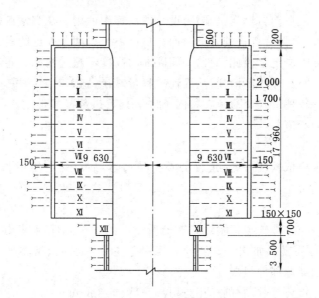

图 9-36　兖州矿区某矿主井箕斗装载硐室下行分段开挖和临时支护图

第四节　交岔点设计与施工

一、交岔点类型

井下巷道相交或分岔地点的那段巷道叫交岔点。交岔点按其结构又可分为柱墙式交岔点和穿尖交岔点(图 9-37)。

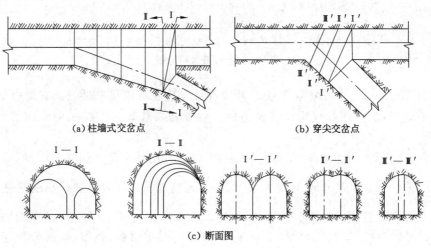

图 9-37　柱墙式交岔点和穿尖交岔点

柱墙式交岔点又称牛鼻子交岔点,在各类围岩的巷道中均可使用。在该交岔点长度内两巷道的相交部分,共同形成一个渐变跨度的大断面,其最大断面的跨度和拱高是由相交巷道的宽度和柱墙的宽度决定的。这种交岔点较穿尖式交岔点工程量大,施工时间长,但具有受力条件好,容易维护等特点,所以得到普遍应用。

穿尖式交岔点一般在围岩稳定坚硬,跨度小的巷道中使用。在交岔点的长度内,两巷道为自然相交,其相交部分保持各自的巷道断面。拱高不是以两条巷道的最大跨度来决定,而是以巷道自身的跨度来决定。因此,碹岔中间断面的高度不超过两相交巷道中宽巷的高度。由于拱高低、长度短、断面尺寸不渐变,从而使工程量减小,施工时间缩短,通风阻力小,也使设计工作简化。但它较柱墙式交岔点在相同条件下具有拱部承载能力小,仅适用于围岩坚硬、稳定,跨度较小的巷道。

二、窄轨道岔

设计交岔点的重要依据之一,是道岔的类型与尺寸,故对井下使用的窄轨道岔作简单介绍。

1. 道岔的构造

矿井窄轨道岔是交岔点轨道运输线路连接系统中的基本元件,它是使车辆由一条线路过渡到另一条线路的装置。如图 9-38 所示,其构造主要由岔尖、基本轨、辙岔(岔心和翼轨)、护轮轨以及转辙器等部件组成。

岔尖是道岔的最重要零件,它的作用是引导车辆向主线或岔线运行。岔尖应紧贴基本轨,高度应等于或小于基本轨高度,并具有足够的强度。岔尖的摆动是依靠转辙器来完成的。

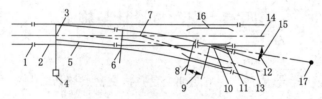

1—基本轨接头;2—基本轨;3—牵引拉杆;4—转辙机构;5—岔尖;6—曲线起点;
7—转辙中心;8—曲线终点;9—插入直线;10—翼轨;11—岔心;12—辙岔岔心角;
13—侧轨轴线;14—直轨轴线;15—辙岔轴线;16—护轮轨;17—警冲标。

图 9-38 窄轨道岔构造图

辙岔是道岔的另一个重要零件,其作用是保证车轮轮缘能顺利通过。它是由岔心和翼轨焊接钢板而成,也有用高锰钢整体铸造的。后者稳定性好、强度高、寿命比前者高 6～10 倍。

辙岔岔心角 α(简称辙岔角)是道岔的最重要参数。用其半角余切的 1/2 表示辙岔号码 M,即 $M = \frac{1}{2}\cot\frac{\alpha}{2}$。辙岔号码 M 越大,α 角越小,道岔曲线半径 R 和曲线长度就愈大,车辆通过时就愈平稳。窄轨道岔的号码 M 分为 2、3、4、5 和 6 号 5 种,其相应的辙岔角为 $28°04'20''$、$18°55'30''$、$14°15'$、$11°25'6''$ 和 $9°31'38''$。应根据轨距、轨型、电机车类型、允许的曲率半径以及行车密度等因素选用(表 9-1)。

护轮轨是防止车辆在辙岔上脱轨而设置的一段内轨。

2. 道岔的类型

根据分岔的形式,道岔可分为单开道岔(DK)、对称道岔(DC)、渡线道岔(DX)三大类型(图9-39 为计算简图);单开和渡线道岔有右向和左向之分,道岔型号还要和轨距与轨型相配合,常见的轨距为 600 mm 和 900 mm 两种,轨型有 15 kg/m、18 kg/m、24 kg/m、30 kg/m 等。

表 9-1　道岔型号及曲线半径

牵引设备	矿车类型	轨距 /mm	道岔号码		曲线半径 /m
			单开	对称	
非机车牵引	1 t 固定式	600	2、3、4	3	6～9
	1.5 t 固定式	600 900	3、4	3	9～12
7 t、10 t 架线电机车 和 8 t 蓄电池式机车	1 t 固定式	600	4、5	3	12～20
	1.5 t 固定式	600 900	4、5	3	15～25
	3 t 固定式	900	4、5	3	15～25
	3 t 底卸式	600	5	3	20～30
	5 t 底卸式	900	6	3	25～40
14 t 架线电机车	3 t 固定式	900	5、6	3	25～40
	5 t 底卸式	900	6	3	30～40

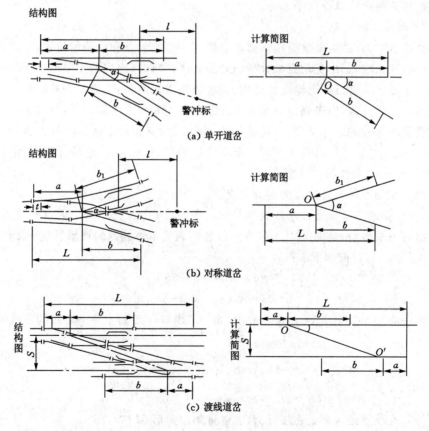

(a) 单开道岔

(b) 对称道岔

(c) 渡线道岔

a —转辙中心至道岔起点的距离；b —转辙中心至道岔终点的距离；L —道岔长度；

l —警冲标距转辙中心距离；S —轨道中心距。

图 9-39　道岔结构与计算简图

道岔规格用类型、轨距、轨型、道岔号码和曲线半径来表示，如 DK615-4-15 表示：600 mm 的轨距、15 kg/m 钢轨、4 号单开道岔、曲线半径为 12 m。

3. 道岔的选择原则

道岔本身制造质量的优劣或道岔型号选择是否合适，对车辆运行速度、运行安全和集中控制程度等均有很大关系。一般应按以下原则选用：

（1）与基本轨的轨距相适应。如基本轨线路的轨距是 600 mm，就应选用 600 mm 轨距的道岔。

（2）与基本轨型相适应。选用与基本轨同级或高一级的道岔型号，但绝不允许采用低一级的道岔。

（3）与行驶车辆的类别相适应。多数标准道岔都允许机车通过，但是当少数标准道岔由于道岔的曲线半径过小（≤9 m）、辙岔角过大（≥18°55′30″）时，只允许矿车行驶。

（4）与行车速度相适应。多数标准道岔允许车辆通过的速度在 1.5～3.5 m/s，而少数标准道岔只允许车辆通过的速度在 1.5 m/s 以下。

三、交岔点设计

交岔点设计包括交岔点的平面尺寸设计、中间断面尺寸设计、断面形状选择、支护设计、工程量与材料消耗量计算等几个部分。

（一）平面尺寸的确定

确定交岔点平面尺寸，就是要定出交岔点扩大断面的起点和柱墙的位置，即交岔点斜墙的起点至柱墙的长度，定出交岔点最大断面处的宽度，并计算出交岔点单项工程的长度。这些尺寸取决于通过交岔点的运输设备类型、运输线路布置的型式、道岔型号以及行人和安全间隙的要求。在设计前，应先确定各条巷道的断面及主巷与支巷的关系，并以下述条件作为设计交岔点平面尺寸的已知条件：所选道岔的 a、b、α 值；支巷对主巷的转角 δ；各条巷道的净宽度 B_1、B_2、B_3 及其轨道中心线至柱墙一侧边墙的距离 b_1、b_2、b_3。此外，尚需确定柱墙的宽度（一般取 500 mm）和轨道的曲率半径 R。

下面以单轨巷道单侧分岔点为例介绍交岔点平面尺寸的确定方法。

首先，应根据前述已知条件求曲线半径的曲率中心 O 点的位置，以便以 O 点为圆心、R 为半径定出弯道的位置，见图 9-40。O 点的位置距离基本轨起点的横轴长度 J、距基本轨中心线的纵轴长度 H，可按如下求得：

$$J = a + b\cos\alpha - R\sin\alpha \tag{9-10}$$

$$H = R\cos\alpha + b\sin\alpha \tag{9-11}$$

从曲率中心 O 到支巷起点 T 连一直线，此 OT 线与 O 点到主巷中心线的垂线夹角为 θ，其值为：

$$\theta = \arccos\frac{H - b_2 - 500}{R + b_3} \tag{9-12}$$

$$P = J + [R - (B_3 - b_3)]\sin\theta = J + (R - B_3 + b_3)\sin\theta \tag{9-13}$$

为了计算交岔点最大断面宽度 TM，需解直角三角形 MTN：

$$TM = \sqrt{NM^2 + TN^2} \tag{9-14}$$

$$NM = B_3\sin\theta \tag{9-15}$$

$$TN = B_3\cos\theta + 500 + B_2 \tag{9-16}$$

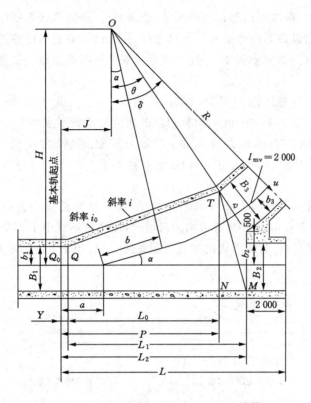

图 9-40　单轨巷道单侧分岔点平面尺寸计算图

于是,自基本轨起点至柱墙面的距离:

$$L_2 = P + NM \tag{9-17}$$

为了计算交岔点的断面变化,需确定斜墙 TQ 的斜率 i,其方法是先按预定的斜墙起点(变断面起点)求算斜率 i_0,然后选用与它最相近的固定斜率 i,即:

$$i_0 = (TN - B_1)/P \tag{9-18}$$

根据 i_0 值的大小,选取固定斜率 i 为 0.2、0.25 或 0.3,个别情况可取 0.15。

确定了斜墙的斜率后,便可定出斜墙(变断面)的起点 Q 及交岔点扩大断面部分的长度:

$$L_0 = \frac{TN - B_1}{i} \tag{9-19}$$

于是,变断面的起点至基本轨起点的距离:

$$Y = P - L_0 \tag{9-20}$$

Q 点在 Q_0 点之右,Y 为正值;Q 点在 Q_0 点之左,Y 为负值。

交岔点工程的计算长度 L,是从基本轨起点算起,至柱墙 M 点再延长 2 000 mm,于是:

$$L = L_2 + 2\ 000 \tag{9-21}$$

在支巷处,交岔点的终点应取为从柱墙面算起,沿轨道中心线 2 000 mm 处,也可近似地按直墙 2 000 mm 计算。

(二)交岔点的中间断面尺寸计算

交岔点中间断面尺寸包括中间断面的宽度、墙高和拱高。

中间断面的宽度,取决于运输设备的尺寸、道岔型号、线路联接系统的类型、行人及错车安全要求。考虑运输设备通过弯道和道岔时边角将会外伸,与直线段巷道相比,交岔点内的道岔处车辆与巷道两侧的安全间隙,应在直线巷道安全间隙的基础上加宽,其加宽值应符合以下规定:

(1)道岔处车辆与巷道两侧安全间隙加宽值,单开道岔的非分岔一侧加宽不宜小于200 mm,分岔一侧不宜小于100 mm;对称道岔的两侧加宽均不宜小于200 mm。

(2)道岔处双轨中心线间距加宽值,直线为双轨、岔线为单轨,加宽值不宜小于200 mm;直线一端为单轨、岔线为双轨,加宽值不宜小于300 mm;道岔为对称道岔的,加宽值不宜小于400 mm。

(3)无道岔交岔点的双轨中心线间距应加宽,即分岔巷道一条为直线、另一条为弯道时,加宽值不宜小于200 mm;分岔巷道均为弯道时,加宽值不宜小于400 mm。

(4)单轨巷道交岔点,巷道断面的加宽范围见图9-41,图中 c 值见表9-2。

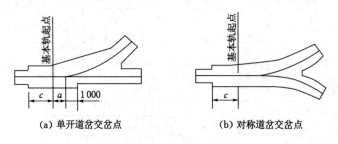

(a)单开道岔交岔点　　　　　　(b)对称道岔交岔点

图9-41　单轨道岔交岔点加宽范围

表 9-2　直线巷道加宽最小长度值

单位:mm

车辆类型	直线巷道加宽最小长度 c 值	车辆类型	直线巷道加宽最小长度 c 值
1.0 t固定式矿车	1 500	7(10) t架线式机车	3 000
1.5 t固定式矿车	2 000	8 t蓄电池机车	3 000
3.0 t固定式矿车	2 500	5.0 t底卸式矿车	3 500
		14 t架线式机车	3 500

(5)双轨巷道交岔点的双轨中心线间距和巷道的加宽范围见图9-42。图中 c 值见表9-2。对图9-42(c)所示交岔点,当运输设备为10 t及其以下电机车和3 t以下矿车时,L 取值为5 m;当运输设备为10 t以上电机车和5 t底卸式矿车时,L 取6 m。

(6)无道岔交岔点双轨中心线间距和巷道断面的加宽范围见图9-43。

为了施工方便和减少通风阻力,在井底车场的交岔点内,一般应不改变双轨中心线距及巷道断面。这样在设计交岔点时,中间断面应选用标准设计图册中相应的曲线段的断面(即参考运输设备通过弯道或道岔时边角外伸、双轨中线距及巷道宽度已加宽的断面)。

(三)交岔点柱墙、墙高及斜率

(1)中间断面的拱高。交岔点内的巷道拱高,由于宽度逐渐加大,所以拱高也逐渐加大。半圆拱拱高仍取宽度的1/2,圆弧拱取1/3。锚喷支护的交岔点也可降低拱高,以减少掘、支工程量。

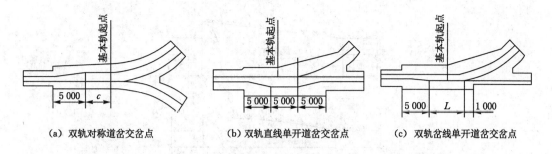

图 9-42　双轨巷道交岔点双轨中心线间距和巷道断面加宽范围

（a）双轨对称道岔交岔点　　（b）双轨直线单开道岔交岔点　　（c）双轨岔线单开道岔交岔点

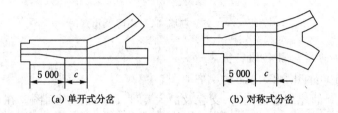

（a）单开式分岔　　　　　（b）对称式分岔

图 9-43　无道岔交岔点双轨中心线间距和巷道断面的加宽范围

（2）中间断面的墙高。由于各中间断面的拱高将随净宽的递增而升高，为了提高断面利用率，减少掘、支工程量，在满足安全、生产与技术需求的条件下，可将中间断面的墙高相应递减，使巷道全高的增加幅度不致过大（图 9-44）。

降低后的墙高或调整后的拱高，在 T、N、M 三点处应相同。这几处的巷道断面应保证运输设备、行人及管线装设的安全间隙和距离，故必须按"巷道断面设计"中所介绍的方法和公式对墙高进行验算。设变断面部分起点处墙高为 h_{B1}，降低后最低处墙高为 h_{TN}，则墙高降低的斜率为 i'：

$$i' = (h_{B1} - h_{TN})/L_0 \tag{9-22}$$

有了 i' 值，便可求得每米墙高递减值。T、N、M 三点处墙高均是 h_{TM}。h_{TM} 与以 B_2、B_3 为净宽的巷道的墙高 h_{B2}、h_{B3} 的差值 Δh 应控制在 $200 \sim 500$ mm。如果 Δh 值过大，对施工和安全都不利；Δh 过小则降低墙高的意义不大。在生产中，为了施工方便，亦可不降低墙高。

（四）交岔点的支护

交岔点属于加强支护工程，因此其砌碹厚度和锚喷参数值应按大断面最大宽度 TM 选取上限值。分支巷道加强支护的长度，应为自柱墙面起 $3 \sim 5$ m。

柱墙宽度一般为 500 mm，长度视岩石条件、支护方式及巷道转角而定，通常取 2 m。对采用光面爆破完整保留原岩体的柱墙，可按支护厚度考虑，不另加长度。

（五）交岔点工程量及材料消耗量计算

交岔点工程量计算的范围，一般是从基本轨起点至柱墙向支巷各延展 2 m。工程量计算方法有两种：一种是将交岔点按不同断面分为几个计算段，求出每段掘进体积，然后相加（包括柱墙）；另一种是近似计算，其精度能满足工程需要，在施工中广泛应用。

（六）交岔点的作图及附表

交岔点施工图包括平面图，主巷、支巷及 TM 处断面图，交岔点纵剖面图，工程量和材

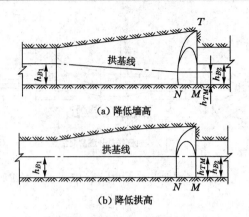

(a) 降低墙高

(b) 降低拱高

图 9-44　交岔点墙高、拱高降低示意图

料消耗量表,以及变化断面各段特征表等。

(1) 按 1∶100 的比例绘出交岔点平面图。

(2) 按 1∶50 的比例绘出主巷、支巷及最大宽度 *TM* 处的断面图。在 *TM* 断面图上,大断面是实际尺寸,两个小断面和柱墙的宽度则是投影尺寸,如图 9-45 所示。

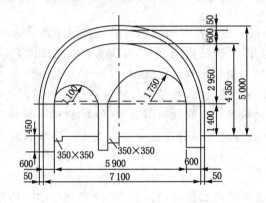

图 9-45　交岔点最大断面 *TM* 处断面图

(3) 交岔点纵剖面图能显示拱高、墙高及大小断面的连接,并能看出交岔点内墙高的变化情况。

(4) 作出交岔点断面变化特征表、工程量及主要材料消耗量表。

交岔点断面特征表和工程量及材料消耗量表的格式与巷道施工图基本相同。

四、交岔点施工方法

交岔点施工,应推广使用光面爆破、锚喷支护。在条件允许时,要尽量做到全断面掘进一次成巷;使用砌碹支护时,应尽量缩短掘砌的间隔时间,以防止围岩松动。在井底车场施工过程中,根据总的施工组织安排有时可先掘进其中的一条巷道,当掘过交岔点适当距离后,在该巷道继续向前掘进的同时,进行交岔点的刷大与支护。但是,此时交岔点的刷大、支护工作应不影响矿车顺利通过,以保证连锁工程的连续快速施工。

由于柱墙处是交岔点受力最大的地方,所以柱墙和岔口的施工是这个交岔点工程的关键,必须确保该处围岩的完整和稳定。施工中应根据交岔点穿过岩层的地质条件、断面大小及支护型式、开始掘进的方向和施工期间工作面的运输条件,选用不同的施工方法。

(1) 若围岩稳定,可采用一次成巷的施工方法,随掘随支,或掘后一次支护,其施工顺序如图 9-46 所示。按图中 Ⅰ、Ⅱ、Ⅲ 的顺序全断面掘进,锚杆按设计要求一次锚完,并喷以适当厚度的混凝土及时封闭顶板;若岩石易风化,可先喷混凝土后打锚杆,最后安设牛鼻子和两帮处的锚杆,并复喷混凝土至设计厚度。

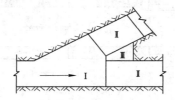

图 9-46　坚固稳定岩层中交岔点一次成巷

(2) 若围岩中等稳定,交岔点变断面部分起始段仍可采用一次成巷施工,而在断面较大处,为了使顶板一次暴露面积不致过大,可用小断面向两支巷掘进,并将边墙先行锚喷,余下周边喷上一层厚 30～50 mm 的混凝土作临时支护,最后回头来再分段刷帮、挑顶和支护。

(3) 在稳定性较差的岩层中,可采用先掘砌好柱墙再刷砌扩大断面部分的方法。图 9-47(a)为正向掘进时,先将主巷掘通过去,同时将交岔点一侧边墙砌好;接着以小断面横向掘出岔口,并向支巷掘进 2 m,将柱墙及巷口 2 m 处的拱、墙砌好;然后再回头来刷砌扩大断面处,做好收尾工作。图 9-47(b)为反向掘进时的施工顺序,先由支巷掘至岔口,接着以小断面横向与主巷贯通,并将主巷掘过岔口 2 m,同时将往墩及两巷口的 2 m 拱、墙砌好,随后向主巷方向掘进,过斜墙起点 2 m 后,将边墙及此 2 m 巷道拱、墙砌好,最后反过来向柱墙方向刷砌,做好收尾工作。

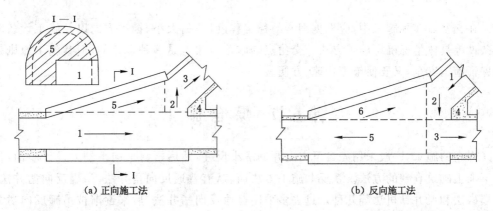

(a) 正向施工法　　　　　　　　　　　　(b) 反向施工法

1～6—施工顺序。

图 9-47　先掘砌柱墩再刷砌扩大断面的施工顺序

(4) 在稳定性差的松软岩层中掘进交岔点时,不允许围岩一次暴露的面积过大,可采用导硐施工法,如图 9-48 所示。此法与上述方法基本相同,先以小断面导硐将交岔点各巷口、柱墙、边墙掘砌好后,从主巷向岔口方向挑顶砌拱。为了加快施工速度,缩短围岩暴露时间,中间岩柱暂时留下,待交岔点刷砌好后,最后用放小炮的方法把它除掉。

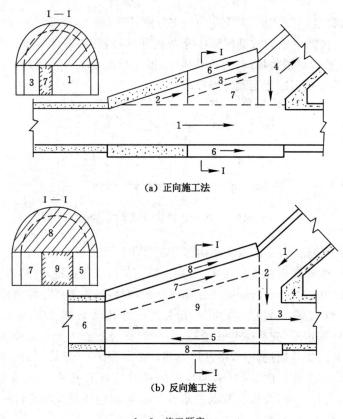

(a) 正向施工法

(b) 反向施工法

1～9—施工顺序。

图 9-48　交岔点导硐法施工顺序

在交岔点实际施工中,应根据围岩的稳定程度、断面大小、掘进方向以及施工设备和技术条件等具体情况确定施工方法。交岔点的施工方法也是多种多样的,但其施工原则是既要保证施工安全,又要使施工快速、方便。

第五节　煤仓施工

煤仓的施工,一般采用先自下向上开掘凿小反井,然后再自上向下刷大设计断面,最后自下向上砌筑仓壁的方法。就反井施工方法而言,有普通反向凿井法、吊罐反向凿井法、深孔爆破法和反井钻机法等几种。过去多采用普通反向凿井法,后来逐渐被吊罐反向凿井法取代,虽然吊罐反向凿井法比普通反向凿井法具有劳动强度低、节省坑木、掘进速度快、效率高、成本低等优点,但其作业环境和安全状况仍很差,同时该方法要求反井围岩较稳定及具有垂直精度较高的先导提升钢丝绳孔,所以使用范围受到限制。

国外 20 世纪 60 年代就开始使用反井钻机进行反井施工,其工艺不断得到完善和发展,目前在工业发达国家中使用反井钻机钻凿反井的比重已超过 70%,有的达到 90%。20 世纪 70 年代开始,我国自制反井钻机,目前已有多台不同规格形式的反井钻机在煤矿中使用。

反井钻机是一种机械化程度高、安全高效的反井施工设备,尤其是用它钻凿煤矿的反井、井下煤仓、溜煤眼、延伸井筒及各种暗立井时可大大提高建设速度,其施工速度为普通反向凿井法的 5～10 倍,施工成本仅为普通反向凿井法的 67％;它还具有减轻工人劳动强度、作业安全、成井质量高等优点。下面介绍以反井钻机施工煤仓的主要工艺。

一、施工方式

利用反井钻机钻凿反井的方式有两种:一种是把钻机安装在反井上部水平,由上而下先钻进一个导向孔(直径 216～311 mm)至反井下部水平,再由下而上扩大至反井的全断面,即一般所谓的上行扩孔法;另一种方式是把钻机安装在待掘反井的下部水平,先由下向上钻一导向孔,然后自而下扩大到断面,即下行扩孔法。下行扩孔法的岩屑沿钻杆周围下落,因此要求钻凿直径较大的导向孔;否则岩屑下落时在扩孔器边刀处重复研磨,不仅加剧了刀具的磨损,也影响了扩孔的速度。向上钻导向孔的开孔比较困难,作业人员又在钻孔下方,工作环境较差。正是由于这些原因,国内外多采用上行扩孔法。如果由于岩石条件和巷道布置所限,不允许在反井上部开凿硐室和无法运输钻机,或由于岩石不稳定,要求紧跟扩孔作业进行支护等情况下可以考虑采用下行扩孔法。

我国煤矿应用的反井钻机主要有国产的 TYZ-1000、AF-2000、LM-120、ATY-1500、ATY-2500 等型号,此外还有引进美国的 83RM-HE 型反井钻机。其中,常用的有 TYZ 型、LM 型和 ATY 型系列的反井钻机,它主要由主机、钻具(钻杆与钻头)、动力车、油箱车、起吊装置等部分组成。钻头分超前孔钻头和扩孔钻头。主机带有轨道平板车,工作时作装卸钻杆用,钻完后,主机倒放在平板车上运送出去。

二、反井钻进

现以 LM-120 反井钻机为例来说明某矿采用反井钻机施工煤仓的方法。

1. 准备工作

(1)施工之前应在反井的上口位置,按照设计尺寸要求用混凝土浇筑反井钻机基础。该基础必须水平,而且要有足够的强度。井口底板若是煤层或松软破碎岩层,应适当加大基础的面积和厚度;若底板是稳定硬岩,可适当减少基础的面积和厚度。

(2)钻进时冷却器的冷却水要求流量为 7.2 m³/h,压力为 0.8 MPa;导孔钻进时,用于冷却钻头和排除岩屑的冲洗水要求流量为 30 m³/h,压力为 0.7～1.5 MPa。

(3)LM-120 型反井钻机因电器线路极为简单,未专门配置电气控制箱。只需用两台隔爆型磁力启动器和两台隔爆启动按钮,在施工现场将电源分别接入电机即可。

(4)钻机安装。钻机运到现场以后,按照图 9-49 所示的位置排列,然后找正钻机车的位置,拧紧卡轨器后,便可按照如下步骤进行工作:往油箱内注油,连接动力电源及液压管路,启动副泵,升起翻转架将钻机竖立,使其动力水龙头接头体轴心线对正预钻钻孔中心,安装斜拉杆,卸下翻转架与钻机架的连接销,放平翻转架,安装转盘吊与机械手,调平钻机架,固定钻机架(支起上下支承缸),接洗井液胶管和冷却水管,准备试车。

2. 反井施工

(1)导孔钻进

钻机安装完毕并经过调试以后,即可进行开孔钻进。开孔钻进是将液压马达调成串联状态。把事先与稳定钻杆接好的导孔钻头放入井中心就位,启动马达,慢慢下放动力水龙头,连接导孔钻头,启动水泵向水龙头供水。开始以低钻压向下钻进,开孔钻速控制在

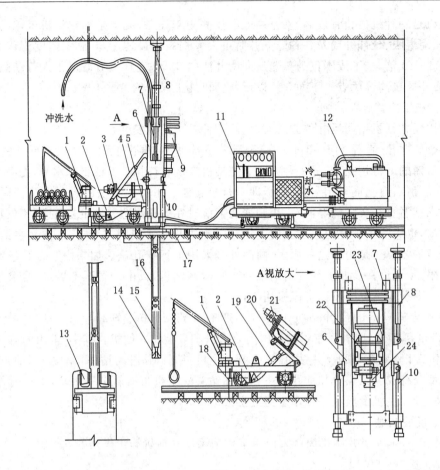

1—转盘吊;2—钻机平车;3—钻杆;4—斜拉杆;5—长销轴;6—钻机架;7—推进油缸;8—上支承;9—液压马达;
10—下支承;11—泵车;12—油箱车;13—扩孔钻头;14—导孔钻头;15—稳定钻杆;16—钻杆;17—混凝土基础;
18—卡轨器;19—斜撑油缸;20—翻转架;21—机械手;22—动力水龙头;23—滑轨;24—接头体。

图 9-49　LM-120 反井钻机

1.0～1.5 m/h 之间。开孔深度达 3 m 以后,增加推力油缸区推力,进行正常钻进。根据岩石的具体情况控制钻压,一般对松软岩层和过渡地层宜采用低钻压,对坚硬岩石宜采用高钻压。在钻透前,应逐渐降低钻压。

在导孔钻进中,采用正循环排渣,将压力小于 1.2 MPa 的洗井液通过中心管和钻杆内孔送至钻头底部,水和岩屑再由钻杆外面与钻孔壁之间的环形空间返回。装卸钻杆可借助于机械手、转盘吊和翻转架。

(2) 扩孔钻进

导孔钻透后,在下部巷道将导孔钻头和与之相接的稳定钻杆一同卸下,再接上直径 1.2 m 的扩孔钻头。将液压马达变为并联状态,调整主泵油量,使水龙头出轴转速为预定值(一般为 17～22 r/min)。扩孔时将冷却器的冷却水放入井口,水沿导孔井壁及钻杆外壁自然下流,即可达到冷却刀具及消尘防爆的作用。扩孔开孔时应采用低钻压,待刀盘和导向辊全部进入孔内后,方可转入正常钻进。在扩孔钻进时,岩石碎屑自由下落到下部水平巷道,停钻时装车运出。扩孔钻进情况见图 9-50。

扩孔距离上水平还有 3 m 左右时,应当用低钻压(向上拉力)慢速钻进。此时,施工人员应密切注视基础的变化情况,当发现基础有破坏的征兆时,应立即停止钻进,待钻机全部拆除后,可用爆破法或风镐凿开。进行此项工作时,施工人员应系安全绳或保险带。

三、反井刷大

用钻机钻扩完直径 1.2 m 的反井全深后,即可按设计煤仓规格进行刷大。刷大前应做好掘砌施工设备的布置与安装等准备工作,煤仓刷大施工设备布置见图 9-51。

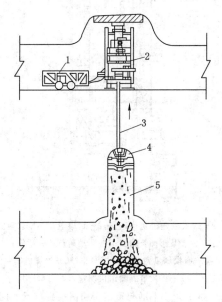

1—动力车;2—反井钻机;3—导向孔;
4—扩孔钻头;5—已扩反井。

图 9-50　反井扩大示意图

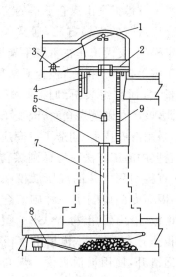

1—封口盘;2—提升天轮;3—提升绞车;4—风筒;
5—吊桶;6—铁箅子孔盖;7—φ1.2 m 反井;
8—装载机;9—钢丝绳软梯。

图 9-51　煤仓刷大施工设备布置示意图

利用煤仓上部的卸载硐室作锁口,在其上面安装封口盘,盘面上设有提升、风筒、风管、水管、下料管、喷浆管及人行梯等孔口。在硐室顶部安装工字钢梁架设提升天轮,提升利用 JD-25 型绞车、1 m³ 吊桶上下机具和下放材料。人员则沿钢丝绳软梯上下。采用压入式通风,在卸载硐室安设 1 台 5.5 kW 局部通风机,用 φ500 mm 胶质风筒经封口盘下到工作面上方。

煤仓反井自上向下进行刷大,工作面可配备 YT-24 型风动凿岩机,选用药卷 φ35 mm 的 1 号煤矿硝铵炸药和毫秒电雷管,用 MFB-150 型发爆器起爆。由于钻出的反井为刷大爆破提供了理想的附加自由面,因而工作面上无须再打掏槽眼。全断面炮眼爆破分两次进行,使爆破面形成台阶漏斗形,以便矸石向反井溜放。当刷大到距反井下口 2 m 时,采用加深炮眼的方法一次打透,然后站在矸石堆上打眼,再将下面的给煤机硐室水平巷道段刷出。

刷大掘进爆破后,矸石大部分沿反井溜放到煤仓下部水平巷道,剩余矸石用人工耱入反井。下部水平巷道设 1 台 0.6 m³ 的耙斗装岩机,将落入巷道的矸石装入 1.5 t 矿车外运。煤仓反井刷大过程中,采用锚喷网作临时支护。

四、永久仓壁的砌筑

某煤仓设计仓壁厚 700 mm 的圆筒形钢筋混凝土结构。煤仓下口为倒锥形的给煤漏斗,上口直径 8 m,下口直径 4.22 m,内表面铺砌厚 100 mm 的钢屑混凝土耐磨层。漏斗由两根高 2 m 的钢筋混凝土梁支托。煤仓砌筑总的施工顺序是先浇灌给煤机漏斗,再自下向上砌筑仓壁。混凝土及模板全由煤仓上口的绞车调运。

煤仓砌筑时的支模方法,通常采用绳捆模板或固定模板,支模工作在木脚手架上进行,施工中由于脚手架不能拆除,模板无法周转使用,木材耗量大,而且组装拆卸困难,影响砌筑速度。因此,该矿在砌筑煤仓时,改变了上述的支模方法,采用滑模技术,创造了一套应用滑模砌筑煤仓仓壁的施工方法。考虑到煤仓垂深不大的特点,直接引用立井的液压滑模在经济上不够合理,因而专门研制了一种砌筑仓壁的手动可伸缩模板,沿周围用 24 个 GS-3 型手动起重器作模板提升牵引装置,模板沿直径 13.5 mm 的钢丝绳滑升,使用灵活方便。煤仓砌壁滑模施工示意见图 9-52。这一施工支模方法省工、省料,机械化程度高、质量好、速度快。

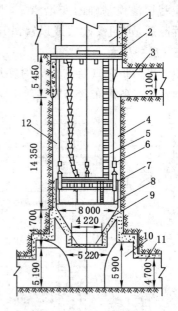

1—带式输送机机头硐室;2—封口盘;3—配煤硐室;
4—煤仓;5—软梯;6—手动葫芦;7—滑模;
8—滑模辅助盘;9—给煤漏斗;10—给煤机硐室;
11—装载带式输送机硐室;12—钢丝绳。

图 9-52　手动起重器牵引滑模砌壁示意图

【复习思考题】

1. 井底车场由哪几部分组成?有哪些线路?

2. 主、副井系统分别有哪些硐室?主井系统有哪些硐室?

3. 中央排水系统由哪几部分组成?

4. 硐室施工有何特点?

5. 硐室有哪些施工方法?分别适用什么样的条件?

6. 简述不同交岔点结构类型的特点及适用条件。

7. 交岔点施工时应注意哪些问题?

8. 煤仓有哪些施工方案?

第十章 煤 层 巷 道

煤层巷道是指直接为生产服务的各类巷道,如采区车场、采区上下山、顺槽和开切眼等。这些巷道中既有煤巷,也有煤-岩巷;有平巷,也有斜巷。煤层巷道工程约占新建矿井井巷工程量的 40% 以上,而开拓时间又约占整个矿井工期的 30%～40%。对于生产矿井,煤层巷道工程量的比重更大,要占 80% 以上。从矿井开拓系统的改进趋势来看,随着高产高效采煤机械在我国煤矿生产中的使用,井下巷道布置发生了根本性的变化,从过去单纯追求巷道工程量少,向多开煤巷、少开岩巷方向转变。如我国设计年产 400 万 t 的矿井——兖州矿区济宁二号井,就采用全煤巷开拓布置。因此,不论新建矿井,还是生产矿井,合理的安排和选择煤层巷道施工顺序和施工方法,对加快煤层巷道掘进速度、缩短施工工期都是十分重要的。

第一节 概 述

一、煤层巷道施工的特点

煤层巷道与井底车场巷道、硐室及主要运输大巷等施工条件相比,具有以下特点:

(1) 煤层巷道一般都是沿煤层或在煤层附近的岩层内掘进,因此经常受到瓦斯的威胁。为了预防事故,确保安全,必须加强瓦斯检查,并采取相应的措施。此外,还要特别注意探水,防止靠近煤层浅部老窑、采空区积水造成的危害。

(2) 煤层巷道所穿过的煤层或岩层一般强度较小,掘进较容易,多采用掘进机掘进,但稳定性较差,而且大多数煤层巷道都受到采场动压的影响。因此,在施工时,不但要管理好顶板,还要根据巷道服务年限短、地压大且不稳定的特点,合理选择支护方式。

(3) 煤层巷道的施工地点,一般远离井底车场,工作面多且分散,工程量大。因此,通风和运输工作比较复杂。

(4) 由于煤层褶皱起伏且有各种断层存在,因此,在施工时,必须根据生产、使用要求及安全原则,正确地进行巷道定向工作,使巷道位置适当,避免无效进尺。

(5) 由于破碎煤比较容易,因此装煤的工作量相对占循环作业时间就较长。实现装煤机械化,不但能减轻工人劳动强度、提高生产率,而且可加快巷道掘进速度。

二、煤层巷道的掘进顺序

由于煤层巷道掘进工程量大,工作面多且分散,为了缩短煤层巷道施工期限,必须合理地安排巷道的施工顺序,一般应遵守以下原则:

(1) 采区巷道掘进的先后,应根据巷道的用途、支护方式以及通风、运输等各种因素来确定。在保证重点工程的前提下,只要运输、提升、通风、排水等条件许可,应开展多工作面施工。

(2) 采区巷道施工,应先掘进上山,这样做有利于展开多工作面施工。

（3）对于区段运输巷道，则应先掘进区段中间轨道巷。因为区段中间轨道巷一般是沿煤层走向掘进，这样可以探清煤层变化情况，为区段输送机巷确定方向，当上山掘进到中部车场位置时，即可开始掘进区段巷道。但当采区地质情况不明，有可能因为有地质构造影响区段巷道位置时，最好等上山巷道全部掘完或掘进一部分后再掘进，以免使区段巷道布置不合理。

（4）当设计有两翼风井且风井可提前开工时，可由风井负担全部或部分采区巷道开拓任务，此时上山可由上向下掘进，必要时也可上下对头掘进，提前贯通上山，改善采区巷道施工时的通风及运输工作。

三、我国煤层巷道掘进现状

煤层巷道掘进的施工方法有：钻眼爆破法、掘进机法、风镐法或水力掘进法。目前我国使用掘进机掘进已比较普遍，钻眼爆破法逐渐减少，风镐法或水力掘进法使用不多。综掘是高产高效矿井回采巷道掘进的主要方法。我国已研制开发和引进使用了近 20 种悬臂式掘进机，综合机械化掘进程度逐步提高。近年来，我国成功地开发和推广使用了煤巷锚杆支护技术，使巷道围岩地质力学性能测试技术、煤巷锚杆支护设计技术、施工机具、支护材料均得到快速发展。煤巷机械化掘进和支护技术为我国安全高效矿井建设提供了必不可少的技术支撑。同时，随着综采生产技术的发展，百万吨综采工作面屡见不鲜，并已出现年产 1 000 万 t 以上的全自动化综采工作面，使年消耗回采巷道量大幅增加，从而使煤巷掘进与支护正在成为煤矿高效安全集约化生产的技术瓶颈，也是当前煤炭工业亟需研究开发的关键性技术之一。

就煤巷、煤-岩巷道而言，掘进机法掘进又可分为两类：一类是采用综掘设备组成的综掘生产线；另一类是采用连续式采煤机组成的采掘生产线。国产综掘设备的代表机组有 S100、AM50、ELMB55 型等。2000 年，我国创水平的 16 个综掘队均采用这三种型号机组，并创造了年平均进尺 8 508 m，最高达到 15 342 m 的好成绩。第二类采掘生产线主要是引进国外的连续采煤机。20 世纪 90 年代引进的 10 余台连续采煤机在神华东区、黄陵以及兖州矿区的矿井中发挥了良好的作用，其中，神华东区的 9 个创水平掘进队的年平均进尺达到了 13 799 m，最高达到 22 324 m。

尽管如此，我国煤矿煤巷、半煤巷综掘平均进度仍然不高，这固然与各煤矿的地质条件、技术管理水平的差异有关，但掘进设备本身没有与现在的巷道支护技术相适应，也是一个重要的原因。煤层的赋存条件由于成煤环境不同而异，巷道的顶板条件也是千差万别，为掘进巷道提供及时支护，将掘进与支护作业有机结合在一起就成为提高综合条件下巷道掘进成巷速度的关键，采掘锚、掘锚一体化快速掘进成巷技术及设备因此得到了发展。

第二节　煤巷掘进

沿煤层掘进的巷道，在掘进断面中，若煤层占 4/5（包括 4/5 在内），就称它为煤巷。据统计，全煤巷掘进量占生产矿井掘进总量的 80％以上。2001 年原国有重点煤矿掘进总进尺高达 5 045 km，其中煤巷约 4 480 km，占 88.9％。全国 256 个综采工作面年耗回采巷道 820 km，其中综掘总进尺达 650 km。因此，全煤巷掘进是矿井掘进的重要组成部分。

一、钻眼爆破法掘进煤巷

钻眼爆破法掘进煤巷具有灵活、方便,成本低廉,适应性强,可掘任何形状、长短的巷道等优点。另外,钻眼爆破法掘进煤巷的潜力还很大,组织好炮掘巷道的快速施工,对于保持矿井正常的采掘关系,维持矿井的稳产、高产具有重要意义。

对于钻眼爆破法而言,掘进中破碎煤比较容易,因而装煤工作量相对占掘进循环作业时间较长。因此,应尽力解决装煤机械化问题,以减轻工人体力劳动强度,提高劳动效率,加快煤巷掘进速度。

1. 爆破方法

炮眼布置方法与岩巷基本相同,多数情况采用楔形掏槽和锥形掏槽。为了防止崩倒支架,多将掏槽眼布置在工作面的中下部。当煤巷掘进断面内有一层较软的煤带时,掏槽眼应布置在软煤带中,可用扇形或半楔形掏槽;若炮眼较深,则可用复式掏槽,如图 10-1 所示。

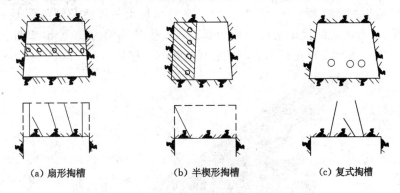

(a) 扇形掏槽　　　　　(b) 半楔形掏槽　　　　　(c) 复式掏槽

图 10-1　煤巷掘进的掏槽方式

煤巷掘进炮眼深度一般为 1.5～2.5 m。炮眼深度与围岩性质、钻眼机具以及施工工艺所能达到的速度、支护与装运能力有关。在现场施工中,某矿分别试验了眼深为 2.0 m、2.5 m、3.0 m 爆破与掘进速度的关系结果见表 10-1。现场试验结果表明,采用 2.5 m 中深孔爆破时,既实现了小班正规循环,且掘进速度快。

表 10-1　炮眼深度与掘进速度的关系

眼深 /m	眼数 /个	钻眼时间	爆破总时间	每循环支护时间	每循环装运时间	循环进尺 /m	小班循环次数	小班进度 /m
		/min						
2.0	33	43	93	64	54	1.8	2.3	4.0
2.5	33	52	108	72	60	2.3	2.0	4.6
3.0	33	92	158	90	72	2.7	1.5	4.05

在煤巷施工中,同样要推广光面爆破和毫秒爆破。在瓦斯煤层中,毫秒雷管的总延期时间不得超过 130 ms。

由于煤层较松软,为达到光面爆破的要求,布置周边眼时要考虑巷道顶、帮由于爆破作用而产生的松动范围。松动范围的厚度与煤层的性质有关,一般硬煤为 150～200 mm,中硬煤为 200～250 mm,软煤为 250～400 mm。因此周边眼要与顶帮轮廓线保持适当距离,并适当减少其装药量,以免发生超挖现象。

当在"三软"煤层(顶板、底板、煤层强度较小)、复合顶板和再生顶板煤层中掘进巷道时,可推广在岩巷掘进中使用的"三小"(小直径钻孔、小直径药卷和小直径钻杆)钻爆新工艺,以提高掘进效率和维护好顶板。因为目前普遍采用的 $\phi 38\sim 40$ mm 钻杆, $\phi 40\sim 43$ mm 钻头, $\phi 32\sim 35$ mm 煤矿许用炸药,装药量相当集中,炸药爆炸能量集中释放,不利于保证软弱顶板的稳定性。例如淮北矿业集团某煤矿在复合顶板和再生顶板中使用 $\phi 32$ mm 的小直径钻头、$\phi 27$ mm 的药卷进行煤巷钻爆掘进,不仅炸药消耗量节约 25%,而且有效控制了顶板的破碎,巷道成型规则,节约了支护材料,提高了掘进速度。

2. 装煤方法

我国煤巷掘进可采用多种装煤机械,其中以 ZMZ-17 型装煤机使用得较多,其外形如图 10-2 所示。该机适用于断面在 8 m² 以上、净高 1.6 m 以上的煤巷及倾角小于 10°的上、下山。它由蟹爪、可弯曲的刮板输送机及行走部组成。生产能力为 50 t/h,履带行走速度为 17.5 m/min。其尾部刮板输送机部分可左右回转 45°,整机重 4 010 kg。

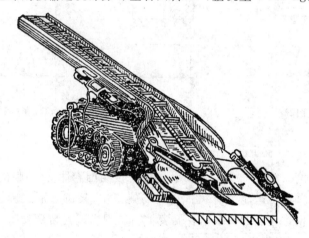

图 10-2 ZMZ-17 型装煤机

在煤巷和煤-岩巷断面能满足装载要求时,同样也可以采用耙斗装载机进行装载。如 ZYP-345 型煤巷装运机,可将煤巷掘进中的装煤、运煤和进料三大工序统一起来实现机械化,用于坡度 5°以下、弯曲 25°以内的各种巷道断面中,并在掘进中可装半煤岩或全岩。

为满足小断面煤巷装车需要,各矿可自制一些小型装煤转载机械,它不但能减轻工人体力劳动强度,而且能比人工装车效率提高几倍。

二、掘进机掘进煤巷

传统的煤巷掘进方法是钻眼爆破法,这种方法有不少的缺点。例如施工工序多,劳动强度大,效率低,月进尺只在 2 000 m 左右。它和传统的炮采工作面日产 300 t、月推进度约 50 m、消耗准备巷道约 200 m 的情况基本相适应。但随着回采机械化的发展,普采、高档普采、综采工作面和高产高效放顶煤工作面的不断出现,采煤工作面日产量由 300 t 上升到 5 000～10 000 t,最大日产量有的甚至达到了 30 000 t,工作面月推进达 100～300 m,准备巷道的月消耗最大可达 1 200 m,传统的钻眼爆破法掘进煤巷已远远不能适应矿井生产衔接的需要。

综掘是高产高效矿井回采巷道掘进的主要方法。随着综采技术的发展,如何提高综掘水平,跟上综采发展速度,适应我国煤炭企业技术进步的要求已越来越为人们所重视。目前,国外各主要产煤国采用掘进机掘进的巷道占采准巷道的 50％以上,而我国巷道的综掘水平仍然很低,始终维持在 15％左右的水平。因此,大力发展综掘技术,快速高效掘进地准备巷道对煤矿实现安全高效生产有重要的意义。

1. 煤巷掘进机

煤巷掘进机可分为两类:一类是欧洲国家普遍使用的悬臂式掘进机,它适应范围广,但掘进、支护不能平行作业,掘进效率低,开机率低;另一类是以美国和澳大利亚为代表的连续采煤机和掘锚机组,两者均可实现煤巷的快速掘进,开机率较高,掘进效率高。我国目前仍以悬臂式掘进机单巷掘进为主。按工作机构破落煤岩的方式不同,悬臂式掘进机分为纵轴式掘进机和横轴式掘进机两大类。如图 10-3 所示。

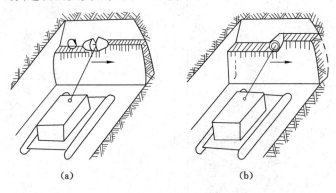

(a)　　　　　　　　　　　　　(b)

图 10-3　纵轴式和横轴式掘进机工作原理

我国悬臂式掘进机的研制和应用真正起步于 20 世纪 70 年代初,比发达国家晚 15～20年。20 世纪 80 年代初期,为适应煤矿机械化生产发展的需要,我国采用技贸合作方式引进了当时具有先进技术水平的 AM-50 型、S-100 型悬臂式掘进机;同时,国内通过吸收消化,积极研制开发了适合我国煤层地质条件和矿井生产工艺的综合机械化掘进设备,已研制生产了 20 多种型号的掘进机,初步形成了系列产品,对促进我国煤矿机械化掘进技术发展和应用发挥了重要作用。目前,我国生产掘进机的主要厂家有淮南煤机厂、佳木斯煤机厂和南京航天晨光股份有限公司等 6 家,已形成年产 100 台的生产能力。

我国现役掘进设备以引进生产的 AM-50 型、S-100 型掘进机为主,同时国内研制开发的 ELMB、EBJ 系列掘进机也得到广泛应用,全国已累计生产、装备超过 400 台悬臂式掘进机。

(1) ELMB 型系列煤巷掘进机

ELMB 型系列煤巷掘进机是由煤科院上海分院研究设计、南京航天晨光股份有限公司制造的。ELMB 型煤巷掘进机可用来开掘任意断面形状的巷道,该机除截割部采用电机、减速器传动外,其余各部均采用液压传动。它可以在掘进断面 5.5～8.5 m² 、坡度不大于 12°的煤及煤-岩巷道中工作,适用切割岩石的坚固性系数 $f<4$(局部 $f=5$)的煤或岩石。其型号有:ELMB-55、ELMB-75、ELMB-75A、ELMB-75B 型,其典型构造如图 10-4 所示。ELMB 型系列煤巷掘进机与可伸缩的带式输送机(或刮板输送机)、调度绞车和 U 型钢(或

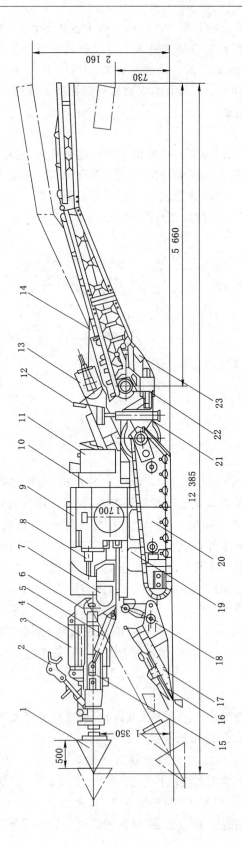

图10-4 ELMB型煤巷掘进机构造图

1—截割头；2—托梁器；3—伸缩油缸；4—减速器；5—升降油缸；6—电动机；7—回转座；
8—回转油缸；9—油箱与泵站；10—电控箱；11—操纵台；12—司机座；13—刮板输送机；
14—带式输送机；15—导轨架；16—耙爪；17—铲板；18—铲板油缸；19—主机架；20—行走部；
21—超重油缸；22—带式输送机转座；23—带式输送机升降油缸。

工字钢)金属支架等设备组成综掘机械化作业线,在我国煤矿巷道掘进中得到了广泛应用,先后在峰峰、邯郸、开滦、平顶山、皖北、淮北等矿业集团等多次创造了单孔月进的全国记录,是国内的主力机型之一。

(2) AM-50 和 S-100 型掘进机

AM-50 和 S-100 型悬臂式掘进机属于中硬煤层巷道掘进机,设备集切割、装运和行走为一体,截割功率均为 100 kW,经济截割硬度 $f \leqslant 6$,截割断面积 8～18 m²,机重约 20 t。AM-50 和 S-100 型掘进机单刀切割力较大,能切割较硬的岩石,适应多种地质条件,后配套设备为 QZP-160 型转载机、SSJ-600 型可伸缩带式输送机。AM-50 和 S-100 型掘进机实现国产化后已在全国累计推广 200 多台,投入使用以来多次突破年进万米大关。2001 年兖州矿业集团兴隆庄煤矿综掘队采用 S-100 型掘进机,掘进煤-岩巷道创年进尺 15 342 m 的好成绩。特别是 AM-50 型掘进机,是我国目前引进的十几种机型中使用较好的掘进机之一,适用于我国煤矿一般采准巷道掘进,也适用于综采半煤岩巷道掘进。AM-50 型掘进机采用横轴式截割机构,转载机构采用桥式带式转载机,与同类掘进机相比,稳定性好,截割功率大(100 kW),其经济截割硬度 $f \leqslant 5.5 \sim 6$。开滦矿业集团曾在煤-岩巷道中,林西矿使用 AM-50 型掘进机最高月进尺达 1 024 m,钱家营矿在 1987 年 5 月单孔月进尺 2 201 m;原鸡西矿务局小恒山矿使用 AM-50 型掘进机,在 $f < 6$ 的煤-岩巷道掘进中,日进尺达 25 m。1987 年,煤炭部根据全国各矿业集团的使用调查分析,把 AM-50 型掘进机列入推广机型之一。

但 AM-50 型和 S-100 型悬臂式掘进机均为国外 20 世纪 70 年代的产品,设备功率小、机身轻、破岩能力低及电控装备可靠性差,仅适合在条件较好的煤或煤-岩巷道中使用。

(3) EBJ 型系列掘进机

近年来,我国相继开发了 EBJ-200 型、EBJ-160 型、EBJ-132 型、EBJ-120TP 型和 EBJ-110SH 型悬臂式掘进机,从根本上解决了传统掘进机的技术缺陷,技术性能达到了 20 世纪末国际先进水平,将逐渐取代传统的掘进机,并已取得了良好效果。

EBJ-160 型重型掘进机是国家"八五"科技攻关重点项目产品。该机采用整体布置合理,具有生产能力大、切割硬度高、调动速度快、工作稳定性好、截齿消耗低等特点,其整机综合指标达到 20 世纪 90 年代初国际同类机型先进水平。EBJ-160 掘进机后配 ES-800 转载机和 SSJ-800/240 伸缩带式输送机。该机在大同马脊梁煤矿薄煤层煤-岩巷道掘进施工中,在岩石强度为 132 MPa、岩石比例占断面积 46% 的条件下,创造月进尺 468 m,年进尺 5 315 m 的好成绩。

针对 AM-50 和 S-100 型掘进机在使用中暴露出的截割能力小、稳定性和工作可靠性较差的问题,我国自行研制开发了 EBJ-132 型、EBJ-120TP 型掘进机。这些新产品具有机身矮、结构紧凑、可靠性高、操作简单、维护方便的特点,适合中等断面巷道掘进。目前,EBJ-132 型掘进机已推广应用 20 多台,EBJ-120TP 型掘进机于 2001 年通过煤炭工业协会技术鉴定后,已应用了 30 多台,使用效果良好。

近年来,悬臂式掘进机的发展趋势为:① 切割功率不断加大,生产能力和切割硬度不断提高,可切割 120 MPa 的岩石,设计生产能力达到 500 m³/h 以上;② 截割、装载、履带行走等机构进一步改进,使用范围进一步拓宽,除应用于煤矿外,已经广泛应用于地下工程和隧道施工;③ 采用了微机工况监测监控技术和截割断面形状自动控制技术,自动化性能大幅度提高;④ 增设了顶板和煤壁锚杆钻机,实现了掘锚一体化功能。

2. 掘进综合机械化作业线

掘进综合机械化作业线是指在一条采用掘进机施工的巷道内,除破、装、运等主要工序机械装备相互匹配组成作业线外,还将测量定向、通风、除尘、材料运输、巷道支护、供电等辅助工序的设备与其配套,使施工过程实现全部机械化,并达到最优组合,形成高效率、连续均衡生产的掘进系统,从而得到较高的掘进速度和良好的经济效益。我国煤矿经过多年实践,结合国情,根据主要运输设备的类型,掘进综合机械化作业线有如下几种配套方式。

(1)掘进机-刮板输送机械化作业线

掘进机截割下来的煤(岩)通过装载机构卸给其下方的刮板输送机,经过刮板输送机输送后再卸载到煤仓或其他运输设备上,这样可以保证截割下来的煤能不间断地连续运出。掘进机向前掘进一段距离后,刮板输送机在停机支护的时间内接长一段。采用刮板输送机虽然有频繁接长刮板输送机、占用循环时间长、劳动强度大等缺点,但它适用于坡度变化大、掘进长度较短的巷道(运输距离在 400 m 以内)。

(2)掘进机-带式转载机-刮板机机械化作业线

与前一作业线相比,在掘进机后面增加一台带式转载机,掘进延长过程中通过可伸缩输送带的延伸满足出煤运输需要,可以减少刮板机的接长次数。由于一般带式转载机机头安装占用时间较长,因此该作业线适用长距离巷道掘进时采用,一般在运输距离 400 m 以上时较为适用,目前我国应用较为广泛。

开滦矿区的范各庄矿,采用 MRH-S5D 型掘进机,配备 SGW-40T 型刮板输送机,在巷道断面为 8.1~11.7 m² 的煤巷中,采用 U 型金属支架,创造了月进 2 045 m 的好成绩。

(3)掘进机-带式转载机-可伸缩双向带式输送机机械化作业线

这种机械化作业线可以实现长距离连续运输,并减少输送带伸长次数;生产能力大,基本上可满足掘进机快速掘进的要求;带式输送机上输送带运煤时,下输送带能同时向工作面运送材料,使上输送带出煤和下输送带进料形成一个运输系统,可简化辅助运料系统。由于输送带延长速度快,每延长 12 m 输送带仅需 30 min,进行永久支护时可接长输送带,掘进循环时间短。该作业线在巷道长度大于 600 m 时,其优越性更为明显,特别在综采运输顺槽中,带式输送机还可留作回采使用。此作业线的设备布置如图 10-5 所示。

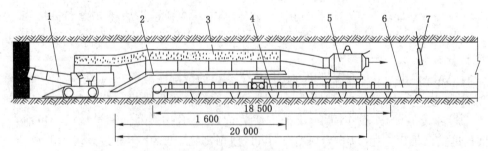

1—掘进机;2—转载机;3—伸缩风筒;4—带式输送机机尾滑道;5—除尘风机;6—可伸缩带式输送机;7—锚杆钻机。

图 10-5　掘进机、带式输送机作业线设备布置图

开滦矿区钱家营矿 002 掘进队,采用 AM-50 掘进机,配备 QZP-160 型转载机 SJ-44 型可伸缩带式输送机和 SGW-40T 型刮板输送机,在巷道掘进宽度 4.58 m、掘进高度 2.7 m 的煤-岩巷道中,创造了单孔月进 1 421 m 的成绩。该掘进队于 1990 年 5 月,在断面为 10.4 m² 的

煤-岩巷道中,又创造了单孔月进 1 434 m 的记录。

(4) 煤巷掘进机-仓式(梭式)列车机械化作业线

该作业线由煤巷掘进机、仓式(梭式)列车和牵引绞车(或防爆机车)等几个部分组成。掘进机截割下来的煤(岩)经装载机构、带式转载机卸载于仓式(梭式)列车内,然后用绞车或电机车将仓式(梭式)列车拉到卸载地点卸载。

此作业线最大的优点是可将一个截割循坏中截落的煤、岩一次运走;其不足之处是采用绞车牵引仓式(梭式)列车灵活性较差,特别是在运距较长的情况下,影响掘进机效能的发挥,在实际生产中最好采用防爆机车牵引。

山西省大同矿区大斗沟矿,采用美国的 12CM11-9BUN 型掘进机,配备 10SZZ-40BUN 型梭车,在断面为 8.4 m² 的矩形煤巷中,掘进速度达 2 160 m/月。全队 89 人,直接工 51 人,采用"三八"作业,其工效为 1.488 m/工,最高日进 122.3 m。采用上述设备,该矿掘进煤巷的最高月进度曾达到 2 405.7 m。

(5) 矿车-电机车作业线

该作业线主要由掘进机、吊挂式带式转载机、矿车及电机车组成。该作业线不能连续转载,掘进工时利用率低、速度慢,适用于断面较小、地压较大、巷道较短时或小型综掘工作面。为提高掘进速度,在条件允许时,应尽量采用长度较大的吊挂式带式转载机,机下容纳的矿车数最好能将一个截割循环的煤运走。

峰峰矿区黄沙矿,采用国产的 ELMB 型掘进机,配备吊挂式带式转载机、矿车及电机车,在掘进断面为 6.1~8.12 m² 的梯形煤巷中,采用工字钢梯形支架,掘进速度达到了 581.15 m。其作业线布置见图 10-6。

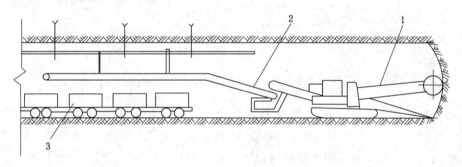

1—掘进机;2—吊挂式带式输送机;3—矿车。

图 10-6 掘进机、吊挂式带式输送机、矿车作业线示意图

掘进综合机械化配套设备中,各种设备相互协调、生产能力达到最优组合,是实现快速、高效、低耗、取得良好经济效益的关键。掘进机的生产率应与运煤合理匹配,使运煤能力略大于掘进机的切割能力,以充分发挥配套设备的潜力。上述作业线中,带式输送机和挂板输送机的运煤能力一般是掘进机破煤能力的几倍,造成了浪费。其原因在于没有专门与掘进机生产能力匹配的带式输送机和挂板输送机。因此,设计制造与各种掘进机能力匹配的系列带式输送机与链板输送机、专用梭车与矿车,是实现掘进机械化作业线和提高经济效益的前提。

另外,掘进工作面的支护时间约占总工时的 50%,由于支护与掘进机截割不能平行作

业,掘进机开机率一般只有20%～50%。采用先进的支护结构和支护技术,及时、迅速、有效地实现快速支护,并使支护与截割最大限度地平行作业,才能大幅度提高掘进速度。根据我国经验,如优先选用锚杆支护和装配式金属支架,并配备液压锚杆钻机和支架机,可望获得良好效果。为了提高掘进机的开机率应大力研究移动式临时支架,使永久支护工作与掘进平行进行。

三、辅助运输

煤巷施工中除了要求及时地将煤送出掘进工作面外,还需要将大量的材料、设备和人员运往工作面,称为辅助运输工作。随着综采工作面走向长度的加大、单产增加、速度加快,上述作业线的掘进速度虽然能够满足综采的需要,但在巷道宽度受到限制不能使用矿车的情况下,用人工运料,时间长、劳动强度大,限制了掘进机效能的发挥。为了保证综掘作业线连续均衡地生产,必须解决机械化辅助运输问题。

1. 双向伸缩式带式输送机

双向伸缩式带式输送机是一种新型高效运输设备,它和普通带式输送机的工作原理完全相同,都是以输送带作为牵引承载机构的连续运输设备。不同之处是在于结构上具有伸缩式和双向运输的显著特点。在上部输送带由掘进工作面向外运煤的同时,利用下部空输送带向综掘工作面运送各种支护材料,而且底输送带可以实现定位自动装料和定点自动卸料(图10-7),妥善解决了综掘工作面支护材料运输问题。特别是在单轨巷道作业空间窄小的条件下,可节省一套运料系统,大大减轻了工人的劳动强度,加快了巷道的掘进速度。

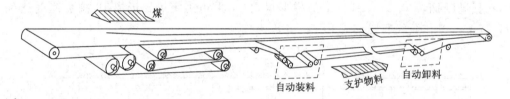

图 10-7 双向伸缩式带式输送机运煤和运送材料方式示意图

根据支架材料种类的不同,可伸缩双向带式输送机已有 SJ 系列产品。如 SJ-650A 和 SJ-800A 型能向掘进工作面运送锚杆、棚梁、棚腿等支架材料;SJ-800B 型能够运送 U 型钢拱形支架材料。可伸缩带式输送机本身设有贮带装置(最大贮带长度 100 m),不必因掘进工作面不断向前推进而经常接长输送带,与普通带式输送机相比可减少接带次数和接带的辅助时间。双向伸缩式带式输送机的主要技术特征见表 10-2。

表 10-2 双向伸缩式带式输送机的主要技术特征

技术特征		SJ-650A	SJ-800A	SJ-800B
带宽/mm		650	800	800
带速/(m/s)		1.6	2.0	0.8/1.6
运量	上输送带/(t/h)	100	400	200
	下输送带/(件/h)	120	120	120
运距	上输送带/m	1 000	800	1 000
	下输送带/m	920	720	920

表 10-2(续)

技术特征		SJ-650A	SJ-800A	SJ-800B
电动机	功率/kW	40	2×40	2×40
	电压/V	380/660	380/660	380/660
储带长度/m		20(100)	20(100)	20(100)
机尾搭接长度/m		12	12	12
机头部外形尺寸(长×宽×高)/mm		3 210×1 350×1 776	4 000×1 443×1 961	
总重/t		68	55	
备注		梯形巷道中运送工字钢等材料		拱形巷道中运送 U 型钢支架等

双向伸缩式带式输送机由机头传动装置、贮带装置、收放输送带装置、自动装料和自动卸料装置、机身和机尾等部分组成，如图 10-8 所示。从带式输送机的整体结构来看，该机分为固定部分和非固定部分。机尾部和卸料装置要随着掘进工作面向前推进，机身要不断接长延伸，需要经常移动；机头传动装置、装料机构、贮带装置等均为固定不动部分。

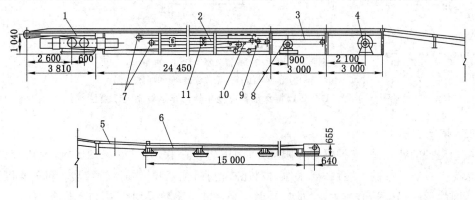

1—机头传动装置；2—储带仓；3—拉紧钢丝绳；4—收放输送带装置；5—机身；6—机尾；
7—储带仓固定滚筒组；8—拉紧绞车；9—拉紧滑轮组；10—活动滚筒车；11—储带仓中间支承车。
图 10-8　可伸缩双向带式输送机主要组成部分

伸缩式带式输送机的输送带伸缩是通过活动滚筒车的前后移动来实现的。当活动滚筒车向机头方向移动时，输送带放出，机身伸长；当活动滚筒车向机尾方向移动时，输送带贮入，机身缩短。活动滚筒车通过安装在贮带仓后部的拉紧绞车由钢丝绳牵引而往返运行。

双向伸缩式带式输送机是综掘工作比较理想的先进配套设备，它具有生产能力大、安全可靠、使用方便、掘进与生产两用等优点。此外，对铺设有轨道的大断面带式输送机运输巷道，也可采用单向可伸缩带式输送机(只能运煤、不能运物料)作为后配套的主要运输设备。

2. 单轨吊车

为了解决小断面长巷道综掘工作面快速掘进的辅助运输问题，我国煤炭科研单位和施工现场研制和使用了各种单轨吊车。

单轨吊车是借助悬吊在巷道顶部的吊轨作为轨道进行材料、设备和人员运输的系统，有钢丝绳牵引、柴油机车牵引和蓄电池机车牵引等三种牵引方式。国内生产的单轨吊车最大爬坡为 18°，运输运距一般为 1 000～2 000 m，最大可达 3 000 m；运行速度为：运人为 1.5～

2 m/s,运料和设备为 2~2.5 m/s,有时高达 4.5 m/s。单轨吊车的轨道是一种特殊的工字钢,工字钢轨道悬吊在巷道支架上或砌碹梁、锚杆及预埋链上。

XTD-7 型防爆特殊型蓄电池单轨吊是适用于各级瓦斯矿井,可单独或与其他机械配套用于各类掘进巷道和采面的材料、机电设备的安装、拆卸和运输。对中小型断面巷道具有较好的通过性,特别是用在通风不良的独头掘进巷道中,不会增加巷道的空气污染和噪声。在中等坚硬顶板条件下,无需对巷道支架进行特殊加固。单轨吊主要由控制室、驱动车、紧急制动车、电源车、物料车、悬挂轨道、悬挂装置和灯等部件组成,如图 10-9 所示。

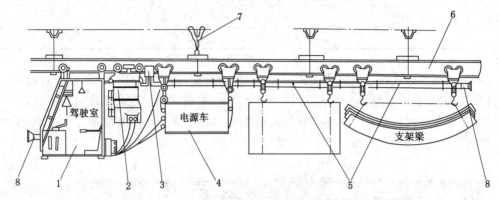

1—控制室;2—驱动车;3—紧急制动车;4—电源车;
5—物料车;6—悬挂轨道;7—悬挂装置;8—照明灯。

图 10-9　XTD-7 防爆特殊型蓄电池单轨吊车运输系统示意图

四、煤巷支护

煤巷支护的特点是:支护服务年限较短;因围岩较松软,并且受采动影响,地压较大,所以要求支护具有较好的可缩性;要求原材料比较便宜,施工和维修比较容易。目前我国采区巷道的断面形状仍以梯形为主,少量为拱形。采区巷道多数采用金属支架支护,比较受欢迎的是 U 型金属可缩性支架,如图 8-43 所示。它在不受严重采动影响时,基本不用维护,可以回收复用,因此不少矿区采用。梯形金属支架用 18~24 kg/m 钢轨、16~20 号工字钢或矿用工字钢制作,由两腿一梁构成,其常用的梁、腿连接方式如图 10-10 所示。型钢棚腿下焊一块钢板,是防止它陷入巷道底板。其他如木支架、钢筋混凝土支架等已被淘汰。

目前,以锚杆支护为主的"锚梁网""锚带网"或"锚带网-锚索"支护也逐渐得到普及,与金属支架支护相比,锚杆支护显著提高了巷道支护效果,降低了巷道支护成本,减轻了工人劳动强度;同时,锚杆支护简化了采煤工作面端头支护和超前支护工艺,改善了作业环境,保证了安全生产,为采煤工作面的快速推进、实现安全高效创造了良好条件。

我国煤巷锚杆支护技术发展大体上经历了四个阶段:

第一阶段为 20 世纪 80 年代中后期的起步阶段,主要进行一些基础性的研究和试验,煤巷锚杆支护的应用主要集中在少数几个矿区,如徐州、新汶、淮南、西山等。

第二阶段为 1991—1995 年的攻关阶段,煤巷锚杆支护技术作为国家"八五"期间的重点项目进行攻关,无论是课题的数量、研究内容的深度和广度,还是现场试验推广的面积,都明显大于第一阶段,取得了一大批科研成果,锚杆支护应用范围明显扩大。

第三阶段为 1996—1997 年的引进和消化阶段,引进国外技术,推动我国煤巷锚杆支护

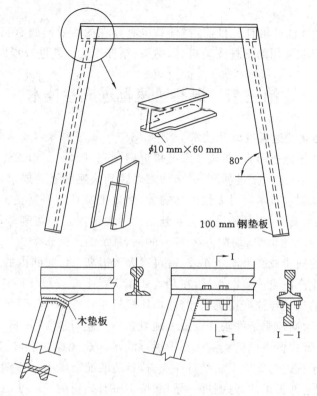

图 10-10　梯形金属支架

技术的发展和提高。在引进、吸收和消化的基础上，结合我国具体情况，集中现场、科研院所及大专院校等多方面的优势，经过两年大规模研究和试验，初步形成了适合我国煤矿条件的煤巷锚杆支护成套技术。

第四阶段为 1998 年至今的推广和提高阶段，国内各大矿区广泛推广应用，取得了显著的技术经济效益。煤巷锚杆支护的比例已达到 37% 以上，有些矿区，如兖州、邢台等，煤巷锚杆支护率达 95% 以上，全国每年约有 260 km 的煤巷采用锚杆支护。

目前，煤巷锚杆支护技术已在国内外得到普遍应用，是煤矿实现安全高效生产必不可少的配套技术。但与世界先进国家相比，还需要在以下几方面加强工作。

(1) 加紧制定锚杆支护技术规范。随着锚杆支护技术的推广和成熟，原有的《煤炭工业锚喷支护施工技术规范》《煤炭工业锚喷支护设计规范》逐渐失去了指导现场设计和施工的现实意义，已不能适应当今锚杆支护技术应用和发展的需要，越来越需要一部适合全行业的"锚杆支护技术规范"。

(2) 进一步建立、完善和普及煤巷锚杆支护设计理论。亟待研究国内外锚杆支护理论的科学性和适用性，摆脱目前仍以工程类比法为主进行支护设计的局面，去伪存真，建立和完善我国的煤巷锚杆支护设计理论。

(3) 规范锚杆材料生产。现在锚杆支护材料生产厂家多，规模小，技术水平低，产品质量良莠不齐。应该借鉴国外经验，搞集约化规模生产，以保证质量，降低成本。

(4) 加强锚杆支护工程监测。在日常生产中，一些必要的监测工作没有很好开展，没有发挥好其应有的作用。因此，进行必要的强制约束，进一步加强这方面的工作，以保证安全生产。

（5）完善和发展锚杆机具。目前,锚杆钻机具存在的主要问题有:钻机质量不够高,缺乏大功率锚索钻机和实用的锚杆安装机具,钻头、钻杆质量也需进一步提高。

第三节　煤巷快速掘进成巷技术

一、掘锚一体化快速掘进成巷技术

就国产悬臂式掘进机而言,单机技术已接近国际先进水平。但无论是引进的国外设备还是国产的设备,一旦进入掘进循环系统,均难以达到快速掘进的要求,采掘比例失调现象仍很严重。这除了掘进机本身可靠性的影响外,主要配套环节包括支护、转载、运输、供电、供排水、通风、通信、安全等,是掘进速度受到制约的关键因素。据测算,在一个循环中支护时间占总时间的 50%～60%,切割占 20%～30%,系统的故障影响占 10%～15%。如果能解决支护与切割的同步或交叉同步作业,就可以大大提高单位时间内的掘进速度。

科研单位和生产厂家曾多次尝试,在悬臂式掘进机上安装单体锚杆钻机。为避免悬臂式掘进机升降臂的运动与锚杆钻机干涉,锚杆钻机只能安装在升降臂后部,造成的实际空顶距较大。除神华、大同地质条件较好以及个别煤矿空顶距可达 10 m 外,我国其他矿区顶板条件较差,采用悬臂式掘进机机载锚杆支护很难满足作业规程的要求,为确保及时支护,只能停机作业。由于掘进与支护无法平行作业,按目前的配套形式,无论采取锚杆支护还是架棚支护,即使后配套都很正常,每掘进一循环(按 1 m 计),需时 55～75 min。按目前"四六"制作业方式,每天的极限掘进量是 18～22 m,按每月 25 个工作日计,最高月进 450～550 m。随着高效集约化矿井建设的发展,这一掘进速度难以满足要求。解决的唯一途径就是自主开发能完成掘锚平行作业的设备——掘锚机组,以满足高效集约化采煤技术的配套要求。煤炭科学研究总院南京研究所(简称煤科院南京所)研制的 JMZ 型掘锚机组如图 10-11 所示。

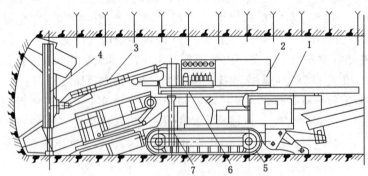

1—滑道;2—滑台;3—主臂;4—钻架;5—掘进机;6—机载锚杆钻机;7—联合组件机载锚杆钻机组成。

图 10-11　JMZ 机载锚杆钻机及配套示意图

掘锚机组可节省移动和装钻机的时间,掘进速度可提高 50% 至 100%,国外普遍认为掘锚机组之所以能被有效使用的一个重要原因在于顶板及时支护,安全可靠。通过对掘锚机组掘进系统进行选型和配套,形成高效掘锚一体化作业线,可使每一循环作业的时间减少 25～45 min,即每 30 min 一个循环,生产效率将大大提高,达到每天掘进 40 m,最高月进

1 000 m,年掘进约 10 000 m 的目标,满足高效集约化矿井综采工作面的巷道掘进要求。

掘锚机组的工作原理是:掘锚机组截割部在上下摆动切割煤岩的同时,装运机构将破落的煤岩通过星轮和刮板运输系统运至后配套运输设备,机载除尘装置处于长时工作状态;与此同时,掘锚机组上的机载锚杆钻机进行钻孔、安装锚杆作业,一排锚杆安装完毕,机器前进进行下一循环作业,其作业程序示意见图 10-12。

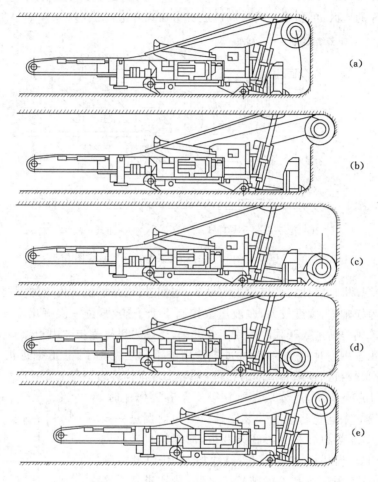

图 10-12　掘锚机组作业程序示意图

国外主要采煤国家已广泛采用掘锚支一体化的综掘机,其主要代表机型是奥地利塔姆洛克·沃依斯特-阿尔派恩公司生产的 ABM20 型、ABM12 型、ABM14 型和 ABM30 型掘锚联合机组。其中,ABM20 型可以在掘进的同时,在距工作面 1.2 m 处进行锚杆支护作业。德国 Paurat 公司生产的 E230 型掘锚联合机组在德国等地也取得了良好的使用效果。据预测,未来的掘锚联合机组将向自动钻眼和自动装锚杆的目标发展。

虽然我国目前没有生产该类设备,但已经开始了这方面的研究与开发。煤科院南京所与兖州鲍店煤矿共同研究开发了机载的锚杆钻机,并安装在 MRH-S100 型掘进机上。掘锚一体化掘进机组,试验期间的平均进尺为 389 m/月,在煤层和顶板的硬度合适时,月实际进度可达 500 m。随着研究的深入,可以预料国产的掘锚一体化快速掘进成巷设备将在我国进入实际应用阶段。

二、连续采煤机掘进煤巷

1. 连续式采煤机组成的采掘生产线

目前,我国一些矿区已开始学习世界先进采煤国家的经验,在开采方法上实现长壁和房柱的联合、掘进和回采的统一。即在长壁工作面两侧各布置 3～4 条巷道,用连续采煤机进行房柱式开采,结束后再进行长壁工作面开采。一般来说,对于开采深度不大于 500 m、煤柱稳定性好的矿区,可利用连续采煤机进行房柱式开采,见图 10-13。

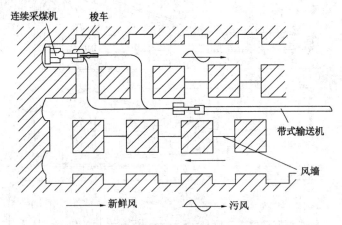

图 10-13　房柱式开采巷道布置示意图

连续采煤机是房柱式采煤的主要设备,与掘进机、采煤机结构上的不同之处在于它的截割滚筒多为横轴式,宽度较大,在液压缸控制下上下摆动,可一次掘出宽 4 m 左右的巷道。随着英美等国将前进式开采改为后退式开采,连续采煤机逐步被用于煤巷掘进,并取得很高的进尺。用于掘进时,它与一般掘进机使用上不同之处在于:巷道掘进机用于单一巷道掘进,而连续采煤机则是多巷道同时掘进,并可实现掘锚装运平行作业。

如图 10-14 所示,连续采煤机在第 1 条巷道作业时,锚杆机在第 3 条巷道打眼和安装锚杆。当向前掘进一段距离后,连续采煤机转移到第 2 条巷道,而锚杆机转移到第 1 条巷道钻、装锚杆。梭车运行路线如图 10-14 虚线所示,往返于连续采煤机和给料破碎机之间,依次进行循环作业。通常情况下,连续采煤机掘进时,在工作面人员基本相同的情况下,1 台连续性采煤机的掘进量相当于 3 台掘进机的掘进量。

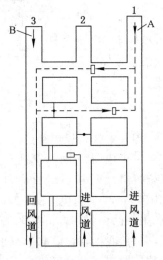

A—连续采煤机;B—锚杆机。

图 10-14　连续采煤机布置图

目前,国外生产连续采煤机的公司有 JOY 采矿机械制造厂的 12、14、17 系列、英格索兰生产的 LN800 型连续采煤机,朗-艾道公司最新生产的 CM210 型连续采煤机 4 个月开采产量超过 30 万 t,机器利用率达 95.8%。世界上连续采煤机的总数有 3 300 台左右,使用连续采煤机的国家主要是美国,现有 3 100 多台,其次是南非,有 80 台左右。

我国先后进口过美国 JOY 公司生产的 12CM 系列连

续采煤机、美国费尔奇公司生产的 MK-22 型薄煤层连续采煤机、英格索兰 LN800 型和杰弗里 1036RB 型连续采煤机等总计约 50 多台。国内使用的连续采煤机均为进口设备，它们既用于煤巷掘进(如在大同矿区等)，又用于工作面开采(如在神华集团神东矿区)。特别是在神华集团神东矿区，利用连续采煤机开采边角煤，一次试采成功，创造了月进 1 498 m，产煤47 179.5 t 的纪录。利用连续采煤机进行煤巷掘进也连连获佳绩，如在大柳塔矿、活鸡兔矿使用的连续采煤机，均取得月进千米以上的好成绩，是掘进机进尺的 2～3 倍。神东公司上湾矿连采一队于 2003 年 1 月使用连续采煤机，掘进工作面单机三巷完成月进尺 4 656 m，创造全国综掘进尺最高纪录；该矿连采二队使用 12CM2-11D 型连续采煤机于 2004 年 8 月 1日创日进尺 163 m，巷道断面 6 m×4.4 m；神东公司大柳塔矿连采二队一分队使用 JOY(CM-27)型连续采煤机，2004 年年进尺达到 24 507 m。

2. 综掘生产线与连续式采煤机组成的采掘生产线的比较

在采用以掘进机为主组成的综掘生产线中，配套的支护设备一般是单体锚杆钻机，典型的生产线配备 3 台单体锚杆钻机，劳动效率较低。由于支护作业是在空顶情况下进行的，支护的安全性受着巷道顶板条件的制约。当巷道顶板条件较好时，可以获得较大的空顶距，掘进与支护之间的影响相对较小；巷道顶板条件不好时，就必须缩短空顶距，缩小循环进尺来保证支护作业的安全，掘进速度就会下降，这也是综掘生产线总体掘进速度不能令人满意的一个主要原因。

采用连续采煤机组成的采掘生产线中，配套的支护设备一般采用自带动力的锚杆钻车，用机械操作代替人工作业，虽然连续采煤机切割煤岩层的效率较高，掘进速度快，但该掘进生产线一般需要同时掘进多条巷道和大量的横向联络巷来满足配套设备的换位需要，因此掘进速度就要大打折扣。为了发挥机械化设备的性能，需要有较好的巷道顶板条件，以获得较大的空顶距。在巷道顶板条件较差时，设备的换位将占用大量时间，掘进进尺将大大降低。

综上所述，巷道顶板条件适宜，是上述两类掘进生产线获得较高掘进速度的前提。

三、采掘锚一体化快速掘进成巷技术

由于连续采煤机与锚杆机必须交叉作业，给掘进工艺带来了不便。因此，通过将连续采煤机与锚杆机两者合一，在连续采煤机上装锚杆机，用一台设备来完成巷道掘进的落、装煤及锚杆打眼、安装功能来消除连续采煤机的不利因素，从而发展形成采掘锚一体化快速掘进成巷技术。该技术的核心设备是采掘锚机组，它实际上是连续式采煤机与锚杆打眼、安装机复合的一体化设备，可以完成切割、装煤工序，又能够完成钻孔、安装锚杆等工序，因而可以进行采煤、掘进和支护的作业，从而减少了掘进工作面的设备和人员。掘进工作面的空顶距可以缩短到 0.75～1.4 m，并且采用了临时支护措施，使得掘进与支护作业更加简单和安全，可以适应不断变化的巷道顶板条件，掘进成巷速度也较快，还能适应巷道布置方式的变化。

1. 采掘锚一体化设备

最早的采掘锚一体化设备是在第一台连续式采煤机面世后的七年，生产于美国。它是在连续式采煤机上安装了一台锚杆机，只能打两个锚杆，在采煤机换位后，人工或独立的锚杆机补打其余的锚杆。之后美国推出了 14CM10-15BD 型卫星式连续采掘锚机，并广泛用于西弗吉尼亚州和宾夕法尼亚州的长壁工作面掘进顺槽。该机的截割头很宽，可以一次成巷，其外侧滚筒的宽度、装载部的侧板可以液压收缩，来减少设备的宽度。该机在一个自由活动的平台上安装有二个顶板锚杆机,并带有临时支护装置。后来美国又推出不同机型的采掘锚一体化机组。

其工作循环是:连续式采煤机定位后,进行切割煤层,钻机司机调节油缸使平台与采煤机机身分开,并升起临时支护装置支撑巷道顶板。当采煤机推进到相当于锚杆排距的距离时,钻机司机在临时支护装置下,进行锚杆作业,而采煤机割煤不受锚杆作业的影响。打完锚杆、钻杆收回到机后,收缩临时支护和千斤顶,平台放回连续式采煤机的托架上,连续式采煤机两侧的千斤顶把平台向前推进,开始下一个循环作业。

随着采煤技术和巷道锚杆支护技术的发展,一些国家相继开发出采掘锚一体化快速掘进成巷设备,具有代表性的采掘锚一体化机组有 ABM20 型、KBⅡ型和 ISS 型等。目前,采掘锚机组在国外已经成熟并得到广泛应用,例如澳大利亚长壁工作面顺槽 80% 以上采用采掘锚一体化的掘锚机组施工,几种主要的采掘锚机组在英国也得到了应用。ABM20 型采掘锚机组是典型代表,它在掘进工作面的作业方式是割煤和安装锚杆同时平行作业,即截割滚筒与装载运输机构整体向前推进割煤;与此同时,锚杆机向顶板和侧帮打眼安装锚杆;最后,行走机构带着机体及锚杆机向前移动,完成一个掘进循环。

2. 采掘锚一体化与连续式采煤机快速掘进成巷技术的比较

采掘锚一体化快速掘进成巷技术由于其核心设备采掘锚机组本身带有打锚杆眼、安装锚杆部件,不仅取消了锚杆钻车,而且设备不用经常进行移动换位,可以适应各种巷道布置形式的掘进需要。单条巷道掘进时,其后继配套设备可以采用破碎机、转载机和带式输送机,构成连续运煤系统;同时掘进多条巷道时,其后继配套设备可采用与连续采煤机除锚杆钻车外的相同设备,也可采用破碎机、带式输送机、刮板机等构成的其他形式连续运煤系统。当采用连续运煤系统时,联络巷的间距可根据需要开掘,不受设备换位的约束,从而减少大量的联络巷的开掘。更重要的是,该设备提供了临时支护功能,能够对顶板进行及时支护,提高了对不同煤层、顶板条件的适应性,工作的安全程度也得到提高。

四、煤巷快速掘进技术发展趋势

根据统计资料,巷道掘进作业中的支护时间要占总作业时间的 70%。虽然在煤层及煤-岩巷道中采用了锚带网、锚梁网以及锚索等支护手段,简化了巷道的支护作业,但巷道掘进作业中的掘进与支护的分离,是进一步提高巷道掘进速度的最大障碍。

(1)大力开发推广掘锚联合机组。为适应日产万吨级综采工作面快速推进的需要,20 世纪 90 年代初期,西方发达国家研制开发了集快速掘进、锚杆支护为一体的掘锚机械化平行作业装备-掘锚联合机组。该设备在英国、澳大利亚等国应用中取得良好效果,在大断面煤巷掘进中年进尺高达 15 000～20 000 m。目前掘锚机组在国外已趋成熟并得到了广泛应用。

(2)广泛采用连续采煤机。连续采煤机多巷掘进是美国、澳大利亚等主要采煤国家长期采用的掘进技术。我国神华集团采用连续采煤机掘进高产高效工作面煤层平巷,取得了极其显著的技术经济效益。连续采煤机采掘合一,推进速度快,效益好。同时,在综采工作面生产强度不断增大的情况下,多巷系统是满足工作面通风、运输、行人和设备安设的最佳选择。

(3)全面推广锚杆支护技术。我国煤巷锚杆支护技术与成套装备已基本形成,煤巷锚杆支护技术已在潞安、晋城、兖州、邢台、铁法、开滦等矿区得到广泛应用,从薄及中厚煤层中回采巷道到综采放顶煤工作面沿煤层底板掘进的全煤巷道,从顶板比较稳定的煤巷到复合破碎顶板巷道,从实体煤巷到沿空掘巷,从小断面巷道到大断面开切眼,锚杆支护的使用范围越来越广,为矿井实现高产高效创造了良好条件,取得了巨大的技术经济效益。

第四节　煤-岩巷道施工

当巷道在薄煤层中掘进时,为了保证巷道的使用高度,必须挑顶或挖底。因此,在巷道断面上既有煤层,又有岩层。当岩层占掘进工作面积 1/5～4/5 时,即称为煤-岩巷道。煤-岩巷道施工方法与岩巷和煤巷的施工方法基本相同,本节仅就其施工特点加以简要叙述。

一、煤-岩巷采石位置的选择

煤-岩巷道掘进时,采石位置有挑顶、挖底、挑顶兼挖底三种情况,如图 10-15 所示。

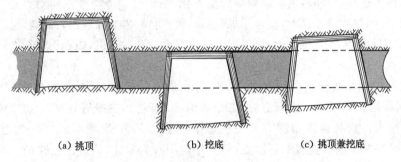

(a) 挑顶　　　　　　(b) 挖底　　　　　　(c) 挑顶兼挖底

图 10-15　煤-岩巷采石位置的三种情况

选择哪种采石位置,应综合考虑满足生产要求、便于维护和施工难易等因素。多数情况下,尽可能不要挑顶而采取挖底,以保证顶板的稳定性,只有当煤层上部有假顶时,才将假顶挑去,如区段输送机巷和沿煤层开掘的上山均属此种情况。对于区段回风巷,由于还兼有向采煤工作面下料的用途,因此就采用挑顶方式掘进。

在生产中,为了保证巷道的顺直和有一定的坡度,上述挑顶、挖底或挑顶兼挖底的三种情况往往在一条巷道中都可能出现,甚至暂时脱离煤层进行全岩掘进的情况也是有的。但在煤层稳定的常况下,根据煤层的倾角不同,一般以采取图 10-16 所示的采石位置为宜。

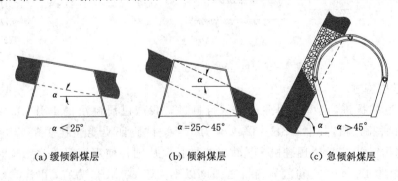

(a) 缓倾斜煤层　　　　　(b) 倾斜煤层　　　　　(c) 急倾斜煤层

图 10-16　煤层倾角不同时的采石位置

二、钻眼爆破法掘进

1. 炮眼布置特点

由于煤层较软,掏槽眼应布置在煤层部分。图 10-17 就是煤-岩巷炮眼布置的一个实例。

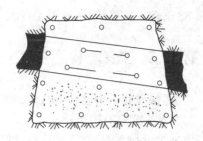

图 10-17　煤-岩巷炮眼布置

煤-岩巷掘进选择钻机时,尽量做到动力单一化,但也可选择两种不同动力的钻机。一般原则是:当煤、岩的强度都不高时,应选用煤电钻钻眼;当煤、岩的强度都较高时,可都采用凿岩机打眼;当煤、岩的强度相差很大时,则可同时选用煤电钻和凿岩机,或选用岩石电钻钻眼。

2. 施工组织

煤-岩巷道的施工组织有两种方式:一种是煤、岩不分掘分运,全断面一次掘进;另一种是煤、岩分掘分运。全断面一次掘进时,工作组织简单,能加快掘进速度,但煤的灰分很大,煤的损失也很大。这种施工组织方式用在煤厚小于 0.5 m、煤质不好的煤-岩巷道较为合适。分掘分运的方式能够克服上述缺点,但工作组织较为复杂,掘进速度较慢。选择何种组织方式,与掘进和回采比例有关,对于那些掘进跟不上回采的矿井,采用全断面掘进方式的仍属多数。采掘可以达到平衡的矿井,还是应当采用分掘分运的方式。采用煤、岩分掘分运的方式时,形成煤工作面超前岩石工作面的台阶工作面。当煤层厚度大于 1.2 m 时,岩石工作面可以钻垂直炮眼(眼深不小于 0.65 m),这样钻眼和爆破效果较好,如图 10-18(a)所示。若煤层较薄,岩石工作面的炮眼,应平行巷道轴线方向,如图 10-18(b)、(c)所示。

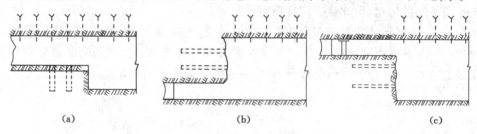

(a)　　　　　　(b)　　　　　　(c)

图 10-18　煤-岩巷岩层工作面炮眼布置

三、掘进机掘进

煤-岩巷道的掘进,也可采用掘进机进行掘进。我国已研制出的 EBJ-132、EBH-132、EBJ-160 等几种掘进机,其中 EBH-132、EBJ-160 经过试验证明能够胜任煤-岩巷道掘进工作,预计今后几年煤-岩巷道掘进机产量将稳步增长。从国外使用情况看,煤-岩巷道掘进机适用机型重量约 45～90 t。切割岩石抗压强度以不大于 80 MPa 为宜,用于 80～100 MPa 的岩石,机器重量及切割功率还需增大,才能获得较高的技术经济效果。EBJ-160 在切割局部硬岩时,会出现强烈的振动,表明 50 t 的重量还不是足够的。如果经常处于此工况,机器寿命必将大大缩短。如果说国外的 LH-1300 重 50 t 是适当的话,考虑到我国在原材料与制造精度等方面与先进国家比尚存在一定差距,则以 60～70 t 重的机型,相似工况可以使机器振动减轻,机器零件寿命延长,总体上经济效果也会更好。

【复习思考题】

1. 煤层巷道施工有哪些特点？
2. 应如何安排煤层巷道的掘进顺序？
3. 煤巷施工采用爆破落煤时,钻、爆工作有何特点？
4. 什么叫煤-岩巷？应如何选择煤-岩巷的采石位置？
5. 如何组织煤巷快速掘进的机械化配套作业线？

第十一章 斜 井

第一节 斜井的结构

一、斜井开拓概述

斜井开拓在技术上和经济上要比立井有利得多，具有投资少，速度快、成本低的优点。

近年来，随着矿井集中化、大型化、机械化和自动化程度的不断提高，煤炭行业要求发展连续运输工艺，增大提升能力。国内外许多新建和改扩建的矿井，包括开采深度较深的大型矿井，都趋向于采用斜井开拓方式或斜井-立井综合开拓方式。

斜井按用途分类有：提升矿石或煤炭的主斜井；提升矸石、下放材料、设备和行人通风的副斜井；出风和兼作安全出口的斜风井；对特大涌水的矿井，还有专门敷设管路的排水斜井；采用水砂充填处理采空区的矿井还有专门的注砂斜井等。其中主斜井按其提升方式又有矿车单车或串车提升斜井；箕斗提升斜井；带式输送机运输提升斜井和无极绳提升的斜井。而副斜井作为辅助提升，多为串车提升斜井。

二、斜井结构特点

不同用途的斜井，它们的井口结构、井身结构及井底结构都有所不同。

（一）斜井井口结构

1. 斜井井颈结构

斜井井筒和立井井筒一样，自上而下分为井颈、井身和井底三个部分。斜井井颈是指接近地面出口，井壁需要加厚的一段井筒，由筒壁和壁座组成，井颈结构形式如图 11-1 所示。

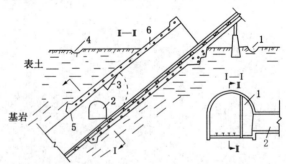

1—人行间；2—安全通道；3—防火门；4—排水沟；5—壁座；6—筒壁。

图 11-1 斜井井颈结构

在冲积层中的斜井，从井口至坚硬岩石间必须砌碹，并应延深至坚硬岩石内至少 5 m，同时应有防渗水措施。井颈支护应露出地表以上，并高出当地历史最高洪水位 1 m 以上。处于地震高发区的斜井，还应遵守国家颁布的有关抗震要求对井颈段加固。

为了防止来自井口的火灾蔓延,在主、副斜井的井颈段同样应设金属防火门。对于副斜井,人员安全出口、通风道、暖风道(寒冷地区)以及敷设压风管、排水管和动力、照明电缆用的孔道,均需设于防火门以下的井颈段并与地面接通。

在斜井井颈周围应修筑排水沟,以防地表水流入井筒内。为了使工作人员、机械设备免受风、雨、雪和寒冷空气的侵袭,在井口还应建造与提升设备和提升方式相适应的防护设施。当为串车提升时,则建井口棚;当为带式输送机运输时,则建输送带走廊;当为箕斗提升时,则建造井楼。

为了使井颈上面构筑物与建筑物的静荷载与动荷载不致直接作用于井颈的筒壁上,并消除构筑物和建筑物发生不均匀下沉的可能性,它们的基础不要与井颈的筒壁相连接。

2. 斜井井口布置

(1)带式输送机斜井井口布置

用各种带式输送机提升的主斜井井口布置均比较单一,往往通过一条带式输送机走廊将井口和选煤厂或装车仓连接为一个整体。地面布置紧凑,衔接方便,不需铺设地面井口轨道线路。所以建筑和经营费用省、效率高、占地少、井口布置简单,机械化和自动化程度高。由于使用带式输送机运输,井筒倾角不能大于 $17°$。

(2)箕斗斜井井口布置

采用箕斗提升的斜井,其提升容器为斜井箕斗,因而需在地面设置卸载架、井口受煤装置及地面转运设施或轨道线路等。图 11-2 为箕斗提升主斜井井口布置示意图。

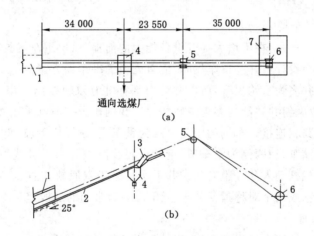

1—主斜井;2—24 kg/m 轨道;3—4 t 后卸式斜井箕斗;4—45 t 受煤仓;

5—井上地面固定天轮;6—提升机滚筒;7—地面提升机房。

图 11-2　箕斗提升主斜井井口布置

箕斗斜井的井筒倾角一般在 $20°\sim35°$ 之间,特殊情况也可大于 $35°$。井口建筑为井楼。

(3)串车斜井井口布置

采用串车提升的主、副斜井在井口必须设置一系列的调车设备和地面轨道线路,使矿车能够从斜井井筒向井口地面或从井口地面向井筒的顺利过渡,并能储存一定数量的空、重车和材料车等。这部分连接线路是井口车场的附属部分。井口车场常用的形式有井口平车场和井口甩车场。

（4）斜风井井口布置

斜风井井口部分由井筒、风硐、人行道（兼安全出口）及防爆门组成。为减少通风阻力，风硐与井筒的夹角不宜过大，一般为 $30°\sim45°$。为减少漏风，人行道与井筒的夹角应尽量大一些，人行道内必须设置能正向和反向开启的风门各两道。在装有主要通风机的出风井井口，正对井筒风流方向应安装防爆门，其断面不得小于出风井井口断面。图 11-3 和图 11-4 是两种分别适用于轴流式通风机和离心式通风机通风的斜井井口布置方式。

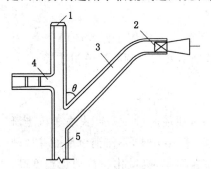

1—防爆门；2—轴流式通风机；
3—风硐；4—人行道；5—斜风井井筒。

图 11-3　轴流式通风机斜井井口布置

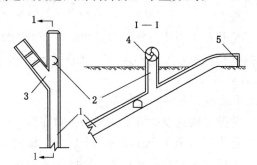

1—斜风井井筒；2—风硐；3—人行道；
4—离心式风机；5—防爆门。

图 11-4　离心式通风机斜井井口布置

3. 斜井井口线路设计

（1）斜井井口平车场

平车场的最大优点是：在不增大提升设备能力的前提下，比甩车场具有较大的提升能力和通过能力。所以在设计斜井井口车场时，应首先考虑平车场方案。

串车提升主斜井多为双钩提升，所以井筒内部都铺有双轨线路。串车提升的副斜井一般采用单钩提升，故副斜井井筒内多为单轨线路。我国矿山一般都采用顺向平车场，并铺设三股轨道与井内线路相连接。车场的中间一股为重车道，设计成下坡，重车升井后借助重力和惯性自动滑行到储车线；两侧为空车道，近井口段线路设计为平坡或下坡，要入井的空车或材料车需用推车机推动入井。也有的矿井平车场采用双股轨道直接与井筒线路连接，地面采用十字渡线道岔或两个对称道岔分车。图 11-5 为常用的三股道平车场示意图。

① 车场线路布置

从井筒内任何一股道上提出的重车，出井后继续沿着倾斜面向上，使与地面形成一个高差，然后经一竖曲线至车场水平。重车组在车场内通过一组对称道岔的连接系统，进入中间的重车线上，沿下坡自动滑行。空车由两侧的空车线借坡度自动滑行至井口，停于反坡前，挂钩后利用推车机将空车组推入井口，由地面提升机送入井底车场内。

空车线路也可不设反坡，但为防止跑车，必须设阻车器和安全闸。斜井井筒内的两股线路向平车场三股线过渡时，必须以一个道岔组作为连接系统。该连接系统可以铺在平车场的平坡段上，也可以铺在井筒坡度变为小于 $9°$ 的斜面上，然后接竖曲线过渡到平坡段上。该连接系统可由两个单开道岔和一个对称道岔组成，单开道岔一个为左开，另一个为右开，其线路连接见图 11-6(a)；另一种应用较多的形式是由三个对称道岔组成的组合道岔系统，其线路连接方式见图 11-6(b)。

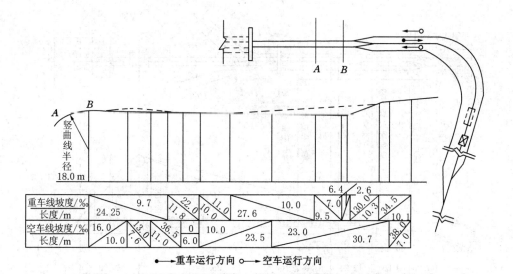

重车运行方向 ◄——— ◄ 空车运行方向 ○———○

图 11-5　三股道平车场示意图

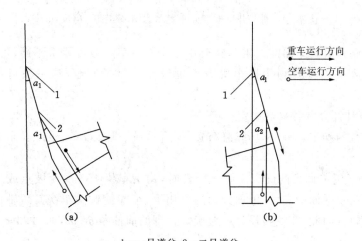

1——号道岔；2—二号道岔。

图 11-6　井口甩车场的形式

由于矿车在车场内运行速度不是太快，为避免线路连接系统尺寸过大，造成车场长度增加，一般说来，选用的道岔型号不宜过大，现场多选用 3 号道岔。图 11-7 为某矿斜井井口平剖面布置示意图。

② 车场线路坡度

由于影响坡度的因素很多，因此设计时多根据经验数据来确定，施工后再根据试验进行调整。

重车线坡度通常设计为两段。重车出井口经竖曲线变平处开始设计一段上坡，以补偿空重车线高差。此段坡度一般较大，可按车场空重车线闭合计算确定。过驼峰后一段重车线，改为下坡，坡度取 8‰～12‰。当自动摘钩时，坡度大可使矿车自动滑行距离远些。若采用不停车人工摘钩时，坡度不宜超过 15‰～20‰。

空车线坡度，当采用推车机或调度绞车时，坡度可取小于 10‰的下坡或平坡，以保证空

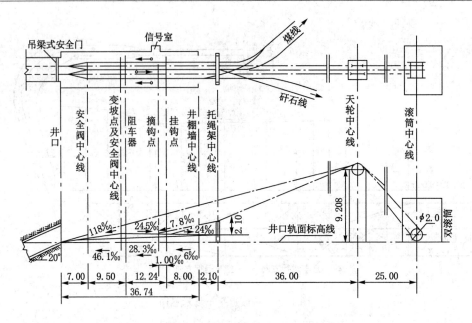

图 11-7　斜井井口平剖面布置示意图（夏庄矿，单位:m）

车组自动滑行到井口阻车器前。阻车器至井口一段空车线坡度要求不严,可采用下坡或平坡。空车组进入井内主要利用推车机或调度绞车。为了安全,这一段可设 2‰～3‰ 的反坡。

③ 线路设计计算及各参数确定

线路各参数的确定,应以车场线路布置、提升系统、操车设备、生产安全、操作方便等条件来确定。

a. 提升钢丝绳前仰角的确定。串车提升时,钩头车位于一次变坡点或二次变坡点时,在提升钢丝绳与水平面的夹角,即前仰角的作用下,可能使钩头车绕其后轴向上抬起,使其失去平衡而脱轨。因此,在线路设计中应确定合理的前仰角 θ_1、θ_2,如图 11-8 所示。

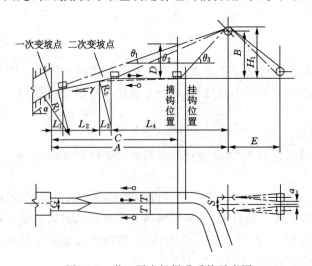

图 11-8　井口平车场提升系统示意图

前仰角是根据钩头车竖向稳定条件来确定的,可由力系平衡方程求得。在进行井口平车场线路设计时,前仰角 θ_1 应控制在 $10°$ 以内,相应的二次坡道角 γ 取 $6°30' \sim 8°30'$。二次变坡点处前仰角 θ_2 远大于 θ_1 角,但由于即将摘钩,作用于钩头车的牵引力已很小,前仰角 θ_2 的增大,不会使钩头车失稳,设计中仅需验算 θ_1 即可,θ_2 和 θ_3 均无须验算。

b. 一次变坡点处竖曲线半径 R_1 的确定。由图 11-8 可知,R_1 值过大则使 L_1 值相应加大,造成布置上的不合理;R_1 值过小又会使矿车在竖曲线上运行时变位太快造成不平稳,且受到矿车自身结构的限制。根据经验,R_1 值一般取 $15 \sim 30$ m 之间。

c. 天轮位置的确定。天轮中心至井口的水平距离 A 值,主要取决于停车线的长度、水平弯道长度及一、二次变坡点之间的距离。即:

$$A = L_1 + L_2 + L_3 + L_4 \tag{11-1}$$

式中　L_1——钩头车中心位于一次变坡点竖曲线前的位置距井口的距离,m。

$$L_1 = \left[R_1 \tan\left(\frac{\alpha - \gamma}{2} \right) + \frac{L}{2} \right] \cos \gamma \tag{11-2}$$

L——矿车长度,m。

α——斜井井筒倾角,(°)。

γ——二次坡道角,(°)。

L_2——组合道岔尺寸的长度,m。

L_3——二次变坡点处,钩头车位于竖曲线前平道位置距竖曲线另一端的距离,取 $2 \sim 2.5$ m。

L_4——平车场停车线与水平弯道所有的长度之和,一般水平弯道长度为 $10 \sim 15$ m,停车线长度应能容纳不少于两倍的一次提升串车长度;此外,从摘挂钩位置到水平弯道还应考虑 $8 \sim 10$ m 摘钩缓冲段。

两个单开道岔与一个对称道岔组成的连接系统可按图 11-6(a)计算。

$$L_2 = L_k + C_O + L_D \tag{11-3}$$

式中　L_k——单开道岔长度,m;

C_O——插入段长度,一般取 $C_O = 0 \sim 3.0$ m;

L_D——对称道岔线路连接长度,m,其值为:

$$L_D = a + \frac{s}{2} \cot \frac{\alpha_1}{2} + R \tan \frac{\alpha_1}{4} \tag{11-4}$$

α_1——道岔辙岔角,(°);

S——双轨轨中距,m。

三个对称道岔组成的连接系统可按图 11-6(b)计算。

$$L_2 = 2a + \frac{s}{2} \cot \frac{\alpha_1}{2} \tag{11-5}$$

这时,为便于道岔连接,轨中距 S 要适当加大,可取 $1.9 \sim 2.0$ m。

d. 确定绞车距天轮的水平距离 E。

当绞车滚筒作单层缠绕时,允许绳偏角 $\alpha \leqslant 1°30'$;当为二层或三层等多层缠绕时,允许绳偏角控制在 $1°10'$ 左右。根据最大偏角,即可求出天轮至滚筒的钢丝绳弦长 L'。

$$L' = \frac{2B_1 + a - S - y}{2 \tan \alpha_1} \quad (B_1 \geqslant S - a \text{ 时}) \tag{11-6}$$

$$L' = \frac{S-a-y}{2\tan\alpha_2} \quad (B_1 < S-a \text{ 时}) \tag{11-7}$$

式中　B_1——单个滚筒的宽度，m；

　　　a——两个滚筒间的距离，m；

　　　S——两个天轮中心的距离，m；

　　　y——天轮游动距离，若为固定天轮，$y=0$；

　　　α_1——允许外偏角，(°)；

　　　α_2——允许内偏角，(°)。

　　根据求得的钢丝绳的最小弦长和天轮架设高度，即可求出天轮中心至绞车滚筒中心的水平距离 E。

　　在设计中应注意：摘挂钩地点提升钢丝绳的悬垂点距轨面的高度 D 值(图 11-8)一般不小于 2.8 m，以利摘挂钩人员往返通过时的安全；为了不使天轮至绞车间的钢丝绳悬垂过大，天轮至摘挂钩点钢丝绳的长度应大于天轮至绞车间的钢丝绳长度，设计时可按 1.5 倍考虑。

　　(2) 斜井井口甩车场

　　甩车场随道岔布置方式、地面运输方向、运输类别及井口地形不同又分为两种：一种是二号道岔向外(远离井筒方向)分岔的弯道式井口甩车场。此种车场因受地形及运输方向的影响，储车线必须布置在地面的弯道上，如图 11-6(a)所示。另一种是二号道岔向里(靠近井筒方向)分岔的直线式井口甩车场。此种车场因受地形及运输方向的限制，甩车场的储车线必须布置在与井筒轴线的投影相平行的方向上，如图 11-6(b)所示。

　　根据井口标高与地面标高的高差大小，甩车方式可分为两种，即地面一次甩车和地面二次甩车。地面一次甩车，即提出井口的矿车由井口斜坡—桥台一次甩入地面车场水平。二次甩车，即井口标高与地面车场标高高差太大时，为减少一次甩车的时间，采用两套提升设备进行二次甩车。显然两次甩车方式复杂又不经济，因而绝大多数井口都采用一次外甩车方式。

　　① 车场线路布置

　　井口甩车场与井下甩车场不同，一般是空车线路布置在斜井筒的一侧。从井下提上来的重车经过桥台上的一号道岔后停车，扳动一号道岔下放重车，并经一号、二号道岔甩入外侧的重车线。在高低道起坡点附近进行重车摘钩和空车挂钩；启动绞车将空车提过二号道岔和一号道岔，再扳动一号道岔，下放空车进入井内。整个线路由一号道岔和二号道岔、储车线以及必要的连接线路组成。

　　为了减少牵引角对提空车的有害影响，一号道岔常用 6 号道岔，二号道岔可选用 4～5 号弹簧道岔。

　　② 线路坡度

　　如图 11-9 所示，重车线的坡度应保证重车组甩入平面后能自动滑行到储车道岔正常轨距处。根据经验，在摘钩处应设一段 5～6 m 的平坡，以利摘钩；平坡之后加大坡度到 15‰～20‰，以提高矿车滑行速度；此后再使坡度变缓到 10‰以减轻对前方车辆的撞击；在储车线道岔前的一段距离——约为储车线长度的三分之一，变为平坡；为防止车辆冲击储车道岔，可在此道岔前的一段距离内，设一段 20‰的上坡。

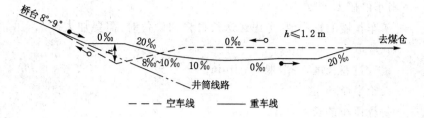

图 11-9 井口甩车场空、重车线坡度示意图

空车线调车一般靠电机车顶推,在竖曲线起坡点前的一段线路,其坡度设计成 8‰～10‰的下坡。见图 11-9 中虚线部分,空、重车线的高差一般应控制在 1.0 m 以内。

③ 线路参数确定

井口甩车场的线路设计计算与井下甩车场完全相同,只是在空重车线、储车线路以及桥台等的布置上有所不同。井口甩车场的线路设计见井下甩车场设计部分。

a. 桥台。桥台是井口以上的斜台,是为井口甩车场甩车而专门设置的。桥台倾角可以和斜井一致,也可以不一致。一般情况下可做成 6°～12°的倾角,其中以 7°～9°为宜。桥台的长度,即从井口至天轮间的水平距离 L,取决于井口甩车场一号道岔至井口间的水平距离 $L_{5\sim8}$ 以及一号道岔至斜井天轮间的水平距离 $L_{8\sim9}$,详见图 11-10。

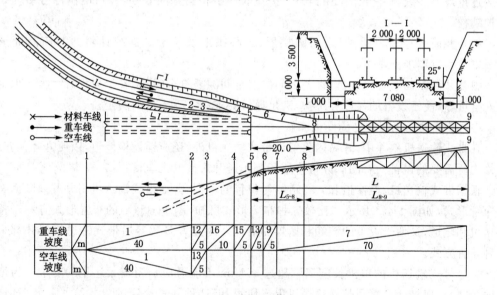

图 11-10 井口甩车场布置

$$L = L_{5\sim8} + L_{8\sim9} \tag{11-8}$$

为布置井口甩车线,$L_{5\sim8}$ 必须保持一定的水平距离,根据经验,一般为 20～30 m。一号道岔至天轮间的水平距离 $L_{8\sim9}$ 一般为 40～50 m,并可由式(11-9)求得:

$$L_{8\sim9} = L_1 + L_g + L_r \tag{11-9}$$

式中 L_1——串车提升或下放的一号道岔之上所必须占用的最小长度,其值为:

$L_1 = 1.5 L_c$,或

$$L_1 = n L_k + L_o \tag{11-10}$$

n——串车的矿车个数,辆;

L_0——矿车长度的富裕值,考虑运送长材料和设备时,需要加大矿车间的连接长度,一般取 $L_0 = 1.0$ m;

L_g——提升过卷长度,一般取 $6\sim10$ m;

L_r——天轮半径,m;

L_k——每辆矿车的长度,m。

一般桥台设计总长度在 $60\sim80$ m 之间。

b. 储车线。对于井口甩车场,除设置空、重车线外,混合井需设置矸石专运线。矸石专运线可用单开道岔由车场的重车线上分岔,以便单独储存矸石车。作为辅助提升的副斜井井口甩车场还需设置材料车线。材料车线靠近空车线布置,但不宜合用一个道岔,以免空车有时会压住道岔而影响材料车的下放。

储车线的有效长度一般应为 $1.5\sim2.0$ 列车长度,有的甚至长达 200 m。

（二）斜井井身结构

1. 斜井井筒断面形状及其布置

斜井井筒的断面形状及支护方式、断面设计方法与巷道相同。但斜井井筒是连接工业场地和井下各开采水平的主要进出口,服务年限长,因此斜井多用混凝土砌碹或料石砌碹支护。近年来大多数斜井开始采用锚喷支护并取得了相当好的效果,井口明洞部分多为碹体支护结构。

斜井井筒有直墙半圆拱形、切圆拱形、三心拱形及梯形。据统计斜井井筒断面形状 95% 以上为直墙半圆拱形。

斜井井筒断面布置原则是:设备之间的安全间隙要符合《煤矿安全规程》的要求,保证提升安全可靠,便于设备的检修和维护,满足通风要求和上下人员的安全。

（1）带式输送机斜井井筒断面布置

在带式输送机斜井中,井筒内除安设带式输送机外,还应铺设检修道,以便升降在安装、检修中所需要的设备。有的矿井检修道还兼作提升人员的人车道。

根据带式输送机、检修道和人行道相对位置的不同,普通带式输送机斜井井筒断面有三种布置形式,如图 11-11 所示。比较三种布置形式可知,图 11-11(a) 的布置形式有利于检修输送机和轨道,又便于设备的装卸和撒煤的清理。因此大多数普通带式输送机斜井都采用这种布置方式。

普通带式输送机的单机长度都不超过 400 m,不能适应长距离大运量的要求。为增加运输距离,可以把几台普通带式输送机串连使用,但这种加长运距的方式给井筒开凿(增加搭接硐室)、线路维修和操作带来很大不便。目前大型带式输送机斜井都采用钢绳芯带式输送机和钢绳牵引带式输送机,其断面布置方式同图 11-11(a)。

（2）箕斗斜井井筒断面布置

箕斗斜井均采用双钩提升。箕斗斜井井筒一般不兼作回风井,除布置消防洒水管路和信号、通信电缆外,一般不布置其他设备。箕斗斜井井筒断面布置较为简单,水沟和人行道布置于同一侧,如图 11-12 所示。

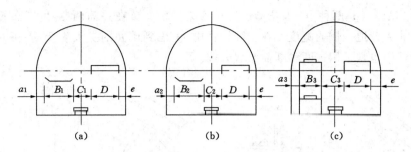

a_1, a_2, a_3—非人行道侧的宽度;B_1, B_2, B_3—输送带宽度;

C_1, C_2, C_3—箕斗间距;D—矿车宽度;e—人行道侧的宽度。

图 11-11 普通带式输送机斜井布置方式

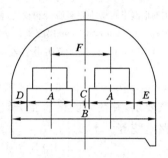

A—箕斗的宽度;B—斜井宽度;C—箕斗间距;D—非人行道侧的宽度;

E—人行道侧的宽度;F—箕斗中心距离。

图 11-12 箕斗斜井井筒断面布置图

（3）串车斜井井筒断面布置

串车提升既可作为矿井的辅助提升（副斜井），也可作为中、小型矿井的主提升。在串车提升的斜井井筒中除提绞设备外,一般还设有水沟、人行道、管路和各种电缆。根据轨道、人行道和水沟及管路的相对位置的不同,其井筒断面布置有 4 种方式,如图 11-13 所示。

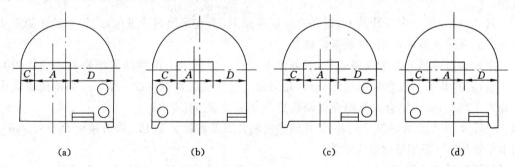

A—矿车的宽度;D—非人行道一侧的宽度;C—人行道一侧的宽度。

图 11-13 串车斜井井筒断面布置形式

图 11-14(a)、(b)两种布置方式,水沟同管路重迭布置,断面能充分利用。但前者人行道侧的躲避洞被管路挡住,出入时不够安全和方便;而后者管路靠近轨道,发生脱轨或跑车事故时,管路易被撞坏。

图 11-14(c)、(d)两种方式,是将水沟和管路分别布置在井筒两侧,为了布置水沟和管路,要加宽非人行道一侧的宽度。在实际设计中,考虑到矿井的扩大生产,多将井筒断面尺寸加大,设计中也常采用这两种断面布置方式。

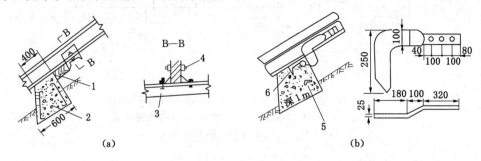

1—枕木;2—钢筋混凝土底梁(8根竖筋、4根横筋);3—14号槽钢;
4—16M 螺栓;5—φ32 mm×500 mm 螺栓 3 根;6—16 号槽钢。

图 11-14　斜井轨道防滑装置

2.斜井井筒装备与设施

根据斜井井筒的用途和生产要求,井筒内除设有提升设备和轨道外,还设有轨道、人行道台阶、扶手、躲避洞和各种管路电缆等。

(1)轨道和道床

斜井井筒轨道型号是根据提升容器的类型、提升速度和提升量确定的。一般串车提升采用 15 kg/m、18 kg/m、24 kg/m 的轻轨;箕斗斜井钢轨取 33 kg/m、38 kg/m、43 kg/m 及 50 kg/m 的重轨。

倾角小于 20°的斜井井筒,其道床与一般的水平巷道的道床结构相似,只是因提升容器的不同对道床有不同的要求而已。串车斜井一般采用石渣道床,如提升量大、服务年限长,用固定道床较好。对于提人的串车斜井,要结合人车断绳保险装置的要求确定道床结构。国产 CRX 型斜井人车断绳保险装置适用于木轨枕、石渣道床,红旗型人车则适用于整体道床。

箕斗斜井,因一次提升量大、提升速度快等原因,不宜采用石渣道床,近年来设计的箕斗斜井多为混凝土整体道床,且效果较好。

带式输送机斜井均为大型矿井,服务年限较长。为减少生产期间的维修和清理撒煤的工作量,其检修道一般都采用整体道床,并与带式输送机底板浇筑成一整体。如检修道兼作斜井人车轨道,则应结合人车断绳保险装置的要求考虑道床结构。

一般大、中型矿井的箕斗斜井、带式输送机斜井以及坡度大于 10°、提升速度大于 3.5 m/s 的串车斜井均可采用整体道床结构。

与平巷轨道不同,斜井中的轨道由于钢轨自重和提升容器运行时车轮和轨头之间的摩擦和冲击,使钢轨沿井筒的倾斜方向产生很大的下滑力,从而造成线路的损坏或产生严重事故,因此,斜井井筒内轨道防滑是设计中的一个突出问题。

轨道下滑力的大小与斜井筒的倾角、提升速度、提升量、线路铺设质量、操作技术水平及底板岩石的岩性、涌水量等情况密切相关。但当井筒倾角大于 15°时,铺设轨道时应考虑防滑措施。斜井轨道防滑装置可分为固定钢轨法和固定轨枕法两类。固定钢轨法就是在斜井井筒底板上每隔 30～50 m 设一混凝土防滑底梁和其他固定装置,将钢轨固定在底梁上,达到防止钢轨下滑的目的。固定轨枕法则是将轨枕固定在斜井底板上,钢轨以螺栓或道钉紧固在轨枕上。由于轨道在提升中的震动,它与轨枕的连接固定常产生松动,不仅增加了维修量且不可靠,因此目前多采用固定钢轨法。

（2）水沟

为了避免井筒内流水冲刷道床,在斜井筒内应设置水沟。斜井井筒内水沟服务年限长,水流速度快,水沟均以混凝土砌筑。只有当底板岩石坚硬、涌水量在 5 m³/h 以下时,水沟可以不砌筑。

为了将井筒内的水截至斜井一侧的主排水沟内,井筒内每隔 30～50 m 应布置横向斜水沟,其坡度不小于 3‰。

在箕斗斜井和带式输送机斜井中,为减少井底排水和清理工作,应将斜井上部涌水利用水沟直接引至井底车场的主水仓,而不使井筒内的水沟和井底车场内的水沟相通。斜井井筒水沟断面参数与平巷相同,水沟坡度与井筒倾角一致。

（3）人行道台阶与扶手

根据井筒内实际需要和倾角的大小,斜井中应设人行台阶和扶手。一般井筒倾角在 7°～15°时应设扶手,以利在人员行走时抓扶;井筒倾角在 15°～30°时设台阶和扶手。台阶用料石或混凝土砌块砌筑,也可以用混凝土浇筑而成。

人行台阶的宽度以不小于 600 mm 为宜,台阶的踏步尺寸以行人方便舒适为准。根据经验,当台阶踏步高度 R 的两倍加上台阶宽度 T 为 650～700 mm 时较好。即:

$$2R+T=650～700 \text{ mm} \tag{11-11}$$

踏步的高度则根据井筒倾角而定,即:

$$\frac{R}{T}=\tan \alpha \tag{11-12}$$

扶手用木料、塑料管、钢管制作均可。扶手安设的高度一般为 800～900 mm,扶手离井壁之间的距离为 60～80 mm。

当井筒倾角为 30°～45°时,除应安设扶手外还需设置栏杆;当井筒倾角大于 45°时,则需设梯子间,以确保上下人员的安全。

（4）井内躲避洞

《煤矿安全规程》中明确规定,在串车斜井和箕斗斜井中,提升时一律不得行人。但在生产实践中,往往要利用提升间隙进行检修。为不延误生产,及时进行检修,同时要确保检修人员的安全,斜井井筒内每隔 30～50 m 必须设置躲避洞。躲避洞在井筒施工期间作为爆破员爆破时的躲避所及小型工具的存放点。躲避洞设在人行道一侧,并尽量避开管路、电缆等,以利人员出入。躲避洞的尺寸不大,一般宽为 1.5 m,高 1.8 m,深 1.0～1.2 m。

（5）管路和电缆敷设

管路和电缆通常设在副斜井井筒内,以保证检修时不影响主井提升,并且由副井下放材料设备也较主井方便。为了便于安装、检修,管路安设不宜过高。为防腐蚀,通常将排水管安设在专用的混凝土墩上,用扁钢加以固定。压风管和洒水管安设在埋于墙内的槽钢或工字钢悬臂梁上,管路架设要求与平巷相同。

电缆和管路宜分别设在斜井井筒的两侧,若必须设在同一侧时,则电缆应放在管路上方,间隔应大于 300 mm。悬挂高度应大于提升容器的高度,以减少电缆被撞坏的可能性。

（三）斜井井底结构

对串车斜井而言,井底是指井筒与车场水平的连接部分,对箕斗斜井和带式输送机斜井而言,井底则是指井底装载水平及井底水窝部分。不同类型的斜井,其井底结构也不一样。

1. 斜井井筒与井底车场的连接

（1）箕斗斜井、带式输送机斜井和车场硐室的连接

箕斗斜井和带式输送机斜井在车场水平上都没有巷道和它们直接相通,必须通过一组硐室和人行道在车场水平以下和斜井井筒相连。这一组硐室包括翻车机硐室、煤仓、箕斗装载硐室或带式输送机装载硐室。这一组各自独立且以煤仓为纽带、相互关联的硐室,在空间又有多种布置形式。图 11-15 为目前我国常用的三种布置形式。一般可以根据井底车场主井重车线和斜井筒的相对位置来确定。

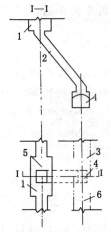
（a）井底车场主井重车线与斜井
井筒平行布置的斜煤仓形式

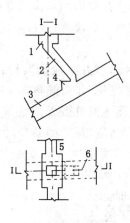
（b）井底车场主井重车线与斜井井筒
垂直（或斜交）布置的斜煤仓形式

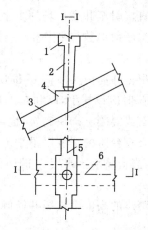
（c）井底车场主井重车线与斜井井筒
垂直（或斜交）布置的直煤仓形式

1—翻车机硐室;2—煤仓;3—斜井井筒;4—箕斗装载硐室;5—井底车场主井重车线;6—斜井提升中心线。

图 11-15　常用斜井和车场硐室连接形式

带式输送机斜井井底结构与箕斗斜井不同的是带式输送机斜井的煤仓下口设有给煤机,可连续地向带式输送机上装煤。

若采用钢绳芯带式输送机或钢丝绳牵引式带式输送机运输时,斜井中只要一条带式输送机即可。钢丝绳牵引式带式输送机机在井底要设钢丝绳拉紧硐室。

（2）串车斜井井筒与井底车场的连接

串车提升斜井,为使矿车从斜井筒顺利地过渡到井底车场水平上,需要在井筒与车场水平之间设置一组完整的轨道线路运输系统,它和井底车场被统称为串车提升车场。

2. 斜井井底平车场

串车提升的斜井井筒与井底车场连接处的形式,可以分为三类,即平车场、甩车场和吊桥。当斜井井筒不需要延深时,斜井井筒内轨道线路可以直接经竖曲线过渡到井底车场水平,与井底车场轨道线路相连接,形成平车场。

（1）斜井井底车场的结构

斜井井底平车场的连接形式如图 11-16 所示。

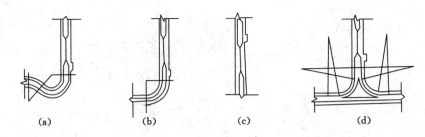

图 11-16　斜井井底车场结构形式

图 11-16(a),表示井筒与运输大巷均布置在煤层中,井筒中的轨道落平后进入煤层顶板中,经绕道与煤层大巷中的轨道相连,当煤层倾角较大时可采用此种连接方式。

图 11-16(b),表示井筒沿煤层开凿至接近井底车场水平时,将倾角变大(但不超过 25°)转向煤层底板开凿,并与煤层大巷中的轨道连接。当煤层倾角较小时可采用这种连接方式。

图 11-16(c),表示当井筒沿煤层底板或穿岩开凿至井底后,直接过渡到车场巷道。当井筒距运输大巷较远时采用这种连接方式。

图 11-16(d),表示井筒开凿到井底水平以后,分两侧与运输大巷轨道相连接,一侧为重车线,另一侧为空车线,当运量较大时采用这种连接方式。为了减少调车时间、增大提升能力,斜井平车场均采用双道起坡、成高低道的形式。低道为提车线,高道为甩车线,以便使矿车自动滑行。

斜井井筒线路落平后,车场线路(储车线)布置形式视斜井井筒与运输大巷或井底车场相对位置而定。如井筒距大巷较远,利用石门与大巷连接;如井筒距大巷较近或两者均布置在煤层中,则弯道车场与大巷相连。

(2) 斜井井底车场线路布置

斜井井底车场线路布置主要是高低道形式的选择。为了保证矿车能自动滑行和摘挂钩的方便,选择高低道的形式时应使高低道的高差适当,一般不大于 0.8 m,高低道起坡点间距为 1.0 m 左右。为了满足以上要求,根据高低道变坡的形式和竖曲线半径的变化,高低道的布置有以下几种形式,如图 11-17 所示。

图 11-17(a)所示为高低道均为一次变坡,两竖曲线半径相同的形式。这种高低道结构形式适用于高低道高差不大而斜井倾角较大的情况。

图 11-17(b)所示为高低道均为一次变坡,而两竖曲线半径不同的形式。这是平车场中最常见的一种高低道形式。

图 11-17(c)所示为高道两次变坡、低道一次变坡的形式。当斜井井筒的倾角较小而需要高低道的高差较大时,宜采用这种结构形式。

图 11-17(d)所示为高道一次变坡、低道两次变坡的形式。这种形式亦适用于井筒倾角较小而高低道高差较大的情况。但是由于低道下扎加大了起坡角,对提升不利,实际中应用较少。

图 11-17(e)所示为高低道均为两次变坡的形式,这种形式的线路设计和施工均比较繁琐,故仅在少数矿井中应用过。

实际选用高低道形式时,可根据井筒倾角 β 和所要求的高差 ΔH 查表选取即可。

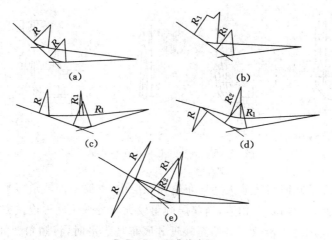

R,R_1,R_2—竖曲线半径。

图 11-17　斜井井底高低道形式

（3）井底平车场主要参数选择

井底平车场主要参数包括道岔、竖曲线半径、储车线长度及高低道的坡度。

① 道岔的选择

根据车场线路布置形式，双钩提升平车场选用两个对称道岔。上部为自动分车道岔；下部为弹簧对称道岔，通常选用 3 号道岔。两道岔间插入直线段的长度不小于一钩串车长度的 1.5 倍。单钩提升平车场下部选用一个 3 号对称道岔或 4 号单开弹簧道岔即可。

② 竖曲线半径的确定

竖曲线半径的大小，要保证矿车通过竖曲线时两相邻车厢不致相碰，并有一定的间隙，便于伸手摘挂钩。一般情况下，竖曲线半径取 12 m 或 15 m 即可。

③ 储车线长度的确定

平车场的储车线，可以直接作为斜井井底车场存车线。当运输大巷采用列车运输时，串车斜井的井底平车场的储车线长度应能容纳 1.5～2.0 节列车；当主副井均为串车提升时，且副井担负提升部分煤炭任务时，则主副井平车场储车线应能容纳 1.0～1.5 节列车；对于大型矿井的串车副斜井，储车线的长度应能容纳 1.0 节列车。中、小型矿井的串车副斜井，储车线长度可控制在 0.5～1.0 节列车，但不应小于 2～3 钩的串车长度。

④ 高低道坡度的确定

高低道的坡度，一方面应能使空、重车辆沿坡道自动滑行；另一方面还要尽可能使高、低道的最大高差不超过 1.0 m，以利摘钩操作。对于辅助提升，因储车线较短，可按自动滑行设计，全长取平均坡度即可。

主提升平车场储车线较长，高低道一般分为两段坡度。靠近起坡点一段线路，长约半列车或两钩串车长度，取自动滑行坡度，坡度约为 8‰～12‰，其余线路坡度适当减少或设 3‰左右的流水坡度。

（4）井底平车场的线路计算

井底平车场的线路计算主要是高低道的计算，包括：确定竖曲线的位置，计算高低道各线段长度和起坡点间距，高低道各点标高和最大高差。

高低道形式不同,计算方法也各不相同。具体计算可参照《煤矿矿井采矿设计手册》中的有关公式进行。

3. 斜井井底甩车场

需要延深的斜井井筒或有中间提升水平的斜井井筒,井筒与井底车场的连接形式有甩车场和吊桥两种。甩车场也常用在采区的上部、中部以及斜井井口车场中。

(1) 甩车场的分类及线路布置形式

甩车场的形式按车场线路系统可分为单道起坡和双道起坡两大类。所谓单道起坡,就是在轨道斜面上只布置单轨线路,到平面后再根据需要布置平面线路。单道起坡的甩车场多用于采区车场中。斜井井筒提升量相应较大,为减少摘挂钩和调车时间,增大提升能力,斜井甩车场均采用双道起坡。根据提升方式的不同,斜井甩车场可分为单钩提升甩车场和双钩提升甩车场。

① 单钩提升甩车场

单钩提升甩车场,视道岔与连接方式的不同又可分为"道岔-曲线-道岔"双道起坡甩车场和"道岔-道岔"双道起坡甩车场。图 11-18 所示为"道岔-曲线-道岔"双道起坡甩车场。其特点是在甩车道岔末端设一段斜面曲线,然后在斜面上再接分车道岔使线路在斜面上变为复线,再用两竖曲线将线路落平到平面上。两道岔间加入一段斜面曲线,使交岔点的跨度和长度减小,从而便于掘进和支护。但是这样提升的牵引角加大,并且起坡点远离交岔点把钩房,对提升和工人操作都不利。因此这种甩车场仅用于运输量不大的辅助提升。

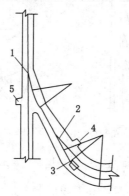

1—甩车道岔;2—分车道岔;3—起坡点;4—躲避硐;5—把钩房。
图 11-18 "道岔-曲线-道岔"双道起坡甩车场

图 11-19 为"道岔-道岔"式甩车场,其特点是甩车道岔和分车道岔直接相连,省去了道岔间插入的斜面曲线,从而减少线路平面回转角,使提升、甩车通畅;同时,起坡点离交岔点把钩房较近,便于工人摘挂钩操作。

图 11-19(a)所示为分车道岔的主线连接直线,岔线接曲线,便于与石门储车线相连。

图 11-19(b)所示为分车道岔的岔线接直线,主线接曲线,便于与主要运输巷道的储车线相连。

图 11-19(c)所示为在分车道岔后直接设曲线和储车线相连。如斜井布置在煤层中,储车线也布置在该煤层内或在煤层底板一侧,为使甩车场尽量少进入顶板岩石,可采用这种方式尽快与储车线相连。

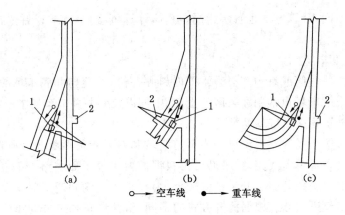

空车线 ⚬—— 重车线

1—起坡点；2—把钩房。

图 11-19 "道岔-道岔"式甩车场

② 双钩提升甩车场

双钩提升时，井筒内双轨至甩车场上方一定距离内必须先变为单轨，然后再接分车道岔。根据道岔和线路布置不同，常见的双钩甩车场如图 11-20 所示。

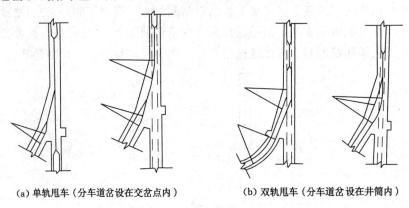

(a) 单轨甩车（分车道岔设在交岔点内）　　(b) 双轨甩车（分车道岔设在井筒内）

图 11-20 双钩提升甩车场

(2) 甩车场线路主要参数确定

甩车场的主要参数有提升牵引角和道岔，平曲线、竖曲线的半径及其位置，甩车场的高低道形式和坡度等。

① 提升牵引角及道岔选择

提升牵引角的大小主要根据矿车稳定性和斜井倾角等提升条件来确定。若矿车轨距大、重心低、牵引高度低、矿车稳定性好，则提升牵引角可大些；井筒倾角小，起钩牵引力和加速度小，则提升牵引角也可大些。反之，提升牵引角应小些。实践证明，牵引角控制在 10° 以内比较理想，最大不宜超过 20°。

提升牵引角的大小与甩车场线路布置形式和道岔型号有密切关系。为减小提升牵引角，甩车场与道岔应尽量采用大型号道岔（辙岔角小的），但辙岔角小，交岔点长度增大，对掘进和支护不利。通常可根据提升量的大小及围岩稳定性选用 4~6 号标准单开道岔。此外为保证行车可靠，还可采用抬高内轨的方法（一般抬高 30 mm 左右），在甩车场设护轨、复轨器、导轨等辅助装置，以防止车辆外倾或脱轨。

②竖曲线半径及合理位置

竖曲线半径的大小主要应保证矿车过底弯时相邻两矿车上缘有一定间距，便于摘挂钩。在标准设计中，通常 1 t 矿车低道竖曲线半径取 9～12 m；3 t 矿车低道竖曲线半径取 12～15 m，甩车道（高道）竖曲线半径则根据高低道起坡点高差和间距的要求来确定。

竖曲线位置是甩车场设计的关键问题之一。竖曲线的位置决定了摘挂钩点的位置和提升牵引角的大小。一般竖曲线的位置应尽量向分车道岔方向上提，尽可能使起钩点位于牛鼻子交岔点柱墩面附近，但也不要上提过大，要保证起钩点高低道处的矿车之间留有 0.3 m 以上的间隙，以保证正常甩车和摘挂钩的安全。设计中竖曲线的位置应根据井筒倾角、提升牵引角的要求，可以使斜面曲线和竖曲线重合或不重合。若不重合，可先布置斜面曲线后接竖曲线，也可先布置竖曲线后接斜面曲线。

③甩车场高低道坡度和高低道形式选择

甩车场的高低道与平车场的类似，其坡度一般按自动滑行进行设计，即高道储车线多设计成 8‰～12‰的坡度；低道储车线设计成 7‰～10‰的坡度。

甩车场储车线的长度设计可参看平车场储车线的确定方法。甩车场高低道形式与井底平车场类似（图 11-19），有五种类型。

甩车场高低道的形式与井底平车场所不同的是提、甩车线在斜面上便出现了高差 Δh。其值由式（11-13）求得：

$$\Delta h = S_0 \cdot \sin[\arcsin(\sin\theta \cdot \sin\gamma)] \tag{11-13}$$

式中　S_0——提、甩车线的斜面轨中距，m。

θ——斜井井筒倾角，(°)。

γ——提、甩车线平行线路与井筒内线路在斜面上的夹角，对一次回转的甩车场 $\gamma=\alpha_1$；对二次回转的甩车场 $\gamma=\alpha_1+\alpha_2$，(°)。

α_1、α_2——甩车道岔和分车道岔的辙岔角，(°)。

甩车场高低道的形式主要根据井筒的倾角及车场平面线路连接形式来选择，以满足起坡点间距和高差的要求。经验表明，甩车场高道起坡点超前低道起坡点距离 0.8～1.2 m 为宜；高低道最大高差不宜超过 1.0 m。根据这些要求，一般凭经验选取高低道的结构形式。

（3）甩车场线路计算

通常设计中，首先要确定车场平面线路形式并选择甩车场的各主要参数，凭经验选取高低道形式，然后进行线路计算。线路计算首先要确定竖曲线的位置，然后根据线路连接和线路各段的伪倾角进行线路斜面、平面尺寸计算和标高计算。

由于甩车场有关线路在斜面上就偏离了斜井的中心线而位于"伪倾斜方向"上，所以增加了设计计算的复杂性。在计算中经常要进行倾角、伪倾角、水平投影角之间的角度换算，为简化这种换算，已制成专门的表格供查取。另外，由于所选用的高低道形式和参数不同，确定竖曲线位置的方法不一样，甩车线路计算方法也不同。在设计中可以参考《煤矿矿井采矿设计手册》中的有关计算公式。

（4）甩车场交岔点设计

甩车场交岔点布置在与斜井同一倾角的斜面上，因此又称为斜面交岔点。斜面交岔点的设计原则上与平面交岔点是相同的。根据已知的甩车场巷道和斜井井筒的断面尺寸,以及线路计算数据,即可以进行交岔点设计。

斜面交岔点平面尺寸一般按斜面法进行计算,即按斜面尺寸计算。当竖曲线位于牛鼻子面以上时,则交岔点尺寸按平面法(水平投影尺寸)计算为宜。各类斜面交岔点平面尺寸的计算可参考有关手册中的公式。斜面交岔点断面尺寸的确定方法与平面交岔点相同。斜面交岔点通常采用直墙半圆拱形或三心拱形。为了减少工程量,中间断面随宽度增加拱基线相应降低。但当竖曲线位于交岔点时,由于高低道的影响,中间断面的墙高应按甩车道的标高决定。交岔点的设计亦可按作图法求解。

三、斜井施工特点

由于斜井井筒的倾角从几度到几十度不等,所以其施工方法、施工工艺和施工设备介于立井和平巷之间。

(一)斜井井颈施工特点

斜井井颈的施工方法,应根据地形、表土、岩石的水文地质条件来确定。当在山岳地带开凿斜井井口时,由于表土很薄或仅有岩石风化带,则井颈施工比较简单。只需将井口位置的表土和风化石清除干净,而后按斜井方向、倾角用钻爆法掘进,以临时支护保护施工安全。待掘进到设计的井颈深度后再由下向上砌碹。斜井的门脸必须以混凝土或坚硬料石砌筑,并在门脸的顶部修筑横向排水沟,以防汛期山洪涌入井内,影响施工,危害安全。山岳地带井颈段形式如图 11-21 所示。

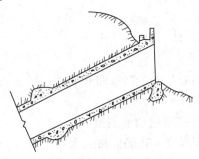

图 11-21　山岳地带井颈

当斜井口位于平原地区时,一般将井颈段一定深度内的表土挖出,使井口呈坑状,待明碹砌完后做好防水、回填土并夯实。人们把这种开挖的方法称为明槽开挖。若表土中含有薄层流砂且距地表的深度小于 10 m 时,为确保施工安全,需将井坑范围扩大,人们把这种开挖的方法称作大揭盖开挖方式。

明槽挖掘和斜井井口临时支护完成后,视表土稳定情况,将井筒再向下掘进 5~10 m,并由下向上进行永久支护,一直砌到井口设计标高。明槽回填后,再进行井颈暗挖段的施工。暗挖段的施工方法主要取决于井筒倾角和表土层的稳定情况。其中稳定表土是指主要由黏土或砂质黏土组成的黏结表土及主要由黄土组成的多孔性表土。稳定表土可采用普通法施工,即风镐挖掘或爆破掘进。

当表土层土质密实、坚固,涌水不大,井筒掘进宽度小于 5 m 时,可采用全断面一次掘进,金属拱形支架作为临时支护,段高取 2~4 m。当井筒掘进跨度大于 5 m 时,全断面一次掘进有困难,可采用两侧导碹施工法。

　　当斜井井筒进入风化带后,上部土层逐渐变薄而风化岩层逐渐加厚,在该过渡区段内,采用土、岩分别短段掘砌施工法。即先掘完断面上部土层后,在风化基岩上刷出临时壁座,将部分侧墙和拱顶砌好;然后再掘进断面下部的风化岩石,并补齐剩余的侧墙,这种方法称为先拱后墙短段掘砌施工法。采用该法施工时,段高不超过 1 m,可以不用临时支护。若土质较差,则仍需两侧导硐施工。当工作面全部进入风化带以后,即可改为全断面掘进,但要打浅眼、少装药、放小炮,严格支护管理,预防片帮、冒顶事故发生。当井颈段表土稳定且无水时,也可采用锚网喷作为永久支护或采用钢纤维喷射混凝土作为永久支护。在这方面我国有成功的先例,如南京某人防工程;陕西陈家山水库净宽 8.6 m 的半圆拱形大断面溢洪洞。

　　对于不稳定表土则可以根据不同的地质条件和水文条件而分别选用板桩法、混凝土帷幕法、沉井法、注浆法、冻结法等特殊施工法。

　　(二)斜井基岩段施工的特点

　　以往斜井施工中,施工方法、施工工艺、施工设备,基本上沿用岩石平巷的。因为斜井具有一定的倾角,以及装岩、提升、支护、排水和防跑车等各项工作都比岩石平巷施工困难,所以斜井施工的机械化水平、施工速度、工效等都不及岩石平巷。

　　随着大型提升机的出现,斜井掘进提升开始使用斜井箕斗,工作面排水应用喷射泵和潜水泵,耙斗装岩机应用于斜井施工并与箕斗提升配套使用,到 20 世纪 70 年代初已突破月成井 300 m。1974 年以后,又将激光定向、深孔光面爆破、微差爆破、锚喷支护、斗式矸石仓排矸等先进技术用于斜井施工中。80 年代初期,我国斜井施工已形成了具有中国特色的机械化作业线和设备配套模式。

　　近几年来随着矿井大型化、集中化,不仅矿井深度加深而且斜井断面也越来越大。与之相适应的施工设备也得到进一步完善和发展,设备配套更加合理,管理水平不断提高。我国的大断面深斜井的成井速度稳定在每月 150 m 左右,15 m² 以下的中小断面成井速度稳定在 300 m 左右,最高斜井月进度为 705.3 m。

　　斜井凿岩机具仍多为气腿式凿岩机,尽管机械化程度不高,但小巧、灵活、方便的优点使其在斜井掘进中仍占有一定优势。

　　随着打眼机具、锚杆锚索、喷射混凝土机具的改进,斜井基岩段支护简单化,使掘进和支护平行交叉作业成为现实。

　　在管理上,很多建井处实行了定任务不定时间的"滚班制"和四八交叉作业,提高了工时的利用率。在施工组织上,坚持正规循环作业,便于各工序平行交叉进行。组织综合工作队,明确工种岗位责任制,使工种之间要密切协作,工作之间密切配合。以小班循环为基本形式,合理安排各项工作,使斜井的成井速度保持了较高的水平。

　　保持斜井快速施工的措施如下:表土段施工应采用短段掘砌;基岩段施工采用掘支平行作业;钻爆作业采用激光定向、多台风钻凿岩、全断面一次深孔光爆;排矸作业采用大容积耙斗装岩机装岩、大型斜井箕斗提升;工作面采用喷射泵或潜水泵排水;在支护作业中采用锚网喷支护;在安全上设安全挡,防止跑车;作业中采用综合防尘和独头长距离通风;管理上采用正规循环作业和多工序平行交叉作业,坚持工种岗位责任制和组织综合工作队等。目前我国的斜井施工技术水平,已进入世界先进行列。

第二节 斜井表土施工

由于表土层土质松软、稳定性较差,一般有涌水,地质条件变化较大,斜井过表土距离长,因此施工时安全快速地通过表土层尤其重要。斜井表土施工,一般采用明槽开挖的方法。应用该法时,最好要避开雨季,以免给施工带来困难。

一、明槽挖掘

(一)明槽几何尺寸的确定

在明槽施工之前,应根据具体的地质条件、土层状况、斜井倾角、地下水位、施工设备等条件确定斜井井口明槽的有关尺寸。

1. 明槽边坡角 α_1

当表土层薄或者表土层虽厚,但具有自立性时,明槽侧壁可以是竖直的。但端壁和侧壁的上部,为防止滑塌可做成仰坡,如图 11-22 所示。

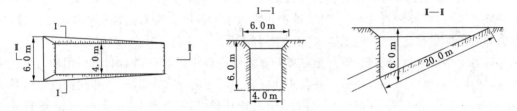

图 11-22 直壁明槽几何参数图

当表土层厚且不稳定时,明槽应有一定的坡度,如图 11-23 所示。

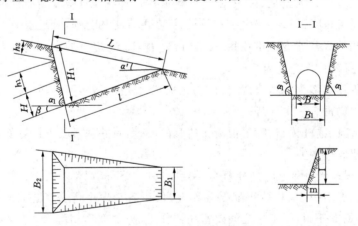

H_1—明槽斜深;h_1—顶板安全厚度;h_2—耕作层厚度;B—明井筒宽度;
B_1—明槽下口宽度;B_2—明槽上口宽度;α_1—明槽边坡角;L—明槽长度。

图 11-23 斜壁明槽几何参数图

明槽的坡度值根据开挖方式和土壤的物理力学性质,即土壤的内摩擦角、黏着力、湿度、重力密度等参数来确定。当土壤具有天然湿度、构造均匀、水文地质条件较好、无地下水时,不同表土的明槽边坡允许最大坡度值见表 11-1。

表 11-1 明槽边坡最大坡度数值表

表土名称	人工挖土 （将土堆在槽上边）	机械挖土	
		在槽底挖土	在槽上边挖土
砂土	45°(1：1)	53°08′(1：0.75)	45°(1：1)
亚砂土	56°10′(1：0.67)	63°26′(1：0.50)	53°08′(1：0.75)
亚黏土	63°26′(1：0.50)	71°44′(1：0.33)	53°08′(1：0.75)
黏土	71°44′(1：0.33)	75°58′(1：0.25)	56°58′(1：0.65)
含砾石、卵石土	56°10′(1：0.67)	63°26′(1：0.50)	53°08′(1：0.75)
泥灰岩、白垩土	71°44′(1：0.33)	75°58′(1：0.25)	56°10′(1：0.67)
干黄土	75°58′(1：0.25)	84°17′(1：0.10)	71°44′(1：0.33)

注：1. 深度在 5 m 以内适用上述数值；当深度超过 5 m 时，应适当加大上述数值。

2. 表中括号内的数字表示明槽边坡的坡度。

2. 明槽斜深 H_1

根据几何关系可推算出如下公式：

$$H_1 = \frac{h_1 + H}{\sin(\alpha_1 + \alpha)} + \frac{h_2}{\sin(\alpha_1 - \alpha)} \tag{11-14}$$

式中　H_1——明槽斜深，m；

　　　h_1——顶板安全厚度，取 2～4 m，若不稳定表土取 6～8 m，规定 $h_1 > 2$ m；

　　　H——斜井井筒掘进高度，m；

　　　α_1——明槽边坡角，(°)，按表 11-1 选用；

　　　α——斜井井筒倾角，(°)；

　　　α'——斜井井口的地面坡度，(°)；

　　　h_2——耕作层厚度，视 α' 角大小取 0.15～0.5 m。

3. 明槽长度 l，L

明槽下口长度：

$$l = \frac{H\sin(\alpha_1 - \alpha)}{\sin(\alpha' + \alpha)} \tag{11-15}$$

明槽上口长度：

$$L = \frac{H\sin(\alpha_1 + \alpha)}{\sin(\alpha' + \alpha)} \tag{11-16}$$

4. 明槽宽度 B_1，B_2

由于明洞段井壁更厚一些，为便于永久支护的砌筑，明槽下口宽度 B_1 应比斜井的掘进宽度 B 增加 0.6～1.0 m。

明槽上口宽度：

$$B_2 = B_1 + 2H_1\cos\alpha_1 \tag{11-17}$$

5. 明槽底坡度 α

明槽底的坡度应与斜井的倾角 α 相同。

明槽的几何尺寸还取决于水的影响和掘砌速度的影响。在水的影响下，明槽周围土体的物理力学性质发生了变化，土体稳定性显著恶化，此时，应将明槽的槽壁坡度变缓。

（二）明槽的防水和排水

为防止地面雨水流入明槽内，应在明槽四周挖掘环形排水沟。若在雨季开挖明槽，应考虑在明槽上部搭设防雨棚，并做好汛期防洪工作。必要时在明槽四周修筑土堤挡水。主排水水沟一般设置在施工区边缘或道路两旁，施工过程中应保持排水沟的畅通，必要时应设置涵洞。

在明槽开挖过程中，如果槽底面低于地下水位，那以地下水会不断地渗入明槽内，造成施工条件的恶化。因此，在明槽开挖前应根据水文状况采用井点降水和槽内排水。

明槽属于临时性挖方边坡，其挖掘的速度应尽量快，维护的时间应尽量短，以保证明槽周围土体的稳定。如明槽坡面上有局部渗入地下水，应在渗入处设置过滤层，防止土粒流失。为排出明槽中的积水，在槽底两侧设排水沟，在明槽前端设集水坑，用水泵排出明槽进入主排水沟。

当土体稳定性较差，明槽开挖较深，地下水丰富，容易发生流砂时，可采用井点降水法，使地下水降至明槽槽底面以下，从而渗水不能流入明槽内而保持土体稳定。

（三）明槽的临时支护方式

明槽挖掘好后，如土质较为坚固稳定，可用挡板、斜撑将斜井井口（明槽门脸）上部仰坡维护好，井口暗挖段部分架设密集棚子，如图 11-24 所示。

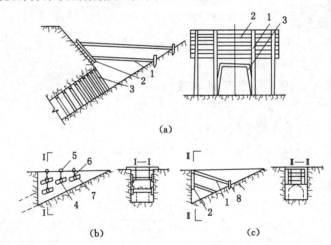

（a）

（b）　　　　　（c）

1—斜撑；2—挡板；3—密集棚子；4—横撑；5—明槽口横梁；6—铅丝；7—垫板；8—木桩。

图 11-24　稳定土质明槽临时支护

当土质松软不稳定时，可采用 45°台阶式边坡，用木桩插板加固。台阶尺寸 0.55 m×0.55 m，木桩长 1.0 m，如图 11-25（a）所示。

若进洞部分易产生局部坍塌，则需架设台棚及密集棚子，并于其上冒空处架上木垛，木垛与顶板之间用草袋背严，如图 11-25（b）所示。

（四）明槽回填

明槽挖掘和斜井井口临时支护完成后，视表土稳定情况，将井筒向下掘进 5～10 m 后，再由下向上砌筑斜井井壁，一直砌到设计井口标高，将斜井井口门脸砌筑完毕。在明洞的碹体外抹 50～60 mm 厚防水砂浆，并灌涂熔化的建筑沥青，做好外部的防水层或夯实三合土，然后再进行明槽回填。回填土应分层夯实，最后覆耕作土层，做好绿化工作。

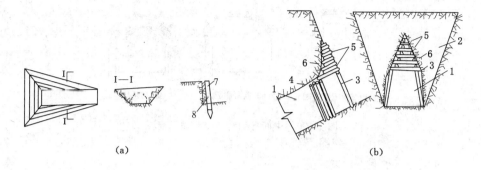

1—斜井井口;2—明槽;3—抬棚;4—密集棚子;5—木垛;6—草袋;7—木桩;8—插板。

图 11-25 不稳定土质明槽临时支护

（五）斜井暗挖段施工

斜井暗挖段,其施工方法主要取决于井筒倾角和表土层的稳定情况等因素。当表土层稳定,可采用普通法施工。现场有两种施工法,一是当土层为干的多孔性表土时,可以用风镐挖掘,一般工作面可布置 4～6 台风镐同时作业。这种方法,施工时噪声大,工作人员应做好防护。二是当土层为黏土或砂质黏土组成的黏结性土层时,由于它含有水分而状如硬泥,其韧性极大,只能用爆破法施工。孔深可控制在 2.0 m 以内,砌碹时需人工修边。稳定性表土中无水时,也可采用锚网喷支护。不稳定表土,应采用特殊法施工。确定施工方案时,要牢固树立"以人为本,安全第一"的思想,并经过论证后,选择最佳施工方案,以做到安全施工。

二、深表土掘砌方法

我国煤田的表土层多为第四纪冲积层,其稳定性受分布地域的影响较大。即使同一地域的表土层,也因土质结构性质、含水量、渗透性等不同而差异较大。

（一）稳定表土施工

稳定性表土层的斜井施工比较简单,一般采用普通法施工。当斜井掘进跨度小于 5.0 m 时,可全断面一次掘进短段掘砌施工;当斜井掘进宽度大于 5.0 m 时,可采用中央导硐或两侧导硐施工法。

1. 全断面一次掘进法

当土质致密坚硬、涌水量不大,且井筒掘进宽度小于 5 m 时,可采用全断面一次掘进施工方法。临时支护方式为金属拱形支架,支架平面须有 2°～3°迎山角,支架间距为 0.4～1.0 m。掘砌交替进行,段距为 2～4 m。例如,韩城矿区象山斜井表土为 120 m 厚的黄土层,采取全断面一次掘进,料石砌碹,掘砌段距 4 m,取得了良好效果。

2. 中间导硐法

当表土较稳定、掘进宽度大于 5 m,全断面掘进有困难时,可在井筒中间先掘深 2 m 左右的导硐,然后向两侧逐步扩大（图 11-26）,临时支架沿井筒轴向架设。刷大要两侧同时进行,每次刷大宽度 0.6 m 左右,并立即架设一根顺井筒轴向的棚梁。待刷够掘进断面后,及时砌碹。例如,鸡西矿区穆棱矿六井表土为稳定的砂质黏土层,掘进宽度为 8.6 m,采用中间导硐法施工,当遇有含水层且涌水较大时,导硐法留有 0.5 m 的超前部分不刷,作为井底临时水窝。

(a) 掘中间导硐　　　(b) 向两侧刷大　　　(c) 砌碹

图 11-26　中间导硐法施工步骤示意图

3. 两侧导硐先墙后拱法

当表土不太稳定,且断面较大时,在断面两侧分别掘进小断面导硐,先墙后拱短段掘砌(图 11-27)。掘导硐时,先架设木棚子,掘出 2～4 m 后,在导硐内砌墙,然后掘砌拱顶部分,最后掘出下部中间土柱。例如,鸡西矿区滴道矿六井表土大部分为砂砾层,采用两侧导硐先墙后拱法施工。设计掘进宽度 8.9 m,导硐宽 1.5 m,其高度略高于墙,掘拱顶部分时,金属临时支架的拱梁立于两侧砌好的墙上。砌拱时,碹胎利用下部的中间土柱支撑。

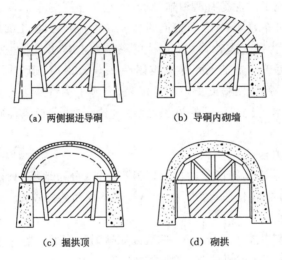

(a) 两侧掘进导硐　　　　　(b) 导硐内砌墙

(c) 掘拱顶　　　　　　　(d) 砌拱

图 11-27　两侧导硐先墙后拱施工步骤图

4. 先拱后墙法

当井筒工作面进入岩石风化带之后,或工作面上部土层松软、下部土层密实,则宜先掘砌上部,后掘砌下部。掘砌段距以 3～5 m 为宜,其掘砌步骤见图 11-28。

井筒开口后,开始区段应架设密集棚子,向下掘进 5 m 左右,停止掘进,从下向上砌筑井口部分直到地面为止。在明槽的永久砌筑外部须设防水层,然后回填并分层夯实。

在表土层中施工井筒,为确保工作的安全,多采用短段掘砌施工方法,掘砌段距一般为 2.5 m。土质稳定,掘进宽度小于 5 m 时,可采用全断面一次掘进;反之则采用导硐法。

(二) 部稳定表土施工

不稳定性表土,是指含水的砾石、砂、粉砂组成的松散性表土、流砂或淤泥层,对于这类地层一般必须采用特殊方法施工。

当不稳定表土层埋深不超过 10 m 时,多采用板桩法;当涌水量较大时需配合工作面超

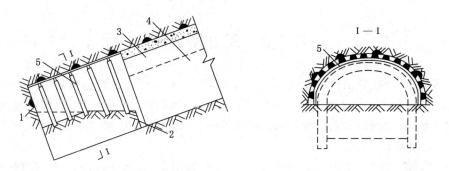

1—表土工作面；2—风化岩石工作面；3—拱；4—墙；5—金属临时支架。

图 11-28　先拱后墙法施工示意图

前小井降水和井点降水的综合措施来施工(图 11-29)。当含水砂层埋深在 20 m 以内时，可采用沉井法施工，如山东井亭煤矿斜井；当涌水量大，流砂层厚，地质条件复杂，一般流砂层厚 30～50 m 时，可采用混凝土帷幕法施工；在深厚不稳定表土层中也可以使用注浆法施工，采用水泥、水玻璃($Na_2 \cdot nSiO_2$)双液注浆。

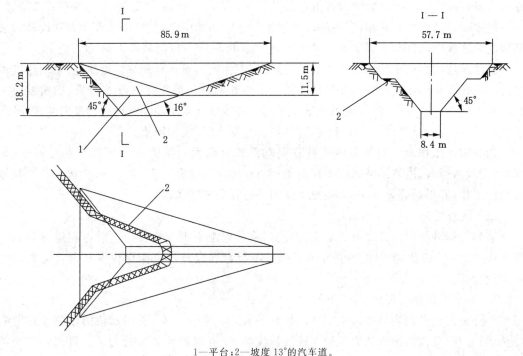

1—平台；2—坡度 13°的汽车道。

图 11-29　斜井明槽开挖降低水位法施工图

以往冻结法在斜井施工中应用较少，其原因是斜井冻结技术较立井冻结技术复杂，经济效果也不如立井。但从斜井开拓和立井开拓的建井、生产总体效益相比，斜井优于立井。随着冻结技术的推广应用和斜井开拓及斜井-立井综合开拓的日益增多，深厚表土中的斜井冻结法施工，将更为普遍。

在深厚表土斜井施工中，其永久支护的形式多为料石砌碹、混凝土砌碹、钢拱架及锚网喷支护等。

第三节 斜井基岩施工

20世纪80年代我国的斜井快速施工已形成了具有中国特色的机械化作业线和设备配套方式。作业方式和劳动组织进一步优化,工效进一步提高,施工技术取得较大发展。进入21世纪以后,伴随国家体制的改革和承包制的推行,斜井施工技术已进入一个崭新的阶段。

一、钻眼爆破

现在斜井基岩掘进都采用中深孔全断面一次光面爆破和抛渣爆破。斜井钻眼采用导轨式凿岩机,虽然有助于实现深孔光爆,但凿岩台车的调车让位需要较长的时间;使用钻装机又不能使钻眼与装岩两大主要工序平行作业;目前生产的液压气腿式凿岩机,钻眼速度比较快,但其后部配备的工作车又影响装岩工作。因此,国内外斜井快速施工中,多采用气腿式风动凿岩机,多台凿岩机同时作业。施工中多选用YT-28型中频凿岩机。一般根据工作面的宽度计算,每0.75~1.0 m布置一台,全断面布置4~7台,凿岩生产率约为100 m/h。

根据岩石的硬度,钎头、钎杆的选择与岩石平巷一样,一般选用"一"字形 $\phi42$ mm 合金钢钎头或四柱齿 $\phi44$ mm 合金钢钎头。

炮眼布置基本与平巷相同,掏槽眼布置于斜井断面的中部,周边眼布置于斜井设计掘进断面的轮廓线上,其中,底眼的倾角要大于斜井倾角5°~6°,以防底板上飘。

斜井掘进工作面中的炮眼都带有一定倾角,工作面一般都有积水。因此,必须使用抗水炸药。现场多采用水胶炸药或2号抗水岩石硝铵炸药。为取得好的爆破效果,掏槽眼应采用高威力炸药连续反向装药,而周边眼应采用低威力炸药或小药径炸药连续反向装药,与平巷装药基本相同,只是底眼应加大装药量,最后起爆底眼,实现抛渣。

斜井掘进工作面一般都采用毫秒延期电雷管全断面一次爆破。当斜井倾角小于15°时,采用抛渣爆破,渣堆的高峰距工作面4~5 m,空顶高度为1.7~1.8 m,非常有利于装岩和打眼工作,并提高装岩效率,为主要工序的平行作业创造条件。

二、装岩提升

装岩与提升是斜井井筒掘进的主要环节,直接影响着掘进速度。二者占掘进循环的时间60%~70%,因此,国内外的斜井施工都强调装岩和提升的机械化程度及设备配套综合能力的发挥。

(一)耙斗装岩机装岩

斜井装岩设备国内外基本上都采用平巷的装岩设备。日本、英国和德国以侧卸式装岩机为主;苏联、美国以蟹爪装岩机为主;法国、波兰、捷克以耙斗装岩机为主。我国几乎全都采用耙斗装岩机。

耙斗装岩机结构简单、制造容易、造价低廉、维修费用低;工作适应性强,能用于大角度斜井掘进中,生产率高。随着大断面斜井快速施工的要求,耙斗装岩机的斗容也相应成为标准系列,分别是 0.3 m³、0.6 m³、0.9 m³ 和 1.2 m³,其中 P120B 型耙斗装岩机的生产率高达120~180 m³/h。在大断面斜井施工中,根据提升容器情况,也可同时布置两台耙斗式装岩机,以加快装岩速度。

耙斗装岩机在斜井中安设的位置,尾轮的吊挂位置和方法,均与平巷掘进相似。耙斗装岩机距工作面的距离,一般控制在60 m以内。尾轮距工作面的距离,视断面大小而异,一般为 3～5 m,高度高于岩堆 0.8～1.0 m。当清理工作面矸石时,尾轮可根据岩石分布情况将其悬挂于任何地点,并辅以手工清底。耙斗装岩机在斜井中的固定方法和耙斗的耙角大小与平巷耙斗装岩机有所不同。当斜井倾角 α<25°时,除了用耙斗装载机本身的卡轨器进行固定以外,还应增设两个大卡轨器。

大卡轨器一端固定在装岩机台车后立柱上,另一端卡在钢轨上。当斜井倾角 α>25°时,除增设上述的大卡轨器外,还应另设一套防滑装置。如用 4 副"U"型卡子把车轮和钢轨一起卡住;或者在巷道底板上钻两个深 1 m 左右的孔,楔入两根圆钢或经红炉加工好的铁道橛子。也可打底锚杆或膨胀螺栓,用钢丝绳将耙斗装岩机卡在地锚上。总之,防滑装置应安卸简便,使用安全可靠。斜井施工用耙斗的耙角较平巷耙斗的耙角大,并随着斜井井筒倾角增大而相应增加。一般当斜井井筒倾角 α≤20°时,耙角可选 60°～65°;当斜井井筒倾角 α≥25°时,耙角选 65°～70°。

为加快斜井施工装岩,应选用与提升容器相匹配的大斗容耙斗装岩机。如贵石沟主斜井采用 0.9 m³ 斗容的 PY-90 型耙斗装岩机;新高山主斜井采用 1.2 m³ 斗容的 P120B 型耙斗装岩机。

法国 C2 型耙斗机,可同时牵引三个耙斗工作。耙斗将工作面的矸石耙运到前端的受料槽上后返回,矸石由刮板输送机送到机体后方,卸入箕斗或转载机。为了加快斜井装岩速度,我国仍需研制斜井掘进专用的高效装岩机。

(二)箕斗提升

斜井掘进采用箕斗提升,是快速掘进中设备配套的重要环节。我国以往采用的箕斗有后卸式、前卸式和无卸载轮前卸式三种形式,其中无卸载轮前卸式箕斗使用效果最好。它的特点是,将前卸式箕斗突出箕斗箱体两侧外 300 mm 的卸载轮去掉,在卸载处配置了回转式卸载装置-箕斗翻转架。卸载方式如图 11-30 所示。

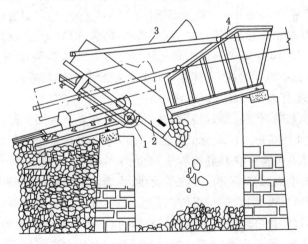

1—翻转架;2—箕斗;3—牵引框架;4—导向架。

图 11-30 无卸载轮前卸式卸载方式

当箕斗由提升机提至井口,进入翻转架时,箕斗牵引框架上的导轮就沿导向架上的斜面上升,将斗门开启,同时箕斗与翻转架绕回转轴旋转,向前倾斜约 50°卸载。箕斗卸载后,与翻转架一同借助自重复位，然后箕斗离开翻转架，退回正常轨道。

无卸载轮前卸式箕斗的优点是：由于去掉了箕斗箱体两侧突出的卸载轮，可以避免箕斗运行中发生挂碰管缆、设备与人员等事故；加大了箕斗有效装载宽度，提高了井筒断面利用率；卸载快（7～11 s），能提泥水；结构简单、易于制造、便于检修。

无卸载轮前卸式箕斗的缺点是：卸载装置靠自重复位，因而卸载时过卷距离短，仅有 0.5 m 左右，所以，除要求司机有熟练的技术外，提升机要有可靠的行程指示装置，或在导向轮运行的导轨上设提升机自动停止开关。另一个缺点是卸载时牵引力为正常提升牵引力的 1.5 倍，易使提升机突然过负荷。过大的卸载冲击力亦容易使卸载架变形。

施工中，箕斗的实际提升能力与装岩机的效率、提升速度等诸多因素有关，所以，提升能力应与装岩能力相匹配。

（三）矸石仓储矸

为了提高地面运输效率，协调箕斗提升和地面排矸的能力，在井口必须建造临时矸石仓。矸石仓的容积至少能容一个循环排出的矸石量。陕西省煤炭科学研究所与西安科技大学共同研制出装配式 40 m³ 矸石仓与栈桥。该矸石仓为斗状钢结构，以螺栓连接装配，结构紧凑，拆、装、搬运方便，可多次复用。矸石仓容量可调整为 40 m³、32 m³、24 m³ 和 16 m³，还适用于单面和双面排矸。排矸口尺寸为 1 m×1 m，排矸口高度为 1.5 m 和 2.5 m 两种规格，最大荷载 900 kN，自重 10.3 kN。栈桥由支架和托梁组成，桥面与斜井倾角一致，与矸石仓配套使用，装、拆方便，复用性好。

三、支护技术

斜井永久支护，20 世纪 70 年代前多采用料石砌碹和混凝土支架支护，现在广泛采用锚喷支护。采用锚喷支护时应重点解决好以下几个问题。

（一）建立井口混凝土搅拌站

选用 HPC-Ⅷ型潮式混凝土喷射机及其配套的 LPG-1600 型供料装置。两者配合使用，使集配料、搅拌、速凝剂添加功能于一体。配比准确，搅拌均匀，远距离输送稳定，减少粉尘，降低回弹，节约材料。能保证和提高喷射混凝土的质量。为保证混凝土远距离输料安全作业，地面喷射站与井底喷射面之间，必须建立可靠的信号和电话联系。

（二）合理控制喷射工作风压

将混凝土搅拌机和喷射机布置在地面，利用斜井井口和工作面的高差，实行远距离管路输料，在我国已超过 1 000 m。它减少了支护作业占用斜井的空间，减少了井下粉尘，为实现掘进和支护平行作业创造了条件并节省工时 30%～40%。

管路长距离输料会有风压损失。其损失大小，主要与管径、管壁光滑程度、斜井倾角、混凝土配合比、输料距离以及管道连接方式等有关。但在管道已铺设完毕，进行正常喷射支护时，风压损失仅与输料距离、喷射机出口风压及喷嘴出口风压等因素有关。

通过现场实测发现：输料管绝对风压损失随输料距离的增长而增加，而输料管的平均百米风压损失，却随输料距离的增长而减小。其变化关系见表 11-2、图 11-31 和图 11-32。

若斜井倾角增大，而垂高降低相同时，绝对风压损失均减小，其变化关系见表 11-3、图 11-30 和图 11-31。

表 11-2　远距离输料风压损失(斜井倾角不变)

输料距离 /m	斜井倾角 /(°)	管径 /mm	喷射机工作风压 /MPa	喷头工作风压 /MPa	全管路绝对风压 损失/MPa	平均百米风压 损失/MPa
330	16.5	52.5	0.36	0.05	0.30	0.091
490	16.5	52.5	0.45	0.08	0.37	0.075
772	16.5	52.5	0.51	0.085	0.425	0.055

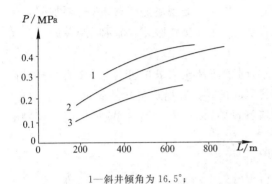

1—斜井倾角为 16.5°;

2—斜井倾角为 20°;3—斜井倾角为 25°。

图 11-31　斜井输料时全管道绝对风压损失曲线

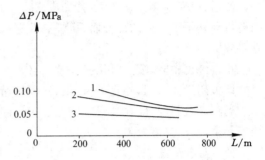

1—斜井倾角为 16.5°;

2—斜井倾角为 20°;3—斜井倾角为 25°。

图 11-32　斜井输料时平均百米风压损失曲线

表 11-3　远距离输料风压损失(斜井倾角不同)

斜井倾角/(°)	输料斜长/m	垂高降/m	全管路绝对风压损失/MPa	相对百米垂高风压损失/MPa
16.5	350	−100	0.305	0.305
	700	−200	0.415	0.110
20	292	−100	0.220	0.220
	584	−200	0.335	0.115
	876	−300	0.385	0.050
25	234	−100	0.105	0.105
	465	−200	0.190	0.085
	702	−300	0.250	0.066

　　施工中,混凝土喷射机常配备两套,管路两趟布置在斜井井筒的两侧,便于喷射工作。在大断面斜井中,宜设置移动式工作台。喷头的工作风压应控制在 0.06~0.08 MPa,喷头距工作面 0.8 m 左右,粉尘浓度及回弹率均较小,喷射质量和效果也好。

　　(三)减少输料管的磨损和防止管道击穿

　　随着输料距离的加长和输料量的增加、使用日久,使输料管的磨损加大,有可能发生管道击穿现象。其中,管道接头、弯曲处,最容易受到损伤。因此,应采取如下措施:① 适当将输料管的钢管直径加大到 150 mm,或选用耐压 1 MPa 以上的,耐磨损和不产生静电的硬质塑料管;② 管路连接采用快速接头,保证管路平、直并与斜井倾角一致;③ 为了减少输料高压胶管的磨损,现多用耐磨硬塑料管代替。

（四）预防和处理管路堵塞

喷射混凝土远距离输料过程中，有可能发生管路堵塞现象。造成堵管的主要原因有：

（1）筛选不严，偶尔有较大碎石或杂物、结块水泥混入拌合料中。

（2）潮喷时拌合料中含水率过大，压风中有一定水汽，引起管路内壁黏结，形成瓶颈。

（3）喷射作业结束后，清洗不彻底，管路内壁或喷射机内有黏结块，在运转中脱落。

（4）喷射风压过低，喷射料在管内或转弯处沉积、黏结，造成管路不通。

堵管现象发生后，检查和排除比较困难，为不影响施工，一般配套两套喷射系统。做到一套使用、一套检修。施工中，首先应立足于预防堵管。根据现场施工经验，只要加强地面喷射机和井下工作面的信号联系，提高管路敷设质量，熟练操作技术，就可以避免和减少堵管事故。

正常施工中时，喷射机司机注意力必须集中，时刻注意压力表的变化，当压力突然升高时立即关闭进风阀门，停止供风、供料，以防堵管事故的扩大和增加排除的困难。

远距离输料时，应在输料管路上装置监测堵管设施，以便发生堵管事故时，能迅速判断堵塞部位，及时排除故障。

四、安全装置

斜井和下山掘进中，矿车或箕斗的提升运行很频繁，容易发生跑车事故。为保证安全生产，必须针对发生跑车事故的原因，采取相应的安全装置或措施。

（一）预防跑车事故发生的安全措施

（1）断绳跑车。作业中由于提升钢丝绳的磨损、锈蚀，使钢丝绳断面不断缩小；在长期变载作用下，钢材发生疲劳；超负荷提升等原因，使钢丝绳断裂，造成跑车。为此应该合理地选用和使用提升钢丝绳。如选用耐磨的 6×7 钢丝绳，经常涂油防锈，地滚轮安设齐全、转动灵活，设专人检查提升绳，定期更换钢丝绳等。

（2）脱钩跑车。串车提升中由于钢丝绳连接绳卡滑脱或钢轨铺设质量差，串车间插销不合规格或插入深度不够，中途错车矿车碰撞或运行中车辆跳动而中途脱钩发生跑车事故。为此，应当使用强度高、不会自动脱出、摘挂方便的连接装置。另外，尽量铺设重轨、提高轨道铺设质量、增加固定轨距拉杆等，使串车或箕斗运行平稳，不掉道、不跑车。

（3）挡车器失灵或误操作而发生跑车。由于斜井井口的操车设备，如推车机、阻车器失灵，或者把钩工忘记挂钩而推车入井发生跑车事故。据统计，这类跑车事故约占全部跑车事故的 70%。

在斜井井口平车场，为防止摘钩时不慎而使矿车跑入井内，可在井口装设一个逆止阻车器，如图 11-33 所示。

这种阻车器结构简单，先将两根等长的 15 kg/m 的弯成 L 形的钢轨，平行地焊在同一根横轴上，再用轴承将横轴固定在轨道下部专设的道心槽内。由于弯轨尾部带有配重，平时保持水平，头部则抬起高出轨面并能挡住矿车的轮轴，可以防止跑车。横轴外端装有联动踏板，当向井内放车时，把钩工踏下踏板，使弯轨头部倒下，低于轨面水平。此时，尾部虽上抬，但不超过轨面，矿车通过后，松开踏板，阻车器又恢复到阻车位置。从井下上提的矿车，通过此阻车器时，轮轴撞着弯轨头部，使其倒下而顺利通过。这种斜井井口平车场采用的阻车装置，制作简单、使用可靠，在峰峰、抚顺、涟邵矿区等被广泛应用。

斜井施工时，在井口安设的另一种阻车装置为安全挡车板。其工作原理是，在矿车底盘

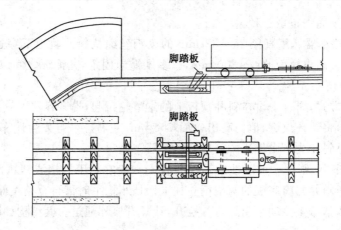

图 11-33　逆止阻车器

下安装一个活动闸。矿车挂钩时,销子插入孔内,而把活动闸短端压下,使长端翘起为水平状。矿车摘钩后,活动闸由于重心作用,其长端垂直向下。在斜井井口平台两轨道中心的地下埋入钢板,当矿车没有挂钩时,活动闸使矿车不能通过挡板。这种阻车装置需安设在每个矿车上,且需要活动闸灵活,挡车板周围要保持清洁,否则阻车失效。这种安全挡车板使用时,注意矿车运行方向,不能倒行。安全挡车板结构如图 11-34 所示。

另一种设于斜井井口的防跑车装置为绳压式防跑车装置,其结构如图 11-35 所示。

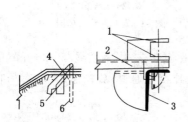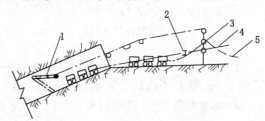

1—挂钩销孔;2—矿车底盘;3—活动闸;
4—斜撑;5—钢板;6—基础。

图 11-34　安全挡车板结构图

1—挡车门;2—钢梁;3—可移动的绳轮;
4—钢丝绳提升位置;5—钢丝绳松弛位置。

图 11-35　绳压式防跑车装置结构图

正常提升时,提升钢丝绳拉紧,将上下移动的绳轮压下,使绳轮通过钢丝绳将设在斜井口的挡车门抬起。若摘钩不慎或断绳发生跑车时,提升钢丝绳松弛,挡车门由于本身自重落下,关闭井筒,制止跑车。

（二）跑车事故发生后,防止事故扩大化的安全设施

斜井井筒掘进时,井筒工作面的上方必须设置安全设施-防跑车装置。一个理想的防跑车装置,应该具有监测、捕捉、制动三项功能。用于生产矿井的斜井或下山中比较理想的防跑车装置有:PJZ-1 型斜井跑车监测制动系统、PJBK-1D(S)常开式单（双）轨斜巷运输安全辅助装置和 PZBB-1D(S)常闭式单（双）轨斜巷运输安全辅助装置等系列。用于斜井或下山掘进中的防跑车装置,仍以手动、自动的机械设施为主。主要有以下几种:

1. 井下可移式挡车器

这类挡车器布置在斜井或下山掘进工作面上方 20～40 m 处,常用的有钢丝绳挡车器、

型钢挡车器和钢丝绳挡车帘三种。

(1) 钢丝绳挡车器。用直径 25～32 mm 的废钢丝绳从斜井轨道下穿过,围成 2～3 圈的环状。绳的两头高出轨面 600～800 mm,以多副绳卡固定,三绳环之间以扁钢、铅丝绑扎定位,如图 11-36 所示。

绳环以手动方式,通过安设在斜井顶板上的定滑轮拉起,提升容器下放到工作面。提升容器提过绳环后,将绳环放倒,但仍高出轨面 700 mm 左右。一旦发生跑车事故,绳环即将提升容器挡住,小斜井或下山掘进中可用此挡车器。

(2) 型钢挡车器,则是一种刚性的挡车装置。一般它是用型钢或钢轨做成门式的挡车框,安装在垂直于斜井井筒底板的两根钢立柱上。挡车框平时借自重始终保持关闭状态,矿车或箕斗通过前,信号工拉动牵引绳将其拉开,让提升容器通过。其结构如图 11-37 所示。

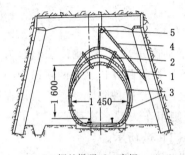

1—钢丝绳环;2—扁钢;
3—绳卡子;4—牵引绳;5—滑轮。
图 11-36　钢丝绳挡车器

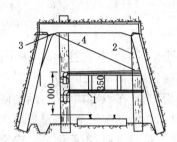

1—型钢挡车框;2—加固立柱;
3—滑轮;4—牵引绳。
图 11-37　型钢挡车器

(3) 钢丝绳挡车帘。它是以两根 $\phi150$ mm 的钢管为立柱,用钢丝绳与 $\phi25$ mm 的圆钢编成帘子形状。手拉悬吊钢丝绳将帘子上提,可使提升容器通过;放松悬吊绳,帘子自动落下而起到挡车的作用,其结构示意如图 11-38 所示。

2. 井筒内固定式挡车器

当斜井井筒长度较长时,在井筒中部安设悬吊式自动挡车器,其结构如图 11-39 所示。

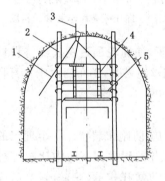

1—悬吊绳;2—立柱;3—吊环;
4—钢丝绳编网;5—圆钢。
图 11-38　钢丝绳挡车帘

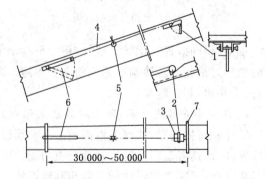

1—摆动杆;2—横杆;3—固定小框架;4—8 号铅丝;
5—导向滑轮;6—挡车钢轨;7—横梁。
图 11-39　悬吊式自动挡车器

悬吊式自动挡车器是在斜井井筒断面顶部安装横梁,其上固定一个小框架;其上设有摆杆,它平时下垂在轨道中心线位置,距轨面高约 900 mm。提升容器通过时能与摆杆相碰,碰撞长度约为 100~200 mm。当提升容器以常速运行时,不会触动框架上的横杆。一旦发生跑车事故时,高速运行的提升容器,猛撞摆杆,将牵引绳与挡车钢轨(型钢)相连的横杆打开。失去拉力的钢轨(型钢)牵引端在自重作用下迅速落下,形成阻挡提升设备继续下跑的障碍,起到防止跑车的作用。安装、使用这种防跑车装置时,必须控制好摆杆到挡车轨的距离,以便确保提升容器到达阻车点前挡车轨落下。其可靠程度需经过超速放车试验确定。

五、治水技术

斜井掘进时,妥善处理涌水是加快掘进速度,也是保证工程质量的重要措施,应根据涌水的来源和大小,相应地采取不同的排水与治水措施。主要有以下几点:

(1)避水。选择斜井井筒位置时,应根据详细的地质及水文条件,尽可能地避开含水岩层。多数情况下,井筒要穿过含水岩层,此时应先掘进其中的一条井筒,通过施工排水,降低水位,为另外井筒的施工创造好条件。

(2)防水。为了防止地表水流入或渗入井内,必须使斜井井口标高高于当地最高洪水位;在井口周围掘砌环形水沟;井口回填土必须严实;井颈段永久支护要求不漏水。

(3)截水。当涌水是沿着顶板或两帮流出时,应在斜井底板每隔 10 m 左右挖一道横向水沟,将水引入纵向水沟中,再导至设在井筒涌水点以下的临时水仓中,由卧泵排出斜井井筒,从而减少流入工作面的水量。

(4)排水。当斜井掘进工作面的涌水量达到 4~5 m^3/h 时,可采用风动或电动潜水泵将工作面积水排到箕斗或矿车中,随同矸石一起排出。当掘进工作面涌水量达 15~30 m^3/h 时,也可以利用卧泵直接排水或通过中间排水机具转排。目前常用的有 QOB-15N 型气动隔膜潜水泵,其吸水高度达 7.0 m,扬程达 58 m,噪声小于 80 db,使用寿命长,是较好的掘进工作面排水设备。但它只能吸清水,吸水头应加滤网防护。

另一种中间排水机具是喷射泵。其原理是由主排水卧泵供给的高压水进入喷射泵的喷嘴中,以极高的速度射入混合室造成负压,工作面的积水即可借助大气压力和混合室的压力差沿吸水管路进入混合室,吸入的水与高速水流混合获得较大动能,经由扩大器使大部分动能变成位能,即可将水排到一定高度处的水仓中,再由主卧泵排走。

(5)注浆。当斜井掘进工作面涌水量较大时,采用强排的方法不仅经济上不合理,同时占用工作面时间、施工条件恶化。为此可采用工作面预注浆的方法,封堵含水层,实现打干井,提高掘进速度。

第四节　上山快速施工技术

自运输水平向上倾斜的巷道称为上山,向下倾斜的巷道称为下山。上山和下山都是采区中的倾斜巷道。若从掘进方向而言,上、下山均可由下向上施工(常称为上山掘进),也可以自上向下施工(常称为下山掘进)。但在有瓦斯突出的煤层中施工上、下山,如无专门的安全措施,上山只能由上水平向下掘进,这时的掘进特点就和下山掘进相同了。下山掘进与斜井施工基本相同,下面仅讲述由下向上施工(即上山掘进)的特点。

一、钻眼爆破

上山掘进的钻眼爆破中,由于巷道具有向上倾斜的特点,因此要求爆出的巷道,应符合上山倾角的要求,防止底板的"上飘"和"下沉"。上山掘进时,倾角较大的上山,其底板倾角容易"下沉",使上山倾角变小;倾角较小的上山,施工中其底板容易"上飘",超过上山的设计倾角。

上山掘进中,抛掷出来的矸石容易将临时支架或后面的悬挂物崩倒或崩掉。因此爆破时除对这些设施加以保护和加固外,还应改为底部掏槽。槽眼的角度均应小于上山的倾角,槽眼的眼口距设计上山底板约为 1.0 m。槽眼的数目应视岩性而定。若沿煤或软岩层掘进,可采用三星掏槽,其中下面两个炮眼的角度和深度要掌握好。当岩石较硬时,底眼可插入底板 200 mm 左右,适量装药,上方的一个槽眼应沿上山方向稍向下倾斜,其布置如图 11-40 所示。

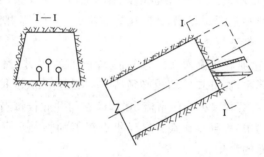

图 11-40 上山掏槽掘进方法

在煤或软岩中掘进,同样要采用光面爆破,以利永久支护。周边眼的位置应略微离开设计掘进断面轮廓线,以保证永久支护后的断面尺寸。

二、装岩与提升运输

上山掘进时,由于爆破下来的煤或岩石能借助自重下滑,所以,装岩和排矸比较容易,而向上供料比较困难。

上山掘进时,应使用机械装岩。当上山倾角 $\alpha < 10°$ 时,可以使用 ZMZ-3 型装煤机,配合刮板运输机运输;当上山倾角 $\alpha \leqslant 30°$ 时,还可采用耙斗装岩机。耙斗装岩机在上山掘进中的下滑问题比斜井掘进时更为突出,不仅增加了爆破冲击产生的下滑力,而且耙斗装岩机后部是光滑的轨道,没有堆积矸石的阻挡,比斜井掘进更容易下滑;同时,耙斗装岩机沿上山坡度安置,其重心后移,也增大了下滑力。因此,耙斗装岩机在安设时,除自身的四个卡轨器以外,还需另添防滑加固装置。图 11-41 所示,是一种广泛应用的简单防滑加固装置。它是在耙斗装岩机后立柱上装上两个可以转动的防滑斜撑。斜撑用 18 kg/m 钢轨加工制作,长度为 1.0 m 左右,下部做成锐角状,上部在轨道腹板钻孔,用销轴与耙斗装岩机后立柱连接。斜撑底脚插入上山底板或用卡轨器与轨道相连。

为了防止爆破岩石砸坏耙斗装岩机,尽量减少爆破对其产生的冲击力,耙斗装岩机安设的位置,距上山掘进工作面的最近距离以不小于 8 m 为宜。随着掘进工作面向上推进,耙斗装岩机每隔 30~50 m 需向上移动一次。每移动一次需 8~16 h,其主要工作是清底、铺轨、移机、固定、调试。移动时,可以利用提料小绞车向上牵引。若向上角度大,可用提升机和耙斗装岩机自身绞车联合牵引上移。移机时,工作面上的定滑轮必须固定牢固,机后严禁

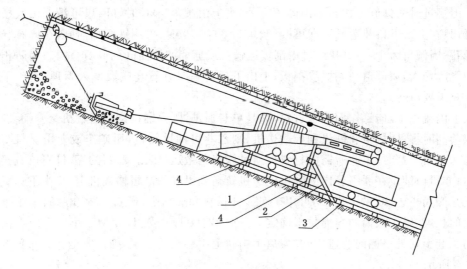

1—耙斗装载机的后立柱；2—钢轨斜撑；3—枕木；4—卡轨器。

图 11-41 耙斗装岩机防滑加固装置

有人。

为提高装岩生产率，耙斗装岩机可以与刮板输送机或溜槽配套使用，这时需在耙斗装岩机的卸载口下接一节斜溜槽，使矸石进入溜矸道或刮板输送机上，如图 11-42 所示。

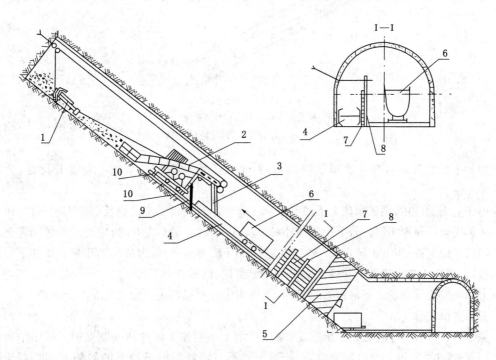

1—耙斗；2—耙斗装岩机；3—斜溜槽；4—链板输送机或溜槽；5—矸石仓；

6—矿车；7—挡板；8—立柱；9—防滑钢轨斜撑；10—卡轨器。

图 11-42 耙斗装岩机与刮板输送机或溜槽配套关系

上山掘进时的排矸方式与上山倾角有关,当上山倾角>30°时,矸、煤可沿上山底板借自重下滑,只在上山下口装运矸石即可;当倾角为20°~30°时,可用铁溜槽溜矸,在矸石仓下口装运矸石;当倾角为15°~20°时,可用刮板运输机或搪瓷溜槽溜矸到矸石仓内。为防止矸石下滑中飞起伤人,溜矸道一侧要设挡板,上山下口的临时矸石仓应设专人管理,向矿车内放矸时注意不要窜矸。

在上山掘进中,向工作面运送材料,如是单巷掘进,既要铺设刮板运输机又要铺设轨道。若是双巷同时掘进时,甲巷铺设刮板输送机,则乙巷可铺设轨道,用矿车或专用材料车向工作面运送材料。这时,甲巷所需的材料可通过联络巷搬运过去。乙巷的煤、矸石可直接装矿车下运,亦可由铺设在联络巷内的刮板输送机转运到甲巷的刮板输送机上,集中下运。

凡是倾角小于30°的上山,均可用矿车提升材料和运出煤、矸石。提升用的小绞车应根据上山的长度、绞车滚筒的容绳量来确定。一般用JD11.4或JD25型。小绞车应设在上山下口与平巷衔接处一侧的巷道内,并偏离上山轨道中心线的位置,确保安全。其布置方式如图11-43所示。

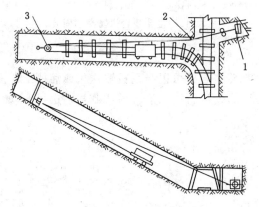

1—提升绞车;2—立轮;3—倒滑轮。

图11-43 提升绞车及倒滑轮的布置

如果上山斜长超过提升绞车的容绳量时,可在上山适当位置增加一套提升设施,分段提升。

由于上山掘进中,用矿车提升运输是依靠工作面附近安设的定滑轮反向牵引实现的,所以滑轮必须安设简便而牢固。若上山倾角小(20°以下),用1 t矿车提升时,定滑轮通常固定在耙斗装岩机机架尾部;当上山倾角大(20°以上)或用3 t矿车提升时,为减少耙斗装岩机的下滑力和振动,常在耙斗装岩机的簸箕口下安设一个定滑轮,同时在其后2~2.5 m处的近绞车绳一侧打上锚杆安装导向轮。若底板岩石稳固,也可用锚杆直接将定滑轮固定在上山底板上。

三、支护工作

采区内的小上山,由于服务年限短,常用矿用工字钢加工成的梯形棚支护。采区结束时将金属支架回收复用。上山掘进时,由于顶板岩石有沿倾斜向下滑落的趋势,因此,在架设金属支架时,棚腿要向倾斜上方前倾与顶底板垂线呈夹角,这个角称为迎山角。迎山角的大小,取决于上山的倾角α及围岩的性质。当上山倾角α为30°~45°时,迎山角为3°~4°。若上山倾角α≥45°时,为了防止上山底板的下滑,尚需设底梁,形成封闭式支架结构。

采区主要上山或其他的服务年限较长的上山掘进和支护工艺与斜井和平巷基本相同。若采用锚喷、锚索支护时,锚杆要垂直上山顶板和侧帮布置,顶锚杆施工比平巷和斜井都容易,施工质量会更好。喷射混凝土工序可滞后掘进工作面一段距离(约 20 m)与掘进平行作业。若采用掘支单行作业时,可视岩石性质,供料情况和喷射机能力,确定合适的喷射段距。现场多采用"两掘一喷",即两班掘进,一班喷射混凝土。支护班的任务,不仅限于喷射混凝土,还要补打上山两帮的锚杆,因为掘进班只打了顶部锚杆。此外,支护班还要对上次喷过的地段进行复喷。混凝土喷射机,可设在上山下口处的适当位置,亦可设在躲避洞或联络巷内。

四、通风工作

上山掘进时,由于瓦斯比空气轻,容易积聚在工作面上方,通风工作尤为重要。为保证上山掘进的安全,必须加强通风和瓦斯检查工作,严格遵照《煤矿安全规程》的规定,通风设施要齐全,运转要正常。无论何时都不准停风。如因检修停电等原因不得已停风时,全体人员必须撤出,待恢复通风及检查瓦斯之后,才允许人员进入工作面。进入时瓦斯检查人员在前,逐段检查前进,直到工作面为止。在高沼气矿井的上山掘进时,均要求压入式通风,风筒接到工作面,风筒口距工作面的距离必须远远小于其有效射程。若上山过长,远距离通风有困难时,应选用合理的局扇,减少风筒漏风和降低风筒阻力。必要时采用两台局扇集中串联通风,以提高风压。若瓦斯量大,亦可采用双通风机、双风筒压入式通风,加大通风能力,提高通风效果。国外曾采用一种脉冲式通风方式,以求达到有效排除瓦斯的目的。其实质是,在靠近掘进工作面的风筒上装一个风流断续器,其内的旋转闸片在风流的作用下转动,定时遮断风筒的风流,风筒相应鼓胀,当闸片开启后,风流又射入工作面。因此,能保证上山内一定长度上空气流动的脉冲性,提高大瓦斯量的独头上山工作面风流的紊流程度,有利于稀释瓦斯浓度,所以通风效果较好。

五、掘进机械化作业线配套

在大断面上山掘进中,根据排矸方式的不同,有以下三种机械化作业线配套方案:

(1)风动凿岩机-耙斗装岩机-矿车

在上山掘进中,多年来广泛应用气腿式风动凿岩机,耙斗装岩机装岩,提升小绞车直接将矿车提至卸矸口下装岩排矸。在上山不太长(300 m 以内),倾角在 15°~25°时,应用该作业线施工,能取得较好的效果。

(2)风动凿岩机-蟹爪装岩机-刮板输送机-矿车

与上条作业线不同之处在于装岩机械和转载机械,蟹爪装岩机可连续装岩,生产能力较大。在上山较长(500 m 以上)时,上山倾角在 15°以下时,可应用该作业线。

(3)风动凿岩机-耙斗装岩机-溜槽-矸石仓-矿车

该作业线适用于大倾角(30°以上)上山的掘进作业。

【复习思考题】

1. 斜井井口车场有哪几种形式?
2. 串车斜井井筒与井底车场连接形式有哪几种?
3. 斜井明槽开挖的临时支护形式有哪些?
4. 斜井掘进排水与治水方案分别有哪些?
5. 简述斜井施工中的安全注意事项。

第十二章 矿山工程施工组织设计

第一节 施工组织设计编制

根据拟建项目进程,应编制涉及内容深度和范围不同的施工组织设计。目前,矿业工程项目的施工组织设计可分为:建设项目(如矿区)施工组织总体设计、单项工程施工组织设计、单位工程施工组织设计(技术措施),有时还需要编制特殊工程施工组织设计、季节性技术措施设计和年度施工组织设计等。

一、项目(矿区项目)施工组织总体设计

1. 性质

建设项目施工组织总体设计以整个建设项目为对象。一般以矿区或机电安装工程、建筑群形成使用功能或整个能产出产品的生产工艺系统组合为对象。它在建设项目总体规划批准后依据相应的规划文件和现场条件编制。

2. 编制与审批要求

矿区建设组织设计由建设单位或委托有资格的设计单位,或由项目总承包单位进行编制。矿区建设组织设计,要求在国家正式立项后和施工准备大规模开展之前一年进行编制并预审查完毕。

二、单项工程施工组织设计

1. 性质

单项工程施工组织设计以单项工程为对象,根据施工组织总体设计和对单项工程的总体部署下完成,直接用于指导施工。该设计适用于新建矿井、选矿厂或构成单项工程的标准铁路、输变电工程、矿区水源工程、矿区机械厂、总仓库等。

2. 编制与审批要求

当前,单项工程(矿井)施工组织设计的编制主要分两个阶段进行。开工前的准备阶段,为满足招标工作的需要,由建设单位编制单项工程(矿井)施工组织设计,其内容主要是着重于大的施工方案,及总工期总投资概算的安排。对建设单位编制的施工组织设计由上级主管部门进行审批,一般在大规模开工前 6 个月完成。经过招投标后的施工阶段,由已确定的施工单位或由总承包单位再编制详尽的施工组织设计,做为指导施工的依据。施工单位编制的施工组织设计只需建设单位组织审批。

三、单位工程施工组织设计

1. 性质

单位工程施工组织设计一般以难度较大、施工工艺比较复杂、技术及质量要求较高的单位工程,以及采用新工艺的分部或分项或专业工程为对象。单位工程的施工组织设计依据单项工程施工组织设计,单位工程施工图,地质报告和预测的地质与水文地质资料,各种规

范、规定、标准以及施工单位人员、设备等方面要求和条件编制。该设计适用于工程量大、技术和结构复杂、工期长的重要单位工程。对一般的井巷工程、土建工程、机电设备安装工程，如采用重复的施工图纸，可只编制简要的施工组织设计（技术组织措施或作业规程）。

2. 编制与审批要求

单位工程施工组织设计由承担施工任务的单位负责编制，吸收建设单位、设计部门参加。由编制单位报上一级领导机关审批。

施工技术措施或作业规程由承担施工的工区或工程队负责编制，报工程处审批；对其中一些重要工程，应报公司（局）审查、备案。

四、特殊工程施工组织设计

特殊工程施工组织设计一般适用于采用冻结法、沉井法、钻井法、帷幕法施工的井筒，注浆治水的井巷工程，以及通过有煤及瓦斯突出的井巷工程等一些有特殊要求矿建工程。该设计还适用于需要在冬、雨季施工的土建工程，以及需要采用特殊方法处理基础工程等。

五、施工组织设计的编制依据

1. 单项工程施工组织设计的编制依据

编制单项工程施工组织设计，还应包括单项工程初步设计与总概算、设备总目录，地质精查报告与水文地质报告，补充地质勘探与邻近矿井有关地质资料，井筒检查孔及工程地质资料，各专业技术规范，相应各行业的安全规程，各专业施工及验收规范，质量标准，预算定额，工期定额，各项技术经济指标，劳动卫生及环境保护文件，国家建设计划及建设单位对工程的要求，施工企业的技术水平、施工力量，技术装备及可能达到的机械程度和各项工程的平均进度指标。

2. 单位工程施工组织设计的编制依据

（1）矿业工程的单位工程分类

矿业工程项目大体可分为矿建、土建、机电安装三类单位工程。

（2）施工组织设计编制依据的一般性内容

一般性单位工程施工组织设计，除参考编制单项工程施工组织设计的主要文件外，还应有单项工程施工组织设计及单项工程年度施工组织设计，单位工程施工图、施工图预算。国家或建设地区、部颁的有关现行规范、规程、规定及定额；企业自行制定的施工定额、进度指标、操作规程等，企业队伍的技术水平与技术装备和机械化水平，有关技术新成果和类似工程的经验资料等。

矿建工程施工组织设计编制，除上述一般性内容外，还必须依据经批准的地质报告、专门的井筒检查孔的地质与水文资料或预测的巷道地质与水文资料等。

土建工程施工组织设计编制，除一般性内容外，还必须依据工程的地质、水文及土工性质方面的资料。

机电安装工程施工组织设计编制，除一般性内容外，还应有机电设备出厂说明书及随机的相关技术资料。

3. 施工技术组织措施的编制依据

施工技术组织措施，可参照单项工程施工组织设计及有关文件，并结合工程实际情况，进行编制。

六、施工组织设计的编制内容

施工组织设计一般由说明书、附表和附图三个部分组成,其具体内容随施工组织设计类型的不同而异。

1. 矿区建设组织设计的内容

矿区建设组织设计一般以矿区(若干矿井)或机电安装工程或建筑群形成使用功能或整个能产出产品的生产工艺系统组合为对象。

矿区建设组织设计的内容包括矿区概况,矿区建设准备,矿井建设,选矿厂建设,矿区配套工程建设,矿区建设工程顺序优化,矿区建设组织与管理,经济效果分析等。

2. 单项工程(矿井)施工组织设计的内容

单项工程项目施工组织设计内容包括矿井初步设计概况,矿井地质及水文地质,施工准备工作,施工方案及施工方法,工业场地总平面布置及永久工程的利用,三类工程排队及建井工期,施工质量及安全技术措施,施工技术管理。其中,矿井建设的技术条件,矿井建设的施工布置,矿井关键线路与关键工程,矿井建设施工方案优化,矿井建设的组织与管理等问题,应重点阐述。

3. 单位工程施工组织设计(施工技术组织措施)内容

单位工程施工组织设计的主要内容如下:

(1)工程概况。工程概况包括工程位置、用途及工程量,工程结构特点及施工条件。例如,有关施工条件的"四通一平"安排要求、材料及预制构件准备、交通运输情况以及劳力条件和生活条件,安装工程的设备特征等。

(2)地质地形条件。对矿建项目的地质地形条件要求更多些,对土建工程的地形地貌、工程地质与水文地质条件要求也很多。

(3)施工方案与施工方法。单位工程施工组织设计应进行方案比较(包括采用新工艺的分部或分项、专业工程部分),确定施工方法及采用的机具,对施工辅助生产系统的安排。例如,矿建工作应有施工循环图表和爆破图表,支护方式与施工要求(说明书)、施工设备及机械化作业线,施工质量标准与措施,新技术、新工艺,辅助工作内容等;土建作业应有总的施工流程,主要分部、分项工程施工作业方式,特殊项目的措施与要求,质量标准与措施等;安装工程应有设备基础和土建作业的安排与要求,主体设备与配套以及管线、运输工程安排,主要加工件的制作,吊装设备的选择、起重与吊装、布置,作业方式和劳力组织等,同时还应有设备的搬运和安装方法、设备调试方法和检测方法、设备试运转方法等。

(4)施工质量及安全技术措施。除在施工方法中有保证质量与安全的技术组织措施外,矿建工程应重点考虑采取灾害预防措施和综合防尘措施等。

(5)施工准备工作计划。施工准备工作计划包括技术准备,现场准备,劳力、材料和设备、机具准备等。

(6)施工进度计划与经济技术指标要求。要求结合工程内容,对项目进行分解,确定施工顺序,编制网络计划或形象进度图等。

(7)附表与附图。附表有进度表,材料、施工设备、机具、劳力、半成品等需用量表,运输计划表,主要经济技术指标表等。除说明书中的插图外,还应附有相应的附图,如工程位置图,工程平、断面图(包括材料堆放、起重设备布置和线路、土方取弃场地等),工作面施工设备布置图,穿过地层地质预测图,加工件图等。

七、施工组织设计编制的程序和步骤

1. 施工组织总设计编制的程序和步骤

（1）计算工程量。通常是根据概算指标或类似工程计算,如土石方、混凝土、沙石料、机械化施工量等要素。

（2）拟定施工总方案。主要是对重大问题作出原则性、方案性的规定,在工期上只规定开工与竣工日期;在各单位工程中规定他们之间的衔接关系和使用的主要施工方法。

（3）确定施工顺序并根据有关资料编制施工进度计划。

（4）计算劳动力和各项资源的需要量和确定供应计划。可根据工程和有关的指标或定额计算。计算时要留有余地,以便在进一步工作时有修改余地。

（5）设计施工现场的各项业务。主要包括水,电,道路,机修、加工车间,机械、材料停放场地等。

（6）设计施工总平面图。在编制程序上,注意各项工作的相互密切关系。编制过程中是一个反复的过程,不要希望一次就能获得最佳设计。

2. 单位工程施工组织设计的编制程序和步骤

（1）计算工程量。与总设计不同,单位工程的设计是实施性的,故工程量计算要求准确,以保证劳动力和资源需要量计算的正确,便于设计合理的施工组织与作业方式。要做到计算准确,单位工程的工程量必须根据施工图纸和合同规定的定额手册或有关定额资料进行计算。

（2）确定施工方案。根据施工组织总设计的原则规定进一步具体化,着重先研究采用何种施工方法,选用何种施工机械,以及设备类型。决定采用的机械设备类型,需要进行经济比较。

（3）确定施工顺序,排定施工进度。除按照各结构部分之间具有依附关系的固定不变的施工顺序外,还要注意本身的施工顺序。如大硐室施工,不同的顺序对工期有不同的结果。合理的施工顺序可缩短工程的工期。

安排施工进度可采用流水作业法,并利用网络计划技术进行安排,找出关键工作和关键线路,以便施工中控制。

（4）计算各种资源的需要量和确定供应计划。工程量的计算是按定额或过去积累的资料,决定了每日的工人需要量;按机械台班定额的计算来决定各类机械使用数量和使用时间。统计材料和加工预制品的主要种类和数量及其供应计划。

（5）平衡劳动力、材料物资和施工机械的需要量和并修正进度计划。

（6）规划施工平面图。确保生产要素在空间上的位置合理,互不干扰,加快施工进度。

3. 竞标性施工组织设计的编制程序和步骤

竞标性施工组织设计的编制程序和步骤,与工程施工组织总设计基本相同。竞标性施工组织设计除具有前述特性外,还具有一次性特点。因此,在编制竞标性施工组织设计时,必须要吃透标书的要求,图文并茂,杜绝错误。制定施工方案时能反映企业的施工能力和技术水平。

第二节　矿井施工准备

一、矿山建设程序

煤矿建设先从资源勘探开始;然后确定建设项目、可行性研究、编制设计文件、制定基本建设计划、进行施工;最后项目建成、竣工验收形成生产能力。其建设的总期限称为矿井建设周期。在建设每个阶段都有一个国家规定的先后程序,称为基本建设程序。

根据国家有关规定,矿山建设的基本程序和内容如下:

1. 资源勘探

资源勘探是煤炭工业基本建设的首要工作,通过各种勘探手段,查清矿区的范围,煤的储量、煤质、瓦斯等级、煤层赋存条件、结构、地质构造、工程地质及水文地质条件,并对煤田的开采价值做出评价。

经批准的普查地质报告可作为煤炭工业基本建设长远规划的编制依据;详查地质报告可作为矿区总体设计的依据;精查地质报告可作为煤炭初步设计的依据。

2. 提出项目建议书

项目建议书是投资前对项目建设的基本设想,主要从项目建设的必要性、可能性来分析,同时初步提出项目建设的可行性。项目建议书包括以下主要内容:

(1) 建设项目提出的必要性和依据。

(2) 产品方案、拟建规模、建设地点的初步设想。

(3) 资源情况、建设条件、协作关系。

(4) 投资估算和资金筹措设想。

(5) 项目的进度安排。

(6) 产品的去向和用户。

(7) 经济效果、社会效益和环境效益的初步估计。

3. 可行性研究

煤炭建设项目可行性研究主要包括矿区建设项目可行性研究和矿井建设项目可行性研究。矿井可行性研究的主要内容有:井田概况和建设条件,井田开拓和开采,矿井主要设备,地面各类设施,建井工期,技术经济分析与项目经济技术评价等。

在建设项目立项之后投资决策之前,对拟建项目的建设方案、技术方案和生产经营方式等实施的可行性进行全面深入地调查研究,充分进行技术经济论证和方案比较,提出项目建设是否可行的研究报告。经建设项目投资部门评价、批准的可行性研究报告,可作为建设项目投资决策的主要依据。

4. 编制设计文件

设计文件是安排建设项目、组织施工的依据。设计文件分为矿区总体设计和单项工程设计两类。单项工程设计按建设项目的大小及技术复杂程度,可分为两段或三段设计。一般项目采用两段设计;技术复杂或采用新工艺、新设备的项目,可采用初步设计、技术设计和施工图设计三个阶段。

矿井初步设计的重要目的是确定建设项目的设计能力、场地选择、矿井开拓布置、主要工艺流程等重要的技术经济问题。施工图设计是在初步设计或技术设计的基础上,将设计的工程形象化,施工图设计是按单位工程编制的,是指导施工的依据。施工图设计一般包括:矿井总平面图(开拓系统、巷道布置、采区布置等),房屋和构筑物的平面图、剖面图,设备安装图,道路、管道、线路施工图,以及施工图预算等。

5. 制定基本建设计划

建设项目的初步设计和总概算后必须经过批准后,方可列入基本建设计划。由于煤矿建设项目建设周期比较长,因此项目建设要根据批准的总概算、施工组织设计及长远规划的要求,合理地安排分年度投资计划。

6. 建设准备

建设准备工作主要内容有:征地拆迁、材料设备订货、四通一平,以及进一步进行工程、水文地质勘探,落实建筑材料的供应、组织施工招标等。

7. 组织施工

施工是基本建设程序中的一个重要环节,也是落实计划和设计的实践过程。工程施工要遵循合理的施工顺序,处理好矿建、地面建筑、机电安装三类工程的衔接,狠抓关键工程的施工,确保工程按期高质量地完成。

8. 生产准备

生产准备是在工程即将建成前的一段时间,为确保工程建成后尽快投入生产而进行的一系列准备工作,包括建立生产组织机构、人员配备、生产原材料及工器具等的供应、对外协调等内容。

9. 竣工验收和交付使用

竣工验收是建设项目在环保、消防、安全、工业卫生等方面达到设计标准;经验收合格,试运转正常,且井下、地面生产系统形成;按移交标准确定的工程全部建成,并经质量认证后,方可办理竣工验收和交付使用。

10. 后评估

建设项目竣工验收若干年后,为全面总结该项目从决策、实施到生产经营各时期的成功或失败的经验教训,找出失误的原因,明确责任,提出解决办法,弥补建设与生产的缺陷,需要进行建设项目的后评估工作。其主要内容有:前期工作评价,建设实施评价和投资效益评价。

依据《中华人民共和国矿产资源法》,矿产资源属于国家所有,勘查、开采矿产资源,必须依法分别申请,经批准有偿取得探矿权、采矿权,并办理登记。从事矿产资源勘查和开采的,必须有符合规定的资质条件。同时,《中华人民共和国国家环境保护法》明确规定,矿山开采项目的建设,必须事先编制建设项目的环境影响评价报告书,对建设项目产生的污染和对环境的影响做出评价,规定防治措施,经项目主管部门预审并依照法定程序报环境保护行政主管部门批准。环境影响报告经批准后,计划部门方可批准建设项目设计书。

二、矿井建设工期的概念

1. 施工准备期

矿井从完成建设用地的征购工作,施工人员进场,开始场内施工准备工作之日起,至项目正式开工为止叫施工准备期。

一个井筒(主井或副井)正式开工的条件是:立井,要做好锁口,立好井架并安装好天轮平台、卸矸台及凿井吊盘;斜井与平硐,要完成井口(硐口)明槽掘砌。当井筒需要采用特殊施工方法通过表土层或含水岩层时,其相应准备工作也要在施工准备期完成。

2. 矿井投产工期

从项目正式开工(矿井以关键路线上任何一个井筒破土动工)之日起到部分工作面建成,并经试运转、试生产后正式投产所经历的时间,为矿井投产工期。

3. 矿井竣工工期

从项目正式开工之日起到按照设计规定完成建设工程,并经过试生产、试运转后正式竣工、交付生产所经历的时间为矿井竣工工期(或建井工期)。

4. 建井总工期

矿井施工准备工期与矿井竣工工期之和构成矿井建设总工期(或称建井总工期)。

三、矿井建设施工准备

矿井开工前的准备工作包括:组织准备、技术准备、工程准备、特殊凿井的施工准备、物资准备、劳动力组织和对外协调等。

1. 组织准备

组建项目管理机构,根据实际情况组成项目经理部或筹建处,明确工作内容和责任,以及明确人员职责与分工。目前矿井建设的组织管理模式为(建设单位)项目业主、监理单位、承包商(设计单位、施工单位、供应商)三位一体的管理模式,如图 12-1 所示。

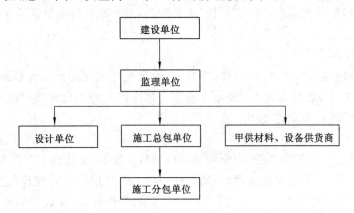

图 12-1　矿井建设组织管理模式

2. 技术准备

(1)掌握施工要求与检查施工条件。根据合同和招标文件、设计文件,以及国家政策、规程、规定等内容,掌握项目的具体工程内容及施工技术与方法要求,工期与质量要求等内容。

检查设计的技术要求是否合理可行,是否符合当地施工条件和施工能力,设计中所需的材料资源是否可以解决,施工机械、技术水平是否能达到设计要求,并考虑对设计的合理化建议。

(2)掌握与会审施工图纸。图纸工作的内容包括确定拟建工程在总平面图上的坐标位置及其正确性;检查地质(工程地质与水文地质)图纸是否满足施工要求,掌握相关地质资料主要内容及对工程影响的主要地质问题,检查基础设计与实际地质条件是否一致;掌握有关建筑、结构和设备安装图纸的要求和各细部间的关系,要求提供的图纸完整、齐全,审查图纸的几何尺寸、标高以及结构间相互关系等是否满足施工要求。

设计图样的会审工作一般由建设单位主持，由设计单位和施工单位参加，三方进行设计图样的会审。设计单位说明拟建工程的设计意图和一些设计技术说明；施工单位根据自审记录以及对设计意图的了解，提出对设计图样的疑问和建议。最后要形成由建设单位正式行文的"图样会审纪要"，作为与设计文件同时使用的技术文件和指导施工的依据，同时也是建设单位与施工单位进行工程结算的依据。

设计图样的现场签证工作是指施工过程中，发现施工的条件与设计图样的条件不符，或者因为其他原因需要对设计图样进行修改时，所应遵循的技术核定和设计变更的签证制度，进行图样的施工现场签证。施工现场的图样修改、技术核定和设计变更资料，都要归入拟建工程施工档案，作为指导施工、竣工验收和工程结算的依据。

(3) 研究与编制项目的各项施工组织设计和施工预算。

(4) 完成施工图纸工作，做好图纸供应工作。

(5) 进行技术交底和技术培训工作。

3. 工程准备

(1) 现场勘察和施测

现场勘察的内容有自然条件和经济技术条件两方面。现场勘察还应结合核对相关资料，掌握现场地理环境和自然条件、实际土质与水文条件；调查地区的水、电、交通、运输条件以及物资、材料的供应能力和情况；调查施工区域的生活设施与生活服务能力与水平，以及动迁情况；按测量要求设置永久性经纬坐标桩和水准基桩，进行现场施测和对拟建的建(构)筑物定位。

(2) 施工现场准备

做好施工场地的控制网测量施测工作。根据现场条件，设置场区永久性经纬坐标位置、水准基点和建立场区工程测量控制网。

平整工业广场，清除障碍物，完成五通一平工作。

遇地质资料不清或需要进一步了解地质条件情况的，应做好施工现场的补充勘探工作，保证基础工程施工的顺利进行和消除隐患。

提出设备、机具、材料进场计划，并组织施工机具进场、组装和保养工作，对所有施工机具都应在开工之前进行检查和试运转；做好建筑材料、构(配)件和制品进场和储存堆放。

完成开工前必要的临设工程(工棚、材料库)和必要的生活福利设施(休息室、食堂等)。

完成施工需用的各种工业设施，包括做好施工场地围护和环境保护；完成必要的生活设施建设；完成井筒开工的工程准备工作。

其他准备，包括混凝土配合比试验，新工艺、新技术的试验，雨季或冬季施工的准备等。

4. 特殊凿井的施工准备

常用的特殊凿井方法有冻结法、淹水沉井法、帷幕施工法、地面预注浆以及钻井法等。根据所采用的特殊凿井方法的不同，其准备工作的内容也不同(表 12-1)。

表 12-1　常用特殊施工方法准备工作内容

施工方法	主要准备工作内容
冻结法	1. 修筑井口钻场灰土盘,铺设环形轨道安装钻机,修建泥浆站及泥浆循环系统设施,配制泥浆,修建配电房、测斜房及必要的生活福利、办公临时设施; 2. 在打冻结孔期间,修建制冷站、安装制冷设备、铺设冷水管路和盐水管路,修好冷冻沟槽; 3. 井筒积极冻结期间,做好凿井井架及提绞设备安装、施工队伍培训等各项准备工作。 冻结法套井的准备工作主要是抓好打钻和制冷系统两大工程,保证水电供应
地面预注浆法	1. 准备好打钻、注浆所用的机具、设备和材料; 2. 修筑站场平台,铺设环行轨道,安装好钻机,形成打钻系统; 3. 修建注浆站及各种浆液池,敷设好供水及输浆管等,形成注浆系统
钻井法	1. 打钻井筒检查孔,全面取得井筒的工程地质和水文地质资料; 2. 修筑钻井临时锁口、井架基础、设备基础、泥浆系统、井壁预制设施等临时设施; 3. 安装钻井设备; 4. 进行综合试钻,钻头下放至锁口内进行破土试验,并检查各系统的运转状态。 钻井施工准备工作主要有钻机及龙门吊车的安装、泥浆配制等,应保证水、电、泥浆供应

5. 物资准备

物资准备主要包括井筒开工需要的设备及矿井开工需要的钢材,木材,水泥,土产材料,二、三类物资等的供应。物资准备要求做到既保证施工的需要,又要避免积压浪费,各种物资一般应有三个月需用量的储备。

6. 劳动力组织

根据各施工阶段的需要,编制施工劳动力需用计划,做好劳力队伍的组织工作;建立劳动组织,并根据施工准备期和正式开工后的各工程进展的需要组织人员进场;开工前做好调配和基本培训工作。要在基本完成施工准备工作后再上主要施工队伍,避免一哄而上,造成窝工;施工组织设计和技术交底的时间在单位工程或分部(项)工程开工前及时进行,以保证施工人员明了施工组织设计的意图和要求,并按施工组织设计要求施工和作业;建立、健全现场施工以及劳动组织的各项管理制度。

7. 对外协调

矿井建设涉及水、电、交通、通信、道路、土地征用、矿产、环保等许多部门,还包括矿场周边农村和地方政府,只有和这些相关部门密切配合,矿井建设才能顺利进行。因此,争取外部支援,搞好对外协作是施工准备期的一项重要工作,需要高度重视。

第三节　矿建工程施工顺序

合理安排矿井建设中矿建、土建和机电安装三大工程的施工顺序,对于缩短建井周期、减少投入、早日投产,发挥投资效益具有重要意义。确定井巷工程施工方案应坚持的原则是:① 结合矿井实际,以高速度、高质量、少投入、快投产为目标;② 以设计为依据,尽可能缩短主要矛盾线及建井工期,以最快的速度完成井筒(平硐)工程,为尽早全面展开井巷与设备安装工程创造条件;③ 充分利用空间和时间,组织多头作业、平行作业、交叉作业和不间断施工;④ 充分利用永久建筑、构筑物和永久设备凿井;⑤ 要追求综合经济效益。

一、井筒开工顺序

确定井筒开工顺序的原则是技术可行、经济合理、施工方便、准备充分、缩短工期。同时要考虑各井筒的井口准备情况、各井筒的平面相对位置关系、井筒所穿过地层的工程地质及水文地质条件、井筒施工方案、各井筒的深度和施工工期、井筒担负井下巷道工程量的大小、井筒永久装备情况、井筒转入平巷时的施工方案、施工设备的装备情况、施工队伍的技术力量等因素。一般地在同一个广场内先开工一个井筒,然后各个井筒可在两两相距1～3个月内相继开工,但井筒同时开工数目及间隔长短,应视矿井建设的具体情况确定。现场常用的主、副井开工顺序有以下几种。

1. 主、副、风井顺序开工

其适用条件是:主井比副井深且施工条件复杂,副井特凿法施工,而主井普通法施工,采区贯通工程量和采区掘进工程量均比较少,井筒穿过地层比较复杂,需由一个井筒先施工探明地质情况。

可选择的间隔为:

(1) 主井掘进结束后,间隔3个月掘进副井,再间隔3个月掘进风井。

(2) 主井掘进结束后,间隔1个月掘进副井,再间隔3～6个月掘进风井。

该开工顺序的优点是主、副井同在一个广场,主井先开工。一般来说,主井断面较小,可先行探明地质条件,给副井施工提供经验,便于主井到底后与副井同时贯通;风井滞后开工,可以使采区工程一完成就投入生产,避免采区巷道的长期闲置。缺点是主井到底后,与副井贯通施工比较困难,贯通的临时工程较多。

2. 主、副井同时开工,风井滞后开工

适用条件:主、副井深度基本相同,井筒穿过的地质条件较好,主、副井到底时间相当,主、副井施工方案相同(但主、副井同为冻结凿井时,一般应间隔开工),工业广场准备条件具备,副井井筒较浅,采区贯通工程量较小。

风井开工间隔时间可根据采区贯通工程量和风井的深度来确定,一般可选主、副井同时开工后1～6月风井再开工。

其优点是井筒组织施工比较容易,井筒能同时到底并及时贯通;贯通临时工程量较小,贯通的辅助施工设施较简单。缺点是准备工作紧张,若采用特殊凿井时,设备的投入较大,不便协调施工和设备的平衡使用。

3. 副、主、风井顺序开工

适用条件:副井比主井深,井筒穿过地层条件比较明确;副井施工比较复杂,主井相对简单,马头门工程量大,占井筒工期比较长;采区工程量较小,井巷贯通工程量不大。

可选的开工间隔为,副井开工1～3个月主井开工,再过2～6个月风井开工。

其优点是副井先开工,转入车场施工比较方便,短路贯通工程量较小。缺点是副井先开工,在井筒地层条件不太好时,大断面井筒作为探井施工难度比较大。

4. 风、主、副或风、副、主顺序开工

适用条件:采区工程量较大,井巷贯通工程量较大,风井较深,工业广场准备不充分,而矿井建设工期又较紧。主、副井谁先开工,与上述方案1、3考虑的条件相同。

这样安排的优点是:可以充分利用风井进行巷道的掘进和贯通,采区准备比较快,但当只有一个风井,构不成通分系统时,风井施工井下巷道独头掘进通风距离长,生产条件和安全性不高。

5. 风、主井(副井)同时开工,副井(主井)滞后开工

适用条件:主副井谁先开工应考虑哪个井筒比较深,施工比较复杂,则哪个井筒先开工;风井先开工适用于采区工程量较大,巷道贯通工程量较长等条件。

这样有利于井巷贯通并减轻工业广场准备的紧张程度。

6. 风井先开工,主、副井滞后同时开工

适用条件:采区工程量较大,而工业广场准备紧张,且矿井建设工期又比较紧,井巷贯通工程量较大,主、副井施工准备程度相当,比较相近,特别是采区工程量很大,而又有两个风井,风井到底后又便于贯通形成通风系统时。风井先开工将能较好地解决贯通问题,并能缩短主要矛盾线的工期。

其优点是采区准备较快,贯通工期较短,巷道施工的队伍容易安排,有利于缩短矿井建设工期。缺点是采区巷道开拓较早时,维护工作相对复杂。

根据我国多年来的建井实践,采用主、副井交错开工的施工顺序比较普遍。主。副井错开施工的时间应根据最优网络而定,一般为1~4个月。先开主井后开副井的方式,要使主、副井同时到底,以利于主、副井贯通和主井及时改装罐笼提升,为车场巷道快速施工创造条件。

另外,主井井筒到底的时间与箕斗装载硐室施工顺序有关。箕斗装载硐室有三种施工顺序:一是与主井井筒及其硐室一次施工完毕,工期较长;二是主井井筒一次掘到底,预留硐口,待副井罐笼投入使用后,在主井井塔施工的同时完成硐室工程;三是主井井筒第一次掘砌到运输水平,待副井罐笼提升后,施工下段井筒,箕斗装载硐室与该段井筒一次作完,这种方式只有在井底部分地质条件特别复杂时才采用。

施工经验表明,采用先主井、后副井开工的顺序,并且主、副井井筒一次到底,预留箕斗装载硐室,采用平行交叉施工的方案,对缩短建井总工期比较有利。

二、井筒毗连硐室施工顺序

1. 马头门施工方案

马头门施工顺序应考虑:① 连接处的工程及水文地质条件,特别是围岩的破碎程度与稳定性;② 充分利用凿井设备情况;③ 井筒工期的紧迫程度;连接处的长度与断面等,不同施工方案的优缺点及适用条件见表12-2。

表 12-2 马头门施工(顺序)方案

施工方案	适用条件	优缺点
与井筒同时施工	马头门断面较小,深入长度较短,围岩坚硬稳定	不需搭设临时工作盘,可以充分利用凿井设备,施工较方便、效率高、进度快、施工成本较低,井筒与马头门一体,井壁质量易于保证。但占用井筒工期长,马头门掘进出矸不太方便;围岩不稳定时,安全性较差
与井筒交错施工	围岩中等稳定以上,马头门断面较大,净高较高,深入长度较长,设井下双层进出车水平的马头门	不需设临时施工工作盘,能充分利用凿井机械设备;井壁质量较好,但占用井筒工期较长,施工工序转换较多,劳动组织相对复杂;围岩不稳定时,施工难度较大

表 12-2(续)

施工方案	适用条件	优缺点
预留开口与井筒顺序施工	各种稳定的围岩,任何断面和长度的马头门,井筒工期紧张时采用	马头门施工工艺单一,占井筒工期较短,在马头门施工时,即可进行上部的井筒装备。井壁和硐室围岩暴露时间短,围岩易于维护,对破碎不稳定围岩更显其优点。但是工作面较小,施工不方便,劳动条件较差,与井筒分别浇筑永久支护,接口处永久支护质量不易保证,不能有效地利用凿井设备

与井筒同时施工时,当井筒掘至马头门顶板 3～5 m 处,应停止掘进井筒,将上段井壁砌好,然后继续下掘井筒。到马头门顶板位置时,放一茬炮,出矸后开始马头门第一分层顶板的掘进。马头门与井筒同时分层下掘,分层的数目视马头门的净高决定,一般层高不大于 2 m,特别稳定的岩层,也可按井筒基岩段施工的循环段高作为分层的层高。马头门与井筒同时掘进的长度与永久马头门的设计相同。

与井筒交错施工时,考虑马头门的长度和断面,一次同时施工全断面安全性较差,马头门与井筒下掘的长度为 5 m 左右,而非马头门的永久设计全长。井筒通过马头门后,井筒再下掘一到两个正规循环,将井壁砌好后,吊盘提至马头门底板位置,完成马头门剩余工程的施工。剩余马头门的施工可视围岩情况用全断面或部分断面(导硐或分层等)施工,采用锚喷临时支护,开始掘进时用人工将矿石扒入井内或用推车推入井筒,当掘至 5 m 以后,可用耙斗装载机耙入井内。

2. 箕斗装载硐室施工方案

箕斗装载硐室施工方案选择应考虑下面的因素:① 所处位置的工程地质条件与水文地质条件,特别是围岩的破碎与稳定程度;② 工程量大小;③ 利用凿井设备情况;④ 施工安全要求;⑤ 占用井筒工期的长短;⑥ 施工方便程度;⑦ 综合成本。当不同施工方案对建井总工期有影响时,应综合考虑建井工期、综合成本、装备情况等,经比较后确定合理的施工方案。考虑箕斗装载施工安全性,充分利用凿井设备,一般采用与井筒同时施工的方案,但为了保证井筒尽量同时到底便于贯通,通常采用主井提前开工的方案来与之匹配。不同箕斗装载硐室施工方案比较见表 12-3。

表 12-3 箕斗装载硐室施工方案

施工方案	适用条件	施工特点
与井筒同时施工	装载硐室工程量较小,围岩较稳定,井筒工期要求不太紧	可以充分利用凿井设备,施工的准备工期较短、速度较快、效率较高、成本较低。但占用井筒工期,受围岩稳定程度的限制较大
与井筒的顺序施工	硐室工程量较大,各种围岩情况,井筒工期要求不紧	可以利用凿井设备,硐室施工方法不受井筒施工方法限制,掘进效率较高;硐室本身施工速度较快。但占用井筒工期较长,矸石全部落井对下段井壁有一定的影响
临时改绞拆除后永久装备前施工	上提式装载硐室,工程量较大,井筒工期要求紧,主井需优先短路贯通	不能充分利用凿井设备,需增加临时设施或二次改绞,成本较高,后期高空作业,施工安全性较差。但其施工不占井筒工期,便于井筒早日到底进行贯通

施工方案根据围岩稳定性情况选择与马头门相同。井筒掘到装载硐室上部 3 m 左右

时停止掘进,将上面井壁砌好,然后向下掘进井筒一到两个段高。出矸后再掘进井筒的下一个分层和装载硐室的上分层,每段段高的长度可视围岩稳定情况和施工设备情况确定。掘砌可视情况采用逐层掘砌交叉作业或短段单行作业;掘进时,井筒内的掘进应超前硐室掘进一个分层。

三、井筒施工及井巷过渡

当井筒掘进到井底之后,为了及时转入井底车场及主要巷道的施工,必须对掘进井筒所用的设备和施工组织等加以改组,以适应巷道施工的需要。为此,往往需要占用一段时间。现场将井筒施工转入井底车场平巷施工的时期称为"井巷过渡期"。

国内外建井经验表明,加速过渡期设备的改装,是保证建井第二期工程顺利开工和缩短建井总工期的关键之一。井巷过渡期并没有一个明显的时间界限,但是过渡期的内容是明确的,主要有主、副井短路贯通,服务于井筒掘进用的提升、通风、排水和压气设备的改装,井下运输、供水及供电系统的建立,劳动组织的变换等。

1. 主、副井短路贯通

主、副井井筒施工到井底车场水平后,应首先进行短路贯通,以便为提升、通风、排水等设施的迅速改装创造条件。设计单位所提供的井底车场施工图中一般不考虑短路贯通的问题。施工单位为了尽快实现主、副井短路贯通,常在主、副井之间掘一条临时巷道。图 12-2 的虚线即为常见的短路贯通巷道,这是一条临时巷道。

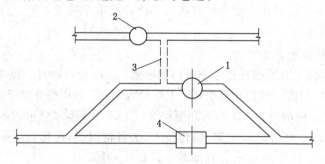

1—主井;2—副井;3—贯通巷道;4—翻笼硐室。
图 12-2 短路贯通临时巷道

选择临时贯通巷道时,应考虑的原则是主、副井之间的贯通距离最短、弯曲最少,便于车场施工初期两井之间的运输调车;巷道位置要考虑主井临时改装时地提升方位和二期工程重车主要出车方向;应充分利用矿井设计中原有的辅助硐室和巷道,如无辅助硐室和巷道可以利用,则在生产期间应充分利用所开临时巷道,以减少施工费用;与永久巷道或硐室之间应留有足够的安全岩柱。

在贯通时应尽可能利用永久(小断面)巷道进行施工,必要时应增加临时工程,但施工用临时工程应控制到最少,且不能影响车场的总体永久布局。井底车场贯通点的选择因综合考虑井筒到底的时间、测量控制等因素,一般选择在两井贯通路径中间的交岔点处;若某井筒到底时间较晚,可考虑在该井筒的井底贯通,当单向贯通距离比较长时,可对先到底的井筒先进行临时改绞,然后再贯通。当采用对头掘进进行贯通时,贯通点在工期允许的情况下一般安排在采区上下山与运输大巷的连接点,应尽可能避免在上(下)山的中间位置贯通。

2. 提升设施的改装

当由立井掘进过渡到井底车场及开拓巷道时,提升矸石量、下送材料设备及人员上下增多,需要的提升能力一般为井筒掘进时的 3～4 倍;另外,转入平巷施工时采用矿车运输,要与吊桶提升相结合,会困难很多。因此,一般情况下,必须先将一个井筒改装成罐笼,用来加大提升能力。

提升设施改装的主要原则如下:

① 保证过渡期短,使井底车场主要巷道能顺利的早日开工;

② 使主、副井井筒永久装备的安装和提升设施的改装相互衔接;

③ 改装后的提升设备应能保证井底车场及巷道开拓期的全部提升任务。

根据井筒的属性,一般选择主井和风井进行临时改绞。当 3 个井筒同在一个工业广场时,根据车场开拓工程量的大小,可以选择 1 个井筒改绞或 2 个井筒进行改绞。当采用对头掘进方案时,为加快风井向车场(采区)方向的施工速度,一般需对风井进行临时改绞。高瓦斯矿井需要尽快形成永久通风系统,故一般仅对主井进行临时改绞。

主、副井筒永久设施的施工,应交替进行,宜先副井后主井;需要临时改装提升系统时,宜改装为箕斗提升的主井。当副井永久系统形成后即可拆除临时改绞系统,但若主井永久装备不在主要矛盾线上,可在自由时差范围内适当延长临时系统的服务时间。

提升设施改装常用的方式有以下两种:

(1) 主井-副井的改装顺序

两个井筒同时到底后,主井改装为临时罐笼。同时,副井向主井短路贯通,副井暂用 V 形矿车通过溜槽向副井吊桶内翻矸。因为设计凿井设备布置时已考虑提升改装这个因素,改装工作只要半个月左右即可完成。一旦主井临时罐笼能正常运转,并担负井下施工的提升任务后,副井即停下来,进行永久提升设施安装。副井永久装备的施工内容包括:换永久井架(或井塔),安永久提升机,装备井筒,挂罐笼,试运转等,并一次建成井口房。永久装备的工期因所施工井架(塔)和提升机的不同而长短不一,用钢井架、一般提升机的,此阶段需半年左右;用井塔、多绳摩擦轮提升机的,一般需时 1 年左右。当副井安装完毕能担负井下施工任务后,主井再拆去临时罐笼,进行永久提升设备安装。其中,副井投入使用的时间最迟应在主副井与风井贯通前。

这种改装方案的特点如下:随着主、副井提升的交替转换,提升能力在不断增加。副井吊桶提升为井下施工服务的时间很短,待主井换用临时罐笼后,基本上可以满足井底车场施工的需要。当车场施工全面展开,井下机电安装已经开始,需要更大的提升能力时,副井的永久罐笼已交付使用了。因此,一般情况下,我国多数矿井的施工都选用这种提升改装方案。另外,为了给主井提前改装临时罐笼创造条件,主井开工的时间一般应比副井早 1～4 个月。

(2) 副井-主井的改装顺序

为了使改装工作简化,主、副井贯通后,首先把副井停下来进行永久提升设备安装,一次完成。在副井安装提升设备的这段时间内,井底车场施工的提升任务暂由主井的吊桶来维持提升任务。待副井安装完毕,运转正常后,主井再停下来进行永久提升设备安装。

这个方案的最大不足之处是吊桶提升为车场施工服务的时间过长。尽管可在井底设临时卸矸台,但是提升仍受限制,大型设备下放不方便,人员上下也不安全。因此,只有当主井原来使用两套单吊桶或一套双吊桶,提升能力较大时,才可考虑采用这种方案。

采用临时罐笼提升时,井下的出车方式对提升能力有很大的影响。当箕斗主井井筒在井底车场水平仅有一条与井筒梯子间相通的小断面单侧绕道时,为了向临时罐笼进出车,则必须把原小断面绕道扩大或另掘一、二段巷道与主井相通。按照临时罐笼提升中心线与永久箕斗提升中心线的相互关系和井下出车方式,主井临时罐笼出车布置有下列几种:

① 垂直式单向出车(图 12-3)。这种方式仅需扩大原设计中的人行绕道,工程量较小。同时由于临时罐笼提升中心线与永久箕斗提升中心线互相垂直,地面临时绞车的布置不影响永久工程施工,因此现场采用较多。但是,它是单向出车,提升能力受限制。

② 垂直式双向出车(图 12-4)。这种出车方式通过能力较大,能增加掘进工作面个数,有利于组织车场快速施工。但是与单向出车相比,它需要多增加一段临时巷道。

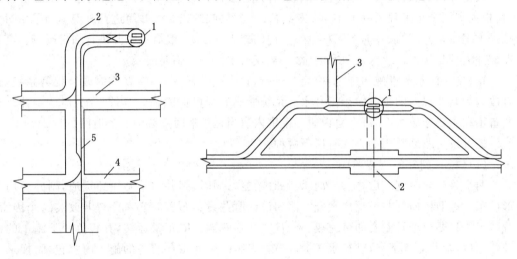

1—主井;2—人行道;3—主井运输道;
4—副井运输道;5—主、副井贯通巷道。

图 12-3　垂直式单向出车

1—主井;2—翻笼硐室;3—副井通道。

图 12-4　垂直式双向出车

③ 平行式单向出车(图 12-5)。其优点是吊桶、临时罐笼和安装罐道的吊架可以共同使用一对天轮,不必改装。吊桶位置正对着箕斗装载硐室,对箕斗装载硐室的施工比较方便。临时罐笼可以利用永久罐道以提高其运行速度。缺点是主井中心线到翻笼硐室的轨道中心线的距离一般为 7~12 m,辅助巷道短,曲率半径小,调车比较困难,单向进出车,会使提升能力受限制。辅助巷道从煤仓上部通过,若岩石松软,会使煤仓施工困难。由于主井临时罐笼提升中心线与箕斗提升中心线一致,和永久绞车房及输送带走廊的施工可能发生矛盾。

④ 平行式双向出车(图 12-6)。这种方式只有当主井位于主井空重车线与副井空重车线之间时才有可能采用。其优缺点与单向出车方式基本相同,同时还具有进出车调度方便,提升效率高的优点,但需增加一段临时巷道。

3. 运输与运输系统的变换

井巷过渡期,如果按照主井改装临时罐笼来考虑,运输与运输系统的变换一般可分以下三个阶段:

(1)主、副井未贯通期。主、副井到底后,在进行主、副井贯通巷道掘进时,一般仍用吊

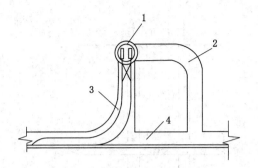

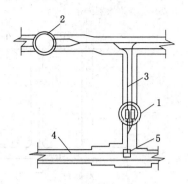

1—主井；2—单侧绕道；
3—辅助巷道；4—主井运输巷。
图 12-5　平行式单向出车

1—主井；2—副井；3—辅助巷道；
4—主井运输巷；5—转盘。
图 12-6　平行式双向出车

桶提升。当运输距离在 7.0 m 以内时，可将矸石直接装入吊桶；当运输距离大于 7.0 m 以外时，应铺设轨道运输。因这一时期很短，所以采用的运输方法及设备应越简单越好。

（2）副井吊桶提升期。这一时期是指主、副井贯通后，主井正进行改装时，运输距离一般在 30~100 m，多采用 V 形矿车，其容积为 6 m³，运输轻便、灵活。巷道的各直角交叉点处可铺设调车用的转盘。矸石用 V 形矿车翻装到吊桶内，地面的排矸运输系统与凿井时期相同。

（3）主井临时罐笼提升期。这一时期副井正进行永久改装，工作面个数一般是 5~7个，运输距离在 200~300 m 以上。这时已经使用了临时罐笼，故多采用 1 吨 U 形矿车。同时，在地面设有临时翻罐笼进行翻矸，从翻罐笼到排矸场之间用 V 形矿车运输排矸。直到副井永久安装完毕后，才停止主井临时罐笼提升，然后使用副井永久罐笼（或永久罐道临时罐笼）提升，这时矿井上下运输系统已大为改善，运输能力大大提高。

4．通风设施的改装

井底车场掘进时期，通风工作的设计和组织是否合理，将直接影响到工程的安全和顺利实施，尤其是在展开多工作面掘进时，这项工作显得更为重要，必须给予足够的重视。

主、副井未贯通前，仍然是利用原来凿井时的通风设备进行通风，但需将风筒接到各掘进工作面。

主、副井贯通后，应迅速改装通风设施，使之形成主井进风、副井出风系统。通风设施的改装有以下两个方案：

（1）首先拆除主井的风筒，只保留副井的风筒，并将副井的风筒接长；在主、副井贯通联络巷内，修建临时风门。为了克服较大的通风阻力就要加大风压，必要时可将原为主、副井分别通风的两台局扇串联使用，并改为抽出式通风系统，如图 12-7（a）所示。这样改装工作很简单，也便于通风管理，它适用于井深 200 m 以内的浅井。

（2）将主、副井内原有的风筒分别拆除，然后将主要通风机移到井下主、副井贯通联络巷内，仍保持主井进风、副井出风的通风系统，如图 12-7（b）所示。这个方案，虽然增加了改装工作，但是便于密闭，能增加有效风量。两个井筒内均无风筒，通风阻力较小，对井筒改装工作也有利。对独头巷道，可以安设局部通风机辅助通风。这个方案适用于深井条件。

在设计通风系统时，应注意同时串联通风的工作面最多不超过 3 个。如果超过时，各工

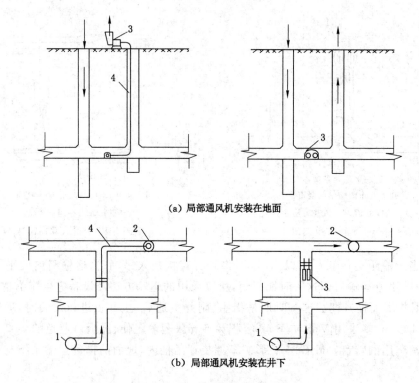

(a) 局部通风机安装在地面

(b) 局部通风机安装在井下

1—主井；2—副井；3—局部通风机；4—风筒。

图 12-7　主、副井贯通后通风设施的改装

作面的爆破作业必须按由里到外的顺序进行，同时作业人员应全部撤出。有时为了改善通风效果，避免多工作面串风，可采用抽出式通风或增开辅助巷道，尽量避免把风门设置在运输繁忙的巷道内。

5. 排水设施的改装

由立井掘进过渡到井底车场及平巷掘进的排水工作比较简单，一般可分为以下 3 个阶段：

(1) 主、副井联络巷未贯通前。这个阶段仍然利用原有的凿井吊泵，分别由主、副井水窝往外排水。

(2) 主、副井贯通后，主井提升设备改装阶段。这个阶段要拆除主井内的排水吊泵，主井涌水用卧泵排到副井井底；然后，共同利用副井吊泵向外排水，涌水量大则改用卧泵排水。

(3) 主井临时罐笼提升，副井进行永久装备阶段。此阶段可在副井马头门外安设临时卧泵，从副井井底吸水，经敷设在联络巷道和主井井筒中的排水管将水排到地表。这时，井底车场和平巷掘进的涌水都汇集到主、副井井底。当涌水量甚大时，需要把主、副井联络巷扩展一段，用作临时泵房和变电所，同时开凿一个临时小水仓，如图 12-8 所示。

在副井永久装备完成，主井进行永久装备时，一般井下中央水泵房和管子道已经完工，因而可以利用永久水仓、水泵房和副井井筒中的永久管道排水。主、副井井底的水用卧泵排到巷道水沟中，再流入永久水仓，最后排至地表。

6. 其他设施的改装

在井底车场施工时，还要解决好井下的压风供应，以及供电和供水等工作。车场施工全

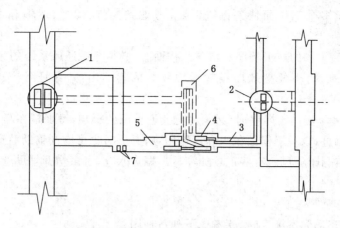

1—罐笼井；2—箕斗井；3—至箕斗井通道；4—泵房；

5—变电所；6—水仓；7—变压器室。

图 12-8　临时泵房及水仓布置

面展开后，压风用量迅速增大，远大于两个井筒施工时的压风用量；但是主、副井交替改装后，压风却只能由一趟管路供应。所以在井筒掘进之前选择压风机和压风管路时，应考虑车场及采区巷道施工期间对压气的需要量，选用的压风管道直径不要小于 150 mm。

　　主、副井贯通后，井下耗电量将大增加，除了供应临时水泵、局扇和装岩机外，还得供施工水仓和清理斜巷用的绞车等设备，多为 380 V 的电源。因此，为了从地面送高压电到井底，井底车场内应设临时变电所，最好和临时水泵房一起设在等候室中。

　　为保证湿式钻眼，供水工作也不能忽视。若从地面供水，井内应设专门供水管路；若直接从井下取水，必须注意水的清洁，以免堵塞管路，影响正常钻眼工作。

四、井底车场与硐室的施工安排

1. 井底车场巷道施工安排

　　车场巷道施工顺序的安排除应保证主、副井短路贯通及连锁工程项目不间断地快速施工外，同时还必须积极组织力量，掘进一些为提高连锁工程的掘进速度和改善其施工条件所必须的巷道。如尽快形成环形运输系统，提高运输能力；沟通通风环路，改善通风条件，改变独头通风的困难；沟通排水系统，改善工作面掘进条件等。井底车场巷道与硐室的施工顺序如下：

　　(1) 主、副井短路贯通。应选择距离小、工期短的贯通路线，必要时增加临时巷道以缩短主、副井贯通道的距离。

　　(2) 主井(或副井)重车道，主要运输石门、运输大巷、采区上山与风井的贯通。该组巷道是矿井的连锁工程(主要矛盾线上的工程)，应作为主攻方向，组织快速施工。

　　(3) 优先安排井底车场环行绕道的贯通，解决车场施工运输、调车的困难。

　　(4) 主、副井空重车线的贯通，改善车场多头施工的通风条件。

　　(5) 进行通向中央变电所、水泵房、水仓通道的施工，以便尽早组织这些硐室施工，为提前使用永久排水系统创造条件。

　　在组织车场巷道多头快速掘进时应注意以下几个方面：

　　(1) 车场内掘进工作面的增减，必须注意与工人数量及器材设备的平衡，必须考虑井筒的提升能力;组织多个工作面快速掘进时,应考虑到掘进、砌壁、运输和通风之间的相互配合。

（2）确定井底车场的施工顺序和增减工作面时,必须考虑通风系统的合理改变,避免通风设施移动过于频繁;不要把风门设在运输频繁的巷道内,并保证各个工作面有足够的风量。

（3）确定井底车场施工顺序时,必须注意巷道坡度的影响,特别是在涌水量较大的情况下,应避免下山掘进,以免工作面积水和运输困难;必要时也可增开辅助巷道,使其既有利于排水和运输,也有利于通风。有些现场如需尽早掘进水仓,可多增开辅助巷道,但要避免内、外水仓沟通。

2. 井底车场硐室施工安排

在组织井底车场硐室施工时,要考虑下列各种因素:

（1）与井筒相毗连的各种硐室（马头门、装载硐室、井底水泵房等）,在一般情况下应与井筒施工同时进行,箕斗装载硐室的设备应安装在井筒永久装备施工之前进行。

（2）各机械设备硐室的开凿顺序应根据使用先后和安装工程的需要来安排。一般为了早日利用永久排水设备而应先施工井下变电所、水泵房和水仓;煤仓和翻笼硐室工程比较复杂,设备安装用时较长,所以也应尽早施工。电机车库、消防列车库、炸药库等其他硐室也应根据对它们不同需要分别安排。

（3）服务性的硐室,如等候室、调度室和医疗室等,其施工先后对建井工期影响不大,一般可作为平衡工程量安排其施工的时序。但为了改善通风、排水和运输系统,有时也需要提早施工。

（4）在车场内每掘到巷道或硐室的交叉点处,若不能一次筑成时,应向交叉道掘进 6 m左右,并砌好这段巷道,以免时间长而造成片帮垮落,也便于以后增开掘进工作面。

在施工组织设计中,我国现场常用工程进度日历表,以及用彩色线绘制的井底车场各工作面进度图来表示井底车场巷道和硐室的施工顺序。近年来,绝大矿井的施工进度安排都采用计算机网络图代替了横道图,以此来表示井底车场的施工顺序。计算机网络技术的运用,为矿井建设的高效和现代化管理提供了有力的管理手段。

3. 井底车场施工安排案例

某矿副井井底车场及主要硐室结构如图 12-9 所示,其主井系统装载硐室及运输大巷采用上提布置,主、副井井筒施工安排同时到底。由于主、副井同时到底,进入井巷过渡,其首要工作是进行短路贯通,并保证主连锁工程项目（与风井井筒贯通工程）不间断施工;然后,主井进行临时改绞,主井改绞结束后副井进入永久装备;最后为了保证副井永久装备结束后尽快投入使用,副井系统的硐室必须尽快完成。

在进行进度计划编制时,首先确定井底车场的施工方案,具体考虑主、副井贯通线路的施工,以及主连锁工程项目（与风井井筒贯通工程）不间断施工,尽快形成主井临时改绞的调车通道,抓紧完成副井系统硐室的施工。施工队伍的安排不要大起大落,并尽可能采用较少的施工队伍,以保证施工时的运输、通风等需要。具体施工安排如下:

主井施工队 A:主副井贯通辅助巷（与副井贯通）→4 号交岔点→消防材料库→等候室。

副井施工队 B:副井东侧马头门→副井重车线→1 号交交岔点→与风井井筒贯通工程（东翼轨道大巷）。

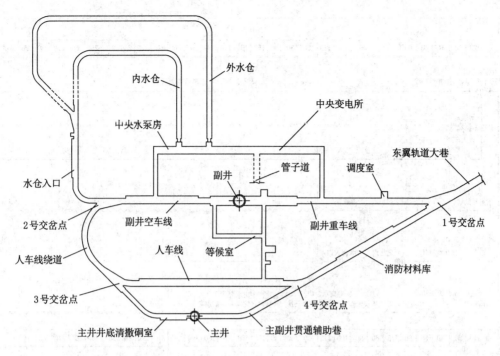

图 12-9 副井井底车场及主要硐室示意图

增加施工队 C：等候室东侧通道→人车线东巷道至 4 号交岔点（与主井贯通）→人车线西巷道→3 号交岔点→人车线绕道→外水仓。

增加施工队 D：副井西侧马头门→副井空车线→2 号交岔点→水仓入口→内水仓。

增加施工队 E：主井井底清撒硐室→3 号交岔点→中央变电所通道→中央变电所→中央水泵房→中央水泵房通道→管子道→中央水泵房吸水井、配水井、配水巷。

在上述施工队伍的安排中，可以将消防材料库、等候室、外水仓等作为配套项目进行调整，具体根据工期安排情况确定。

根据该矿副井井底车场的施工安排，通过计算各工序的工作量，考虑各施工队的施工技术水平和进度指标，可以计算出预计完成的时间，具体见网络图中时标长度，其时标网络进度计划如图 12-10 所示。

五、采区巷道的施工安排

组织采区巷道施工时，应考虑以下因素：

（1）应提前施工主、副井与风井贯通的采区上山工程，连锁工程的采区上山应先安排施工，工程量大的一般上山也要提早施工。

（2）一般应先施工轨道上山，以提前安装提升绞车，担负采区工程的运输任务。

（3）凡工程量大、距井筒远、直接影响建井工期的采区工程应提前安排施工。

（4）为了解决通风问题，有高沼气矿井的采区开拓，一般应在主、副井与风井贯通并形成负压通风系统后，再开拓采区煤巷。

（5）在建井期间为探明地质情况的采区工程应先行施工。如同时施工两条上山时，可先施工人行通风上山，以提前探明采区煤层的赋存情况。采区煤巷，一般应先施工上部轨道回风巷，沿煤层走向探清等高线以及上部水文地质条件，为掘进运输巷道探明地质情况。

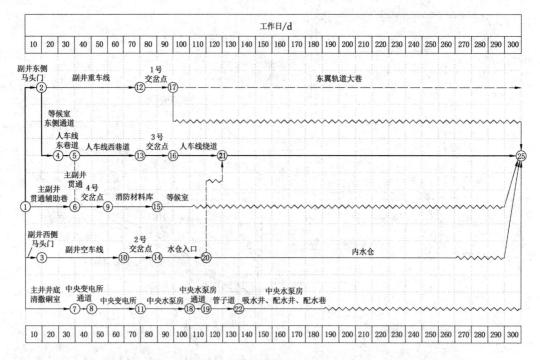

图 12-10　副井井底车场及主要硐室施工时标网络进度计划

（6）有煤与沼气突出危险的矿井,一般应先施工岩石巷道;然后,施工溜煤眼、联络眼,从岩石巷中揭开煤层,排放沼气,最后,进行煤巷施工。

（7）涌水量大的上下山,最好采用上山掘进的方法。

（8）由于煤巷地压较大,施工过早,则维修量过大,所以新建矿井多在矿井试运转前安排施工。

六、全矿井施工方案

矿建工程包括井筒、井底车场巷道及硐室、主要石门、运输大巷及采区巷道等全部工程。其中,部分工程构成了全矿井延续距离最长,施工需时最长的工程项目,这些项目在总进度计划表上称为主要矛盾线或连锁工程。

如井筒→井底车场重车线→主要石门→运输大巷→采区车场→采区上山→最后一个采区切割巷道或与风井贯通的巷道等,就属于连锁工程。矛盾线上工程项目的施工顺序决定了矿井的施工方案和施工工期。根据对连锁工程施工顺序的不同,矿井建设有以下方案。

1. 单向掘进施工方案

由井筒向采区方单方向顺序掘进主要矛盾线上的工程,即当井筒掘进到底后,由井底车场水平通过车场巷道、石门、主要运输巷道直至采区上山、回风巷及准备巷道,这种施工方案称为单向掘进方案。

其优点是:建井初期投资少,需要劳动力及施工设备少;采区巷道容易维护,费用较省;对测量技术的要求相对较低;建井施工组织管理工作比较简单。其缺点是:建井工期较长;通风管理工作比较复杂;安全施工条件较差。

该方案主要适用于开采深度不大,井巷工程量小,采用前进式开拓,受施工条件限制,施工力量不足的中小型矿井。

2. 对头掘进施工方案

井筒掘进与两翼风井平行施工，并由主、副井井底和两翼风井井底同时对头掘进，即双向或多向掘进主要矛盾线上的井巷工程的施工方案，称为对头掘进方案。

其主要优点是：采用对角式通风的矿井，利用风井提前开拓采区巷道，可以缩短建井工期，提前移交生产，节约投资；主、副井与风井提前贯通，形成独立完整的通风系统，通风问题易于解决，特别是对沼气矿井的安全生产十分有利，同时增加了安全出口，为安全生产创造了条件；增大了提升能力，可以缓和后期收尾工程施工与拆除施工设备的矛盾；采区开拓时人员上下、材料设备的运输很方便。

对头掘进方案的缺点是：增加了施工设备和临时工程费，需要的劳动力较多；采区巷道的维护费较大；施工组织与管理工作比较复杂，对测量技术的要求比较高。

两种方案各有特点，在工程实践中应根据工程的具体条件进行对比分析，确定合理的施工方案。在进行方案比较优化时，可以参考以下措施。

(1) 增凿措施井筒。当井筒较浅，表土水文条件简单或在山区建井时，增开井筒或将采区上山或回风巷道延伸到地面，用作措施井。

(2) 快速贯通掘进，提前准备采区。依据经验，当井筒深度超过 600 m，且有较厚的冲积层时，井筒工期一般超过 2 年；若贯通距离在 4 000 m 以上时，贯通距离则需 2～3 年。若将采区施工安排在贯通之后，必将拖延建井工期，这显然与辅助系统、配套工程不相适应。为此，要尽量安排利用风井负责采区施工，利用风井提前开拓采区。

(3) 多掘煤巷或以煤巷代替岩巷。凡煤质坚硬、顶板稳定、低瓦斯，且无自然发火的矿井，均可考虑多开煤巷，以加快建井速度。

建井工程主要矛盾线上关键工程的施工方法，以缩短总工期为目标。注意努力减少施工准备期，建井初期的工程规模不宜铺开过大。充分利用网络技术的节点和时差，创造条件多头作业、平行作业、立体交叉作业。

施工准备期应以安排井筒开工以及项目所需要的准备工作为主，要在施工初期适当利用永久工程和设施，尽量删减不必要的临时工程；但过多地利用永久建筑将增加建井初期的投资比重。因此，要对工程项目投资时间和大临工程投资进行综合分析，选择最佳效益。

矿井永久机电设备安装工程应以保证项目联合试运转之前相继完成为原则，不宜过早。要注意保证矿建、土建、安装三类工程相互协调和机电施工劳动力平衡，尤其是，采区内机电设备可采取在联合试运转之前集中安装的方法完成。

除施工单位利用需要外，一般民用建筑配套工程可在项目竣工前集中兴建，与矿井同步移交，或经生产单位同意在移交生产后施工。

设备订货时间应根据机电工程排队工期、并留有一定时间余量来决定，非安装设备可推迟到矿井移交前夕到货，甚至可根据生产单位的需要由其自行订货。矿建、土建、安装工程所需要的材料、备件、施工设备的供货与储备应依据施工计划合理安排，避免盲目采购和超量储备。

当生产系统建成后，可以采用边投产、边施工（剩余工程作为扫尾工程）的方法，以提早发挥固定资产的经济效益；如投产后剩余工作量较大时，可列入矿井建设的二期工程组织施工。

第四节　矿井工业场地施工总平面布置

一、施工总平面布置的原则

为了规划施工场地,应把工业广场内所有要施工的临时与永久建筑物、构筑物、仓库与附属企业、运输与给水、排水、供电、线路等都绘制在施工总平面图上,以便指导现场进行有计划的、有秩序的施工,这就是施工总平面的布置。施工总平面的布置应坚持以下原则:

(1)充分掌握现场的地质、地形资料,了解高空、地面和地下各种障碍物的分布情况,并熟悉现场周围的环境,以期做到统筹规划、合理布局、远近兼顾,为科学管理、文明施工创造有利的条件。

(2)合理、充分地利用永久建筑、道路、各种动力设施和管线,以减少临时设施,降低工程成本,简化施工场地的布置。

(3)合理确定临时建筑物和永久建筑物的位置和高程关系。临时建筑不能占用永久建筑位置,避免以后大量拆移造成浪费;临时建筑物标高要尽可能按永久广场标高施工。

(4)临时建筑的布置要符合施工工艺流程的要求,做到布局合理。为井口服务的设施应布置在井口周围,动力设施(如变电所等)应靠近负荷中心,搅拌站、空压站、机修厂、仓库等生产设施,以及办公室、食堂、浴室等生活设施应尽量选择在适中的地点,做到有利施工、方便生活。

(5)广场窄轨铁路、场内公路布置,应满足需要并方便施工,力求节约,以降低施工运输费用和减少动力损耗。窄轨铁路应以主、副井为中心,并能直接通到材料场、坑木场、机修厂、水泥厂、混凝土搅拌站、排矸场等地。主要运输线路和人流线路尽可能避免交叉。

(6)各种建筑物布置要符合《煤矿安全规程》有关规定,遵守环境保护、防火、安全技术、卫生、劳动保护规程,为安全施工创造条件。火药库、油脂库、加油站等易燃、易爆品库房的布置应符合有关最小安全距离的规定。

(7)临时工程应尽量布置在工业场地内,节约施工用地,少占农田。

二、施工总平面布置的依据

(1)工业场地、风井场地等总平面布置图。

(2)工业场地地形图及有关地质地形、工程地质、场地平整资料。

(3)施工组织设计推荐的施工方案。

(4)各场地拟利用的永久建筑工程量表、施工材料、设备堆放场地规划。

(5)各场地拟利用的临时建筑工程量表、施工材料、设备堆放场地规划

三、主要施工设施布置设计要求

在完成上述依据资料收集筹备工作后,即可进行施工总平面的布置设计。总平面的布置设计以井筒(井口)为中心,力求布置紧凑、联系方便。总平面布置应满足以下要求:

(1)凿井提升机房的位置,须根据提升机型式、数量、井架高度以及提升钢丝绳的倾角、偏角等来确定,布置时应避开永久建筑物位置,不影响永久提升、运输和永久建筑的施工,并考虑提升方位与永久提升方位的关系,使之能适应井筒开凿、平巷开拓、井筒装备各阶段的提升需要。

(2)临时压风机房应靠近井筒布置,以缩短压风管路,减少压力损失为目的,最好布置

在距两个井口距离相差不多的地点,一般距井口 50 m 左右。距提升机房不能太近,以免噪声影响提升机司机工作。

(3)临时变电所位置,应设在工业广场引入线的一面,并适当靠近提升机房、压风机房等主要用户,以缩短配电线路;要避开人流线路和空气污染严重的地段;建筑物要符合安全、防火要求,并不受洪水威胁。

(4)临时机修车间,使用动力和材料较多,应布置在材料场地和动力车间附近,而且运输方便的地方,以方便机械设备的检修和领运;应避开生活区,以减少污染和噪声。车间之间应考虑工艺流程,做到合理布置。其中,铆焊车间要有一定的厂前区。

(5)临时锅炉房位置,应尽量靠近主要用汽、供热用户,减少汽、热损耗,缩短管路,并应布置在厂区和生活区的下风向,远离清洁度要求较高的车间和建筑,交通运输方便,建筑物周围应有足够的煤场、废渣充填及堆积的场地。

(6)混凝土搅拌站,应设在井口附近,周围有较大的、能满足生产要求的砂、石堆放场地,水泥库也须布置在搅拌站附近,并须考虑冬季施工取暖、预热及供水、供电的方便。要尽量结合地形,设计砂、石、混凝土机械运输的流水线。

(7)临时油脂库,应设在交通方便、远离厂区及生活区的广场边缘,既要便于油脂进出库,又能满足防火安全距离的要求。

(8)临时炸药库,应设在距工业广场及周围农村居民点较远的偏僻处,并有公路通过附近,符合《煤矿安全规程》要求,同时要设置安全可靠的警卫和工作场所。

(9)矸石场和临时储煤场,矸石场应设在广场边缘的下风向位置,除了将矸石排放到工业广场的低洼处,用以平整场地外,应尽量利用永久设施排矸。临时储煤场的位置选择,既要考虑到矿井建设期工程煤的运输问题,还要考虑到供锅炉房用煤及零售给职工用煤的运输问题。

四、永久建筑物与永久设备的利用

提前利用永久建筑物和设备是矿井建设的一项成功经验,它除了可以减少临时建筑物的占地面积,简化工业广场总平面布置外,还可以节约矿井建设投资和临时工程所用的器材,减少临时工程施工及拆除时间和由临时工程向永久工程过渡的时间,缩短建井总工期;减少建井后期的建筑安装工程及其收尾工作量,使后期三大工程排队的复杂性与相互干扰减少,为均衡生产创造了条件;同时,还可改善建井与生产人员的生活条件。

煤矿矿井的副井,一般多采用金属永久井架。井筒到底后又希望它迅速改装成永久提升设备以服务于建井施工,所以利用副井的永久井架及永久提升机进行井筒施工,常常是可行的、有效的技术措施。

此外,诸如宿舍、办公楼、食堂、浴室、任务交代室、灯房、俱乐部、上下水道、照明、油脂库、炸药库、材料仓库、木材加工厂、机修厂、6 kV 以上输变电工程、通信线路、公路、蓄水池、地面排矸系统、压风机与压风机房、锅炉及锅炉房、永久水源、铁路专用线等应创造条件,最大限度地利用或争取利用其永久工程与设备。

为了保证可利用的永久工程能在开工前部分或全部建成,所需的施工图、器材、设备要提前供应,土建及安装施工人员要提前进场。永久建筑物和设备的结构特征、技术性能与施工的需要不尽一致时,要采取临时加固、改造措施,要防止永久结构的超负载或永久设备的超负荷运行,造成损失。同时,也要避免永久设备的低负荷运行,造成浪费。

五、施工总平面布置内容与要求

1. 布置内容

(1) 以不同的颜色或阴影在矿井总平面图上标出拟利用的永久建筑及设施。

(2) 按比例在矿井总平面布置图上标出各种场地(材料堆放场地、矸石场地、堆放场地、设备放置场地等)的面积大小和位置。

(3) 按比例在矿井总平面布置图上标出各种临时建筑物的位置及面积大小。

(4) 按比例在矿井总平面布置图上标出各种缆线、道路、管路等的走向。

2. 布置方法

(1) 运输线路的布置。初期以公路运输为主,有条件时尽早利用铁路运输临时道路的布置应避开永久工程,布置在没有管道网的地段。一般情况下,应先考虑利用永久道路,辅以必要的临时道路。场内永久道路应一次按设计路面施工;条件不具备时,可先在永久道路路基上铺以矸石,泥结碎石路面,以后再按永久路面建成。

(2) 标明永久建筑物、构筑物施工年度及施工需要的预留场地范围。根据矿井建设施工部署安排,在每一建(构)筑物上标明施工年度。根据主要建、构筑物施工方案设计确定该工程施工时,需要预留的场地范围,在该范围内一般不要布置临时设施,以保证永久工程的顺利施工。

(3) 器材堆放、库房加工厂房位置。场内库房、加工厂房区,尽可能利用永久建筑,或在永久仓库、厂房附近布置少量的临时库房、加工厂房。

(4) 临时建筑的合理布置。临时建筑位置应避开永久建筑位置选定合理的场区,最好集中布置,形成一个临时建筑群区,以便于管理。当稳车棚、提升机房等占用永久建、构筑物位置时应考虑到临时与永久工程施工的交替。

【复习思考题】

1. 施工组织设计的分类及作用?

2. 单项工程施工组织设计编制内容有哪些?

3. 简述以下工期概念:矿井施工准备期、投产工期、投产后工期、矿井建井总工期。

4. 矿井建设施工准备期的内容有哪些?

5. 井筒开工顺序如何确定?简述常用主、副、风井开工顺序及其特点、适用条件。

6. 何谓井巷过渡期?在此期间施工组织的主要内容是什么?

7. 简述井巷过渡期提升设施改装的原则和改装的顺序。

8. 简述井底车场巷道、硐室施工的一般顺序和施工组织应注意的问题。

9. 矿井施工方案有哪几种?简述其优缺点和适用条件。

10. 简述矿井建设施工总平面布置的一般原则和要求。

第十三章　矿山工程组织与管理

第一节　矿业工程项目组成及管理特点

一、工程项目划分

工程项目组成的合理和统一划分,对评价和控制项目的成本费用、进度、质量等方面的工作是必不可少的。矿业工程项目可划分为单项工程、单位工程和子单位工程、分部工程和子分部工程、分项工程。

1. 单项工程

单项工程是建设项目的组成部分。一般指具有独立的设计文件,建成后可以独立发挥生产能力或效益的工程,如矿区内矿井、选矿厂,机械厂的各生产车间;非工业性项目一般指能发挥设计规定主要效益的各独立工程,如宿舍、办公楼等。

2. 单位工程和子单位工程

单位工程是单项工程的组成部分。一般指不能独立发挥生产能力或效益,但具有独立施工条件的工程。通常按照单项工程中不同性质的工程内容,可独立组织施工、单独编制工程预算的部分划分为若干个单位工程。如矿井单项工程分为立井井筒、斜井井筒和平硐、巷道、硐室、通风安全设施、井下铺轨等6类单位工程;机械厂单项工程有车间厂房建筑、车间设备安装;非工业性建筑一般将单栋房屋作为一个单位工程(包含水、电、暖、卫等);设备安装工程,指凡具有独立安装基础和单独安装条件的主体设备,以单台设备的主机作为一个单位工程。

跨年度施工的井筒、巷道等单位工程,可以按施工年度划分为子单位工程。

3. 分部工程和子分部工程

分部工程是按工程的主要部位划分,它们是单位工程的组成部分。分部、分项工程不能独立发挥生产能力,没有独立施工条件,但可以独立进行工程价款的结算。如立井井筒工程的分部工程有井颈、井身、壁座、井窝、防治水、钻井井筒、沉井井筒、冻结、混凝土帷幕等。组成房屋工程的分部工程有基础、墙体、屋面等,或按照工种不同划分为土方、钢筋混凝土、装饰等分部工程。

对于支护形式不同的井筒井身、巷道主体等分部工程,可按支护形式的不同划分为子分部工程;对于支护形式相同的井筒井身、巷道主体等分部工程,可按月验收区段划分为子分部工程。

4. 分项工程

分项工程主要按工序和工种划分,是分部工程的组成部分。分项工程没有独立发挥生产能力和独立施工的条件,但是可以独立进行工程价款的结算。一般常根据施工的规格形状、材料或施工方法不同,分为若干个可用同一计量单位统计工作量和计价的不同分项工程。例如井身工程的分项工程有掘进、模板、钢筋、混凝土支护、锚杆支护、预应力锚索支护、喷射混凝土支护、钢筋网喷射混凝土支护、钢纤维喷射混凝土支护、预制混凝土支护、料石支护等。墙体工程的分项工程有基础、内墙、外墙等。

二、矿业工程项目管理的内容

矿业工程项目管理的主要内容包括合同管理、组织协调、目标控制、风险管理、信息管理、环境保护、施工项目现场管理、施工安全管理等。其中，特别要强调的有：

1. 合同管理

根据矿业工程项目的性质和条件的不同，其合同应具有更高的政策性，需要约定的内容以及所涉及的变化和处理方法会更多、更灵活，对合同的执行要求更严格。

2. 组织协调

协调是项目管理的重要内容。矿业工程项目实施往往有多个单位参与。各不同性质的项目间，以及参与单位间的关系衔接、调整和处理是其管理工作的重要环节。

3. 风险管理

矿业工程项目存在很多不确定性，影响因素众多，因此风险管理是矿业工程项目管理者必须重视的一项内容。降低或转化风险，是矿业工程项目管理值得研究的课题。

4. 施工安全管理

安全管理是矿业工程的项目管理的重点内容，其主要内容包括：遵循的国家相关法律法规（《中华人民共和国矿山安全法》、爆破器材管理条例、各种矿山安全规程等），对矿山容易出现的安全事故控制与管理（运输、冒顶、爆破、电器、突水、瓦斯、岩爆等），管理制度的实施等。

三、矿业工程项目管理特点

1. 矿业工程的综合性

矿业工程建设是大型综合性建设项目，是一个庞大的系统，具有投资大、周期长、组织关系复杂的特点。一个矿业工程的延误，可能会影响整个国民经济计划的部署、。企业将增加额外的资金投入，延误项目效益回收，造成经济效益的重大损失；同时，项目的延滞还将增加额外的工程维护费用，因此，项目对工程的连续性、顺序性的要求比较高。

2. 矿业工程的施工条件

目前地层的地质和水文条件还难以准确描述；地质勘察水平不能全部满足生产、施工所需的详尽、具有足够精度的地质资料。因此矿山开发和生产会有许多可变因素。在矿山项目建设中，不仅需要对这种情况有充分的估计和应对准备，还要充分利用管理、技术、经济和法律知识与经验，充分做好预案，避免造成损失。

复杂和不确定性环境条件经常给矿山带来重大安全问题，造成事故和灾害。因此，考虑对这些重大突发事故的风险防范和必要的应急措施是实施矿山工程不可忽视的内容。矿山工程项目的管理人员必须十分重视安全管理和环境保护工作。

3. 矿业工程的生产系统

矿业工程是一个复杂的综合性工程，它包括进入地下的生产系统以及联系地下的地面系统。地下矿山施工，必须经过通道（井筒、平硐、斜井等）向地下一步步进行，作业范围、顺序、方向、快慢都受到一定约束。因此，选定施工方案与确定工期长短密切相关。一条关键线路上的巷道施工好坏与快慢或者调整，会对整个工程产生重要影响。

地下生产系统决定了地面生产系统的布局,同样也影响施工的布局。一个完整的矿业工程项目关系井巷工程、土建工程以及采矿、选矿设备等大型生产和施工设备的安装工程。因此,矿业工程项目除有通常的各个环节之间关系的协调外,还要考虑井上、下工程的空间关系和工程间的制约关系,以及矿(建)、土(建)、安(装)工程间的平衡关系。

四、工期、质量、投资三大目标控制

建设工程三大目标之间的控制关系并不是孤立的,而是对立统一的关系。

在目标控制过程中,如果对质量要求较高,就要投入较多的资金和花费较长的建设时间。如果要抢时间、赶工期、争速度地完成项目的建设任务,把工期目标定得很高,那么,相应地投资就要增加,或者质量要求就要适当降低。如果要减少投资、节约费用,则必然要考虑降低项目的功能要求和质量标准。

在项目建设过程中,适当增加投资,为加快施工进度提供经济条件,就可以加快项目建设速度,缩短工期,使项目提前投入使用,并能尽早地收回建设投资,项目全寿命经济效益就能得到提高。如果适当提高项目的功能要求和质量标准,虽然会造成项目一次性投资的增加和工期的延长,但却能够节约项目动用后的经常费和维修费,降低产品成本,从而获得长远的投资效益。如果项目的进度计划制定得既可行又优化,使工程进展具有连续性和均衡性,则不但可以有效地缩短建设工期,而且可能获得高质量,并减少投资。

无论是编制矿井建设施工组织设计,还是进行施工方案的优化,或是进行施工部署,都要运用对立统一的思想,综合考虑,科学管理,实现项目的总体目标。

第二节　矿井建设进度控制

矿井建设进度控制的主要任务是通过完善项目控制性进度计划,审查施工单位施工进度计划,做好各项动态控制工作,协调各单位关系,预防工期拖延,以使实际进度达到计划施工进度的要求,并处理好工期索赔问题。

矿井建设施工进度控制的是工期目标,即实施施工组织优化的工期或合同工期。

工期控制是指对工程建设项目在各建设阶段的工作必须按一定的程度和持续时间进行规划、实施、检查、调整等一系列活动的总称。

一、工期控制的内容

1. 施工准备阶段

征购土地;施工井筒检查钻孔;平整场地、拆除障碍物,建临时防洪设施;施测工业场地测量基点、导线、高程及标定各井筒、建筑物位置;供电、供水、通信、公路交通;解决井筒施工期间所需的提升、排水、通风、压风、排矸、供热等综合生产系统;解决施工人员生活福利系统的建筑和设施;落实施工队伍和施工设备;解决井筒凿井必备的准备工作。

2. 井筒施工阶段

安装好"三盘"(井口盘、固定盘、吊盘),凿井设备联合试运;特殊凿井段的协调施工;普通凿井段的协调施工;马头门段及装载硐室段施工;主、副井筒到底后的贯通施工;井筒施工期间遇异常情况的处理,如大涌水、煤及瓦斯突出、构造破碎带等。

3. 井下巷道与地面建筑工程施工阶段

组织井巷工程矛盾线上的井巷工程施工;主、副井交替装备的施工;井巷、硐室与设备安装交叉作业的施工;采区巷道与采区设备安装交叉作业的施工;按照立体交叉和平行流水作业的原则组织井下及地面施工与安装。

4. 竣工验收阶段

矿、土、安三类工程收尾工程的施工;组织验收及相应的准备工作;单机试运转及矿井联合试转;矿井正式移交生产;建立技术档案,做好技术文件及竣工图纸和交接。

二、影响因素与控制措施

影响矿井建设工期的因素可分为以下几个方面。

(1)人为因素。主要包括:① 来自建设单位的影响:建设单位所筹措的资金不能按时到位,材料、设备供应进度失控或不配套,为施工创造各项必要条件的准备工作进展迟缓,以及建设单位管理的有效性,建设单位的要求或设计不当而进行设计变更等都是影响工期的因素。例如,"五通一平"的准备工作进度失控,往往使矿井或其他建设项目推迟,而投资不能及时到位,常常是影响工期的主要原因。② 来自勘察设计单位的影响:主要有计划设计目标确定的合理性、为项目投入的力量和工作效率、单位工程设计的难度以及各专业相互配合的状况、设计主体方案的审批速度、建设单位与设计单位相互配合、协作的情况等,矿井建设在不同时期、不同阶段都有上述干扰。③ 来自施工企业的影响:施工企业素质差,管理水平低,投入的装备、劳动力不足等,也成为工期拖延的主要原因。

(2)技术因素。主要包括设计、施工方案不当,施工组织设计编制粗糙或不尽合理,施工方法不符合实际等,如在井筒施工阶段,井筒检查钻的施工质量和准确程度固然是影响井筒工期的重要因素,而在施工组织设计中提出的施工方案是否合理,则往往是井筒工程能否连续施工和保证进度目标的主导原因。

(3)材料及设备因素。材料、设备不能按时运抵施工现场或者其质量不符合标准要求。

(4)资金因素。投资不能及时到位。

(5)地质与气象因素。矿井建设因为勘察资料不准确引起未能预料的技术障碍或困难,如自然条件的变化、地质与水文条件的变化、有害气体涌出情况的变化、围岩和地压异常变化等,往往是井巷工程进度失控和工期拖延的主要原因。

(6)社会环境因素和风险因素。包括项目建设审批手续延误、不确定社会因素的干扰、突发事件的影响以及外界配合条件存在干扰等。例如上级主管部门的意见、建筑市场的情况以及恶劣的气候、工程质量与安全事故、交通运输、供水供电等环境因素,都会给工程进度和工期造成影响。

针对上述问题,通常采取的进度控制措施主要有以下几种:

(1)组织措施。通过对影响进度的干扰因素进行分析,确定建设工期总目标,落实进度控制人员,明确控制任务,进行项目分解,确定各单位工程及各阶段目标,制定进度控制协调制度等一系列组织方法进行进度控制。

(2)技术措施。落实施工方案的部署,尽可能选用新技术、新工艺、新材料,调整工作之间的逻辑关系,缩短持续时间,加快施工进度。

(3)合同措施。以合同形式保证工期目标的实现,如签订勘察设计合同、施工承包合同、材料供应合同等。按照合同约定,对提前或拖延工期实施奖罚,从而保证各项工作按计划进行。

(4)经济措施。从建设资金的供应上,保证满足工程进度需要的资金供应量;并且为了保证进度计划顺利实施,采取层层签订经济承包责任制的方法和奖惩手段等。

(5)信息管理措施。建立信息监测、分析、整理和反馈系统,系统、科学地收集、整理和分析工程建设形象进度数据,通过计划进度与实际进度的动态比较,提供进度比较信息,实现连续、动态地全过程进度目标控制。

三、施工阶段的进度控制

矿业工程施工项目进度控制的实施贯穿于整个项目建设的始终,对项目具体的实施控制包括如下几个方面。

1. 认真编制建设项目的进度计划

根据项目建设的要求编制符合实际的,具有可操作性的工程总进度计划,并由此根据施工阶段、施工单位、项目组成编制分解计划,明确目标,方便进度计划的控制和调整。

2. 审核施工承包单位的进度计划

对施工承包单位提交的进度计划要根据总进度计划的要求认真进行审核。审核其施工的开竣工时间、施工顺序和施工工艺的合理性、资源配套要求,以及与其他施工承包单位进度计划的协调性;对存在问题及时要求整改,避免影响工程的正常施工。

3. 督促和检查施工进度计划的实施

在矿业工程项目施工过程中,实施进度的控制要求控制人员深入现场,获取工程进展的实际情况,并与计划进度进行对比分析;对出现进度偏差的情况进行分析,找出原因,对存在问题提出整改。同时,协助解决施工中存在的相关问题,防治进度拖延问题的扩大。

4. 调整进度计划并控制其执行

如果施工单位进度发生偏差而影响工程建设的进度,那么应当根据进度控制的基本原则对施工进度计划进行调整。进度调整要以关键工作、关键节点时间为控制点,尽量在较短的时间内使工程进度恢复到正常状态;同时,实施调整后的进度计划,严格控制施工进度按计划进行。

四、进度计划调整的主要原则与方法

工程进度更新主要包括两方面的工作,即分析进度偏差的原因和进行工程进度计划的调整。常见的进度拖延情况有:计划失误,合同变更,组织管理不力,技术难题未能攻克,不可抗力事件发生等。

1. 进度控制的一般性措施

(1)突出关键路线,坚持抓关键路线。

(2)加强生产要素配置管理。配置生产要素是指对劳动力、资金、材料、设备等进行存量、流量、流向分布的调查、汇总、分析、预测和控制。

(3)严格控制工序,掌握现场施工实际情况,为计划实施的检查、分析、调整、总结提供原始资料。

2. 进度拖延的事后控制

进度拖延的事后措施中,最关键是要分析引起拖延的原因,并针对原因采取措施;投入更多的资源加速活动,采取措施保证后期的活动按计划执行;分析进度网络,找出有工期延迟的路径;改进技术和方法提高劳动生产率;征得业主的同意后,缩小工程的范围,甚至删去一些工作包(或分项工程);采用外包策略,让更专业的公司完成一些分项工程。

3. 关键工作的调整原则

(1) 当关键工作的实际进度较计划进度提前时,若仅要求按计划工期执行,则可利用该机会节省资源及费用。

(2) 当关键工作的实际进度较计划进度落后时,就要缩短后续关键工作的持续时间,达到满足工期的要求。

4. 施工进度调整方法

(1) 当关键工作的实际进度较计划进度落后时,通常要缩短后续关键工作的持续时间,其调整方法如下:

① 重新安排后续关键工序的时间,一般可通过挖掘潜力,加快后续工作的施工进度,从而缩短后续关键工作的时间,达到关键线路的工期不变。影响矿业工程施工项目的因素较多,在实际调整时,应当尽量调整工期中延误工序的紧后工序或紧后临近工序,尽早使项目施工进度恢复正常。

② 改变后续工作的逻辑关系,如将顺序作业调整为平行作业、搭接作业,缩短后续部分工作的时间,达到缩短总工期的目的。这种调整方法在实施时应保证原定计划工期不变,原定工作之间的顺序也不变。

③ 重新编制施工进度计划,满足原定的工期要求。如果关键工作出现偏差,当局部调整不能奏效时,那么可以将剩余工作重新编制计划,充分利用某些工作的机动时间,特别是安排好配套或辅助工作的施工,达到满足施工总工期的要求。

(2) 当非关键工作实际进度较计划进度落后时,如果影响后续工作特别是影响总工期,就需要进行调整。其调整方法可以如下:

① 当工作进度偏差影响后续工作,但不影响工期时,可充分利用后续工作的时差,调整后续工作的开始时间,尽早将延误的工期追回。

② 当工作进度偏差影响后续工作,也影响总工期时,除了充分利用后续工作的时差外,还要缩短部分后续工作的时间,也可改变后续工作的逻辑关系,以保持总工期不变。其调整办法与调整关键工作出现偏差的情况类似。

(3) 发生施工进度拖延时,可以增减工作项目。如果某些项目暂时不建或缓建并不影响工程项目的竣工投产或动用,也不影响项目正常效益的发挥,那么可以增减项目。但要注意增减工作项目不应影响原进度计划总的逻辑关系,以便使原计划得以顺利实施。矿井建设工作中,如适当调整工作面的布置,减少巷道的掘进工程量;地面建筑工程采用分期、分批建设等都可以达到缩短工期的目的。

(4) 认真做好资源调整工作。在工程项目的施工过程中,发生进度偏差的因素很多,如若资源供应发生异常时,应进行资源调整,保证计划的正常实施。资源调整的方法可通过资源优化的方法进行解决,如井巷施工中,要认真调配好劳动力,组织好运输作业,确保提升运输能力,保证水、电、气的供应等。

第三节　矿井建设质量控制与验收

矿井建设的质量控制,包括矿井建设单位的质量控制,施工单位的质量控制和政府部门的质量控制。在实行监理制的项目中,项目法人单位(业主)委托监理工程师实施质量控制,并与政府质量监察部门共同控制工程质量。

建设项目总体质量目标具有广泛性,建设项目总体质量的形成具有明显的过程性,影响项目质量的因素又很多,而且项目质量一旦形成,如果达不到要求,那么返工就很困难,有的工程内容甚至无法重来。因此,除设计阶段严把设计质量关外,在施工阶段,必须从投入原材料的质量控制开始,直至竣工验收为止,使工程质量一直处于严格控制之中。

一、施工质量管理体系

矿业工程质量管理体系是将影响工程质量的有关矿业工程技术管理人员和资源等因素都综合在一起,在质量方针的指引下,为达到质量目标而互相配合。

矿业工程质量管理体系包括硬件和软件两大部分。矿业工程在进行质量管理时,首先根据达到质量目标的需要,准备必要的条件,如人员素质、试验、加工、检测设备的能力等资源;然后,通过设置组织机构,分析确定需要开发的各项质量活动(过程),分配、协调各项活动的职责和接口;通过程序的制定给出从事各项质量活动的工作方法,使各项质量活动能经济、有效、协调地进行,从而形成矿业工程质量管理体系。

二、施工质量管理的内容

1. 工序质量控制

工序质量包括施工操作质量和施工技术管理质量。其控制主要内容如下:

(1)确定工程质量控制的流程;

(2)主动控制工序活动条件,主要指影响工序质量的因素;

(3)及时检查工序质量,提出对后续工作的要求和措施;

(4)设置工序质量的控制点。

2. 设置质量控制点

对技术要求高,施工难度大的某个工序或环节,应设置技术和监理的重点,重点控制操作人员、材料、设备、施工工艺等;针对质量通病或容易产生不合格产品的工序,提前制定有效的措施,重点控制;对于新工艺、新材料、新技术也需要特别引起重视。

3. 工程质量的预控

采取相应的工程质量预控措施,防止出现质量问题。

4. 质量检查

包括操作人员的自检,班组内互检,各个工序之间的交接检查;施工员的检查和质检员的巡视检查;监理和政府质检部门的检查。具体包括:

(1)装饰材料、半成品、构配件、设备的质量检查,并检查相应的合格证、质量保证书和试验报告;

(2)分项工程施工前的预检;

(3)施工操作质量检查,隐蔽工程的质量检查;

(4)分项、分部工程的质检验收;

(5)单位工程的质检验收;

(6)成品保护质量检查。

5. 成品保护

(1)合理安排施工顺序,避免破坏已有产品;

(2)采用适当的保护措施;

（3）加强成品保护的检查工作。

6. 交工技术资料

该资料主要包括以下的文件：材料和产品出厂合格证或者检验证明，设备维修证明；施工记录；隐蔽工程验收记录；设计变更，技术核定，技术洽商；水、暖、电、声讯、设备的安装记录；质检报告；竣工图，竣工验收表等。

7. 质量事故处理

一般质量事故由总监理工程师组织进行事故分析，并责成有关单位提出解决办法。重大质量事故，须报告业主、监理主管部门和有关单位，由各方共同解决。

三、矿业工程常见质量问题

1. 质量意识不够引起的质量问题

（1）为了赶进度，在混凝土还没有足够的强度时，就拆模进入下道工序。

（2）施工方法对井巷施工质量有重要影响。如为了缩短钻眼时间，采用少钻眼、多装药的方法，结果严重破坏了围岩，使巷道需要反复维修。

（3）对隐蔽工程的质量轻视、疏忽。如衬砌支护的壁后充填不充分，使支护提前失效、破坏。

2. 施工方案或设计失误的影响

施工方案是影响施工质量的重要因素。如基坑降水、井筒注浆是控制水患的重要方法，但是常常因为方法不当，造成施工条件恶劣，混凝土质量难以得到保证。

3. 施工措施或操作不当引起质量问题

（1）混凝土浇筑中经常出现蜂窝、麻面的质量问题。这和混凝土施工浇捣不充分、没有严格执行分层振捣或振捣操作不正确等有关。

（2）对施工要领认识不足造成的质量问题。如没有了解和控制锚杆支护的两个要领，即锚固力和托盘挤实围岩，使锚杆形同虚设。

（3）可能由于对工程地质与水文地质情况认识不清，或是经验不足出现决策错误，或因为重视程度不够，致使施工措施导致的失误。

4. 对质量控制的投入不足

对质量的投入不足表现是多方面的，或是通过省料、省工减少资金投入，或是对控制质量的措施不落实，或是对工程监测的投入不足等。

四、矿业工程分部、分项工程质量检验

（一）混凝土强度检测

混凝土强度是评价其质量的主要指标。混凝土强度检测的基本方法是在现场预制试块，进行强度试验。混凝土的强度等级按立方体抗压强度（以 N/mm^2 或 MPa）标准值划分。立方体抗压强度标准值是指对标准方法制作和养护的边长为 150 mm 试件，在 28 d 龄期用标准试验方法测得的抗压强度总体分布中一个值。当需要采用其他尺寸试件时，可以按规定折算。

对已经完工的混凝土结构可采用无损检测的方法，包括回弹法、超声脉冲法、超声回弹综合法等。此外，还可以采用微破损检测技术，如拔出试验法等。

（二）锚杆施工项目

1. 锚杆抗拔力检测

锚杆（锚索）抗拔力是指其抵抗从岩体中拔出的能力，单位为 kN 或 N。抗拔力是锚杆

（锚索）支护能力的重要性能，也是其施工质量的重要指标。检测锚杆或锚索抗拔力的常规方法是用锚杆拉力计或扭力矩扳手进行拉力试验。

2. 锚杆安装的间排距检测

如果锚杆未被喷射混凝土覆盖，则可直接用尺量测，所得数据作为评价锚杆布置质量的依据。如果锚杆已被混凝土覆盖，则需使用锚杆探测仪。

3. 托盘质量检测

《锚喷支护工程质量检测规程》规定，锚杆托板要求安装牢固，密贴壁面或与岩面楔紧。未被喷射混凝土覆盖的锚杆托盘检测，可直接进行现场扳动、观察实查；对于已被混凝土覆盖的锚杆，则按照隐蔽工程处理，抽查检查点上的施工检查记录。锚杆托板安装质量检查记录由班组逐排完成；中间或竣工验收时，立井要求不超过 15 m、巷道不超过 20 m 检测一个检查点。在每个检查点检测其前一排锚杆托板的安装质量。

4. 锚杆孔深度、角度检测

锚杆孔深度、角度同样是反映锚杆支护质量的重要指标，目前仍按照隐蔽工程的方法进行检测。

锚杆安装质量不仅包括锚杆托板安装质量，还包括锚杆间排距，锚杆孔的深度、角度，锚杆外露长度等方面的质量。

（三）喷射混凝土施工项目

1. 喷射混凝土强度检测

（1）喷混凝土强度试验

评价喷混凝土强度可以采用和普通混凝土相同的方法，采用标准试验方法获取 28 d 龄期的抗压强度，并通过比较同批试验各组平均值及其最低值与设计规定的差进行合格评定，规程规定了具体的计算方法。

喷混凝土还可以采用点荷载和拔出试验法确定其强度。

（2）取样

喷射混凝土强度检测试件采用现场取样方法，包括钻取法、喷大板法和凿方切割法。

① 钻取法。在已经养护 28 d 的实际结构物上钻取直径 50 mm、长度大于 55 mm 的喷射混凝土芯，经两端切割平整后试验。

② 喷大板法。用 350 mm×450 mm×120 mm 的模具（短边敞开），置于喷射混凝土作业现场墙脚；待操作正常后，由下而上逐层向模具内喷射，1 d 后脱模置于标准条件下养护 7 d，加工成标准试件，养护 28 d 后进行试验。

③ 凿取法。在已经喷好的并经过 14 d 养护的混凝土结构物上，钻凿出长 350 mm、宽 150 mm 的混凝土块。将其加工为 100 mm×100 mm×100 mm 的立方体试块，养护至 28 d，即可在压力机上进行抗压试验。

工程性质不同，每批喷混凝土的试验组数也不同。

2. 喷射混凝土厚度

喷射混凝土厚度检测常用针探法、打孔尺量或取芯法。

3. 喷混凝土工程规格尺寸

（1）喷射混凝土工程断面规格尺寸的检测方法主要有挂线尺量法、激光测距法、超声波测距法等。喷射混凝土表面平整密实，用 1 m 的靠尺和塞尺量测，测点 1 m² 范围内凹凸不得大于 50 mm。

(2) 喷射混凝土基础深度检测一般采用尺量法。

4．锚喷混凝土观感质量检测

锚喷工程观感质量检测主要包括无漏喷、离鼓现象，无仍在扩展或危及使用安全的裂缝；漏水量符合防水标准；钢筋网（金属网）不得外露；成型好，断面轮廓符合设计要求，做到墙直、拱平滑。

五、主要井巷工程的质量要求及验收

(一) 掘进工程

1．冲积层掘进工程

(1) 掘进及其临时支护应符合施工组织设计和作业规程的有关规定。

(2) 掘进规格允许偏差应符合有关规定。

(3) 斜井井口和平硐硐口部分采用明槽开挖时，明槽外形尺寸的允许偏差应符合有关规定。

2．基岩掘进工程

(1) 光面爆破和临时支护应符合作业规程的规定，应做到爆破图表齐全，爆破参数选择合理。

(2) 掘进断面规格允许偏差和掘进坡度偏差应符合有关规定。

(3) 壁座（或支撑圈）、水沟（含管线沟槽）、设备基础掘进断面规格等应符合有关规定。

3．裸体井巷掘进工程

(1) 光面爆破应符合作业规程的规定，做到爆破图表齐全，爆破参数选择合理。

(2) 掘进断面规格允许偏差和掘进坡度偏差应符合有关规定。

(3) 光面爆破周边眼的眼痕率不应小于 60%。

(二) 锚喷支护工程

1．锚杆支护工程的要求

(1) 锚杆的杆体及配件的材质、品种、规格、强度、结构等必须符合设计要求；水泥卷、树脂卷和砂浆锚固材料的材质、规格、配比、性能等必须符合设计要求。

(2) 锚杆安装的间距、排距、锚杆孔的深度、锚杆方向与井巷轮廓线（或岩层层理）角度、锚杆外露长度等应符合有关规定。

(3) 托板安装和锚杆的抗拔力应符合要求。

2．锚索（预应力锚杆）支护工程

(1) 锚索（预应力锚杆）的材质、规格、承载力等必须符合设计要求；锚索（预应力锚杆）的锚固材料、锚固方式等必须符合设计要求。

(2) 锚索（预应力锚杆）安装的间距、排距、有效深度、钻孔方向的偏斜度等符合设计要求。

(3) 锚索（预应力锚杆）锁定后的预应力应符合设计要求。

3．喷射混凝土（金属网喷射混凝土）支护工程

(1) 金属网的材质、规格、品种，金属网网格的焊接、压接或绑扎，网与网之间的搭接长度应符合设计要求。喷射混凝土所用的水泥、水、骨料、外加剂的质量，喷射混凝土的配合比、外加剂掺量等应符合设计要求。喷射混凝土抗压强度及其强度的检验应符合有关规定。

（2）金属网喷射混凝土支护断面规格允许偏差、喷射混凝土厚度应符合有关规定。

（3）金属网喷射混凝土的表面平整度和基础深度的允许偏差及其检验方法符合有关规定。金属网在喷射混凝土中的位置应符合有关规定。

（三）支架支护工程

1. 刚性支架支护工程

（1）各种支架及其构件、配件的材质、规格、背板和充填材料的材质、规格应符合设计要求。

（2）巷道断面规格的允许偏差，水平巷道支架的前倾和后仰、倾斜巷道支架的迎山角，撑（拉）杆和垫板的安设数量、位置，背板的安设数量、位置，支架柱窝深度或底梁铺设等应符合设计有关规定。

（3）支架梁水平度、扭矩、支架间距、立柱斜度、棚梁接口离合错位的允许偏差及检验方法应符合有关规定。

2. 可缩性支架支护工程

（1）支架及其附件的材质和加工应符合设计要求；装配附件应齐全，且无锈蚀现象，螺纹部分有防锈油脂；背板和充填材料的材质、规格应符合设计要求和有关规定。

（2）巷道断面规格的允许偏差，水平巷道支架的前倾和后仰、倾斜巷道支架的迎山角，撑（拉）杆和垫板的安设数量、位置，背板的安设数量、位置，支架柱窝深度或底梁铺设等应符合设计有关规定。

（3）可缩性支架架设的搭接长度、卡缆螺栓扭矩、支架间距、支架梁扭矩、卡缆间距、底梁深度的允许偏差及检验方法应符合有关规定。

（四）混凝土支护工程

（1）混凝土所用的水泥、水、骨料、外加剂的质量，混凝土的配合比、外加剂掺量等符合设计要求。混凝土抗压强度及其强度的检验应符合有关规定。

（2）混凝土支护断面规格允许偏差、混凝土支护厚度应符合有关规定。

（3）混凝土支护的表面质量、壁后充填材料及充填应符合有关规定。

（4）混凝土支护的表面平整度和基础深度的允许偏差及其检验方法应符合有关规定。

（5）建成后的井巷工程漏水量及其防水质量标准应符合有关规定。

六、质量事故分类及处理

住房和城乡建设部在《关于做好房屋建筑和市政基础设施工程质量事故报告和调查处理工作的通知》中规定，建设工程质量事故，是指由于建设、勘察、设计、施工、监理等单位违反工程质量有关法律法规和工程建设标准，使工程产生结构安全、重要使用功能等方面的质量缺陷，造成人身伤亡或者重大经济损失的事故。

工程质量事故分为4个等级：特别重大事故，重大事故，较大事故和一般事故。各等级的划分与《生产安全事故报告和调查处理条例》中的等级划分基本一致。

（1）特别重大事故，是指造成30人以上（含30人，下同）死亡，或者100人以上重伤（包括急性工业中毒，下同），或者1亿元以上直接经济损失的事故。

（2）重大事故，是指造成10人以上30人以下（不包括30人，下同）死亡，或者50人以上100人以下重伤，或者5 000万元以上1亿元以下直接经济损失的事故。

（3）较大事故，是指造成3人以上10人以下死亡，或者10人以上50人以下重伤，或者

1 000 万元以上 5 000 万元以下直接经济损失的事故。

(4) 一般事故,是指造成 3 人以下死亡,或者 10 人以下重伤,或者 1 000 万元以下直接经济损失的事故。

按照《建设工程质量管理条例》的规定,建设工程发生质量事故,有关单位应在 24 h 内向当地建设行政主管部门和其他有关部门报告。对重大质量事故,事故发生地的建设行政主管部门和其他有关部门应当按照事故类别和等级向当地人民政府和上级建设行政主管部门和其他有关部门报告。特别重大质量事故的调查程序应按照国务院有关规定办理。发生重大工程质量事故隐瞒不报、谎报或者拖延报告期限的,对直接负责的主管人员和其他责任人员依法给予行政处分。

质量事故发生后,事故发生单位和事故发生地的建设行政主管部门,应严格保护事故现场,采取有效措施防止事故扩大。质量事故发生后,应进行调查分析,查找原因,吸取教训。

第四节 矿井建设投资控制

矿井建设投资控制,就是在投资决策阶段、设计阶段、项目发包阶段和施工阶段,把矿井建设项目投资发生控制在批准的投资限额以内,并随时纠正发生的偏差,以保证项目投资管理目标的实现。

一、矿山工程的成本构成及定额体系

(一)矿业工程施工成本构成

矿业工程项目的投资由建筑安装工程费,设备及工器具购置费,工程建设、预备费、建设期利息和其他费等组成,而矿业工程施工成本则主要指建筑安装工程费。

按照中华人民共和国住房和城乡建设部和中华人民共和国财政部联合发布的《建筑安装工程费用项目组成》的规定,建筑安装工程费用项目组成可按费用构成要素来划分,也可按造价形成划分。

(1) 建筑安装工程费的费用构成要素有人工费、材料(包含工程设备,下同)费、施工机具使用费、企业管理费、利润、规费和税金等。

(2) 建筑安装工程费可按照工程造价形成划分,主要包括分部分项工程费、措施项目费、其他项目费、规费、税金组成,分部分项工程费、措施项目费、其他项目费包含人工费、材料费、施工机具使用费、企业管理费和利润等。营业税改征增值税后,建筑安装工程费由分部分项工程费、措施项目费、其他项目费组成,分部分项工程费、措施项目费、其他项目费包含人工费、材料费、施工机具使用费、企业管理费、利润、规费、税金。

(二)矿业工程定额体系

工程定额体系可以按照不同的原则和方法对其进行分类,如图 13-1 所示。

(三)工程量清单

工程量清单是指载明建设工程分部分项工程项目、措施项目、其他项目的名称和相应数量等内容的明细清单。在建设工程发承包及实施过程的不同阶段,可分别称为招标工程量清单、已标价工程量清单等。招标工程量清单应由具有编制能力的招标人或受其委托、具有相应资质的工程造价咨询人编制,由分部分项工程项目清单、措施项目清单、其他项目清单、规费项目清单和税金项目清单组成。

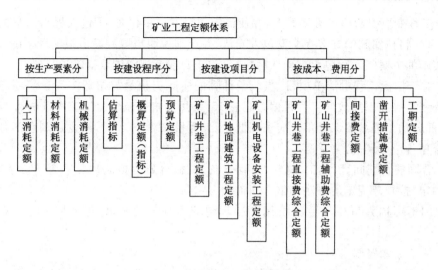

图 13-1　矿业工程定额体系

工程量清单应采用综合单价计价。综合单价是指完成一个规定清单项目所需的人工费、材料和工程设备费、施工机具使用费、企业管理费、利润,以及一定范围内的风险费用。建设工程发承包及实施阶段的工程造价由分部分项工程费、措施项目费和其他项目费组成。

二、工程量变更及费用计算

(1)国家的法律、法规、规章和政策发生变化影响工程造价的,应按省级或行业建设主管部门或其授权的工程造价管理机构据此发布的规定调整合同价款。

(2)施工中出现施工图纸(含设计变更)与招标工程量清单项目的特征描述不符,应按照实际施工的项目特征,重新确定相应工程量清单项目的综合单价,并调整合同价款。

(3)因工程变更引起已标价工程量清单项目或其工程数量发生变化时,应按下列规定调整。

①已标价工程量清单中有适用于变更工程项目的,项目的单价,按合同中已有的综合单价确定。

②已标价工程量清单中没有适用但有类似于变更工程项目的,可在合理范围内参照类似项目的单价。

③已标价工程量清单中没有适用,也没有类似于变更工程项目的,由承包人根据变更工程资料、计量规则和计价办法、工程造价管理机构发布的信息价格和承包人报价浮动率提出变更工程项目的单价,报发包人确认后调整。

承包人报价浮动率可按下列公式计算:

招标工程:

$$承包人报价浮动率 L=(1-中标价/招标控制价)\times 100\%$$

非招标工程:

$$承包人报价浮动率 L=(1-报价/施工图预算)\times 100\%$$

④已标价工程量清单中没有适用,也没有类似于变更工程项目,且工程造价管理机构发布的信息价格缺价的,由承包人根据变更工程资料、计量规则、计价办法和通过市场调查等取得有合法依据的市场价格,提出变更工程项目的单价,报发包人确认后调整。

（4）工程变更引起施工方案改变，并使措施项目发生变化时，承包人提出调整措施项目费的，应事先将拟实施的方案提交发包人确认，并详细说明与原方案措施项目相比的变化情况。拟实施的方案经发承包双方确认后执行，并按照规范规定调整措施项目费。

（5）对于招标工程量清单项目，当应予计算的实际工程量与招标工程量清单出现的偏差和工程变更等原因导致的工程量偏差超过15％时，可进行调整。当工程量增加15％以上时，增加部分的工程量的综合单价应予调低；当工程量减少15％时，减少后剩余部分的工程量的综合单价应予调高。

（6）合同履行期间，因人工、材料、工程设备、机械台班价格波动影响合同价款时，应根据合同约定，按规范规定的方法调整合同价款。

（7）因不可抗力事件导致的费用，发、承包双方应按合同规定分别承担并调整工程价款。

三、施工成本控制

矿业工程施工成本控制方法主要有：成本分析表法、工期-成本同步分析法、挣值法等。

1. 成本分析表法

项目成本分析表法是指利用各种表格进行成本分析和控制的方法。应用成本分析表法可以清晰地进行成本比较研究。常见的成本分析表有月成本分析表、成本日报或周报表、月成本计算及最终预测报告表。

2. 工期-成本同步分析法

成本控制与进度控制之间有着必然的同步关系。因为成本是伴随着工程进展而发生的。如果成本与进度不对应，说明项目进展中出现虚盈或虚亏的不正常现象。

施工成本的实际开支与计划不相符，往往是由两个因素引起的：一是在某道工序上的成本开支超出计划；二是某道工序的施工进度与计划不符。因此，要想找出成本变化的真正原因，实施良好有效的成本控制措施，必须与进度计划的适时更新相结合。

3. 挣值法

挣值法是对成本-进度进行综合控制的一种分析方法。通过比较已完工程预算成本（BCWP）与已完工程实际成本（ACWP）之间的差值，可以分析由于实际价格的变化而引起的累计成本偏差；通过比较已完工程预算成本（BCWP）与拟完工程预算成本（BCWS）之间的差值，可以分析由于进度偏差而引起的累计成本偏差。通过计算后续未完工程的计划成本余额，预测其尚需的成本数额，从而为后续工程施工的成本、进度控制及寻求降本挖潜途径指明方向。

第五节　矿井建设安全管理与环境保护

一、安全生产管理体系与制度

国家先后颁布了《中华人民共和国安全生产法》《建设工程安全生产管理条例》《中华人民共和国矿山安全法》等重要的法律法规，明确了安全生产管理的指导思想、目标、责任和体制。我国现行的安全管理体制是"企业全面负责、行业管理、国家监察、群众监督、劳动者遵守纪律"。

从事矿山和从事地下工程的企业，涉及安全的工程会较多。一般情况下，必须建立和落实的安全生产制度包括：① 安全生产责任制度；② 安全会议制度；③ 安全目标管理制度；④ 安全投入保障制度；⑤ 安全质量标准化管理制度；⑥ 安全教育与培训制度；⑦ 事故隐患排查与整改制度；⑧ 安全监督检查制度；⑨ 安全技术审批制度；⑩ 矿用设备器材使用管理制度；⑪ 矿井主要灾害预防制度；⑫ 事故应急救援制度；⑬ 安全与经济利益挂钩制度；⑭ 入井人员管理制度；⑮ 安全举报制度；⑯ 管理人员下井及带班制度；⑰ 安全操作管理制度；⑱ 企业认为需要制定的其他制度。

二、施工安全管理工作内容

施工现场的安全管理是实施安全管理工作的主要环节。在施工生产活动中，应采取相应的事故预防和控制措施，避免发生造成人员伤害和财产损失的事故，保证从业人员的人身安全，保障施工生产活动得以顺利进行。施工现场安全管理的内容主要包括参与编制安全技术措施计划，落实施工组织设计或施工方案中的安全技术措施，进行多种形式的安全检查，贯彻执行企业各项安全管理工作的要求等。

1. 工程准备阶段

完成开工前的安全培训和技术交底工作，做好各项施工前的安全防护工作；考查施工组织设计中的施工方案，确定施工安全防护方案，制定现场安全施工的统一管理原则。根据安全管理规定并考虑天气、环境、地质条件等方面，确定现场的定期和不定期的安全检查制度、检查内容和检查重点。严格执行对各种施工机械、设备的维修保养制度、使用制度和操作规程的检查。保证施工现场的生活用房、临时设施、加工场所及周围环境的安全性。

2. 工程实施阶段

检查落实安全施工交底工作、施工安全措施和安全施工规章制度。明确施工作业各阶段的安全风险内容，并保证有充分的安全预防措施，例如高空作业施工、深基础施工、高边坡施工、立井或巷道施工等。注意气候（高低温、降水）、地质和水文地质、环境条件变化对施工安全的影响，并有必要的应急预防措施。注意工程对周围环境的影响，例如基础施工可能引起周围房屋、道路的开裂、变形，井巷开挖对周围岩土状态、工程稳定、有毒气体或高压水气赋存状态的影响等。注意做好设备安全检查和安全运行工作；做好防火安全工作。经常对现场人员进行安全生产教育，严格检查现场人员的正确使用安全防护用品。

三、顶板事故预防与控制

1. 空顶保护

掘进工作面严格禁止空顶作业，距掘进工作面 10 m 内的支护在爆破前应必须加固，爆破崩倒或崩坏的支架必须先行修复；在软弱破碎岩层掘进时应采取前探支护等措施；对于在坚硬岩层中不设支护的情况，必须制定安全措施。

2. 落实"敲帮问顶"制度

钻眼施工前，必须做到先敲帮问顶，浮石、危石必须先挑下后才能作业。钻锚杆眼时以及拆修支架时，都必须执行敲帮问顶制度。保证作业人员在安全条件下作业。

3. 加强支护施工管理，确保支护质量

支护施工前应进行技术交底，施工过程中应严格检查和验收，确保按支护设计的质量标准和要求进行施工，保证施工质量，尤其是采用锚杆、锚索支护的，应使锚杆、锚索的孔位、深度必须符合设计，锚杆、锚索的预紧力达到设计要求，从而确保支护达到预期的效果。

4. 严密监视地质地层和围岩压力的变化

揭露老空区前或有危险矿层前,均应编制探查的安全措施,预留安全矿岩柱,并严格按照经批准的规程作业。在采动影响大或顶板离层移动严重的巷道可采用专门的监测手段(如顶板离层观测等)。

5. 正确的施工程序

(1)扩大和维修巷道连续撤换支架时,必须保证有冒顶堵塞巷道时的人员撤退出口。独头巷道维修时必须由外向里逐架进行。

(2)架设和撤除支架的工作应连续进行,一架未完工前不得中止,不能连续进行的必须在结束工作前做好接顶封帮。更换巷道支护时,在拆除原有支护前,应先加固临近支护;拆除原支护后,必须及时排除活矸石,必要时可采取临时支护措施。

四、矿山水害预防与控制

(一)一般性要求

(1)矿山防治水工作应当坚持"预测预报、有疑必探、先探后掘、先治后采"的原则,采取防、堵、疏、排、截的综合治理措施。

(2)矿井开采受水害影响程度以及防治水工作难易程度,矿井水文地质类型划分为简单、中等、复杂、极复杂等4种。

评价复杂程度的主要依据为影响的水源(岩溶含水、老空水、地表水)的补给条件好坏,老空水分布状况,矿井涌水大小,突水现象等。

(3)当矿区或者矿井现有水文地质资料不能满足生产建设的需要时,应当针对存在的问题进行专项水文地质补充调查。矿区或者矿井未进行过水文地质调查或者水文地质工作程度较低的,应当进行补充水文地质调查。补充调查的内容包括当地的气象、水文及钻探情况,地质地貌、地表水和井泉情况,枯井老窑分布和开采,矿区矿井和周边矿井水文情况,地面岩溶情况等。

(4)矿井需要进行水文地质补充勘探工作的情况,包括:

① 原勘探工程量不足,水文地质条件尚未查清的;

② 矿井经采掘揭露煤岩层后,水文地质条件比原勘探报告复杂的;

③ 矿井开拓延深、开采新煤系(组)或者扩大井田范围设计需要的;

④ 矿井巷道顶板处于特殊地质条件部位或者深部煤层下伏强充水含水层,煤层底板带压,专门防治水工程提出特殊要求的;

⑤ 各种井巷工程穿越强富水性含水层时,施工需要的。

(二)井下水文地质观测

(1)对新开凿的井筒、主要穿层石门及开拓巷道,应当及时进行水文地质观测和编录,并绘制井筒、石门、巷道的实测水文地质剖面图或展开图。

对于新凿立井、斜井,垂深每延深 10 m,应当观测 1 次涌水量。掘进至新的含水层时,即使不到规定的距离,也应当在含水层的顶底板各测 1 次涌水量。

(2)当井巷穿过含水层时,应当详细描述其产状、厚度、岩性、构造、裂隙或者岩溶的发育与充填情况,揭露点的位置及标高、出水形式、涌水量和水温等,并采取水样进行水质分析。当遇含水层裂隙时,应当测定其产状、形态以及充填状况等,进行一定的测定。

遇岩溶时,应当观测其形态、发育、分布状况、充填和充水状况等,并绘制岩溶图;遇断裂构造时,应当测定其断距、产状、断层带宽度,观测断裂带充填物成分、胶结程度及导水性等;遇褶曲时,应当观测其形态、产状及破碎情况等;遇陷落柱时,应当观测陷落柱内外地层岩性与产状、裂隙与岩溶发育程度及涌水等情况,判定陷落柱发育高度,并编制卡片、附平面图、剖面图和素描图。

(3) 遇突水点时,应当详细记录收集突水的时间、确切位置、涌水量、水质和含砂等资料,分析突水原因。

按照突水点每小时突水量的大小,将突水点划分为小突水点、中等突水点、大突水点、特大突水点等 4 个等级:

① 小突水点:$Q{\leqslant}60\ \mathrm{m^3/h}$;

② 中等突水点:$60\ \mathrm{m^3/h}{<}Q{\leqslant}600\ \mathrm{m^3/h}$;

③ 大突水点:$600\ \mathrm{m^3/h}{<}Q{\leqslant}1\ 800\ \mathrm{m^3/h}$;

④ 特大突水点:$Q{>}1\ 800\ \mathrm{m^3/h}$。

(4) 如果大中型煤矿发生 $300\ \mathrm{m^3/h}$ 以上的突水,小型煤矿发生 $60\ \mathrm{m^3/h}$ 以上的突水,或者因突水造成采掘区域和矿井被淹的,应及时上报管理部门。

(三)钻探安全要求

(1) 钻孔的各项技术要求、安全措施等钻孔施工设计,须经矿井总工程师批准后方可实施。

(2) 施工并加固钻机硐室,应保证正常的工作条件。

(3) 钻机安装牢固。钻孔首先下好孔口管,并进行耐压试验。在正式施工前,安装孔口安全闸阀,以保证控制放水。安全闸阀的抗压能力大于最大水压。在揭露含水层前,安装好孔口防喷装置。

(4) 按照设计进行施工,并严格执行施工安全措施。

(5) 进行连通试验,不得选用污染水源的示踪剂。

(6) 对于停用或者报废的钻孔,及时封堵,并提交封孔报告。

(四)矿井防治水要求

1. 地面防治水

矿井井口和工业场地内建筑物应当避开可能发生泥石流、滑坡的地段。标高应当高于当地历年最高洪水位;否则,应修筑堤坝、沟渠或者采取其他防排水措施。

矿井在雨季前,应当全面检查防范暴雨洪水引发事故灾难防范措施的落实情况。

2. 防隔水煤(岩)柱的留设

矿井应当根据矿井的地质构造、水文地质条件、煤层赋存条件、围岩物理力学性质、开采方法及岩层移动规律等因素确定相应的防隔水煤(岩)柱的尺寸。矿井防隔水煤(岩)柱一经确定,不得随意变动。严禁在各类防隔水煤(岩)柱中进行采掘活动。

3. 排水系统和水闸门与水闸墙设置要求

矿井应当配备与矿井涌水量相匹配的水泵、排水管路、配电设备和水仓等,确保矿井能够正常排水。

水文地质条件复杂、极复杂的矿井,应当在井底车场周围设置防水闸门,或者在正常排水系统基础上再配备排水能力不小于最大涌水量的潜水电泵排水系统。在矿井有突水危险的采掘区域,应当在其附近设置防水闸门;不具备建筑防水闸门的隔离条件的,应当制定严格的其他防治水措施,并经煤矿企业主要负责人审批同意。

4. 井下探放水

(1) 对于采掘工作面受水害影响的矿井,应当坚持预测预报、有疑必探、先探后掘、先治后采的原则。

(2) 水文地质条件复杂、极复杂的矿井,在地面无法查明矿井水文地质条件和充水因素时,应当坚持有掘必探的原则,加强探放水工作。

(3) 在矿井受水害威胁的区域,进行巷道掘进前,应当采用钻探、物探和化探等方法查清水文地质条件。相关的水害防范措施,应经矿井总工程师组织生产、安监和地测等有关单位审查批准后,方可进行施工。

(4) 采掘工作面遇有下列情况之一的,应当进行探放水:

① 接近水淹或者可能积水的井巷、老空或者相邻煤矿;

② 接近含水层、导水断层、暗河、溶洞和导水陷落柱;

③ 打开防隔水煤(岩)柱进行放水前;

④ 接近可能与河流、湖泊、水库、蓄水池、水井等相通的断层破碎带;

⑤ 接近有出水可能的钻孔;

⑥ 接近水文地质条件复杂的区域;

⑦ 采掘破坏影响范围内有承压含水层或者含水构造、煤层与含水层间的防隔水煤(岩)柱厚度不清楚可能发生突水;

⑧ 接近有积水的灌浆区;

⑨ 接近其他可能突水的地区。

(5) 探水前,应当确定探水线并绘制在采掘工程平面图上,并编制探放水设计,并有相应的安全技术措施。探放水设计应经审定批准。

五、瓦斯爆炸事故预防与控制

(一) 矿井的瓦斯等级

《煤矿安全规程》规定,每年必须对矿井进行瓦斯等级和二氧化碳涌出量的鉴定,报省(自治区、直辖市)负责煤炭行业管理的部门审批,并报省级煤矿安全监察机构备案。

矿井瓦斯等级分三类:

(1) 低瓦斯矿井。矿井相对瓦斯涌出量小于或等于 $10\ m^3/t$,且矿井绝对瓦斯涌出量小于或等于 $40\ m^3/min$。

(2) 高瓦斯矿井。矿井相对瓦斯涌出量大于 $10\ m^3/t$,或矿井绝对瓦斯涌出量大于 $40\ m^3/min$。

(3) 煤(岩)与瓦斯(二氧化碳)突出矿井。

(二) 瓦斯爆炸的条件

瓦斯爆炸必须具备以下三个基本条件,缺一不可。

条件1:空气中瓦斯浓度达到 $5\%\sim16\%$;

条件2:要有温度为 $650\sim750\ ℃$ 的引爆火源;

条件3:空气中氧含量不低于 12%。

在瓦斯爆炸必须具备的三个条件中,对于矿井来讲,最后一个条件是始终具备的,所以预防瓦斯爆炸的措施主要就是防止瓦斯积聚,并杜绝或限制火源、高温热源的出现。

（三）预防和控制煤矿瓦斯爆炸的措施

1. 防止瓦斯积聚

瓦斯积聚是指局部空间的瓦斯浓度达到 2%，其体积超过 $0.5\ \mathrm{m^3}$ 的现象。防止瓦斯积聚的方法有：加强通风，认真进行瓦斯检查与监测，及时处理积聚的瓦斯。

2. 防止瓦斯引燃

防止瓦斯引燃的原则是杜绝一切非生产需要的热源，严格管理和控制生产中可能产生的热源，防止其产生或限制其引燃瓦斯的能力。其防范的主要措施有：

（1）严禁携带烟草和点火物品下井；严禁入井人员穿化纤衣服；严禁井下使用电炉；严禁拆开矿灯，照明要使用防爆安全灯；井口房、抽瓦斯泵房以及通风机房周围 20 m 以内禁止出现明火；井下需要进行电焊、气焊和喷灯焊接时，应严格审批手续，并遵守《煤矿安全规程》的有关规定。对井下火区必须加强管理。

（2）加强爆破和火工品管理，采掘工作面爆破必须使用水炮泥。在有瓦斯和煤尘爆炸危险的煤层进行爆破作业时，采掘工作面都必须使用取得产品许可证的煤矿许用炸药和煤矿许用电雷管。使用煤矿许用毫秒延期电雷管时，最后一段的延期时间不得超过 130 ms。炮眼的装药量和封泥量必须遵守《煤矿安全规程》规定。严禁明火，使用普通导爆索或非导爆管爆破和放糊炮时，装药前和爆破前，必须检查瓦斯。只有在爆破地点附近 20 m 以内风流中瓦斯浓度低于 1% 时，才允许装药爆破。

（3）井下电气设备的选用应符合规程规定；井下防爆电气设备的运行、维护和修理，必须符合防爆性能的各项技术要求；井下不得带电检修、搬迁电气设备（包括电缆和电线）。

（4）防止机械摩擦火花引燃瓦斯；避免高速移动的物质产生的静放电现象。保持矿井环境温度在 40 ℃以下。

六、环境保护

（一）矿山建设对环境的影响

矿业工程施工引起的环境问题类型较为复杂，依据问题性质将矿山环境问题划分为：“三废”问题，地面变形问题，矿山排（突）水、供水、生态环保三者之间的矛盾问题，沙漠化和水土流失等问题。

1. “三废”污染

施工中伴有大量施工废水、废渣和废气外排，同时，还排放大量二氧化硫、一氧化碳、二氧化氮、粉尘等有害毒气和热辐射。不仅污染地下水源，污染矿区生产生活环境，还严重损害矿业工程的施工人员及居民的身体健康。

2. 对地形的影响

（1）矿业工程建设过程中，开挖常引起地层的变形、裂缝，甚至塌陷，从而导致地表的大面积的沉降，对土地资源造成严重的破坏。施工中的疏干排水及地下水会因为失衡而流渗深处，造成区域性地下水位大幅度下降，导致采矿地区以及周边地区的地下水资源干涸，使得该地区的地下水资源严重受到破坏，从而影响了当地的工农业生产甚至是人们的正常生活。

（2）危及地面建筑物的安全。当地下采空区面积不断增大时，会破坏岩石的应力平衡状态，在一定条件下会引起周边土体位移和地下水位下降，导致淤泥层固结压缩，岩层就会产生塌陷、滑坡、泥石流和边坡不稳定，从而在采矿区上方形成塌陷区。而地表塌陷最直接、最明显的影响是使塌陷区上的建筑物（房屋、管道、公路、桥梁等）变形乃至破坏，引起生态条件突变,从而导致生态系统突变,给人们的生产和生活带来了相当大的影响和危害。

（二）施工环境保护措施

开采矿产资源,必须遵守国家有关环境保护的法律规定,防止污染矿山环境。根据《中华人民共和国环境保护法》《中华人民共和国矿产资源法》及有关法律、法规规定,我国保护环境的基本原则是经济建设与环境保护协调发展;以防为主,防治结合,综合治理;谁开发谁保护,谁破坏谁治理的原则。

（1）对新建矿山,要科学合理地制定工作计划和方案,严格执行环境影响评价报告制度。评价报告不批准,不得立项,不准建设施工。

（2）防止环境污染和其他灾害的环境保护工程必须与主体工程同时设计、同时施工、同时投产。环境保护设施没有建成或达不到规定要求的建设项目不予验收、不准投产;强行投产的,要追究责任。

（3）矿井地面工业场地布置、矿区绿化要进行系统规划,必须坚持环境保护与治理恢复并举的原则,保证矿山生态环境保护工作的连续性。

（4）矿山应采用新技术和新方法进行建设,科学施工,并建立矿山环境监测系统,对矿山环境问题和地质灾害进行监测和及时预警。

（三）矸石处理方法

固体废物污染控制需从两方面着手:一是通过改革生产工艺,发展物质的循环利用工艺等方式防治固体废物污染;二是综合利用废物资源,进行无害化处理与处置。

1. 堆积和排弃

有利用价值的矸石、矿石,应根据其性质因地制宜地加以综合利用,可以建设热电联合车间、建材厂等。含硫高和含其他有害成分的矸石应经处理后排弃。粗粒干尾矿（煤矸石）应进行输送和堆积。

2. 利用

煤矸石可用于发电、生产水泥、矸石砖、免烧砖、空心砌块、建筑陶瓷、轻骨料、充填材料等。某些固体废物,由于含有一定量植物生长的肥分和微量元素,可用于改良土壤结构等,如自燃后的煤矸石所含的硅、钙等成分,可增强植物的抗倒伏能力,起硅钙肥的作用。粉煤灰形似土壤,透气性好,它不仅对酸性或黏性土壤以及盐碱地有改良作用,还可以提高土壤上层的表面湿度,以及促熟和保肥作用。煤矸石的热值大约为 $800\sim8\,000$ kJ/kg,在粉煤灰和锅炉渣中也常含有 10% 以上的未燃尽炭,可从中直接回收炭或用以烧制砖瓦。

【复习思考题】

1. 简述矿山工程项目的组成及划分。
2. 简述工期、质量、投资三大控制目标之间的关系。
3. 影响工期的因素有哪些? 如何控制?
4. 影响工程质量的因素有哪些? 如何控制?
5. 矿井建设各阶段质量控制的重点是什么?
6. 影响矿井建设投资的因素有哪些? 如何控制?
7. 矿井建设施工安全管理的特点、原则和要求是什么?
8. 矿井建设过程中应当如何保护环境?

第十四章　智慧矿山与虚拟建造

第一节　智 慧 矿 山

近年来,智能化技术与装备加快迭代升级,新基建加快推进新一代信息技术与矿业开发技术深度融合,智慧矿山建设已经成为矿山企业实现高质量发展的必由之路。

2020 年 2 月,国家发展和改革委员会、国家能源局、应急管理部等 8 个部委联合印发了《关于加快煤矿智能化发展的指导意见》,明确了煤矿智能化建设目标与主要任务。同年 4 月,工业和信息化部、发展和改革委员会、自然资源部联合发布了《有色金属行业智能工厂(矿山)建设指南(试行)》,提出了有色金属矿山智能化建设的技术路径。2021 年 6 月,国家能源局、国家矿山安全监察局联合印发了《煤矿智能化建设指南(2021 年版)》,明确了煤矿智能化分类分级建设目标与技术路径。

一、智慧矿山概述

智慧煤矿是基于现代煤矿智能化理念,将物联网、云计算、大数据、人工智能、自动控制、移动互联网、机器人化装备等与现代矿山开发技术深度融合,形成矿山全面感知、实时互联、分析决策、自主学习、动态预测、协同控制的完整智能系统,实现矿井开拓、采掘、运输、通风、分选、安全保障、生态保护、生产管理等全过程的智能化运行。智慧矿山包括矿山的各个方面,例如智慧生产系统、智慧职业健康与安全系统、智慧技术与后勤保障系统等。

普通煤矿要建设发展成智慧煤矿,一是需要智能系统基站、远端控制平台等基础建设;二是需要采煤机等装备智能化改造;三是需要交互式信息平台、数据分析系统平台等软硬件建设;四是需要各子(分)控制系统和控制技术的相互衔接与融合,如综采子系统、综掘子系统、安全子系统、提升子系统等融合形成整个矿山的智能化成套控制系统。

二、智慧矿山特点及新技术需求

智慧矿山的显著标志是“无人”,就是开采面无人作业、掘进面无人作业、危险场所无人作业、大型设备无人作业,直到整座矿山无人作业。矿山的数字化、信息化是智慧矿山建设的前提和基础,涉及相关技术包括以下几个方面。

(1)基于互联网＋物联网平台

基于互联网＋的物联网是智慧煤矿的信息高速公路,将承担大数据的稳定、可靠传输任务,起到了精确、及时上传下达的作用,决定了智慧煤矿系统整体的稳定性和可靠性。因此,智慧煤矿的物联网平台必须具有精确定位、协同管控、综合管控与地理信息一体化的特点。

(2)大数据处理及人工智能技术

智慧煤矿的核心技术之一是大数据的挖掘与知识发现。大量传感器的应用必将产生海量的数据,数据的规模效应给存储、管理及分析带来了极大的挑战。需要充分利用大数据处理技术挖掘数据背后的规律和知识,为安全生产、管理决策提供及时有效的依据。

人工智能是近年来迅速发展的科技领域之一。它是在大数据处理的基础上研究、开发用于模拟、延伸和扩展的智能理论、方法和技术。深度学习是人工智能的核心,能够实现系统自主更新和升级是其显著特征。智慧矿山要成为一个数字化智慧体就必须要有深度学习能力。

未来,在云平台和大数据平台上,融合多源在线监测数据、专家决策知识库进行数据挖掘与知识发现,采用人工智能技术进行计算、模拟仿真及自学习决策,基于 GIS 的空间分析技术实现设备、环境、人员及资源的协调优化,实现开采模式的自动生成和动态更新。

（3）云计算技术

智慧煤矿物联网使得物和物之间建立起连接,伴随着互联网覆盖范围的增大,整个信息网络中的信源和信宿也越来越多。信源和信宿数目的增长,必然使网络中的信息越来越多,即在网络中产生大数据。大数据处理技术广泛而深入的应用将数据所隐含的内在关系揭示的也越清晰、越及时。而这些大数据内在价值的提取、利用则需要用超大规模、高可扩展的云计算技术来支撑。高维的智慧煤矿模型需要计算能力高且具有弹性的云计算技术。将上述物联网、大数据及人工智能、云计算技术与生产、安全及保障系统的现有技术装备结合,共同发展和建立智慧煤矿的八大系统。

（4）5G 技术

随着煤矿生产智能化程度的提高,井下无人机、智能 VR/AR 等设备必将大量采用,以便能够对现场进行及时巡查,对设备故障进行远程会诊。无论是无人机飞行控制、无人机巡检视频回传,还是 VR/AR 智能远程设备故障诊断与维修,不仅需要极大地消耗网络带宽资源,更需要快速的信息反馈和实时的状态控制。

（5）VR/AR 技术

虚拟现实（VR）与增强现实（AR）是能够彻底颠覆传统人机交互内容的变革性技术,在煤矿的应用未来可期。

三、智慧矿山建设内容

智慧矿山技术架构可概括为:基于一套标准体系,构建一张全面感知网络,建设一条高速数据传输通道,形成一个大数据应用中心,开发一个云服务平台,面向不同业务部门实现按需服务。

智慧矿山建设基本内容包括:完善矿井自动化子系统,实现地面对井下主要系统设备的远程控制,达到无人值守的水平;实现矿井自动化子系统、通防监测子系统集成到统一的工业组态软件平台;构建矿井"一张图",并实现实时动态数据融合处理及矿井一张图可视化。

基于我国煤层赋存条件多样性与建设基础的不均衡性,不同煤层条件下智能化煤矿的重点建设应包括以下内容。

（1）对于煤层赋存条件相对较简单、具有较好智能化建设基础条件的矿井,应建设智能化综合管控平台,实现煤矿各主要业务系统的数据融合共享、网络互联互通与协同联动控制。

建设大数据中心,实现数据的分类存储、关联分析、深度挖掘与利用;建设高速高可靠数据传输网络;建设完善的井下精准定位系统,满足井下人员、设备定位精度要求;建设完善的视频监控系统,实现基于机器视觉的多场景应用;建设 GIS＋BIM 系统,实现地质信息、工程信息的有效融合及高精度建模。

智能化快速掘进系统,能实现煤层巷道月进尺大于 1 000 m,以及巷道掘进过程的远程智能控制;建设智能化采煤工作面,薄及中厚煤层工作面实现常态化无人开采,厚及特厚煤层综采工作面实现常态化少人开采,综放工作面实现智能化放顶煤作业;主煤流运输系统实现智能无人操控,机器人巡检作业;探索应用无轨胶轮车、单轨吊实现辅助驾驶、智能调度,物料供应实现连续化运输。

实现通风、排水、供电等固定作业岗位全部实现无人值守、机器人巡检作业,建设完善的煤矿灾害智能监测预警平台与应急管理平台,实现危险源、危险场景的智能分析、预测、预警;建设煤矿智能经营管理系统,实现产、供、销全流程的智能决策与精益管理。

(2) 对具有一定智能化建设基础条件的矿井,建设智能化综合管控平台,建设高速高可靠数据传输网络,实现煤矿各主要业务系统的数据融合共享、网络互连互通与协同联动控制。

(3) 对于煤层赋存条件相对复杂、智能化建设基础相对薄弱的矿井,主要以减人、增安、提效为目标。

建设智能化综合管控平台,实现煤矿各主要业务系统的数据融合共享、网络互连互通;建设地质信息与工程信息时空大数据库,为各业务系统提供统一的地理信息服务;建设快速掘进系统,满足采掘接替需求;建设机械化＋智能化采煤工作面,实现远程集中控制;主煤流运输实现远程集中控制,辅助运输实现连续运输;通风、排水、供电等固定作业岗位实现无人值守;建设完善的煤矿灾害智能监测预警平台与应急管理平台,实现重大灾害的超前预测、预警;建设煤矿智能经营管理系统,实现产、供、销全流程的智能决策与精益管理。

智慧矿山的智能环节主要包括矿山设计、安全保障、高效生产、经济运营和绿色环保 5 个方面。

(1) 矿山设计。应着力推行数字化设计,从元件级构建整座矿山,从而实现透明矿山;智能选型应考虑云端化部署、信息化架构、智能化装备及管控;矿井采掘和洗选应考虑采用柔性工艺,以便能根据实际条件进行适时调整。

(2) 安全保障。主要通过智慧矿山云中心的智能决策模型进行自动决策,保障矿井人、机、环、管全方位的安全,并通过反馈信息主动进行决策再优化。人员安全方面,应在个体防护和系统防护方面开展研究。个体防护能力方面,应具备人员所处环境参数的实时采集、无线语音通话、视频采集上传与远程调看、危险状态逃生信息的实时获取功能,以及应对各种灾害的可靠逃生装备。系统防护能力方面,应能将井下环境的实时监测信息、重点区域的安全状态实时评估及预警信息与井下人员进行实时互联,并具备近感探测功能,从而实现全方位的人员防护。机电设备安全方面,应具备智能化的设备点检与运维管理能力,具备设备在线点检、损耗性部件周期性更换提示、健康状态实时评估等功能。环境安全方面,应具备灾害实时在线监测、井下安全状态实时评估及预测预警、降害措施自动制定能力。安全管理方面,应具备自动进行风险日常管控、自动定期进行安全风险辨识评估及预警分析、多维度自动统计与分析隐患的能力,具有手持终端现场检查能力,实现隐患排查任务的自动派发、现场落实、实时跟踪及时闭环管理功能。

(3) 高效生产。主要通过智慧矿山云中心的智能决策模型进行自动决策,保障矿井采、掘、机、运、通、水、电的自动高效运行,并通过反馈信息主动进行决策再优化。矿井采掘工作面的设备应具备高效的自动控制能力,从基本的就地控制,到一键启停、远程集控,直至达到理想状态,实现设备的无人化自动控制与巡检。通风方面,应具备根据用风需求自动进行全矿风量分配与调节的能力。主运和辅运方面,应能根据生产排程计划自动进行运输调度。供电方面,应能根据生产排程计划自动实时进行电力调度,且应具备智能防越级跳闸保护功能。排水方面,应具备根据水资源合理利用及峰谷用电负荷、电价等因素自动选择节能排水方式的功能。

(4)经济运营。主要通过智慧矿山云中心的智能决策模型进行自动决策,保障矿井经营管理的自动高效运行,并通过反馈信息主动进行决策再优化。应实现根据订单需求,通过云端的智能决策自动进行生产指标分解,矿井安全保障措施、主运与辅运计划、供电计划、排水计划、排矸计划的制定等功能。

(5)绿色环保。提高矿井的回采率,如采用无煤柱开采方式并进行矸石的井下直接充填利用;提高矿井瓦斯、煤泥、煤矸石、矿井涌水的利用率;提高矿区生态修复率;降低矿井吨煤生产耗电、耗水量;实现矿井水污染、大气污染的全方位在线监测。

近年来,我国加快推进智慧矿山建设相关工作,在智能化少人开采、固定作业岗位无人值守、巡检机器人辅助作业等方面取得了多项技术成果,大幅减少了井下作业人员数量、降低了井下工人劳动强度,初步实现了"减人、增安、提效"目标,但受制于智能化相关技术发展瓶颈,我国智慧矿山建设总体处于示范培育阶段。

四、煤矿智能化标准体系

煤矿智能化标准体系总体框架,由七个部分组成:① 总体类标准;② 设计规划类标准;③ 基础设施与平台类标准;④ 煤矿智能化系统类标准;⑤ 智能装备与传感器类标准;⑥ 评价及管理类标准;⑦ 安全与保障类标准。应充分考虑煤矿所在区域、建设规模、煤层地质赋存条件、生产技术条件等的不平衡性;煤矿开拓、采掘、运输、通风、分选、安全保障、生态保护、生产经营管理等全过程的关联性;各指标要素对煤矿智能化主系统影响程度的差异性。

煤矿智能化标准体系建设是一项复杂的系统工程,应在统筹规划、需求牵引、立足实际、开放合作的原则指导下,不断迭代更新,才能提升标准对于智能化煤矿的整体支撑作用,为产业发展保驾护航。

第二节　矿山工程虚拟建造与 BIM 技术应用

一、虚拟建造概述

虚拟建造是指在计算机技术和信息技术基础上,利用 BIM、AutoCAD、3DSMAX 等软件,系统仿真技术,三维建模理论以及用 LOD 算法优化虚拟系统,对建筑物或项目事先进行模拟建设,进行各种虚拟环境条件下的分析,以提前发现可能出现的问题,提前采取预防措施,以达到优化设计、节约工期、减少浪费、降低造价的目的,或者应用 Java Script 语言扩展虚拟世界的动态行为,提前为顾客提供一个可以观看,可以感觉,可以视听的虚拟环境。虚拟建设的第一层含义是在虚拟的环境下对项目进行建设,并尽早发现可能出现的问题,不断地修改方案直到建设项目的整个过程符合建设者和顾客的要求。这有助于项目管理者对实际建设过程有一个事先的了解,并对建设过程中容易出现问题的地方加强管理,以最终达到节约工期和造价的目的。微观虚拟建设的第二层含义是虚拟现实在建设领域的应用。在建筑和规划学科领域,使用虚拟现实演示单体建筑、居住小区乃至整个城市空间,可以让人以不同的俯仰角度去审视或欣赏其外部空间的动感形象及其平面布局特点,感受整个项目建成以后的环境。它所产生的融合性,要比模型或效果图更形象、完整和生动。

从广义(宏观)上讲虚拟建造指的是一种组织管理模式,承包商为适应市场变化和顾客需求,基于计算机和网络技术的发展,敏锐地发现市场目标,在互联网上寻找合作伙伴,利用彼此的优势资源结成联盟,共同完成项目,以达到占领市场实现双赢或多赢的目的。广义虚拟建设有以下几个特点:一是一个虚拟项目管理组织,以有效完成项目为目标。二是需要建筑管理知识和计算机信息技术的有机结合。三是参与单位通过基于网络的项目管理软件联系在一起,最大程度地实现信息共享及数据交换。四是需要以先进的项目管理知识作为支撑。五是联盟伙伴之间实行资源、利益共享,费用、风险共担,相互合作,相互信任,自由平等。

二、BIM 技术及应用

BIM 模型(building information model)是设施所有信息的数字化表达,是一个可以作为设施虚拟替代物的信息化电子模型,是共享信息的资源,也是建筑信息模型和建筑信息管理的基础。

BIM 是以从设计、施工到运营协调、项目信息为基础而构建的集成流程,它具有可视化、协调性、模拟性、优化性和可出图性 5 大特点。通过使用 BIM,可以在整个流程中统一信息创新、设计和绘制出项目,还可以通过真实性模拟和建筑可视化来更好地沟通,以便让项目各方了解工期、现场实时情况、成本和环境影响等项目基本信息。

BIM 软件分为建模软件、分析软件、管控软件、运维软件,也可以根据不同的建设阶段及特点进行选取。

(1)规划设计的建模阶段。常用软件有 Revit、Rhino(犀牛)、品茗 HiBIM、ArchiCAD、Tekla 等。

(2)招投标、施工阶段。采用 BIM5D、Navisworks 等软件,进行进度工期控制、造价控制、质量管理、安全管理、施工管理、合同管理、物资管理、三维技术交底、施工模拟等工程管理控制。

(3)运维阶段。如物业管理方面,采用 ArchiBUS 进行物业的维修管理。

需要注意的是,矿山建设工程的基本知识和技能是从事矿山 BIM 建模工作的基础,BIM 技术的核心不是软件,BIM 软件是工具、是载体,需要专业的工程技术人员来操作,才能产生有价值的 BIM 成果。

采用 BIM 技术,不仅可以实现设计阶段的协同设计,施工阶段的建造全过程一体化和运营阶段对建筑物的智能化维护和设施管理,同时还能打破从业主到设计、施工运营之间的隔阂和界限,实现对建筑的全寿命周期管理。

(1)项目前期策划阶段。BIM 技术应用在项目前期的工作有很多,包括现状建模与模型维护、场地分析、成本估算、阶段规划、规划编制、建筑策划等。

(2)设计阶段。BIM 在建筑设计中的应用范围非常广泛,无论在设计方案论证,还是在设计创作、协同设计、建筑性能分析、结构分析,以及在绿色建筑评估、规范验证、工程量统计等许多方面都有广泛的应用。

(3)施工阶段。BIM 技术在施工阶段可以有如下多个方面的应用:3D 协调、支持深化设计、场地使用规划、施工系统设计、施工进度模拟、施工组织模拟、数字化建造、施工质量与进度监控、物料跟踪等。

（4）运维阶段。在运营维护阶段，BIM 可以有如下方面的应用：竣工模型交付，维护计划，系统分析，资产管理，空间管理与分析，防灾计划与灾害应急模拟。

三、矿山工程应用 BIM 技术优势

矿山工程项目的实施需要以施工阶段的进度、成本、质量、安全等目标管理作为核心展开工作。然而，在传统的施工管理过程中，工程的进度、成本、质量、安全管理存在着一些不足和局限性。但是，BIM 技术的出现使上述问题的解决成为可能。BIM 技术能够有效地整合项目的信息与数据，实现信息资源的共享，令各方参与主体能够协同工作，在保障安全的前提下降低工程的成本，保证工期、提升施工效率和质量，实现"安全、高质、高效、低成本"。融入 BIM 技术的工程项目管理具有如下优势。

（1）在进度管理中融入 BIM 技术可以对项目进行动态控制。在进度管理中融入 BIM 技术，可以在施工进度计划编制完成后进行施工动态模拟，提前发现编制不合理之处，进行修改，并选择最优的施工方案。而且在施工的过程中，还可以根据实时进度与计划方案进行比对来判断进度是否延后或超前，实时把控施工进度，确保项目顺利完工。

（2）在成本管理中融入 BIM 技术可以减少不必要的费用支出。在成本管理中融入 BIM 技术，不仅可以精确地统计出各材料用量，使资源得到合理的分配，解决材料浪费和分配不均匀问题。可以改变传统场地二维平面图布置的方式，立体、直观地将场地给展现出来，确保各材料加工间、施工机械等都在适当的距离内，避免产生额外的材料运输费用。

（3）在质量管理中融入 BIM 技术能够有效地提高质量控制水平。在事前质量控制中对建筑模型进行碰撞检查，能够提前发现模型创建的不合理之处，进行优化。在事中质量控制时，可以对质量措施、技术要求等进行三维可视化技术交底，保证现场施工质量方案的有效实施。在事后质量控制中能够对信息资料进行全方面的保存，并生成相关电子文件，缩短工作时间，改善工作效率。

（4）在安全管理中融入 BIM 技术能够消除安全隐患。在安全管理中融入 BIM 技术，通过 BIM 可视化与模拟性的特点，可以实现临时设施的虚拟布置和应用，评估临时设施的安全性，发现可能存在的设计错误。采用 BIM 模型结合有限元分析平台，进行力学计算，能够实现基于 BIM 的施工过程临时结构安全性能分析，防止发生安全事故。

第三节　矿山建设工程 BIM 应用案例简介

一、BIM 建模

BIM 模型是以传统的 CAD 图形属性为基础，因此建立 BIM 模型需要完整的 CAD 图纸。现阶段可运用无人机、3D 扫描等方式建模，无须 CAD 图纸。但 BIM 模型与普通三维模型不同，BIM 模型建模时，为模型添加真实的材料参数，让 BIM 模型更加贴近于工程实际，且具备实现模拟施工、生成工程量清单等功能。

目前主流的 BIM 建模软件有 Autodesk Revit、Bentley、Dassault 等，都有各自的优点和局限性（表 14-1）。目前，还没有针对矿山工程的专用 BIM 建模软件，为了在矿山行业中应用 BIM，需要结合矿山工程建设的实际情况，对 BIM 软件加以选择，以便能够更好地服务于矿山建设工程项目管理。

表 14-1 常见 BIM 设计软件对比表

软件	Autodesk Revit	Bentley	Dassualt Systems
主要 BIM 设计软件	Revit,Advance Steel,Auto CAD Civil 3D,Infraworks 等	Micro Station,AECOsim,Auto Pipe,Auto Plant 等	Catia,Geovia,Simulia,Delmia,Enovia 等
专业	建筑、结构、机电、地理信息	建筑、结构、电气、给排水、地理信息	建筑、结构、机电、地理信息、分析模型
BIM 设计协同软件	Revit,Navisworks Manage	Microstation,ProjectWise	3D EXP ERIENCE
支持的设计文件格式	rvt,.dwg,.dgn,dxfsap,skp,ifc 等	.dgn,.,dwg,skp,ifc 等	stp,igs,jt,.dwg,ifc
BIM 共享方式	文件、公有云	文件、私有云	统一数据平台
主要功能	BIM 模型共享、工作集、模型链接/集成	模型链接、工作流程管理、查询搜索	数据共享、所有 Dassualt 设计类软件的应用基础
工程类型	一般建筑、基础设施	一般建筑、通信、电力及燃气、工厂、采矿、公路、轨道交通	一般建筑、通信、电力、工厂、采矿、公路、铁路、规划、油气等

（一）建模标准架构

1. 建模平台搭建

建模平台主要包括软件、硬件以及网络环境。硬件是建模平台中最基础的构成,其配置标准直接决定了软件的工作效果。软件是实现最终目标的核心,通过建模软件建模,利用分析软件对模型进行受力、碰撞检查,统计材料量并与其他软件进行交互。

2. 模型构件和构件库

模型构件是构成模型的最小单位,具有不可替换性。在进行模型构件选择时应该从以下几个方面考虑。

（1）重复使用性。同一个构件能够被反复应用到同一个项目的不同位置或者不同项目。

（2）可编辑性。可以通过修改参数的方法快速创建符合自己要求的构件,提高效率。

（3）可连接性。不同的构件之间要建立内部联系,达到"牵一发而动全身"的效果;当修改一个参数时,与之相关的参数都会跟着变化。

模型构件来源主要有以下三种建模软件,如 Revit 自带族,第三方插件例如族库大师,基于 Revit 族样板文件的自行建模。

模型构件库是为了存储构件,并利于后期构件的共享而创立的,具有一定的分类规则,并可以根据确定条件查询指定构件。

3. 建模深度

建模深度是指模型所含信息的详细程度,可用模型的细致度 LOD 来表示,按照详细程度从小到大排列依次为 G1、G2、G3、G4(表 14-2)。主要作用是明确全寿命周期不同阶段模型的完成度以及作为分配建模任务的依据。根据信息以类型、数量、详细程度为参考将模型精度分为几何深度和非几何深度两类进行说明。

表 14-2　建模深度等级

等级	对应阶段	模型要求
G1	可行性研究阶段	三维模型简单表达,包含少量的细节及尺寸信息
G2	设计阶段	模型几何尺寸详细表达,非几何属性简单表达
G3	施工阶段	模型构件工艺表达,能够满足施工指导和模型加工、采购等精细需求
G4	竣工交付及运维阶段	展示所有的细节,尺寸信息与实际工程完全对应,满足高精度渲染展示、产品管理、制造加工准备

4. 建模人员组织结构

BIM 建模团队和架构从人力资源方面可以将其分为决策者、组织管理者以及实施者,如图 14-1 所示。

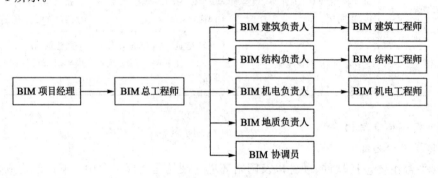

图 14-1　BIM 技术人员组成

5. 项目协同平台

BIM 最显著的特点就是可以实现多专业协同工作。项目相当于一个中心文件,各专业都有自己的工作集。当统一建模标准后,各专业就可以在自己的工作集中进行信息的完善与更新,然后上传到中心文件,建立与其他专业之间的联系。利用项目协同平台可以大大加快建模效率,实现不同专业的协同工作,完成各专业之间的信息交互。

在项目协同平台还可以进行施工过程的跟踪。施工方将材料使用信息及时上传系统,造价人员可以根据施工的进度与所用材料进行对比,及时发现问题。监管部门在施工现场发现问题后可以以拍照、视频、文字等形式上传到平台,技术人员根据施工情况进行解决方案的商讨。矿井的所有信息都放在平台上,各专业之间能够自己读取信息;同时,各专业也能自主上传信息,从而使信息流动化,对所有专业公开透明。

6. 模型交付

BIM 的标准化主要包括两个方面的内容,即模型的标准化以及数据的标准化。模型的标准化是为了不同技术人员之间能够按照同一标准进行建模,对模型构件材质、颜色进行统一规定,方便交互使用。

国际交互操作联盟提出的 IFC 标准是现行较为成熟的标准。IFC 标准在 BIM 各软件中具有较好的转换作用,Autodesk、Bently 等软件都是基于 IFC 标准研发的。IFC 标准涵盖领域层、共享层、核心层、资源层等四个层,通过层与层之间的联系实现整个矿井全生命周期的管理,各层框架结构的功能及属性见表 14-3。

表 14-3　IFC 各层框架结构

结构	功能及属性
资源层	几何信息、材料信息、属性信息、拓扑信息、运维信息
核心层	定义模型结构、整合资源层内容
共享层	各工程信息实现交互
领域层	矿建工程、土建工程、机电工程

（二）矿山工程模型架构

1. 矿山模型构成

矿山工程涉及的范围比较广,内容也比较多,到目前为止还很少有人对其进行系统性划分。矿井建设工程涵盖的工程量较大,是矿井工程的主体部分,且不同位置、不同深度的地质情况也各不相同。根据其工程特点,可按照空间模型、结构模型、地质模型、设备模型分别建模(图 14-2),并分别赋予属性、信息。

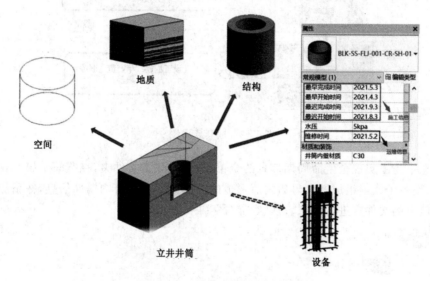

图 14-2　矿山工程模型构成示意图

2. 嵌套族及属性

为了便于矿山模型的管理,本书将矿山模型(族)分解成四级甚至五级构件,每一级是上一级的子级。照此思路,矿井工程是由许许多多的子族组成的嵌套族组成的。每一个族有自己的属性,在与其他的族结合形成嵌套族以后,嵌套族在继承子族属性的基础上又会有自己的属性。

如某井筒组合族中(图 14-3),五级(锚杆)→四级(锚喷支护)→三级(井壁结构)→二级(井筒)→一级(矿建工程)。每一级均有各自的族属性,并通过嵌套特征及包含关系传递相应的子族属性,结合各级编码特征实现构件的查询、统计等功能。

3. 族代码及命名体系

BIM 项目文件夹命名体系应根据矿井名称、单位工程名称、子单位工程、设计阶段以及所属工程建立。为了与后期建模工作相对应,每一阶段应添加空间、结构、地质文件夹以存

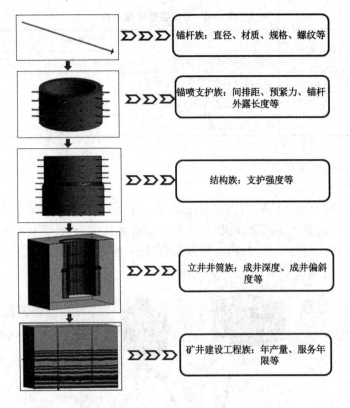

图 14-3 嵌套族属性

放相关信息。为了实现全生命周期信息的全覆盖,添加施工文件夹,在空间子族、结构子族、地质子族、设备子族等组成嵌套母族之后形成的井筒段应有自身的属性信息,并添加到一个名为项目信息的文件夹进行信息管理、存储(图 14-4)。

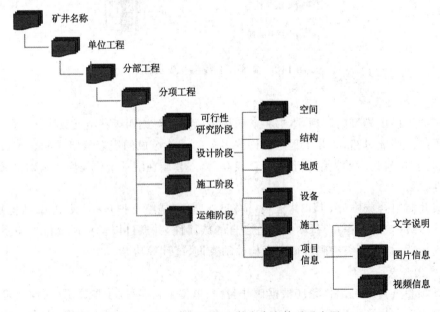

图 14-4 矿山 BIM 项目文件夹命名体系示意图

（三）矿山 BIM 基本模型

下面以某矿井的井筒为例，介绍其建模的过程。

假设某井筒为双层井壁，净直径 10.5 m，120～160 m 段支护形式与支护材料如表 14-4 所示。

表 14-4　井筒支护形式与支护材料

分段	支护形式及材料			
	混凝土	钢筋		
		纵筋	箍筋	架立筋
120～160 m	内壁，600 mm C40 外壁，600 mm C30	133φ20@250 145φ20@250 159φ20@250	φ20@300 φ25@300 φ25@200	φ10@600

每一层井壁可以看作是一层混凝土支护，设置井筒内壁/外壁内径、直径、厚度、材质等参数（表 14-5）。同时，为了后期工程量统计、造价计算，增设井筒内壁体积、外壁体积、掘进体积等参数。

表 14-5　各族属性及对应关系表

族名称	属性	井筒族
钢筋组族 GJZ	钢筋材质	第 n 圈钢筋材质（$n=1,2,3$）
	半径	第 n 圈钢筋半径（$n=1,2,3$）
	钢筋直径	第 n 圈纵向钢筋直径（$n=1,2,3$）
	钢筋长度	井筒高度相关（此处的钢筋长度与井筒高度相同）
	钢筋数目	第 n 圈钢筋根数（$n=1,2,3$）
混凝土族 SH	支护材质	井筒内壁/外壁材质
	支护内径	井筒净直径（内壁内径）/内壁外径/外壁内径/外壁外径
	支护厚度	井筒内壁厚度/井筒外壁厚度
	支护外径	井筒内壁外径/井筒外壁外径
	支护高度	井筒高度
圆形断面结构族 AC	开挖直径	井筒净直径（内壁内径）
	开挖高度	井筒高度

由施工材料及 CAD 图纸信息可得，该段井筒的支护钢筋有三圈。为了确定其空间位置，设置第 n 圈钢筋半圈径；为了确定个数，设置第 n 圈纵向钢筋个数；为了后期造价计算，设置第 n 圈钢筋单根质量、总质量等参数；同时，为了后期能够通过明细表将上述数据导出，其参数属性均设置为共享参数。设置共享参数的步骤如下：

点击属性中的组类型→新建参数→在参数属性中的参数类型选择共享参数（图 14-5），点击选择在适当的位置创建一个格式为.txt 的共享参数文件→在共享参数界面中选择编辑→进入共享参数编辑界面点击组下面的新建（此处建立一个名为立井井筒的组）→点击参数下面的新建,建立一个名为井筒直径的参数,按照上述步骤建立其他共享参数。

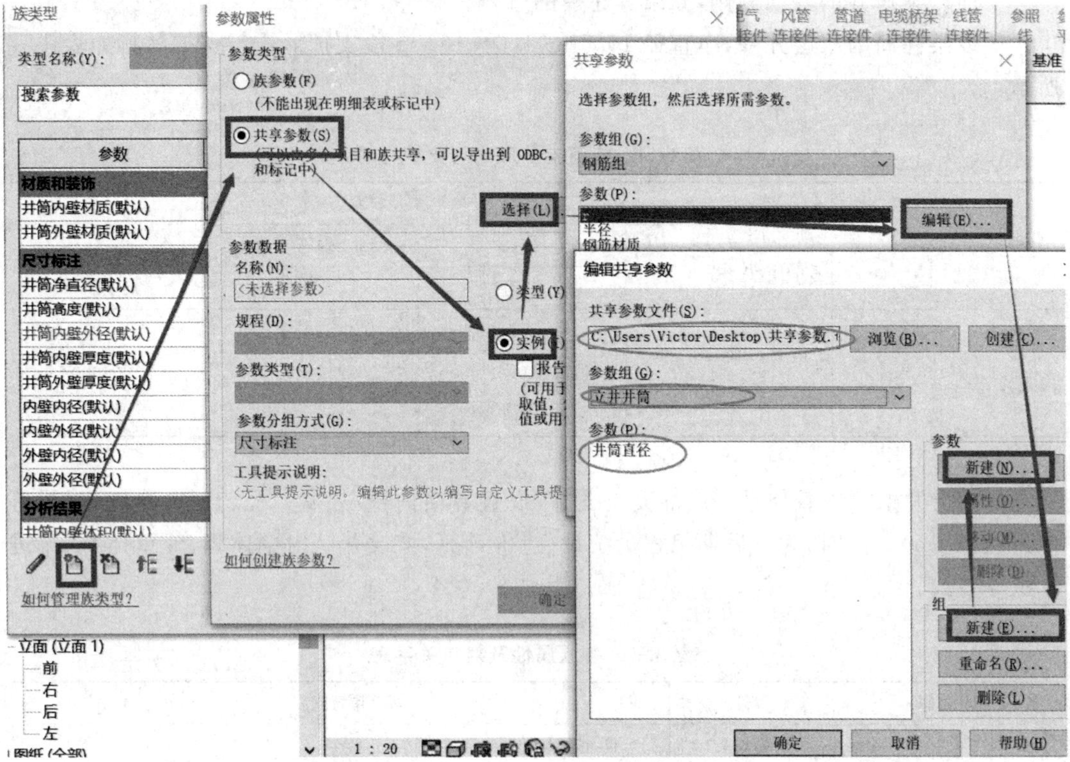

图 14-5   建模过程

共享参数文件是开始创建的.txt格式的共享参数文件,此处文件位置为 C:\Users\Victor\Desktop\共享参数.txt,立井井筒所有有关的共享参数均可以添加到立井井筒参数组中。

按照上述步骤可绘制出井筒的嵌套组,并建立附近另外一段井筒进行对比。

最终模型如图 14-6 所示,即左上角为井筒族 BLK-SS-FLJ-001-CR-SH-01,左下角为井筒族 BLK-SS-FLJ-002-CR-SH-01,右上角为井筒族 BLK-SS-FLJ-003-CR-SH-01,右下角为不完整的项目文件 BLS-KJ。

二、基于 BIM 的三维可视化及技术交底

1. 泵房及配水系统施工应用

矿山建设工程中,井底车场巷道、硐室众多,空间位置关系和复杂硐室结构仅仅通过平面图很难直观理解。在施工组织设计时,部分施工顺序方案、排矸方案极不合理,通过三维 BIM 模型(图 14-7)可全景漫游复杂硐室,并理解其空间位置关系,通过施工动态模拟,可实现施工顺序和排矸方案的比选和技术交底。

在 Revit 模型建立之后,输入 NWC 文件并导入 Navisworks 软件中,利用 TimeLiner 工具可以赋予模型时间参数,对其进行动画模拟。首先模拟了泵房的开挖与支护,泵房一个月可以掘进结束,于是将其分为多个循环,一段开挖后接着浇筑混凝土,以此模式演示了壁龛的开挖与支护。壁龛施工完后可以施工吸水小井;吸水小井开挖后一般不砌壁,等配水巷施工结束后与吸水小井一起砌壁。泵房及配水系统施工过程示意如图 14-8 所示。

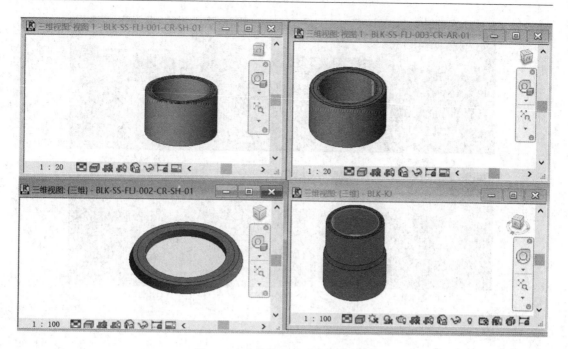

图 14-6　井筒族及部分井筒示意图

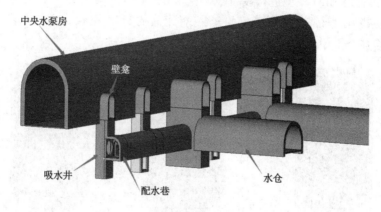

图 14-7　水泵房及配水系统空间位置

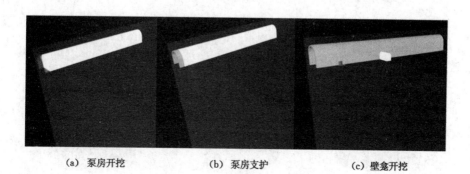

(a) 泵房开挖　　　　　(b) 泵房支护　　　　　(c) 壁龛开挖

图 14-8　泵房及配水系统施工过程示意图

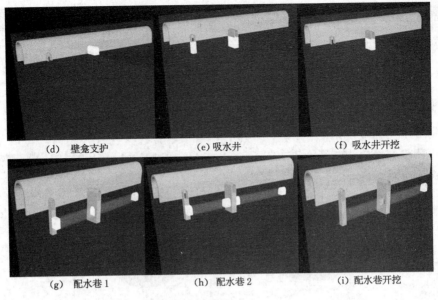

(d) 壁龛支护　　　　　(e) 吸水井　　　　　(f) 吸水井开挖

(g) 配水巷1　　　　　(h) 配水巷2　　　　　(i) 配水巷开挖

图 14-8(续)

2. 井筒安装施工应用

图 14-9 为利用 BIM 模型进行装备技术交底的情况,采用了分次安装的方案。其工序包括锚杆的安装、托架的安装、梯子梁的安装、梯子间的安装、刚性罐道的安装和管道的安装及电缆敷设等多个工序。

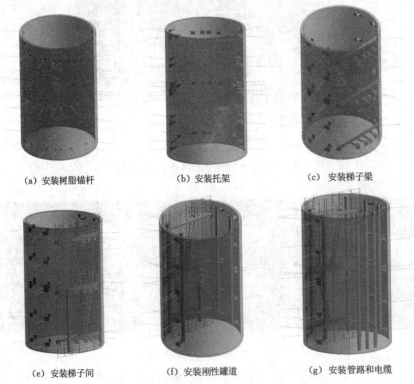

(a) 安装树脂锚杆　　　　　(b) 安装托架　　　　　(c) 安装梯子梁

(e) 安装梯子间　　　　　(f) 安装刚性罐道　　　　　(g) 安装管路和电缆

图 14-9　利用 BIM 模型进行井筒装备技术交底

　　此外，把绘制好的 BIM 模型导入 Navisworks，点击"常用"里面的 Clash detective 选项。逐个添加罐道梁、罐笼、锚杆、托架、电缆、电缆卡子、管道、法兰盘、梯子间梁、梯子间平板、梯子、栅栏添加测试，并进行碰撞检查。如图 14-10 所示，碰撞检查中发现梯子间大梁和梯子间栅栏有碰撞，需要把碰撞栅栏从大梁中心移到大梁边缘，用挂钩和托钩连接。

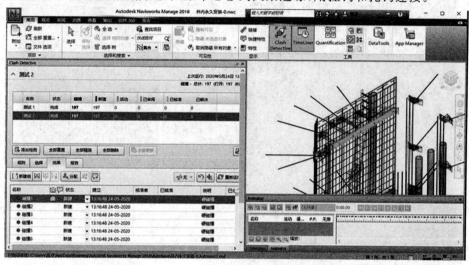

图 14-10　井筒装备碰撞检测结果图

三、施工进度模拟与虚拟建造

　　将矿山工程模型中的施工时间、材料成本等属性导出到 CSV 文件（图 14-11），并将结果导入 BIM 系列软件 Navisworks 中，可进行矿建、土建和机电三类工程建造过程的模拟，也可以实现进度与投资的联合分析（图 14-12）。

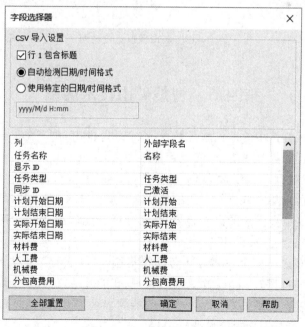

图 14-11　对应内外部字段

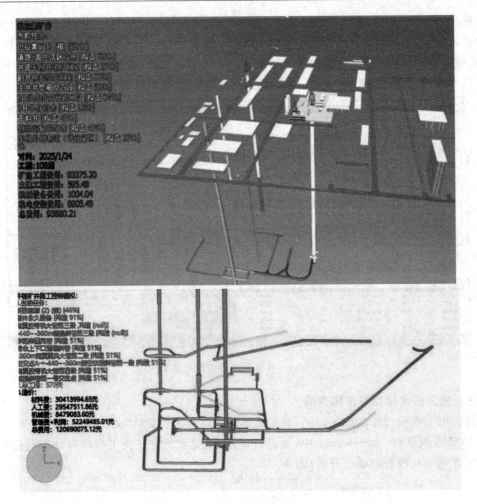

图 14-12　矿山虚拟建造过程

第四节　智慧矿山技术展望

矿产在我国国民经济中的地位举足轻重;在全球范围内,矿产在很长一段时间内都是劳动密集型产业。矿山开采环境复杂,安全管理压力大,多元素资源共生等特点,亟需在矿山自动化、信息化建设基础上,推进物联网、大数据、人工智能、5G、边缘计算、虚拟现实等前沿技术在矿山工程中的应用。依靠新一代信息技术与矿山开采、掘进技术的深度融合发展,智能矿山建设已经成为矿业发展的必然趋势,全面开展智能矿山建设是我国矿业产业实现高质量发展的必由之路。

智慧矿山是实现矿山安全、高效,从劳动密集型向"少人化""无人化"发展和努力的方向。通过构建信息基础设施、生产技术、生产管理、智能开采装备、安全环保和智能管控等应用平台,达到两化融合,实现技术与生产作业效能的显著提升,大幅提高劳动生产率和资源综合利用率,提高生产与安全管控水平。

智慧矿山的建设大体可分为矿山数字化、信息融合平台化、单系统智慧化、单矿山全面智慧化、矿山集群综合智慧化等五个阶段,目前仍有较大改造空间。

一、大数据与云计算

采矿行业是一个对数据高度依赖的行业,在矿山开采过程中,需要地质数据、工艺数据、设备运行数据、通风数据、供电数据、排水数据、监测数据、物探数据、安全监测数据等各种数据。根据矿业工程特点,大数据和云计算的应用场景可以体现在以下几个方面:

(1)通过对生产过程的大量数据进行规划、分析、挖掘、利用,加强采煤、掘进设备的自主运行和智能控制,达到提高生产效率、保证安全生产,促进矿山施工现场少人化、无人化的目的。

(2)利用安全监测数据和工作环境的识别,对安全生产数据进行分析,及时辨识安全隐患,作出安全预警。

(3)根据生产和建设工艺流程,对生产和基本建设过程中的安全、质量、进度和成本等进行优化分析和控制。

(4)利用预测模型控制生产流程成本、生产量和供需关系,根据市场需求及矿山资源情况,优化配置并保证生产过程的均衡、可持续。

数据挖掘通常是指基于大量的原始数据,通过算法搜索隐藏于其中的信息这一过程。这些信息往往是隐含的、先前未知的,并有潜在价值的,因此近年来数据挖掘技术迅速发展,并广泛应用于各种领域的研究。

数据挖掘可以分为数据库管理和机器学习阶段。数据库管理包括对数据的提取、预处理(归一化处理等)、筛选异常值等工作。机器学习是一门涉及统计学、概率论、凸分析等多个领域的交叉学科,专门探索计算机怎样通过训练以不断获取新的知识或技能,修改已有的知识结构并改善其性能,这正是模仿人类"学习"的过程。机器学习堪称数据挖掘的核心,是统计预测、风险预警、大数据工程等前沿领域的重要研究手段。

二、矿山 BIM 标准

目前矿井建设工程领域的标准体系尚未颁布,在矿山工程建设中 BIM 未充分发挥出其技术优势。因此,应制定统一的数据存储格式,实现矿山数字化建造全生命周期的迭代和共享,应在模型中嵌入施工时间、施工情况等一切施工信息,实现施工精细化管理。

BIM 技术在矿山工程协同设计中的主要问题在于缺乏专业的建模软件以及矿山工程涉及多领域、多专业,较难协调。目前,有学者提出了矿山信息模型(MIM)的概念,旨在解决设计施工过程中专业协同性差、数据不流通的问题,真正实现"信息共享、协同工作"的核心理念;强调要建立统一的数据接口,实现不同数据的集成。另外,要建立工作流程标准、模型交付标准等。

三、智慧矿山信息管理平台

在矿山开发与利用中,建设期间的规划、设计、施工与运营期间的动态管理和风险监控,都必须依赖工程、环境、地质、监控作为管理和决策依据,而这些信息来源广泛、形式多样、结构复杂、数据巨大。信息平台是矿山与地下空间健康环境监测、地下工程建设安全监控以及相关风险智能预警与灾害防治决策辅助等领域不可或缺的重要基础设施。

目前传统采矿行业的数据管理效率低,数据集成程度低,数据利用率小,重复工作量大。由此带来了严重的"信息孤岛"和数据资源浪费的问题,建立具有统一标准规范体系的矿业基础信息与协同管理平台尤为重要。根据矿业工程数据的特点,以"云计算、大数据、分布式协同"技术为基础,建立统一的标准规范体系框架,实现设计、施工和生产全过程管理;实现采矿、掘进、机电、运输、通风、水文、地质、测量、安全等各专业部门数据集成与共享。

基于平台基础建立多源数据交叉分析的矿山灾害预警模块,利用大数据交叉分析和挖掘技术,定制不同的交叉数据分析模块,解决矿山企业差异化的技术问题。

【复习思考题】

1. 简述智慧矿山的概念及特点。
2. 何为虚拟建造? 虚拟建造的目的是什么?
3. 何为BIM? BIM技术在建筑全生命周期不同阶段都有哪些应用点?
4. 矿山井巷工程建模的特点有哪些?
5. 应用BIM技术进行矿山建设过程管理的内容有哪些?

参 考 文 献

[1] 崔云龙.简明建井工程手册(上、下册)[M].北京:煤炭工业出版社,2003.

[2] 董方庭,姚玉煌,黄初,等.井巷设计与施工[M].徐州:中国矿业大学出版社,1994.

[3] 高尔新,杨仁树.爆破工程[M].徐州:中国矿业大学出版社,1999.

[4] 刘刚.井巷工程[M].徐州:中国矿业大学出版社,2005.

[5] 路耀华,崔增祁.中国煤矿建井技术[M].徐州:中国矿业大学出版社,1995.

[6] 钱鸣高,许加林,王家臣,等.矿山压力与岩层控制[M].3版.徐州:中国矿业大学出版社,2021.

[7] 全国煤炭技工教材编审委员会.采煤概论[M].北京:煤炭工业出版社,2002.

[8] 沈季良,崔云龙,王介峰.建井工程手册[M].北京:煤炭工业出版社,1986.

[9] 王建平,靖洪文,刘志强.矿山建设工程[M].徐州:中国矿业大学出版社,2007.

[10] 翁家杰.井巷特殊施工[M].北京:煤炭工业出版社,1991.

[11] 徐永圻.采矿学[M].徐州:中国矿业大学出版社,2003.

[12] 杨孟达.煤矿地质学[M].北京:煤炭工业出版社,2006.

[13] 应急管理部,国家矿山安全监察局.煤矿安全规程:2022[M].北京:应急管理出版社,2022.

[14] 张荣立,何国纬,李铎.采矿工程设计手册[M].北京:煤炭工业出版社,2003.

[15] 中国煤炭建设协会.煤矿井下车场及硐室设计规范:GB 50416－2017[S].北京:中国计划出版社,2017.

[16] 中国煤炭建设协会.煤矿井巷工程施工标准:GB/T 50511—2022[S].北京:中国计划出版社,2022.

[17] 中国煤炭建设协会.煤矿井巷工程质量验收规范:GB 50213—2010[S].2022年版.北京:中国计划出版社,2022.

[18] 中国煤炭建设协会.煤矿立井井筒及硐室设计规范:GB 50384—2016[S].北京:中国计划出版社,2016.

[19] 中国煤炭建设协会.煤矿斜井井筒及硐室设计规范:GB 50415—2017[S].北京:中国计划出版社,2017.

[20] 中国煤炭建设协会.煤矿巷道断面和交岔点设计规范:GB 50419—2017[S].北京:中国计划出版社,2017.